Die Rohstoffe der Feinkeramik

ihre Aufbereitung und Verarbeitung zu Massen und Glasuren

Von

Dipl.-Ing. Dr. phil. **William Funk**
Betriebsdirektor an der Staatlichen Porzellanmanufaktur zu Meißen

Mit 69 Textabbildungen

Berlin
Verlag von Julius Springer
1933

Vorwort.

In kaum einer anderen Industrie ist der Gang der Erzeugung vom Rohstoff bis zur fertigen Ware ein so langwieriger wie in der Feinkeramik. Für eine erfolgreiche Fabrikation ist die Auswahl der Rohstoffe und ihre sachgemäße Aufbereitung die wichtigste Grundlage und Vorbedingung. Es erschien daher zweckmäßig, einmal alles, was für die Kenntnis der Rohstoffe und ihre Verarbeitung zu feinkeramischen Massen und Glasuren wissenswert ist, im Zusammenhang darzustellen, auf Grund der praktischen Erfahrungen und wissenschaftlichen Forschungsergebnisse, die man im Verlauf der letzten Jahrzehnte auf diesem Gebiete gewonnen hat. Daß hierbei auch an älteren empirischen Erkenntnissen nicht vorübergegangen werden konnte, war bei der vorsichtigen konservativen Einstellung der keramischen Praxis selbstverständlich. Soweit es dem Verfasser möglich war, hat er auch den Inhalt der fachlichen Veröffentlichungen des Auslands bei seinen Ausführungen berücksichtigt; denn wenn man den Wert der an Umfang jährlich immer mehr anwachsenden ausländischen Fachliteratur auch nicht zu überschätzen braucht, so muß doch auch dem deutschen Keramiker Gelegenheit geboten werden, rasch und in zusammenhängender Form Wissenswertes über die Rohstoffe der feinkeramischen Industrie des Auslands kennenzulernen, von der er fast täglich etwas Neues hört oder liest.

Auf die Formgebung und den Brennprozeß der Waren wurde nicht oder nur andeutungsweise eingegangen, um den Rahmen des Buches nicht zu überschreiten. Auch eine Beschreibung der Verfahren zur Rohstoffuntersuchung war nicht beabsichtigt. Dafür wurde der Begriff „Rohstoffe der Feinkeramik" nicht allzu eng gefaßt, sondern auch aus manchen Grenzgebieten einiges mitgeteilt.

Der Verfasser spricht die Hoffnung aus, daß die gewählte Art der Darstellung des umfangreichen und vielseitigen Stoffes bei der Benutzung des Buches sich als zweckmäßig und anregend erweisen möge. Es bleibt ihm zum Schlusse die angenehme Pflicht, seinen Dank allen denen auszusprechen, die ihn durch Ratschläge und Überlassung von Unterlagen für Abbildungen in liebenswürdiger Weise weitgehend unterstützt haben.

Meißen, im Juni 1933.

Der Verfasser.

ISBN-13: 978-3-642-47168-1 e-ISBN-13: 978-3-642-47478-1
DOI: 10.1007/ 978-3-642-47478-1
Softcover reprint of the hardcover 1st edition 1933

Inhaltsverzeichnis.

Seite

II. Die Verarbeitung der feinkeramischen Rohstoffe zu Massen und Glasuren (Allgemeiner Teil).

III. Die Massen und Glasuren der einzelnen feinkeramischen Warengattungen (Besonderer Teil).

Einleitung.

1. Die Einteilung der Tonwaren und die Umgrenzung des Gebietes der „Feinkeramik".

Man hat im vorigen Jahrhundert die Einteilung der Tonwaren in grobkeramische und feinkeramische Erzeugnisse im Sprachgebrauche eingeführt, ohne die Gebiete der „Grobkeramik" und „Feinkeramik" allzu scharf voneinander abzugrenzen.

Zu den feinkeramischen Erzeugnissen rechnet man die von reiner, d. h. fleckenlos weißer oder gelblicher Farbe, feinkörnigem Gefüge und geringer Wandstärke, im Gegensatz zu den meist dunkelfarbigen, oft fleckigen und starkwandigen Erzeugnissen der Grobkeramik. Die feinkeramischen Erzeugnisse stehen den grobkeramischen an Gewicht und Größe der Abmessungen vielfach nach, doch gibt es auch feinkeramische Warengattungen, für die das nicht zutrifft. Die verschiedene Beschaffenheit der beiden großen Gruppen von Tonwaren bringt es mit sich, daß auch die zu ihrer Herstellung benutzten Verfahren vielfach voneinander abweichen.

Ein anderer Gesichtspunkt für die Einteilung der keramischen Erzeugnisse ist die Dichtigkeit des gebrannten Scherbens, d. h. sein Durchlässigkeitsgrad gegenüber Flüssigkeiten und Gasen. Wie zwischen den weißen und den dunkelfarbigen Tonwaren gewisse Übergänge bestehen, so auch zwischen denen aus beim Brennen porös gebliebener und denen aus dichtgebrannter Masse. Man pflegt solche Zwischenstufen teils der Grob-, teils der Feinkeramik zuzurechnen.

So ergibt sich neben der vertikalen Einteilung in grob- und feinkeramische Erzeugnisse eine horizontale — in erster Linie auf dem Porositätsgrade beruhende — in zwei oder drei Hauptgruppen, deren jede wieder in mehrere Unterabteilungen zerfällt. Auf der zuletzt erwähnten Gruppierung beruht die folgende Übersicht[1]:

Einteilung der keramischen Erzeugnisse.

A. Irdengut: Scherben porös und nicht durchscheinend.

1. Baumaterial.

a) Scherben vorwiegend gelb- oder rotbrennend: Ziegel, Verblender, Bauterrakotten, Hohlziegel, Dachziegel, poröse Steine, Dränröhren (Ziegeleierzeugnisse).

b) Scherben weiß- bis gelblich brennend: Schamottesteine und -werkstücke feuerfeste Erzeugnisse aus besonderen Stoffen, feuerfeste Hohlware (Feuerfeste Erzeugnisse).

[1] Nach H. Hecht: Lehrbuch der Keramik, 2. Aufl. S. 171. Berlin 1930, und F. Singer: Z. angew. Chem. Bd. 41 (1928) S. 1273.

2. Geschirr.

a) Scherben feinkörnig, nicht weißbrennend: antike Geschirre, Töpfergeschirr, Blumentöpfe, Wasserkühler, Lackware, sog. ordinäre Fayence, Ofenkacheln (Töpfereierzeugnisse).

b) Scherben weißbrennend: Tonsteingut, Tonzellen, Tonpfeifen, Kalksteingut, Feldspat- oder Hartsteingut, Sanitätsgeschirr, Feuertonware (Steingut).

B. Sinterzeug: Scherben dicht.

I. Scherben nicht oder nur an den Kanten durchscheinend (Steinzeug).

1. Baumaterial.

a) Scherben nicht weißbrennend: Klinker, Fliesen, Kanalisationsrohre (Klinkerware).

b) Scherben vorwiegend weißbrennend: säurefeste Steine.

2. Geschirr.

a) Scherben nicht weißbrennend: Wannen, Tröge, chemische Gefäße usw.

b) Scherben vorwiegend weiß oder hellfarbig brennend: Steinzeug, auch künstlich gefärbtes, Feinterrakotten, Wedgwoodware, Chromolith usw.

II. Scherben weiß und durchscheinend (Porzellan).

1. Baumaterial.

Wandplatten, Futtersteine für Trommelmühlen usw. aus Hartporzellan, elektrotechnische Artikel.

2. Geschirr.

Hartporzellan, Weichporzellan, Sonderarten der Porzellantechnik.

III. Scherben grau oder weiß, schwach transparent, Oberfläche hellgelb (Steatit).

Erzeugnisse für technische Zwecke aus specksteinhaltigen Massen.

Ermöglicht, streng genommen, keiner der oben angeführten Gesichtspunkte eine scharfe Trennung der Tonwaren in grobkeramische und feinkeramische, so hat man diese Trennung außer aus sprachlich gewohnheitsmäßigen vor allem auch aus wirtschaftlich-organisatorischen Gründen bis heute doch beibehalten und rechnet zur Feinkeramik gewöhnlich folgende Warengattungen[1]:

[1] Vgl. hierzu W. Huth: Die Feinkeramik. Handbuch für Handels-, Zoll- und Wirtschaftsfragen. Berlin 1927, ferner W. Steyer: Keram. Rdsch. Bd. 37 (1929) S. 19. — Ein neues Einteilungsschema für keramische Erzeugnisse, das aus den von H. Hecht und F. Singer angegebenen Einteilungen entwickelt ist und auf der technischen Beschaffenheit der Erzeugnisse und ihrem Marktcharakter beruht, hat W. Vershofen [Keramos Bd. 8 (1929) S. 731] vorgeschlagen (s. nebenstehendes Schema). Es schließt sowohl die keramischen Fertigwaren als auch Abfallprodukte oder „Hilfsstoffe" aller Art ein, ist nach logischen Gesichtspunkten aufgestellt, ohne der praktischen Erscheinungswelt zu widersprechen, und bietet die Möglichkeit, alle Erzeugnisse keramischer

Marktcharakter		Technische Beschaffenheit: Irdengut			Sinterzeug			
		Feuerf. Erzeug.	Töpferware	Steingut	Steinzeug	Porzellan	Steatit	
Bestandteile	Hilfsstoffe							4
	Baumater.							3
Fertige Waren	Haushalt							2
	Betrieb							1
		I	II	III	IV	V	VI	

Einteilungsschema für die gesamten keramischen Erzeugnisse nach W. Vershofen.

I. Feine Töpfereierzeugnisse (Töpferware und Schmelzware in feiner künstlerischer Ausführung, sowohl Geschirre als Kachelöfen und ähnliches: A 2a der Übersicht), einschließlich der nach feinkeramischen Arbeitsverfahren hergestellten porösen Gegenstände, wie Tonzellen, Filterkörper, auch Tonpfeifen u. dgl.

II. Steingut (Geschirr, Wandplatten, Spülwaren, Feuertonware: A 2b der Übersicht.

III. Feines Steinzeug (unglasiert und glasiert, einschließlich Fußbodenplatten, Feinterrakotta, Wedgwoodware usw.: B I 1b, 2b der Übersicht).

IV. Porzellan (Geschirr-, Kunst-, Elektro- und chemisch-technisches Porzellan: B II 1 und 2 der Übersicht).

V. Steatit (B III der Übersicht).

Manche feinkeramische Warengattungen bilden Übergänge zwischen den soeben genannten Gruppen II. und III. oder III. und IV. Eine Reihe feuerfester und hochfeuerfester Erzeugnisse, die man ihrer chemischen Zusammensetzung nach eigentlich als zur Gruppe A 1a und b gehörig ansehen könnte (vgl. die Übersicht auf S. 1), unterscheidet sich durch ihr Äußeres und ihre Herstellungsweise so wesentlich von den sonstigen der Gruppe A 1a und b zugeordneten kompakten Voll- und Hohlwaren, daß man sie ebenfalls als Erzeugnisse der Feinkeramik betrachten kann, zumal ihre Herstellung vorwiegend in feinkeramischen Fabriken erfolgt.

2. Allgemeine Grundsätze für die Auswahl und Verarbeitung der feinkeramischen Rohstoffe.

Zur Zusammensetzung der Massen für feinkeramische Erzeugnisse, wie überhaupt der Tonwaren im allgemeinen werden fast ausschließlich natürliche Rohstoffe verwendet[1]. Nicht so weitgehend wie für die Massen trifft dies für die Glasuren zu. Da es sich bei den feinkeramischen Rohstoffen hauptsächlich um Naturprodukte handelt, sind ihre Eigenschaften an sich gegeben, aber doch häufig je nach den Fundstätten verschieden. Es gilt nun, im einzelnen Bedarfsfalle aus den für die Massezusammensetzung zur Verfügung stehenden Rohstoffen diejenigen auszuwählen, welche auf Grund der ihnen innewohnenden oder ihnen

---

Entstehung in übersichtlichster Weise einzuordnen. Daher dürfte es sich auch für die keramische Statistik vorzüglich eignen, könnte also auch z. B. für die Zwecke der Zoll- und Handelsvertragspolitik, wie überhaupt die Katalogisierung der keramischen Erzeugnisse eine brauchbare Grundlage bilden.

(Beispiele:

I 4 Feuerfeste Erzeugnisse als „Hilfsstoffe" für die Fabrikation: Scherben von Brennkapseln, Schamottemehl u. dgl.

III 2 Steingut für den Haushalt: Gebrauchs- und Ziergegenstände.)

[1] Nur in besonderen Fällen setzt man den Massen auch auf künstlichem Wege hergestellte Stoffe zu, z. B. bei der Fabrikation des sog. Frittenporzellans (vgl. S. 307) oder gewisser Spezialmassen für hohe Temperaturen (vgl. S. 315).

durch die Aufbereitung erteilten physikalischen und chemischen Eigenschaften bei der Verarbeitung der aus ihnen hergestellten Masse durch Drehen, Formen, Gießen usw., ebenso auch beim nachfolgenden Brennen der aus der Masse gefertigten Stücke das beste Ergebnis liefern, nämlich ein Fertigerzeugnis von den Eigenschaften, die der Verbraucher von der Ware fordert. Ebenso wichtig wie die Auswahl der geeignetsten Rohstoffe ist für die Erfüllung dieses Verlangens, daß man während des meist aus zahlreichen einzelnen Arbeitsvorgängen bestehenden Fabrikationsprozesses auch die zweckmäßigsten manuellen und maschinellen Verfahren anwendet. Man handelt bei allen diesen Maßnahmen nach allgemeinen, festgelegten Richtlinien auf Grund der Kenntnisse, die man im Laufe der Zeit durch praktische Erfahrung und wissenschaftliche Forschung in bezug auf die Eigenschaften und das Verhalten der natürlichen keramischen Rohstoffe erworben hat. Diese allgemeinen Richtlinien weisen dem Keramiker den Weg, den er einschlagen muß, wenn er eine Ware mit bestimmten Eigenschaften herstellen will. Aus wirtschaftlichen Gründen ist es unerläßlich, daß er, um sich vor Schaden zu bewahren, sowohl bei Neuaufnahme eines Verfahrens als auch im weiteren Verlauf der Fabrikation regelmäßig prüft, ob das hergestellte Erzeugnis auch wirklich die verlangten Eigenschaften besitzt.

I. Die feinkeramischen Rohstoffe.

Allgemeine Einteilung und Kennzeichnung der keramischen Rohstoffe.

In der Keramik verwendet man zwei Arten von Rohstoffen: 1. plastische oder bildsame Rohstoffe, zu denen in erster Linie die Tone und Kaoline, dann die Tonschiefer, Tonmergel und der Speckstein gehören, und 2. nichtplastische Rohstoffe, von denen für die Feinkeramik besonders Quarz, Feldspat, Pegmatit, Kalkspat und Magnesit in Frage kommen, außerdem für besondere Zwecke auch auf chemisch-industriellem Wege hergestellte Stoffe, wie Kalziumphosphat, Tonerde in verschiedener Form, Aluminiumsilikate, Zirkoniumoxyd, die Oxyde verschiedener Leicht- und Schwermetalle usw.

Die plastischen oder bildsamen Rohstoffe sind, worauf schon ihr Name hinweist, die Träger der Formbarkeit der keramischen Massen. Sie ermöglichen deren Formgebung im rohen Zustande und sind überhaupt für die Keramik charakteristisch.

Die nichtplastischen Rohstoffe dienen zur „Magerung" der Masse und zu ihrer größeren oder geringeren Verdichtung beim Brennen. Künstlich hergestellte Metalloxyde finden neben natürlichen mineralischen Rohstoffen vor allem in den Glasuren Verwendung, in denen sie hauptsächlich die Schmelzbarkeit regeln.

A. Plastische Rohstoffe.

1. Kaoline und Tone.

a) Entstehung, Einteilung, mineralogische Zusammensetzung, Fundorte, chemische Zusammensetzung.

Die Kaoline und Tone gehören zu den Gesteinen sekundärer Bildung. Diese sind aus den primären Erstarrungsgesteinen entstanden, aus denen nach dem Nachlassen der vulkanischen Tätigkeit des Erdballs die Erdkruste sich gebildet hat. Auch noch heute unterliegen die Gesteine der Erdkruste mannigfachen Umsetzungen. In erster Linie erfolgte bei dieser Umwandlung oder Verwitterung der Gesteine eine Auflockerung ihres Gefüges, hervorgerufen durch Sonnenbestrahlung, Sprengung durch Frost und biologische Vorgänge[1]. An diese hat sich dann eine

[1] Nach E. Dittler: Chemisch-genetische Probleme der Ton- und Kaolinforschung. Tonind.-Ztg. Bd. 56 (1932) S. 836; vgl. ferner E. Dittler: Z. anorg. allg. Chem. Bd. 211 (1933) S. 33.

chemische Umsetzung angeschlossen, die im wesentlichen in zwei Richtungen verlaufen sein kann, nämlich entweder so, daß wasserhaltige Aluminium-Kieselsäurekomplexe entstanden sind (tonige Verwitterung), oder so, daß sich unter besonderen klimatischen Bedingungen und infolge völliger Entfernung der Kieselsäure mehr oder weniger reine Aluminiumhydroxyde mit wechselndem Gehalt an Eisenhydroxyd gebildet haben (allitische, auch bauxitische oder lateritische Verwitterung).

Bei der chemischen Zersetzung der Silikate werden unter dem Einflusse des Wassers und schwacher Säuren die Alkalien, Kalzium- und Magnesiumoxyd herausgelöst, Eisenoxyd aber erst nach seiner Reduktion entfernt. Während die Alkalien und alkalischen Erden wanderungsfähige echte Lösungen bilden, zeigen die in Verwitterungslösungen enthaltenen Stoffe Kieselsäure, Aluminium- und Eisenoxyd Neigung, rasch und bereits in geringen Konzentrationen in kolloidale Lösungen überzugehen, wodurch ihre Bewegungsfreiheit sehr eingeschränkt wird. Sie bilden daher neben den ungelösten Mineralteilchen einen wesentlichen Bestandteil des Verwitterungsrückstandes der Gesteine[1].

Gesteine, die vorwiegend aus wasserhaltigen Tonerdesilikaten ohne besondere Beteiligung der Alkalien und Erdalkalien bestehen, bezeichnet man nach H. Harrassowitz[2] als „Siallite" (Si-Al-lithos). Es sind die Tone, denen fast stets auch Eisen beigemengt ist, während freie Tonerde ganz oder fast ganz zu fehlen scheint[1]. Enthalten diese wasserhaltigen Aluminium-Kieselsäurekomplexe kein Eisen mehr und Tonerde und Kieselsäure in bestimmtem Verhältnis, so wird das Ergebnis der chemischen Verwitterung als Kaolin bezeichnet. Kaolin und Ton sind also eng miteinander verwandt. Ton ist der allgemeinere Begriff. Man versteht im technologischen Sinne unter „Tonen" ganz allgemein diejenigen mineralischen Erden, die durch Zersetzung älterer feldspathaltiger oder ähnlicher Gesteine entstanden sind, Aluminiumhydrosilikat als hauptsächlichen Bestandteil enthalten und deren kennzeichnendste Eigenschaft darin besteht, daß sie sich mit Wasser zu einer formbaren Masse verarbeiten lassen und ihre Bildsamkeit durch Trocknen vorübergehend, durch Brennen dauernd verlieren.

Den Kaolin, wie er sich auf der natürlichen Lagerstätte findet, bezeichnet man in der Technik auch als Rohkaolin[3]. Enthält dieser

---

[1] Nach E. Dittler: a. a. O. S. 837.

[2] Fortschr. d. Geol. u. Pal. IV, 1926; Chem.-Ztg. Bd. 51 (1927) S. 1009; Naturw. Bd. 17 (1929) S. 928.

[3] Entsprechend dem in der Petrographie herrschenden Brauche, ein Gestein, das nur ein kennzeichnendes Mineral enthält, mit dem Namen des letzteren und der Nachsilbe -it zu bezeichnen, benutzt man in der wissenschaftlichen Mineralogie die Bezeichnung „Kaolin" für das Mineral von bestimmter stöchiometrischer Zusammensetzung, die Bezeichnung „Kaolinit" dagegen für ein hauptsächlich aus jenem Mineral bestehendes Gestein. In keramisch-technischen Kreisen

Kaolin reichliche Beimengungen fremder Stoffe, so führt er die technische Bezeichnung Kaolin-Ton (Feldspatrestton)[1]. Im Gegensatz zu den Kaolinen und Kaolin-Tonen, die als Grundsubstanz im wesentlichen das nur in heißer konzentrierter Schwefelsäure lösliche kristallisierte Mineral Kaolin (s. S. 13) enthalten, stehen die Allophantone, die aus amorphen gelartigen Mineralien, nämlich aus schon durch Chlorwasserstoffsäure (Dichte 1,10) zersetzbaren kolloiden Tonerdesilikaten zusammengesetzt sind, den Allophanen[2]. Das Tonerde-Kieselsäureverhältnis dieser Allophane ist kein bestimmtes, sondern geht über die Zahl 2 des Kaolins nach unten oder oben hinaus, und zwar von 1 $Al_2O_3 \cdot 0{,}4\ SiO_2$ bis 1 $Al_2O_3 \cdot 8\ SiO_2$ [1].

Vielfach wird die Auffassung vertreten, daß die Kaoline vornehmlich durch Verwitterung von Orthoklasgesteinen entstanden sind, die Allophantone dagegen aus Gesteinen, die Kalk-Natronfeldspat oder Nephelin, Leuzit, Hauyn und Nosean, also Feldspatvertreter, enthalten[3]. Das Problem der Kaolin- und Tonbildung ist aber wohl noch nicht so weit geklärt, daß man in dieser Hinsicht ganz strenge Unterschiede machen könnte.

Man verlegt die Zeit der Entstehung der Kaolinlager meist in das Tertiär. Nach manchen Forschern ist für dieselbe ein noch älterer geologischer Zeitabschnitt anzunehmen, z. B. das Senon[4]. Als Gesteine, aus denen Kaolin entstanden ist, kommen in Betracht Granit, Gneis, Quarzporphyr, Liparit, Andesit, auch Sandstein (Arkosen), feldspathaltige Sande und Konglomerate, seltener Basalt und Phonolit. Der Kaolin befindet sich in der Natur entweder noch am Ursprungsorte, also auf primärer Lagerstätte, und enthält dann meist noch unzersetzte Teile des Ursprungsgesteins (Quarz usw.), oder er ist durch die Tätigkeit des Wassers von seinem Muttergestein getrennt und sekundär abgelagert worden. Im letzteren Falle stellt der Kaolin infolge der stattgefundenen natürlichen Aufbereitung häufig ein sehr reines Material dar.

Der Verlauf der Kaolinbildung, die sog. Kaolinisierung, ist, wie bereits erwähnt, bis heute noch nicht endgültig geklärt. Im allgemeinen steht fest, daß die Hauptrolle bei der Zersetzung der primären feldspathaltigen Gesteine dem Wasser zu-

---

gebraucht man vielfach beide Bezeichnungen gerade in umgekehrtem Sinne, worauf hier besonders hingewiesen sei, um Irrtümer zu vermeiden. Vgl. hierzu H. Harrassowitz: a. a. O., und Sprechsaal Keramik usw. Bd. 60 (1927) S. 257, ferner H. Lehmann u. W. Neumann: Ber. dtsch. keram. Ges. Bd. 12 (1931) S. 327.

[1] Dittler, E.: a. a. O. S. 837.

[2] Dieses Verfahren zur Unterscheidung beider stammt von J. M. van Bemmelen: (Z. anorg. allg. Chem. Bd. 62 (1909) S. 221. — Nach E. Dittler (s. Anm. [1]) wird bei sehr feiner Verteilung auch Kaolin von siedender Salzsäure (10%) angegriffen.

[3] Laubenheimer, A.: Ber. dtsch. keram. Ges. Bd. 11 (1930) S. 164.

[4] Dittler, E.: a. a. O. S. 940.

kommt, das entweder von der Erdoberfläche her auf Klüften in das Innere drang („exogene" Kaolinlager) oder aus der Tiefe als Folgeerscheinung des dort noch vorhandenen Vulkanismus aufstieg („endogene" Kaolinlager)[1]. Die Hydrolysewirkung des Wassers wurde verstärkt durch mitgeführte oder im Boden vorhandene Kohlensäure. Vielfach hat die Gesteinszersetzung unter einer Decke von Sümpfen, Mooren oder Braunkohlenlagern stattgefunden, wobei vermutlich auch in deren Sickerwässern enthaltene organische Verbindungen, wie Humussäuren oder andere organische Säuren (Zellulosederivate), bei dem Abbau der Silikatkruste der Erde eine Rolle gespielt haben. Nach E. Blanck und A. Rieser[2] ist die Kaolinbildung unter Mitwirkung von Schwefelsäure oder Salpetersäure bzw. deren Salzen erfolgt. Nach manchen Forschern[3] sind bei dem Abbau des Feldspats wahrscheinlich auch nachvulkanisch auftretende Gase und Dämpfe tätig gewesen, vor allem Fluor und Fluorverbindungen, während J. Wolf[4] die Entstehung des Kaolins von der Umwandlung des natürlichen Kryoliths (Na_3AlF_6) über Aluminiumsilikat unter Mitwirkung von Wasser ableitet.

Die exogenen Lager zeigen größere flächenhafte Ausbreitung und wechselnde Gestalt. Die guten Vorkommen bilden meist unregelmäßig verteilte Nester. Dagegen besitzen die endogenen Lager eine länglich schmale Horizontal-, aber eine beträchtliche Tiefenerstreckung.

In tropischen und subtropischen Gebieten soll auch reine Oberflächenverwitterung lediglich unter dem Einfluß der Atmosphäre zur Kaolinbildung führen[5].

In vielen Fällen ist die Kaolinisierung der Muttergesteine noch keine ganz vollständige, weshalb die meisten Rohkaoline auch heute noch Feldspat enthalten[6].

Zuweilen entsteht Kaolin wahrscheinlich auch aus gewissen Glimmern[7].

Im Gegensatz zu den Kaolinen befinden sich die Tone in allen Fällen auf sekundärer Lagerstätte. Die den Hauptbestandteil der Tone bildenden wasserhaltigen Aluminiumsilikate können außer durch Abbau der in den Muttergesteinen enthaltenen Feldspate oder ihnen verwandter Mineralien auch durch Zersetzung von Hornblende oder Augit entstanden sein. Wie für ihre vielartige chemische Zusammensetzung, so ist auch für das innere Gefüge der Tone neben ihrer Bildungsweise vor allem ihre Fortbewegung durch Wasser und Wind und ihre Ablagerung durch Sedimentation maßgebend gewesen. Vielfach ist der ab-

---

[1] Stahl, A.: Sprechsaal Keramik usw. Bd. 46 (1913) S. 95. Kästner, F.: Ebenda Bd. 60 (1927) S. 278.

[2] Chemie der Erde Bd. 2 (1925) S. 15 und Bd. 4 (1930) S. 33; vgl. a. E. Blanck: Ernährung der Pflanze Bd. 29 (1933) S. 41. Die hier erwähnte Schwefel- und Salpetersäure bzw. ihre Salze sind durch Zersetzung von Eiweiß entstanden und besitzen viel größeres Aufschlußvermögen als Humussäure (Ref. Chem. Zbl. Bd. 104 (1933) I S. 2739.

[3] Rösler, H.: Beitrag zur Kenntnis einiger Kaolinlagerstätten. Dissertation München 1902. Pukall, W.: Sprechsaal Keramik usw. Bd. 63 (1930) S. 912 und 969.

[4] Sprechsaal Keramik usw. Bd. 63 (1930) S. 869.

[5] Kaiser, E.: Z. Kristallogr. 1923 S. 127.

[6] Kopka, G., u. F. Zapp: Keramos Bd. 5 (1926) S. 415; s. a. A. Stahl: a. a. O. S. 96.

[7] Stremme, H.: Die Chemie des Kaolins 1912. Weber, E., in C. Bischof: Die feuerfesten Tone und Rohstoffe 4. Aufl. S. 41. Leipzig 1923.

gesetzte Ton von anderen Schichten überlagert und durch den von diesen ausgeübten Druck verfestigt worden. In stärkstem Maße ist dies bei den Schiefertonen der Fall. Durch die Dichte ihrer Ablagerung und ihre große Kohäsion unterscheiden sich die Tone, und zwar besonders die fetten, sandarmen Tone, von den meist nur lockeren Zusammenhang besitzenden Kaolinen.

Die Art und der Grad der Verunreinigung eines Tones und auch Kaolins sind maßgebend für die Farbe, die er sowohl im rohen als im gebrannten Zustande besitzt. Die Färbung des rohen Tons kann bereits während der natürlichen Umlagerung durch Adsorption erfolgt sein. In Wasser gelöste oder suspendierte Stoffe, vor allem Reste verwesender Organismen oder Kohleteilchen der Braunkohlenformation, sind von manchen Tonen aufgenommen worden und verleihen ihnen eine braune (z. B. Humusstoffe) oder dunkelgraue, blaue bis schwarze (z. B. Kohle) Färbung[1]. Aber auch anorganische Beimengungen können die Farbe der Tone beeinflussen. Sind dieselben körniger Beschaffenheit, so können sie durch einen Reinigungs- oder Schlämmprozeß (S. 31) entfernt werden. Viele Tone und manche Kaoline zeigen auch im geschlämmten Zustande keine reine Farbe, sondern sind noch durch organische Reste feinster Verteilung oder auch durch anorganische Verbindungen gefärbt. Von letzteren kommen vor allem die Verbindungen des Eisens und Mangans in Betracht, dann auch die anderer Elemente. Für die Beurteilung der keramischen Verwendbarkeit der Tone und Kaoline ist ihre Farbe im rohen Zustande nur in untergeordnetem Grade maßgebend, in weit höherem dagegen neben anderen wichtigen Eigenschaften stets nur die Farbe der genannten Rohstoffe nach dem Brennen. Hellere Brennfarbe ist meist ein Kennzeichen für größere Feuerfestigkeit eines Tones, aber auch nichtfärbende Bestandteile können den Grad seiner Feuerfestigkeit herabsetzen. Es ist wichtig, den Kaolin oder Ton möglichst unter den gleichen Verhältnissen auf seine Brennfarbe zu prüfen, wie sie für seine spätere praktische Verwendung in Frage kommen. Die Brennfarbe eines Tons oder Kaolins hängt ab 1. von der Art und Menge seiner Beimengungen, 2. von der Höhe der Brenntemperatur und der Zusammensetzung der Ofenatmosphäre während des Brandes, 3. von dem Fortschreiten des Verdichtungsprozesses und damit dem Gehalte des Tons oder Kaolins an als Flußmittel wirkenden Oxyden und dem Grad ihrer Verteilung[2]. Somit kann ein und derselbe Ton je nach der Höhe der Brenntemperatur und der chemischen Beschaffenheit der Ofenatmosphäre verschiedene Farbtönung aufweisen: Erhitzung bei Sauerstoffzutritt verleiht einem Material oft eine gelbliche Färbung, das in reduzierender Atmosphäre völlig weiß brennt.

[1] Kästner, F.: Sprechsaal Keramik usw. Bd. 60 (1927) S. 915.

[2] Rieke, R.: Das Porzellan 2. Aufl. S. 58. Leipzig 1928.

Auch der Porositätsgrad beeinflußt die Brennfarbe eines Rohstoffs: gefärbte Körper besitzen in dichtgebranntem Zustande stets dunklere Färbung als in porösem, während ein poröses Material stets reiner weiß erscheinen wird als ein anderes mit gleichem Gehalt an Verunreinigungen, das dicht gebrannt ist.

Von den die Brennfarbe der Kaoline und Tone beeinflussenden Oxyden ist das Eisenoxyd das wichtigste. An zweiter Stelle steht Titanoxyd, in selteneren Fällen spielt auch Manganoxyd eine Rolle. Die Stärke der Farbwirkung des Eisens hängt hierbei nicht nur von der Menge, sondern auch von der Oxydationsstufe ab, in der es vorhanden ist, außerdem von der Art der physikalischen Verteilung und der Höhe der Erhitzung. Gänzlich eisenfrei sind auch die rein weiß brennenden Kaoline nicht. Der Gehalt der Tone und Kaoline an Titanoxyd bewirkt in gesinterten Massen eine Blaugraufärbung beim Brennen, die nach K. Kumanin[1] ihren Grund in der Bildung niederer Oxyde des Titans hat und vorwiegend bei Reduktionsfeuer auftritt. Durch die Oxyde der Alkali- und Erdalkalimetalle wird diese Färbung infolge Bildung von Titanaten geschwächt, wenn der Eisenoxydgehalt des Materials 1,5% nicht übersteigt. In einem noch porösen Material tritt beim Abkühlen an der Luft stets wieder eine Oxydation der niederen Titan-Sauerstoff-Verbindungen zu Titanoxyd ein. Der Gehalt eines Kaolins oder Tons an Eisen- und Titanverbindungen bewirkt auch eine Herabsetzung seines Erweichungspunktes (vgl. S. 118).

Die Einteilung der Kaoline und Tone kann nach verschiedenen Gesichtspunkten erfolgen, nämlich nach ihrem geographischen Vorkommen, der Zeit ihrer geologischen Entstehung[2], ihrer mineralogischen Zusammensetzung, ferner auf Grund technisch wichtiger Eigenschaften[3], ihrer Brennfarbe[4] oder auch nach der Art ihrer praktischen Verwendung[5]. Eine einheitliche systematische Klassifikation, die für alle Zwecke paßt, ist bisher noch nicht gefunden.

Für die Kennzeichnung der Kaoline und Tone und ihre Zusammen-

[1] Arbeiten des Staatlichen Forschungsinstituts Bd. 6. Leningrad. Referat von E. Klever: Keram. Rdsch. Bd. 36 (1928) S. 101; dgl. Sprechsaal Keramik usw. Bd. 61 (1928) S. 10. Vgl. hierzu auch R. Rieke: Sprechsaal Keramik usw. Bd. 41 (1908) S. 405, sowie A. H. Kuechler: J. Amer. ceram. Soc. Bd. 9 (1926) S. 104.

[2] Z. B. Tertiärtone, Diluvialtone usw.

[3] Als solche sind zu nennen ihre Verarbeitbarkeit im nassen formbaren (plastischen) Zustand („fette" Tone, „magere" Tone usw.) und ihr Verhalten beim Erhitzen auf immer höhere Temperaturen bis zum allmählichen Erweichen und Schmelzen. Nach letzterem Gesichtspunkt unterscheidet man leicht dichtbrennende oder frühzeitig sinternde Tone, schwerschmelzbare oder feuerfeste Tone usw. Man rechnet zu den feuerfesten Tonen diejenigen, deren Kegelschmelzpunkt (vgl. hierzu S. 115 und Anhang II, S. 323) oberhalb Segerkegel 26 liegt.

[4] Z. B. weißbrennende Tone, gelbbrennende Tone usw.

[5] Man unterscheidet Porzellantone, Steinguttone, Steinzeugtone, Pfeifentone, Töpfertone, Kacheltone, Ziegeltone usw. Diese Bezeichnungen haben keine scharf trennende Bedeutung, sondern man kann z. B. viele Tone, die als Steinzeugtone bezeichnet werden, auch zur Herstellung von Steingut benutzen. Die Kaoline oder Porzellanerden dienen in erster Linie als Rohstoffe für die Porzellanherstellung, werden aber auch in der Steingutfabrikation verwendet.

fassung in Gruppen ist nach G. Keppeler[1] ihr Glimmergehalt geeignet. Demgemäß ordnet er die Kaoline und Tone nach dem Verhältnis von Glimmer zu „Tonsubstanz" (vgl. hierzu S. 13). Hierbei sind nach Keppeler und H. Gotthardt[2] als Glimmer diejenigen Bestandteile der Kaoline und Tone zu bezeichnen, die bei der rationellen Analyse (S. 37) durch Schwefelsäure aufgeschlossen, durch Glühen bei 700° bis 750° aber nicht zerstört werden.

Zur Kennzeichnung der Kaoline und Tone benutzt G. Keppeler[1] ferner ihren Humusgehalt (S. 96 und S. 99), auch die Wasserstoffionen-Konzentration (S. 100) ihrer wässerigen Suspensionen, sowie ihre Teilchengrößenverteilung[3]. Die Kaoline und Kaolintone besitzen nach Keppeler[3] einen kleineren, die Tone einen größeren Oberflächenfaktor als 2,5 m^2 je g Ton.

Besonderes Interesse verdient auch der in neuester Zeit von K. Endell und U. Hofmann[4] gemachte Vorschlag, die Kennzeichnung und Einteilung der Kaoline und Tone auf Grund der Ergebnisse ihrer röntgenoptischen und kolloidchemischen Untersuchung vorzunehmen. Hierbei ist wichtig die Bestimmung des totalen Sorptionsvermögens T des Tonkomplexes für Kationen (S. 91) und ihrer Beziehungen zu anderen Eigenschaften der Tone im rohen Zustande.

Eine umfassende Kennzeichnung eines Kaolins und Tons bezweckt auch das von der Deutschen Keramischen Gesellschaft herausgegebene „Eigenschaftsblatt"[5] (vgl. S. 30)[6].

Für den Feinkeramiker sind neben den Kaolinen von besonderer Wichtigkeit die sog. feuerfesten Tone. Es sind dies reinere, d. h. die tonerdereichen und eisenarmen Tone von heller Brennfarbe, guter Plastizität und hoher Feuerfestigkeit. Sie haben sich während der Tertiärzeit aus Kaolinlagern gebildet („Kaolin-Tone") und sind entstanden durch Wiederablagerung von Verwitterungsschutt, der von höher gelagerten Gebieten in die Niederungen des damaligen Festlandes hinabgeschlämmt wurde. Bei der Umlagerung sind diese Kaolinisierungsprodukte von góberem Sand und Kies befreit worden und haben gleichzeitig auch chemische und physikalische Veränderungen erfahren. Da die Wiederablagerung in Süßwasserseen erfolgte, haben sich diese Tone

---

[1] Ber. dtsch. keram. Ges. Bd. 10 (1929) S. 505.

[2] Ebenda S. 503 und Sprechsaal Keramik usw. Bd. 64 (1931) S. 863.

[3] Keppeler, G., u. H. Gotthardt: Sprechsaal Keramik usw. Bd. 64 (1931) S. 863.

[4] Ber. dtsch. keram. Ges. Bd. 14 (1933) S. 363; Z. angew. Chem. Bd. 46 (1933) Nr. 42.

[5] Eigenschaftsangaben von Ton oder Kaolin. Verfaßt vom Rohstoffausschuß der D. K. G.

[6] Auf eine Übersicht von A. Fischer: Tonind.-Ztg. Bd. 52 (1928) S. 1836, die die Verteilung der heute in Deutschland benutzten Tonvorkommen über die einzelnen erdgeschichtlichen Formationen zeigt und auf Grund des Werks von W. Dienemann: Die nutzbaren Gesteine Deutschlands und ihre Lagerstätten Bd. 1 (1928), zusammengestellt ist, sei hingewiesen.

eine verhältnismäßig große Reinheit bewahrt im Gegensatz zu den im salzhaltigen Meerwasser zur Ablagerung gekommenen Tonen[1]. In der Mitte zwischen den Kaolinen und den feuerfesten Tonen stehen die Kaolin-Tone im engeren Sinne, die zwar sekundär abgelagert, aber den

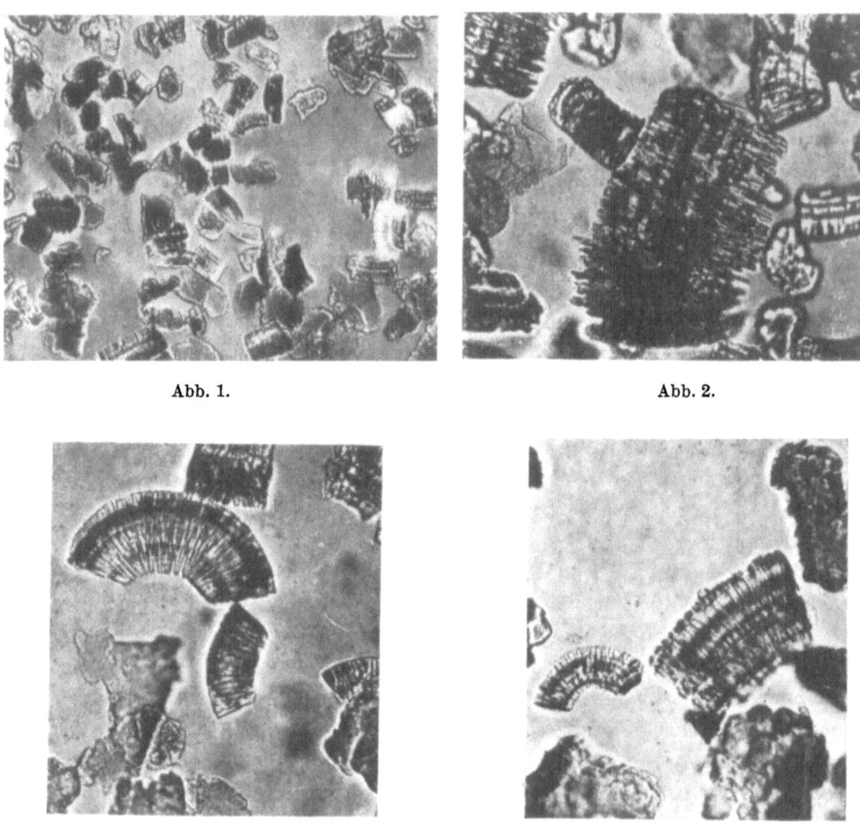

Abb. 1. Abb. 2.

Abb. 3. Abb. 4.

Abb. 1 bis 4. Kaolinkristalle nach R. Rieke. Abb. 1: 100fache Vergrößerung, Abb. 2 bis 4: 220fache Vergrößerung.

primären Kaolinen bezüglich ihrer physikalischen Eigenschaften sehr ähnlich sind.

Eine möglichst erschöpfende Kenntnis der mineralischen Zusammensetzung der Tone, und zwar sowohl bezüglich ihrer plastischen Bestandteile (kristallisierte und amorphe) als auch ihrer nichtplastischen Anteile (Quarz, Feldspat, Glimmer usw.) ist für ihre industrielle Verwendung von großer Bedeutung.

---

[1] Dienemann, W.: Ber. dtsch. keram. Ges. Bd. 9 (1928) S. 510.

Der Hauptbestandteil der Kaoline und reineren Tone ist das Aluminiumhydrosilikat $H_4Al_2Si_2O_9$ oder $Al_2O_3 \cdot 2\,SiO_2 \cdot 2\,H_2O$. Es hat die prozentuale Zusammensetzung 39,7 Aluminiumoxyd, 46,4 Siliziumoxyd und 13,9 Wasser. In der Keramik führt diese Verbindung allgemein den ihr von Hermann Seger verliehenen Namen „Tonsubstanz" und bildet in reiner kristallisierter Form das Mineral Kaolin (vgl. hierzu S. 6). Seine Farbe ist gewöhnlich weiß. Soweit der Kaolin in deutlichen Kristallen auftritt, besitzen diese blättchenartige Form von mehr oder weniger regelmäßigem Umriß und stellen meist dünne Täfelchen dar, die wahrscheinlich dem hexagonalen System angehören. Oft sind mehrere dieser Blättchen zu parallelblättrigen, fächer- oder rosettenartigen Haufwerken vereinigt. Die Blättchenform erklärt sich nach J. Stark[1] durch die Entstehung der Tonsubstanz infolge schichtweiser Zersetzung der Oberfläche des Feldspats, aus dem sie durch Umwandlung hervorgegangen ist. Abb. 1 zeigt das Aussehen des aus dem Kaolin von Hirschau isolierten Minerals bei hundertfacher Vergrößerung unter dem Mikroskop nach R. Rieke[2], Abb. 2 bis 4 dasselbe bei 220facher Vergrößerung. Das einzige bisher bekannt gewordene natürliche Vorkommen, das Kaolinkristalle in gut ausgebildeter Form enthält, ist nach T. N. McVay[3] das der National Belle Mine in Colorado, V. St. v. A. Abb. 5 gibt das Aussehen eines solchen Kaolinkristalls in 300facher Vergrößerung wieder.

Abb. 5. Kaolinkristall von National Belle Mine, Colorado. 300fache Vergrößerung. Nach McVay.

Andere Vorkommen von Kaolin in hexagonalen Lamellen beschreibt A. Granger[4]. Unter ihnen ist bemerkenswert vor allem das von Ankalampoé in den Hohlräumen von Kalzit zusammen mit Bleiglanz.

Man findet bei den Kaolinen im allgemeinen regelmäßiger und bestimmter begrenzte, auch größere Kristalle als bei den Tonen, bei denen die genaue mikroskopische Erkennung der einzelnen Teilchen wegen ihrer geringen Größe zuweilen äußerst schwierig ist[5]. Die

---

[1] Die physikalisch-technische Untersuchung keramischer Kaoline, S. 14. Leipzig 1922.

[2] Sprechsaal Keramik usw. Bd. 40 (1907) S. 33.

[3] J. Amer. ceram. Soc. Bd. 11 (1928) S. 224.

[4] La Céramique industrielle. Premier Volume. S. 22. Paris 1929.

[5] Bei 22 englischen und amerikanischen Kaolinen, die H. F. Vieweg ([J. Amer. ceram. Soc. Bd. 16 (1933) S. 77; Ref. Sprechsaal Keramik usw. Bd. 66 (1933) S. 597] untersuchte, betrug der durchschnittliche Teilchendurchmesser 1,5 bis

verhältnismäßig groben Tonteilchen besitzen durchschnittlich 0,1 mm, die mittleren 0,020 bis 0,025 mm und die feinen 0,01 mm oder geringeren Durchmesser (vgl. auch S. 34). Viele Tone enthalten aber so feines Material, daß man die Teilchen selbst mit einem starken petrographischen Mikroskop nicht erkennen kann. Man nimmt solche Teilchen als in kolloidaler Form vorhanden an. Sie sind für die Plastizität der Tone und Kaoline von großer Bedeutung[1].

Mit dem Kaolin fast oder völlig identisch sind die Mineralien Nakrit, Pholerit, Myelin, Steinmark (oft noch sand- und feldspathaltig), Karnat, Tuesit[2] und Dickit (Kaolin von Anglesey)[2]. Sie unterscheiden sich teilweise durch ihre optischen, thermischen und röntgenographischen Eigenschaften[3].

Die neuerdings gelungene Herstellung des Kaolins auf synthetischem Wege[4] besitzt nur wissenschaftliches Interesse und ist praktisch zunächst ohne Bedeutung.

Für die Charakterisierung der „Tonsubstanz“ ist wichtig, daß sie durch Chlorwasserstoffsäure nicht zersetzt wird, sondern nur durch heiße konzentrierte Schwefelsäure. Eingehendere Untersuchungen haben aber ergeben, daß nicht nur im Ton, sondern auch im Kaolin ein bereits durch Chlorwasserstoff zersetzbarer Anteil vorhanden ist. Bei Kaolinen ist dieser „allophanoide“ Anteil[5] meist weit geringer als bei den Tonen. Die Bezeichnung „Tonsubstanz“ stellt also einen Sammelbegriff dar[6]. Inwieweit ein Schwanken des molekularen Verhältnisses von Al_2O_3 zu SiO_2 im allophanoiden Anteil der Tonsubstanz der Kaoline und Tone deren Eigenschaften beeinflußt, muß durch weitere Untersuchungen festgestellt werden[7]. Aus Versuchen von H. Hirsch und W. Dawihl[8] kann gefolgert werden, daß das Konstitutionswasser der Tonsubstanz nicht gleichartig gebunden, sondern von dem im Kaolinmolekül enthaltenen Wasser ein Teil, und zwar ½ Molekül, in besonderer Bindung vorhanden ist.

---

38 μ. Vieweg schlägt vor, Kaoline mit einer durchschnittlichen Teilchengröße von weniger als 7 μ als feinkörnige, mit einer solchen zwischen 7 und 15 μ als mittelkörnige und mit einer Teilchengröße von mehr als 15 μ als grobkörnige Kaoline zu bezeichnen.

[1] Vgl. hierzu G. Keppeler u. H. Gotthardt: Sprechsaal Keramik usw. Bd. 64 (1931) S. 863.

[2] Weber in C. Bischof: Die feuerfesten Tone und Rohstoffe, 4. Aufl. S. 22, Leipzig 1923.

[3] Ross, C. J., u. P. F. Kerr: J. Amer. ceram. Soc. Bd. 13 (1930) S. 151.

[4] Noll, W.: Naturwiss. Bd. 20 (1932) S. 366; Chem. Zbl. Bd. 103 (1932) II S. 1422.

[5] Vgl. hierzu H. Lehmann u. W. Neumann: a. a. O. S. 357.

[6] Keppeler, G.: Ber. dtsch. keram. Ges. Bd. 10 (1929) S. 501.

[7] Vgl. hierzu van Bemmelen: Z. anorg. allg. Chem. Bd. 66 (1910) sowie A. Schwalbe u. O. Schmidt: Sprechsaal Keramik usw. Bd. 56 (1923) S. 289. G. A. Kall: Ebenda Bd. 59 (1926) S. 127 und O. Krause: Ebenda S. 186.

[8] Ber. dtsch. keram. Ges. Bd. 14 (1933) S. 97.

Nach einem Vorschlag von K. Endell und U. Hofmann[1] sind allgemein „als Tone diejenigen wasserhaltigen Aluminiumsilikate zu bezeichnen, die, abgesehen von einem gewissen Glimmergehalt, entweder im Gitter des Kaolinits oder des Montmorillonits (s. u.) kristallisieren“.

Manche Tone enthalten Halloysit ($Al_2O_3 \cdot 2\,SiO_2 \cdot 3\,H_2O$) als tonige Grundsubstanz, z. B. ein als Indianait bezeichneter, im Hurongebiet in Nordamerika vorkommender Ton, andere Serizit, eine feinschuppige Abart des Muskovits. Ein Mineral von der Zusammensetzung $2\,Al_2O_3 \cdot 6\,SiO_2 \cdot 5\,H_2O$, für das der Name Ionit vorgeschlagen wurde, bildet einen wichtigen Teil der Ioneformation von Kalifornien; wahrscheinlich ist dieses Mineral identisch mit dem Anauxit von Bilin, Tschechoslowakei[2].

Eine besondere Stellung gegenüber den anderen Tonen nehmen gewisse in Kanada und im Westen der Vereinigten Staaten von Amerika abgelagerte Tone ein, die als Bentonit bezeichnet werden[3]. Andere Bezeichnungen sind Aquagel oder Seifenton. Eine angeblich bessere und reinere Abart des Bentonits ist der Wilkinit von Medicine Bow, Wyoming[4]. Nach den Untersuchungen des United States Geological Survey[5] bildet der Bentonit das Endergebnis der chemischen Umwandlung glasiger vulkanischer Asche oder Lava in Hydrosilikat und Hydroaluminat. Die Bezeichnung „Bentonit“ sollte nur für dasjenige Material gebraucht werden, das mindestens 75% der kristallinen Mineralien Montmorillonit, $(Mg, Ca)\,O \cdot Al_2O_3 \cdot 5\,SiO_2 \cdot n\,H_2O$, und Beidellit, $Al_2O_3 \cdot 3\,SiO_2 \cdot n\,H_2O$, enthält[6,7]. Es sind dies wasserhaltige Aluminiumsilikate mit veränderlichem Gehalt an Kalzium-, Magnesium- und Eisenoxyd. Nach E. S. Larsen[8] besteht der Bentonit in der Hauptsache aus dem Mineral Leverrierit ($2\,Al_2O_3 \cdot 5\,SiO_2 \cdot 5\,H_2O$). Die Struktur der feinen Mineralteilchen ist glimmerartig, so daß sie in ähnlicher Weise wie Kolloide in Wasser zu schweben vermögen oder dispergieren. Bei Aufnahme von Wasser erlangt der Bentonit große Plastizität und quillt bei genügendem Wasserzusatz zu einer dicken seifenartigen Masse von außerordentlicher Zähigkeit auf. Er ist auf der Lagerstätte für Wasser sehr undurchlässig, das nur wenig in die Oberflächenschicht eindringt. Charakteristisch ist das runzelige Aussehen der Oberfläche zutage tretender Ablagerungen von Bentonit, das durch abwechselndes Quellen und Schrumpfen beim Naßwerden und Trocknen verursacht wird. Bei manchen Bentoniten wird die Erscheinung des Quellens durch eine 2,5proz. Natriumchloridlösung verzögert, die größte Wirkung wird aber erst bei Anwendung gesättigter Lösungen erreicht, wobei ein fester Rückstand bleibt. Auch Schmieröl, Kerosen und Gasolin verhindern beim Naßbohren das Anschwellen des Bentonits. Die Bentonite besitzen weiße oder graue, auch gelbliche bis olivengrüne Farbe, zuweilen infolge eines Gehalts an kohligen Stoffen auch dunklere Farbe. Die Brennfarbe der meisten Bentonite ist rötlich-gelb oder hellrot. Man unterscheidet Alkali-Bentonit und Erdalkali-Bentonit. Einen Bentonit, der

---

[1] Nach einem auf der 14. Hauptversammlung 1933 der Deutschen Keramischen Gesellschaft in Jena gehaltenen Vortrage.

[2] Allen, V. T.: Amer. Mineral. Bd. 13 (1928) S. 145.

[3] So benannt nach dem Fort Benton, in dessen Umgebung sie in der oberen Kreideformation vorkommen.

[4] Lee, P. W.: J. Amer. ceram. Soc. Bd. 11 (1928) S. 713.

[5] Ross, C. S., u. E. V. Shannon: J. Amer. ceram. Soc. Bd. 9 (1926) S. 77.

[6] Davis, C. W., u. H. C. Vacher: Bur. Mines Techn. Pap. 1928 Nr. 438 S. 51; Engng. Min. J. Bd. 123 (1927) S. 495; Ref. Abstracts comp. by the Amer. ceram. Soc. Bd. 8 (1929) S. 358.

[7] Peck, A. B.: J. Amer. ceram. Soc. Bd. 16 (1933) S. 70.

[8] Sprechsaal Keramik usw. Bd. 59 (1926) S. 184 Anm. 2.

beim Behandeln mit Säure seine ursprünglichen Eigenschaften verliert, bezeichnet man als Sub-Bentonit. Es gibt Alkali-Subbentonit und Erdalkali-Subbentonit[1].

Die Frage, ob in der „Tonsubstanz" ein Teil des Aluminiumoxyds durch Eisenoxyd ersetzbar ist, letzteres in der Tonsubstanz also konstitutionell gebunden sein kann, hat bisher noch nicht geklärt werden können. Das in der Natur vorkommende, dem Aluminiumhydrosilikat entsprechende Eisenmineral ist der Nontronit[2]. G. Keppeler[3] hat festgestellt, daß im Kaolin ¾ des Eisenoxydgehaltes beim Erhitzen ähnliches Verhalten zeigen wie das Aluminiumoxyd der Tonsubstanz.

Wie bereits erwähnt, enthalten die am Orte ihrer Entstehung verbliebenen Kaoline größere Mengen des im Muttergestein enthalten gewesenen Quarzes in grob- oder feinkörniger Form, daneben auch andere Mineralien. Die dem Abbau für technische Zwecke dienenden Tonlagerstätten enthalten im allgemeinen neben der tonigen Grundsubstanz ebenfalls feinen und feinsten Quarzsand und sonstige Mineraltrümmer, darunter auch Kalkstein und Dolomit sowie den für die Fabrikation höchst unerwünschten Schwefelkies und oxydische Eisenverbindungen, auch Beimengungen organischer Natur (Kohle, Torf, Bitumen u. dgl.). Die Menge des in den Tonen vorhandenen Quarzes richtet sich nach der Art der natürlichen Aufbereitung, die der Ton erfahren hat, und beträgt von weniger als 1% bis zu mehr als 60%. In manchen Tonen findet sich die chemisch nicht gebundene Kieselsäure in amorpher Form. Ein wesentlicher Bestandteil gewisser Tone von Pennsylvanien und Missouri, V. St. v. A., der sog. nodule clay, ist der Diaspor, der an Stelle von Quarz in einzelnen Körnern vorkommt.

Die in untergeordneteren Mengen in den Tonen und auch den Kaolinen auftretenden Eisenmineralien sind neben dem Pyrit (FeS_2) der Siderit ($FeCO_3$), Hämatit (Fe_2O_3) oder seine verschiedenen Hydratationsstufen, also der Limonit ($2\,Fe_2O_3 \cdot 3\,H_2O$) u. a. Gelbbrennende Tone enthalten 0,5 bis 4 oder 5% Eisenoxyd, rotbrennende 4 bis 7% oder mehr. Die Eisenmineralien können in den Tonen in körnigem oder kolloidalem Zustand vorhanden sein. Die Oxyde und Hydroxyde des Eisens sind gewöhnlich im Ton feinverteilt. Eisenkarbonat kommt entweder in Körnern oder feinverteilt vor, Pyrit nur in körniger Form. Andere eisenhaltige Mineralien, deren Vorkommen in den Tonen allerdings weniger häufig ist, sind Biotitglimmer, Hornblende und Magnetit. Fast alle Tone enthalten auch etwas Rutil oder bisweilen Anatas. In

[1] Warren, J. A.: Min. & Metallurgy Bd. 7 S. 349; Ref. Chem. Zbl. Bd. 97 (1926) II S. 2050. — Über Bentonit vgl. weiter H. C. Coss: Ceram. Age 1931 S. 147; Ref. Keram. Rdsch. Bd. 39 (1931) S. 221.

[2] Dittler, E.: Tonind.-Ztg. Bd. 56 (1932) S. 837.

[3] Sprechsaal Keramik usw. Bd. 58 (1925) S. 614; vgl. a. B. Neumann u. S. Kober: Ebenda Bd. 59 (1926) S. 607.

manchen Tonen finden sich schließlich auch noch größere oder geringere Mengen löslicher Salze. Sie stammen aus dem Wasser, aus dem der Ton sich abgesetzt hat, und haben sich mit diesem zusammen niedergeschlagen. In Betracht kommen in erster Linie die Sulfate der alkalischen Erden und Alkalien, auch Chloride, ferner Vanadate und Molybdate. Sie können beim Trocknen der aus den betreffenden Tonen hergestellten Waren Anlaß zur oberflächlichen Bildung von Ausblühungen geben[1]. Gewöhnlich handelt es sich bei diesen in den Tonen oder auch in manchen Kaolinen vorhandenen löslichen Salzen um Mengen von Hundertstel- oder Zehntelprozenten.

Kaoline und Tone verschiedenster Art, Reinheit und Verwendbarkeit finden sich in zahlreichen Ländern Europas und der übrigen Erdteile. Deutschland selbst ist verhältnismäßig reich an guten und vielseitig verwendbaren Kaolinen und Tonen.

Zur Zeit kommen für die feinkeramische Industrie von deutschen Kaolinlagerstätten nur eine beschränkte Anzahl in Betracht, die sich meist im Besitz größerer Werke befinden[2]. Von den mitteldeutschen Kaolinwerken sind für die Feinkeramik wichtig die in der Umgebung von Halle, die im Mügeln-Oschatzer Becken und die bei Meißen, die sämtlich an Porzellan- und Steingutbetriebe liefern. Das gleiche gilt in kleinerem Umfange von Spergau bei Corbetha und Hohburg bei Wurzen, während die Kaoline der sächsischen Lausitz in der Nähe von Bautzen (z. B. bei Margarethenhütte, Adolfshütte und Caminau), ebenso der Eisenberg-Gösener Kaolin nur in der Grobkeramik und Papierindustrie Verwendung finden. Von Bedeutung sind auch die nordbayerischen Kaolinwerke in der Gegend von Amberg, die sowohl an die feinkeramische Industrie als auch in großem Umfange an die Papierfabrikation liefern. Die westdeutschen Kaolinlagerstätten, deren bedeutendste die der Grube Rothenberg bei Geisenheim im Taunus ist, finden als Rohstoffe für die Porzellanerzeugung keine Verwendung, sondern sind nur für die grobkeramische und Papiererzeugung geeignet.

Das am längsten bekannte der sächsischen Kaolinvorkommen ist das der Sankt Andreas-Fundgrube bei Aue im Erzgebirge, das von der Erfindung des europäischen Porzellans im Jahre 1709 ab bis zum Jahre 1855 den Rohstoff zur Herstellung des Meißner Porzellans geliefert hat[3]. In der Umgebung von Meißen befinden sich größere Kaolinlager bei den Dörfern Seilitz, Löthain, Schletta, Kaschka. Die Löthainer Vorkommen sind zum Teil als Kaolintone zu bezeichnen. Die Meißner Kaoline sind durch Oberflächenzersetzung aus Dobritzer Porphyr und Pechstein

---

[1] Näheres über die akzessorischen mineralogischen Bestandteile der Tone vgl. J. Spotts McDowell: J. Amer. ceram. Soc. Bd. 9 (1926) S. 55.

[2] Keram. Rdsch. Bd. 37 (1929) S. 534 und Brunner: Ebenda Bd. 38 (1930) S. 17.

[3] Geologisches über den Kaolin von St. Andreas bei Aue vgl. O. Stutzer: Z. prakt. Geol. Bd. 13 (1905) S. 333.

entstanden, auch aus Porphyrit, Syenit und Tuffen. Von den technisch ausgezeichnet erschlossenen und zur Zeit in großem Umfange im Abbau befindlichen Lagern des Mügelner Beckens sind für die deutsche feinkeramische Industrie außerordentlich wichtig die Vorkommen von Kemmlitz und Börtewitz, auch die von Pommlitz und Glossen-Schleben. Das Muttergestein des Mügelner Kaolins ist der Rochlitzer Quarzporphyr.

Die Kaolinlager der Provinz Sachsen liegen in der Hauptsache in den Gemarkungen der Dörfer Dölau, Morl, Sennewitz, Hilgendorf, Groitsch, Seeben und Teicha. Sie sind aus älterem und jüngerem Quarzporphyr entstanden und erstrecken sich unter einer geringen Decke von Erde und Sand.

Der Abbau der wichtigsten Kaolinlager der bayerischen Oberpfalz erfolgt vor allem bei den Orten Hirschau und Schnaittenbach, wo feinkörnigere Keuperarkosen weitgehend kaolinisiert sind. Grobkörnigere Arkosen sind die bei Steinfels, Weiherhammer u. a. Orten. Je nach dem Grade der Umwandlung bezeichnet man in der bayerischen Oberpfalz das entstandene Produkt entweder als „Pegmatit“ (vgl. hierüber S. 130) oder als Kaolin. In dem Lager von Tirschenreuth-Erbendorf ist ein normaler Granit in ziemlich flächenhafter Ausdehnung in kaolinisierter Form erhalten geblieben[1].

Auf die wichtigeren Kaolinlager Thüringens in der Gegend von Altenburg und bei Corbetha wurde bereits hingewiesen. Der dort abgebaute Kaolin ist sog. Kaolinsandstein, der geologisch zum mittleren Buntsandstein gerechnet wird. In Thüringen wird auch das bereits erwähnte Steinmark gewonnen und zur Porzellanherstellung benutzt. Es ist ein Feldspat und Sand enthaltendes Verwitterungsprodukt einiger weißer Buntsandsteinarten[1].

Die für die europäische Porzellanindustrie zur Zeit wohl immer noch wichtigsten Kaolinvorkommen sind die Lagerstätten in der Umgegend von Karlsbad in der Tschechoslowakei. Sie liegen sämtlich im nordwestböhmischen Braunkohlenbecken von Falkenau-Elbogen. Das bedeutendste Vorkommen ist das in der Nähe von Zettlitz, Ottowitz und Weheditz. Das Liegende besteht aus Granit, in den der Kaolin übergeht, das Hangende aus Schichten sekundären Kaolins (Kaolin-Tons), den sog. Schlickerflötzen, Sandsteinschichten, gefärbten glimmerreichen Letten, Kohle usw. Die hauptsächlichsten Kaolingruben sind zur Zeit Apollo, Austria-Tiefbau, Bohemia, Pfeiffer-Lorenz, Premlowitz und Reinwarth[2]. Ein in neuerer Zeit zu gewisser Bedeutung gelangter nordböhmischer Kaolin ist der von Pomeisl, der außer in der Steingutindustrie teilweise auch zur Porzellanherstellung verwendet wird. Wertvolle Kaoline finden sich auch bei Altrohlau, Sodau, Imligau und Poschezau, nordwestlich von Karlsbad. Die Kaolinlager im Steinkohlenbecken von Pilsen sind aus Arkosen entstanden und ebenfalls von technischer Bedeutung. Erwähnt sei schließlich noch das Vorkommen von Podersam bei Saaz.

Die Kaolinlager Österreichs besitzen nur untergeordnete Bedeutung.

In Ungarn sind zahlreiche Kaolinvorkommen bekannt, ihres meist hohen Kieselsäuregehalts wegen aber nur von beschränkter Verwendbarkeit.

---

[1] Über bayerische Kaoline siehe A. Laubenheimer: Ber. dtsch. keram. Ges. Bd. 9 (1928) S. 521; M. Priehäuser: Keramos, Deutsche Erden, deutsches Steinzeug, S. 17. Bamberg 1929 und Keramos Bd. 8 (1929) S. 795. Über deutsche Kaolinlager im allgemeinen siehe besonders A. Stahl: Die Verbreitung der Kaolinlagerstätten in Deutschland. Arch. Lagerst.-Forschg. H. 12. Berlin 1912, sowie Deutschlands Kaolinlagerstätten und ihre Entstehung. Sprechsaal Keramik usw. Bd. 46 (1913) S. 95.

[2] Michler: Ber. dtsch. keram. Ges. Bd. 10 (1929) S. 346. Kallauner, O.: Sprechsaal Keramik usw. Bd. 58 (1925) S. 779 u. a.

Auch in Jugoslawien, Bulgarien und Rumänien[1] finden sich an verschiedenen Orten Kaoline, die aber nicht zu den erstklassigen gehören.

Die in Italien bekannten Kaolinlager zeigen fast alle minderwertige Beschaffenheit und sind nicht umfangreich[2].

In Frankreich sind die größten Kaolinlager die in den Monts du Limousin im Departement Haute-Vienne. Sie sind durch Umwandlung von den Glimmerschiefer durchsetzenden Aplit- und Pegmatitgängen entstanden. Auch das Allierbecken ist reich an Kaolinen, die aber nicht die vorzüglichen Eigenschaften der Limousiner Kaoline besitzen. Sehr reiner Kaolin findet sich bei Flemet und Loudeac in der Bretagne. Mächtige Kaolinlager enthält auch das Granitmassiv der Pyrenäen[3]. Man unterscheidet in der französischen Porzellanfabrikation gewöhnlich drei Sorten Kaolin[4], nämlich 1. Kaolin-Argile, auch kurzweg Argile genannt, d. i. fast reiner Kaolin mit nur 4 bis 5% Sand, 2. Kaolin-Caillouteux, auch kurz Caillouteux genannt, der 40 bis 60% Kaolin enthält, und 3. Kaolin-Décanté, der dem minderwertigsten Rohmaterial entstammt, das ohne Schlämmung nicht verwendbar wäre, wogegen Argile und Caillouteux ungeschlämmt benutzt werden.

In Spanien finden sich Kaolinlager in den Provinzen Toledo und Valencia, in Portugal bei Oporto.

Mächtige Lager Kaolins von ausgezeichneter Beschaffenheit erstrecken sich in Großbritannien in der Grafschaft Cornwall und den angrenzenden Bezirken der Grafschaft Devon. Sie sind das Ergebnis der Kaolinisierung durch pneumatolytische Einwirkung auf den Feldspat des dortigen Granits. Die Hauptgewinnungsstätten in Cornwall liegen in der Umgebung der Orte St. Austell, St. Just, Breage usw., in der Grafschaft Devon in der Gegend von Cornwood und Plumpton[5]. Der gereinigte englische Kaolin des Handels führt den Namen „china clay“.

Auch Dänemark und Schweden besitzen bedeutende Kaolinlager, die in der skandinavischen Porzellan- und Papierindustrie verwendet werden. Die Kaolinlager Norwegens sind ihres hohen Kreidegehalts wegen nur wenig feuerfest und technisch von geringer Bedeutung.

In Rußland ist besonders die Ukraine reich an guten Kaolinlagern. Die primären Kaoline finden sich vorwiegend in dem Streifen kristallinischer Gesteine, der sich von Wolhynien bis an das Asowsche Meer hinzieht. Die hochwertigsten Kaoline werden im Kreise Gluchow abgebaut[6,7].

Nordamerika ist im allgemeinen reicher an wertvollen Tonen als an primären Kaolinen. Wichtige und technisch weitgehend verwertete Fundstätten nordamerikanischer Kaoline verschiedener Beschaffenheit sind Augusta im Staate Georgia, Richmond in Virginia, Edgefield in Süd-Carolina, Jacksonville in Alabama, ferner Newcastle County in Delaware, Lawrence County in Indiana, Putman und Lake Counties in Florida, Spokane in Washington u. a. Große noch nicht verwertete Kaolinlager finden sich auch im Staate Texas. Kaoline auf sekundärer

---

[1] Braniski, A. I.: Bulet. Chim. pura aplicata Bd. 29 (1927) S. 15; Ref. Chem. Zbl. Bd. 99 (1928) I S. 2122.

[2] Anon.: Pottery Gazette Bd. 54 (1929) S. 296.

[3] Über französische Kaoline siehe Ausführliches A. Granger: La Céramique industrielle Bd. 1 S. 12. Paris 1929.

[4] Zimmer, W. H.: Sprechsaal Keramik usw. Bd. 42 (1909) S. 270.

[5] Bull. Amer. ceram. Soc. Bd. 4 (1925) S. 639; Min. J. Bd. 161 (1928) S. 279.

[6] Über europäische Kaolinlager vgl. auch B. Dammer und O. Tietze: Die nutzbaren Mineralien Bd. 2 S. 382.

[7] Keramos Bd. 5 (1926) S. 520; Sprechsaal Keramik usw. Bd. 60 (1927) S. 379 und Bd. 61 (1928) S. 902. A. Laubenheimer: Ber. dtsch. keram. Ges. Bd. 14 (1933) S. 234.

Lagerstätte sind besonders die in den Staaten Georgia und Florida[1]. In Kanada ist ausgezeichneter Kaolin am Metagamifluß gefunden worden, der auch bereits zur Porzellanfabrikation dient[2].

In Mittel- und Südamerika sind Kaolinlager ebenfalls an mehreren Stellen bekannt. Technische Verwendung finden seit einiger Zeit gewisse Lager Brasiliens[3].

Bedeutende Kaolinlager, von denen manche schon seit Jahrhunderten abgebaut werden, gibt es in Asien, vor allem in China und Japan. Das Alter der chinesischen Porzellanindustrie dürfte mehr als tausend Jahre betragen, während die japanische etwas jünger ist. Der Hauptsitz der chinesischen Kaolingewinnung ist King-techen in der Provinz Kiang-si[4]. Die hauptsächlichsten Lager Japans finden sich in der Provinz Fizen und bei Mituiski[4].

In Indien sind mächtige und ausgedehnte Kaolinlager in Nord-Arcot, im Staate Mysore, in den Bergen von Delhi und anderwärts bekannt[4].

In Afrika sind in neuerer Zeit Kaolinlager von Bedeutung vor allem am Sabie River im südöstlichen Transvaal erschlossen worden, auch bei Baberton in der Kap-Provinz und bei Claremont in der Nähe von Kapstadt selbst. Die südafrikanischen Kaoline sollen sich zum Teil durch große Reinheit und Quarzarmut auszeichnen[5].

In Australien findet sich Kaolin hauptsächlich in den Staaten Neu-Süd-Wales und Südaustralien[4].

Für feinkeramische Zwecke geeignete Tone gibt es in den verschiedensten Gegenden Deutschlands. Sie gehören zum großen Teile dem Tertiär, einige auch älteren geologischen Zeitabschnitten an. Von den zahlreichen Lagern, von denen hier nur die größeren und bedeutenderen angeführt werden, seien genannt[6] in der Rheinprovinz die bei Vohwinkel, Altenkirchen, Siegburg, Frechen, Vallendar und Witterschlick, ferner die Tone der bayerischen Rheinpfalz bei Hettenleidelheim und Assenheim bei Grünstadt, Lautersheim und Albsheim. Wichtig sind die seit alter Zeit ausgebeuteten und für die dortige Steinzeugherstellung charakteristischen Tonvorkommen des Westerwalds in Hessen-Nassau. Die bekanntesten Fundorte sind Höhr, Grenzhausen, Ransbach, Ebernhahn, Siershahn u. a. In der Gegend von Kassel sind zu nennen die Tonlager von Oberkaufungen, Möncheberg, Großalmerode, Epterode und Fritzlar, ferner bei Wiesbaden die Tonvorkommen von Geisenheim und Flörsheim. Bayern besitzt wertvolle Tonlager bei Klingenberg und Schippach in Unterfranken, ferner in Nordbayern bei Schwandorf und Tirschenreuth und Mitterteich in der Oberpfalz. Ausgezeichnete Tone finden sich zusammen mit den bereits erwähnten Kaolinlagerstätten im Freistaat Sachsen in der Gegend von Meißen, vor allem auf den Fluren von Löthain, Kaschka, Mohlis, Mehren, Oberjahna und Schletta. Sie gehören zu den besten Rohstoffen dieser Art in Deutschland und eignen sich für feinkeramische Zwecke ganz besonders. Wertvolle Steinguttone finden sich auch bei Colditz, Bad Lausick, Nerchau und

---

[1] Schurecht, H. G.: J. Amer. ceram. Soc. Bd. 5 (1922) S. 3. Hall, C. W.: Ceram. Ind. Bd. 10 (1928) S. 662. Goodspeed, G. E., u. A. A. Weymouth: J. Amer. ceram. Soc. Bd. 11 (1928) S. 687. Brown, E. H.: Ceramist Bd. 8 (1926) S. 34.

[2] Keramos Bd. 7 (1928) S. 564.

[3] Sprechsaal Keramik usw. Bd. 60 (1927) S. 164.

[4] Weber, E., in C. Bischof: Die feuerfesten Tone und Rohstoffe, 4. Aufl. S. 56. Leipzig 1923.

[5] Wybergh, W. J.: Union of S. Africa. Geol. Survey Mem. Bd. 23 (1925); Bull. Imp. Inst. Bd. 24 (1926) S. 562; Pott. Gaz. Bd. 52 (1927) S. 1275; Keram. Rdsch. Bd. 35 (1927) S. 98.

[6] Ausführlicheres vgl. hierzu E. Weber in C. Bischof: a. a. O. S. 58—64.

Schleben bei Mügeln. Auch die sächsische Lausitz ist reich an Tonen, vor allem an Steinzeugtonen. In der Provinz Sachsen finden sich hochwertige Tone in der Umgebung von Halle. Bekannt und viel verwendet sind besonders die umfangreichen Lager von Lettin, Bennstädt, Lieskau, Salzmünde, Lehndorf bei Wallwitz u. a. Orten[1]. Niederschlesien besitzt wertvolle Tonlager bei Ullersdorf und Bunzlau[2]. Ein vorzüglicher Blauton kommt in und um Saarau bei Striegau vor. Die reichen Tonlager Oberschlesiens sind mehr für die Herstellung feuerfester Erzeugnisse der Grobkeramik geeignet als für die feinkeramischer Waren.

Auch gewisse rotbrennende Tone, die bei verhältnismäßig niedriger Temperatur sintern, kommen für manche zur Feinkeramik zu rechnenden Erzeugnisse in Betracht, wie z. B. für feine Terrakotten, farbiges Steinzeug, auch für Schmelzware. Man findet solche Tone in Deutschland in kleineren Lagern im Fichtelgebirge, in Thüringen, bei Ockrilla in der Nähe von Meißen und im Westerwald.

Auf die für feinkeramische Verwendungszwecke wichtigen Tonlagerstätten des übrigen Europa und der anderen Erdteile kann hier näher nicht eingegangen, vielmehr können nur einige wenige von besonderer Bedeutung genannt werden. Es sind dies die Tonlager von Wildstein-Neudorf-Fonsau im Egerbecken (Tschechoslowakei), die in der Feinkeramik weitgehende Verwendung finden, sowie vor allem die bekannten reichen Tonlager Großbritanniens. Hier werden seit mehr als einem Jahrhundert die Tone des unteren Tertiär von Devonshire und Dorsetshire abgebaut und finden hauptsächlich als Steinguttone, teilweise auch als Steinzeugton Verwendung[3]. Man unterscheidet den Blue Clay, d. i. gewöhnlicher Steingutton, den Ball Clay, d. i. fetter weißbrennender Ton, und den Red Clay, d. i. ein Ton, der verwendet wird, wo es nicht auf eine unbedingt rein weiße Farbe ankommt[4]. Frankreich besitzt vorzügliche feuerfeste plastische Tone für die Steingutfabrikation, auch gute Steinzeugtone[5].

Ausgedehnte und mächtige Lager von Tonen sehr verschiedener Art finden sich in den Vereinigten Staaten von Amerika. Diese Vorkommen sind in neuerer Zeit vom U. S. Geological Survey und dem U. S. Bureau of Mines systematisch untersucht worden. Auf Grund der hierbei erhaltenen Ergebnisse war es möglich, die Lager wirtschaftlich zu verwerten und die Tone für die Herstellung von Steingut, Porzellan und feuerfester Gegenstände zu verwenden[6]. Man unterscheidet landläufig den für feuerfeste Zwecke dienenden „fire clay“ und den einen vorzüglichen Bindeton darstellenden „ball clay“. Die „fire clays“ zerfallen in „flint fire clays“, kurzweg auch „flint clays“ genannt, die aus eng miteinander verwachsenen feinkristallinen Teilchen verschiedener Korngröße bestehen, „semiplastic fire clays“, bei denen die Teilchen weniger dicht gelagert sind, und „plastic fire clays“, deren Teilchen lose nebeneinander lagern, also voneinander getrennt sind[7]. Auch in Kanada finden sich bedeutende Tonlager[8]. Bentonitlager (S. 15) gibt es in verschiedenen Gegenden Nordamerikas. Die tech-

---

[1] Schulz, H., u. F. Bley: Sprechsaal Keramik usw. Bd. 60 (1927) S. 421.

[2] Sprechsaal Keramik usw. Bd. 41 (1908) S. 611.

[3] Scott, A.: Trans. ceram. Soc. Bd. 28 (1929) S. 53.

[4] Kerl, B.: Handbuch der gesamten Tonwarenindustrie, 3. Aufl. S. 1116. Braunschweig 1907.

[5] Granger, A.: La Céramique industrielle. Bd. 1 S. 17. Paris 1929.

[6] Hodson, F.: J. Amer. ceram. Soc. Bd. 11 (1927) S. 721.

[7] Galpin, S. L.: Trans. Amer. ceram. Soc. Bd. 14 (1912) S. 301.

[8] Moyer, M. L.: Contract Rec. Eng. Res. Bd. 41 (1927) S. 355; Abstr. comp. by the Amer. ceram. Soc. Bd. 6 (1927) S. 363. Ries, H.: Sprechsaal Keramik usw. Bd. 51 (1918) S. 7.

nische Verwendbarkeit des Bentonits ist ziemlich vielseitig. Er dient sowohl zur Erhöhung der Bildsamkeit keramischer Massen wie auch als Zusatz zu gefritteten Glasuren. Außerdem findet er auch in zahlreichen anderen Industrien Verwendung[1].

Von besonderem Interesse sind die Tone des westlichen Asiens, die zum Teil schon in weit zurückliegenden Kulturabschnitten der Menschheit keramische Verwendung gefunden haben, wie zahlreiche Funde aus alter Zeit beweisen. Reiche Lager feinkeramisch verwertbarer Tone haben vor allem auch in Japan und China seit Jahrhunderten als Rohstoffquellen für ein damals blühendes Töpfergewerbe gedient[2].

Die Kenntnis der quantitativen chemisch-analytischen Zusammensetzung der Kaoline und Tone ist wichtig, weil sich aus ihr gewisse Schlüsse auf ihr Verhalten bei höheren Temperaturen bzw. die Beschaffenheit der aus ihnen hergestellten Waren nach dem Brennen ziehen lassen. Innerhalb gewisser Grenzen läßt sich aus der chemischen auch die mineralische Zusammensetzung ableiten, wodurch in Verbindung mit einer orientierenden mikroskopischen Untersuchung und besonders einer erweiterten rationellen Analyse (S. 37) wichtige Aufklärung über diejenigen Eigenschaften erlangt werden kann[3], die sowohl für die Verarbeitung der Kaoline und Tone in rohem Zustande als auch ihr Verhalten im Feuer von Bedeutung sind, wobei allerdings neben der Zusammensetzung auch die physikalischen Eigenschaften der einzelnen Bestandteile (Kornfeinheit usw.) eine wichtige Rolle spielen.

Die quantitative chemische Zusammensetzung der rohen Kaoline und Tone schwankt innerhalb weiter Grenzen. Auch die der aufbereiteten Materialien ist verschieden, sowohl hinsichtlich der Hauptbestandteile Tonerde und Kieselsäure wie auch der als Flußmittel in Frage kommenden und die Brennfarbe bedingenden Oxyde, und sie richtet sich darnach, in welchem Umfange bei der Aufbereitung die fremden Beimengungen entfernt worden sind.

Über die prozentuale chemische Zusammensetzung zahlreicher deutscher und tschechoslowakischer Kaoline und Tone vgl. die Tabellen im Sprechsaalkalender, Coburg, und im Taschenbuch für Keramiker, Berlin, Jahrgänge 1930 u. 1931. Hinsichtlich der Zusammensetzung ausländischer Kaoline und Tone wird auf die Fachzeitschriften der betreffenden Länder verwiesen, so z. B. bezüglich der Kaoline und Tone nordamerikanischer Herkunft auf die verschiedenen Jahrgänge des Journal of the American ceram. Society, Columbus, Ohio.

---

[1] Melhase, J.: Engng. Min. J.-Press Bd. 121 (1926) S. 837; Abstr. comp. by the Amer. ceram. Soc. Bd. 6 (1927) S. 35. Spence, H. S.: Sprechsaal Keramik usw. Bd. 59 (1926) S. 184; Luftschitz, H.: Tonind.-Ztg. Bd. 54 (1930) S. 39. — Über die Plastizität von Bentonit vgl. insbesondere keram. Rdsch. Bd. 31 (1923) S. 120.

[2] Über verschiedene Tonvorkommen in Kleinasien siehe E. Berdel: Ber. dtsch. keram. Ges. Bd. 6 (1925) S. 17.

[3] Vgl. hierzu H. Harkort und H. J. Harkort: Eine rationelle Schnellanalyse, Sprechsaal Keramik usw. Bd. 65 (1932) S. 705.

b) Gewinnung: Untersuchung der Lagerstätten, Abbau über und unter Tage.

Die Art des Vorkommens der Kaoline und Tone in Form von Lagerstätten in der Erdrinde ermöglicht ihre verhältnismäßig einfache und wirtschaftliche Gewinnung. Man unterscheidet im allgemeinen massige und geschichtete Lagerstätten[1].

Bei den Rohkaolinlagern treten Unterschiede zwischen den einzelnen Teilen eines Lagers nicht immer offensichtlich zutage, abgesehen dort, wo der Kaolin durch färbende Bestandteile stark verunreinigt ist (Eisenverbindungen), seine technische Verwertbarkeit also in Frage gestellt wird. Dagegen ist bei den Tonen, die eine weitgehende geologische Aufbereitung durchgemacht haben, das Ergebnis der Tätigkeit des Wassers häufig sehr deutlich zu sehen. Man findet daher die Tone vielfach geschichtet abgelagert. Sand und Mineraltrümmer haben sich, als spezifisch schwerere Stoffe, aus dem Wasser zuerst abgesetzt und darüber der Feinton. Derartige geschichtete Lager sind das Ergebnis kürzerer oder unterbrochener Ablagerungsvorgänge.

Erfolgte das Absetzen des Tones aus dem Wasser ohne Unterbrechung während eines langen Zeitraumes, so entstehen massige Lager, die keine Schichtung, sondern in ihrer ganzen Mächtigkeit gleichmäßige Struktur zeigen. Das ist besonders bei den fetten Tonen der Fall, wie sie für die Steinzeug- oder auch Steingutherstellung benutzt werden.

Hat ein Tonlager nachträglich tektonische Veränderungen erfahren, wie Verwerfungen, Aufrichtungen[2] u. dgl., so ist dies an Unregelmäßigkeiten in der Lagerung, also an der Unterbrechung der glatten, gleichmäßigen Ausbreitung der Lagerstätte sichtbar.

Vielfach sind die Kaolin- oder Tonlager von Rissen und Spalten durchsetzt. Auf ihnen kann, was besonders bei Kaolinlagern zu beobachten ist, die bei der Zersetzung des Muttergesteins gelöste Kieselsäure, wenn sie nicht weiter fortgeführt wurde, sich wieder ausscheiden und Gänge von Quarz, Chalzedon, Hornstein oder Opal bilden. Zuweilen findet man in den Tonen unregelmäßig eingelagert Sandbänder, Gerölle und andere Fremdstoffe, die bei der Gewinnung in der Grube und der späteren Verarbeitung störend wirken.

Dem Abbau eines Kaolin- oder Tonlagers muß eine genaue Untersuchung seiner Abbauwürdigkeit vorausgehen. Infolge der weiten Verbreitung der Tone sind eine große Anzahl von Tonlagern schon seit langer Zeit bekannt. Zuweilen werden auch noch neue aufgefunden, entweder gelegentlich bei Ausschachtungen für den Bau von Gebäuden,

[1] Hecht, H.: Lehrbuch der Keramik, 2. Aufl. S. 25. Berlin 1930.
[2] Bischof, C.: Die feuerfesten Tone und Rohstoffe, 4. Aufl. S. 15. Leipzig 1923.

bei Tiefbauarbeiten u. dgl., oder man sucht das Vorhandensein von Ton durch systematisches Nachgraben oder Bohren zu ermitteln.

Das Graben oder Schürfen auf Ton oder Kaolin besteht im Auswerfen mehr oder minder tiefer Löcher oder Schächte. Es ist nur dann zweckmäßig, wenn die aufzusuchenden Schichten sich nicht in allzu großer Tiefe befinden. Für größere Tiefen als 10 m ist ein Nachgraben im allgemeinen ungeeignet, weil dann die Sicherung der einfachen Versuchsschächte schwierig wird und ihr Abteufen zu hohe Kosten verursacht. Aus diesem Grunde bevorzugt man heute im allgemeinen die Untersuchung der Ton- und Kaolinlager durch Abbohren.

Die Arbeitsweise beim Abbohren von Flurstücken zur Feststellung keramisch verwertbarer Rohstofflager[1] richtet sich darnach, in welcher Tiefe das Lager sich unter der Erdoberfläche befindet, ob die zu durchsinkenden Schichten Grundwasser führen oder fest und trocken sind, ob sie nur feinkörnige und kiesige Schichten oder auch Geröll enthalten. Zweckmäßig verteilt man die Bohrungen systematisch netzförmig über das Tonlager in seiner ganzen Horizontalerstreckung. Bei den ersten orientierenden Bohrungen mit einem einfachen Rillenbohrer, Spiralbohrer oder Tellerbohrer, z. B. dem Erdbohrer „Talpa"[2], will man nach Durchdringung einer Deckschicht von geringer Mächtigkeit nur die oberste Schicht des Ton- oder Kaolinlagers erreichen. Ist die das Lager überdeckende Schicht mächtiger und will man, wie dies meist der Fall ist, dem Lager kompakte Proben entnehmen, um sie dann zu untersuchen, so benutzt man sog. Löffel- oder Schappenbohrer, die aus einem mehr oder weniger offenen Zylindermantel mit überstehender Schneide bestehen[3]. Man bohrt entweder trocken oder unter Zusatz von Wasser (Spülbohren). Ist man gezwungen, lockere oder schlammführende Schichten von größerer Mächtigkeit zu durchstoßen, oder handelt es sich um quellende Schichten, die infolge des Erddrucks das Bohrloch bald wieder verschließen würden, so versteift oder „verrohrt" man das Bohrloch durch Einsenken von Rohren aus widerstandsfähigem Eisenblech. Man benutzt hierzu je nach dem Gebirgsdruck entweder genietete Rohre, geschweißte oder nahtlose Mannesmannrohre, deren Wandstärke etwa 2 bis 4 mm beträgt. Die Verbindung der einzelnen Rohrstücke geschieht durch Ineinanderstecken oder, wie auch beim Verlängern der Bohrer, durch Aneinanderschrauben mehrerer Teile. Handelt es sich um Lager größerer Mächtigkeit und will man bei der Entnahme von Proben durch Bohren ein Durcheinanderkneten und Vermengen der erbohrten Rohstoffe vermeiden,

---

[1] Wegen ausführlicherer Mitteilungen über diese wichtigen grundlegenden Arbeiten muß auf bohrtechnische Sonderwerke verwiesen werden, z. B. auf C. Loeser: Handbücher der keramischen Industrie, II. Teil, Aufsuchen, Abbohren und Bewerten von Ton- und Kaolinlagern, Halle a. S. 1904 (dem die obigen Angaben zum Teil entnommen sind). Fiebelkorn, M.: Über das Aufsuchen von Ton- und Mergellagern (Mitt. d. dtsch. Ver. f. Ton-, Kalk- und Zementindustrie 1898) und M. Igel: Das Aufsuchen und Abbohren von Tonlagerstätten. Berlin 1930 [vgl. a. Tonind.-Ztg. Bd. 54 (1930) Nr. 100—103, ferner ebenda Bd. 55 (1931) S. 738].

[2] Hersteller F. Wahrenburg, München; vgl. Tonind.-Ztg. Bd. 45 (1921) S. 983.

[3] Wegen Einrichtung der Bohrwerkzeuge und -hilfswerkzeuge sowie ihrer Handhabung muß auf die Sonderliteratur verwiesen werden (vgl. Anmerkung [1]).

so kann man zur genauen Ermittlung verschiedener Schichten und Entnahme größerer Proben auch Rohrschächte abteufen, besonders bei wasserführendem Deckgebirge[1]. Nach dem Aufgeben des Schachtes können hier die eingepreßten autogen geschweißten Rohre gezogen und von neuem benutzt werden. Solche Rohre bewirken bei wasserundurchlässigen Tonschichten einen dichten Abschluß, so daß man den Schacht leerpumpen und die weiteren Tonlagen ohne Gefahr einer Verunreinigung entnehmen kann.

Bei dem hier weniger in Betracht kommenden Naß- oder Spülbohren drückt man mittels Wassers den losgelösten Sand oder Ton in Schlammform nach oben und entfernt ihn so. Auf diese Weise geht die Bohrarbeit bei nicht steinigem Boden zwar gut vorwärts, doch erhält man keine kompakten Bohrkerne, wie sie für die nachfolgende Untersuchung der Proben und Bewertung der Tonlager erwünscht sind.

Die Bohrergebnisse müssen nach Art und Mächtigkeit der durchbohrten Schichten, für jedes Bohrloch getrennt, schriftlich eingehend und genau niedergelegt werden, damit jederzeit auf sie zurückgegriffen werden kann. Die aus jedem Bohrloche gewonnenen Bohrkerne bzw. die jedem Rohrschacht entnommenen Proben werden bezeichnet, für sich gehalten und laufend im rohen und geschlämmten Zustande auf ihr physikalisches und chemisches Verhalten und ihre praktische Verwendbarkeit untersucht. Vielfach wird man es schon von dem Ausfall der ersten Prüfungsergebnisse abhängig machen können, ob die Bohrungen auf dem betreffenden Gelände weiter fortzusetzen sind oder nicht.

Zuweilen legt man, um noch weitere Sicherheit zu haben und die Bohrergebnisse nachprüfen zu können, auch noch einen oder mehrere Versuchsschächte an, die einen zuverlässigen Einblick in die Beschaffenheit der durchbohrten Schichten gewähren.

Ehe man weitere Schritte unternimmt, wird man zweckmäßig eine größere Menge des abzubauenden Rohstoffs durch industrielle Versuche im Betriebsmaßstab auf seine technische Brauchbarkeit prüfen. Erst dann wird man die Frage beantworten können, ob unter Berücksichtigung aller wirtschaftlich und örtlich wichtigen Gesichtspunkte die Ausbeutung des Lagers mit Aussicht auf Gewinn unternommen werden kann.

Die Art des Abbaues der Kaolin- und Tonlager richtet sich im wesentlichen nach der Art des einzelnen Vorkommens, außerdem nach der Mächtigkeit der Deckschicht, der Standfestigkeit des Rohstoffs und den besonderen örtlichen Verhältnissen. Im übrigen sind in Deutschland für die Art des Abbaues die Unfallverhütungsvorschriften der reichsgesetzlich zuständigen Berufsgenossenschaft bzw. außerdem die bergpolizeilichen Bestimmungen für den unterirdischen Betrieb gewerblicher Gruben maßgebend[2].

Tone wie Kaoline müssen mit geringstem Kostenaufwand bewältigt werden. Die Vereinfachung des Abbaues und der Förderung sind auch hier wichtige Gesichtspunkte, um die Nachteile der nicht immer laufend

---

[1] Laubenheimer, A.: Keramos Bd. 8 (1929) S. 49.

[2] Vgl. hierzu G. Horn: Der Abbau in den Tongräbereien und die dabei zu beachtenden Vorschriften. Tonind.-Ztg. Bd. 53 (1929) S. 313.

durchzuführenden Arbeiten und des toten Kapitalaufwandes für Maschinen auszugleichen[1].

Die Gewinnung des Kaolins oder Tons geschieht im Tagebau oder im Tiefbau, d. h. unter Tage. Das Loslösen des zu gewinnenden Materials erfolgt entweder durch die Hand mittels Spaten, Schaufel und Keilhaue oder maschinell.

Der Kaolin besitzt meist nur lockeren Zusammenhang, während man beim Abbau von fettem, zähem Ton im Handbetrieb vielfach eiserne oder hölzerne Keile zum Lockern zu Hilfe nehmen muß.

Je nach den örtlichen Verhältnissen rechnet man bei Abbau von Rohkaolin durch Handwerkzeuge mit einer Schicht-Förderleistung (8 Stunden) des einzelnen Mannes von 12 bis 15 Tonnen Rohkaolin[2]. Einschließlich der erforderlichen Hilfsarbeiter (Schlepper, Rangierer usw.) kann man jedoch als stündliche Förderleistung für den Durchschnitt der Grubengesamtbelegschaft etwa nur 0,5 bis 0,6 Tonne je Mann annehmen.

Gegenüber dem Abbau mit der Hand, der bei zähem Rohstoff meistens zwei Mann erfordert — Spatenhalter und Zuschläger —, gewähren die mit Preßluft betriebenen Stech- oder Spatenhammer den großen Vorteil der Zeit- und Arbeitskraftersparnis, vor allem wenn es sich um stichhartes Material handelt. Die beträchtliche Mehrleistung gegenüber der Handarbeit läßt die Einführung dieser Stechspaten auch für kleinere Grubenbetriebe vorteilhaft erscheinen[3].

Ist der Ton hart genug, so ist es wirtschaftlich, ihn zu sprengen. Für die Ausführung der Sprengarbeit gelten bestimmte Regeln, auf die hier nicht näher eingegangen werden kann[4]. Man sprengt nur noch selten mit Schießpulver, sondern meist mit Sicherheitssprengstoffen verschiedener Art. Die Herstellung der Sprenglöcher geschieht entweder mit der Hand unter Anwendung von Schnecken-, Hohl- oder Löffelbohrern oder mittels elektrisch betriebener Bohrmaschinen. Eine auch für Ton- und Kaolingruben verwendbare, elektrisch angetriebene Freihand-Drehbohrmaschine, die ohne jede Erschütterung und Staubentwicklung arbeitet, ist die der Siemens-Schuckert-Werke G. m. b. H. Der zu bohrende Ton darf nicht zu zähe und backend sein, damit das Bohrgut anstandslos durch die Schlangenwindungen der Bohrstangen aus dem Bohrloch herausbefördert werden kann.

Der Tagebau, der bei günstigem Gelände und wenig Abraum angewandt wird, hat den Vorteil, daß bei natürlicher Beleuchtung und an der frischen Luft gearbeitet werden kann, aber den Nachteil, daß man beim Arbeiten der Witterung ausgesetzt und von ihr abhängig ist, was besonders bei Handbetrieb ins Gewicht fällt. Man unterscheidet den Abbau in terrassenförmigen Absätzen oder Strossen- und den Kessel- oder Kuhlenbau. Beim Strossenbau darf man, um ein Abrutschen der anstehenden Gebirgswand zu vermeiden, die Böschung nicht steiler als 60° oder gar nur 45° machen. Beim Kuhlenbau, den man nur bei Ton von genügender Standfestigkeit anwenden kann, schachtet man rechteckige Vertiefungen von 3 bis 6 m Seitenlänge aus. Man gewinnt den Ton meist in Form fester Schollen, den Kaolin in größeren oder kleineren Stücken von lockerem Ge-

---

[1] Daniels, J.: Bull. Amer. ceram. Soc. Bd. 6 (1927) S. 204.

[2] Pohorzeleck, M.: Ber. dtsch. keram. Ges. Bd. 7 (1926) S. 195.

[3] Hütter, C.: Tonind.-Ztg. Bd. 52 (1928) S. 149. Feustel: Ebenda Bd. 53 (1929) S. 959.

[4] Vgl. hierzu W. Borchers: Tonind.-Ztg. Bd. 52 (1928) S. 1727. H. K.: Ebenda S. 1901.

füge. Die entstandenen leeren Räume werden bei beiden Arten des Abbaus mit dem Abraum oder dem hangenden Material wieder ausgefüllt und eingeebnet.

Handelt es sich um die Ausbeutung ausgedehnter Tonlager im Großbetrieb, so benutzt man zur Gewinnung mit Vorteil maschinell betriebene Bagger, die verschiedene Konstruktion haben können. Sie ermöglichen kontinuierlichen Betrieb und weit höhere Stundenleistung. Freilich ist im Ton- und Kaolingrubenbetriebe auch bei größeren Fördermengen zu bedenken, daß „die Vorteile der Baggerarbeit nicht in dem hohen Maße wirtschaftlich durch Herabsetzung der Förderkosten zur Auswirkung kommen können wie im Großbaggerbetriebe" bei der Vornahme von Tiefbauarbeiten, beim Abbau von Kohlenflözen, Sandlagern usw.[1] Auch für mittlere und kleinere Tongrubenbetriebe gibt es aber Bagger, die eine maschinelle Durchführung des Abbaus, zum mindesten vielfach die Entfernung des Abraumes ohne Herabsetzung der Wirtschaftlichkeit ermöglichen. Vorbedingung für die Anwendung des Baggers in Tongruben ist immer eine gewisse gleichmäßige Beschaffenheit des abzubauenden Materials oder, daß es zulässig, wenn nicht sogar erwünscht ist, verschiedene vertikal übereinander lagernde Schichten beim Abbau miteinander zu vermischen.

Die Bagger werden elektrisch, mit Dampf oder mit Explosionsmotor (Dieselmotor) betrieben und auf einer Schienenbahn oder auf Raupenbändern die abzubauende Wand der Lagerstätte entlang gefahren, wobei der Ton oder Kaolin in Höhe von mehreren Metern abgelöst und in bereitstehende Fördergefäße gefüllt wird[2].

Meist findet in der Tongräberei der ununterbrochen arbeitende Eimerkettenbagger Verwendung, der in seinen neueren leichteren Typen auch für Kleinbetriebe geeignet ist[3]. Auch kleinere Löffelbagger werden ihrer niedrigen Anschaffungskosten wegen für diesen Zweck empfohlen[4].

Eine weitere Gewinnungsweise von Kaolin im Tagebau ist das Spritz- oder hydraulische Verfahren. Bei ihm wird der anstehende Kaolin mit Werkzeugen gelockert, dann mit einem kräftigen Wasserstrahl abgespült und der dünnflüssige Schlamm in Kanälen nach der Stelle der weiteren Verarbeitung geleitet. Dieses Verfahren ist nur bei günstigen Geländeverhältnissen ausführbar. Es wird angewendet in Cornwall in England (S. 40), auch im westlichen Nord-Carolina, V. St. v. A.[5]

Der Abbau des Kaolins oder Tons unter Tage wird bevorzugt, wenn die abzubauenden Schichten nur geringe Mächtigkeit besitzen oder das Deckgebirge sehr stark ist, so daß die Entfernung des Abraums durch Wegbaggerung unwirtschaftlich sein würde[6]. Der bergmännische Tiefbau ist teurer als der Tagebau, aber überall da wirtschaftlich lohnend, wo es sich um die Gewinnung edler Kaoline und Tone handelt, wie sie die Feinkeramik fast ausschließlich verwendet. Aus diesem Grunde wird gerade der Kaolinabbau vielfach unterirdisch betrieben, wenn die örtlichen Verhältnisse günstig sind, so z. B. im sächsischen Bezirk von Kemm-

---

[1] Loeser in F. Singer: Die Keramik im Dienste von Industrie und Volkswirtschaft, S. 116. Braunschweig 1923.

[2] Näheres vgl. F. Riedig: Tonind.-Ztg. Bd. 52 (1928) S. 1876 und Keramos Bd. 5 (1926) S. 135. Goslich, A.: Ebenda Bd. 54 (1930) S. 622.

[3] Riedig, F.: Keramos Bd. 8 (1929) S. 787 und Tonind.-Ztg. Bd. 55 (1931) S. 397.

[4] Weissemmel, K.: Tonind.-Ztg. Bd. 53 (1929) S. 1428.

[5] Buchanan, E. W.: Mfrs. Rec. Bd. 95 (1929) S. 86; Abstr. comp. Amer. ceram. Soc. Bd. 8 (1929) S. 351.

[6] Loeser in F. Singer: Die Keramik im Dienste von Industrie und Volkswirtschaft S. 120. Braunschweig 1923.

litz-Börtewitz (S. 18) und im Karlsbader Becken (S. 18); auch der Tonabbau in der Gegend von Meißen-Löthain (S. 20) findet vielfach im Tiefbau statt, ebenso bei Klingenberg a. M.[1] (S. 20). Bestimmte Vorschriften für das zu wählende Abbauverfahren lassen sich nicht machen, vielmehr richtet sich die Art, wie man ein abzubauendes Lager aufschließt, nach den örtlichen Verhältnissen, vor allem nach der geographischen Lage, dem Gebirgsdruck, den Wasserverhältnissen usw. Entweder treibt man von der Sohle eines Tales eine Strecke in das am Abhange sich erstreckende Lager, was für die Zutageförderung des gewonnenen Materials, ebenso für die Entwässerung der Grube günstig ist, oder man teuft von der Oberfläche aus Schächte durch das Deckgebirge in die Lagerstätte, von denen aus man nun Gewinnungsstrecken anlegt. Hierbei geht man systematisch vor und teilt das Grubenfeld in bestimmte Abschnitte ein, deren Ausbeutung man der Reihe nach durchführt. Am zweckmäßigsten ist es, vom Schachte aus zunächst Hauptstrecken bis zur Grenze des Grubenfeldes zu treiben und dann rückwärtsgehend das Lager zu beiden Seiten der Hauptstrecken abzubauen, ein Verfahren, das bei genügender Mächtigkeit des Kaolins oder Tons in mehreren Stockwerken übereinander wiederholt wird. Es ist unvermeidlich, daß bei dieser Abbauweise Sicherheitspfeiler aus dem zu gewinnenden Material selbst stehengelassen werden müssen. Zur möglichst weitgehenden Erlangung allen nutzbaren Rohstoffs werden die Strecken zu Kammern erweitert. Solange die Strecken und Kammern für den Abbau, die Förderung und Fahrung benutzt werden, müssen sie mit Grubenholz abgesteift oder mit „Zimmerung" versehen sein, da sonst ein Zubruchegehen der Grubenbaue eintritt. Die Art der Zimmerung richtet sich nach der Stärke des herrschenden Gebirgsdrucks und der Standfestigkeit des anstehenden Materials. In manchen Tongruben muß man die Baue und vor allem die Strecken weitgehend mit Pfosten und Rundhölzern absteifen, während man in Kaolingruben vielfach mit Türstockzimmerung auskommt, bei der die einzelnen Türstöcke in Abständen von 1 m und mehr voneinander stehen können. Um ein Faulen des Grubenholzes zu verhüten, tränkt man dieses zweckmäßig vor dem Einbau mit geeigneten Flüssigkeiten, wodurch eine weit längere Verwendungsdauer des Holzes erzielt wird. Als solche Flüssigkeiten kommen in Betracht Lösungen von Fluorsalz-Dinitro-Gemischen ohne oder mit Zusatz von Arsen- oder Chromverbindungen, Fluorsiliziumverbindungen (z. B. Fluralsil) o. a.[2] Besondere Aufmerksamkeit muß dem Ausbau der Fahr- und Förderschächte zugewandt werden, der entweder in einfacher Bolzenschrotzimmerung oder in ganzer Schrotzimmerung oder bei lockerem Gebirge in noch festerer Weise vorgenommen wird, z. B. durch Verrohrung (S. 24). Ist die Gewinnungsarbeit in den einzelnen Grubenbauen beendet und werden diese nicht mehr benötigt, so wird die Zimmerung aus ihnen entfernt („geraubt"), soweit dies ohne Lebensgefahr für die Arbeiter möglich ist. Die taube Masse des Hangenden bricht dann nach kurzer Zeit meist nach. Der Einbruch setzt sich häufig bis zur Erdoberfläche fort und verursacht hier Risse oder trichterförmige Vertiefungen. Unter Tage werden die Bruchstellen nach der Betriebsstrecke hin durch Zimmerung oder Mauerung abgeschlossen, über Tage eingefriedigt oder ausgefüllt.

Tone der Steinkohlenformation baut man in der Regel zusammen mit der Kohle in rein bergmännischem Betriebe ab[3].

Die Art der Förderung des gewonnenen Kaolins oder Tons richtet sich nach

---

[1] Keram. Rdsch. Bd. 33 (1925) S. 875.

[2] Vgl. hierzu A. Rabanus: Chem.-Techn. Rdsch. Bd. 45 (1930) S. 963 und Bd. 46 (1931) S. 201. W. Engels: Ebenda Bd. 46 (1931) S. 131 und 383. Wolman u. Pflug: Z. angew. Chem. Bd. 44 (1931) S. 696. H. Pflug: Z. angew. Chem. Bd. 45 (1932) S. 108 u. 697.

[3] Hecht, H.: Lehrbuch der Keramik, 2. Aufl. S. 31. Berlin 1930.

dem Umfang des Betriebes, der Abbauweise und dem Gelände. In kleinen Werken erfolgt sie mit einfachem Hand- oder elektrisch betriebenem Haspel, in größeren Anlagen mit neuzeitlichen maschinellen Einrichtungen. Bei Großbetrieb über Tage benutzt man Aufzugwinden und je nach der Geländebeschaffenheit und den in Betracht kommenden Höhenunterschieden verlegbare Feldbahnen mit Kippwagen, beim Vorhandensein fester Straßen auch Kraft- oder Pferdewagen, ferner Aufzüge, Bremsberge, Seilbahnen, Schwebebahnen und ähnliche Einrichtungen.

Die Entwässerung der Kaolin- und Tongruben geschieht, falls es sich um Tagebaue handelt und die Geländeverhältnisse es gestatten, am einfachsten durch Entwässerungsgräben. Zweckmäßig wird man von vornherein die Gruben, und zwar sowohl Tage- als auch Tiefbaue, so anlegen, daß in ihnen sich kein oder nur wenig Wasser ansammeln kann, doch läßt sich dies nicht immer vermeiden. Man unterscheidet bei den Grubenwässern zwischen den sog. Tagewässern, die sich von der Erdoberfläche her infolge von Niederschlägen in der Grube ansammeln, und dem Wasser, das durch wasserführendes Gebirge eindringt. Auch Zufluß von einer unterirdischen Quelle oder einem Wasserlauf her kann in Frage kommen. Zweckmäßig beginnt man, wenn möglich, den Abbau des Tonlagers an der Stelle, wo die wasserführende Schicht am höchsten liegt, und bringt nun an der am tiefsten gelegenen Stelle derselben einen Einschnitt an, so daß das Gefälle der wasserführenden Schicht als natürlicher Entwässerungskanal dienen kann. Man soll immer bestrebt sein, das Wasser rasch aus dem Kaolin- oder Tonlager zu entfernen, ehe es in das nutzbare Gebirge versickert und dieses zum Quellen und Rutschen bringen kann[1].

Man leitet das Grubenwasser in eine ausgeschachtete Vertiefung, den „Sumpf“, von wo es durch besondere Hebevorrichtungen entfernt werden muß. In allen Fällen, wo dies möglich ist, sollte die Ableitung des Wassers durch selbsttätige Heberleitungen geschehen, die ihrer Einfachheit und billigen Anlage- und Betriebskosten wegen bei genügend tiefem Ablauf und ausreichendem Gefälle sehr zu empfehlen sind. In anderen Fällen genügt eine mit der Hand oder einer einfachen Windturbine angetriebene Pumpe. Bei dauernd stärkerem Wasserzufluß, großen Förderhöhen und besonders in bergmännisch betriebenen Grubenanlagen benutzt man zur Entfernung der Sammelwässer maschinell betriebene Pumpen verschiedener Bauart. Auch gespannte Wasser im Liegenden kann man mittels Bohrlöchern für den Betrieb unschädlich machen. Man zapft die wasserführende Schicht durch Bohrlöcher an und bewirkt die Entspannung[2].

Beim Auftreten von Schwimmsandschichten zwischen oder unter dem Ton besteht die Gefahr, daß die Grube ersäuft. Man kann sich hiergegen nur dadurch schützen, daß man im Liegenden über der wasserführenden Schicht eine genügend starke Tondecke stehen läßt[3].

Für die Wetterführung in den unterirdischen Grubenbauen (Bewetterung) gelten die bergpolizeilichen Bestimmungen der einzelnen Länder. In kleineren Bergwerksbetrieben kommt man meist mit ganz einfachen Einrichtungen aus, vor allem überall dort, wo die Strecken durchschlägig sind und die Luft sich ungehindert im Kreislauf bewegen kann. Liegt die Grubensohle verhältnismäßig nahe unter der Erdoberfläche, so erzielt man in längeren Abbaustrecken, die vor Ort endigen, eine gute Bewetterung dadurch, daß man die Wetter durch ein von der

---

[1] Näheres hierüber siehe G. C. Thiem, Tonind.-Ztg. Bd. 44 (1920) S. 227, sowie H. Büschen: Ebenda Bd. 53 (1929) S. 1657.

[2] Laubenheimer, A.: Keramos Bd. 8 (1929) S. 49.

[3] Loeser, C.: Handbücher der keramischen Industrie, II. Teil S. 74, und ebenderselbe in F. Singer: Die Keramik im Dienste von Industrie und Volkswirtschaft S. 119. Braunschweig 1923.

Streckenfirste bis über Tage getriebenes Bohrloch ausstreichen läßt, das man zweckmäßig verrohrt. Besondere Vorsichtsmaßregeln sind in solchen Tongruben zu beachten, wo Ansammlungen von Grubengas („schlagende Wetter") vorkommen. Auf die Wetterführung in größeren unterirdischen Gruben unter Verwendung maschineller Anlagen kann hier nicht eingegangen werden.

c) Aufbereitung: Sortieren. Naßaufbereitung (Schlämmprozeß, Entwässerung durch Filterpressen, Saugfilter, Zentrifugen, Trocknung). Mechanische Trockenaufbereitung (Windsichtung).

Für die Sicherung einer laufenden keramischen Fabrikation ist die Lieferung eines Rohstoffes von stets gleichbleibenden Eigenschaften von größter Bedeutung. Im allgemeinen kommt es bei feinkeramischen Fabriken nur ausnahmsweise vor, daß sie über eigene Ton- oder Kaolingruben und die zugehörigen Aufbereitungsanlagen verfügen. Die große Mehrzahl der feinkeramischen Werke, und zwar vor allem in industriell weitgehend erschlossenen Ländern, ist dagegen auf den Bezug der von ihr benötigten Rohstoffe, auch der Kaoline und Tone, vom Lieferanten, d. h. Kaolin- und Tongruben, angewiesen. Diese geben die geförderten Materialien entweder unmittelbar an die Verbraucher so ab, wie sie auf der Lagerstätte abgebaut werden, oder sie unterwerfen das Fördergut zunächst einem Veredelungsprozeß, der sog. Aufbereitung, vielfach schlechthin als „Schlämmung" bezeichnet, zwei Begriffe, von denen der erstere der allgemeinere ist.

Bei dieser Aufbereitung, die bei den Kaolinen im umfangreichsten Maße stattfindet, muß so verfahren werden, daß die Bedürfnisse der verbrauchenden Industrie weitgehendst berücksichtigt werden sowohl hinsichtlich der Güte des Materials an sich als seiner gleichbleibenden Beschaffenheit.

Es ist, soweit die Verhältnisse in Deutschland in Frage kommen, das Verdienst der Deutschen Keramischen Gesellschaft, insbesondere ihres Rohstoffausschusses, zum ersten Male auf die Notwendigkeit einer Gemeinschaftsarbeit zwischen Rohstofflieferanten und verarbeitender Industrie hingewiesen und betont zu haben, daß ein Angebot eines bestimmten Tons oder Kaolins seitens des Lieferanten auch die Bekanntgabe gewisser keramischer Eigenschaften dieses Rohstoffs enthalten muß[1]. Wichtig ist hierbei, daß angegebene Zahlenwerte nicht willkürlich ermittelt, sondern nach Verfahren[2] erhalten werden, die durch Übereinkunft einer großen Gemeinschaft nach lediglich fachmännischen Gesichtspunkten festgelegt sind.

---

[1] Vgl. hierzu: Ber. dtsch. keram. Ges. Bd. 7 (1926) S. 172; ebenda Bd. 8 (1927) S. 92; auch H. Harkort: Keram. Rdsch. Bd. 34 (1926) S. 748.

[2] Ber. dtsch. keram. Ges. Bd. 8 (1927) S. 92.

Der in der Grube im Abbau über oder unter Tage gewonnene rohe Kaolin oder Ton ist nur in den seltensten Fällen für die weitere Verarbeitung unmittelbar geeignet, sondern bedarf zunächst einer besonderen Vorbereitung. Soweit dies möglich ist, also z. B. im Kleinbetriebe, wird man schon in der Grube darauf bedacht sein, gröbere Verunreinigungen wie Steine, Holz u. dgl. mit der Hand auszulesen. Auch ein Sortieren des gewonnenen Materials kann schon auf der Grube in Frage kommen. Derartige Maßnahmen sind nicht möglich, wenn die Gewinnung auf maschinellem Wege durch Baggern erfolgt. Um grobe Steine zurückzuhalten, verfährt man, besonders in der Kaolingräberei, häufig so, daß man den Rohkaolin vom Förderwagen über ein Stangensieb stürzt, auf dem die Steine liegen bleiben.

Die eigentliche Aufbereitung des Tons oder Kaolins erfolgt in den meisten Fällen maschinell. Ihr geht zuweilen ein Auswintern oder Auswittern im Freien voraus, das weniger für Kaolin als für Ton in Frage kommt. Dieses Auswintern begünstigt den mechanischen Zerfall der Tone, wobei zugleich das Wasser der Niederschläge lösliche Salze entfernt, die andernfalls, wenn sie in dem Material bleiben, Anlaß zu Fabrikationsfehlern geben können.

Die hauptsächliche Reinigung für feinkeramische Zwecke erfahren die Kaoline und Tone durch die Naßaufbereitung. Sie kann auf verschiedene Weise geschehen, und zwar richtet sich die Behandlung des rohen Tons oder Kaolins nach seiner physikalischen Beschaffenheit, vor allem dem Kohäsionsvermögen der Teilchen, dem Feuchtigkeitsgehalt und der Korngröße der Verunreinigungen. Die Tone, besonders die fetten Tone, setzen der Schlämmung häufig Schwierigkeiten entgegen, weil sie infolge ihres dichten Gefüges, d. h. des zähen Zusammenhaltens ihrer Bestandteile, sich nur schwer im Wasser zerteilen lassen. Man verwendet diese Tone zweckmäßig nicht im grubenfeuchten Zustande, sondern trocknet sie vor dem Schlämmen und lockert sie durch Zerkleinerung (S. 62) auf.

Der Zweck der Aufbereitung der Kaoline und Tone durch Schlämmen ist ihre Reinigung von gröberen und feineren Sandkörnern, unzersetzten Teilchen des Muttergesteins, Kalkstein, Gips, Schwefelkies, Holz, Pflanzenresten und anderen Fremdkörpern, also die Anreicherung eines gleichartigen Feinguts und die Abtrennung alles Ungleichartigen. Technisch am besten durchgearbeitet ist bis jetzt die Kaolinschlämmung, während die maschinelle Tonreinigung eine „im allgemeinen ungelöste Frage ist und in jedem Falle vorsichtigster Erwägung bedarf“[1].

---

[1] Loeser in F. Singer: Die Keramik im Dienste von Industrie und Volkswirtschaft, S. 123. Braunschweig 1923.

Voraussetzung für das Gelingen der Naßaufbereitung ist entweder verschiedene Korngröße oder verschiedenes spezifisches Gewicht der voneinander zu trennenden Körper. Für die Trennung kommen zwei Möglichkeiten in Betracht, nämlich 1. die Abscheidung im stehenden Wasser durch Absetzen (Sedimentation), 2. die Trennung im bewegten oder fließenden Wasser (Spül- oder eigentliches Schlämmen). In der Praxis bedient man sich beim Schlämmen größerer Mengen Kaolin oder Ton gewöhnlich des letzteren Verfahrens.

Ein Gehalt der feinkeramisch verwertbaren Tone und Kaoline an spezifisch schwereren Mineralien (vor allem Eisen- und Titanmineralien), der im allgemeinen nicht sehr groß ist, läßt sich verhältnismäßig rasch entfernen, wenn die Teilchengröße der Eisenmineralien usw. nicht besonders gering ist. Einen viel größeren Raum als diese spezifisch schwereren Mineralien nehmen aber im Schlämmgut die mit gleichem spezifischem Gewicht wie die Tonsubstanz ein. Für diese gilt der Satz, daß von spezifisch gleich schweren Teilchen das größere rascher zu Boden fällt als das kleinere. Bei dem in der Technik fast ausschließlich zur Kaolin- und Tonreinigung angewandten Schlämmprozeß mit Hilfe von Wasser erfolgt also die Scheidung in der Hauptsache lediglich nach der absoluten Schwere, d. h. der Teilchengröße. Sehr feinkörnige Beimengungen von Glimmer, Feldspat, Quarz, Pyrit und anderen Mineralien bleiben zusammen mit der Tonsubstanz im Wasser schweben und gelangen zunächst mit in das abgeschlämmte Feingut, dann mit in die Masse und die Erzeugnisse selbst, wo sie unter Umständen Fehler verschiedener Art hervorrufen können. Umgekehrt werden im Wasser nicht genügend fein verteilte größere Kaolin- oder Tonklümpchen infolge ihrer Schwere zusammen mit den grobkörnigen Beimengungen zu Boden fallen, also in den sog. Schlämmabfall gelangen und somit das Ausbringen an geschlämmtem Feinkaolin oder Feinton vermindern[1]. Flache Körner fallen langsamer als der Kugelform ähnliche. Auch durch anhaftende Luftbläschen können einzelne Teilchen länger in der Schwebe gehalten werden. Die Entfernung der Luft wird durch kräftige Bewegung des im Wasser zerteilten Schlämmguts erreicht.

Im bewegten Wasserstrom wird die Abwärtsbewegung der niedersinkenden Teilchen außer durch die genannten Faktoren noch durch die Strömungsgeschwindigkeit, das Gewichtsverhältnis zwischen angewandtem Rohkaolin oder -ton und Schlämmwasser, den Gehalt des Schlämmwassers an löslichen Verbindungen wie auch durch die Art der Bewegung des Wassers beeinflußt, z. B. durch Wirbelströme, die

---

[1] Kohl, H.: Ber. dtsch. keram. Ges. Bd. 3 (1922) S. 64 und M. Pohorzeleck: Ebenda Bd. 7 (1926) S. 190.

an manchen Stellen der Schlämmgefäße auftreten und das Niederfallen der Teilchen gewisser Korngrößen hemmen können.

Die Abhängigkeit des Durchmessers d in fließendem Wasser noch abschlämmbarer Teilchen von der Schlämmgeschwindigkeit v wird nach E. Schöne durch folgende Gleichung[1] ausgedrückt:

$$d = v^{7/11} \cdot 0{,}00314 \text{ mm},$$

d. h. bei der Schlämmgeschwindigkeit v können bis herab zur Durchmessergrenze d alle kleineren Teilchen abgeschlämmt werden. Diese Formel gilt im besonderen für Quarzteilchen (spez. Gew. = 2,65), während für Stoffe anderen spezifischen Gewichts S obiger Ausdruck folgende Form annimmt:

$$d = v^{7/11} \cdot \frac{0{,}0518}{S-1}.$$

Durch das Schlämmverfahren kann man Ton- oder Kaolinteilchen mit kleinerem Durchmesser als 0,003 mm nur schwer voneinander trennen[2], auch im kleinen Versuchsmaßstab nicht. Im allgemeinen werden in der Praxis an die Naßschlämmung so hohe Leistungsforderungen auch nicht gestellt, im Gegensatz zur wissenschaftlichen Bodenuntersuchung. Vor dem Beginn eines Kaolin- oder Tonschlämmverfahrens und der weiteren Verwertung des gewonnenen Feinguts in der Praxis sollte man sich aber immer Gewißheit über die Korngröße der Bestandteile des Rohstoffs verschaffen, einmal, um danach die Schlämmung einzurichten, und zum andern, weil von der Teilchengröße eine Anzahl der für die spätere Verarbeitung des Schlämmguts und der daraus hergestellten Massen wichtigen Eigenschaften abhängen, und schließlich weil Kaoline und Tone mit gleicher chemischer Zusammensetzung, aber ungleicher Teilchengröße verschiedenes physikalisches und sogar chemisches Verhalten zeigen.

Die physikalische Zerlegung eines Materials kann entweder durch die Schlämmanalyse oder durch die Siebanalyse erfolgen. Die Schlämmanalyse ist der Siebanalyse unbedingt überlegen[3], wenn sehr feinkörnige Rohstoffe oder gemahlene Materialien untersucht werden sollen. Das hier Gesagte bezieht sich nicht nur auf die Untersuchung der Kaoline und Tone, sondern auch anderer keramischer Rohstoffe, soweit sie in feinverteiltem Zustand verwendet werden.

Auf die wissenschaftliche und praktische Bedeutung der durch Schlämmen erfolgenden „mechanischen Analyse des Tones" hat H. A. Seger schon im Jahre 1872 hingewiesen[4]. Er schlug für die verschiedenen Teilchengrößen eine bestimmte Einteilung vor, der sich später A. Atterberg[5] und F. F. Grout[6] mit etwas abgeänderten Vorschlägen anschlossen. Man zerlegt nach ihnen die Kaoline und Tone in folgende Korngrößen:

---

[1] Lehmann, H.: Keram. Rdsch. Bd. 37 (1929) S. 795.
[2] Schurecht, H. G.: J. Amer. ceram. Soc. Bd. 4 (1921) S. 812.
[3] Rieke, R., u. L. Mauve: Ber. dtsch. keram. Ges. Bd. 8 (1927) S. 209.
[4] Gesammelte Schriften 2. Aufl. S. 35. Berlin 1908.
[5] Intern. Mitt. Bodenkunde Bd. 4 (1914) S. 30.
[6] J. Amer. ceram. Soc. Bd. 7 (1924) S. 122.

nach H. A. Seger	nach A. Atterberg	nach F. F. Grout
0,00 —0,01 mm Tonsubst.	0,00 —0,002 mm Rohton	0,00 —0,001 mm Feinton
0,01 —0,025 „ Schliff	0,002—0,02 „ Schliff	0,001—0,005 „ Grobton
0,025—0,04 „ Staub	0,02 —0,2 „ Feinsand	0,005—0,05 „ Schliff
0,04 —0,333 „ Sand	0,2 —2,0 „ Grobsand	0,05 —0,5 „ Feinsand
oder:	2,0 —20 „ Kies	mehr als 0,5 „ Grobsand
0,04 —0,2 mm Feinsand		
mehr als 0,2 „ Grobsand		

In dieser Zusammenstellung sind die Bezeichnungen und Grenzen der Korngrößen gefühlsmäßig und willkürlich gewählt und man muß sich bei Anwendung der angegebenen Bezeichnungen stets vor Augen halten, daß es sich bei diesen Fraktionen nicht um mineralogisch scharf definierte Stoffe handelt, vielmehr sowohl die abgeschlämmte „Tonsubstanz“ ebenso noch feinste Quarzteilchen wie der „Schliff“ usw. noch Kaolin- oder Tonteilchen enthält. Einen genaueren Aufschluß über die mineralogische Zusammensetzung der einzelnen Tonfraktionen vermag nur die mikroskopische Untersuchung zu geben, während sich die elementare Zusammensetzung nur durch die chemische Analyse ermitteln läßt.

Man kann mittels der mechanischen Schlämmanalyse in ausgezeichneter Weise nachprüfen, ob beim Schlämmen im praktischen Betriebe ein in bezug auf die Korngröße stets gleichmäßiges Schlämmprodukt erhalten wird. Auch kann man beim Bezug von schon geschlämmtem Kaolin feststellen, ob die einzelnen Lieferposten gleichbleibende Beschaffenheit besitzen. Zur Prüfung der Mahlfeinheit von Quarz, Feldspat usw. ist die Schlämmanalyse im fließenden Wasser ebenfalls geeignet[1].

Das Abschlämmen in strömendem Wasser ist bei der Prüfung von Stoffen vom gewöhnlichen spezifischen Gewicht der Gesteine nur bis zu Korngrößen von etwa 0,01—0,02 mm anwendbar[2]. Für die Bestimmung sehr feiner Teilchen kommt lediglich die Sedimentation, d. h. das Absetzen der Teilchen im stehenden Wasser, in Betracht[3], außer ihr höchstens noch das Feinmeß-Windsichtverfahren, besonders in seiner neuesten Ausführungsform[4].

---

[1] Über die Einrichtung der zur Schlämmanalyse von Kaolin, Ton usw. dienenden Apparate und die Arbeitsweise mit ihnen siehe R. Rieke: Das Porzellan. 2. Aufl. S. 43. Leipzig 1928. Berdel, E.: Einfaches chemisches Praktikum. 5. Aufl. III. u. IV. Teil. S. 41. Koburg 1930; Bollenbach, H., u. E. Kieffer: Laboratoriumsbuch für die Tonindustrie. 2. Aufl. S. 10. Halle 1929. Ausführliches Literaturverzeichnis über Schlämmanalyse siehe Mitteilung des Materialprüfungsausschusses der Deutschen Keramischen Gesellschaft „Untersuchungs- und Prüfungsmethoden keramischer Rohstoffe und Erzeugnisse“, Ber. dtsch. keram. Ges. Bd. 8 (1927) S. 96; siehe hier auch Beschreibung der Verfahren zur Korngrößebestimmung selbst.

[2] Andreasen, A. H. M., u. J. J. V. Lundberg: Ber. dtsch. keram. Ges. Bd. 11 (1930) S. 249 und H. Lehmann: Sprechsaal Keramik usw. Bd. 65 (1932) S. 690.

[3] Kritische Untersuchungen der verschiedenen nach dem Schlämmverfahren und dem Sedimentierverfahren arbeitenden Apparate zur Korngrößebestimmung vgl. bei E. P. Bauer: Ber. dtsch. keram. Ges. Bd. 5 (1924) S. 129. Rieke, R., u. L. Mauve: Ebenda Bd. 8 (1927) S. 209. Geßner, H.: Kolloid-Z. Bd. 38 (1926) S. 115 und H. W. Gonell: Die Chemische Fabrik Bd. 6 (1933) S. 227. Vinther, E. H., u. M. L. Lasson: Ber. dtsch. keram. Ges. Bd. 14 (1933) S. 259.

[4] Förderreuther, C.: Keram. Rdsch. Bd. 36 (1928) S. 755 und H. W. Gonell: Z. VDI 1928 S. 945 und Die Chemische Fabrik: a. a. O.

Bei der Siebung benutzt man Siebe verschiedener Maschenweite. Das bei der Kaolin- oder Tonuntersuchung zu siebende Material wird in Form einer wässerigen Aufschlämmung angewandt, die sich bei mageren Rohstoffen leichter in dünnflüssige Form verwandeln läßt als bei fetten. Zum Trennen der einzelnen Korngrößen voneinander dienen der Reihe nach Siebe mit 120, 900, 2500, 4900 und 10000 Maschen auf 1 cm^2 Siebfläche. Seit dem Jahre 1926 sind in Deutschland folgende Normengewebe für Prüfsiebe eingeführt gemäß dem Normenblatt „Din 1171", Drahtgewebe für Prüfsiebe:

Sieb-Gewebe und Siebe.

Drahtgewebe für Prüfsiebe	DIN 1171[1]

Für Prüfsiebe ist nur Drahtgewebe glatter Webart zu verwenden.

Bezeichnung eines Drahtgewebes für Prüfsiebe mit einer lichten Maschenweite $l = 0{,}20$ mm: Prüfsiebgewebe 30 DIN 1171.

Gewebe Nr.	Maschenzahl je cm^2	Lichte Maschenweite l in mm	Drahtdurchmesser d in mm
4	16	1,5	1,00
5	25	1,2	0,80
6	36	1,02	0,65
8	64	0,75	0,50
10	100	0,60	0,40
11	121	0,54	0,37
12	144	0,49	0,34
14	196	0,43	0,28
16	256	0,385	0,24
20	400	0,300	0,20
24	576	0,250	0,17
30	900	0,200	0,13
40	1600	0,150	0,10
50	2500	0,120	0,08
60	3600	0,102	0,065
70	4900	0,088	0,055
80	6400	0,075	0,050
100	10000	0,060	0,040

Lichtquerschnitt je Flächeneinheit $\frac{l^2}{(l+d)^2} \cdot 100 \cong 36\ \%$

[1] Wiedergabe erfolgt mit Genehmigung des Deutschen Normenausschusses. Verbindlich ist die jeweils neueste Ausgabe des Normblattes im DIN-Format A4, das durch den Beuth-Verlag, G.m.b.H., Berlin S. 14, Dresdner Str. 97, zu beziehen ist. Laut Mittlg. des Deutschen Normenausschusses ist demnächst mit einer Änderung des Normblattes DIN 1171 zu rechnen. Vorgesehen ist die Normierung grober Gewebe, außerdem erfolgt voraussichtlich Änderung der Bestimmungen über zulässige Abweichungen und Neuaufnahme eines Prüfverfahrens für Siebe und Siebgewebe.

Zulässige Abweichungen:

		Durchschnittswert %	Größte Abweichung[1] %	Bereich der größten Abweichungen[1,2] %
Drahtdicken	0,04—0,5 mm	5	10	—
	über 0,5 —0,9 „	4	8	—
	„ 0,9 mm	3	6	—
Maschenweiten	10000—3600 Maschensieb	5	—	15—30
	2500— 576 „	5	—	12—25
	400— 64 „	5	—	10—20
	Gröbere Siebe	5	—	55—10

Auf die Vorteile der DIN-Gewebe kann hier nur hingewiesen werden[3]. Es hat sich als notwendig erwiesen, folgende — bisher noch nicht normierte — Siebgewebe als Ergänzungen der normierten Siebe beizubehalten[4]:

Ergänzungstabelle. Gewebeart: Glattes Gewebe.

Gewebe Nr.	Maschenzahl je cm²	Lichte Maschenweite l in mm	Drahtdurchmesser d in mm	Bemerkung
1 E	1	6,0	3,4	Flachdraht
2 E	4	3,0	2,0	„
3 E	9	2,0	1,5	„
18 E	324	0,340		—
35 E	1125	0,172		—
90 E	8100	0,067	0,045	—

Über den Vergleich der deutschen Siebgewebe mit den in England, Frankreich und den V. St. v. Amerika üblichen Geweben siehe Taschenbuch für Keramiker (Berlin) 1933 S. 134/135.

Betreffs Ausführung der Siebanalyse wird auf die verschiedenen Leitfäden für die Untersuchung keramischer Rohstoffe und andere Veröffentlichungen verwiesen[5,6,7,8]. Die Siebung ist nur für die Untersuchung nicht klebriger Materialien geeignet[7] und kann, wie bereits betont, stets nur für solche Kornfeinheiten

[1] Die zulässige Anzahl bezogen auf die größten Abweichungen bzw. den Bereich der größten Abweichungen beträgt 6 %.

[2] Die unter den aufgeführten Werten liegenden Abweichungen bleiben bei der Prüfung unberücksichtigt.

[3] Siehe Keram. Rdsch. Bd. 34 (1926) S. 705. — Über die Prüfung von Siebgeweben vgl. H. Hecht: Keram. Rdsch. Bd. 41 (1933) S. 295.

[4] Nach einer Druckschrift des Chemischen Laboratoriums für Tonindustrie Professor Dr. H. Seger und E. Cramer G. m. b. H., Berlin, s. a. Taschenbuch für Keramiker 1933 S. 135.

[5] Taschenbuch für Keramiker 1928 S. 17. Bollenbach, H., u. E. Kieffer: Laboratoriumsbuch für die Tonindustrie 2. Aufl. S. 9. 1928. Vgl. a. W. Pukall: Grundzüge der Keramik S. 29. 1922 u. a.

[6] Tonind.-Z. Bd. 51 (1927) S. 1790.

[7] Förderreuther, C.: Keram. Rdsch. Bd. 36 (1928) S. 755.

[8] Andreasen, A. H. M.: Ingeniøren 1928 S. 225: Ref. Keram. Rdsch. Bd. 36 (1928) S. 601 und Sprechsaal Keramik usw. Bd. 61 (1928) S. 299.

in Betracht kommen, für die noch ein einwandfreies Siebgewebe zur Verfügung steht, also bis zum deutschen Normenprüfsieb Nr. 100 mit 10000 Maschen/cm² und einer Maschenweite von 0,06 mm (= 60 μ).

Chemische Analyse, rationelle Analyse. Handelt es sich darum, beim praktischen Schlämmen einen Kaolin oder Ton außer auf die Größe seiner Teilchen auch auf seine chemische Zusammensetzung zu untersuchen, so muß man die Verfahren der chemischen Analyse anwenden. Zur laufenden Kontrolle des Gehalts der Kaoline und Tone sowie der keramischen Massen usw. an Tonsubstanz, Quarz und Feldspat benutzt der Keramiker vielfach die sog. rationelle Analyse, d. h. die Bestimmung des Gehalts an Tonsubstanz, Feldspat und Quarz, die auf dem Verhalten des Kaolins im rohen oder geglühten Zustande gegen Schwefelsäure oder Chlorwasserstoffsäure (S. 14) beruht, und die von H. Seger im Jahre 1877 in die Keramik eingeführt worden ist. Für dieselbe gibt es verschiedene Ausführungsarten[1]. Am gebräuchlichsten ist die Arbeitsweise von E. Berdel[2], die zuweilen auch mit den von J. Koerner vorgeschlagenen Abänderungen ausgeführt wird, und das Verfahren von Kallauner und Matejka[3, 4]. Man muß sich aber stets vor Augen halten, daß die bei der rationellen Analyse gefundene „Tonsubstanz" ein Sammelbegriff und nicht die Bezeichnung einer mineralogisch und chemisch völlig einheitlich bestimmten Substanz, sondern vielmehr die Zusammenfassung alles dessen ist, was mit konzentrierter Schwefelsäure aufschließbar ist, also auch den in vielen Tonen vorhandenen Glimmer mit umfaßt[5]. Ähnlich verhält es sich mit dem bei der rationellen Analyse ermittelten „Feldspat". Eine neue von Keppeler und Holtmann[6] vorgeschlagene Abänderung der rationellen Analyse gestattet in der Wirklichkeit sehr nahe kommender Weise die Zerlegung der Kaoline in Tonsubstanz, Quarz, Feldspat und Glimmer. Der neueste Vorschlag zur rationellen Schnellanalyse stammt von H. und H. J. Harkort[7].

Allgemeine Gesichtspunkte für die Anlage von Schlämmereibetrieben. Nach G. Unger[8] sind für den Bau und die Einrichtung einer Schlämmereianlage folgende Gesichtspunkte maßgebend: Lage und ungefähre Menge des vorhandenen Rohkaolins im gesamten Bergbaugelände, Gewinnungsmöglichkeiten, ungefähre Gestehungskosten des Rohkaolins, Einrichtung und angenäherte Kosten der Förderanlage, Art der Materialförderung zur Aufbereitungsanlage, Schutzpfeilerfrage (zwecks Vermeidung der Gefährdung von Grundstücken und Bauten), Ausbeute an Feinkaolin, Eigenschaften (Farbe, Feuerfestigkeit, Schwindung usw.) desselben, Menge und Beschaffen-

[1] Steger in F. Singer: Die Keramik im Dienste von Industrie und Volkswirtschaft S. 34. Braunschweig 1923. Bauer, E. P.: Keramik S. 73. Dresden 1923.

[2] Sprechsaal Keramik usw. Bd. 36 (1903) S. 1371; Sprechsaalkalender 1929, S. 26; Taschenbuch für Keramiker 1928 S. 15. Bollenbach, H., u. E. Kieffer: Laboratoriumsbuch für die Tonindustrie 2. Aufl. S. 26. Halle a. S. 1929.

[3] Sprechsaal Keramik usw. Bd. 47 (1914) S. 423; Sprechsaalkalender 1929 S. 28. Bollenbach u. Kieffer: a. a. O. S. 30.

[4] Steinbrecher, F.: Ber. dtsch. keram. Ges. Bd. 7 (1926) S. 321; ferner W. F. Fischer: J. Amer. ceram. Soc. Bd. 11 (1928) S. 842.

[5] Keppeler, G.: Ber. dtsch. keram. Ges. Bd. 10 (1929) S. 502; s. a. J. Dorfner: Sprechsaal Keramik usw. Bd. 48 (1915) S. 252.

[6] Ber. dtsch. keram. Ges. Bd. 10 (1929) S. 503.

[7] Sprechsaal Keramik usw. Bd. 65 (1932) S. 705.

[8] Tonind.-Ztg. Bd. 47 (1923) S. 515.

heit der Abfallstoffe. Die wichtigste Vorbedingung für die Errichtung jeder Schlämmereianlage ist aber neben dem Rohstoff selbst das Vorhandensein einer ausreichenden Menge möglichst reinen fließenden Wassers, das tunlichst ohne besondere vorherige Reinigung als Schlämmwasser verwendbar ist, denn durch die Anlage und Unterhaltung von Klär- und Reinigungsanlagen wird der Betrieb verteuert. Die Beschaffenheit des Wassers, vor allem sein natürlicher Gehalt an gelösten organischen und besonders anorganischen Verbindungen kann das Verhalten der Kaoline und Tone im Wasser und damit auch das Schlämmergebnis wesentlich beeinflussen. Sind Eisen- oder Manganverbindungen im Wasser vorhanden, so besteht die Gefahr der Bildung von Flecken oder zum mindesten von Verfärbungen beim Brennen des Feinkaolins oder -tons bzw. der aus ihnen hergestellten Massen. In einem solchen Falle ist es unbedingt erforderlich[1], eine entsprechende Reinigungsanlage anzubringen. In ihnen wird das Eisen, das im Wasser als Bikarbonat enthalten ist, in Hydroxyd übergeführt und als solches entfernt. Zweckmäßig verbindet man hiermit eine Beseitigung der im Wasser befindlichen Algen, die das im Wasser verteilte Eisen an sich ziehen und so eine Zusammenballung des Farbstoffes an einzelnen Stellen bewirken können. Die Entfernung der Algen kann durch einfache Filtration mittels Holzkohle erfolgen. Enthält ein Wasser beträchtliche Mengen löslicher Salze der alkalischen Erden, so ist es ratsam, dasselbe zu enthärten oder überhaupt von seiner Verwendung als Schlämmereiwasser abzusehen.

Erst wenn die Frage des Betriebswassers einwandfrei geklärt ist, wird man zur Planung des Baues selbst schreiten. Man errichtet die Schlämmerei möglichst nahe der Gewinnungsstelle des Rohkaolins und sieht ebenso eine möglichst nahe Verladegelegenheit des geschlämmten Kaolins mit der Eisenbahn vor. Von Bedeutung ist weiter, daß von vornherein auf die Möglichkeit der Anlage ausreichend großer Frischwasserbehälter und Sandhalden, ebenso auch von Sammelteichen und Klärteichen Rücksicht genommen wird. Ob eine Verwertung des abfallenden Sandes zur Herstellung von Klinkersteinen u. dgl. möglich ist, kann nur von Fall zu Fall unter Würdigung des örtlichen Bedarfs und der sonstigen Verhältnisse entschieden werden.

Für die kalte Jahreszeit muß eine Anlage zum Heizen sämtlicher Betriebsräume vorgesehen sein, ebenso für das Anwärmen des Schlämmwassers. Auch beim Filtrieren schwer filtrierbarer („fetter") Tone benutzt man vorteilhaft warmes Schlämmwasser[2]. Zum Beheizen der Vorrichtungen zum Trocknen des geschlämmten Kaolins wird gleichfalls Wärme benötigt, wozu man mit Vorteil Abdampf verwenden kann.

[1] Otremba, A.: Keram. Rdsch. Bd. 36 (1928) S. 466.
[2] Spangenberg, A.: 10 Jahre deutsche Keramik S. 75. Berlin 1929.

Das technische Schlämmverfahren.

Die Schlämmung des Kaolins oder Tons, wie sie in der Praxis ausgeführt wird, umfaßt mehrere Abschnitte, nämlich

1. das Mischen des Rohkaolins oder -tons mit Wasser, wobei das Schlämmgut aufgeweicht und in seinem Zusammenhang gelockert wird,

2. das Abscheiden der grobkörnigen Beimengungen, wie Kies, Grobsand, auch anderer Fremdkörper, wie Holz oder Kohleteilchen, durch Zurückhalten derselben auf Sieben und Ablaufenlassen der Schlämmflüssigkeit mit dem in ihr schwebenden Feinkaolin,

3. die Entfernung des feinen Sandes aus dem plastischen Feingut während der Weiterführung der Schlämmtrübe, erforderlichenfalls unter Zuhilfenahme von Sieben,

4. das Absitzenlassen und Ansammeln des vom Wasser fortgeführten Feinkaolins oder -tons in Sammel- oder Absetzkästen.

In den meisten Fällen, nämlich überall da, wo der Kaolin nicht unmittelbar in Schlammform an Ort und Stelle verarbeitet werden kann, schließt sich als letzte Stufe

5. das Entwässern des Feinschlammes an, das, wie das Schlämmen selbst, auf verschiedene Weise vorgenommen werden kann.

Diskontinuierliche oder mit Unterbrechung arbeitende Schlämmverfahren[1] finden heute Anwendung nur noch in kleineren Betrieben, wo es sich um die Reinigung nur geringer Mengen Kaolin oder Ton handelt, oder auch zum probeweisen Schlämmen in kleinerem oder größerem Maßstabe. Man führt diese Schlämmung im Handbetriebe in hölzernen Fässern oder Kästen oder kleineren gemauerten, in Zement geputzten Behältern aus. In diesen wird das Rohmaterial nach Zusatz von Wasser zunächst mit hölzernen oder eisernen Krücken durchgerührt. Hierbei setzen sich die groben Teilchen zu Boden, während die feinen im Wasser schweben bleiben und mit diesem durch Rinnen unter Einschaltung feiner Siebe in Absetzbehälter oder -gruben abgelassen werden. In diesen Sammelgefäßen überläßt man die Schlämmtrübe der Ruhe und hebert dann nach dem Zubodensinken des Feinguts die darüberstehende klare Flüssigkeit ab. Die weitere Entwässerung des Schlammes erfolgt in gleicher oder ähnlicher Weise wie bei den später zu besprechenden Schlämmverfahren.

Kontinuierliche Schlämmverfahren benutzt man überall da, wo es sich um die Aufbereitung großer Mengen Schlämmguts handelt. Hierbei kommt ausschließlich die maschinelle Arbeitsweise zur Anwendung.

---

[1] Kerl, B.: Handbuch der gesamten Tonwarenindustrie 3. Aufl. S. 177 u. 191. Braunschweig 1907.

In folgendem werden zunächst die verschiedenen Verfahren der Kaolinschlämmung und im Anschluß hieran die zur Tonschlämmung üblichen beschrieben. Beide Arten von Schlämmverfahren beruhen entweder auf rein mechanischer oder auf dieser und chemischer Grundlage; sie sind einander vielfach ganz ähnlich, weichen aber in anderen Fällen wesentlich voneinander ab, weshalb Kaolin- und Tonschlämmung getrennt besprochen werden sollen.

Abb. 6. Gewinnung von Kaolin nach dem Natur-Schlämmverfahren in Cornwall, England[2].

I. Kaolinschlämmung.

Natur-Schlämmverfahren. Das Natur-Schlämmverfahren wird vor allem in den Kaolingruben von Cornwall und Devonshire in England angewandt, wo das natürliche primäre Vorkommen der Kaolinlager an Bergabhängen diese einfache Gewinnungsart ermöglicht[1]. Der rohe, lockere Kaolin wird mit dem Spitzeisen bearbeitet und gleichzeitig dem Druckwasserstrahl ausgesetzt. Hierdurch wird das Material losgespült, und die wässerige Kaolinaufschwemmung fließt nun im natürlichen Gefälle oder mit Hilfe von Pumpwerken über Kieselfilter und Siebe, auf denen die sandigen Verunreinigungen zurückgehalten werden, je nach der Art der Bergwerksanlage entweder zunächst unterirdisch in Stollen oder über Tage in Gräben durch Rinnensysteme abwärts in große Glimmerabsetzkästen („micas") und Sammelbehälter, wo sich der von allen körnigen Bestandteilen befreite feine Kaolinschlamm absetzt. Das überstehende Wasser wird abgezogen und der Feinkaolin entweder durch künstliche Heizung der Absetzbehälter getrocknet oder feucht ausgestochen und an der Luft oder auf Kanaldarren (S. 84) getrocknet. Abb. 6 zeigt ein Bild einer englischen Kaolingrube, Abb. 7 das von Sand- und Glimmerab-

[1] Nach M. Pohorzeleck: Ber. dtsch. keram. Ges. Bd. 7 (1926) S. 191 und H. Hegemann: Die Herstellung des Porzellans S. 14. Berlin 1904; ferner Bull. Amer. ceram. Soc. Bd. 4 (1925) S. 639 und A. Granger: La Céramique industrielle Bd. 1 S. 168. Paris 1929.

[2] Bull. Amer. ceram. Soc. Bd. 7 (1928) S. 93.

setzgefäßen am gleichen Orte. Der geschlämmte englische Kaolin führt die Handelsbezeichnung „china clay“. Es gibt nur wenige Gegenden, wo die günstige Lage der Kaolinvorkommen die soeben geschilderte einfache Abbauweise ermöglicht (s. a. S. 27).

Andere (künstliche) Schlämmverfahren. Bei allen übrigen Schlämmverfahren muß vor dem Beginn des eigentlichen Schlämmprozesses der Rohkaolin im Wasser aufgeweicht und zerteilt werden. Man bezeichnet diesen Vorgang als „mechanische Auflösung“ oder „Aufschlämmung“. Hierbei geht der feinere Anteil des Schlämm-

Abb. 7. Sand- und Glimmerabsetzgefäße in einer Kaolinschlämmerei, Cornwall, England[1].

gutes in einen dünnflüssigen wässerigen Brei, die „Schlämmtrübe“, auch kurz „Schlämme“ genannt, über. Diese Lockerung des Gefüges des Rohkaolins erfolgt in besonderen Behältern oder Apparaten mit oder ohne Zuhilfenahme von Rührwerken, Schlagkreuzwellen usw. unter gleichzeitiger Zugabe von Wasser. Der Rohkaolin ist meistens unmittelbar in grubenfeuchtem Zustande hierzu verwendbar. Andernfalls wird er zunächst an der Luft vorgetrocknet. Handelt es sich um das Schlämmen von Kaolinsandstein (S. 7), so muß man das Rohmaterial vorher mittels Walzwerks (S. 184) zerkleinern, wodurch der mechanische Aufschluß mit Wasser erleichtert wird[2]. Der Einfluß der mechanischen Behandlung unter gleichzeitiger Einwirkung von Wasser ist bei den verschiedenen Kaolinen und Tonen ein ungleicher. Während bei den Kaolinen im allgemeinen die Aufteilung und Zerkleinerung des Feinguts

[1] Ebenda S. 13.
[2] Hegemann, H.: Die Herstellung des Porzellans S. 95. Berlin 1904.

ohne Schwierigkeit verläuft, stellt sich bei Tonen der Endzustand meist nicht so schnell ein, „da ihre feinsten Teile und deren Struktur scheinbar eine weitere Zerteilung durch mechanische Behandlung zulassen als die offenbar widerstandsfähigeren Teile der Kaoline“[1]. Außer der Lockerung des Gefüges kommt nach F. Piekenbrock[2] hierbei auch noch eine Quellung der plastischen Teilchen in Betracht, die mit einer Viskositätszunahme der wässerigen Suspensionen verbunden ist.

Man verwendet in der Feinkeramik meistens waagerecht gelagerte Schlämm- oder Waschtrommeln, die je nach dem Umfang des Betriebes verschiedene Größe und Bauart besitzen. Sie werden von einer Beschickungsbühne aus bedient und bestehen aus einem zylindrischen, festliegenden Gehäuse, das aus Holz hergestellt oder ausgemauert und zementiert oder betoniert ist[3]. In diesem Behälter dreht sich eine von der Seite her maschinell angetriebene Horizontalwelle („Schlämmquirl“). Sie ist mit mehreren, meist vier oder fünf, Rührflügeln versehen, an denen parallel zu der drehbaren Welle Schlagarme aus Flußstahl oder Eichenholz befestigt sind. Der Rohkaolin wird in kurzen Zwischenräumen mit der Schaufel durch die Hand oder maschinell in größeren oder kleineren Stücken durch die oben befindliche Füllöffnung in den Schlämmzylinder eingetragen, während gleichzeitig von der einen Seite her durch eine Rohrleitung neben dem Austritt der Welle beständig Wasser zufließt. Das in Bewegung versetzte Rühr- oder Schlagwerk zerkleinert den eingetragenen Rohkaolin. Hierbei setzen sich die gröbsten Gesteins- und Kiesteilchen auf dem Boden ab, von wo sie zeitweise durch eine vorgesehene Öffnung entfernt werden. Die wässerige trübe Schlämmflüssigkeit, in der die Feinkaolinschüppchen und die feinen Sandkörnchen schweben, wird in Form eines dünnen Schlammes durch ein im unteren Teil des Gehäuses angebrachtes Rohr abgelassen. Abb. 8 zeigt die Bauart eines solchen Schlämmquirls. Über die Anwendung von Schraubenrührern beim Schlämmen vgl. S. 64.

Eine andere Einrichtung besteht in einer sich langsam im ganzen drehenden Schlämmtrommel aus Holz, die im Innern mit Futtersteinen aus Porzellan oder Steinzeug ausgekleidet ist und ohne Anwendung eines Rührquirls arbeitet, daher nur für Rohkaolin von besonders lockerem Gefüge und bei reichlichem Aufwand von Wasser verwendbar ist. Die Aufweichung und Lockerung des Materials findet hier unter Wasserzufluß lediglich durch die Bewegung der Trommel statt. Dabei wird der Rohkaolin von seitlich oben her durch einen Trichter eingetragen, während der Austrag der „Schlämme“ durch Löcher an der

---

[1] Bauer, E. P.: Ber. dtsch. keram. Ges. Bd. 5 (1924) S. 147.
[2] Ber. dtsch. keram. Ges. Bd. 5 (1924) S. 35ff.
[3] Loeser in F. Singer: Die Keramik im Dienste von Industrie und Volkswirtschaft S. 124. Braunschweig 1923.

einen Stirnseite des Schlämmzylinders stattfindet, durch die die Flüssigkeit zunächst auf ein Sieb gelangt, das die groben Körner zurückhält, während das feine Material, im Wasser verteilt, wie sonst in Absetzgefäße und Rinnen weiterfließt. Anstatt der zylindrischen Holztrommeln benutzt man in der Großschlämmerei jetzt vielfach eiserne, konisch zulaufende Trommeln von mehreren Metern Länge, die mit verschieden weit gelochten Blechen bzw. Sieben verschiedener Weite bespannt sind[1]. Die gröberen Bestandteile werden zurückgehalten und durch geeignete mechanische Vorrichtungen ausgeschieden, der Kaolin wird durch die Siebe vom Sande befreit und als „Schlämme" fortgeführt, während der Sand in die „Sandwäsche" gelangt (S. 50).

Horizontal gelagerte Schlämmquirle ermöglichen bei der mechanischen Auflösung von Ton usw. die Durcharbeitung einer bestimmten Materialmenge in weniger als der halb so langen Zeitdauer wie dies in den früher häufig benutzten Vertikalquirlen der Fall war[2].

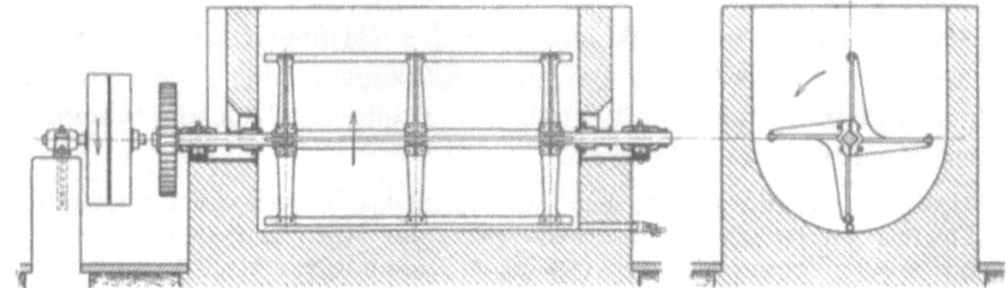

Abb. 8. Schlämmtrommel aus Beton mit liegendem Quirl.

Über die Anwendung des „Collodura-Verfahrens"[3] (S. 191) zur Schlämmerei-Vorbereitung kaolinartiger Stoffe nach Auflösung der hochwertigen Schlammgehalte mittels geeigneter Mahlkörper, die die Quarzkörner nicht zerkleinern, aber selbsttätig vom Feinschlamm trennen, sind Betriebsergebnisse bisher nicht bekannt geworden.

Seit einer Reihe von Jahren ist man im Schlämmereigroßbetriebe zwecks Erzielung größerer Leistungen im Dauerbetriebe zur Anwendung neuer Bauarten von Schlämmapparaten, sog. Schlämmaschinen, übergegangen (S. 49).

Gerinne-Schlämmverfahren. Bei dem Gerinne-Schlämmverfahren wird die Trübe zunächst, häufig noch unter Einschaltung eines Siebes, in gemauerte, innen glatt auszementierte Absetzkästen geleitet und in ihnen die Bewegungsgeschwindigkeit der Schlämmtrübe so weit verringert, daß sich die gröberen Teilchen zu Boden setzen. Der feinere Sand wird mit dem Feinkaolin durch ein System parallel nebeneinander

[1] Kremski, H.: Keram. Rdsch. Bd. 37 (1929) S. 289. Busch, V.: Ebenda Bd. 37 (1929) S. 376.

[2] Ceram. Ind. Bd. 11 (1928) S. 194; Abstr. Amer. ceram. Soc. Bd. 7 (1928) S. 706.

[3] Ber. dtsch. keram. Ges. Bd. 10 (1929) S. 474.

angeordneter Rinnen aus mit Zinkblech ausgekleideten Holzleisten oder aus Zement geführt, wobei die Strömungsrichtung ständig umgekehrt wird und die Ablagerung von Feinsand, Staubsand und Schluff erfolgt. Die Anzahl, Länge und Neigung der Rinnen ist abhängig von der Beschaffenheit des zu schlämmenden Rohkaolins. Im allgemeinen wird man bei hohem Gehalt an Grobsand und geringem an Fein- und Staubsand mit einem kürzeren Gerinnelauf auskommen als im umgekehrten Falle[1]. Je mehr feiner Sand aus einem Rohkaolin entfernt werden soll, um so länger muß das Rinnensystem und um so geringer das Gefälle und damit auch die Strömungsgeschwindigkeit sein. Nach M. Pohorzeleck[1] beträgt der Flächenbedarf für die Gerinne, bezogen auf versandfertigen Kaolin, im Mittel 2,5 bis 3,8 m² auf 1 Tonne Kaolin. Hierzu kommt noch ein gewisser Bedarf an Reserverinnen, die während der Reinigung versandeter Schlämmrinnen in Betrieb genommen werden, wodurch dann der Platzbedarf für die Rinnen bis auf 5 m², bezogen auf 1 Tonne Feinkaolin, steigt.

Als nutzbaren Durchflußquerschnitt des Gerinnes empfiehlt M. Pohorzeleck 0,25 bis 0,35 m bei einer Flüssigkeitshöhe von höchstens 0,40 m. Andere, z. B. R. Rieke[2], geben als Breite und Tiefe der Schlämmrinnen etwa 0,20 bis 0,30 m an.

Siebvorrichtungen. Vor dem Eintritt in das Rinnensystem passiert die Kaolintrübe zweckmäßig mehrere feine Siebe, auf denen mitgerissene Sandteilchen, aber auch Verunreinigungen organischer Herkunft, vor allem Holzstückchen, Wurzelreste usw., zurückgehalten werden. Zur Entfernung des groben Sandes benutzt man entweder gelochte Stahlbleche oder besser Siebe aus kräftigem Messing- oder Bronzedrahtgewebe. Zum Auffangen des feineren und feinsten Sandes dienen ebenfalls Siebe aus Drahtgeflecht, deren Maschenweite mit zunehmender Entfernung der Siebe vom Anfang der Schlämmeinrichtung immer enger wird. Zuweilen läßt man die Schlämmtrübe auch durch zwei übereinanderliegende Siebe laufen, von denen das untere engmaschigeres Gewebe als das obere besitzt. Das Schlämmgut soll im Aufbereitungsgange, wenn nichts anderes beabsichtigt ist, von allen jenen Teilen befreit werden, deren Korndurchmesser größer als der der „Tonsubstanz“ ist. Man verwendet meist Siebe aus Drahtgewebe, die eben und festliegend sind, und deren Maschenweite zwischen etwa 3 und 0,088 mm oder noch weniger beträgt. Diese Maschenweiten sind in jedem Falle auf Grund der praktischen Erfahrung gewählt. Verwendet man schwache Drahtgewebe oder Bleche, so kann bei längerer Benutzung der Siebe eine Erweiterung der Sieböffnungen eintreten, die zunächst geringfügig ist, allmählich aber zunehmen wird. Die Siebe sind daher nach längerem Gebrauche nicht nur auf ihre allgemeine Unversehrtheit sondern auch auf etwaige Veränderungen ihrer Maschenweite zu prüfen, denn solche Veränderungen können die Güte des Ausbringens ungünstig beeinflussen, wenn natürlich die Ursache einer Veränderung des geschlämmten Kaolins oder Tons auch in einer Ungleichheit des aufzubereitenden Rohmaterials, einer Änderung der Strömungsgeschwindigkeit des Schlämmwassers oder einer Unachtsamkeit der Arbeiterschaft begründet sein kann.

---

[1] Pohorzeleck, M.: Ber. dtsch. keram. Ges. Bd. 7 (1926) S. 196.

[2] Rieke, R.: Das Porzellan 2. Aufl. S. 70. Leipzig 1928.

Zur Vermeidung einer unsachgemäßen Siebwirkung werden seit einigen Jahren sog. Feinspaltsiebe aus geschlungenen Messing- oder Phosphorbronzeprofildrähten empfohlen, die entweder rein konischen Querschnitt oder dachförmiges Profil besitzen.

Den gesteigerten Bedürfnissen der feinkeramischen Industrie entsprechend ist man in neuester Zeit zur Verwendung noch feinerer Siebe als solcher mit 4900 Maschen je cm^2 übergegangen und benutzt zur Erzielung eines Feinkaolins höchster Reinheit und Kornfeinheit Zylindersiebe (s. a. S. 224) mit bis zu 10000 Maschen je cm^2. Die Schlämmtrübe wird in das Innere des sich langsam um seine Längsachse drehenden Siebzylinders geführt, wobei an der Siebfläche haftenbleibende Teilchen mit nach oben genommen, hier von einem an einer Exzenterscheibe befestigten, mit vielen Löchern versehenen, bewegten Wasserrohr aus mittels Wassers in eine im oberen Teile des Siebes befindliche Schale gespült und mit dem Wasser abgeleitet werden[1]. Über die Anwendung von Saugsiebtrommeln siehe S. 224.

Abb. 9. Einfacher Rechen-Elektromagnet.

Magnetscheider. Eisenteilchen, die bei der bergmännischen Gewinnung oder durch eine Zerkleinerungsvorrichtung in den Kaolin gelangt sind, müssen aus demselben entfernt werden, da das Eisen sonst später beim Brennprozeß in der Masse dunkle Flecken oder Ausschmelzungen verursacht. Man bewirkt die Abscheidung des Eisens dadurch, daß man in die Schlämmrinne einen oder mehrere Elektromagneten einbaut, die die Form eines eisernen Rechens besitzen, und zwischen deren einzelnen Stiften die Kaolintrübe hindurchfließt. Auf diese Weise wird die wirksame Oberfläche des Magneten weitgehend vergrößert. Der Magnet kann nur mit Gleichstrom betrieben werden. Zur Kontrolle der dauernden Wirksamkeit des Elektromagneten ist eine Glühlampe angebracht, die während des Betriebs erkennen läßt, ob der Apparat in Ordnung ist. Derartige Magnete werden von mehreren Fabriken in verschiedener Ausführung hergestellt. Eine bekannte Bauart zeigt Abb. 9. Von Zeit zu Zeit muß eine Entfernung der angesammelten Eisenteilchen und eine Säuberung der Elektromagnete vorgenommen werden.

Abb. 10. Aggregat natürlicher Magnete, Dauermagnet, in Holzrinne eingebaut.

Abb. 11. Hochleistungs-Eisenfangmagnet mit Polkäfig.

In manchen Betrieben werden zur Enteisenung keramischer schlammförmiger Massen natürliche Magnete (Dauermagnete) benutzt, die man in größerer Anzahl hintereinander anordnet, so daß sie mit ebenso großer Intensität wie ein Elektro-

---

[1] Killias, E.: Ber. dtsch. keram. Ges. Bd. 10 (1929) S. 349.

magnet arbeiten. Den Einbau der natürlichen Magnete in eine Holzrinne zeigt Abb. 10.

In letzter Zeit sind neue Bauarten von Magnetscheidern hergestellt worden, mittels deren es möglich ist, auch die allerfeinsten Eisenteilchen aus dem abgeschlämmten Feinkaolin zu entfernen. Diese Maßnahme ist besonders bei der Porzellanherstellung sehr notwendig (S. 298). Die Hochleistungs-Magnetscheider der

Abb. 12. Wie Abb. 11., Magnetoberteil vom Polkäfig abgenommen.

Elektromagnetischen Gesellschaft m. b. H., Elsterwerda[1], besitzen verzinkte „Polkäfige", bei denen zwischen starken Polplatten über 100 Pole angeordnet sind. Durch diese wird der Flüssigkeitsstrom fein unterteilt, so daß jedes feine Teilchen unbedingt eine große Anzahl starker Magnetpole passieren muß und auch die feinsten Eisenpartikel aus dem durchfließenden Schlamm zurückgehalten werden. Die äußere Ansicht eines solchen Polkäfig-Elektromagneten zeigen Abb. 11 und 12, die Art seines Einbaus in das Schlämmgerinne Abb. 13.

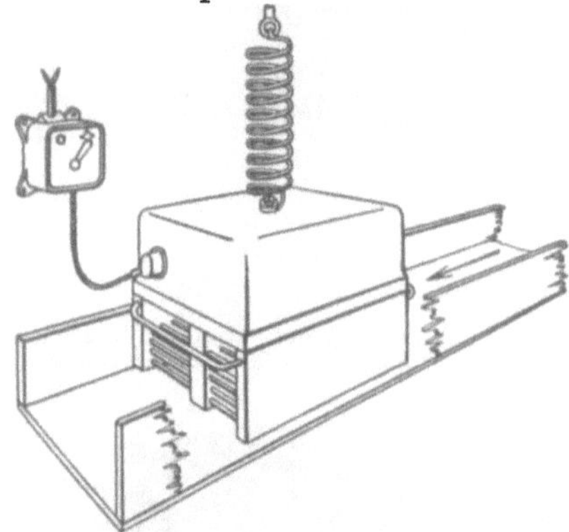

Abb. 13. Hochleistungs-Eisenfangmagnet in das Schlämmgerinne eingebaut. Hersteller: Elektromagnetische Gesellschaft m. b. H. Elsterwerda.

Die in Abb. 13 angedeutete genau bemessene Zugfeder erleichtert seine Handhabung. Sie hat gegenüber der früher benutzten Gewichtsaufhängung den Vorteil, daß sie sich leichter anbringen läßt als eine Rolle mit Seil und Gegengewicht. Zur Reinigung von den festgehaltenen Eisenteilchen wird der Magnet bei geschlossenem Stromkreis aus der Rinne gehoben. Auf diese Weise wird ein Zurückbleiben von Eisenteilchen in der Rinne oder ein Zurückfallen von solchen vermieden. Die feste Verbindung des aus Abb. 13 ersichtlichen Anlasser-Oberteils mit dem Polkäfig erfolgt durch Magnetismus. Man kann an den Trögen der Hochleistungsmagneten Fallbrücken vorsehen[2], die beim Versagen des elektrischen Stromes die Materialzufuhr abschneiden. Die Schlämme wird dann so weitergeleitet, daß keine Vermischung mit dem schon gereinigten Schlicker eintreten kann. Gleichzeitig wird der bedienende Arbeiter durch ein Glockensignal oder durch eine rot aufleuchtende Lampe auf die Störung aufmerksam gemacht. Auch mit der vorhin erwähnten Zugfeder zum Heben des Magneten läßt sich eine solche Signaleinrichtung oder eine Umleitungsklappe verbinden. Für die Abschei-

[1] Keramos Bd. 9 (1930) S. 15.

[2] Trans. ceram. Soc. Bd. 28 (1930) S. 447; Ref. Sprechsaal Keramik usw. Bd. 63 (1930) S. 487.

dung des Eisens aus trocknen Massen dienen vorzugsweise Elektromagnetwalzen, wie sie von der genannten Gesellschaft und anderen Firmen gebaut werden (S. 187).

Durch die auf S. 41 bis 46 geschilderte Behandlung ist die Entfernung der Verunreinigungen, also von Quarz, Feldspat, Glimmer, Pyrit, Eisenteilchen, organischen Fremdkörpern erzielt worden, und in der Schlämmtrübe befinden sich schwebend nun nur noch die feinen Tonsubstanzteilchen und ein gewisser Anteil feinster Sand- und Glimmerteilchen, deren Menge von den spezifischen Eigenschaften des Rohstoffs und der Art des benutzten Schlämmverfahrens abhängt.

Flächen-Schlämmverfahren. Beim Flächen-Schlämmverfahren arbeitet man im großen und ganzen ähnlich wie beim Gerinne-Schlämmverfahren, läßt aber die Kaolintrübe in einer Schichthöhe von nur 1,5 bis 3,5 cm über die Schlämmfläche strömen, nachdem das im Wasser verteilte Schlämmgut zuvor die noch zu besprechenden mechanischen Sandabscheider mit kontinuierlicher Austragung (S. 50) passiert hat[1]. Der Platzbedarf ist beim Flächen-Schlämmverfahren annähernd der gleiche wie beim Gerinne-Schlämmverfahren. Feinsand und Schliff werden in zeitlichen Zwischenräumen von etwa 2 bis 5 Stunden[1] von den Schlämmflächen abgezogen und unter Zugabe von Wasser durch Rohrleitungen in Sammelteiche geleitet.

Die beim Schlämmen erhaltene dünne Aufschwemmung des Feinkaolins wird, gewöhnlich nach dem Passieren eines letzten feinen Siebes, am besten eines Zylindersiebes (s. S. 45), in die Absetz-, Klär- und Vorratsbehälter geleitet, die zweckmäßig gemauert und sauber und glatt auszementiert sind. Die Zahl und Größe dieser Behälter richtet sich einmal nach dem Umfange des Betriebs, zum andern aber nach der Geschwindigkeit, mit der der betreffende Feinkaolin sich aus dem Schlämmwasser absetzt. Um dies zu beschleunigen, setzt man häufig etwas Kalkwasser oder Kalkmilch[2] zu. Nach F. Foerster[3], der auf diese Rolle des Kalkes schon früher[4] hingewiesen hat, läßt sich die ausflockende Wirkung des Kalziumhydroxyds bis zu einer Konzentration von $^1/_{200}$ n-$Ca(OH)_2$ nachweisen. Bei Anwendung von Kalziumsulfatlösung als Ausflockungsmittel ist die ausflockende Wirkung des Kalziumions noch bis zu einer Verdünnung von n/3000 herab zu beobachten. Ist das Schlämmwasser an sich stark kalkhaltig oder kommt das gleiche Wasser beim Schlämmen wiederholt zur Verwendung, so sind solche Zusätze meist unnötig.

Die praktische Erfahrung hat übrigens gelehrt, daß das vom Fein-

[1] Pohorzeleck, M.: Ber. dtsch. keram. Ges. Bd. 7 (1926) S. 196.
[2] Pohorzeleck, M.: Ber. dtsch. keram. Ges. Bd. 7 (1926) S. 192.
[3] Kolloid-Z. Bd. 52 (1930) S. 160. [4] Chem. Ind. Bd. 28 (1905) S. 24.

kaolinschlamm abgezogene Klärwasser im allgemeinen zweckmäßigerweise nicht mehr als Schlämmwasser benutzt wird.

Man legt die Sohle der Absetzbehälter zweckmäßig etwas geneigt oder an einer Stelle mit einer besonderen Vertiefung mit Abfluß an, um sie leichter reinigen zu können.

Nach dem Absitzen des feinen Kaolinschlamms wird das über ihm stehende klare Wasser mittels eines in einer Seitenwand des Behälters drehbar angebrachten Knierohrs aus Zink oder Kupfer abgelassen und in eine längs der Sammelkästen laufende Abflußrinne geleitet oder das überstehende geklärte Wasser durch ein Saugwerk nach oben abgesaugt[1]. Das Füllen jeden Behälters mit dünner Kaolinschlämme, ebenso das Absitzenlassen des Feinkaolins und Ablassen des klaren Wassers wiederholt man so oft, bis jeder Sammelkasten mit dickem Schlamm gefüllt ist, der nun weiterverarbeitet werden kann. In größeren Betrieben wird der Schlamm aus den Absetzkästen nach dem Abziehen des klaren Wassers zunächst ohne weiteres durch ein im tieferen Teile des Behälters angebrachtes Rohr aus Kupfer oder hartgebranntem keramischen Material in einen großen Sammelraum abgelassen, in dem der Inhalt einer ganzen Reihe von Absetzbassins vereinigt werden kann[2]. Um den Inhalt des Sammelbehälters in Bewegung zu halten und eine gründliche Durchmischung zu erzielen, benutzt man neuerdings in manchen Schlämmereien Umwälzpumpen.

Der nun erhaltene Dickschlamm hat einen Wassergehalt von etwa 50 bis 60% und wird entweder unmittelbar zur Zusammensetzung der Porzellanmasse verwendet oder, falls der Feinkaolin an Porzellan- und Steingutfabriken verkauft werden soll, entwässert (S. 66) und getrocknet (S. 80).

Zur Durchführung eines kontinuierlichen Betriebes haben sich bei größeren Schlämmanlagen langgestreckte Klärbassins gut bewährt, die einen ununterbrochenen Durchfluß des Wassers ermöglichen[3]. Man läßt hier die gereinigte Kaolinsuspension zweckmäßig in einer Ecke des Bassins durch besondere Einlaufstutzen zufließen, die die Strömungsenergie abschwächen[3], damit der Klärungsprozeß im Bassin nicht gestört wird. Am entgegengesetzten Ende des Bassins wird das klare Wasser mittels Schwenkrohre, die durch Schwimmer und Gegengewicht ausgeglichen sind und sich selbsttätig auf den wechselnden Wasserspiegel einstellen, von der Oberfläche abgesaugt. In Schlämmereien, die den Kaolin für den Verkauf abtrocknen, läßt man die angereicherte Kaolinsuspension durch eine Öffnung in der gleichen Seite der Bassinwandung nach den hier vorgesehenen Rührbassins abfließen. Sie dienen als Zwischenbehälter zwischen den Klär- und den Filteranlagen und haben „den Zweck, kleinere Ungleichförmigkeiten des Rohkaolins und des Aufbereitungsprozesses auszugleichen"[3].

---

[1] Sprechsaal Keramik usw. Bd. 59 (1925) S. 780.

[2] Loeser in F. Singer: Die Keramik im Dienste von Industrie und Volkswirtschaft S. 125. Braunschweig 1923. Rieke, R.: a. a. O. S. 71.

[3] Pohorzeleck, M.: Ber. dtsch. keram. Ges. Bd. 7 (1926) S. 197.

Verbrauch an Schlämmwasser. Der Bedarf an Wasser zum Aufschlämmen des Rohkaolins ist bei den verschiedenen Kaolinreinigungsverfahren verschieden und richtet sich nach der Plastizität des Rohkaolins und seiner analytischen Zusammensetzung[1]. Er hängt weiter ab[2] von den örtlichen Verhältnissen, den mechanischen Einrichtungen und soll nicht mehr als 5 bis 6 m³ auf 1 Tonne des zu schlämmenden Materials betragen. Nach Loeser[3] rechnet man bei Schlämmquirlen von 0,5 bis 1,5 m Breite und etwa 1,0 bis 4,5 m Länge stündlich mit einem Durchsatzquantum von 100 bis 4000 kg Rohkaolin bei einer Füllung zu drei Viertel des Inhalts. Für den Aufschluß des Rohkaolins in Schlämmquirlen oder mit Schlagkreuzwellen gibt M. Pohorzeleck den Schlämmwasserbedarf auf 3 bis 7 m³ auf 1 Tonne Rohkaolin oder 10 bis 20 m³ auf 1 Tonne lufttrocknen geschlämmten Kaolin an. Je stärker die Verwässerung des Schlämmgutes durchgeführt wird, desto vollkommener gestaltet sich die Trennung der einzelnen Bestandteile und Korngrößen, da dann die Dichte der Suspension geringer ist und diese die spezifisch schwereren Bestandteilchen weniger leicht in der Schwebe halten kann. Bei Anwendung geringer Elektrolytzusätze geht der Schlämmwasserbedarf zurück und schwankt dann, je nach der Art des Rohstoffs, zwischen 1 und 5 m³, bezogen auf 1 Tonne Rohkaolin[4]. Weitere Angaben aus der Praxis hierüber sind folgende[5]: Der sandreiche Zettlitzer Rohkaolin und die mageren grobkörnigen Oberpfälzer Kaoline[6] brauchen nur etwa die drei- bis vierfache Menge Wasser, bezogen auf feuchtes Rohgut mit 20% Wassergehalt, dagegen der Hallesche und besonders der Meißner Kaolin die vier- bis fünffache Menge, um den feinen Sand in hinreichendem Maße zum Absitzen zu bringen. In der Wärme geschieht dies besser als in der Kälte, weshalb die Schlämmereibetriebe im Sommer gewöhnlich mit einem geringeren Wasserzusatz auskommen als im Winter. Bei magerem Kaolin kann man im Gerinne mit einem spezifischen Gewicht von 4 bis 6° Bé (d. i. 1,028 bis 1,043) der Kaolinsuspension schlämmen, während man bei fetten Kaolinen mit dem spezifischen Gewicht oft unter 3° Bé (d. i. 1,021) herabgehen muß und trotzdem noch Sand im Feinkaolinschlamm behält.

Das Gerinne- und das Flächen-Schlämmverfahren sind die industriell am häufigsten benutzten Verfahren der Kaolinaufbereitung. Sie erfüllen in vielen Fällen ihren Zweck in vorzüglicher Weise. Ein Mangel, der ihnen grundsätzlich anhaften muß, den man aber nicht völlig beheben kann, ist der folgende[7]: Die Trennung der einzelnen Bestandteile des Rohkaolins findet bei beiden Verfahren nach ihrer Schwere statt, d. h. es setzen sich zuerst immer die größeren Körner ab (S. 32). Demnach lassen sich die feinsten mineralischen Beimengungen, die mit der Tonsubstanz zusammen im Wasser suspendiert bleiben, von dieser ebensowenig vollkommen trennen als es möglich ist, zu verhüten, daß größere, nicht genügend mechanisch aufgeschlossene Kaolinklümpchen infolge ihrer Schwere sich in den Schlämmrinnen und auf den Schlämmflächen ablagern oder auf den Sieben zurückbleiben. Nach Pohorzeleck beträgt der Kaolingehalt der Schlämmrückstände oft mehr als 20%, die auf diese Weise ihrer eigentlichen Bestimmung entzogen werden.

Neuzeitliche Schlämmapparate für große Leistungen. Die in der Praxis unter der Bezeichnung „Schlämmaschinen" bekannten

[1] Ebenda S. 196. [2] Keram. Rdsch. Bd. 34 (1926) S. 369.

[3] Singer, F.: Die Keramik im Dienste von Industrie und Volkswirtschaft S. 124. Braunschweig 1923.

[4] Ber. dtsch. keram. Ges. Bd. 7 (1926) S. 196.

[5] Busch, V.: Keram. Rdsch. Bd. 38 (1930) S. 199.

[6] Keram. Rdsch. Bd. 34 (1926) S. 369 (Fragekasten).

[7] Pohorzeleck, M.: Ber. dtsch. keram. Ges. Bd. 7 (1926) S. 192.

Schlämmapparate für große Leistungen können verschiedene Bauart besitzen. Man unterscheidet Schwerterapparate, Schnecken-Trommelwäscher und Rundlaufapparate mit Schleppharken[1].

Bei den Schwerterapparaten bewirken spiralförmig an einer Welle angeordnete Arme durch Reibung des im Schwertertrog in Form eines Sandbetts sich ansammelnden groben Sandes mit dem rohen Schlämmgut die gründliche Zerteilung des Feinkaolins im Wasser unter Abscheidung des Grobsandes durch zwangsläufigen Überlauf.

Die Schnecken-Trommelwäscher führen die mechanische Auflösung des Schlämmgutes durch mahlende Wirkung aus. Der Rohkaolin wird durch ein Becherwerk mit siebartig durchlochten Bechern oder durch steigende Schneckengänge im Innern der Schlämmtrommel in rotierender oder horizontaler Richtung ausgeschlämmt, wobei gleichzeitig die groben Bestandteile entfernt werden.

Bei den mit tangential angeordneten Harken versehenen Rührapparaten wird das rohe Schlämmgut an der Außenseite der Harken zugeführt, unter dem Einfluß der Reibung eines sich bildenden Sandbetts aufgelöst und hierbei der grobe Sand allmählich nach der Mitte des Rührgefäßes geschoben, wo seine Entfernung kontinuierlich durch Elevatoren oder während des Stillstandes mit der Handschaufel erfolgt. Bei ununterbrochenem Betrieb gelangt der Sand durch einen Ablaufstutzen, an dem Schieber und Klappe angebracht sind, in Vorrichtungen zum Nachwaschen. Hierbei wirkt der Sand selbst so weit abdichtend, daß Auslaufen von Feinkaolin verhindert wird.

Der in den Schlämmapparaten vom Grobsand befreite Kaolin passiert dann eine Anzahl Schlämmrinnen, bis auch der feinste Schliffsand weitgehendst entfernt worden ist. Andererseits wird der grobe, mittlere und feine Sand durch eine Sandwaschmaschine in verschiedene Korngrößen sortiert und von anhaftenden Kaolinteilchen befreit.

Die Bauart einer Schlämmaschine mit angeschlossener Sandwaschanlage der Excelsior Maschinenbau-Gesellschaft, Stuttgart, ist aus den Abb. 14 bis 16 ersichtlich, und zwar geben Abb. 14 und 15 eine solche Anlage schematisch im Aufriß und Grundriß wieder, während Abb. 16 eine Außenansicht des Schlämmapparats darstellt.

Die Arbeitsweise der Schlämmaschine ist folgende:

Der Rohkaolin wird gleichmäßig der Maschine zugeführt. Diese besteht aus drei nebeneinanderliegenden Trögen, in deren erstem und zweitem je eine mit Schwertern versehene Welle sich bewegt. Die eigentliche Kaolinmilch fließt ab, während der Sand und die Quarzteilchen der Stufenwäsche zugeschoben werden. Letztere dient dazu, die noch anhaftenden Kaolinteilchen abzuspülen und den Sand klargewaschen abzutransportieren.

Da die feinsten Sandteilchen in die Flut der Kaolinmilch mitgerissen werden, ist es nötig, noch eine Feinsandausscheidung vorzusehen. Diese erfolgt in langen Trögen, in denen eine Schnecke langsam sich dem Strom der Kaolin-

[1] Busch, V.: Keram. Rdsch. Bd. 38 (1930) S. 199.

milch entgegen bewegt. Dadurch werden die feinen Sandteilchen niedergeschlagen und gleichzeitig automatisch ausgetragen.

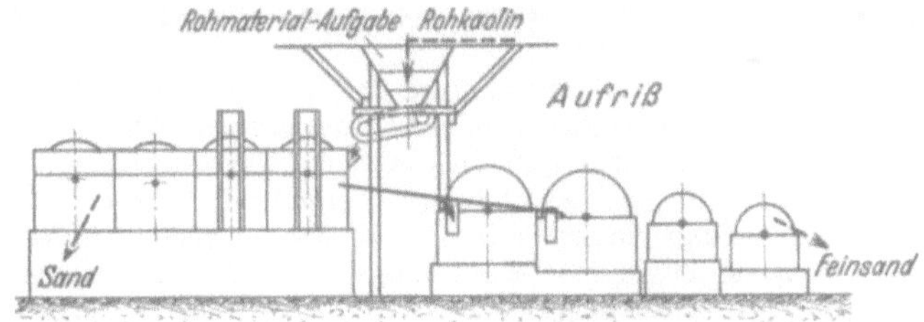

Abb. 14. Schematische Darstellung: Aufriß.

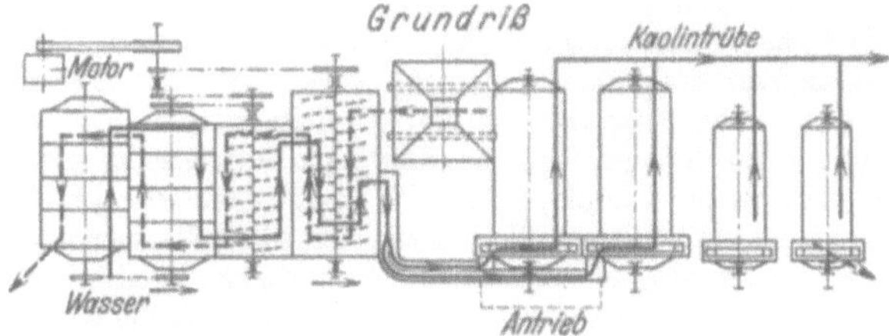

Abb. 15. Schematische Darstellung: Grundriß.

Abb. 16. Außenansicht.

Abb. 14 bis 16. Kaolin-Schlämm-Maschine der Excelsior Maschinenbau-Gesellschaft, Stuttgart.

Eine andere bekannte Schlämmaschine ist die „Bavaria"-Maschine der Bavaria-Maschinenfabrik J. Hilber, Neu-Ulm. Schlämmaschinen bauen auch die Maschinenfabrik August Reißmann, A.-G., Saalfeld, und andere Fabriken.

Die Arbeitsweise der sog. Siebel-Freygangapparate ist nach A. Laubenheimer[1] für die Kaolinschlämmung zu grob.

[1] Ber. dtsch. keram. Ges. Bd. 11 (1930) S. 194.

Ein anschauliches Bild von der Einrichtung einer großen, für den Versand und Verkauf arbeitenden Kaolinschlämmerei gibt O. Kallauner[1] von dem Betrieb Sodau der Zettlitzer Kaolinwerke A.-G. in Zettlitz, Tschechoslowakai. Die Verarbeitung des Rohkaolins erfolgt hier nach nebenstehendem Schema (vgl. Abb. 17).

In Kippwagen wird der Rohkaolin von der Kleinbahn durch Seilaufzug in das zweite Stockwerk der Schlämmerei gehoben, hier auf dem Aufgabeboden entladen und auf ein grobes Gitter mit Löchern von 15 cm Durchmesser gestürzt. Größere nicht durch die Öffnungen fallende Stücke werden mit Hauen zerkleinert. Dann passiert der Rohkaolin ein im ersten Stockwerk angebrachtes Walzwerk, wird von hier selbsttätig durch eine Beschickungsgurte zur Schlämmaschine gebracht und in diese unter gleichzeitiger Wasserzuführung eingetragen. Das Betriebswasser fließt aus einem großen Vorratsteiche zunächst in zwei Klärteiche und von diesen infolge des eignen Gefälles durch eine Rohrleitung in einen Wasservorratsbehälter im dritten Stockwerk der Schlämmerei. Vor dem Eintritt in die Schlämmmaschine passiert das Wasser noch ein Sieb und einen Filtersack. Im zweiten der aus Beton bestehenden Sandfänger ist eine Vorrichtung angebracht, durch die die schwimmenden Verunreinigungen zurückgehalten werden. In den Schlämmrinnen aus Beton setzt sich ein Teil des Kaolins ab, gemischt mit sehr feinem Sand und Glimmer, der für sich als Kaolin IIa in den Handel gebracht wird. Alle Leitungen für Wasser und Kaolinmilch sowie sämtliche Ventile und Siebe sind aus Kupfer oder kupferhaltigen eisenfreien Legierungen hergestellt.

In teils ähnlicher, teils abweichender Weise sind auch andere Großschlämmereien eingerichtet, so z. B. u. a. die Sächsischen Elektro-Osmose-Kaolin-Werke Kemmlitz b. Mügeln, Bez. Leipzig. Die Schlämmung erfolgt hier nicht mehr nach dem Elektro-Osmose-Verfahren, das später behandelt werden wird (S. 58), sondern man unterscheidet hier ein rein mechanisches Verfahren und ein Schlämmen mit chemischen Zusätzen (vgl. hierzu S. 55). Die zuerst genannte Anlage befindet sich in unmittelbarer Nähe der Bergwerksbetriebe. Die „Rösche" (Grubenwasser) dient als Schlämmwasser. Von der mechanischen Schlämmanlage, in der man einen Handelskaolin von 80 bis 90% Tonsubstanzgehalt herstellt, wird ein Teil des Rohkaolins nach Entfernung des Grobsands in Schlammform durch Rohre in die tiefer gelegene, mit chemischem Zusatz, Natronwasserglaslösung von 36 bis 38^0 Bé, arbeitende Schlämmanlage (siehe hierzu S. 56) geleitet, bei der man ohne Rinnensystem auskommt und einen Feinkaolin mit 97% Tonsubstanz gewinnt. Zur Trennung von Feinkaolin und Sand dient hier eine sog. Rundlaufmaschine mit selbsttätiger Austragung des Sandes. Der Schlämmsand wird in weitgehendem Maße zum Ausfüllen von Tagebrüchen verwendet, und es ist aus diesem Grunde von Vorteil, wenn die Schlämmerei in der Nähe der Kaolingrube liegt. Der dünne Kaolinschlamm wird nach der Entfernung des Sandes sorgfältig mit reiner Salzsäure neutralisiert[2]. Der im Sammelbehälter angelangte Feinkaolin wird in Schlammform durch Rohre in die Presserei (S. 67) und Trocknerei (S. 80) geleitet.

Auf eine verhältnismäßig einfache Weise sucht das D. R. P. 437097, Kl. 80b, vom 17. Juli 1925, der Fried. Krupp-Grusonwerk-Akt.-Ges., Magdeburg-Buckau, die Aufbereitung von Rohkaolin zu erzielen[3]: Das Rohgut wird in Form von Trübe über eine schwach geneigte Fläche geleitet, auf dieser berieselt und einer stoßweise hin- und hergehenden Bewegung ausgesetzt. Hierbei trennen sich die un-

---

[1] Sprechsaal Keramik usw. Bd. 58 (1925) S. 779—789.

[2] Müller, E.: D. R. P. 516144, Kl. 80b, vom 30. 12. 1926 [Chem.-Ztg. Bd. 55 (1931); Chem.-Techn. Übersicht Nr. 74/75 S. 177.]

[3] Chem.-Ztg. Bd. 51 (1927), Chem.-Techn. Übersicht Nr. 1—4 S. 3. Laubenheimer, A.: Ber. dtsch. keram. Ges. Bd. 11 (1930) S. 195.

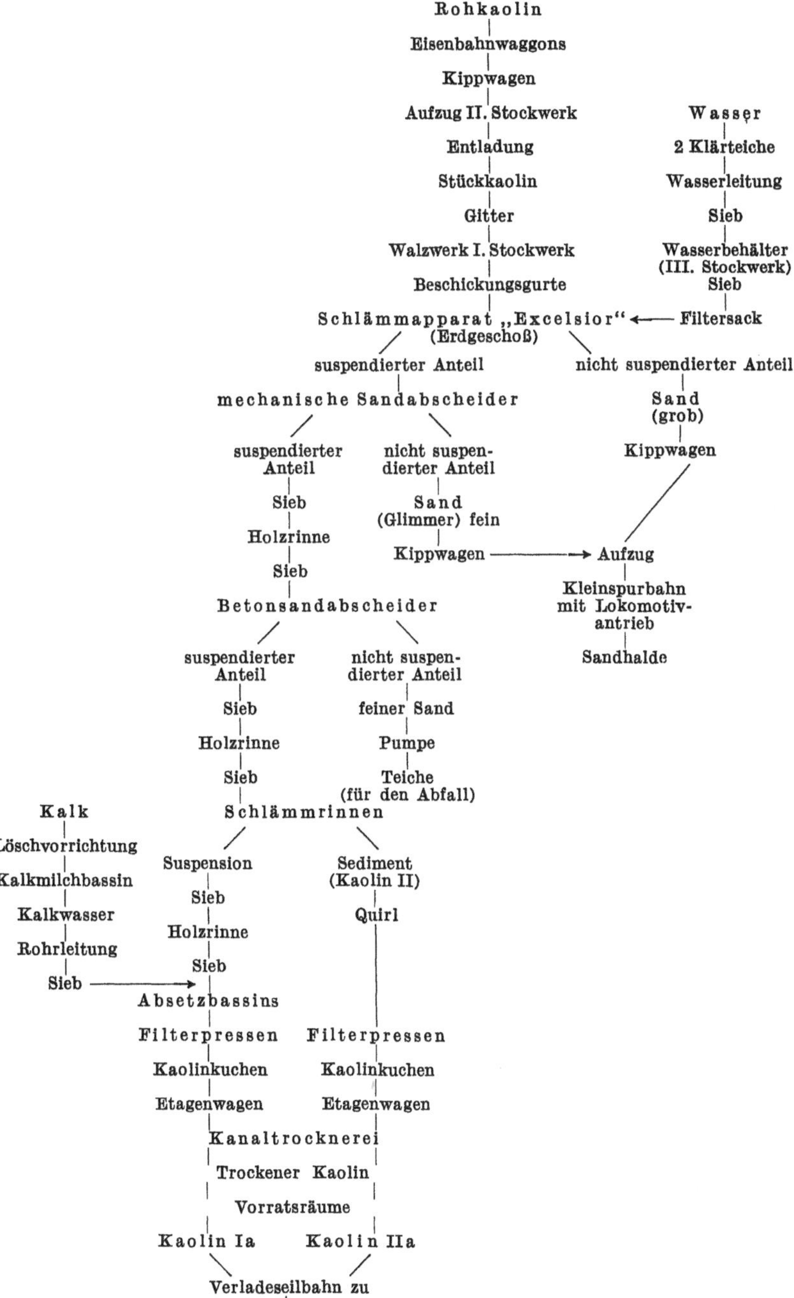

Abb. 17. Schema der Erzeugung von geschlämmtem Kaolin in Sodau bei Karlsbad.

verwitterten Bestandteile von dem in der Flüssigkeit schwebend bleibenden Feinkaolin, und es wird ein getrenntes Abfließen beider von der geneigten Fläche erzielt. Erfahrungen aus der Praxis liegen noch nicht vor. Die bei Versuchen erzielten Ergebnisse waren hinsichtlich der Trennung von Tonsubstanz und Feinsand gut, nicht aber in bezug auf die Mengenleistung.

Eine neue Schlämmeinrichtung, bei der man ohne große Behälter- und Rinnenanlagen und ebenso ohne Anwendung übermäßig großer Wassermengen die Feinschlämmung von Kaolin oder Ton durchführen kann, ist die von V. Busch[1]. Bei ihr tritt die Schlämmtrübe von unten her in ein trichterartig ausgebildetes Gefäß mit kreisförmiger Grundfläche ein, das je nach der Leistung die Form eines zylindrischen Aufsatzes oder eines Zylinders mit konischem Boden besitzt. Durch rotierende Bewegung mittels einer schnellaufenden Scheibe, eines exzentrischen Einlaufs oder dergleichen versetzt man die Trübe in gleichmäßige, nicht wirbelnde Drehung und läßt das Trichtergefäß am oberen weiten Rande überlaufen. Hierdurch wird zunächst eine weitgehende mechanische Aufschließung des Schlämmgutes erzielt, die vor allem im unteren Teil des Trichters stattfindet. Die schweren Teilchen sinken zu Boden, während die leichteren in der Schwebe bleiben, nach oben mit fortgenommen und schließlich zum Überlauf gebracht werden. Auf diese Weise findet eine Trennung der verschiedenen Bestandteile des Schlämmgutes nach der Korngröße statt. Größenausmaß des Trichters, Anordnung des Einlaufs und Rotationsgeschwindigkeit müssen der Menge der zu reinigenden Schlämmtrübe und dem gewünschten Feinheitsgrad angepaßt werden. Der niederfallende Feinsand und Schliff wird durch eine besondere Vorrichtung kontinuierlich ausgetragen. Die überlaufende Trübe leitet man zum Absitzen in mehrere hintereinander angeordnete Bassins. Die schematische Einrichtung eines solchen Schlämmapparates nach V. Busch gibt Abb. 18 wieder. Dem Apparat wird nachgerühmt, daß mit ihm die feinste Schlämmung auf verhältnismäßig kleinem Betriebsraum möglich sei.

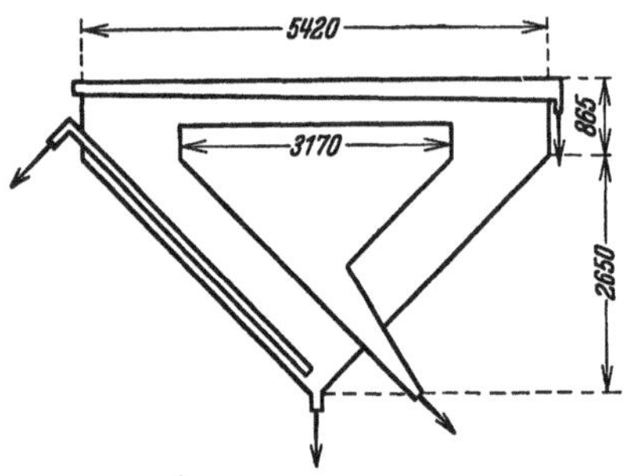

Abb. 18. Feinschlämmtrichter mit Überlauf. Nach V. Busch.

Auf den Vorschlag von H. Klar[2], zur Kaolinreinigung das Flotationsverfahren oder die Schaumaufbereitung zu benutzen, sei kurz hingewiesen. Nach H. Kirchberg[3] ist die theoretische Möglichkeit, keramische Rohstoffe durch Flotation aufzubereiten, durch Versuche bestätigt worden[4]. Daß diese noch nicht fortgeschritten sind, „liegt an der heutzutage noch fehlenden Notwendigkeit, ärmere für die jetzt meist angewandten Aufbereitungsverfahren ungeeignete Lagerstätten zu verwerten, also im Grunde genommen an rein wirtschaftlichen Ursachen".

Allgemein für den Schlämmbetrieb wichtige Maßnahmen. In jeder Kaolinschlämmerei ist peinliche Sauberkeit erste Vorbedingung für die Erzielung eines einwandfreien hochwertigen Schlämmproduktes. Um das Über-

---

[1] Tonind.-Ztg. Bd. 52 (1928) S. 1527; Keram. Rdsch. Bd. 36 (1928) S. 559 und Bd. 37 (1929) S. 376; Keramos Bd. 7 (1928) Heft 7 S. 8 (T. 5).

[2] Keramos Bd. 8 (1929) S. 249.

[3] Ebenda Bd. 9 (1930) S. 439.

[4] Vgl. a. O. Sommer: Met. u. Erz Bd. 29 (1932) S. 268; Ber. dtsch. keram. Ges. Bd. 14 (1933) S. 363.

gehen kleiner Mengen Eisen aus Leitungen, Ventilen und Sieben zu verhüten, stellt man sämtliche Rohre usw. aus Kupfer oder kupferhaltigen, eisenfreien Legierungen her. Die Decken der Schlämmereiräume hält man glatt und sauber, damit von ihnen keine Verunreinigungen herabfallen und in den geschlämmten Kaolin gelangen können. Auch muß man vermeiden, daß an den Decken Rohrleitungen aus Eisen entlang geführt oder zur Befestigung irgendwelcher Vorrichtungen eiserne Schellen, Träger oder dergleichen verwendet werden. An allen diesen Eisenteilen bildet sich in der feuchten Luft sehr bald eine Rostschicht, deren Teilchen ebenfalls durch Abblättern in das Schlämmgut gelangen können. In dieser Hinsicht gelten für die Schlämmräume ganz ähnliche Gesichtspunkte wie für die später zu besprechenden Lagerkeller für die rohe Porzellan- und Steingutmasse (S. 215). Auf die Schädlichkeit der Anwesenheit gewisser Algenarten im Schlämmwasser ist bereits (S. 38) hingewiesen worden[1].

Weitere Maßnahmen beim Schlämmbetriebe erstrecken sich darauf, das unerwünschte Wiederaufrühren des sich absetzenden Feinkaolins zu vermeiden. Man läßt zu diesem Zwecke die Schlämmtrübe nicht von oben außerhalb des Absitzbehälters her in langem Strahle auf den Gefäßinhalt auftreffen, sondern aus einem unterhalb des Flüssigkeitsspiegels mündenden Hahn durch ein Sieb in den Behälter einströmen.

Für die Erzielung eines Schlämmprodukts von stets gleichbleibender Güte ist vor allem auch eine laufende Kontrolle des Schlämmens notwendig. Sie erstreckt sich zweckmäßig erstens auf den Verlauf des Schlämmprozesses selbst, zwecks Einhaltung gleichbleibender Arbeitsbedingungen, vor allem hinsichtlich der Schlämmgeschwindigkeit und der Konzentration der Kaolinsuspension, und zweitens auf die Beschaffenheit des erzielten Feinkaolins, besteht also vor allem in der mechanischen Schlämmanalyse (S. 33) oder der chemischen, insbesondere der rationellen Analyse (S. 37), Ermittelung der Trocken- und Brennschwindung sowie der Brennfarbe des Schlämmgutes.

Schlämmen unter Zusatz von Chemikalien. Um das Ausbringen des von Sand und sonstigen Beimengungen freien Feinkaolins möglichst zu steigern, ist man in neuester Zeit auf Grund von Forschungsergebnissen über das Verhalten von Kaolinsuspensionen gegen Zusätze anorganischer oder organischer Natur zu besonderen Reinigungsverfahren auf chemischer Grundlage übergegangen. Man setzt diese Stoffe der Kaolintrübe entweder beim Schlämmen nach den bisher beschriebenen Verfahren zu, oder man arbeitet zweckmäßig nach besonderen Verfahren, die man auch als „gerinnelose Schlämmverfahren" bezeichnet[2].

Allen Schlämmverfahren auf chemischer Grundlage ist gemeinsam, daß bei ihnen mit Hilfe des zugesetzten chemischen Mittels der mit Wasser aufgeschlämmte Kaolin oder Ton in einen Zustand feiner Verteilung übergeführt wird, in dem die Kaolin- oder Tonteilchen im Wasser schweben bleiben oder ihre Absetzdauer zum mindesten stark verlängert wird. Dagegen setzen sich andere Mineralteilchen, die in dem zu schlämmenden Kaolin oder Ton vorhanden sind, in stärkerem Maße ab, als dies in rein wässeriger Aufschlämmung möglich wäre.

[1] Hackeloer-Köbbinghoff: Ber. dtsch. keram. Ges. Bd. 6 (1925) S. 240.
[2] Pohorzeleck, M.: Ber. dtsch. keram. Ges. Bd. 7 (1926) S. 191.

Als die Aufteilung oder Entflockung (defloculation) der Kaolin- oder Tonteilchen herbeiführenden oder begünstigenden Zusatz benutzt man eine für jeden Rohstoff besonders ausgewählte chemische Verbindung in vorher genau ausprobierter Konzentration, und zwar je nach Art und Menge der vorhandenen Verunreinigungen und der Härte des Schlämmwassers folgende Stoffe: Natriumsilikat in Form von Wasserglas, Natriumhydroxyd in Form von Natronlauge, Natriumkarbonat und andere, bewirkt also die Aufteilung auf kolloidchemischer Grundlage durch Elektrolyte. Sind viel lösliche Erdalkalisalze vorhanden, so bietet Sodalösung den Vorteil, daß sie diese als schwerlösliche Karbonate ausfällt. Es ist auch vorgeschlagen worden, die Peptisierung der Kaolin- oder Tonteilchen durch Zusatz organischer Stoffe, die als Schutzkolloide wirken, vorzunehmen[1], doch dürfte dieses Verfahren in der Praxis noch keine Anwendung gefunden haben.

Der Zusatz des Dispersionsmittels erfolgt, nachdem der Rohkaolin in den früher beschriebenen Rührquirlen oder anderen Auflösungsapparaten in eine dünne Flüssigkeit verwandelt worden ist. Soweit der Sand sich schon in den Schlämmapparaten abgelagert hat, wird er am Ende der Behälter durch ein Becherwerk kontinuierlich ausgetragen[2]. Dann leitet man die Suspension in Absetzbehälter, die gewissermaßen an die Stelle der Schlämmgerinne oder -flächen treten. Die Beimengungen sinken hier in 2 bis 4 Stunden zu Boden, ohne daß nennenswerte Mengen von Tonsubstanz mit niedergerissen werden. Der Bodensatz wird auf der nach der Mitte zu geneigten Fläche durch eine sich langsam bewegende Schabevorrichtung weiterbewegt und durch Ejektoren abgezogen, dann nach den sog. Schlickerabscheidern gefördert, hier nachgewaschen und durch Kratzförderer ausgeworfen. Auch den in den Schlämmapparaten abgelagerten Grobsand wird man, falls es sich um mehr als 10% des Schlämmgutes handelt, zweckmäßig den Schlickerabscheidern zuleiten. Die Kaolinteilchen verharren im Schwebezustande, werden in dünnflüssiger Trübe abgezogen und in Behältern gesammelt, wo sie sich nach Zugabe eines Fällungsmittels, oder ohne daß eine solche erfolgt, aus der wässerigen Flüssigkeit absetzen. Meist genügen hierbei Kläranlagen mäßigen Umfanges, was ein Vorteil des gerinnelosen Verfahrens ist[2]. Die weitere Verarbeitung des Feinkaolins geschieht wie bei den übrigen Schlämmverfahren.

Als Mittel zur Fällung oder Ausflockung (flocculation) der Kaolin-

---

[1] Nach Y. M. Piraud (Franz. Patent Nr. 633745 vom 3. 5. 1927) kommen als solche in Betracht Gummiarabikum, Pektin oder Seifenlösung, die mit Aminen oder Ammoniak vermischt ist [Keramos Bd. 7 (1928) S. 529; Chem. Zbl. Bd. 99 (1928) I S. 2440].

[2] Pohorzeleck, M.: a. a. O. S. 197.

suspension dient vornehmlich Kalziumoxyd in Form von Kalkmilch oder Kalkwasser oder Kalialaun, bei den erwähnten organischen Peptisationsmitteln dagegen Säure.

Nach V. Busch[1] genügen bei einer Dichte der Kaolintrübe von 3° Bé auf 100 m³ derselben 2 bis 4 Schaufeln Kalk, je nach der Korngröße des Schlämmgutes. Um den Feinkaolin zum Absitzen zu bringen, verwendet man nur reinen, gut gebrannten Kalk und nicht mehr als unbedingt notwendig ist. Ein zu großer Kalkzusatz erniedrigt den Sinterungspunkt des Kaolins und ist für die Filtertücher (S. 74) nachteilig.

In allen Fällen wird die Konzentration des zugesetzten chemischen Aufteilungsmittels eine verhältnismäßig geringe sein müssen. So fand z. B. H. Kohl[2] für den rohen Ton von Lischwitz als Konzentration, bei der die Trennung von Niederschlag und trüber Flüssigkeit am günstigsten verlief, 0,21% für Natriumkarbonat (Na_2CO_3) bzw. 0,49% für Natriumsilikat (Na_2SiO_3), für Halleschen Ton dagegen 0,42% Na_2CO_3 bzw. 0,29% Na_2SiO_3. E. Kieffer[3] gibt als beginnendes Optimum für geschlämmten Kemmlitzer Kaolin 0,4% Na_2CO_3 an. Für geschlämmten Zettlitzer Kaolin fand Kohl[4] als für die Beständigkeit der Suspension günstigste Elektrolytkonzentration 1,27% Na_2CO_3 oder 0,49% Na_2SiO_3. Die für einen bestimmten Kaolin oder Ton erhaltenen Ergebnisse dürfen nicht ohne weiteres auf andere Sorten übertragen werden, sondern es wird jeder der zu schlämmenden Rohstoffe ein besonderes ihm eigentümliches Verhalten zeigen, wie dies bei der verschiedenen chemischen und physikalischen Zusammensetzung dieser Naturprodukte nicht anders zu erwarten ist.

Die Stabilisierung von Kaolin- und Tonaufschlämmungen durch bestimmte Elektrolyte führt man darauf zurück, daß beim Zusammentreffen beider Komponenten von den großen Oberflächen der feinverteilten Kaolin- oder Tonteilchen Hydroxylionen festgehalten und an diese angelagert werden. Diese Aufladung der Tonteilchen durch sorbierte OH-Ionen soll dann gegenüber den Hydroxylionen der Flüssigkeit eine stark abstoßende Wirkung und damit eine Aufteilung des Kaolins oder Tons zur Folge haben, während seine natürlichen Beimengungen in geringerem Maße elektrisch beeinflußt werden und sich infolgedessen leichter absetzen. Übersteigt die Elektrolytkonzentration einen gewissen Wert, so wirken gleichzeitig anwesende Kationen koagulierend, die Teilchen werden entladen, und es tritt Ausflockung ein. Schutzkolloide wie Humus- oder hydratische Kieselsäure schützen die Teilchen gegen diese Ausflockung (s. a. S. 96 u. 99).

Nach neueren Erkenntnissen, wie sie sich auf Grund der elektrochemischen Theorie der Kolloide nach Pauli-Valkó ergeben haben[5], handelt es sich nicht um die Mitwirkung der sogenannten Oberflächenkräfte und erhält das Tonteilchen seine Ladung nicht durch eine irgendwie geartete Sorption von Hydroxylionen, die, wenn bei diesem Prozeß überhaupt vorhanden, sehr gering sind, sondern durch seine Dissoziation als Kolloidelektrolyt, die den normalen Dissoziationsgesetzen folgt[6]. Diese Kolloidelektrolyte, die man, je nachdem ob als Kation Wasserstoff oder eine Base auftritt, als Azidoide (Kolloidsäuren) oder Kolloidsalze bezeichnet, enthalten die elektrisch negativ geladene Tonpartikel als „Makroanion“ und je

[1] Keram. Rdsch. Bd. 36 (1928) S. 844.
[2] Ber. dtsch. keram. Ges. Bd. 4 (1923/24) S. 118.
[3] Keramos Bd. 4 (1925) S. 401.
[4] Ber. dtsch. keram. Ges. Bd. 3 (1922) S. 66.
[5] Vageler, P.: Ber. dtsch. keram. Ges. Bd. 13 (1932) S. 377.
[6] Über diese Vorgänge, die besonders auch für die Gießfähigkeit der Kaoline usw. wichtig sind, vgl. a. S. 98.

nach der Art der Kationen verschieden viel Hydratations- oder Schwarmwasser. Die Tonteilchen besitzen ihre negative Ladung „primär als Restladungen exponierter Anionen an Störungsstellen eines dissoziationsfähigen Ionengitters“. Die Azidoide sind außerordentlich schwach dissoziiert, ebenso die Salze der mehrwertigen Kationen, dagegen sehr stark die Salze des Na, d. h. im System als Ionen vorhanden. Hieraus ergibt sich die starke peptisierende Wirkung der Alkalien und die entladende und fällende der zweiwertigen Ionen Ca, Mg usw., sowie weiter, daß die Alkalisalze der „Tonsäuren“ ein hohes elektrokinetisches Potential besitzen, dessen Maximum bei den in bezug auf seine „Komplexbelegung“ noch unveränderten Kaolin- oder Tonteilchen dann erreicht ist, wenn alles H und gegebenenfalls Al durch abdissoziierendes Na ersetzt ist. Dieses Maximum wird angestrebt beim Schlämmen, wo unter dem Einfluß der benutzten großen Wassermengen außer der Dissoziation und Aufladung der Tonpartikel durch Abdissoziation von Na die Hydrolyse der Kolloidelektrolyten eintritt und sich in der Lösung erneut Azidoide und freie Lauge bilden. Bei der Schlämmung ist daraufhin zu arbeiten, daß „eine möglichst vollkommene Peptisierung der Masse bei gleichzeitiger möglichster Stabilität der Suspension“ erzielt wird, „um das Absinken der Verunreinigungen bei möglichst geringem Wassergehalt des möglichst wenig viskosen Schlammes bei möglichst großer Geschwindigkeit und Vollständigkeit zu ermöglichen“[1], damit wirtschaftlich die beste Ausbeute erzielt wird. Ein Kennzeichen rationeller Schlämmung, d. h. für höchste Ausbeute an hochwertigem Endprodukt bei geringstem Wassergehalt, ist eine Wasserstoffionenkonzentration oder pH-Ziffer des Schlammes[2] zwischen 8,4 und 10, die sich nach der besonderen Beschaffenheit jedes Rohkaolins oder Rohtons richtet.

Bei der Reinigung und Entwässerung plastischer Kaoline und Tone auf elektroosmotischem Wege wird der Rohstoff zunächst nach einem der bisher beschriebenen Verfahren aufgeschlämmt[3] und unter Zusatz eines seiner Eigenart entsprechenden Elektrolyten in genau ausprobierter Konzentration aufbereitet, dann in Absetzgefäße geleitet, wo er so lange verbleibt, bis die groben Beimengungen wie bei den soeben beschriebenen Verfahren sich zu Boden gesetzt haben. Nach der Entfernung der fremden Beimengungen wird die Kaolin- oder Tontrübe in Verteilungsbehälter gepumpt und fließt von hier in geeigneter, vorher durch Versuche festgestellter Konzentration und Geschwindigkeit in die Osmosevorrichtung[4]. Die Abscheidung des Feinkaolins oder -tons aus der stabilisierten Suspension geschieht dadurch, daß man demselben seine elektrische Ladung nimmt. Das erfolgt durch Behandeln mit elektrischem Gleichstrom, also durch Elektroosmose oder, richtiger gesagt, Elektrophorese[5]. Sie beruht auf folgendem Vorgang: Bringt man eine schwach alkalische wässerige Tonsuspension in einen

[1] Endell, K.: Ber. dtsch. keram. Ges. Bd. 13 (1932) S. 400.

[2] Über Wasserstoffionenkonzentration s. S. 100.

[3] Singer, F.: Ber. d. Techn.-Wiss. Abtl. d. Verb. keram. Gewerke in Deutschl. Bd. 5 (1919) S. 17.

[4] Jacob, K., in C. Bischof: Die feuerfesten Tone und Rohstoffe 4. Aufl. S. 82. Leipzig 1923.

[5] Prausnitz in F. Singer: Die Keramik im Dienste von Industrie und Volkswirtschaft S. 127. Braunschweig 1923.

Behälter, in den gleichzeitig ein Kohlestab als Anode und ein Drahtnetz als Kathode eintauchen, und schickt man durch die Flüssigkeit einen Gleichstrom von etwa 60 Volt Spannung, so setzt sich in kürzester Zeit am positiven Pol eine kompakte wasserarme Schicht ab.

Die Entfernung des Kaolins oder Tons aus der Flüssigkeit auf elektroosmotischem Wege kann technisch nach zweierlei Verfahren ausgeführt werden: 1. in der „Osmosemaschine", 2. in der elektroosmotischen Filterpresse.

Die Osmosemaschine[1] (Abb. 19) besteht aus einem trogartigen Behälter *b*, in dessen unteren Teil die vorgereinigte Tontrübe durch ein Rohr *a* eintritt. Sie wird hier durch Quirle *c* in gleichmäßiger Verteilung gehalten und wandert in dem Trog nach oben, wo sich eine positiv geladene Walze *e* aus Hartblei über einem als Kathode dienenden Messingdrahtnetz *d* dreht. Durch die elektrische Wirkung des letzteren werden noch vorhandene feinste Verunreinigungen, die andere Ladung haben als Ton, von der Anode zurückgehalten. Der Kaolin oder Ton wird auf dem eintauchenden Teil der sich langsam drehenden Walze in einer etwa 3 bis 10 mm dicken Schicht abgeschieden, dann außerhalb des Troges mittels eines Schabers *f* von der Anode entfernt und in Tonschneidern (S. 216) oder auf andere Weise in die zum Trocknen geeignete Form gebracht. Das durch den Überlauf *g* abfließende Wasser wird zur Verarbeitung weiteren Rohmaterials benutzt. Der Wassergehalt des abgeschiedenen Feingutes beträgt nach M. Pohorzeleck 15 bis 25%, nach E. Killias[2] 30 bis 35%. Die Entwässerung geht also so weit, daß sich später die Anwendung einer Filterpresse erübrigt. Im allgemeinen ist der an der Anode abgeschiedene Kaolin oder Ton um so trockener, je höher die Spannung ist[3]. Die geeignetste Spannung muß für jedes Material festgestellt werden.

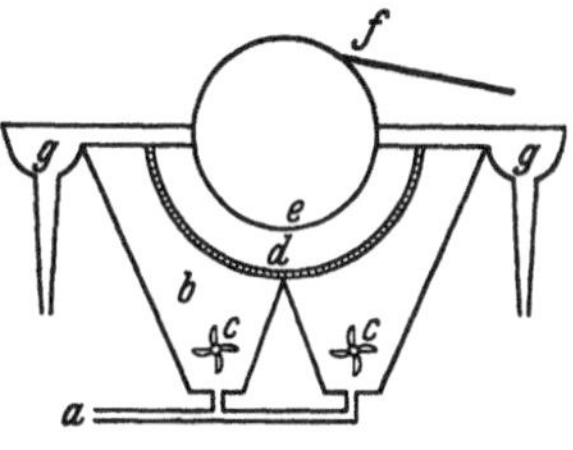

Abb. 19. Maschine zum Schlämmen von Kaolin und Ton durch Elektroosmose.

In manchen Fällen hat sich zur Abscheidung des Feinkaolins oder -tons aus der wässerigen Suspension auch die Anwendung der elektroosmotischen Filterpresse als geeignet erwiesen[4]. Sie gleicht im wesentlichen den Filterpressen der gewöhnlichen Bauart (S. 67), doch sind bei ihr außerhalb des mit Filtertüchern bespannten Rahmens je eine positive und eine negative Elektrode aus Hartblei angebracht. Während des Filtervorganges steht die Presse unter elektrischem Strom. Der Energieverbrauch beträgt bei diesen elektroosmotischen Filterpressen nach M. Pohorzeleck für 1 Tonne Feinkaolin rund 20 Kilowattstunden und ist halb so groß wie bei der Anwendung von Osmosemaschinen. Beim Einpressen des Kaolin- oder Tonbreis in die Kammern wird der Ton an das der Anode zugewandte Filtertuch gepreßt, während das Wasser durch das an der negativ geladenen Seite befindliche Tuch klar abläuft. Man kommt hier mit ganz geringem Druck aus, da schon durch den elektrischen Druck des Potentialgefälles zwischen den beiden Elektroden weitgehende, rasche Entwässerung stattfindet. Hierbei verdichtet sich der Kaolin unter schnellem Abfließen des Wassers. Die Verkürzung der

---

[1] Prausnitz in F. Singer: Die Keramik im Dienste von Industrie und Volkswirtschaft S. 129. Braunschweig 1923 und M. Pohorzeleck: Ber. dtsch. keram. Ges. Bd. 7 (1926) S. 193.

[2] Ber. dtsch. keram. Ges. Bd. 10 (1929) S. 348.

[3] Hecht, H.: Lehrbuch der Keramik 2. Aufl. S. 65. Berlin 1930.

[4] Prausnitz: a. a. O.

Arbeitsdauer, die sich mit Hilfe der elektroosmotischen Filterpresse erzielen läßt, ist bei den verschiedenen Kaolinen und Tonen verschieden groß. Sie beträgt nach M. Pohorzeleck bei sonst gleicher freier Filterfläche gegenüber dem gewöhnlichen Filtrierverfahren etwa zwei bis vier Stunden. Ob man zweckmäßiger eine Osmose-Maschine oder eine Elektroosmose-Filterpresse zur Entfernung des Wassers anwendet, richtet sich vor allem nach wirtschaftlichen Gesichtspunkten.

Die bei der Osmose-Maschine im oberen Teile des Behälters seitlich ausgetragene Flüssigkeit[1] enthält nur noch wenig Kaolin- oder Tonteilchen. Sie wird durch Rinnen in Absetzbehälter geleitet, wo Verunreinigungen zu Boden sinken können, oder fließt unmittelbar in den Sammelbehälter zurück. Man kann hinter der Osmose-Maschine auch noch eine nach dem elektroosmotischen Prinzip arbeitende Filterpresse einschalten.

Die vorstehend beschriebenen Verfahren der Kaolin- und Tonaufbereitung durch Elektroosmose sind durch Patente geschützt[2], und es sind mehrere große Anlagen gebaut worden, die nach diesem Verfahren arbeiten. Die Aufbereitung von plastischem Ton in Staudt (Westerwald) ist im Jahre 1925 wieder außer Betrieb gesetzt worden, ebenso die für Kaolin in Kemmlitz in Sachsen. Zur Zeit steht aber das elektroosmotische Reinigungsverfahren für Kaolin in Anwendung bei Chodau (Tschechoslowakei)[3] in einer Anlage der Karlsbader Kaolin-Elektro-Osmose-Aktien-Gesellschaft, wo mit Osmose-Maschinen und elektroosmotischen Filterpressen gearbeitet wird, und in Großalmerode für gewisse Schmelztiegeltone, außerdem soll es auch in der Bleistiftfabrikation zur Herstellung eines für diesen Zweck besonders geeigneten Feintones benutzt werden. Als Ursache dafür, daß man das Verfahren an manchen Orten nicht mehr benutzt, wird angegeben, daß infolge Anreicherung von Salzen im Wasser der Verbrauch an elektrischer Energie zu hoch werde.

A. Granger[4] berichtet über die Leistungsfähigkeit der Elektroosmose zur Reinigung von Kaolinen folgendes: Ehe das in die Form von wässerigem Brei übergeführte vorzerkleinerte Rohmaterial in die Osmose-Maschine gebracht wird, setzt man auf 1 Tonne des dünnen Schlamms 1 Liter Natriumsilikatlösung vom spezifischen Gewicht 1,33 zu. Eine Maschine mit einer walzenförmigen Anode von 60 cm Durchmesser liefert in 24 Stunden 6 Tonnen Kaolin und benötigt 17,5 Kilowatt bei 110 Volt Spannung.

Der Kaolin der Karlsbader Kaolin-Elektro-Osmose-Aktiengesellschaft wird durch die Elektroosmose folgendermaßen verändert[5] (siehe nebenstehende Tabelle).

Die Ausbeute beträgt 21 bis 22% des Rohkaolins an Kaolin, d. s. 90 bis 95% der vorhandenen Tonsubstanz. Der Schmelzpunkt des osmosierten Kaolins ist S.-K. 35. Bei Verwendung einer Schlämme von 1,2 bis 1,3 spezifischem Gewicht benötigt man für 10 t osmosierten Kaolin mit 35% Feuchtigkeit, der 7,5 t Handelskaolin mit 10% Feuchtigkeit gibt, bei 110 Volt 50 Ampères, d. s. rund 500 kWh, also für 10 t Handelsware 650 kWh.

---

[1] Hirsch, H.: Tonind.-Ztg. Bd. 45 (1921) S. 1243; Keram. Rdsch. Bd. 29 (1921) S. 541.

[2] Ausführliche Mitteilungen über diese Patente sowie überhaupt die Entwicklung der elektroosmotischen Kaolin- und Tonaufbereitung enthält die Arbeit von C. E. Curtis: The electrical dewatering of clay suspensions. J. Amer. ceram. Soc. Bd. 14 (1931) S. 219—263.

[3] Einzelheiten über diesen Betrieb siehe E. Killias: Ber. dtsch. keram. Ges. Bd. 10 (1929) S. 347 und C. E. Curtis: J. Amer. ceram. Soc. Bd. 14 (1931) S. 219.

[4] Rev. Matér. Constr. Bd. 201 (1926) S. 135 B (auszugsweise Ceramic Abstracts Amer. ceram. Soc. Bd. 6 (1927) S. 35; ferner La Céramique industrielle Bd. 1 S. 176. Paris 1929.

[5] Granger, A.: La Céramique industrielle Bd. 1 S. 176. Paris 1929.

Chemische Zusammensetzung vor der Behandlung %	Physikalische Zusammensetzung vor der Behandlung %	Chemische Zusammensetzung nach der Behandlung %	Physikalische Zusammensetzung nach der Behandlung %
68,40 SiO_2	42 Grobsand	44,96 SiO_2	97,2 Tonsubstanz
21,94 Al_2O_3	21 Feinsand	39,02 Al_2O_3	2,8 Quarzsand
1,08 Fe_2O_3	14 Brauneisenerz	0,96 Fe_2O_3	
7,85 Glühverlust	23 Tonsubstanz	14,52 Glühverlust	

Nach Granger sind das einzige, was gegen die Anwendung der Elektroosmose sprechen kann, die höheren Kosten. Eisen, das in Form von Silikaten vorhanden ist, wird aus dem Kaolin oder Ton entfernt, aber Eisen in Form von Karbonat oder Hydrat bleibt darin und wird mit an die Anode gebracht. Feiner Sand dagegen, der durch bloßes Schlämmen nicht entfernt wird, kommt zur Abscheidung.

Man kann die Bedeutung des Elektroosmose-Verfahrens für die technische Kaolin- und Tonaufbereitung kurz folgendermaßen zusammenfassen: Die grundsätzliche Anwendung eines Elektrolyten bei der Aufschlämmung des Kaolins oder Tons mit Wasser erleichtert die Entfernung der mechanischen Beimengungen und hat zweifellos in der Schlämmtechnik außerordentlich befruchtend gewirkt. Vor allem hat auch die Ausdehnung dieses Grundsatzes auf verschiedene Elektrolyte allgemein erst die Vorteile ermöglicht, wie sie die früher allgemein beschriebenen chemischen Schlämmverfahren (S. 55) bieten. Außerdem hat aber die Einführung der Osmose-Maschine eine Vorrichtung gebracht, die eine ununterbrochene selbsttätige Abscheidung des Feinguts bei einfacher Arbeitsweise unter Erhöhung des Ausbringens innerhalb einer bestimmten Zeit überall dort ermöglicht, wo elektrische Energie zur Verfügung steht und die Vorbedingungen für eine wirtschaftliche Durchführung des Verfahrens vorhanden sind. Dabei wird gleichzeitig die Benutzung der gewöhnlichen, periodisch arbeitenden Filterpressen entbehrlich[1]. Nach C. E. Curtis[2] stellt die Elektrophorese einen Ersatz für die Entwässerung des geschlämmten Kaolins in der Filterpresse dar und zeigt sich wirksamer als diese in den Fällen, wo es sich um die Entwässerung sehr feinkörniger und besonders plastischer Tone handelt, die sich in den Filterpressen nur schwierig verarbeiten lassen.

Über die Verwendung von Zentrifugen zum Kaolinschlämmen siehe S. 80.

Weiterverarbeitung des in Schlammform befindlichen Feinkaolins. Wie schon früher angedeutet wurde, bestehen für die Weiterverarbeitung des im Sammelbehälter genügend eingedickten Kaolinschlamms zwei Möglichkeiten, wobei der durch Elektroosmose

[1] Über praktische Fragen bei der Elektroosmose von Kaolin und Ton vgl a. M. Philipp: Keram. Rdsch. Bd. 38 (1930) S. 405.

[2] A. a. O. S. 219.

gereinigte Kaolin außer Betracht bleiben soll. Entweder wird der Kaolinschlamm nach gründlicher Durchmischung mittels Handrührer oder mechanischer Rührer in Form eines halbflüssigen Schlamms unmittelbar zur Zusammensetzung der Porzellanmasse usw. verwendet, oder er wird weitgehend entwässert, getrocknet und hierauf zum Versand gebracht, um dann in räumlich entfernt gelegenen Betrieben zur Herstellung von Porzellan- oder anderen feinkeramischen Massen Verwendung zu finden.

II. Tonschlämmung.

Wie die Kaoline, so verhalten sich auch die verschiedenen Tone beim Schlämmen mit Wasser verschieden, sogar in noch weit stärkerem Maße als die Kaoline. Aus diesem Grunde und weil man ferner an die feinkeramischen Erzeugnisse, zu deren Herstellung geschlämmter Ton benutzt wird, vielfach andere Ansprüche hinsichtlich ihrer mechanischen Eigenschaften, Brennfarbe usw. stellt als an die lediglich Kaolin enthaltenden, schließlich auch aus wirtschaftlichen Gründen, verfährt man bei der Reinigung der Tone durch Schlämmen häufig anders als bei der Kaolinaufbereitung. Vor allem kommt es hier darauf an, diese Reinigung mit Hilfe möglichst einfacher und weniger ausgedehnter Schlämmanlagen zu erreichen. Diese befinden sich, im Gegensatz zu den Kaolinschlämmereien, fast immer am Orte der weiteren Verwendung des geschlämmten Tons, also in den betreffenden keramischen Fabriken selbst.

Während manche Tone sich unmittelbar nach der Gewinnung im grubenfeuchten Zustande mit Wasser leicht in einen dünnen Schlamm überführen lassen, setzen andere Tonsorten, besonders die sog. plastischen oder fetten Tone, dem Schlämmen Schwierigkeiten entgegen und können infolge ihres zähen Gefüges und des festen Zusammenhalts ihrer Bestandteile nur schwer im Wasser zerteilt werden. Zuweilen genügt es[1], zur besseren Zerteilung des Tons die Aufschlämmung in warmem Wasser vorzunehmen, zu welchem Zwecke man in die Schlämmtrommel Dampf einleitet. Andernfalls müssen solche zähen Tone vor dem Schlämmen von der anhaftenden Feuchtigkeit befreit, also getrocknet werden. Vielfach bedürfen die Tone auch der Auflockerung oder Vorzerkleinerung, um eine bessere Ausnutzung des Schlämmgutes zu ermöglichen. Zur Zerkleinerung der zähen Tonklumpen vor dem Schlämmen dienen entweder Kollergänge (S. 182), wie sie für andere Zwecke Anwendung finden, oder Maschinen besonderer Bauart. Von ihnen sei erwähnt das Brecherwalzwerk oder der Tonwolf[2], der aus zwei mit

---

[1] Keram. Rdsch. Bd. 34 (1926) S. 416.

[2] Simon in F. Singer: Die Keramik im Dienste von Industrie und Volkswirtschaft S. 156. Braunschweig 1923.

auswechselbaren Stahlzähnen schraubenförmig besetzten Walzen besteht (Abb. 20). Sie drehen sich mit hoher Differentialgeschwindigkeit

Abb. 20. Brecherwalzwerk oder Tonwolf.

(1 : 6), so daß mit dieser Vorrichtung selbst grubenfeuchter Ton für die mechanische Auflösung in Wasser gut vorbereitet wird (s. a. S. 41).

Zum Zerkleinern von Ton eignet sich auch die Zarwalze, ein Walzwerk, in dem eine Anzahl stählerner Schlagarme mit hohen Umdrehungszahlen gegeneinanderlaufen und den aufgegebenen Ton zerreißen und zerkleinern[1].

Zur Tonzerkleinerung geeignete Maschinen sind ferner der Tonhobel und die Schnitzel- oder Raspelmaschinen. Die schematische Bauart einer Schnitzelmaschine zeigt Abb. 21.

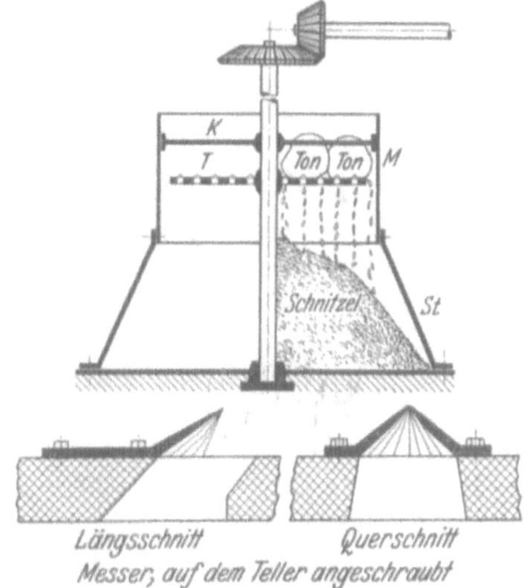

Abb. 21. Ton-Schnitzelmaschine[2]. *M* Gehäuse, *K* Kreuz aus Eisenstäben, *St* vier eiserne Stützen, *T* Metallteller mit Stahlmessern.

Ist eine Trocknung des Tones vor dem Schlämmen notwendig, so kann diese auf natürlichem Wege in offenen Schuppen oder unter Zuführung künstlicher Wärme mit Hilfe besonderer Trockenvorrichtungen geschehen. Vielfach wird hierbei die Abhitze von Dampfkesselfeuerungen und Brennöfen oder Abdampf benutzt. Zu beachten ist bei jeder künstlichen Trocknung, daß die Temperatur nicht

[1] Pohl, A.: Ber. dtsch. keram. Ges. Bd. 10 (1929) S. 478.
[2] Keram. Rdsch. Bd. 34 (1926) S. 653.

bis zur chemischen Zersetzung des Tones gesteigert werden darf, bei der nicht nur das in ihm als Feuchtigkeit enthaltene, sondern auch das chemisch gebundene Wasser entfernt werden würde. Da in feinkeramischen Betrieben die Fabrikation in der Regel das ganze Jahr hindurch aufrechterhalten wird, die natürliche Trocknung im allgemeinen aber nur in der wärmeren Jahreszeit zur vollen Auswirkung kommt, so wird man in den meisten derartigen Fabriken noch eine künstliche Trocknungsmöglichkeit für den Ton vorsehen müssen, um ihn jederzeit im Betriebe weiterverarbeiten zu können. Zum künstlichen Trocknen der Tone benutzt man Trockenpfannen, Trockendarren und Trockentrommeln (Weiteres hierüber s. S. 83).

Das Schlämmen mit der Hand, wie es bereits beschrieben wurde (S. 39), kommt nur für kleine Töpfereibetriebe in Betracht, wo es, den örtlichen Verhältnissen angepaßt und sorgfältig überwacht, seinen Zweck sehr wohl erfüllen kann. Zur maschinellen Schlämmung des grubenfeuchten oder durch Trocknen oder Zerkleinern oder beides vorbereiteten Tons dienen je nach dem Umfange des Betriebes, der Art der Verunreinigungen und den an die Beschaffenheit des Endproduktes zu stellenden Anforderungen, vor allem auch je nach der gewünschten Kornfeinheit des Schlamms verschiedene Vorrichtungen. Die einfachste Vorrichtung zum Tonschlämmen im maschinellen Betrieb ist die Kreis- oder Harkenschlämme[1], bei der mehrere mit Rechen oder Schleppharken versehene Arme in einer Grube sich im Kreise bewegen und den Ton aufrühren. Die mit der Harkenschlämme erzielte Reinigung des Tones ist keine sehr gründliche, sondern erstreckt sich vorwiegend auf die Entfernung der gröberen Beimengungen.

Geeigneter für die Tonaufbereitung zu feinkeramischen Zwecken sind die schon beim Kaolinschlämmen beschriebenen, waagerecht oder senkrecht gelagerten Rührwerke (S. 43), auch Quirle oder Schlagwerke genannt. Für die Aufschlämmung besonders zäher, in Wasser schwer zerteilbarer Tone benutzt man eine Welle mit eisernen Schlagstäben in besonders kräftiger Ausführung und erhöht zur Erleichterung der Tonzerteilung die Umdrehungsgeschwindigkeit der Rührwelle. Ein Rührwerk mit vertikal angeordneter Welle zeigt Abb. 22. Bei ihm sind die Rührer an starken eisernen Armen befestigt. Die Bewegung erfolgt mittels Kammräderantriebs, und zwar sowohl kreisförmig als gleichzeitig um die eigene Achse in Form einer Epizykloide[2]. Auf diese Weise wird eine starke Schlagkraft ausgeübt und die Aufschwemmung der tonigen Masse in kurzer Zeit erreicht. Anstatt dessen kann man auch neuzeitliche Schraubenrührer benutzen, über deren Bauart und Wirkungsweise auf S. 212 Näheres angegeben ist.

[1] Jacob, K., in C. Bischof: Die feuerfesten Tone und Rohstoffe 4. Aufl. S. 77. Leipzig 1923 und H. Hecht: Lehrbuch der Keramik 2. Aufl. S. 58. Berlin 1930.

[2] Heim, M.: Die Steingutfabrikation S. 65. Leipzig.

Ein Schlämmapparat besonderer Bauart, der sogenannte Dorr-Klassierapparat („Dorr classifier")[1] gehört zu den bereits auf S. 50 erwähnten Rundlaufapparaten. Er wird in der Hydrometallurgie zum Naßaufbereiten von Erzen schon seit vielen Jahren verwendet und in Nordamerika neuerdings auch für feinkeramische Zwecke empfohlen, besonders zum Schlämmen sekundärer Kaoline und Tone.

Die weitere Behandlung des geschlämmten Tons kann, ähnlich wie beim Kaolin, auf verschiedene Weise erfolgen: Entweder läßt man den Ton in der Sammelgrube eintrocknen, worauf er abgestochen und völlig getrocknet wird, oder man entwässert den in Schlammform befindlichen Ton zunächst in der Filterpresse oder einem ähnlichen Apparate und vervollständigt die Trocknung auf natürlichem oder künstlichem Wege, oder man mischt, wie dies häufig in Steingutfabriken gehandhabt wird, den Ton schon beim Schlämmen mit den übrigen Massezusätzen zusammen, wodurch das Entwässern des Tons für sich allein ganz wegfällt.

Abb. 22. Rührwerk mit senkrecht angeordneter Welle.

Im neuzeitlichen Großbetriebe, z. B. in einer Steingutfabrik, verfährt man beim Schlämmen des Rohtons etwa folgendermaßen: Der vorgetrocknete Ton wird in einem kräftigen Walzwerk mit ziemlich eng gestellten Walzen oder auch in dem schon beschriebenen Tonwolf (S. 63) zerkleinert und durchgemischt. Sollen die verschiedenen Rohstoffe der Masse gleich beim Schlämmen gemischt werden, so gibt man die einzelnen Sorten Ton und Kaolin in den festgelegten Mengen auf und verarbeitet sie gemeinsam (s. auch S. 256). Der vorzerkleinerte Ton[2] wird mit der Hand oder besser mittels Becherwerks in die in einem höheren Stockwerk aufgestellten Schlämmbottiche befördert, die unter Wasserzufluß entweder stetig oder periodisch gefüllt und entleert werden, während das eingetragene Material durch ein Rührwerk zerdrückt und im Wasser verteilt wird. Die Tonmilch gelangt

[1] Anable, A.: J. Amer. ceram. Soc. Bd. 11 (1928) S. 791.
[2] Heim, M.: Die Steingutfabrikation S. 63. Leipzig.

aus den Schlämmgefäßen in einen oder mehrere Absetzkästen, wo sich die gröberen Sandteilchen zu Boden setzen. In neueren Anlagen befindet sich hier außerdem ein sogenanntes Sandrad mit durchlochten Schöpfbechern eingebaut, das sich mit 8 bis 10 Umdrehungen in der Minute bewegt und den sich absetzenden Sand in eine Rutsche abwirft[1]. Die dünne Tontrübe fließt mittels Überlaufs und durch Rinnen in andere Behälter, in denen sich je eine Schnecke mit etwa 7 Umdrehungen in der Minute dreht, wodurch der sich hier absetzende Feinsand einem Schöpfrad zugeführt wird, das ihn ähnlich wie vorhin den Grobsand entfernt. Die wiederum am oberen Rande ablaufende Schlämmtrübe durchfließt nunmehr meistens noch ein Rinnensystem (S. 44) mit geringem Gefälle, in dem sich auch der feine Schliff zu Boden setzt. Zum Schlusse gelangt die Tontrübe in Absetz- oder Klärbehälter. Im allgemeinen setzen sich die Tone langsamer zu Boden als die Kaoline. Simon[2] gibt für die Dauer des Klärprozesses 4 bis 10 Tage an, doch gibt es auch Tone, bei denen dieser rascher vor sich geht.

Entwässerung des geschlämmten Kaolins und Tons. Unter der Entwässerung des geschlämmten Kaolins oder Tons ist hier die Überführung des flüssigen Schlamms mit 50% oder mehr Wasser in den wasserärmeren formbaren Zustand mit 30% und weniger Wassergehalt, also die Entfernung des überschüssigen Wassers zu verstehen.

Ältere einfache Verfahren. Die Entwässerung des geschlämmten Kaolins oder Tons ist ebenso wie die eines durch Mischen der gemahlenen Bestandteile unter Zusatz von Wasser hergestellten Masseschlamms diejenige Stufe der keramischen Aufbereitung, die in früherer Zeit vor Ausbildung der maschinellen Technik große Schwierigkeiten bereitet hat[2]. Man mußte sich damals mit recht umständlichen und langwierigen Verfahren behelfen. Entweder versuchte man den Schlamm durch Abziehen des Wassers von der Oberfläche und Verdunsten desselben an der Luft zu entwässern, oder man ließ das Wasser gleichzeitig noch durch die Wände der durchlässigen Schlämmgruben versickern. Um die Entfernung des Wassers zu beschleunigen, führte man die Entwässerung vielfach auch durch Abdampfen in großen gemauerten Kesseln oder Kästen aus, unter denen man das Feuer in Kanälen hindurchleitete. Dieses Verfahren war umständlich und kostspielig. Außerdem bestand bei ihm die Gefahr der örtlichen Überhitzung und damit der Verminderung der Plastizität des zu entwässernden Materials. Billiger, aber gleichfalls umständlich ist das Verfahren der Verdichtung des Schlammes durch Absorption, indem man ihn in runde Gefäße oder eckige Kästen aus Gips oder gebranntem Ton bringt, deren starke Wandungen die Flüssigkeit aus dem Schlamm aufsaugen und an ihrer Außenfläche verdunsten lassen. Handelt es sich um kleinere Trockengefäße, so werden sie in Holzgestellen in mehreren Reihen übereinander in luftigen Räumen untergebracht. Größere Trockenkästen stellt man auf den Boden, unterbaut sie aber mit Ziegelsteinen. Das Verfahren, das in kleineren Töpfereibetrieben noch heute angewandt wird, hat den Nachteil, daß es, wie die bloße Lufttrocknung, wenn auch in geringerem Maße, von der Witterung abhängig ist, und bei ihm die Gefahr der Verunreinigung des zu entwässernden Materials durch abbröckelnde Ton- oder Gipsteilchen besteht. Auch kann es vorkommen, daß die verschiedenen Schichten der Masse ungleichen Feuchtigkeitsgrad behalten.

Die heutige feinkeramische Industrie verwendet zur Trennung fester

---

[1] Simon in F. Singer: Die Keramik im Dienste von Industrie und Volkswirtschaft S. 157. Braunschweig 1923.

[2] Heim, M.: Die Steingutfabrikation S. 67. Leipzig.

Stoffe von Flüssigkeiten ausschließlich maschinelle Vorrichtungen besonderer Konstruktion und von einer Leistungsfähigkeit, die den gegen früher wesentlich gesteigerten Anforderungen des Betriebes entspricht. Man teilt diese Apparate ein 1. in solche, die auf Filtration beruhen, 2. in solche, bei denen die Trennung der beiden Aggregatphasen durch Ausschleudern erfolgt.

Auf Filtration beruhende Entwässerungsvorrichtungen. Die ausgedehnteste Verwendung finden in der Keramik diejenigen Filtrationsvorrichtungen, bei denen die Abpressung des überschüssigen Wassers mit Hilfe unmittelbar wirkender mechanischer Druckkräfte stattfindet.

Handelt es sich um die Entwässerung kleiner Mengen Kaolin usw., so füllt man den Schlamm in Säcke aus dichtem Hanfgarn oder Baumwollgewebe, läßt zunächst aus der sich verdichtenden Substanz das Wasser ablaufen und füllt flüssigen Schlamm nach, bindet dann die Säcke zu und bringt sie in einer oder mehreren Schichten übereinander auf eine Hebel- oder Spindelpresse („Sackpresse"), in der man durch allmähliche Steigerung des Drucks eine Entwässerung bis auf etwa 25% erzielen kann. Die Belastung des Hebels oder das Anziehen der Spindel muß langsam und vorsichtig geschehen, um ein Platzen der Säcke zu vermeiden. Magere Tone und Kaoline können auf diese Weise in etwa 2 bis 3 Stunden entwässert werden[1], ebenso aus mehreren Bestandteilen zusammengesetzte keramische Massen. Schwieriger ist dies bei fetten Tonen, die ihr Wasser nur langsam abgeben. Vielfach setzen sich diese an der Innenseite der Preßsäcke in gewisser Schichtdicke ab und lassen das übrige Wasser überhaupt nicht mehr hindurch, so daß im Innern eine flüssige Masse bleibt.

Zur Entwässerung größerer Mengen schlammförmiger Stoffe benutzt man allgemein Filterpressen, die rasch und ohne Verlust arbeiten. Die Filterpresse besteht in der Hauptsache aus einem massiven Eisengestell mit einer größeren Anzahl — meist 12 bis 20 oder mehr — Filterplatten, die beiderseitig an je zwei Griffen auf zwei Längsstangen aufgehängt sind. Den vorderen und hinteren Abschluß der Plattenreihe bilden zwei Kopfstücke, von denen das eine fest, das andere beweglich ist. Je nach der Bauart der Filterplatten unterscheidet man Rahmen-Filterpressen und Kammer-Filterpressen. Letztere sind die neuere Konstruktion. Die Filterplatten haben rechteckigen oder runden Querschnitt und bestehen bei den Rahmenpressen abwechselnd aus Voll- und Hohlrahmen, die auf diese Weise einen Innenraum abschließen, bei den Kammerpressen dagegen nur aus Vollrahmen mit erhabenem Rande, von denen je zwei einen Hohlraum, die sog. Kammer, bilden.

[1] Klar, H.: Keram. Rdsch. Bd. 35 (1927) S. 784.

Um eine Berührung mit rostenden Eisenteilen zu vermeiden, stellte man bei den Rahmenpressen die Filterplatten früher aus hartem Holz her. In neuerer Zeit baut man die Pressen meist gänzlich aus Eisen und überzieht, um ein Rosten zu vermeiden, die einzelnen Teile mit einer Lackschicht, die man von Zeit zu Zeit nach Erfordern erneuern muß. Auch aus nicht rostendem Silumin werden jetzt Filterplatten hergestellt. Auf den Innenflächen sind die Filterplatten mit rillenartigen Vertiefungen, den sog. Kannelierungen, versehen, die bei quadratischen Platten parallel, bei kreisrunden zentrisch angeordnet sind[1]. Durch einen Querkanal sind diese Rillen derart miteinander verbunden, daß das ablaufende Wasser sich in ihm sammeln und durch einen eingebauten Kanal abfließen kann. Jede Platte wird auf beiden Seiten von einem einfachen oder doppelten Filtertuch aus starkem Gewebe völlig bedeckt. Das bewegliche Kopfstück kann mittels einer in einer Traverse, die an den beiden Seitenschienen befestigt ist, gelagerten Druckspindel oder eines hydraulischen Verschlusses fest gegen die Platten angepreßt werden, so daß mit Hilfe der zwischen ihnen eingehängten Filtertücher nach außen hin ein vollkommener Verschluß erzielt wird. Die Zuführung des flüssigen Kaolin-, Ton- oder Masseschlamms erfolgt durch einen sämtliche Kammern durchlaufenden Kanal, der durch in der Mitte der Platten und Filtertücher angebrachte Bohrungen gebildet wird. Durch eine kräftige Saug- und Druckvorrichtung werden sämtliche Kammern der Presse mit dem Schlamm gefüllt, und bei weiterer Drucksteigerung wird das Wasser durch die Filtertücher hindurchgepreßt, worauf es durch Ablauföhrchen oder mit Hähnen verschließbare Schnauzen nach unten abläuft. Zwischen den Tüchern sammelt sich das abgepreßte Gut in immer festerer Konsistenz in Form flacher Scheiben von höchstens 30 mm Dicke an, den sog. Preßkuchen, deren Feuchtigkeitsgehalt 20 bis 25% beträgt. Man setzt die Füllung der Pressen fort, bis bei einem Drucke, der sich nach der Beschaffenheit des zu entwässernden Materials richtet, kein Wasser aus den Kanälen mehr abläuft. Dann unterbricht man die Druckwirkung, löst den Verschluß der Presse und entleert die einzelnen Kammern der Reihe nach durch Entfernung der zwischen ihnen befindlichen Massekuchen von den Preßtüchern. Letztere reinigt man oberflächlich mit Holzspachtel und Schwamm von noch anhaftender Masse. Nun legt man die Tücher wieder ein, schiebt die Kammern zusammen und verschließt die Presse, die sofort wieder in Tätigkeit treten kann. Der Fassungsraum der Filterpressen beträgt bei Kaolin und Porzellanmasse 250 bis 2000 kg oder noch mehr[2].

Die Ansichten, welcher Art von Filterpressen, nämlich den Rahmenpressen oder den Kammerpressen, der Vorzug zu geben ist, lauten verschieden. Nach

[1] Klar, H.: Keram. Rdsch. Bd. 35 (1927) S. 784.
[2] Granger, A.: La Céramique industrielle Bd. 1 S. 210. Paris 1929.

C. R. Platzmann[1] ist bei den Kammerpressen zunächst einmal auf die gute Abdichtung hinzuweisen, die dadurch entsteht, daß immer zwei Tücher zusammenstoßen, während bei den Rahmenpressen Rahmen und Kammer immer miteinander abwechseln, wodurch nur ein Tuch abdichtet. Außerdem sind die Kammern stärker als die Rahmen und haben daher eine wesentlich längere Lebensdauer. Der Hauptnachteil der Kammerpressen besteht in der zeitraubenden Arbeit der Befestigung der Filtertücher[2]. Nach R. Rieke[3] haben die Kammerpressen mit runden Rahmen gegenüber den Rahmenpressen den Vorteil, daß sie einen verhältnismäßig geringeren Raum einnehmen. Außerdem ist die Verteilung der Masse in den runden Kammern eine gleichmäßigere. Infolgedessen geht die Filtration besser und schneller

Abb. 23. Rahmen-Filterpresse.

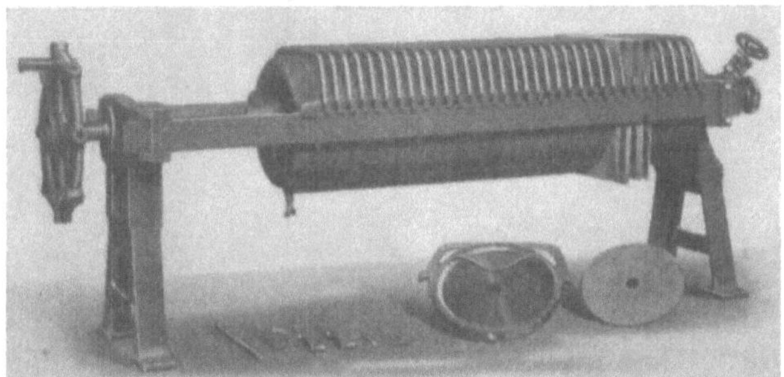

Abb. 24. Kammer-Filterpresse.

vonstatten und schließen runde Pressen besser als eckige, wodurch das lästige Spritzen der Kammern bei ungenügender Abdichtung vermieden wird[4].

Der Verschleiß an Filtertüchern ist bei den eisernen Pressen im allgemeinen größer als bei den hölzernen, doch haben letztere, wie schon erwähnt wurde, wiederum den Nachteil, daß sie leicht faulen. Dafür sind die Holzfilterpressen elastischer als die eisernen, bei denen die Gefahr des Springens einzelner Filtertafeln größer ist, wenn es sich um das Abpressen sehr plastischer Kaoline usw. handelt[5]. Man kann aber wohl sagen, daß eine eiserne Presse, wenn sie gut gepflegt und vor allem auch der Schutzlack rechtzeitig erneuert wird, zweifellos praktischer und vorteilhafter als eine Presse mit hölzernen Kammern ist[6].

---

[1] Tonind.-Ztg. Bd. 53 (1928) S. 74.

[2] Vgl. hierzu H. Klar: Keram. Rdsch. Bd. 35 (1927) S. 784.

[3] Das Porzellan 2. Aufl. S. 83. Leipzig 1928.

[4] Hegemann, H.: Die Herstellung des Porzellans S. 101. Berlin 1904.

[5] Pohorzeleck, M.: Ber. dtsch. keram. Ges. Bd. 7 (1926) S. 198.

[6] Hegemann, H.: Die Herstellung des Porzellans S. 103. Berlin 1904.

Bei Kammerpressen empfiehlt es sich, zur Schonung der zwischen den Platten fest eingespannten Filtertücher, die beim Pressen fest in die vertieften Rillen gedrückt werden, ebenso auch zur Erzielung eines leichteren Wasserabflusses, die geriffelten Flächen mit durchlochten verzinkten oder völlig aus Zink bestehenden Blechen zu belegen, die zwischen Tuch und Rillen zu liegen kommen und aufgeschraubt werden[1]. Je fetter das abzupressende Material ist, um so stärker werden die Filtertücher beansprucht und um so größer wird der Verschleiß an solchen.

Je nach dem Charakter des abzupressenden Materials ist seine Filtrierfähigkeit verschieden, weshalb man über eine gewisse Dicke der Preßkuchen nicht

Abb. 25. Membranpumpe mit Kugelventilen und Gewichtsdruckreglern.

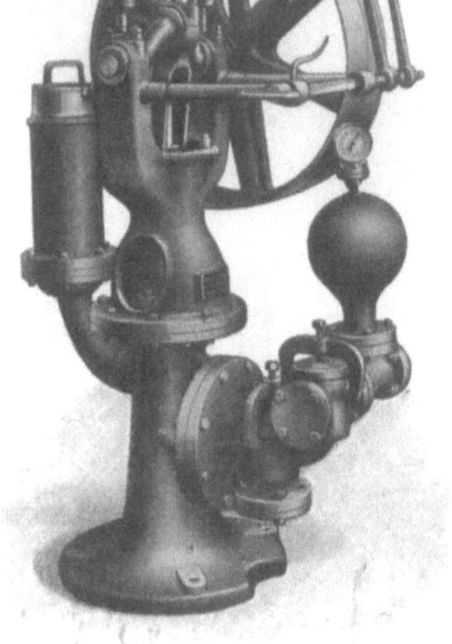

Abb. 26. Membranpumpe mit Klappenventilen und Federdruckreglern.

hinausgehen kann, die bei mageren Massen und Kaolinen nicht mehr als 30 mm, bei fetten Massen und Tonen, deren Teilchen dichter gelagert sind, nicht mehr als 20 mm betragen darf[2].

Filterpressen verschiedener Bauart zeigen die Abb. 23 und 24 (s. S. 69).

Zum Einpressen des flüssigen Kaolin-, Ton- oder Masseschlamms in die Filterpressen verwendet man kräftige Membranpumpen, die als Saug- und Druckpumpen wirken und stehende Kolbenpumpen darstellen. Die Konstruktion sol-

---

[1] Rieke, R.: Das Porzellan 2. Aufl. S. 82. Leipzig 1928. Klar, H.: Keram. Rdsch. Bd. 35 (1927) S. 784.

[2] Simon in F. Singer: a. a. O. S. 161, auch Keram. Rdsch. Bd. 35 (1927) S. 703.

cher Membranpumpen ist aus Abb. 25 und 26 ersichtlich. Der Kolben der Pumpe bewegt sich in einem mit Wasser gefüllten Zylinder, an den sich nach unten zu ein flaches linsenförmiges Gehäuse anschließt. Eine elastische Gummi- oder Ledermembran trennt die linsenförmig ausgebildete Kammer in zwei Hälften, deren oberer Teil gleichfalls mit Wasser gefüllt wird. Beim Heben des Kolbens wird die Membran infolge der entstehenden Luftverdünnung angezogen und dadurch eine entsprechende Menge Schlamm eingesaugt. Beim Niedergehen des Kolbens in dem mit Wasser gefüllten Zylinder wird dieser Schlamm in die nach der Filterpresse führende Druckleitung gedrückt, wobei sich die Gummikugel des einen vorhandenen Kugelventils hebt, während gleichzeitig die des anderen Ventils gegen die Zuflußöffnung gepreßt und diese verschlossen wird. Dadurch, daß die Berührung des Druckkolbens mit dem schlammförmigen Material vermieden wird, verhütet man die Verunreinigung des abzupressenden Materials mit Eisenteilchen und schützt den Kolben vor zu rascher Abnutzung. Das Einsaugen des Schlammes aus dem Sammelbehälter und das Drücken desselben nach der Presse wiederholt sich bei jedem Kolbenspiel so oft, bis die Presse nach Erreichung eines bestimmten Manometerstandes gefüllt ist und der Antrieb ausgerückt werden kann. Zur Erzielung eines gleichmäßigen Drucks bedient man sich eines Druckreglers mit aufgesetztem Manometer, der einen höheren Druck als den eingestellten nicht zuläßt. Die Druckregler können verschiedene Bauart besitzen.

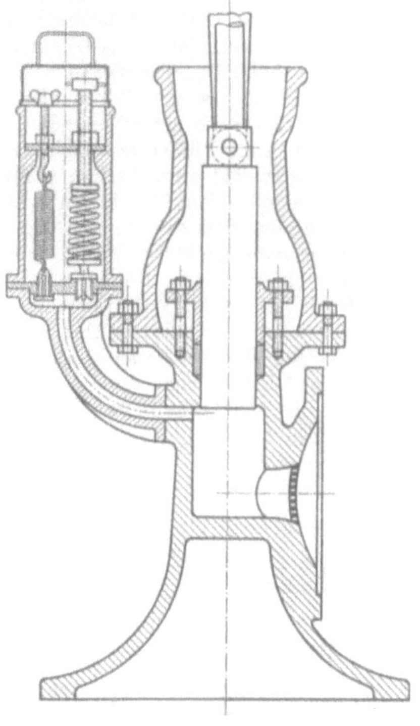

Abb. 27. Federdruckregler (Schnitt).

Während man früher ausschließlich Membranpumpen mit Gewichtsdruckregler benutzte, finden jetzt für gewöhnlich nur noch solche mit Federdruckregler (Abb. 27) Verwendung, die in ihrer Anschaffung wesentlich billiger sind und trotzdem unbedingt zuverlässig arbeiten.

Meist arbeitet die Membranpumpe mit 6 bis 8 Atmosphären Druck, den man zu Ende der Pressung bis auf 10 Atmosphären steigern kann. Damit die Pumpe zuverlässig weiterarbeitet, muß man darauf achten, daß der Raum zwischen Membran und Kolben dauernd mit Wasser gefüllt bleibt, und die Füllung erforderlichenfalls während des Betriebes ergänzen. Zur Vermeidung der Verunreinigung des Schlammes durch Eisen stellt man das Druck- und Saugrohr aus Kupfer, die untere Hälfte des linsenförmigen Gehäuses, ebenso auch die Ventile aus Messing oder Bronze her. Bei der Anordnung der Saug- und Druckrohre sind alle scharfen Biegungen zu vermeiden, da sie eine Änderung der Geschwindigkeit der Flüssigkeitssäule und somit Stöße verursachen[1]. Nach A. Granger[2]

---

[1] Hegemann, H.: Die Herstellung des Porzellans S. 100. Berlin 1904.

[2] La Céramique industrielle Bd. 1 S. 209. Paris 1929.

läßt sich eine einzige Membranpumpe bei Verwendung eines Dreiweghahns gleichzeitig für zwei Pressen verwenden, indem man die eine komprimiert und die andere leert und wieder füllt. Gewöhnlich benutzt man aber für jede Presse unabhängig eine Pumpe.

An Stelle der Membranpumpen finden für die Beförderung des Kaolinschlammes usw. in die Filterpressen auch Druck- oder sogenannte Montejusanlagen Verwendung. Sie bestehen aus einer Luftpumpe, die mit einem Kompressor gekuppelt ist, und zwei oder mehr eisernen Druckfässern. Man benutzt derartige Druckluft-Förderanlagen vor allem dort, wo mehrere Pressen gleichzeitig betrieben werden sollen, und sieht dann einen größeren Druckkessel vor, der genügend Druckluft zum Entleeren mehrerer Fässer enthält. Man kann die Füllung der Montejus so vornehmen, daß man den Schlamm aus hochgelegenen Behältern einlaufen läßt[1]. Im allgemeinen wird aber der Schlamm in das eine der Druckfässer dadurch gesaugt, daß man in diesem zuvor mit Hilfe der Vakuumpumpe genügenden Unterdruck erzeugt hat. Dann wird der Schlamm aus dem gefüllten Druckfaß in die Filterpresse gedrückt. Die Füllung und Entleerung von je zwei Fässern geschieht abwechselnd, wodurch ein stetiges rasches Füllen der Pressen bei gleichbleibendem Druck von 5 bis 8 Atmosphären möglich ist. Als Nachteil der Montejus wird, falls es sich um die Herstellung von aus mehreren Bestandteilen zusammengesetzten Massen handelt, deren leichte Entmischung bezeichnet[2]. Beim Abpressen von Kaolin oder Ton kommt dieser Gesichtspunkt weniger in Frage. Nach M. Pohorzeleck[3] bietet die Anwendung einer Luftkompressoranlage mit Druckluftspeicher und Montejus gegenüber einer Membranpumpe den Vorteil, daß der dauernd gleichmäßige Druck auf die Filterfläche nach den bisherigen Erfahrungen die Filterleistung günstiger beeinflußt als der stoßweise Druck der Membranpumpe. Ein praktisches Beispiel für die Anwendung einer derartigen Luftkompressoranlage mit Vakuumgefäßen als Ersatz für Membranpumpen stellt die Kaolinschlämmerei der Sächsischen Elektro-Osmose-Werke in Kemmlitz (S. 18) dar.

Der Feuchtigkeitsgrad der in den Filterpressen entwässerten Kaoline, Tone und fertigen keramischen Massen hängt von der Höhe und Dauer des ausgeübten Drucks und der physikalischen Beschaffenheit des abzupressenden Materials ab, vor allem von seiner Fähigkeit, das Wasser festzuhalten oder mehr oder weniger leicht abzugeben. In Verbindung mit diesem Verhalten steht die Wasserdurchlässigkeit des betreffenden Materials, die wiederum mit seiner Plastizität zusammenhängt. Fette plastische Tone sind schwerer zu filtrieren als magere, weniger bildsame. Der Preßvorgang dauert daher um so länger, je mehr plastischen Ton eine Masse enthält. Magere Kaoline kann man nach dem Öffnen der Filterpresse ohne Schwierigkeit von den Filtertüchern loslösen und aus den Kammern herausheben[3]. Bei fetten Kaolinen benötigt man hierzu größeren Kraftaufwand und dementsprechend auch längere Zeit. Öffnet man bei hochplastischen Kaolinen die Pressen vorzeitig,

---

[1] Kerl, B.: Handbuch der gesamten Tonwarenindustrie, 3. Aufl. S. 277. Braunschweig 1907.

[2] Simon in F. Singer: Die Keramik im Dienste von Industrie und Volkswirtschaft S. 162. Braunschweig 1923.

[3] Pohorzeleck, M.: Ber. dtsch. keram. Ges. Bd. 7 (1926) S. 198.

d. h. ehe die Preßkuchen sich genügend verdichtet haben, so kann der Fall eintreten, daß die Kuchen sich im ganzen von den Filtertüchern überhaupt nicht loslösen lassen. Die Entfernung der in einem solchen Falle noch zu wasserreichen oder, wie man auch sagt, zu „schmierigen" Masse kann dann nur unter Aufwand von mehr als der doppelten Arbeitszeit erfolgen[1].

Kommt man beim Abpressen von Massen mit sehr hohem Gehalt an feinem fettem Ton mit Filterpressen überhaupt nicht zum Ziele, so muß man versuchen, die Entwässerung auf andere Weise vorzunehmen oder, falls es sich um fertige Masse handelt, jene nicht im feuchtplastischen Zustande, sondern durch Gießen (S. 97) zu verarbeiten. Man wird aber, falls beim Pressen Störungen eintreten, auch prüfen müssen, ob diese ihre Ursache in irgendeiner fehlerhaften Maßnahme haben. So kann eine Undichtheit der Preßanlage, z. B. ein schlechter Sitz der Ventile, in Frage kommen, die nicht den erforderlichen hohen Arbeitsdruck ermöglicht, oder die zu große Dicke der Preßkuchen, die ein völliges Auspressen der inneren Kerne der Preßkuchen erschwert. Auch in der mangelhaften Beschaffenheit der verwendeten Filtertücher kann der Anlaß der Störung zu suchen sein. Oder es hat sich in der Saugrohrleitung ein Luftsack gebildet, so daß die Membranpumpe nicht richtig saugt. Schließlich kann die Ursache, wenn das Abpressen nicht gelingt, auch in zu dicht nebeneinander angeordneten oder verschlämmten Rillen der Filterplatten liegen[2]. Verschmutzte Preßtücher können gleichfalls die Ursache sein; sie müssen spätestens nach 25- bis 30maligem Gebrauche gewaschen werden.

Die Zahl der in einer Kaolinschlämmerei oder einer feinkeramischen Fabrik aufzustellenden Filterpressen richtet sich nach der Preßdauer, d. h. also vor allem nach der Plastizität des Kaolins usw. Für eine Filterpresse von $100 \times 100\,cm^2$ Kammerfläche mit etwa 50 Kammern beträgt die Preßdauer[1] bei mageren bis mittelplastischen Kaolinen 20 Minuten bis 3 Stunden, bei mittelplastischen Kaolinen 3 bis 6 Stunden und bei hochplastischen Kaolinen 6 bis 12 Stunden. Nach H. Hecht[3] dauert bei einer Presse, die 50 Preßkuchen von je 5 kg Gewicht liefert, das Abpressen durchschnittlich 40 bis 60 Minuten, nach A. Granger[4] 35 bis 40 Minuten. Eine andere Angabe[5] aus der Praxis lautet für Steingutmassen (S. 256) bei 5 bis 7 Atmosphären Druck auf 2½ bis 3 Stunden, bei fetteren Massen bei 2 bis 4 Atmosphären auf 20 bis 24 Stunden Preßdauer.

Nach der Materialbeschaffenheit schwankt also bei einer festgesetzten Leistung der Bedarf an freier Filterfläche innerhalb weiter Grenzen. Bei Kaolin kann man mit ungefähr 6 bis $45\,m^2$ auf 1 Tonne Kaolin rechnen[1]. Hierbei ist der Verlust an Filterfläche berücksichtigt, der durch das Ausheben der Preßkuchen, Auswechseln der Filtertücher usw.

---

[1] Pohorzeleck, M.: Ber. dtsch. keram. Ges. Bd. 7 (1926) S. 198.
[2] Keram. Rdsch. Bd. 35 (1927) S. 703 u. 720.
[3] Lehrbuch der Keramik 2. Aufl. S. 63. Berlin 1930.
[4] Granger, A., u. R. Keller: Die industrielle Keramik, S. 122. Berlin 1908.
[5] Keram. Rdsch. Bd. 35 (1927) S. 720.

von der Gesamtfilterfläche abzuziehen ist. Der Bedarf an letzterer wird um etwa 10 bis 15% geringer, falls man an Stelle von Membranpumpen eine Montejusanlage benutzt (S. 72). Der Flächenbedarf für die in einem Betriebe aufzustellenden Filterpressen hängt nach M. Pohorzeleck ab von der täglichen Ausbeute, dem Format der Pressen und der Zahl der in jeder Presse vorhandenen Kammern. Man kann bei der Planung von Filterpreßräumen je nach der Plastizität des Kaolins für 1 Tonne des letzteren 6 bis 12 m^2 annehmen.

Als Schichtleistung gibt M. Pohorzeleck[1] für den einzelnen Arbeiter einschließlich aller von ihm zu verrichtenden Nebenarbeiten wie An- und Abfahren der Wagen, Auswechseln der Filtertücher usw. 3 bis 6 Tonnen Kaolin an, was einer Leistung des einzelnen Mannes von 0,3 bis 0,8 Tonnen in 1 Stunde entspricht. Nach einer anderen Erfahrung[2] werden bei einer Tagesleistung von 3000 bis 4000 kg Tonmasse zur Bedienung der erforderlichen Betriebseinrichtung 3 bis 4 Mann benötigt. Über die Erleichterung des Filtrierens schwer filtrierbarer Tone durch Anwendung heißen Wassers oder teilweise Entwässerung durch Vorerhitzen vgl. S. 38 und S. 116.

An die Filtertücher werden beim Abpressen des schlammförmigen Kaolins, Tons oder fertiger Massen ziemlich hohe Anforderungen gestellt. Sie spielen beim Preßbetriebe eine ausschlaggebende Rolle. Man benutzt zu ihrer Herstellung Zwirnstoffe aus amerikanischer Baumwolle, die sich durch Glätte, Gleichmäßigkeit und Festigkeit des Garnes auszeichnen[3]. Für jeden besonderen Fall muß die jeweils geeignetste Garndichte ausgewählt werden. Die Webart der Filterstoffe ist verschieden und beim Filtrieren von Einfluß. Um ein festes Aneinanderhaften von Filterkuchen und hervorstehenden Gewebefasern zu verhüten, tränkt man die Tücher entweder mit Teerölen (Kreosot) oder Kupferoxydammoniak. Durch das erste Verfahren wird die Entstehung von Stockflecken in den Tüchern verzögert und das Baumwollgewebe vor Fäulnis geschützt, die Lebensdauer der Filtertücher also verlängert. Ist die Imprägnation nicht sorgfältig ausgeführt worden, so läßt sich ein so behandeltes Tuch nur schwer mit Wasser tränken. Außerdem ist der teerige Geruch in den Preßräumen lästig. Ein in jeder Hinsicht besseres Verfahren ist die Behandlung des Gewebes mit Kupferoxydammoniak oder die sogenannte Kupferung („Kupfer-Oxamverfahren“). Hier geht bei der Behandlung tatsächlich ein chemischer Prozeß vor sich, indem das Kupferoxydammoniak die Baumwolle oberflächlich auflöst, wobei Kupferoxydammoniak-Zellulose-Lösung entsteht, die beim Trocknen einen Teil der Poren ausfüllt. Auf diese Weise wird die Oberfläche des Gewebes geglättet und wasserabstoßend gemacht, so daß der Filterkuchen nach dem Abpressen sich leicht abheben läßt. Außerdem wird durch die Kupferung die Widerstandsfähigkeit der Filtertücher gegen Fäulnis und auch ihre Reißfestigkeit wesentlich erhöht. Da infolge der glatten Oberfläche an dem imprägnierten Gewebe weniger Fremdstoffe haften bleiben als an nichtbehandelten, brauchen die Tücher auch nicht so oft gereinigt zu werden. Ein Nachteil der Tränkung mit Kupferoxydammoniak besteht darin,

---

[1] a. a. O. S. 199. [2] Keram. Rdsch. Bd. 34 (1926) S. 162.

[3] Vgl. hierzu L. Stein: Sprechsaal Keramik usw. Bd. 59 (1926) S. 264 und A. R. Peer: Bull. Amer. ceram. Soc. Bd. 6 (1927) S. 285.

daß ein so behandeltes Tuch in der Breite um etwa 5% schwindet und sich in der Länge entsprechend ausdehnt. Wird dann das Tuch in die Filterpresse eingelegt, so ist es bestrebt, auf seine ursprüngliche Breite zurückzugehen, wodurch eine Längenverkürzung eintritt. Zur Abhilfe wird empfohlen, neue Tücher über Nacht in Wasser einzuweichen.

Es sind nur einwandfreie Filtertücher zu verwenden, da kleine Knoten, winzige Löcher, dünne Garne u. dgl. ein Undichtwerden des Tuchs beim Pressen verursachen können. Bei Einrichtung eines neuen Betriebs wird es sich zunächst empfehlen, mit leichten und schweren, unbehandelten und behandelten Tüchern Vergleichsversuche vorzunehmen und festzustellen, welche Art für die besondere Anlage die wirtschaftlichste ist. Nach Maratschewski[1] sind dünne Filtertücher handlicher und den dicken im allgemeinen vorzuziehen. Unter allen Umständen erscheint es wichtig, beim Einkauf von Filtertüchern ihre Fadenstärke, Zwirnung, Dichte in Kette und Schuß, Gewebeart und Stärke der Kupferung mehr als bisher zu berücksichtigen. In manchen Schlämmereien haben sich Filtertücher aus Segeltuch am besten bewährt.

Die wichtige Frage nach der Lebensdauer der Tücher läßt sich nicht allgemein beantworten. Da bei den verschiedenartigen Kaolinen, Tonen und keramischen Massen die zum Füllen der Pressen benötigte Zeit sehr verschieden ist, so kommt auch für die Nichtbeanspruchung der Tücher eine verschiedene Zeitdauer in Betracht. Bei einem Quarzgehalt der zu filtrierenden Massen ist mit einer gewissen faserzerschneidenden Wirkung durch die winzigen Quarzkörnchen zu rechnen. Als schädlich für die Haltbarkeit der Filtertücher erweisen sich ferner der stoßweise Zufluß des flüssigen Schlamms und eine plötzliche Druckerhöhung, die sogar ein Zerreißen des Tuches bewirken kann. Neben der Art der zu filtrierenden Massen und der damit verbundenen Höhe des anzuwendenden Preßdrucks ist für die Haltbarkeit der Filtertücher von großer Bedeutung die Behandlung, die man ihnen im Betriebe zuteil werden läßt. Man kann bei der Verarbeitung fetter Massen mit einer Lebensdauer von etwa 400 bis 600 Preßstunden, bei der magrer Massen mit etwa 500 bis 800 Preßstunden rechnen[2]. Um die Haltbarkeit der Preßtücher zu verlängern, vermeide man, sie in feuchtem Zustand aufeinander zu legen, da dies die Fäulnis begünstigt. Aus dem gleichen Grunde bewahre man sie auch nicht in feuchter Wärme oder im Dunklen auf. Beim Abpressen toniger Massen kann man bei einer Kuchengröße con 75×75 cm² bis 80×80 cm² mit einem Filtertuchverbrauch von 40 bis 70 Stück für 100000 kg Preßgut rechnen, je nach Material, Arbeitsweise und Güte der Tücher[3].

Man wäscht die Tücher nach etwa 200 Preßstunden gründlich mit heißem Wasser, damit die durch feinsten Ton usw. verstopften Poren frei werden. Gutes Trocknen der Tücher nach dem Waschen ist zu empfehlen, damit die Fasern nicht leiden. Neuerdings nimmt man das Waschen der Filtertücher häufig auf maschinellem Wege vor. Man benutzt hierzu eine Maschine, die in der Hauptsache aus einer mit gelochtem verzinkten Eisenblechmantel überzogenen Trommel besteht, die sich langsam in einem mit Wasser gefüllten ebenfalls verzinkten Troge dreht. Das Waschen dauert einschließlich Füllen und Entleeren etwa 1 Stunde. Soll das Waschen in heißem Wasser geschehen, so leitet man in das im Troge befindliche Wasser Dampf ein.

Bei fetten Massen sind die Filtertücher bereits nach acht bis zwölf Wochen täglicher Benutzung oder noch kürzerer Zeit verbraucht. Handelt es sich dagegen

---

[1] Keram. i Steklo, Mosk. 1928 Nr. 8; auszugsweise Sprechsaal Keramik usw. Bd. 61 (1928) S. 1007.

[2] Sprechsaal Keramik usw. Bd. 59 (1926) S. 852.

[3] Keram. Rdsch. Bd. 34 (1926) S. 162.

um Porzellanmassen, bei denen das Abpressen im allgemeinen nur 10 bis 30 Minuten dauert, so kann man mit einer Haltbarkeit der Filtertücher bis zu mehreren Jahren rechnen[1], zumal hier auch meist mit geringerem Preßdruck gearbeitet wird als bei Steingut- oder anderen Tonmassen. Wenn beim Pressen mit doppelten Filtertüchern gearbeitet wird, so benutzt man als Untertücher meistens schon länger in Gebrauch befindliche. Die Filtertücher zeigen die ersten Spuren der Abnutzung häufig dort, wo der Stoff mit den Metallrändern der Rahmen in Berührung kommt. Die Gefahr der Abnutzung nimmt hierbei zu oder ab, je nachdem diese Ränder weniger oder besser geglättet sind. Eine amerikanische Fabrik[2] bringt zur Schonung der Filtertücher um den Rand jeden Rahmens herum eine polsterartig wirkende Dichtung an, über die das Tuch gespannt wird. Zur Reinigung der Tücher benutzt diese Firma eine Hochdruckwasserleitung, mittels deren die noch in der Presse befindlichen Tücher so durchspült werden, daß aller noch an ihnen haftende Ton usw. entfernt wird. Nach dem Abstellen des Zuflusses läßt man kurze Zeit das Wasser aus der Presse ablaufen und trocknet dann die Tücher durch Einleiten von Dampf.

Besonderes Augenmerk ist auf das rechtzeitige Ausbessern der Filtertücher zu richten. Dementsprechend findet man in großen Kaolinschlämmereien und feinkeramischen Fabriken neben Trockenräumen für die Tücher auch besondere Flickstuben eingerichtet.

Nachdem die Filterkuchen aus den Pressen herausgenommen worden sind, zerschneidet man sie meistens in mehrere Teile, besonders wenn es sich um geschlämmten Kaolin oder Ton handelt, der abgetrocknet werden soll. Weiteres über das Abpressen feinkeramischer Massen und die Behandlung der Porzellan-, Steinzeug- oder Steingutmassen nach dem Abpressen siehe S. 214f.

In der Zeit des Webstoffmangels während des letzten Krieges sind auf Veranlassung des Verbandes Keramischer Gewerke in Deutschland Untersuchungen darüber angestellt worden, ob die Baumwollpreßtücher in den Filterpressen durch andere Stoffe, und zwar durch a) Textilgewebe, b) Gewebe aus Draht, c) Platten aus verschiedenen Stoffen oder aber d) die Filterpressen selbst durch Entwässerungsvorrichtungen anderer Art ersetzt werden können. Auf die Vorschläge, die zur Erreichung dieses Zweckes gemacht wurden, kann hier nicht eingegangen werden, doch sei auf den eingehenden Bericht hingewiesen, den M. Heine[3] über diese Frage erstattet hat. Als besonders aussichtsvoll und als Filtriervorrichtung der Zukunft hat der Prüfungsausschuß des genannten Verbandes den ununterbrochen arbeitenden Filtrierapparat mit wenig oder gar keinem Preßtücherverbrauch bezeichnet.

Als Filtrierapparate, die nicht durch mechanischen Druck, sondern mit Hilfe des Luftdrucks betrieben werden, kommen Nut-

---

[1] Sprechsaal Keramik usw. Bd. 59 (1926) S. 852.

[2] Ceram. Ind. Bd. 11 (1928) S. 141 und Abstr. Amer. ceram. Soc. Bd. 7 (1928) S. 705.

[3] Ber. dtsch. Keram. Ges. Bd. 1 (1920) S. 7ff.

schen und Saugfilter in Betracht. Die Verwendung von Nutschen zur Entwässerung kaolin- und tonhaltiger Massen ist nicht angängig, weil die erste sich ansetzende Schicht so dicht und undurchlässig wird, daß sie eine weitere Saugwirkung verhindert. Kontinuierlich arbeitende Filter sind die Drehfilter. Sie wirken als Vakuum- oder Saugfilter (Saugsiebtrommeln) und haben in neuerer Zeit in vielen Zweigen der Industrie, besonders in der chemischen, große Bedeutung erlangt, da sie jede Handarbeit entbehrlich machen, aber in der Keramik, wo man sie vor allem in der Kaolinschlämmerei einzuführen versucht hat, trotz ihrer einfachen Bedienung, der Ersparnis an Filtertuch, des Wegfallens des Öffnens und Schließens der Filterpressen, des Aushebens der Filterkuchen, des Tücherwechsels usw., der dadurch erzielten bedeutenden Lohnersparnis und erhöhten Stundenleistung noch keinen vollen Erfolg gebracht. Der Hauptgrund hierfür liegt in der Schwierigkeit der Weitertrocknung des von dem Filter abgenommenen, noch etwa 30% Wasser enthaltenden Materials. Die Vakuumfilter oder Saugtrockner sind besonders als sog. Zellenfilter-Saugtrockner konstruktiv weiter ausgebildet und verbessert worden[1]. Ein solcher Apparat besteht aus einer mit Rinnen oder Riefen versehenen hohlen Trommel, die mit auf einer Drahtunterlage ruhendem Filtertuch überspannt ist. Die Trommel ist im Innern in verschiedene Abteilungen geteilt und dreht sich langsam in einem Troge, in dem sich der zu entwässernde dünne Schlamm befindet. Erzeugt man in dem in die Flüssigkeit eintauchenden Teile der Trommel ein Vakuum, so wird durch den Atmosphärendruck das Filtergut gegen die durchlässige Trommelwand gepreßt. Das Wasser dringt in das Innere der Trommel, und auf der Außenfläche der Trommel setzt sich eine mehr oder weniger dicke Schicht entwässerter Masse ab. Die Dauer der Saugwirkung richtet sich nach dem Grade der Entwässerung, den man bei dem Kaolin usw. erzielen will. Über die Wirtschaftlichkeit der Verwendung von Zellenfilter-Saugtrocknern macht Pohorzeleck folgende Angaben: Die Stundenleistung, bezogen auf die Filterflächeneinheit, beträgt etwa 100 bis 140 kg je m^2 und Stunde. Von anderer Seite[2] wird als stündliche Leistung einer Trommel mit 16 bis 17 m^2 Filterfläche etwa 1000 kg Trockenmaterial angegeben, das sind rund 60 kg je m^2 und Stunde. Voraussichtlich wird es bei sinngemäßer Anwendung der bereits auf S. 57 gestreiften elektrochemischen Theorie in vielen Fällen möglich sein, zur Zeit noch unwirtschaftlich filtrierende Tonschlämme in ihrer Filtrierbarkeit dadurch erheblich zu verbessern, daß man dem Schlamm minimale Zusätze mehrwertiger Kationen gibt, die auf die plastischen Teilchen eine starke „Klammer-

[1] Ber. dtsch. keram. Ges. Bd. 1 (1920) S. 13; Sprechsaal Keramik usw. Bd. 59 (1926) S. 234.

[2] Keram. Rdsch. Bd. 31 (1923) S. 386.

wirkung" ausüben. Hierbei muß die Art und Konzentration des Zusatzes so gewählt werden, daß eine Beeinträchtigung der technisch wertvollen Eigenschaften der Kaoline usw. nicht eintritt[1].

Mit dem kontinuierlich arbeitenden Saugzellenfilterapparat der Maschinenfabrik Imperial G. m. b. H., Meißen, vermag man einen Schlamm entweder bis zur bildsamen handgerechten Formmasse zu entwässern oder sogar in einem Arbeitszuge bis zu fertiger Trockenpreßmasse (S. 226) zu trocknen. Dieser rotierende Filterapparat arbeitet in den Vereinigten Staaten von Amerika schon seit einiger Zeit mit gutem Erfolg, und zwar auch in der keramischen Industrie[2]. Seine Ausführung ist der amerikanischen Firma Filtration Engineers Incorporated, Newark, N.Y., durch weitreichende Patente, auch deutsche, geschützt, und die Maschinenfabrik Imperial G. m. b. H., Meißen, hat das ausschließliche Ausführungsrecht des Imperial-Saugzellen-Trommelfilters D.R.P. Bauart „Feinc" erworben.

Die Filtertrommel des Imperial-Saugzellen-Trommelfilters besteht je nach der Empfindlichkeit des zu filtrierenden Materials aus Holz oder Metall. Sie trägt auf ihrer Oberfläche eine große Anzahl flacher Filterzellen, deren freies Innere mit einem eingepaßten Stück Drahtgewebe ausgefüllt ist. Um die gesamte Außenfläche der Trommel läuft ein grobes Filtertuch aus Spezialstoff, worüber das eigentliche dünne Filtertuch aus feinem oder feinstem Gewebe gespannt ist. Beide Filtertücher liegen in einem ganzen Stück um die Trommel, und ihre Enden werden nur einmal am Rande befestigt. Der zu filtrierende Schlamm wird durch eine Dickstoffpumpe in den Filterbottich gepumpt, und zwar in größerer Menge, als die Filtertrommel zu verarbeiten vermag. Die überlaufende Flüssigkeit wird in den Behälter zurückgeleitet und auf diese Weise eine ständige Bewegung des Schlammes erzielt, durch die ein Absetzen des Materials vermieden wird. Für besondere Fälle kann auch ein Rührwerk vorgesehen werden. Sobald die auf dem Filtertuch abgesetzte Materialschicht aus der Flüssigkeit emportaucht, wird sie durch ein besonderes über Führungswalzen geleitetes Preßband aus dickem Filz völlig gleichmäßig eingepreßt, um die Bildung von Rissen oder Löchern zu verhüten. Um das Filter läuft ein endloses Band aus einzelnen parallel gerichteten Schnüren, in das sich das Filtergut einpreßt und das als Abnahmeband dient. Besondere Schabe- oder Kratzvorrichtungen sind nicht erforderlich, und ein Verschmieren der Filter kann nicht eintreten, vielmehr wird der Filterkuchen an geeigneter Stelle, an der das Vakuum aussetzt, von der Trommel abgehoben und auf dem Bande in einer Stärke von 0,75 bis zu 50 mm nach jeder gewünschten Stelle zur Weiterverarbeitung oder Trocknung gebracht. Die Entfernung des Materials von dem Bande erfolgt dadurch, daß man das Abnahmeband über eine Walze sehr kleinen Durchmessers führt, wobei der Filterkuchen infolge der scharfen Biegung aus dem Band herausspringt. Etwa noch haftengebliebene Teile werden durch eine kammartige Vorrichtung, deren Zacken zwischen die Schnüre greifen, entfernt. Wird ein Material mit nur ganz geringem Wassergehalt gewünscht, so schaltet man unmittelbar hinter der Filtertrommel eine Trockentrommel (S. 85)

---

[1] Endell, K.: Ber. dtsch. keram. Ges. Bd. 13 (1932) S. 405.

[2] Pohl, A.: Tonind.-Ztg. Bd. 52 (1928) S. 277; ferner Ber. dtsch. keram. Ges. Bd. 10 (1929) S. 471 und A. Laubenheimer: Ebenda Bd. 11 (1930) S. 196.

ein. Das Schnürenband mit dem eingepreßten Material wird um diese durch Abgase, Dampf oder direkte Heizung erwärmte Trommel herumgeführt und das

Abb. 28. Filter mit direkt angeschlossener Trocknungsanlage. Saugzellen-Trommelfilter „Imperial“.

Material zu Ende getrocknet. Die Einrichtung des Imperial-Saugzellen-Trommelfilters zeigen die Abb. 28 und 29.

Die Lebensdauer der Filtertücher und Abnahmeschnüre beträgt durchschnittlich 6 bis 8 Wochen, und ihre Auswechselung ist leicht und in kurzer Zeit vorzunehmen. Die Bedienung der Anlage ist einfach, und zwar genügt ein Mann für mehrere Saugzellenfilter. Beachtlich erscheint für die feinkeramische Industrie der Umstand, daß jede Berührung des Materials mit Metall vermieden werden kann. Die Steigerung der Leistung gegenüber Kammerfilterpressen beträgt in dem Kaolinwerk Börtewitz bei Mügeln (S. 18), wo Kaolinschlamm mit 15 bis 18 % Festbestandteilen eingedickt und darauf mit dem Saugzellenfilter „Imperial“ gefiltert und getrocknet wird, je Quadratmeter Filterfläche etwa das Dreißigfache, der Platzbedarf anstatt 6 bis 8 m² nur noch 2 m². Man hat für Börtewitzer Kaolin Leistungen von 95 kg fertigem Kaolin in der Stunde je Quadratmeter Filterfläche erzielt, wobei eine Wasserentziehung auf 40% bei den Großversuchen eintrat, so daß er dann ohne Schwierigkeit weiter behandelt werden kann. Die Fertig-

Abb. 29. Filter mit Schnürenband, leerlaufend. Saugzellen-Trommelfilter „Imperial“.

trocknung erfolgt im Trommeltrockner, den der Kaolin mit einem Wassergehalt von 15 bis 17% verläßt.

Auch zum Trocknen von hochplastische Tone enthaltenden Massen dürfte das Saugzellenfilter „Imperial", verbunden mit einem Trockenzylinder, sehr wohl geeignet sein.

Zentrifugen. Als zweite Gruppe von Entwässerungsvorrichtungen für schlammförmige Produkte sind die Schleuderapparate oder Zentrifugen zu nennen. Sie haben sich zum Entwässern von Tonmassen bisher nicht bewährt, da sich auf der Zentrifugenwand sehr bald eine dichte Tonschicht absetzt, die das Wasser nicht mehr durchläßt. Vor allem sind aber die Zentrifugen zum Entwässern aus verschiedenen Bestandteilen zusammengesetzter keramischer Massen auch deshalb nicht verwendbar, weil beim Schleudern die Gefahr einer starken Entmischung derselben besteht[1]. Bei der Entwässerung mittels Zentrifuge fast einheitlich zusammengesetzter Stoffe, wie geschlämmte Kaoline und Tone sie an sich darstellen, ist diese Gefahr weit geringer als die der Entstehung verschiedener Schichten von ungleichmäßiger Dichte. Das würde vor allem dann bedenklich sein, wenn der Filterkuchen sofort nach der Entwässerung in handgerechtem Zustande weiterverarbeitet, nicht aber, wenn er, wie dies meist beim Kaolin in Frage kommt, völlig abgetrocknet wird.

Nach A. Laubenheimer[2] sind in den letzten Jahren an verschiedenen Stellen Versuche über die Verwendbarkeit von Zentrifugen zur Reinigung von Kaolinschlamm angestellt worden. Die erzielten Versuchsergebnisse scheinen aussichtsreich zu sein, doch sind Großapparate noch nicht in Betrieb. Nach dem Genannten lassen sich sogar durch fraktioniertes Zentrifugieren in bestimmten Zeitabschnitten die Fein- und Schluffsande ausscheiden, so daß Tonsubstanz als feinstes Gut verbleibt.

Über die Entwässerung von Kaolin- und Tonschlämmen durch Elektroosmose und die zugehörigen Apparate vgl. S. 58 u. f.

Die Trocknung der Kaoline und Tone. Man hat zu unterscheiden 1. das Trocknen grubenfeuchter Rohstoffe vor dem Aufbereiten oder Schlämmen und 2. das Trocknen des geschlämmten Feinkaolins und in manchen Fällen auch Tons vor der Weiterverarbeitung oder dem Versand.

Die Trocknung fertiger Rohware muß vorsichtig und systematisch erfolgen, um ihr Reißen zu vermeiden. Dagegen kann man das Trocknen der geschlämmten Rohstoffe rasch und ohne Rücksicht auf die Erhaltung eines bestimmten Gefüges oder gewisser physikalischer Eigenschaften vornehmen. Man hat beim Trocknen von Kaolin oder Ton lediglich darauf zu achten, daß eine gewisse Höchsttemperatur nicht überschritten wird, oberhalb der ein Verlust chemisch gebundenen

[1] Ber. dtsch. keram. Ges. Bd. 1 (1920) S. 12.
[2] Ber. dtsch. keram. Ges. Bd. 11 (1930) S. 195.

Wassers und damit ein Verlust der Plastizität (S. **93**) eintreten würde. Die Trocknung des Kaolins und Tons muß weiter so erfolgen, daß keine Verunreinigung des Trockengutes durch Staub-, Asche-, Ruß-, Rostteilchen u. dgl. eintreten kann.

Über das Trocknen grubenfeuchter Tone als Vorbereitung für die Zerkleinerung und Schlämmung vgl. S. **63**. In kleineren Betrieben behilft man sich gewöhnlich mit einfacheren Trockenvorrichtungen als in größeren.

Allgemeines über das Trocknen von Tonen und Kaolinen. Das Trocknen der Kaoline und Tone geschieht mit Hilfe der atmosphärischen Luft. Infolgedessen ist der Verlauf des Trockenvorganges bei gewöhnlicher Temperatur Schwankungen unterworfen. Künstliche Wärme und bewegte Luft beschleunigen ihn. Die Trocknung der feuchten Körper schreitet nur bis zur Erreichung eines Ausgleichs zwischen dem inneren und äußeren Dampfdruck fort. Demgemäß hängt der Verlauf der Verdunstung des als Feuchtigkeit in einem Material enthaltenen Wassers ab 1. von der Wasserdampfspannung des zu trocknenden Materials, 2. von der Wasserdampfspannung der umgebenden Luft, 3. von der Geschwindigkeit, mit der die Luft über die Oberfläche des Trockengutes streicht, außerdem 4. von der physikalischen Beschaffenheit (Struktur, Porosität, Plastizität, Teilchengröße) des zu trocknenden Materials[1], selbstverständlich 5. auch von der Schichtdicke (vgl. a. S. 105).

Auf die rechnerischen Grundlagen der Trocknung von Tonen und Kaolinen kann hier nicht eingegangen werden. Näheres hierüber ist aus dem Buche von W. Steger zu ersehen[2].

Die Trocknung an freier Luft oder natürliche Trocknung unter der Einwirkung von Sonne und Wind ist bei zweckmäßiger Einrichtung der Trockenanlage und ebensolchem Betriebe das billigste Verfahren, wenn gewisse ihm anhaftende Nachteile, vor allem seine völlige Abhängigkeit von der Witterung, nicht in Betracht gezogen zu werden brauchen. Wegen der Gefahr der Verunreinigung durch Staub ist das Verfahren für Kaolin-Preßkuchen nur in Gegenden anwendbar, die abseits von Industriegebieten liegen. Der Trockenvorgang verläuft am raschesten in niederschlagarmen, warmen Sommern bei windigem Wetter, während er im Frühjahr, Herbst und in nassen und kühlen Sommern länger dauert. Die kürzeste Trockendauer für natürliche Lufttrocknung beträgt nach M. Pohorzeleck[3] bei günstiger Witterung etwa 10 Tage. Nach Loeser[4] kann man in günstigen Sommerhalbjahren mit einem zwölfmaligen Wechsel des Einsatzes in den Trockengestellen rechnen. Eintretende Nachtfröste setzen der Trocknung von

[1] Lindsay, D. C., u. W. H. Wadleigh: J. Amer. ceram. Soc. Bd. 8 (1925) S. 677; ferner K. Endell: Sprechsaal Keramik usw. Bd. 59 (1926) S. 215, u. a.

[2] Wärmewirtschaft in der keramischen Industrie S. 10—34. Dresden und Leipzig 1927.

[3] Ber. dtsch. keram. Ges. Bd. 7 (1926) S. 200.

[4] Singer, F.: Die Keramik im Dienste von Industrie und Volkswirtschaft S. 125. Braunschweig 1923.

geschlämmtem Kaolin an der freien Luft ein Ende, da die nassen Filterkuchen usw. dann zerfrieren und zerfallen.

Die natürliche Lufttrocknung geschieht in Trockenschuppen, wo die zu trocknenden Materialien auf Lattengestellen eingesetzt werden. Als Trockenschuppen dienen meistens Holzbauten, in denen das Trockengut vor Niederschlägen geschützt ist. Sie bestehen aus einem oder mehreren Stockwerken übereinander und werden zweckmäßig so angelegt, daß die Stapelfächer parallel zur jahresdurchschnittlichen Hauptwindrichtung liegen[1]. Durch Fenster und Klappen in den Seitenwänden und Dächern sorgt man für genügende Luftbewegung zur Abführung der feuchten und Zuleitung frischer trockner Luft[2]. Rohen feuchten Ton schichtet man häufig in großen Klumpen bis zu 2 m Höhe unter Bedachung auf und läßt ihn bis zur völligen Austrocknung lagern. Handelt es sich um zu trocknende Filterkuchen, so stellt man sie meistens in drei oder vier Teile geschnitten in den Stapelfächern auf. Die Trockenschuppen müssen mit entsprechenden Einrichtungen zum Fortbewegen des Trockenguts versehen sein.

Naturgemäß erfordern die Trockenschuppen bei der Trocknung an freier Luft eine große Grundfläche, besonders wenn man noch den für die An- und Abfuhr des Trockenguts benötigten Platz mit in Rücksicht zieht, der mehr als 50% beträgt. Bei einer normalen, d. h. 3 m nicht überschreitenden Lagerbodenhöhe und unter Mitberücksichtigung der für die An- und Abfuhr erforderlichen Grundfläche ist nach Pohorzeleck[1] der Flächenbedarf bei natürlicher Trocknung mit 3 bis 6 m^2 auf 1 Tonne zu trocknenden Kaolins anzunehmen, dagegen der Raumbedarf für Trockenschuppen einschließlich des Bewegungsraums für die Förderung mit etwa 10 bis 18 m^3 umbautem Raum für 1 Tonne getrockneten Kaolin[3].

Für die künstliche Trocknung von Kaolin und Ton benutzt man aus wirtschaftlichen Gründen mit Vorliebe Abfallwärme entweder in Form von Dampf oder von Heißluft, denn es gilt hierbei vor allem, billige Wärmequellen auszunutzen. Zu verwerfen ist für den genannten Zweck die gelegentlich noch vorkommende Verwendung von Frischdampf ohne vorherige Ausnutzung des Dampfes in der Kraftanlage.

Man muß grundsätzlich von vornherein prüfen, ob man mit der laufend verfügbaren Abwärmemenge zur Erhitzung der Trockenanlage auskommt. Ist dies nicht der Fall, so muß man noch andere Wärme-

[1] Ber. dtsch. keram. Ges. Bd. 7 (1926) S. 200.

[2] Jacob in F. Singer: a. a. O. S. 200.

[3] Über die Anlage neuzeitlicher Freilufttrockenschuppen s. a. B. Burghardt: Tonind.-Ztg. Bd. 53 (1929) S. 123. Das hier für Ziegel Gesagte läßt sich teilweise sinngemäß auf Kaolin und Ton übertragen.

quellen heranzuziehen suchen, z. B. die Abhitze von irgendwelchen auf dem Werk vorhandenen Brennöfen. Nach H. Heller[1] verwendet man bei der Abhitzeverwertung zweckmäßig zur Erzeugung der benötigten Wärmemenge entweder den mit der Abhitze erzeugten Überschußdampf oder setzt bei Vorhandensein einer Saugzuganlage die aus dem Ventilator mit gleichmäßiger Temperatur abgehenden Rauchgase und die Kühlluft durch einen Taschenlufterhitzer in Heißluft um. Heiße Abgase führt man in Rippenrohren oder unmittelbar in die Trockenräume ein. Eine Verunreinigung des Trockengutes vermeidet man durch vorherige Reinigung der Abgase in Staubfiltern.

Man unterscheidet bei der Trocknung mit künstlich erzeugter Wärme folgende Arten von Trockenvorrichtungen, bei denen die Beheizung auf verschiedene Weise erfolgen kann:

1. Offene Trockeneinrichtungen einfacher Art.
2. Geschlossene Trockenräume oder Kammertrockner.
3. Trommeltrockner.
4. Kanaltrockenanlagen mit stetem Durchgang des Trockenguts.

Die einfachste Art des Trocknens mittels offener künstlich beheizter Vorrichtungen ist in keramischen Fabriken die auf Gestellen neben und über den Brennöfen unter Ausnutzung der vom Ofenmauerwerk ausgestrahlten Wärme. Sie kommt allerdings mehr für fertige frisch geformte Waren zur Anwendung als für naturfeuchte oder geschlämmte Tone und Kaoline. Handelt es sich um das Trocknen von rohem Ton, so führt man vielfach mittels Exhaustors die aus den Brennöfen abgesaugte Wärme in den lagernden Ton selbst ein, indem man dieselbe unter einer mehrere Quadratmeter großen Bühne aus Blech den Zuleitungsröhren frei entströmen läßt[2]. Man kann die Temperatur der Trockenluft durch Zusatz von Frischluft nach Belieben erniedrigen, damit die Überhitzung und Zersetzung des Tons vermieden wird.

Einfacher, aber weniger leistungsfähig wird eine derartige Anlage zum Trocknen von rohem Ton, wenn man die Abwärme aus schräg nach unten gerichteten Rohren auf den Ton ausströmen läßt. Hier kann man die Bühne, auf der der Ton gelagert wird, massiv aus Steinen oder auch aus Holz herstellen. Auch lassen sich die Ausblaserohre drehbar anbringen, damit die Wärme auf verschiedene Stellen der Lagerfläche gerichtet werden kann. Will man bei dieser Art von Tontrocknung Dampf- oder Warmwasserheizung anwenden, so wird man den Ton ebenfalls auf einer Bühne lagern und die Rohrleitung unter dieser wegführen, nicht aber den Ton unmittelbar auf den Heizrohren aufschichten, da diese sonst überlastet und infolge Nachgebens der Verflanschung undicht werden können.

Die älteste Art der zum Trocknen von Ton benutzten Darren, wie sie in kleineren und mittleren Betrieben noch heute vielfach angewendet

[1] Ber. dtsch. keram. Ges. Bd. 7 (1926) S. 16.
[2] Keramos Bd. 6 (1927) S. 171.

werden, sind offene Plandarren oder Pfannen, die von unten mit Abgasen oder direkt mit minderwertigem Brennstoff beheizt werden. Die Wärmeausnutzung ist bei ihnen eine schlechte. Auch ist bei ihnen eine Überhitzung nicht ausgeschlossen, und zwar vor allem des unmittelbar auf der Heizfläche liegenden Trockengutes. Man kann die Trockendarren auch so einrichten, daß man Trockengerüste auf besonderen Pfeilern mit mehreren Böden übereinander aufstellt, die man von unten beheizt. Nach Loeser[1] kann man die Beschickung der Gerüste über solchen Darren bis zu zweimal wöchentlich wechseln, was im Winterhalbjahr einem bis 52 maligen Wechsel entspricht.

Geschlossene Darren, die ebenfalls zur Tontrocknung benutzt werden, sind überdeckte, gemauerte Räume, die durch Zungen in mehrere Abteilungen geschieden werden. Die Heizgase strömen durch die Kanäle hindurch und werden mit den Wasserdämpfen am Ende der Anlage durch einen Schornstein abgesaugt.

Die geschlossenen Trockenräume oder Kammertrockner, auch als Schranktrockner bezeichnet, sind außer zum Trocknen fertiger Rohware, für die sie in erster Linie dienen, auch zum Trocknen von Kaolin und Ton geeignet. Sie gehören zur Klasse der Nichtstromtrockner[2], in denen der Trockenvorgang ohne Bewegung des Trockenguts stattfindet. Zur Beheizung benutzt man Heißwasser, Dampf oder heiße Abgase. Das Einbringen und Entfernen des Trockenguts aus den Trockenkammern erfordert einen beachtlichen Aufwand menschlicher Arbeitskraft, der je nach der Größe der Kammern und der Trockengeschwindigkeit verschieden ist. In den Apparaten sind meist Trockenhorden vorgesehen, die mit dem Trockengut belegt und in die einzelnen Abteilungen der Kammern eingeschoben werden. Ein Nachteil besteht darin, daß beim Beschicken und Entleeren starke Wärmeverluste entstehen. Neuere Apparate sind so eingerichtet, daß die Füllung und Entleerung eines Abteils vorgenommen werden kann, ohne daß die Trocknung in den anderen Abteilungen unterbrochen zu werden braucht. In den Kammertrocknern arbeitet man entweder lediglich mit natürlicher Luftströmung oder wirtschaftlich vorteilhafter unter Bewegung der Trockenluft mit künstlichen mechanischen Mitteln.

Bei den geschlossenen Trockenanlagen mit natürlicher Luftbewegung kann, je nach der Temperatur, die die Luft beim Einleiten in den Trockenraum besitzt, Zufuhr und Abzug verschieden erfolgen, nämlich entweder an der Sohle oder an der Decke. Die in den geschlossenen Anlagen mit künstlichem Zuge vorgesehenen Gebläse oder Exhaustoren

---

[1] Singer, F.: Die Keramik im Dienste von Industrie und Volkswirtschaft S. 126. Braunschweig 1923.

[2] Steger, W.: Wärmewirtschaft in der keramischen Industrie S. 20—24. Dresden und Leipzig 1927.

dienen dazu, eine Umwälzung der Luft in der Trockenkammer herbeizuführen. Die für diesen Zweck in der Praxis benutzten Kammersysteme haben verschiedene Bauart.

Die dritte Art von Trockenvorrichtungen sind die Trockentrommeln oder Trommeltrockner. Sie eignen sich im Gegensatz zu den Trockendarren und Kammertrocknern mehr für kleinstückiges, bröckliges Material, für dessen Trocknung sie die vollkommensten Apparate darstellen. Die Trommeltrockner sind von innen oder außen oder auf beide Arten beheizte Zylinder aus Eisenblech. Entweder sind sie horizontal oder etwas schräg gelagert. Sie werden um ihre Längsachse gedreht oder sind feststehend. Durch die Drehung oder durch geeignete Rührvorrichtungen gelangt das Trockengut in Bewegung und bietet der Trocknung immer neue Oberflächen dar. Gleichzeitig wird in diesen Trommeltrocknern das Trockengut auch langsam vorwärtsbewegt. Die Erhitzung erfolgt entweder durch Innen- oder Außenbeheizung, und zwar entweder mittels direkter Feuerung mit minderwertigen Brennstoffen oder Zuführung heißer Trockenluft durch Ventilator. Die Heizgase bewegen sich entweder in gleicher oder in entgegengesetzter Richtung wie das Trockengut. Für die Trocknung von Materialien, bei denen jede Verunreinigung mit Eisen vermieden werden muß, stellt man die Trommel zweckmäßig aus Monelmetall oder anderen unschädlichen Legierungen her. Das Trockengut verläßt die Trommel am tiefer liegenden Ende. Im Gegensatz zu den weiter oben beschriebenen offenen und geschlossenen Trockenräumen, bei denen das Trockengut gewöhnlich durch Menschenkraft eingefüllt und entfernt, während des Trocknens wohl auch noch umgeschaufelt werden muß, erfolgt bei den Trommeltrocknern, vorausgesetzt, daß mechanische Aufgabe des Trockengutes vorgesehen ist, die Arbeit selbsttätig, so daß ein Mann für die Beheizung und zugleich für die Wartung des Laufwerks genügt[1]. Einen Trommeltrockner im Schnitt zeigt Abb. 30 (S. 86).

Die vierte Gruppe der Trockner, die Kanal- oder Tunneltrockner, gehören zur Gattung der Stromtrockner, bei denen das Trockengut im Gegensatz zu allen bisher besprochenen Trocknern durch den Trockenapparat hindurchbewegt wird. Der Kanaltrockner besteht im Prinzip aus drei Teilen, nämlich dem eigentlichen Trockenraum und den ihm beiderseitig vorgelagerten Vorräumen, die nach außen hin und nach dem Trockenraum zu durch Türen abgeschlossen sind. Die Trockenluft wird mittels Ventilators angesaugt, im Heizraum durch Rippenrohre unter Verwendung von Abdampf oder durch Heißluft vorgewärmt und dann durch die durchbrochene Sohle in die Trockenkammer ge-

---

[1] Jacob, K., in C. Bischof: Die feuerfesten Tone und Rohstoffe 4. Aufl. S. 90. Leipzig 1923.

leitet. Hier durchströmt sie das Trockengut und gelangt dann durch den Ventilator ins Freie. Beim Wagenwechsel, d. h. während ein Wagen mit getrocknetem Material die Trockenkammer verläßt und ein anderer mit feuchtem Material eingeführt wird, hält man die Außentüren der Vorräume geschlossen, um Wärmeverluste zu vermeiden.

Der Kanaltrockner hat sich bisher als leistungsfähigster und geeignetster Trockenapparat für stückigen Feinkaolin (Filterkuchen) und hochwertigen Ton erwiesen, da im Gegensatz zur Freilufttrocknung bei ihm jede Verunreinigung des Trockengutes durch Staub vermieden wird und die Trocknung gleichmäßig geschieht. Tunneltrockner müssen, wenn sie wirtschaftlich arbeiten sollen, ständig voll ausgenutzt

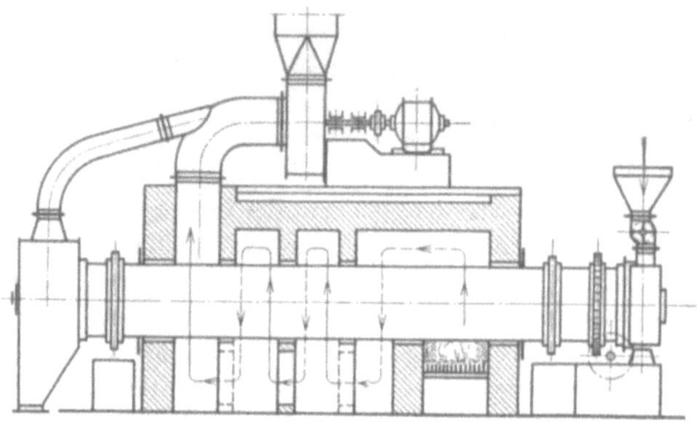

Abb. 30. Trommeltrockner mit Außenheizung (Schnitt).

werden. Sie besitzen außer dem schon erwähnten Vorteil des ununterbrochenen Betriebes noch den der sparsamen Ausnutzung an Arbeitsraum und Arbeitskräften.

Bei neuzeitlich eingerichteten Kanaltrocknern erfolgt die Bewegung der den Trockenkanal passierenden Gestellwagen selbsttätig durch maschinellen Antrieb. Meist bewegen sich die Wagen in mehreren parallel zueinander laufenden Gängen, und zwar entweder in althergebrachter Weise auf Unterspurgeleisen oder, der besseren Platzausnutzung wegen, auf Einschienen-Untergurt-Hängebahnen.

Nach Pohorzeleck[1] beträgt für einen Kanaltrockenofen mit einer Tagesleistung von 120 Tonnen versandfertigen Kaolins, selbsttätigem Durchgang des Trockengutes, zehn parallel laufenden Gängen von je 24 Trockenwagen (von etwa je 500 kg Inhalt) bei einer Gesamtgrundfläche von 308 m² und einem umbauten Raum von 616 m² der spezifische Flächenbedarf 2,6 m² je Tonne Kaolin und der spezifische Raumbedarf 5,1 m³ je Tonne Kaolin. In den Zettlitzer Kaolinwerken A.-G. (vgl. S. 52), wo man die Kanaltrockner früher mit Dampf beheizte, neuerdings aber reine Außenluft zum Trocknen anwendet, die durch Überführen über

[1] Ber. dtsch. keram. Ges. Bd. 7 (1926) S. 202.

ein System mit Dampf geheizter Heizkörper vorgewärmt wird, dauert der Trockenprozeß des geschlämmten Kaolins 10 bis 12 Stunden[1].

Wichtig ist auch bei der Anwendung von Kanaltrocknern ein wirksamer und gleichmäßiger Luftumlauf. Dieser kann nach dem Prinzip des Gleichstroms oder des Gegenstroms erfolgen. Im ersteren Falle bewegt sich die Luft in gleicher Richtung wie das Trockengut, im letzteren in entgegengesetzter Richtung. Meist wendet man bei der Kaolin- und Tontrocknung im Kanaltrockner das Gegenstromprinzip an[2]. In diesem Falle braucht die dem Trockengut entgegen verlaufende Bewegung der Luft keine geradlinige, sondern sie kann auch eine kreisförmige sein, was durch Aufstellen von Ventilatoren an geeigneten Stellen erzielt wird. Beim Gleichstromsystem ist die Wärmeausnützung ungünstiger und die Trocknung ungleichmäßiger und weniger vollkommen als beim Gegenstromsystem.

Bei den Trockenanlagen „System Dr.-Ing. Heller-Bamag"[3] findet die sogenannte „Feuchtlufttrocknung" Anwendung, wie sie zuerst in Nordamerika (humidity drying) eingeführt worden ist[4]. Sie ist vor allem für die sorgsame Trocknung frisch geformter Erzeugnisse wichtig, nicht für die von Rohstoffen.

Besitzt die Überwachung des Trockenprozesses bei Kaolinen und Tonen auch nicht die Bedeutung wie beim Trocknen fertiger Waren, so empfiehlt sich doch auch hier die Anwendung von Kontrollinstrumenten, besonders von Thermometern und Hygrometern, um vor allem die Luftfeuchtigkeits- und Wärmeverhältnisse so zu regeln, daß die Leistung der Trockenanlage stets eine gleichmäßige bleibt.

Wirtschaftliche Vorteile bietet die Ausstattung der künstlichen Trockenvorrichtungen der verschiedenen Systeme mit wärmeisolierenden Umhüllungen[5].

Auch in künstlich beheizten Trockenanlagen, deren Trockentemperatur immer erheblich unter 100° liegt, kann man nicht sämtliche Feuchtigkeit aus den Kaolinen und Tonen entfernen. Das hygroskopische Wasser entweicht vielmehr erst später, bei Temperaturen von 100 bis 120°, im ersten Stadium des eigentlichen Brennprozesses der aus dem Kaolin oder Ton hergestellten Waren, d. h. während des sog. Vorfeuers. Näheres über die Hygroskopizität der Kaoline und Tone

---

[1] Keram. Rdsch. Bd. 33 (1925) S. 543 und Sprechsaal Keramik usw. Bd.58 (1925) S. 780.

[2] Pohorzeleck, M.: Ber. dtsch. keram. Ges. Bd. 7 (1926) S. 201.

[3] Heller, O.: Ber. dtsch. keram. Ges. Bd. 7 (1926) S. 1.

[4] Über Feuchtluft-Trocknung vgl. W. Steger: Wärmewirtschaft in der keramischen Industrie S. 27 u. 33. Dresden und Leipzig 1927; ferner Endell: Sprechsaal Keramik usw. Bd. 59 (1926) S. 215 und A. E. Stacey jr. u. H. B. Matzen: Ebenda S. 139.

[5] Siehe hierüber O. Th. Koritnig: Sprechsaal Keramik usw. Bd. 63 (1930) S. 462.

vgl. S. 91. Der Feuchtigkeitsgehalt der handelsüblichen geschlämmten Kaoline bewegt sich meist um 10% herum und soll höchstens 12 bis 15% betragen. Weitere Herabdrückung des Feuchtigkeitsgehalts ist bis zu einem gewissen Grade durch stärkere Trocknung möglich, verteuert aber das Material nicht unerheblich[1]. Die Festlegung von Richtzahlen für den Feuchtigkeitsgehalt von Kaolin und Ton im Handel ist erwünscht, aber noch nicht durchgeführt[2].

Die Trocknung der von den Filtern der Zellenfilter-Saugtrockner (S. 78) abgenommenen Kaolinschicht bietet gewisse Schwierigkeiten. Als einzigen brauchbaren Apparat zur weiteren Entwässerung der durch Zellenfilter gewonnenen Kaolinfilterkuchen bezeichnet Pohorzeleck[3] die Trockentrommel (S. 85), die auch bei dem Saugzellenfilter „Imperial" zur weitgehenderen Trocknung benutzt wird.

Lagerung und Versand von getrocknetem Feinkaolin und -ton. Soweit der geschlämmte Kaolin oder Ton nicht laufend verarbeitet oder versandt werden kann, muß seine Aufbewahrung in Speichern in Rücksicht gezogen werden, wo er vor Verunreinigungen und Witterungseinflüssen geschützt ist. Für grobstückigen Kaolin ist die neuzeitliche Art der Speicherung in Silos mit trichterförmigem Auslauf ratsam[4], die in den Kaolinschlämmereien bisher nur wenig Eingang gefunden hat, aber die nachfolgende Verladung wesentlich erleichtert. Verstopfungen der Silo-Auslauföffnungen müssen durch Anbringen geeigneter Vorrichtungen behoben werden.

Die Lagerung feinstückigen Kaolins, wie er sich bei der Anwendung von Zellenfilter-Saugtrocknern ergibt, in Silos ist angesichts des mit der großen Schütthöhe verbundenen Drucks und der Verstopfungsgefahr nach Pohorzeleck[4] nicht zu empfehlen. Man benutzt hier zweckmäßig Bunker mit einer maximalen Schütthöhe von etwa 2 bis 3 m, denen das stetig aus den Trockentrommeln ausgetragene Trockengut durch Förderbänder zugeführt wird.

Der Versand des getrockneten geschlämmten Kaolins oder Tons erfolgt entweder lose in bedeckten Wagen oder in Säcken. Letztere Art der Verladung ist reinlicher und gestaltet das Material beweglicher, ermöglicht also ein leichteres und rascheres Umladen. In allen Fällen, wo eine Speicherung nicht in Frage kommt, findet die Beladung der Eisenbahnwagen oder Füllung der Säcke zweckmäßig unmittelbar von den Trockengestellen oder Wagen statt. Als Normalleistung für das Umladen von gesacktem Kaolin innerhalb des Werks gibt M. Pohorzeleck je nach der Art der hierbei benutzten Hilfsmittel (Stechkarren

[1] Keram. Rdsch. Bd. 37 (1929) S. 436 und A. Laubenheimer: Ber. dtsch. keram Ges. Bd. 11 (1930) S. 197.

[2] Vgl. hierzu H. Hirsch: Ber. dtsch. keram. Ges. Bd. 13 (1932) S. 579.

[3] Ber. dtsch. keram. Ges. Bd. 7 (1926) S. 203.

[4] Pohorzeleck, M.: Ber. dtsch. keram. Ges. Bd. 7 (1926) S. 203.

usw.) eine Stundenleistung von 2 bis 3 Tonnen für einen Mann an, für das Umladen an der Bahnstation 2,5 bis 3,5 Tonnen, da hier meist geringere Entfernungen in Frage kommen.

Mechanische Trockenaufbereitung von Rohkaolin und -ton durch Windsichtung. Während bei der Naßaufbereitung von Kaolin und Ton als Trennungsmittel das Wasser dient, findet bei der Trockenaufbereitung die Luft als solches Verwendung, d. h. es wird ein bewegter Luftstrom von bestimmter Geschwindigkeit zur Trennung des aufzubereitenden Materials nach der Korngröße oder dem spezifischen Gewicht benutzt. Da bei dieser „Windsichtung" eine Entwässerung und Trocknung des aufbereiteten Materials nicht erforderlich ist, tritt bei ihr gegenüber der Naßschlämmung eine wesentliche Vereinfachung und Verbilligung der Aufbereitung ein.

Weitgehendere Verwendung als für Rohkaolin und -ton, die von Natur aus Bestandteilen verschiedener Art bestehen, findet die Windsichtung bei der Aufbereitung feingemahlener einheitlicher Rohstoffe wie Feldspat und Quarz, bei denen es sich lediglich darum handelt, das Material nach der Kornfeinheit, d. h. dem Grade der Mahlung, möglichst gleichmäßig in verschiedene Sorten zu zerlegen (S. 198).

Im allgemeinen enthält ein vorgemahlenes Material, das den Windsichter passieren soll, folgende Feinheitsgrade[1]: 1. Grob- und Feinsand; sie würden an sich durch Siebe abgeschieden werden können und sind grob genug, um mit einer beschleunigten Geschwindigkeit zu fallen, die fast der bekannten Formel $v = \sqrt{2gh}$ entspricht; 2. feinsten Sand und gröbsten Staub, die mit langsam beschleunigter Geschwindigkeit fallen; 3. echte Staube, d. h. solche mit weniger als 0,05 mm Durchmesser, die mit gleichbleibender Geschwindigkeit niederfallen; 4. wolkenbildenden Staub, der so langsam niederfällt, daß die Geschwindigkeit nicht bestimmbar ist.

Vorbedingung für die Anwendung der Windsichtung ist vorherige vollständige Trocknung des Rohkaolins oder -tons und seine genügend weitgehende Zerkleinerung auf Steinbrechern, Kollergängen, Walzwerken, Desintegratoren oder anderen Mühlen geeigneter Art[2]. Die vorherige Zerkleinerung kann es allerdings auch mit sich bringen, daß Eisen in das Mahlgut gelangt, das dann wieder durch Magnetscheider entfernt werden muß. Durch diese Feinmahlung sollen die tonigen Bestandteile möglichst völlig von den übrigen mineralischen und Gesteinsbeimengungen abgelöst werden. Bei lockerem Ton wird nur eine kurze Mahldauer notwendig sein. Fetter Ton, der die Gesteinsteilchen fest umschließt und zähe an ihnen haftet, wird längere Zeit gemahlen werden müssen, wenn nicht größerer Verlust dadurch eintreten soll, daß größere Brocken durch den Windsichter ausgeschieden werden[3].

[1] Shaw, E.: Rock Prod. Bd. 30 (1927) S. 57; Abstr. Amer. ceram. Soc. Bd. 6 (1927) S. 231.

[2] Pohorzeleck, M.: Ber. dtsch. keram. Ges. Bd. 7 (1926) S. 194.

[3] Tonind.-Ztg. Bd. 43 (1919) S. 350.

Andererseits besteht allerdings die Gefahr, daß durch längeres Mahlen schädliche Beimengungen, wie mürbe Gesteinsreste oder Schwefelkies, so fein gemahlen werden, daß sie mit in das Feingut gelangen, obwohl dieses möglichst nur reinen Kaolin oder Ton enthalten soll. In einem solchen Falle werden bei der Herstellung der fertigen Erzeugnisse leicht Fehler auftreten. Das gleiche wird sich auch bei ungenügender Leistung des Windsichters zeigen, der vielmehr so arbeiten muß, daß nicht die geringste Menge von weniger feinem Material in das staubfeine gelangen kann[1]. Die Anreicherung der Tonsubstanzteilchen ist eine verhältnismäßig hohe, doch wird eine zufriedenstellende Ausscheidung feinverteilter Verunreinigungen und Schluffteilchen nicht erreicht. „Das Verfahren wird deshalb nur dort anzuwenden sein, wo ein reiner Rohkaolin vorliegt und das veredelte Material für die Erzeugung von weniger empfindlichen Fabrikaten verwendet werden soll[2].“ Von vielen Fachmännern wird die Windsichtung zur Aufbereitung roher Kaoline und Tone aus den angedeuteten Gründen überhaupt nicht für geeignet gehalten. O. Krause und A. Laubenheimer[3] halten die technische Aufbereitung glimmerarmer, aus Granit entstandener Kaoline mittels Luft künftig für aussichtsreich besonders in wasserarmen Gegenden.

Der Einfluß der Luftgeschwindigkeit auf das Ergebnis der Windsichtung ist von G. Martin und W. Watson[4] untersucht worden.

Auf die Möglichkeit, wie bei der Aufbereitung von Erzen oder anderer nutzbarer Mineralien auch die von Kaolin oder Ton durch bloße Zentrifugal-Separation (Ausschleuderung) auf trockenem Wege zu bewirken, sei hier lediglich hingewiesen. Praktische Bedeutung hat sie bisher noch nicht erlangt.

d) Die für die Verarbeitung wichtigen Eigenschaften der Kaoline und Tone.

Die für die keramische Verarbeitung der Kaoline und Tone wichtigen Eigenschaften zerfallen in folgende Gruppen:

α) Verhalten der Tone und Kaoline gegenüber der Einwirkung des Wassers:

1. Verhalten beim Liegen an der Luft (Hygroskopizität, Wasserdampfkondensation),

2. Verhalten bei Zusatz tropfbar flüssigen Wassers (Wasseraufnahmevermögen, Plastizität, Wasserdurchlässigkeit, Gießfähigkeit).

---

[1] Loeser in F. Singer: Die Keramik im Dienste von Industrie und Volkswirtschaft S. 129. Braunschweig 1923.

[2] Laubenheimer, A.: Ber. dtsch. keram. Ges. Bd. 11 (1930) S. 194.

[3] Sprechsaal Keramik usw. Bd. 66 (1933) S. 387.

[4] Trans. ceram. Soc. Bd. 25 (1925/26) P. III S. 226ff.

β) Verhalten beim Trocknen (Wasserabgabe bei Temperaturen bis zu 100°, Trockenschwindung, Bruchfestigkeit).

γ) Verhalten der Tone und Kaoline beim Erhitzen über 100° (Erhitzen bis auf 120°. — Nachtrocknen. — Verlust des chemisch gebundenen Wassers, die thermischen Vorgänge im System Al_2O_3—SiO_2, physikalische Veränderungen).

α) Das Verhalten der Tone und Kaoline gegenüber der Einwirkung des Wassers. Hygroskopizität, Wasserdampfkondensation. Der für gewöhnlich als „trocken" bezeichnete pulverförmige Kaolin und Ton, wie er zur Zusammensetzung keramischer Massen verwendet wird, ist in Wirklichkeit nicht völlig frei von anhaftendem Wasser. Allgemein ist diese Wasseraufnahme abhängig vom Wasserdampfdruck der Umgebung und der Gesamtoberfläche, wenn sich auch in letzterer Hinsicht bei einzelnen Tonen starke Abweichungen zeigen, die auf die Verschiedenartigkeit der Zusammensetzung zurückzuführen sind[1], denn nur bei chemisch einheitlichen Stoffen ist die Wasseraufnahme der Oberflächenentwicklung proportional, während Nebenbestandteile wie Quarz, Allophane, organische Beimengungen usw. das Wasseraufnahmevermögen wesentlich verändern. Nach Stark und Zepler[2] verläuft die Wasseraufnahme bei Kaolinen erst rascher, dann langsamer und erreicht bei Kaolinen von gröberem Korn den Sättigungswert eher als bei Kaolinen geringerer Korngröße. Bei mageren Kaolinen beträgt nach den Genannten die Wasserdampfaufnahme nur 1 bis 2% des Trockengewichtes, erreicht aber bei fetten Kaolinen mehr als 6% und kann bei manchen Tonen bis auf 20% steigen[3].

Nach P. Vageler[4] (s. a. S. 57) hat man bei der Hygroskopizität zu unterscheiden die „Fähigkeit zur Wasseranlagerung aus dem Dampfraum" oder wahre Hygroskopizität und die Kapillarkondensation. Die wahre Hygroskopizität hängt bei feinster Verteilung von der totalen Sorptionskapazität des Materials für Kationen ab, die man ausdrückt in Milliäquivalent Kation je 100 g Trockensubstanz, d. h. der Summe von Na, K, Ca, Mg usw., Al, Fe, H. Je größer die Menge der exponierten, durch Bruch oder Störung der Gitter einer dissoziierenden Substanz in die Störungsstellung gebrachten Anionen ist, um so größer ist auch die Sorptionskapazität. Ganz reiner Kaolin enthält nur wenig „sorptionsstarke" Stoffe, besitzt daher auch nur geringe wahre Hygroskopizität, während die der Tone, die ein weit dissoziationsfähigeres Ionengitter als die reinen Kaoline haben, viel größer ist. Die in der Literatur zu findenden Hygroskopizitätswerte enthalten gewöhnlich auch noch die Kapillarkondensation eingeschlossen, die an sich mit der Hygroskopizität im engeren Sinne nichts zu tun hat, wie überhaupt nicht mit

---

[1] Keppeler, G., u. H. Gotthardt: Sprechsaal Keramik usw. Bd. 64 (1931) S. 932.

[2] Stark, J.: Die physikalisch-technische Untersuchung keramischer Kaoline S. 34. Leipzig 1922.

[3] Endell, K.: Sprechsaal Keramik usw. Bd. 59 (1926) S. 215.

[4] Ber. dtsch. keram. Ges. Bd. 13 (1932) S. 380ff.

den Eigenschaften der festen Teilchen, sondern nur auf der zufälligen Art ihrer Zusammenlagerung bei Bildung freier kapillarer Hohlräume beruht, die im ganzen System um so feiner sind, je größer dessen Kornfeinheit ist.

Verhalten bei Zusatz tropfbar flüssigen Wassers. Um Kaolin oder Ton formen zu können, versetzt man ihn mit Wasser, dem sog. „Anmachewasser", und führt ihn hierdurch in den „formgerechten" („handgerechten") Zustand über. Diese allmähliche Durchdringung des trockenen Kaolins oder Tons mit Wasser beruht auf folgenden Vorgängen[1]: Wird dem Ton zunächst eine kleine Wassermenge zugefügt, so füllen sich die Poren der Tonteilchen mit Wasser. Jedes einzelne Tonteilchen wird von einer dünnen Wasserhülle[2] überzogen. Die hierbei verbrauchte Wassermenge bezeichnet man als „Kapillaritätswasser". Wird eine weitere Menge Wasser zugesetzt, so füllen sich auch die zwischen den einzelnen Tonteilchen vorhandenen Hohlräume mit Wasser („Porenwasser"). Der Ton oder Kaolin befindet sich aber auch nach Aufnahme dieser Wassermenge noch in einem starren, unbeweglichen Zustand. Diese Eigenschaft verliert er erst nach Zusatz des sog. „Plastizitätswassers", das die Tonteilchen in einen gewissen Zustand der Beweglichkeit oder Gleitbarkeit überführt, „die die Grundlage seiner Verarbeitbarkeit bildet". Nach O. Ruff[2] bindet der Ton an seiner Oberfläche Wassermoleküle chemisch koordinativ. Ein Teil dieses Wassers wird zur Bildung von Hydraten und Hydrosilikaten (Gelhaut) verbraucht, der Rest von den mit Hohlräumen durchsetzten Tonteilchen aufgesaugt. Die Wasserteilchen bilden eine mehr oder weniger vollständige Hülle um jedes Tonteilchen, die, von innen nach außen immer fester gebunden und immer leichter beweglich, bei genügender Wassermenge ein ungehindertes Vorbeigleiten der Teilchen aneinander ermöglichen. Nach K. Pfefferkorn[3] erfolgt diese chemisch-koordinative Bindung des Wassers durch noch ungesättigte Valenzkräfte der zu Kernen polymerisierten Tonsubstanzmoleküle. Bei Druckwirkung, also beim Kneten, wird das Wasser wieder abgeschieden. Hört die Druckwirkung auf, so wird das Wasser wieder angelagert. Dieser Vorgang kann beliebig oft wiederholt werden, solange kein Wasser verdunstet. Auf diesen Erscheinungen beruht die Entstehung der Plastizität des Systems Ton (oder Kaolin)-Wasser.

Wahrscheinlich wird die Quellung der Kaoline und Tone auch durch Chemikalien beeinflußt und ist abhängig von den an der Teilchenoberfläche adsorbierten Kationen, wie dies aus der elektrochemischen Theorie der Kolloide hervor-

[1] Ehrenberg, P.: Die Bodenkolloide S. 105ff. Dresden 1918. Steger, W.: Tonind.-Ztg. Bd. 50 (1926) S. 28. Stark, J.: Die physikalisch-technische Untersuchung keramischer Kaoline S. 42 Leipzig 1922 u. v. a.

[2] Ruff, O.: Ber. dtsch. keram. Ges. Bd. 5 (1924/25) S. 50 und Keram. Rdsch. Bd. 41 (1924) S. 605.

[3] Sprechsaal Keramik usw. Bd. 65 (1932) S. 854.

geht (S. 57). Die Volumenzunahme beträgt im stärksten Quellungszustand bei sehr fetten Tonen 40 bis 44%, bei Kaolinen 6 bis 16%, bei mageren Tonen etwa einen in der Mitte zwischen beiden Rohstoffen liegenden Wert[1].

Die Menge des Anmachewassers, die zur Formbarmachung eines Kaolins oder Tons erforderlich ist, beträgt je nach der Art der gewählten Formgebung und der Bildsamkeit des Materials 6 bis 30%[2] oder auch noch mehr[3]. Erhöht man den Wasserzusatz noch weiter, so verliert der Kaolin oder Ton seinen mechanischen Zusammenhang, wird der Reihe nach klebrig, schlüpfrig, breiig, und es tritt eine gleichmäßige Verteilung oder Aufschlämmung der Teilchen im Wasser ein, die man praktisch vielfach als „Auflösung" bezeichnet (S. 41).

Die richtige Menge Anmachewasser, die ein Kaolin oder Ton zur Überführung in den formbaren Zustand benötigt, ergibt sich nach der Vorschrift des Materialprüfungsausschusses der Deutschen Keramischen Gesellschaft[4] dadurch, daß man in 300 bis 500 g des grobzerkleinerten und gut aufgeweichten, von überschüssigem Wasser auf einer Gipsplatte befreiten und gut durchgekneteten Materials diejenige Wassermenge bestimmt, die die Masse beim Rollen zwischen den Handflächen besitzt, ohne noch an diesen zu kleben.

Ein etwas anderes Verfahren zur Bestimmung des Anmachewassers haben G. Gehlhoff, H. Kalsing, K. Litzow und Thomas[5] angegeben.

Die „Anfeuchtungsgeschwindigkeit" der Kaoline ist nach Stark und Zepler[6] um so geringer, je größer die Zahl seiner Körner, bezogen auf einen bestimmten Raum, je geringer also seine Korngröße ist. Man muß daher in der Praxis den verwendeten Kaolinen und Tonen oder den mit ihnen bereiteten Massen die erforderliche Zeit lassen, das zugesetzte Wasser in sich aufzunehmen. Sonst verbleiben in der Masse Klumpen oder nicht genügend und ungleichmäßig durchweichte Schichten, was zu Fabrikationsfehlern Anlaß gibt[6].

Wie bereits erwähnt, steht in engstem ursächlichem Zusammenhange mit der Wasseraufnahme der Kaoline und Tone ihre Plastizität (S. 6). Sie stellt die wichtigste Eigenschaft dar, die sie im rohen, d. h. ungebrannten Zustand besitzen. Das Wesen und die Ursachen der Plastizität wie auch die Verfahren zu ihrer Bestimmung sind seit mehr als 50 Jahren Gegenstand eifriger Forschung bei Chemikern und Physikern, und zwar sowohl im keramischen als auch im rein bodenkundlichen Interesse. Eine

---

[1] Schmelow, L. A.: Sprechsaal Keramik usw. Bd. 65 (1932) S. 910.

[2] Steger, W.: Wärmewirtschaft in der keramischen Industrie S. 4. Dresden und Leipzig 1927.

[3] Über die für eine Anzahl deutscher Kaoline erforderliche Menge Anmachewasser vgl. R. Rieke: Ber. dtsch. keram. Ges. Bd. 4 (1924) S. 182.

[4] Ber. dtsch. keram. Ges. Bd. 8 (1927) S. 97.

[5] Glastechn. Ber. Bd. 6 (1928) Nr. 9; Sprechsaal Keramik usw. Bd. 62 (1929) S. 165.

[6] Stark, J.: Die physikalisch-technische Untersuchung keramischer Kaoline S. 43. Leipzig 1922.

restlose Lösung hat aber das Problem der Plastizität der Tone und Kaoline bis heute noch nicht gefunden.

Die zur Zeit in Wissenschaft und Technik geltende Anschauung geht dahin, daß die Plastizität keine einfache Eigenschaft gewisser Materialien, sondern eine Summe von Erscheinungen darstellt, deren Glieder in hohem Maße veränderlich sind[1]. Man kann die Plastizität, kurz ausgedrückt, als die Eigenschaft der Tone und Kaoline charakterisieren[2], mit Wasser eine knetbare Masse zu bilden, die jede beliebige Form annehmen kann, und diese Form auch im getrockneten Zustande in festem Zusammenhang zu behalten.

Über die Vorgänge, die zur Entstehung des plastischen Zustandes im System Ton (Kaolin)-Wasser führen, wurde bereits auf S. 92 Näheres mitgeteilt. Ähnlich beruht nach der elektrochemischen Theorie der Kolloide (S. 57) das Wesen der Plastizität[3] des Stoffsystems Ton (Kaolin)-Wasser in der Hauptsache auf dem Vorhandensein stark entwickelter unter hohem Druck stehender und daher viskoser Wasserhüllen, die zwar die Verschiebung der Teilchen im System, d. h. die Formveränderung, leicht gestatten, aber der Teilchentrennung erheblichen Widerstand entgegensetzen (Zerreißfestigkeit).

Allgemeine Übereinstimmung besteht darüber, daß bei gegebener Flüssigkeit und Substanz die Plastizität eine Funktion der Korngrößenentwicklung sein muß.

Umfassend kann man als Eigenschaften, die für die Plastizität der Systeme Ton-Wasser und Kaolin-Wasser besonders kennzeichnend sind, folgende ansehen[4]:

1. Verarbeitbar- oder Verformbarkeit. Durch Anwendung bestimmter mechanischer Kräfte, wie Zug, Druck usw. kann dem Material eine beliebige Form erteilt werden, die es nach Aufhebung der Krafteinwirkung beibehält.

2. Bindevermögen. Ein im plastischen Zustande befindliches Material vermag gewisse Mengen fester Körper gröberer oder feinerer Korngröße in sich aufzunehmen und mit ihnen nach Entziehung des Wassers eine zusammenhängende feste Masse zu bilden (s. a. S. 108).

3. Verhalten beim Lagernlassen. Ein im plastischen Zustand befindliches Material behält die mit der Plastizität im Zusammenhange stehenden Eigenschaften bei oder diese verstärken sich sogar noch, wenn es längere Zeit in plastischem Zustande belassen wird, d. h. seine Formbarkeit nimmt beim Lagern zu (S. 97).

---

[1] Semjatschenski, P. A.: Verlag der Verwaltung der wiss.-techn. Anstalten des Obersten Volkswirtschaftsrats d. USSR. 1927; auszugsweise Sprechsaal Keramik usw. Bd. 61 (1928) S. 10.

[2] Pfefferkorn, K.: Sprechsaal Keramik usw. Bd. 65 (1932) S. 856.

[3] Nach P. Vageler: Ber. dtsch. keram. Ges. Bd. 13 (1932) S. 391.

[4] Hierzu und zu den folgenden Ausführungen über Plastizität vgl. W. M. Cohn: Keram. Rdsch. Bd. 36 (1928) S. 771 und 873, sowie ebendort Bd. 37 (1929) S. 51 und 69.

4. Trockenfestigkeit. Wird das im plastischen Zustande befindliche Material durch Trocknen aus dem plastischen in den festen Zustand übergeführt, so behält es die ihm erteilte Form bei und erlangt eine gewisse Festigkeit.

5. Trockenschwindung. Bei der Überführung des im plastischen Zustande befindlichen Materials in den trockenen Zustand verringert es gleichzeitig sein Volumen, und zwar in um so stärkerem Maße, je mehr Wasser es vorher infolge seines höheren Plastizitätsgrades aufzunehmen imstande gewesen war. Plastizität und Schwindung stehen also miteinander in gewissem Zusammenhang[1].

Bei einem bestimmten Wassergehalt erreicht die Plastizität eines Tons oder Kaolins ihren Höchstwert. Zu diesem Zeitpunkte ist auch das Quellungsmaximum eingetreten. Jeder weitere Wasserzusatz verringert die Plastizität und den Zusammenhang der Teilchen.

Nach G. Keppeler[2] ist bei verschiedenen Tonen der Charakter eines Tones, wie er sich bei der Verformung zeigt, nach Größe und Menge der feinsten Teilchen begründet. Bei gegebener Korngrößenverteilung ist nach P. Vageler[3] die Plastizität im großen und ganzen von der totalen Sorptionskapazität (S. 91) abhängig, die besonders durch Beimengung humoser Stoffe eine starke Steigerung erfährt. Keppeler stellte fest, daß Klingenberger Ton 67%, Preschener Ton 65%, Großalmeroder Ton 54% an Teilchen enthält, die kleiner als 2 μ sind, ferner Satzveyer Kaolinton 28% und Neudorfer Steingutton 19,3%. Es muß aber selbst unterhalb 2 μ für eine ausreichende Kennzeichnung noch eine weitergehende Unterscheidung eintreten. Dies bestätigen auch amerikanische Forschungen, nach denen die Fraktionen mit kleinerer Teilchengröße als 1,7 μ noch in vier Fraktionen aufzuteilen sind. G. Keppeler und H. Gotthardt[4] bezeichnen als „Plastizitätszahl" den Maximalwert für das Produkt von Wassergehalt, Dehnung und Zerreißfestigkeit der Form. Diese Plastizitätszahl geht der Teilchengröße der Tone einigermaßen parallel.

Die Kaoline, die von primärer Lagerstätte stammen (S. 7), besitzen geringere Teilchenfeinheit, d. h. sie bestehen aus verhältnismäßig groben Teilchen. Hingegen enthalten die im allgemeinen plastischeren Tone infolge ihrer geologischen Umlagerung wesentlich feinere Teilchen. Durch Beimischung von Kolloidstoffen, z. B. von Tonerdehydrat, Kieselsäuregel, Stärkekleister, Dextrin, Humusstoffen usw., kann man die Plastizität der Kaoline, Tone und feinkeramischen Massen künstlich erhöhen. Viele Tone enthalten von ihrer natürlichen Ablagerung her

---

[1] Bauer, E. P.: Keramik S. 17. Dresden und Leipzig 1923. Über das Wesen der Plastizität und ihre Ursachen vgl. u. a. auch die Arbeiten von H. Kohl: Ber. dtsch. keram. Ges. Bd. 7 (1926) S. 19. W. M. Cohn: Keram. Rdsch. Bd. 36 (1928) S. 722, 773, wo nähere Angaben über die hier zu nennenden Arbeiten von Cushman, Rohland, Bleininger, Ackermann, Bingham, Bigot, Keppeler, Rieke, Zschokke, Ashley, Endell, Salmang und Becker u. a. zu finden sind. Salmang, H.: Sprechsaal Keramik usw. Bd. 61 (1928) S. 115, 364. Keppeler, G.: Keram. Rdsch. Bd. 35 (1927) S. 157; Tonind.-Ztg. Bd. 51 (1927) S. 105. Miehr, W., H. Immke u. J. Kratzert: Tonind.-Ztg. Bd. 51 (1927) S. 1381 und Sprechsaal Keramik usw. Bd. 61 (1928) S. 319.

[2] Keram. Rdsch. Bd. 36 (1927) S. 158; Ber. dtsch. keram. Ges. Bd. 10 (1929) S. 510.

[3] a. a. O. S. 391.

[4] Sprechsaal Keramik usw. Bd. 64 (1931) S. 863.

außer anorganischen Salzen auch organische Stoffe adsorbiert, die sog. Humusstoffe.

Dieser Humus[1] umhüllt die Teilchen mit einer Schicht, die gegen die Wirkung der Elektrolyte unempfindlicher ist als der Ton selbst. Man bezeichnet solche Hüllen, die selbst kolloidale Natur besitzen, als „Schutzkolloide“.

Die auf den festen Teilchen der plastischen Massen gebildeten kolloidalen Oberflächenschichten üben nach der Entfernung des Wassers in der trocknen Masse eine verkittende Wirkung aus und verleihen ihr eine gewisse Trockenfestigkeit. Ähnlich wirken nach A. Bigot[2] auch die in vielen Tonen enthaltenen organischen ebenfalls meist kolloidalen Stoffe.

Die Zahl der Verfahren, die zur Prüfung und Messung der Plastizität vorgeschlagen worden sind, ist außerordentlich groß. Die Beurteilung, ob ein Ton „fett“, „mager“, „steif“, „kurz“ oder „fest“ ist, beruht auf der persönlichen mehr oder weniger gefühlsmäßigen Beobachtung des Prüfenden[3]. Nach R. Rieke[4] ist das Wasseraufnahmevermögen eines Kaolins zur Beurteilung seiner Plastizität nicht geeignet; er hält vielmehr die Größe der Trockenschwindung für die Beurteilung des Bildsamkeitsgrades der Kaoline für zweckmäßiger, während er diese Frage für Tone offen läßt.

Es sind im Verlaufe der letzten Jahrzehnte eine große Zahl von Verfahren vorgeschlagen worden, die entweder auf subjektiver Beobachtung oder objektiver Messung beruhen, und mittels deren die Verarbeitbarkeit in plastischem Zustand befindlicher Tonmassen usw. unter Anwendung besonders konstruierter Apparate einfacherer oder komplizierterer Bauart gemessen wird. Vgl. hierzu u. a. die Zusammenstellung von E. P. Bauer[5].

Die Plastizität der Tone und Kaoline kann durch sekundäre Einflüsse in gewissem Grade verändert werden. Nach Bleininger und Fulton[6], M. Jacoby[7] und P. Vageler[8] wird die Plastizität von Kaolinen durch Zusatz von Alkali bis zu einem gewissen Grade erhöht. Tannin und Humus vergrößern gleichfalls die Plastizität, indem sie den Kolloidgehalt der Gesamtmasse erhöhen, wie schon erwähnt wurde (S. 95). Salzsäure, Essigsäure sowie Natriumchlorid vermindern sowohl die Plastizität als auch die Trockenschwindung und die Trockenfestigkeit.

Einen vermindernden Einfluß auf den Plastizitätsgrad einer im plastischen Zustande befindlichen kaolin- oder tonhaltigen Masse übt ihr Gehalt an eingeschlossener Luft aus. Dies läßt sich so erklären, daß bei Anwesenheit trennender Luft- oder Gaseinschlüsse die in dem System vorhandenen festen und flüssigen Phasen nicht so innig aufeinander einwirken können, als wenn die Luft usw. entfernt ist. H. Spurrier wie auch C. W. Lapp haben Mittel zur Entfernung dieses

---

[1] Keppeler, G.: Ber. dtsch. keram. Ges. Bd. 10 (1929) S. 141.

[2] Vgl. hierzu W. M. Cohn: Keram. Rdsch. Bd. 37 (1929) S. 71.

[3] Vgl. hierzu J. W. Mellor: Trans. ceram. Soc. Bd. 21 (1921/1922) P. I S. 91.

[4] Rieke, R., u. J. Gieth: Ber. dtsch. keram. Ges. Bd. 12 (1931) S. 556.

[5] Bauer, E. P.: Keramik, S. 51. Dresden und Leipzig 1923; vgl. ferner L. Ominin: Veröffentlichung des Instituts für keramische Forschung Heft 13 Moskau 1928; Ref. Tonind.-Ztg. Bd. 52 (1928) S. 1808; Sprechsaal Keramik usw. Bd. 61 (1928) S. 1007; auch N. K. Lakhtin: Trans. State Exptl. Inst. of Silicates, Mosk. Bd. 21 (1927) S. 25, nach Abstr. Amer. ceram. Soc. Bd. 8 (1929) S. 685. Schablikin, P., u. K. Galabutskaja: Sprechsaal Keramik usw. Bd. 65 (1932) S. 675.

[6] Trans. Amer. ceram. Soc. Bd. 16 (1914) S. 515.

[7] Ber. dtsch. keram. Ges. Bd. 6 (1925) S. 97.

[8] Ber. dtsch. keram. Ges. Bd. 13 (1932) S. 392.

Luftgehalts vorgeschlagen, worauf später eingegangen wird (S. 220). Auch beim Lagern („Sumpfen", „Mauken") von Tonmassen im feuchten Zustande wird die Bildung kolloidaler Oberflächenschichten auf den einzelnen Kaolin- oder Tonteilchen gefördert und hierdurch die Verarbeitbarkeit der Massen verbessert. Nach K. Pfefferkorn[1] beruht die Erhöhung der Plastizität durch organische Stoffe lediglich darauf, daß diese durch ihre Zersetzung beim Lagern der Massen Wasser abgeben, das koordinativ gebunden wird und dann die bereits erwähnte (S. 92) Wirkung ausübt. Vielfach ist bei der Lagerung feuchter Tonmassen auch die Bildung von Schwefelwasserstoffgas durch den Geruch wahrzunehmen, das durch Reduktion des im Ton enthaltenen Kalziumsulfats zu Kalziumsulfid und Verwandlung des letzteren durch die Kohlensäure der Luft in Kalziumkarbonat entsteht. Hierbei werden in den Tonen oder Kaolinen vorhandene Eisenverbindungen in Schwefeleisen verwandelt, was sich durch eine dunklere Färbung der lagernden Masse zu erkennen gibt.

Nach der elektrochemischen Theorie der Kolloide[2] hilft man dem Mangel einer Tonmasse an Plastizität durch geringfügige Verschiebung der Kationenzusammensetzung, insbesondere durch Steigerung des Gehaltes an einwertigen Kationen im Komplex ab, oder man erhöht die Sorptionskapazität durch Zugabe organischer Stoffe mit hohem Sorptionsvermögen, zweckmäßiger durch den Zusatz allophanoider Substanzen mit möglichst hoher Sorptionskapazität. Auf diese Weise wird sich durch zielbewußte optimale Mischung verschiedener Tonsorten auf rechnerischer Grundlage rascher erreichen lassen, was bisher nur durch langwieriges praktisches Ausprobieren erzielt werden konnte.

Verflüssigung der Kaoline und Tone mit Wasser zu Schlicker. Gießbarkeit. Wie bereits ausgeführt wurde (S. 92), entsteht bei Zusatz einer bestimmten Wassermenge zu Kaolin oder Ton eine Masse, die gerade die höchste Bildsamkeit besitzt und in der der Zusammenhang der festen Teilchen gewahrt bleibt („Normalkonsistenz"). Setzt man mehr Wasser zu, so wird dieser Zusammenhang immer mehr gelockert, bis schließlich eine Aufteilung der Kaolin- oder Tonteilchen im Wasser, d. h. eine Art „Auflösung" oder „Verflüssigung" (Dispersion) erfolgt. Es entsteht dann ein Kaolin- oder Tonbrei, ein „Schlicker", wie der keramische Fachausdruck lautet. Lediglich mit Wasser hergestellte Gießmasse hat den Nachteil, daß die damit „gegossenen" Gegenstände sich nur schwer von der Gipsform loslösen lassen, infolge ihres hohen Wassergehaltes stark schwinden, sich daher leicht verziehen oder reißen, die benutzten Gipsformen auch schnell stark durchnäßt werden. Durch Zusatz geringer Mengen gewisser Alkaliverbindungen zum Gießschlicker ist es möglich, eine genügende Fließbarkeit desselben bei weit geringerem Wassergehalt zu erzielen und so die genannten Fehler zu verhüten.

An Stelle anorganischer Verflüssigungsmittel sind auch organische Verbindungen empfohlen worden[3], nämlich Piperidin, Äthylamin und Tetramethyl-

---

[1] Sprechsaal Keramik usw. Bd. 65 (1932) S. 875.

[2] Vageler, P.: a. a. O. S. 392 und K. Endell: Ebenda S. 403.

[3] Parmelee, C. W., u. C. G. Harman: J. Amer. ceram. Soc. Bd. 14 (1931) S. 139.

ammoniumhydroxyd. Am wirksamsten soll Piperidin sein. Eine ungünstige Beeinflussung der Gipsformen, wie sie bei Anwendung anorganischer Elektrolyte zu beobachten ist, soll bei organischen Zusätzen nicht eintreten. Auch entstehen im letzteren Falle beim Trocknen an den gegossenen Waren und den Gipsformen keine Salzausblühungen. Allerdings sind diese organischen Verflüssigungsmittel für die allgemeine Verwendung im Betriebe zu teuer.

Vom Standpunkt der Praxis aus[1] sind von einer gut gießfähigen feinkeramischen Masse außer guter mechanischer Festigkeit und der zum Verputzen notwendigen geringen Sprödigkeit der getrockneten gegossenen Gegenstände hauptsächlich folgende Eigenschaften zu fordern: 1. der Wasserzusatz zur Erzielung der für die Verarbeitung günstigsten Dünnflüssigkeit soll möglichst klein sein; 2. die zur Erreichung dieses Zustandes erforderliche Elektrolytbehandlung soll möglichst einfach, die hierzu notwendige Menge Soda oder eines anderen Elektrolyten möglichst gering sein; 3. der Gießschlicker soll homogen sein, sich nicht entmischen, keine Schlieren und Koagulationserscheinungen zeigen und in langem dünnem Strahl „sahneartig“ ausfließen, ohne abzureißen und zu tropfen, auch die Gipsform, in die er eingegossen wird, leicht und gleichmäßig ausfüllen; 4. die Trockenschwindung des gegossenen Scherbens soll gering sein, eine Eigenschaft, die, wie schon (S. 97) ausgeführt wurde, unmittelbar vom Wassergehalt der Masse abhängt. Hierzu kommt, daß die Ansaugegeschwindigkeit der Gießmasse genügend groß ist, d. h. die gewünschte Scherbenstärke bei dickwandigen Gegenständen in nicht allzu langer Zeit erreicht wird.

Außer der Auswahl der Rohstoffe für die Zusammensetzung der feinkeramischen Gießmassen und der Art und Menge gewisser chemischer Zusätze übt auch ihre mechanische Vorbehandlung einen wichtigen Einfluß auf das Verhalten der Gießschlicker bei der Verarbeitung aus (vgl. S. 221).

Die verflüssigende Wirkung von Alkalien oder alkalisch reagierenden Salzen, wie Natronlauge, Soda, Pottasche, Wasserglas, Seife u. dgl., auf Tone und Kaoline oder diese enthaltende Massen bei Gegenwart von Wasser beruht nach F. Foerster[2] auf der elektrolytischen Abstoßung der negativ geladenen Kaolin- oder Tonteilchen durch die in der Lösung befindlichen gleichfalls negativ geladenen Hydroxylionen. Infolge dieser Abstoßung wird die Beständigkeit der Ton- und Kaolinsuspensionen erhöht (S. 57).

Nach der elektrochemischen Theorie der Kolloide von Pauli-Valkó (S. 57) erhalten nach P. Vageler und K. Endell die Tonteilchen ihre Ladung nicht durch Sorption von OH-Ionen, sondern durch Dissoziation der sich bildenden Alkalisalze der Tonsäuren[3]. Außer von der Konzentration der Suspension als Ganzem hängt der Dissoziations- und Ladungsgrad vom Kation des Kolloidelektrolyten ab. Bedeutet [P] das Makroanion, d. h. die negativ geladene Tonpartikel, und demgemäß [P]·H das Azidoid oder die Tonsäure, so verläuft nach

[1] Kohl, H.: Sprechsaal Keramik usw. Bd. 58 (1925) S. 13. Rieke, R., u. K. Blicke: Ber. dtsch. keram. Ges. Bd. 10 (1929) S. 73.

[2] Chem. Ind. Bd. 28 Nr. 24 S. 551.

[3] Ber. dtsch. keram. Ges. Bd. 13 (1932) S. 378.

P. Vageler die Verflüssigung eines Tonbreies mittels Alkali nach folgendem Reaktionsschema:

$$[P]\cdot H\cdot nH_2O + NaOH = [P]^- + Na^+ \cdot nH_2O + H_2O + 13{,}8 \text{ cal.}$$

„Das Maximum der Verflüssigung ist erreicht, wenn sämtliches im Sorptionskomplexe vorhandene H gerade verbraucht ist, d. h. die Azidoide gerade durch Base abgesättigt sind. Jeder Überschuß von NaOH, der die Dissoziation $[P]\cdot Na \rightleftarrows [P]^- + Na^+$ herunterdrückt, muß durch Ausbildung neuer Hydrathüllen um die Tonteilchen zu einer Abnahme des freien Wassers, also zur Versteifung des Tonbreies führen." Dieser optimale Alkalizusatz läßt sich stöchiometrisch berechnen. Man erzielt also die beste Verflüssigung eines Tones bei möglichst geringem Wassergehalt mit einer bestimmten geringsten Alkalimenge. Ein geringerer Zusatz wirkt in geringerem Maße verflüssigend. Wie groß in jedem Falle die Verflüssigungswirkung des Alkalizusatzes ist, d. h. bei welchem geringsten Wassergehalte das Optimum eintritt, hängt von den individuellen Eigenschaften des Tons oder Kaolins ab. Man kann die Gießfähigkeit eines Tons beurteilen, wenn man seine Komplexbelegung mit Kationen quantitativ kennt.

Die Wirkung eines Elektrolytzusatzes auf Ton oder Kaolin hängt vor allem auch von der Teilchenfeinheit ab, mit der die Anzahl der im Gitter vorhandenen exponierten wasserbindenden Anionen zunimmt (S. 57)[1]. Die Teilchenbeschaffenheit der Tonsubstanz ist, wie schon früher erwähnt (S. 95), vor allem von der geologischen Entstehungsweise der Kaoline und Tone abhängig.

Gewisse organische Substanzen spielen eine besondere auf verwickelten Vorgängen beruhende Rolle als „Schutzkolloide" auch bei der Verflüssigung der Tone und Kaoline, vor allem schwache kolloidale Säuren wie z. B. Humussäure. Die praktische Erfahrung hat gelehrt[2], daß mit Humus versetzte[3] oder von Natur aus Humus enthaltende Tone, z. B. der Steingutton von Löthain oder der Ton von Schwepnitz in Sachsen, sich mit Alkali viel leichter verflüssigen lassen als humusfreie Tone. Man kann daher durch Zusatz von Tonen, die alkalilösliche Humusstoffe enthalten, die Gießfähigkeit mancher Kaoline verbessern. Fette, humusreiche und magere, humusfreie Kaoline und Tone lassen sich mit Alkali (Natriumhydroxyd) allein schlecht verflüssigen[4].

Nach R. Rieke und W. Johne[5] nimmt die Zähigkeit wässeriger Kaolin- und Tonsuspensionen mit der Konzentration nicht stetig zu, sondern zeigt bei bestimmten Konzentrationen ein deutliches Maximum und Minimum. Sie führen diese Erscheinung auf eine Aggregation der feinsten Tonsubstanzteilchen bei bestimmten Konzentrationen zurück, die durch die Gegenwart künstlich zugesetzter oder von Natur aus vorhandener Elektrolyte bestimmt werden.

Die Erfahrung hat gezeigt[6], daß bei reinen Tonen zur Erzielung bester Ver-

---

[1] Ber. dtsch. keram. Ges. Bd. 13 (1932) S. 378.

[2] Kieffer, E.: Keramos Bd. 4 (1925) S. 401. Keppeler, G.: Ber. dtsch. keram. Ges. Bd. 3 (1922) S. 265 und Bd. 10 (1929) S. 141.

[3] Keppeler-Spangenberg: D. R. P. 201404. Spangenberg, A.: Zur Erkenntnis des Tongießens S. 37. Darmstadt 1910.

[4] Keppeler, G., u. H. Gotthardt: Sprechsaal Keramik usw. Bd. 64 (1931) S. 969.

[5] Ber. dtsch. keram. Ges. Bd. 10 (1929) S. 404.

[6] Nach K. Endell und P. Vageler: a. a. O.

flüssigung 2 bis 4 Milliäquivalent H bei Absättigung der in der Tonmasse vorhandenen freien Azidoide durch Alkali vollkommen genügen. Zwischen der Reaktion eines Gießschlickers, ausgedrückt in p_H-Zahlen[1], und seiner Dünnflüssigkeit besteht nach der elektrochemischen Theorie der Kolloide kein allgemeiner Zusammenhang, da diese p_H-Ziffer je nach dem Bau der Tonkomplexe bei jedem Ton verschieden ist. Manche Tone ergeben die beste Verflüssigung bei stark alkalischer Reaktion, wie sie die Begleiterscheinung bei hoher Basensättigung der Tonkomplexe bildet. Es gibt aber auch sauer reagierende Tone und Tonschlicker, die ausgezeichnete Gießeigenschaften zeigen[2, 3].

Die Wirkungsweise eines Wasserglaszusatzes ist nach Kieffer[4] nicht auf die gleiche Stufe mit dem von Soda zu setzen, was auch O. Bartsch[5] bestätigt, sondern mit dem von Soda + kolloidale Kieselsäure, also mit dem von Soda + Humussubstanz. Über das für die Verflüssigung günstigste Verhältnis von Natriumoxyd zu Siliziumdioxyd im Wasserglas herrscht noch nicht völlige Klarheit. Schon die Wasserglaslösungen des Handels zeigen hinsichtlich des in ihnen bestehenden $Na_2O : SiO_2$-Verhältnisses große Schwankungen, die nach S. J. McDowell[6] bis zu 250% betragen.

Kieffer[7] benutzte Wasserglaslösungen des Handels mit verschiedenem Natron-Kieselsäure-Verhältnissen, die bei 1 Na_2O von 1 SiO_2 bis 4,2 SiO_2 betrugen, als Zusatz zu Gießmasse, die aus Kemmlitzer Kaolin bereitet war. Unterhalb eines Zusatzes von 0,2% ließ sich eine gleichmäßige Konsistenz, wie sie für das Gießen erforderlich ist, noch nicht erzielen. Oberhalb 0,2% Wasserglaszusatz zeigte das Verhalten der Gießmassen völlige Gesetzmäßigkeit. Das Optimum der Gießfähigkeit lag bei allen Wasserglaslösungen etwa bei dem gleichen Wassergehalt, doch waren zur Erreichung dieses Optimums verschieden große Wasserglasmengen erforderlich, nämlich von 1,44% beim Verhältnis 1 Na_2O : 1 SiO_2 bis 0,33% bei 1 Na_2O : 4,2 SiO_2.

Nach McDowell[6] war die Aufteilung der untersuchten, in der amerikanischen Industrie verwendeten Tone am größten, wenn natronarme und kieselsäurereiche Natriumsilikate benutzt wurden, etwa mit einem Verhältnis von 1 : 3,33 bis zu 1 : 4.

Nach K. Silk und N. D. Wood[8], die zur Verflüssigung von Steingutmassenschlicker ebenfalls Natriumsilikate mit verschiedenen Kieselsäure-Natron-Verhältnissen (1 : 3,95 bis 2,50) anwandten, tritt in jedem Falle die stärkste Verflüssigung bei einer Konzentration von 0,02% Na_2O ein, bezogen auf die trockene Masse. Erhöhung des Verhältnisses $SiO_2 : Na_2O$ im Natriumsilikat verdickte den Gießschlicker.

An Stelle eines Zusatzes von Soda oder Wasserglas bzw. beiden zum Gießschlicker ist in neuester Zeit auch der von Natriumaluminat oder wenigstens ein teilweiser Ersatz der zuerst genannten Elektrolyte durch Natriumaluminat empfohlen worden[9], das die Verarbeitbarkeit des Schlickers und die Trockenfestigkeit des gegossenen Scherbens günstig beeinflussen soll.

---

[1] Der Wasserstoffexponent p_H ist der negative dekadische Logarithmus der Wasserstoffionenkonzentration einer wässerigen Lösung. In reinem Wasser ist die Menge der $H^{\cdot}$- gleich der der OH'-Ionen und die Ionisierungskonstante des Wassers bei 22° C rund 1×10^{-14}, also $p_H = p_{OH} = 7$. Bei saurer Reaktion einer Lösung ist $p_H < p_{OH} < 7$, bei alkalischer $p_H > p_{OH} > 7$.

[2] Nach K. Endell und P. Vageler: a. a. O.

[3] Keppeler, G.: Ber. dtsch. keram. Ges. Bd. 10 (1929) S. 518.

[4] Keramos Bd. 4 (1925) S. 405. [5] Ber. dtsch. keram. Ges. Bd. 10 (1929) S. 176.

[6] J. Amer. ceram. Soc. Bd. 10 (1927) S. 225.

[7] Sprechsaal Keramik usw. Bd. 59 (1926) S. 167.

[8] Trans. ceram. Soc. Bd. 28 (1929) S. 252; Pott. Gaz. Bd. 54 (1929) S. 272.

[9] Carter, W, K., u. R. M. King: J. Amer. ceram. Soc. Bd. 15 (1932) S. 407.

Nach E. W. Scripture und E. Schramm[1] genügt bei weniger plastischem China Clay ein Zusatz von nur 5% Ball Clay, um einen gießfähigen Schlicker zu erhalten und den sonst notwendigen außerordentlich hohen Elektrolytzusatz zu verringern, während sie für plastischere China Clays 12,5 bis 25% Ball Clay oder noch mehr benötigten.

Ein zu hoher Gehalt eines Gießschlickers an kolloider Substanz kann aber auch nachteilig sein. Durch einen solchen kann die Wanderung des Wassers nach der Formwandung hin behindert werden[2] (vgl. S. 103). Nach Kende Eleöd[3] ist das Gießen unter Zusatz von Wasserglas nachteilig für die Haltbarkeit der Gipsformen. Nach F. P. Hall[4] wird man, besonders beim Gießen starkwandiger Waren, die besten Ergebnisse erhalten, wenn man der Gießmasse ein organisches Dispersionsmittel zusetzt und gleichzeitig eine in Grenzen gehaltene Menge Soda und Wasserglas. Dann werden auch die Salzausblühungen auf der Ware beim Brennen eingeschränkt werden, die beim Glasieren Störungen hervorrufen.

Wie bereits angedeutet (S. 99), tritt bei wesentlicher Überschreitung der zur Erzielung bester Gießfähigkeit notwendigen Alkalimenge eine Ausflockung und Ansteifung des Gießschlickers ein. Die Erstarrungsgeschwindigkeit des Ton- oder Kaolinbreies wird dann so groß, daß sie durch dessen Gerinnung oder Verdickung praktisch in die Erscheinung tritt. Sie ist zu erklären durch die zunehmende Bildung von Wasserhüllen um die Ton- oder Kaolinteilchen (S. 99) und die sog. Thixotropie der Tone, d. h. die isotherm umkehrbare Sol-Gel-Umwandlung durch mechanische Erschütterung[5].

Die vielfach übliche Anschauung, daß das Ansteifen von Tonschlickern nach Beendigung des Rührens derselben ganz allgemein auf einem Nachquellen beruht, ist nach O. Bartsch[6] nur teilweise richtig, denn derartige Schlicker werden durch Umrühren sofort wieder leicht beweglich. Es erscheint aber zweifelhaft, ob eine Quellung durch mechanisches Rühren behoben werden kann, wogegen es leicht verständlich ist, „daß die Struktur der sehr locker gebauten Ton-Wasser-Komplexe durch mechanische Einflüsse zerstört wird und so lange zerstört bleibt, wie diese Einwirkung andauert". Auch nach O. Krause[7] genügt beim Kemmlitzer Kaolin mehrmaliges Rühren des Kaolinbreies, um die Ansteifung wieder aufzuheben. Weiterhin kommt für die versteifende Wirkung als Ursache vor allem auch der fällende Einfluß bestimmter Ionen in Frage[8]. Nach R. Rieke[9] können schon sehr geringe Mengen fällender Elektrolyte (z. B. 0,001%) die Zähigkeit einer Kaolinsuspension stark beeinträchtigen. Besonders häufig macht sich in der Praxis die Wirkung geringer Mengen von Kalzium- oder Magnesiumsulfat geltend, die in den Tonen usw. vorhanden sind. Wird in einem solchen Falle dem Gießschlicker Natriumkarbonat zugesetzt, so entsteht Natriumsulfat, das ebenfalls ansteifend wirkt. Hieraus ergibt sich der für die Praxis wichtige Hinweis, daß

---

[1] J. Amer. ceram. Soc. Bd. 9 (1926) S. 175.

[2] Cornille, A.: Sprechsaal Keramik usw. Bd. 59 (1926) S. 167.

[3] Keram. Rdsch. Bd. 33 (1925) S. 779.

[4] J. Amer. ceram. Soc. Bd. 13 (1930) S. 751.

[5] Freundlich, W.: Ber. dtsch. chem. Ges. Bd. 61 (1928) S. 10, 2219.

[6] Bartsch, O.: Ber. dtsch. keram. Ges. Bd. 10 (1929) S. 155.

[7] Sprechsaal Keramik usw. Bd. 58 (1925) S. 230.

[8] Sembach, E.: Sprechsaal Keramik usw. Bd. 58 (1925) S. 199.

[9] Sprechsaal Keramik usw. Bd. 43 (1907) S. 709.

Tone mit größerem Sulfatgehalt zur Herstellung keramischer Gießmassen nur wenig geeignet sind. Auch bei Benutzung harten Leitungswassers, das neben Kalziumkarbonat größere Mengen Kalziumsulfat enthält, ist die Ansteifungsgeschwindigkeit des Gießschlickers größer als bei der von weichem Leitungswasser oder gar von Kondenswasser[1]. Die in den geschlämmten Kaolinen des Handels enthaltenen geringen Mengen löslicher Stoffe, bei denen es sich nach E. Sembach[2] hauptsächlich um organische Substanz, Kieselsäure, Kalziumoxyd und Alkalioxyd, ferner um Schwefelsäure, Chlor und in geringem Maße um Magnesiumoxyd, Eisenoxyd und Aluminiumoxyd handelt, üben — und zwar kommen hierbei Kalzium- und Magnesiumsalze in Frage — gleichfalls einen Einfluß auf die Konsistenz des Kaolinbreies aus, doch ist dieser meist so gering, daß nach Sembach schon $^1/_{20}$ der den Gießmassen durchschnittlich zugesetzten Sodamenge genügt, um diese versteifende Wirkung aufzuheben.

Über das Verhalten wasserlöslicher Stoffe in gebrannten Kaolinen und Tonen siehe S. 111.

Auf die versteifende Wirkung, die ein Zusatz von Kobaltsulfat zum Entfärben von Steingut-Gießmassen auf diese ausüben kann, sei hier ebenfalls hingewiesen[3]. Überhaupt tritt in der Praxis die Ansteifung am stärksten bei Massen in die Erscheinung, die fette Tone enthalten, also vor allem bei fetten Steingutmassen[4].

Für die Beurteilung der Gießfähigkeit eines Kaolins, Tons oder einer keramischen Masse sind drei Eigenschaften des Schlickers maßgebend[5]: 1. die günstigste Elektrolyt- und Wassermenge, 2. die Viskosität oder innere Reibung, auch als „Fließbarkeit" bezeichnet[6], 3. die Ansaugegeschwindigkeit in Gipsformen.

Zur Ermittelung der günstigsten Elektrolyt- und Wassermenge verfährt man am einfachsten folgendermaßen[7]: In 6 bis 8 gut verschließbare Flaschen von etwa 300 cm³ Inhalt füllt man je 50 g des trocknen Materials, dazu in jede Flasche die gleiche Menge (50 bis 60 cm³) Flüssigkeit, die in der ersten Flasche aus reinem Wasser, in der zweiten und den folgenden aus verdünnter Soda-, Natronlauge-, Wasserglas- oder Pottaschelösung besteht, deren Konzentration allmählich bis zu einem Gehalt von etwa 0,5% zunimmt. Man läßt nun die Proben unter häufigem Schütteln mehrere Stunden stehen. Dann wird sich zeigen, welcher Elektrolytzusatz die größte Dünnflüssigkeit bewirkt hat. Durch Zwischenschaltung weiterer Proben mit noch feiner abgestuftem Elektrolytzusatz kann man die günstigste Elektrolytmenge genau ermitteln. Ist diese festgestellt, so ändert man bei dieser Elektrolytmenge den Wasserzusatz, um die geringste Wassermenge zu finden, bei der der Schlicker noch gut gießbar ist.

Die Bestimmung der Viskosität des Gießschlickers bei der in vorstehend beschriebener Weise ermittelten günstigsten Elektrolyt- und Wassermenge erfolgt durch Messung der Auslaufzeit des Schlickers aus einem geeigneten Viskosimeter[7]. Als für diesen Zweck praktisch sehr brauchbar erwiesen hat sich das aus-

---

[1] Bartsch, O.: a. a. O. [2] Ber. dtsch. keram. Ges. Bd. 5 (1925) S. 255.

[3] Keramos Bd. 6 (1927) S. 140.

[4] Kohl, H.: Sprechsaal Keramik usw. Bd. 58 (1925) S. 688.

[5] Materialprüfungsausschuß d. Deutsch. Keram. Gesellschaft. Ber. dtsch. keram. Ges. Bd. 8 (1927) S. 98.

[6] Kohl, H.: Sprechsaal Keramik usw. Bd. 58 (1925) S. 13; Keramos Bd. 4 (1925) S. 197.

[7] Materialprüfungsausschuß. Ber. dtsch. keram. Ges. Bd. 8 (1927) S. 98. Eine Beschreibung verschiedener Viskosimeterarten, die für die Messung der Viskosität keramischer Gießschlicker vorgeschlagen worden sind, findet sich bei W. M. Cohn: Keram. Rdsch. Bd. 37 (1929) S. 179; vgl. a. W. Stauff: Kolloid-Z. Bd. 37 (1925) S. 397.

drücklich für keramische Betriebszwecke konstruierte Viskosimeter von H. Kohl. Bei den Widerstandsviskosimetern bestimmt man den Widerstand, den ein Schlicker einem in ihm bewegten Gegenstand entgegensetzt. Ein für diesen Zweck geeignetes Rührviskosimeter, das sowohl für sehr verdünnte als auch für dickere Suspensionen verwendbar ist, haben R. Rieke und W. Johne[1] beschrieben.

Die Ansaugegeschwindigkeit[2], d. h. „die Zeit der Bildung eines Scherbens von bestimmter Wandstärke bzw. die in der Zeiteinheit erzielte Scherbenstärke" hängt ab von der Porosität der Gipsform, der Gießzeit, dem Wassergehalt der Masse, der Art und Korngröße der in der Masse enthaltenen Tone oder Kaoline, der Gegenwart löslicher Bestandteile in den Rohstoffen und der Art und Menge des zugesetzten Verflüssigungsmittels. Da die feinsten Teilchen sich zuerst absetzen, so wird die Größe der Masseteilchen und damit die Größe der von ihnen gebildeten Porenräume auf die Geschwindigkeit der Ablagerung einer Masseschicht an der Formwandung und die Zunahme ihrer Dicke von maßgebendem Einfluß sein. Die praktische Erfahrung bestätigt, daß fette Tone, die den größten Gehalt an allerfeinsten Teilchen aufweisen, zwar leicht zu verflüssigen, aber am schwierigsten zu vergießen sind[2]. Nach Rieke und Blicke[3] ist die Ansaugegeschwindigkeit proportional der Normalität der Elektrolytlösung, also der Ionenkonzentration im Dispersionsmittel; nach J. Stark[4] hängt die Ansaugegeschwindigkeit von der Korngröße eines Kaolins ab. Der dünnflüssigste Schlicker wird nach Rieke und Blicke, insbesondere beim Gießen starkwandiger Stücke, praktisch nicht immer der brauchbarste sein, da in der Praxis die Ansaugegeschwindigkeit nicht zu gering sein darf. Um diese festzustellen, wird man neben der Viskosität oder Dünnflüssigkeit des Schlickers zweckmäßig seine Ansauggeschwindigkeit durch Vornahme einiger Gießversuche bestimmen, wobei man das Gewicht der gegossenen Probestücke feststellt.

Anhang: Die Reinigung des Wassers in feinkeramischen Betrieben. Aus den Ausführungen über die Plastizität und Gießbarkeit der Kaoline und Tone ist ersichtlich, daß die für die Verarbeitung wichtigen Eigenschaften dieser Rohstoffe und der aus ihnen hergestellten Form- und Gießmassen in nicht unbedeutendem Maße von der Beschaffenheit des zur Verfügung stehenden Betriebswassers abhängen. Es ist deshalb wichtig, das Betriebswasser auf seine chemische Zusammensetzung zu kontrollieren, in erster Linie auf seinen Gehalt an löslichen Karbonaten und Sulfaten, in zweiter auf den an löslicher Kohlensäure und Kieselsäure und in dritter auf den an Eisen- und Manganverbindungen. Letztere sind allerdings nicht auf die Verarbeitbarkeit der rohen Massen, sondern auf ihr Aussehen im gebrannten Zustande von Einfluß. Vor allem in den sog. Oberflächenwässern ist der Gesamtgehalt an gelösten Elektrolyten je nach der Witterung veränderlich[5]. Bei viel atmosphärischen Niederschlägen ist die Elektrolytkonzentration des Wassers meist größer als bei trockener Witterung,

---

[1] Ber. dtsch. keram. Ges. Bd. 10 (1929) S. 407.

[2] Rieke, R., u. K. Blicke: Ber. dtsch. keram. Ges. Bd. 10 (1929) S. 73.

[3] a. a. O S. 78.

[4] Die physikalisch-technische Untersuchung keramischer Kaoline S. 39. Leipzig 1922.

[5] Endell, K.: Ber. dtsch. keram. Ges. Bd. 13 (1932) S. 405.

und das Wasser enthält dann auch größere Mengen mehrwertiger Kationen, die die Verarbeitbarkeit toniger Massen im bildsamen Zustande und beim Gießen ungünstig beeinflussen. Daher muß, abgesehen von der Enteisenung, das Ziel der Wasserversorgung sein, „die Elektrolytkonzentration an und für sich durch geeignete Wasseraufbereitung auf eine gleichmäßige und möglichst geringe Höhe zu bringen.“

Soweit das Betriebswasser aus der allgemeinen Wasserversorgung großer Städte bezogen werden kann, ist es allen den Behandlungsverfahren unterworfen worden, die die neuzeitliche Wasserreinigung sich zu eigen gemacht hat, also den Entkeimungs-, Entmanganungs- und Entsäuerungsverfahren verschiedener Art, auf die hier nur hingewiesen werden kann[1].

Ein Gehalt des Wassers an organischen Stoffen wird innerhalb gewisser Grenzen in keramischen Betrieben Nachteile kaum mit sich bringen, es sei denn, daß es sich um Eisen sammelnde Algen handelt, von denen schon früher die Rede war (S. 38). Dagegen können Wässer, aus denen nicht durch besondere Verfahren Sauerstoff oder Kohlensäure entfernt worden ist, im Laufe der Zeit eine derartig starke Korrosion der inneren Wandungen eiserner Leitungsrohre hervorrufen, daß die Gefahr der Loslösung der gebildeten Eisenverbindungen und damit einer Verunreinigung der Masse entsteht.

Liegt eine feinkeramische Fabrik auf dem platten Lande, so ist sie in den meisten Fällen darauf angewiesen, sich selbst mit Betriebswasser zu versorgen, entweder aus dem Grundwasser der Schacht- oder Rohrbrunnen oder aus dem Oberflächenwasser durch Wasserläufe, mit oder ohne Zuhilfenahme vorgelegter Staubecken. In diesen Fällen ist es erwünscht, daß das Wasser zur Entfernung von Schlamm und Sinkstoffen Kiesfilteranlagen, erforderlichenfalls auch Holzkohlefilter, passiert, vor allem dann, wenn bei der Gewinnung des Grundwassers keine geeignete Uferfiltration möglich ist. Schwieriger liegen die Verhältnisse überall dort, wo Abwässer zur Deckung des Wasserbedarfs herangezogen werden müssen.

Die Maßnahmen, welche zur Reinigung eines Betriebswassers getroffen werden müssen, richten sich ganz nach den örtlichen Verhältnissen.

„Nicht wenige Fabrikationsfehler und -schwierigkeiten, für die ohne weiteres keine Ursachen zu finden sind, stehen bei näherer Unter-

---

[1] Olszewski, W.: Z. angew. Chem. Bd. 39 (1926) S. 1576; Chemische Technologie des Wassers. Bd. 909 der Göschen-Sammlung Berlin 1925; ferner H. Haupt u. H. Bach: Achema-Jahrbuch 1926/27 S. 125. Illig, K.: Z. angew. Chem. Bd. 39 (1926) S. 1085. Tillmanns, J.: Z. angew. Chem. Bd. 40 (1927) S. 1533. — Auf die Wasserreinigung durch Elektroosmose (vgl. Chem.-Ztg. Bd. 54 (1930) Fortschrittsberichte S. 10) sei hier gleichfalls hingewiesen.

suchung mit ungeeignetem Wasser oder nicht sachgemäßen Gewinnungsanlagen in ursächlichem Zusammenhang[1]."

In Kleinbetrieben wird die Frage der Wasserversorgung wohl auch heute noch oft vernachlässigt, besonders auch nach der maschinentechnischen Seite hin, obwohl es eine ganze Reihe von Spezialfirmen gibt, die neuzeitliche Wasserversorgungsanlagen oder Teile derselben liefern. Derartige Anlagen[1] müssen zuverlässig wirken, dürfen keine großen Anlage- und Betriebskosten verursachen und nur geringe Ansprüche an Wartung und Bedienung stellen. Auf die Einrichtung der vielfach zur Reinigung des Wassers notwendigen Filteranlagen kann hier nicht eingegangen werden. Ihre Wirkung ist entweder eine rein mechanische oder auch eine chemische, z. B. bei dem Permutitverfahren.

β) Verhalten der Kaoline und Tone beim Trocknen. Das Verhalten der Kaoline und Tone beim Trocknen (S. 81), d. h. bei der Entfernung des in ihnen als Feuchtigkeit vorhandenen, also mechanisch beigemengten Wassers durch Erhitzen auf Temperaturen bis 100^0 oder höchstens 120^0 (s. S. 109), steht in engem Zusammenhang mit den übrigen Eigenschaften, die sie im rohen Zustande besitzen, vor allem mit ihrer Plastizität, und ist demzufolge bei den verschiedenen Rohstoffen verschieden.

Die beim Trocknen im Kaolin und Ton sich abspielenden Vorgänge. Die Trocknung von Tonen und Kaolinen unter Zuführung von Wärme erfolgt stufenweise[2]: Zuerst wird derjenige Teil des Wassers entfernt, der die Zwischenräume zwischen den festen Teilchen ausfüllt. Diese rücken näher aneinander, was eine Volumenabnahme oder Schwindung der Masse zur Folge hat. Diese Schwindung ist ungefähr proportional der Menge des ausgetriebenen Anmachewassers. Unverändert bleibt in diesem Trockenabschnitt der Teil des Anmachewassers, der auf den festen Teilchen eine Wasserhülle bildet (S. 92). Die Wasserhüllen wirken als Puffer zwischen den einzelnen Teilchen und halten bei Wasserabnahme des Systems als viskose Schichten unter Volumenabnahme das Ganze zusammen.

Dann entweicht dasjenige Wasser, das in Form von Häutchen auf den festen, nicht kolloiden Tonteilchen vorhanden ist, wobei die Schwindung der Masse in geringem Maße zunimmt. Alle festen Teilchen sind am Ende dieses Abschnitts dicht aneinander gerückt. Sie berühren sich aber nur an einzelnen Punkten, so daß zwischen ihnen mit Luft gefüllte Hohlräume entstehen. Bei fortschreitender Trocknung wird das in den Tonteilchen gebundene Wasser aus ihnen entfernt. Die Teilchen rücken jetzt noch näher aneinander, was eine weitere Schwindungszunahme zur Folge hat. Das ausgetriebene Bindungswasser sammelt sich zunächst in den Zwischenräumen zwischen den festen Teilchen. Schließlich erfolgt die Entfernung auch dieses Wasseranteils, ohne daß hierbei noch eine weitere Schwindung eintritt.

Die Trockengeschwindigkeit, d. h. diejenige Menge Wasserdampf, die ein Stück Kaolin oder Ton in der Zeiteinheit abgibt, hängt ab von den schon auf S. 81 genannten Einflüssen. Sie wird um so größer, je weiter die Kanäle in der äußeren trockenen Schicht des Materials sind, und um so kleiner, je dicker die bereits ausgetrocknete

---

[1] Urbschat, E.: Keram. Rdsch. Bd. 34 (1926) S. 311.

[2] Steger, W.: Wärmewirtschaft in der keramischen Industrie S. 5. Dresden und Leipzig 1927; vgl. a. P. Vageler: Ber. dtsch. keram. Ges. Bd. 13 (1932) S. 388.

Schicht ist, die der Wasserdampf auf dem Wege vom Innern nach der Oberfläche zu passieren hat[1]. Deshalb trocknet ein dickes Stück Kaolin oder Ton anfangs schnell, später langsam. Die Trockengeschwindigkeit hängt ferner noch von der Temperatur des zu trocknenden Kaolins und der umgebenden Luft ab und ist um so größer, je höher diese Temperatur ist, weil mit zunehmender Temperatur sowohl der Wasserdampfdruck als auch die Diffusionsgeschwindigkeit zunimmt. Nach K. Endell[2] üben außer der Porosität und Temperatur des zu trocknenden Körpers auch seine Form und Oberfläche einen Einfluß auf den Verlauf der Trocknung aus.

Von den nordamerikanischen Keramikern werden die Tone auf Grund ihres verschiedenen Verhaltens im mit Wasser angemachten Zustande nach K. Endell[2] in vier Gruppen eingeteilt, nämlich in 1. Tone, die sich in wenigen Stunden bei hoher Anfangstemperatur rasch trocknen lassen, 2. Tone, die in 24 bis 72 Stunden bei geringer Anfangstemperatur und später in wasserdampfgesättigter Luft bei hoher Temperatur getrocknet werden, 3. Tone, die langsam bei ungesättigtem Dampfdruck trocknen, 4. Tone, die sich unter den genannten Bedingungen nicht trocknen lassen. Diese Einteilung ist nicht auf Grund des Verhaltens der Tone an sich erfolgt, sondern im Hinblicke auf die Möglichkeit, Waren, die aus den betreffenden Tonen im nassen Zustande geformt wurden, ohne Gefahr des Verziehens oder Rissigwerdens, also ohne Fabrikationsverlust, in praktisch kürzester Zeit zu trocknen. Man unterscheidet bei diesem Verfahren der Trocknung naßgeformter Tonwaren, dem schon früher erwähnten Verfahren der „Feuchtlufttrocknung", drei Stufen, nämlich 1. ein schnelles Anwärmen in feuchter Atmosphäre, 2. ein allmähliches Entfeuchten und 3. ein scharfes Nachtrocknen bei Höchsttemperatur.

Die Trockenschwindung der Kaoline und Tone ist eine Begleiterscheinung ihrer Trocknung und stellt die Umkehr des Vorgangs bei der Wasseraufnahme dar (S. 92). Diese Schwindung „verläuft parallel dem Verdunsten des zur Formgebung verwendeten Wassers. Hieraus ergibt sich, daß nur bei gleichmäßiger Verdunstung eine gleichmäßige Schwindung möglich ist[3]".

Die Trockenschwindung ist im allgemeinen um so größer, je mehr Tonsubstanz ein Werkstoff enthält, und je feiner die mittlere Teilchengröße dieser Tonsubstanz ist. Das Verhältnis der Abnahme s einer Abmessung l, etwa der Länge oder Dicke eines Stücks Kaolin, zu der anfänglichen Abmessung, $\frac{s}{l}$, heißt die lineare Trockenschwindung. Durch Multiplikation dieses Verhältnisses mit 100 ergibt sich die prozentuale lineare Trockenschwindung, d. h. die Abnahme für eine lineare Abmessung von 100 Längeneinheiten.

---

[1] Stark, J.: Die physikalisch-technische Untersuchung keramischer Kaoline S. 46. Leipzig 1922.

[2] Sprechsaal Keramik usw. Bd. 59 (1926) S. 215.

[3] Rieke in F. Singer: Die Keramik im Dienste von Industrie und Volkswirtschaft S. 85. Braunschweig 1923.

Nach P. Vageler[1] steht die lineare Schwindung eines Tones in engem Zusammenhang mit seiner Sorptionskapazität gegenüber Kationen, von der die Wasserbindung in erster Linie abhängt. Bei gegebenem Sorptionsvermögen wird die Trockenschwindung durch die Hydratation der im Tonkomplex vorhandenen einwertigen Kationen beeinflußt. Hieraus ergibt sich die Möglichkeit, die Trockenschwindung eines Tones durch geeignete Zusätze praktisch günstig zu beeinflussen[2].

Die Trockenschwindung oder Schrumpfung muß für jeden Kaolin oder Ton empirisch bestimmt werden. Sie hängt ab von seinen chemischen und physikalischen Eigenschaften, aber in gewissem Grade auch von der Art der Verarbeitung, indem mit wenig Wasser unter Druck gepreßte Stücke geringere Trockenschwindung aufweisen als unter Anwendung von mehr Wasser, d. h. durch Handformung oder durch das Gießverfahren hergestellte[3]. Zur Verringerung der Trockenschwindung werden den Kaolinen und Tonen absichtlich unplastische Stoffe, die sog. Magerungsmittel, zugesetzt. Die Erfahrung lehrt, daß „fette", sehr plastische Tone vielfach größere Trockenschwindung besitzen als „magere", weniger plastische Tone.

Beim Trocknen der Kaoline und Tone auftretende Fehler. Wird die Trocknung nicht sachgemäß durchgeführt, so können an den zu trocknenden Rohwaren Fehler verschiedener Art auftreten, nämlich Risse und Verziehungen, von kleinen kaum sichtbaren Sprüngen und leichten Verkrümmungen bis zu weit klaffenden Spalten und starken Formveränderungen, Abblättern der Masse u. dgl. m. Die Gefahr des Verziehens und Reißens ist am größten bei sehr feinporigen Massen, deren Gefüge beim Trocknen immer dichter wird[4].

Von großer Bedeutung ist praktisch die Bruch- oder Trockenfestigkeit der Tone und Kaoline, da von ihr die Möglichkeit abhängt, die aus dem Ton oder Kaolin geformten Gegenstände nach dem Trocknen zu handhaben, d. h. sie vom Trockenorte aufzunehmen und ohne Gefahr des Zerbrechens zum Brennofen zu bringen.

In der Bruchfestigkeit kommt die zwischen den einzelnen Teilchen eines Tones wirksame Haftkraft zum Ausdruck[5]. Wahrscheinlich ist sie zurückzuführen auf im Ton vorhandene Kolloide (S. 95 und S. 96), wobei vermutlich sowohl anorganische (Kolloidton, kolloide Kieselsäure, kolloide Tonerde) als auch organische Stoffe (Humusstoffe, Bitumen) in Frage kommen[6]. Durch die verschiedensten Oberflächenreaktionen chemischer und kapillar-physikalischer Art, die in der Kolloidchemie eine Rolle spielen, wird auch das Haftvermögen der Tone und Kaoline und damit auch ihre Trockenfestigkeit beeinflußt. Auch hierbei ist das

[1] Ber. dtsch. keram. Ges. Bd. 13 (1932) S. 389.

[2] Endell, K.: Ebenda S. 403.

[3] Rieke in F. Singer: Die Keramik im Dienste von Industrie und Volkswirtschaft S. 85. Braunschweig 1923.

[4] Pukall, W.: Sprechsaal Keramik usw. Bd. 59 (1926) S. 368.

[5] Stark, J.: Die physikalisch-technische Untersuchung keramischer Kaoline S. 54. Leipzig 1922.

[6] Bartsch, O.: Keram. Rdsch. Bd. 35 (1927) S. 121. Möhl, H.: Sprechsaal Keramik usw. Bd. 62 (1929) S. 749.

totale Sorptionsvermögen der Tonkomplexe von ausschlaggebender Bedeutung (S. 91).

Bei Temperaturen über 100° scheinen sich nach Kohl in den an Humus- oder anderen Kolloiden reichen Tonen Vorgänge abzuspielen, die als „eine Art Verleimung" der Teilchen durch organische Stoffe erklärt werden können, aber mit dem eigentlichen Trockenvorgang nichts mehr zu tun haben. Zusatz von Soda, ebenso von Wasserglas oder Sulfitlauge erhöht die Festigkeit stark, ein Umstand, den man sich bei der Herstellung der Feuertonwaren zunutze macht[1]. Durch Gießen hergestellte stabförmige Probekörper aus Ton oder Kaolin besitzen ungefähr die doppelte Biegefestigkeit von Stäben, die aus dem gleichen Rohstoff durch Einformen in handgerechtem Zustand angefertigt sind[2,3]. Von Einfluß auf die Trockenfestigkeit trockner ungebrannter ton- und kaolinhaltiger Körper ist ferner das Lagern der mit Wasser angemachten Massen, das man auch als „Einsumpfen" oder „Mauken" bezeichnet. Es scheint, daß in manchen keramischen Massen beim Lagern in Verbindung mit der mechanischen Behandlung durch Kneten oder Schlagen Überalterungserscheinungen auftreten, indem die Bruchfestigkeit von Tonen zunächst um 10 bis 20% zunimmt und dann nach Erreichung eines Maximums wieder sinkt[4].

In enger Beziehung zur Bruchfestigkeit eines getrockneten Kaolins oder Tons steht sein „Bindevermögen". Man versteht hierunter diejenige Eigenschaft[5] eines mit Wasser angemachten Tons, andere pulverförmige oder grobkörnige Stoffe in sich aufzunehmen und nach dem Trocknen mit ihnen eine zusammenhängende Masse von bestimmter mechanischer Festigkeit zu bilden. Man nennt daher einen solchen Ton, der diese Eigenschaft in hohem Grade besitzt, einen „Bindeton[6]".

Für die Bestimmung der Bruchfestigkeit ungebrannter trockner Tone, Kaoline, Tone und aus ihnen hergestellter keramischer Massen haben neben E. Zschimmer[7] unter anderen J. Stark[8], H. Kohl[9] und O. Bartsch[10] Verfahren angegeben. Das Verfahren von H. Kohl hat auch der Materialprüfungsausschuß der Deutschen Keramischen Gesellschaft in seine Richtlinien zur Ausführung von Prüfungen an keramischen Rohstoffen aufgenommen[11].

H. Kohl[12], der die Trockenfestigkeit der Tone und Kaoline in Gestalt ihrer Biegefestigkeit bestimmte, fand für die von ihm untersuchten Blautone Festigkeitswerte bis zu 47 kg/cm², für die Steinguttone 10 bis 17 kg/cm² und die Feinkaoline

---

[1] Kohl, H.: Ber. dtsch. keram. Ges. Bd. 11 (1930) S. 329.
[2] Kohl, H.: Ber. dtsch. keram. Ges. Bd. 7 (1926) S. 29.
[3] Vgl. a. O. Manfred u. J. Obrist: Z. angew. Chem. Bd. 41 (1928) S. 973.
[4] Bartsch, O.: Keram. Rdsch. Bd. 35 (1927) S. 122.
[5] Kerl, B.: Handbuch der gesamten Tonwarenindustrie 3. Aufl. S. 52. Braunschweig 1907.
[6] Vgl. hierzu O. Bartsch: Keram. Rdsch. Bd. 35 (1927) S. 124. Kieffer, E.: Ber. dtsch. keram. Ges. Bd. 12 (1931) S. 477.
[7] Keram. Rdsch. Bd. 34 (1926) S. 493.
[8] Die physikalisch-technische Untersuchung keramischer Kaoline S. 55. Braunschweig 1922.
[9] Ber. dtsch. keram. Ges. Bd. 7 (1926) S. 19 und Keram. Rdsch. Bd. 34 (1926) S. 602.
[10] a. a. O. S. 122. [11] Ber. dtsch. keram. Ges. Bd. 8 (1927) S. 100.
[12] Ber. dtsch. keram. Ges. Bd. 7 (1926) S. 31.

2,8 bis 7,8 kg/cm². O. Bartsch[1] teilt die Tone auf Grund seiner Untersuchungen ein in:

	Bruchfestigkeit
fette Tone	bis zu 15 kg/cm²
halbfette Tone	von 15 „ „ 30 „
magere Tone	„ 30 „ „ 45 „

γ) Verhalten der Kaoline und Tone beim Erhitzen auf Temperaturen oberhalb 100⁰. Durch den technischen Trockenprozeß lassen sich aus den plastischen keramischen Rohstoffen die letzten ihnen infolge Hygroskopizität oder Kapillarkondensation anhaftenden Wassermengen nicht entfernen. Daher besteht der in den Kaolinen und Tonen und den diese Rohstoffe enthaltenden Massen bei einer etwa 90 oder 100⁰ überschreitenden Erhitzung zunächst sich abspielende Vorgang in dem dampfförmigen Entweichen dieser Wassermenge, die bis zu 5% oder noch mehr des Gewichts des festen Materials betragen kann[2]. Diese Entfernung des letzten Restes des Anmachewassers oder Nachtrocknung ist praktisch bei etwa 120⁰ beendet. Chemische Veränderungen finden hierbei nicht statt, doch tritt eine gewisse Schwindung und Porositätszunahme der erhitzten Kaoline, Tone usw. ein.

An diese Nachtrocknung schließen sich die den eigentlichen Erhitzungsprozeß umfassenden Temperaturabschnitte an, nämlich

1. der Zerfall der Tonsubstanz und anderer in den Kaolinen und Tonen enthaltenen Verbindungen bei Temperaturen bis zu 900⁰ (Zersetzungsperiode),
2. die Entstehung einer neuen Tonerde-Kieselsäure-Verbindung.

In der Zersetzungsperiode erfolgt eine weitgehende Veränderung der Kaoline und Tone, vor allem die allmähliche Abgabe des chemisch gebundenen Wassers (Konstitutionswasser). Schon von etwa 200⁰ ab beginnt der allophane Teil der Tonsubstanz Wasser zu verlieren, während der Kaolin bei 400⁰ bis 430⁰ zu zerfallen beginnt[3]. A. M. Sokoloff[4], der den molekularen Zerfall des Kaolins bei allmählicher Temperatursteigerung studiert hat, fand, daß beim Glühen des Kaolins bei verschieden hohen Temperaturen die Anzahl der entweichenden Wassermoleküle sich zu der der in Salzsäure löslichen Tonerdemoleküle des Rückstands stets angenähert wie 2 : 1 verhält. Hierdurch wird bewiesen, daß der Zerfall des Kaolinmoleküls mit der Abspaltung des Hydratwassers in engstem Zusammenhang steht. Diese Tatsache haben Kal-

---

[1] Keram. Rdsch. Bd. 35 (1927) S. 123; siehe auch Ber. dtsch. keram. Ges. Bd. 10 (1929) S. 151.

[2] Steger, W.: Wärmewirtschaft in der keramischen Industrie S. 7. Dresden und Leipzig 1927.

[3] Lehmann, H., u. W. Neumann: Ber. dtsch. keram. Ges. Bd. 12 (1931) S. 327.

[4] Tonind.-Ztg. Bd. 36 (1912) S. 1107; Keram. Rdsch. Bd. 20 (1912) S. 365.

launer und Matejka zur Ausarbeitung eines einfachen Verfahrens der rationellen Analyse benutzt, das bereits erwähnt worden ist (S. 37).

Bei längerem Erhitzen auf 470° bis 500° entweicht der größte Teil des im Kaolin vorhandenen chemisch gebundenen Wassers. Die Zersetzungsgeschwindigkeit verringert sich mit zunehmender Erhitzungsdauer[1]. Bei etwa 575° geht die Austreibung des Konstitutionswassers mit der größten Intensität vor sich. Bei 600° ist die Hauptmenge des Wassers schon ausgetrieben. Gewisse Wasserreste bleiben in dem größtenteils entwässerten Material auch über 700° hinaus gebunden[2]. Nach R. Rieke[3] rührt in vielen Fällen die unterhalb 430° stattfindende Gewichtsabnahme möglicherweise von der Verflüchtigung organischer Substanzen her oder ist auf die Entwässerung etwa vorhandener Hydrate des Aluminiums, Siliziums usw. zurückzuführen, nach O. Krause und H. Wöhner[2] dagegen auf das Entweichen von Wasser aus den feinstdispersen Teilchen der Tonsubstanz.

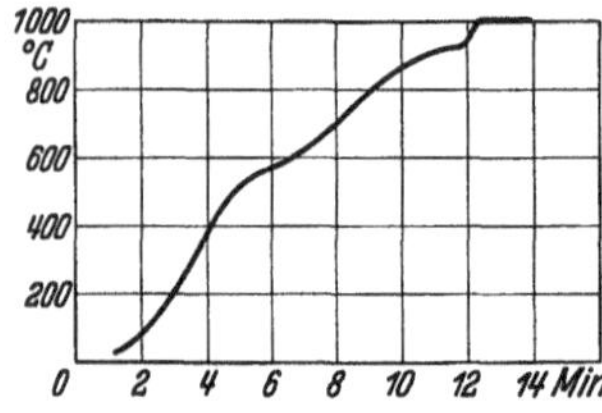

Abb. 31. Erhitzungs- (Zeit-Temperatur-) Kurve von „Kamig"-Elektro-Osmose-Kaolin. (Nach O. Krause[3].)

Außer der Abspaltung des chemisch gebundenen Wassers tritt beim Erhitzen der Kaoline und Tone zwischen 400° und 750° eine Wärmebindung ein, mit einem zwischen 530° und 600° liegenden Maximum. Die Zersetzung des Kaolins beim Erhitzen ist also ein endothermer Vorgang. Abb. 31 zeigt die Erhitzungskurve von „Kamig"-Elektro-Osmose-Kaolin. Sie läßt zwischen 550° und 580° einen Haltepunkt erkennen. Es ist weiter als sicher anzunehmen, daß zwischen 850° und 1050° ein exothermer Vorgang stattfindet mit einem zwischen 920° und 960° liegenden Maximum. Endlich wurden neuerdings noch sehr schwache exothermische Effekte zwischen 1170° und 1220° festgestellt[4].

Nach J. W. Mellor und A. D. Holdcroft[5] wird die Entwässerung des Kaolinmoleküls durch Erhitzen bei verringertem Luftdruck beschleunigt.

Wie bereits erwähnt wurde (S. 16), hat G. Keppeler darauf hingewiesen, daß auch Eisenoxyd in der Tonsubstanz konstitutionell gebunden sein kann. Auch B. Neumann und S. Kober[6] fanden, daß beim Erhitzen von Kaolinen und Tonen in der Temperaturzone des Kaolinzerfalls die Löslichkeit des Eisenoxyds in Salzsäure mit der der Tonerde unverkennbar zunimmt. Ein großer Teil des Eisenoxyds muß aber lose, d. h. ungebunden in dem Kaolin vorhanden sein, was

---

[1] Rieke, R.: Sprechsaal Keramik usw. Bd. 44 (1911) S. 655.

[2] Krause, O., u. H. Wöhner: Ber. dtsch. keram. Ges. Bd. 13 (1932) S. 515.

[3] Z. techn. Physik Bd. 9 (1928) S. 249; Ber. dtsch. keram. Ges. Bd. 8 (1927) S. 117.

[4] Literatur hierüber vgl. O. Krause u. H. Wöhner: a. a. O.

[5] Trans. ceram. Soc. Bd. 10 (1910/11) S. 94. — Auch G. Link und C. Calsow [Sprechsaal Keramik usw. Bd. 60 (1927) S. 248] haben diese Erscheinung festgestellt.

[6] Sprechsaal Keramik usw. Bd. 59 (1926) S. 607.

daraus hervorgeht, daß es schon aus dem nicht erhitzten Material herausgelöst werden kann, während dies bei dem konstitutionell in der Tonsubstanz gebundenen erst nach dem Erhitzen der Fall ist. Mit diesen Veränderungen dürfte auch die Änderung der Brennfarbe in Zusammenhang stehen, die manche Kaoline beim Erhitzen auf niedrige Temperaturen in oxydierender Atmosphäre zeigen, indem sie gelblich-rötliche bis violett-rötliche Farbe annehmen[1] (vgl. S. 118). Sind in den Kaolinen und besonders den Tonen geringe Mengen von Fremdstoffen enthalten, also z. B. Kalziumkarbonat, Aluminium- oder Eisensulfat, so werden sie beim Glühen derselben zersetzt. Entstehendes Kalziumoxyd ist in Wasser löslich, während die in den beiden anderen Fällen gebildeten Oxyde bzw. deren Silikate in Wasser unlöslich sind. Pyrit wird ganz oder teilweise oxydiert. Beim Lagern des Scherbens an der Luft können Oxydationsvorgänge unter Bildung löslicher Stoffe vor sich gehen[2]. Die in den Tonmassen enthaltenen löslichen Stoffe geben beim Trocknen Anlaß zu Salzausscheidungen an der Oberfläche („Ausblühungen"), die das Festhaften der Glasur am gebrannten Scherben ungünstig beeinflussen können.

Über die Natur der beim Entweichen des Konstitutionswassers der Tonsubstanz entstehenden Entwässerungsprodukte besteht noch keine völlige Übereinstimmung. Nach der einen Ansicht sind dieselben als physikalisches Gemisch, nach der anderen dagegen als chemische Verbindung von Aluminiumoxyd und Kieselsäure anzusehen, die man als Metakaolin bezeichnet, und deren Existenzgebiet man als bis zu Temperaturen von etwa 700° reichend angibt[3]. In neuester Zeit fanden O. Krause und H. Wöhner[4] auf Grund röntgenographischer und chemisch-analytischer Forschungen, daß das von etwa 430° ab auftretende Entwässerungsprodukt des Kaolins keine selbständige Kristallstruktur besitzt, sondern eine Pseudomorphose nach Pholerit (S. 14) darstellt. Wie die genannten Forscher angeben, liefert diese Pseudomorphose röntgenographisch keinerlei Interferenzen und ist als „ein Gerüst aus amorpher Kieselsäure mit beweglich eingelagerter Tonerde anzusehen, die sowohl durch Salzsäure leicht entfernt als auch durch weitere Erhitzung für sich zur Kristallisation gebracht werden kann". Demgegenüber konnten neuerdings Hirsch und Dawihl[5] experimentell feststellen, daß nach Austreibung des Wassers bei 500° das oberhalb dieser Temperatur bestehende Erhitzungsprodukt nicht als bloßes Gemisch von Kieselsäure und Aluminiumoxyd anzusehen ist, sondern in ihm diese beiden Stoffe noch in gewisser chemischer Bindung verbleiben.

Wird die Erhitzung nicht über 750° gesteigert, so ist die gesamte aus der Tonsubstanz stammende Tonerde in Chlorwasserstoffsäure löslich. Durch Erhitzung auf höhere Temperaturen wird eine Abnahme der

[1] Rieke, R.: Ber. dtsch. keram. Ges. Bd. 4 (1924) S. 184. Stark, J.: Die physikalisch-technische Untersuchung keramischer Kaoline S. 76. Leipzig 1922.

[2] Budnikoff, P. P.: Keram. Rdsch. Bd. 37 (1929) S. 493.

[3] Spangenberg, K.: Keram. Rdsch. Bd. 35 (1927) S. 356. Hirsch, H., u. W. Dawihl: Ber. dtsch. keram. Ges. Bd. 14 (1933) S. 97.

[4] Ber. dtsch. keram. Ges. Bd. 13 (1932) S. 515.

[5] Ber. dtsch. keram. Ges. Bd. 14 (1933) S. 97.

Löslichkeit bewirkt[1]. Zwischen 800° und 900° wird kristalline γ-Tonerde abgespalten. Hängt der bei 570° auftretende endotherme Effekt irgendwie mit in der Tonsubstanz sich abspielenden Veränderungen zusammen, so kann der oberhalb 900° auftretende exotherme Effekt nicht als mit der Tonsubstanz in Verbindung stehend angesehen werden, sondern wird nach O. Krause und H. Wöhner durch die Bildung eines Aluminiumsilikates veranlaßt, dessen Zusammensetzung noch fraglich ist[2]. Auch Tridymit kann aus der freien amorphen Kieselsäure entstehen[3]. „Weder der endotherme Effekt bei 475° noch der exotherme bei 930° bilden scharfe Grenzen für das Verschwinden bzw. Auftreten neuer Kristallphasen", vielmehr werden, wie die Genannten feststellten, die vorher vorhandenen Kristallphasen über jene Punkte hinaus weitergeschleppt bzw. unterhalb derselben schon neue Phasen gebildet.

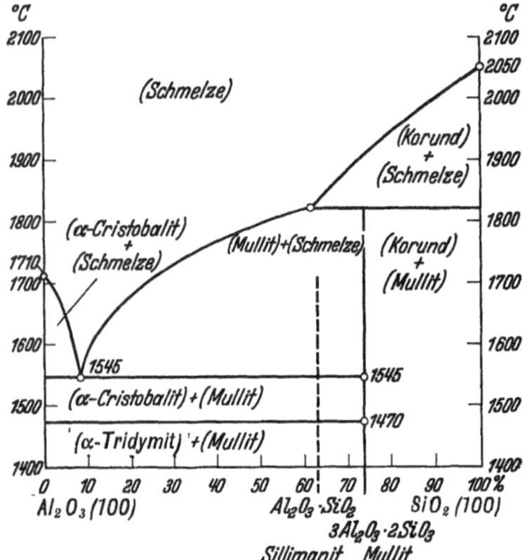

Abb. 32. Das System Al_2O_3—SiO_2. (Nach Bowen und Greig.)

Bei ungefähr 1200° tritt dann eine weitere Reaktion auf, die exothermer Natur ist und bei der feinkristallisierter Mullit, $3\,Al_2O_3 \cdot 2\,SiO_2$, entsteht[3]. Außerdem sind bei den hohen Temperaturen Tonerde, Kieselsäure und Glas vorhanden[4].

Das Verhalten des Systems Al_2O_3—SiO_2, in dem die wasserfreie reine Tonsubstanz einen Einzelfall bildet, bei hohen Temperaturen ist aus Abb. 32 ersichtlich, die die Beziehungen zwischen Zusammensetzung der Ton-Erde-Kieselsäure-Schmelzen und ihren Verflüssigungstemperaturen nach Bowen und Greig[5] zeigt.

Das in Abb. 32 wiedergegebene Schaubild ist eine Weiterentwicklung der zuerst von Shepherd und Rankin[6] gegebenen Darstellung, die Bowen und Greig

---

[1] Vgl. hierzu K. Spangenberg: Keram. Rdsch. Bd. 35 (1927) S. 330. Rieke, R.: Das Porzellan 2. Aufl. S. 27. Leipzig 1928.

[2] Möglicherweise handelt es sich hierbei um Sillimanit (S. 157).

[3] Krause, O.: Z. techn. Physik Bd. 9 (1928) S. 262.

[4] Salmang, H., u. A. Rittgen: Sprechsaal Keramik usw. Bd. 64 (1931) S. 468.

[5] Vgl. hierzu Bowen und Greig: J. Amer. ceram. Soc. Bd. 7 (1924) S. 238 und Bd. 8 (1925) S. 465.

[6] Amer. J. Sci. Bd. 28 (1909) S. 301; Z. anorg. allg. Chem. Bd. 68 (1910) S. 379, Bd. 71 (1911) S. 22.

auf Grund neuerer eigener Untersuchungen berichtigt haben[1]. Es zeigt eine durch 1545° verlaufende eutektische Linie, und zwar besteht nur ein Eutektikum, nämlich zwischen SiO_2 und Mullit. Es besitzt die ungefähre Zusammensetzung 7,7% Mullit und 92,3% SiO_2 oder 5,5% Al_2O_3 und 94,5% SiO_2. Der Schmelzpunkt des Eutektikums liegt bei 1545° ± 5°. Zwischen Mullit und Tonerde besteht kein Eutektikum. Der Mullit schmilzt bei 1810° unter Zersetzung in eine kieselsäure- und tonerdehaltige Schmelze und in Korund. Der gebrannten Tonsubstanz ($Al_2O_3 \cdot 2\,SiO_2$) würde die Ordinate im Punkte 54% SiO_2 — 46% Al_2O_3 entsprechen.

Die Mullitbildung ist ein Vorgang, der für die technische Keramik von großer Bedeutung ist, da er auf die Eigenschaften der gebrannten fertigen Erzeugnisse, besonders ihre mechanische Festigkeit und Härte, ihr thermisches, chemisches und elektrisches Verhalten weitgehenden Einfluß ausübt.

Auch die reinsten Feinkaoline der keramischen Technik entsprechen aber nicht genau der „Tonsubstanz" in ihrer chemischen Zusammensetzung, sondern enthalten häufig noch größere oder kleinere Mengen freier Kieselsäure in Form feinster Quarzkörnchen, daneben aber fast immer auch noch Eisenoxyd, Titandioxyd, Kalzium-, Magnesium-, Kalium- und Natriumoxyd, die beim Zerfall des Kaolins zusammen mit einem Teil der hierbei freiwerdenden Tonerde und Kieselsäure bei höherer Temperatur zusammengesetzte Silikatgemische ergeben. Diese schmelzen am frühesten[2] und bilden die glasige Grundmasse, in der die Kristalle des bei hohen Temperaturen sich bildenden Tonerdesilikats eingebettet sind[3]. Dieses Glas bildet das Bindemittel zwischen den feuerfesten Teilchen und ist daher für das Verhalten eines Kaolins oder Tons beim Brennen von großer Bedeutung.

Bei Überschreitung einer gewissen Mindesttemperatur wirken die geringen Mengen der in den Kaolinen und Tonen vorhandenen Beimengungen auf die Oberfläche der von ihnen berührten Kaolin- oder Tonteilchen chemisch ein. Die entstehenden, leicht schmelzbaren Silikatlösungen verkitten die einzelnen Tonteilchen und bringen sie infolge der Oberflächenspannung der schmelzenden Teile einander näher[4]. Dabei tritt das ein, was der Keramiker als „Sinterung" oder „Klinkerung" bezeichnet[5]. Die Sinterung ist gewissermaßen eine Vorstufe der Schmelzung, wobei man unter letzterer den durch Erhitzung herbei-

---

[1] Keppeler, G.: Ber. dtsch. keram. Ges. Bd. 7 (1926) S. 92.

[2] Einen Überblick über neuere amerikanische Untersuchungen der verschiedenen Silikatsysteme und der sich beim Erhitzen in ihnen bildenden Eutektika gibt G. W. Morey: Geophys. Labor. Carnegie Inst., Washington, Pap. Nr. 744; Ref. Sprechsaal Keramik usw. Bd. 65 (1932) S. 140.

[3] Rieke, R., in F. Singer: Die Keramik im Dienste von Industrie und Volkswirtschaft S. 88. Braunschweig 1923.

[4] Rieke in F. Singer: Die Keramik und ihre Bedeutung für Industrie und Volkswirtschaft S. 91. Braunschweig 1923.

[5] Vgl. hierzu R. Rieke: Tonind.-Ztg. Bd. 41 (1917) S. 831.

geführten Übergang sämtlicher Bestandteile in den amorphen Zustand versteht[1]. Die Korngröße der einzelnen Teilchen spielt bei der Sinterung eine wesentliche Rolle, indem durch sie der Verlauf der chemischen Einwirkung und damit auch der der Brennschwindung stark beeinflußt wird. Eine merkliche Zusammenziehung oder Schwindung tritt bei den Kaolinen erst von oberhalb 500° ab ein.

Nach R. Rieke[2] beginnen die beim Erhitzen in den Kaolinen und Tonen sich abspielenden Reaktionen „jedenfalls schon bei niedriger Temperatur". In solchen technischen Rohstoffen macht sich beim Brennen weiter auch der Einfluß von Katalysatoren verschiedenster Art geltend[3]. Es ergeben sich dann infolge der Einwirkung geringer Mengen eutektischer Schmelzen in diesen Mehrstoffsystemen weit verwickeltere Verhältnisse als im reinen System Al_2O_3—SiO_2. Hierzu kommen die Einflüsse dampf- und gasförmiger Verbindungen, die ebenfalls reaktionsbeschleunigend wirken.

Nach W. Miehr, J. Kratzert und H. Immke[4], die zwei Kaoline und zehn verschiedene Tone mikroskopisch und röntgenographisch auf ihr Verhalten beim Erhitzen oberhalb 1000° prüften, sind auf die Mullitbildung in Kaolinen und Tonen von Einfluß 1. die Höhe der Brenntemperatur, 2. die Brenndauer, 3. die Korngröße, 4. der Tonsubstanzgehalt und 5. der Flußmittelgehalt. Auch nach Untersuchungen von R. Rieke und F. Bley[5] bilden sich unter gleichen Brennbedingungen in verschiedenen Kaolinen verschieden große Menge Mullit. Vermutlich[5] hängen die Unterschiede ihrer Umwandlungsgeschwindigkeit mit den strukturellen Eigenschaften der Kaoline und Tone zusammen. Die Tonsubstanz wird restlos in Mullit umgewandelt. Zwischen ihrer Menge und der Reaktionsgeschwindigkeit ist keine Beziehung bekannt, doch zeigt sich eine sehr deutliche Abhängigkeit der Geschwindigkeit der Mullitbildung vom Flußmittelgehalt des Tons. Tonsubstanzreiche, flußmittelarme Tone erleiden sichtbare Mullitisierung erst bei sehr hohem und langem Brennen. Selbst 1600° scheinen in manchen Fällen noch nicht ausreichend zu sein. Bei tonsubstanz- und verhältnismäßig flußmittelreichen Tonen tritt die Mullitisierung schon früher ein. Tonsubstanzarme, quarzreiche Tone liefern erst bei hoher Temperatur und auch dann nur geringe Mengen Mullit. Tonsubstanzarme, flußmittelreiche beginnen mit der Mullitbildung verhältnismäßig am frühesten. Für alle Tonsorten liegen die Temperaturen optimaler Mullitbildung weit, zum Teil sehr weit oberhalb der normalen Brenntemperatur für feuerfeste Erzeugnisse. Selbst bei Anwendung außerordentlich langer Brennzeiten ist es ausgeschlossen, unter den üblichen Betriebsbedingungen die zur Mullitbildung führenden Umkristallisationen zu erreichen. Man hat in Beziehung auf die Form des in den Tonen entstehenden Mullits zwei Arten zu unterscheiden: a) im Zerfallstadium der Tonsubstanz gebildete submikroskopische Kristalle, b) aus örtlichen Schmelzen auskristallisierte makroskopisch wahrnehmbare Kristalle, deren typische Ausbildungsweise die Nadel- oder Säulenform ist.

Bei fortgesetzter Erhitzung eines Kaolins oder Tons erfolgt eine Erweichung seiner Masse, als Folge der sich in ihm abspielenden chemi-

---

[1] Vgl. hierzu R. Rieke: Tonind.-Ztg. Bd. 41 (1917) S. 831.

[2] Rieke, R., in F. Singer: Die Keramik im Dienste von Industrie und Volkswirtschaft S. 89.

[3] Eitel, W.: Keram. Rdsch. Bd. 34 (1926) S. 635.

[4] Tonind.-Ztg. Bd. 52 (1928) S. 280.

[5] Rieke, R., u. W. Schade: Ber. dtsch. keram. Ges. Bd. 11 (1930) S. 441.

schen Vorgänge. Den Ausdruck „Schmelzpunkt" kann man für feuerfeste Stoffe, wie sie die Kaoline und Tone darstellen, streng genommen nicht anwenden[1]. Da die feuerfesten Tone und Kaoline Mischungen verschiedener chemischer Verbindungen bilden, schmilzt zwar jedes mikroskopisch kleine Teilchen an sich bei einer bestimmten Temperatur, doch ist diese nicht für jeden vorhandenen Bestandteil die gleiche. Die „Erweichungstemperaturen" oder „Kegelschmelzpunkte" (s. S. 323) der meisten Kaoline und feuerfesten Tone liegen zwischen Segerkegel 33 und 36.

Hand in Hand mit den vorstehend beschriebenen, in dem Zerfall vorhandener und der Bildung neuer Verbindungen bestehenden Umwandlungen gehen in den Kaolinen und Tonen beim Erhitzen auch physikalische Veränderungen vor sich, und zwar hauptsächlich folgende:

1. Verlust der Plastizität, 2. Zunahme der Bruchfestigkeit, 3. Volumenveränderung, 4. Veränderung des spezifischen Gewichts, 5. Veränderung der Brennfarbe.

Die Eigenschaft der Bildsamkeit wird bei Kaolinen und reineren Tonen, wie sie für die Feinkeramik in Frage kommen, beim Erhitzen auf 100° nicht merklich beeinflußt[2]. Bei weniger reinen Tonen, die nicht in der Hauptsache Tonsubstanz, sondern noch andere anorganische und vor allem organische Kolloide enthalten, kann sich diese Erhitzung dadurch äußern, daß sie nach derselben weniger leicht in Wasser aufweichen und erst nach längerem Lagern in feuchtem Zustand ihre früheren physikalischen Eigenschaften wieder annehmen.

Bei höherem Erhitzen verliert dann die Tonsubstanz, als Hauptträgerin der Plastizität, diese Eigenschaft in steigendem Maße. Der Grad des Plastizitätsverlustes ist bei den verschiedenen Kaolinen und Tonen bei gleicher Erhitzung im allgemeinen verschieden. Erhitzen auf einige hundert Grad verringert die Plastizität, und ein Glühen bei 900° und 1000° hebt sie gänzlich und dauernd auf. Eine deutliche Beeinflussung derselben tritt meist zwischen 200° und 350° ein[3]. Man darf daher Kaoline und Tone, die man keramischen Arbeitsmassen als plastische Bestandteile einverleiben will, vorher nicht auf höhere Temperaturen erhitzen, wenn ihre Verarbeitbarkeit nicht verschlechtert werden soll, weil die Massen sonst „mager" werden (s. a. S. 80). Handelt es sich andrerseits um sehr fette Tone, die beim Formen und darauffolgenden Brennen leicht reißen, so kann man ihre Verarbeitbarkeit dadurch verbessern, daß man sie vorher auf bestimmte Temperaturen er-

---

[1] Phelps, St. M.: Amer. Refract. Inst. Bull. 1927; Abstr. J. Amer. ceram. Soc. Bd. 7 (1928) S. 169.

[2] Rieke in F. Singer: Die Keramik im Dienste von Industrie und Volkswirtschaft S. 89. Braunschweig 1923.

[3] Rieke: Ebenda S. 90.

hitzt, die für jeden einzelnen Fall gesondert zu ermitteln sind[1]. Die Maßnahme der Vorerhitzung auf 250° bis 400° hat auch Vorteile bei Tonen, die bei ihrer Verflüssigung zu Gießzwecken Schwierigkeiten bieten.

So konnte Keppeler[2] die Zerteilbarkeit des Tons von Großalmerode in Wasser zwecks Verbesserung der Gießbarkeit durch Erhitzung ganz wesentlich erhöhen. Dieses Verfahren ist durch D. R. P. 334185 geschützt.

Ein anderes auf diesem Grundsatz beruhendes Verfahren ist North patentiert (D. R. P. 295719). Auch die D. R. P. 321930 und 324 189 des Chemischen Laboratoriums für Tonindustrie, Prof. Dr. Seger & Cramer, G. m. b. H., Berlin, gehören hierher.

Das Vorerhitzen auf 350° benutzt A. Spangenberg[3] bei Tonen, die sich sonst schwer filtrieren lassen, um sie leichter in der Filterpresse behandeln zu können[4].

Bei steigender Erhitzung tritt eine Zunahme der Bruchfestigkeit der Kaoline und Tone ein. Sie ist die Folge der in ihnen hierbei sich abspielenden chemischen und physikalischen Vorgänge, die in der durch die Temperatursteigerung herbeigeführten Verdichtung und beginnenden Schmelzung zum Ausdruck kommen. Durch zunehmenden Gehalt an Flußmitteln wird die Bruchfestigkeit der Tone beim Erhitzen im allgemeinen rasch größer.

Die beim Erhitzen eines Kaolins oder Tons oder einer sie enthaltenden keramischen Masse eintretenden Volumenänderungen sind keine einfachen, sondern das Ergebnis mehrerer bei der Erhitzung nebeneinander verlaufender Vorgänge[5]. Sie zerfallen in solche, die jedem festen Stoff beim Erhitzen eigentümlich, und zweitens in andere, die charakteristisch für die Kaoline und Tone und ihre natürlichen Beimengungen sind. Handelt es sich um Kaoline oder Tone mit größerem Quarzgehalt, so tritt eine Abweichung vom regulären und stetigen Verlauf der Wärmeausdehnung und Zusammenziehung im Zusammenhang mit bei bestimmten Hitzegraden erfolgenden Umwandlungen der einen Quarzmodifikation in eine andere ein (S. 126). Die bleibenden Änderungen der Kaoline und Tone bestehen in der Verringerung des äußeren Volumens, der sog. Brennschwindung, und der Veränderung des eigentlichen Volumens des Materials selbst infolge Änderung seiner Dichte[5].

Der Verlauf der Brennschwindung und ihr Endbetrag ist nach Rieke[6] abhängig von 1. der chemischen Zusammensetzung, 2. der mineralischen Zusammensetzung, 3. der Korngröße der Tonteilchen und der Beimengungen, 4. der Art

[1] Rieke: Ebenda S. 90.

[2] Ber. dtsch. keram. Ges. Bd. 3 (1922) S. 267 und Bd. 10 (1929) S. 515.

[3] 10 Jahre deutsche Keramik S. 75. Berlin 1929.

[4] Vgl. a. P. P. Budnikoff, S. Gicharewitsch u. J. Schachnowich: Ber. dtsch. keram. Ges. Bd. 11 (1930) S. 275.

[5] Rieke in F. Singer: Die Keramik im Dienste von Industrie und Volkswirtschaft S. 90. Braunschweig 1923.

[6] Ebenda S. 91.

der Vorbehandlung und Verarbeitung des Materials, 5. der Höhe der Brenntemperatur, 6. der Länge der Erhitzungsdauer beziehungsweise der Geschwindigkeit des Temperaturanstiegs, 7. in geringem Grade von der Zusammensetzung der Ofenatmosphäre. In manchen Fällen kann es vorkommen, daß keine Schwindung, sondern eine Volumenvergrößerung eintritt und das betreffende Material beim Brennen „wächst". Im allgemeinen wird dies aber nur bei sehr quarzreichen Kaolinen und Tonen der Fall sein. Nach J. Stark[1] ist die Brennschwindung eines Kaolins bis 1100° um so größer, je kleiner seine mittlere Korngröße ist. Dies wird von H. F. Vieweg[2] (vgl. S. 13) bestätigt, der bei der Untersuchung von 22 Kaolinen die Brennschwindung bei feinkörnigen von 15 bis 10,1%, bei mittelkörnigen von 14 bis 8,9% und bei grobkörnigen von 10,3 bis 6,8% schwankend fand.

Die Veränderung der Dichte der Kaoline und Tone tritt vom beginnenden Zerfall des Kaolinmoleküls ab ein. Sie erreicht nach Rieke[3] bei ungefähr 600° den niedrigsten Wert und nimmt bei höherer Erhitzung allmählich wieder zu. Bei etwa 900° zeigt sich eine weitere Zunahme der Dichte, die je nach der Beschaffenheit des Materials, vor allem seiner chemischen Zusammensetzung, bis zu Temperaturen zwischen 1150 und 1350° fast gleichbleibt, um dann bei Temperaturen oberhalb 1350° infolge beginnender Schmelzung wieder abzunehmen. Von etwa 500° oder einer etwas höheren Temperatur ab ist die Brennschwindung eine bleibende und nimmt mit steigender Temperatur zu.

Bei dem mit der Brennschwindung verbundenen Aneinanderrücken der einzelnen Kaolin- und Tonteilchen verengern sich die anfänglich vorhandenen Poren immer mehr und verschwinden mit zunehmender Sinterung schließlich völlig. Die Änderung der Porosität verläuft also der Schwindung entgegengesetzt[4]. Von ungefähr 800° ab nimmt die Porosität bei weiterer Erhitzung langsam ab. Bei dieser zunehmenden Sinterung der Kaoline und Tone bis zur völligen Verdichtung verschwinden übrigens die Poren nur insoweit, als es sich um die offenen Poren handelt. Die allseitig abgeschlossenen Poren bleiben dagegen erhalten und sind unter dem Mikroskop gut erkennbar.

Als Begleiterscheinung der chemischen und physikalischen Vorgänge, die sich beim Erhitzen der Kaoline und Tone abspielen, kommt die Änderung ihrer Farbe in Betracht.

Die durch einen geringen Gehalt an organischen Substanzen verursachte mehr oder weniger graulichweiße Färbung vieler Kaoline und Tone verschwindet, sobald die kohligen Stoffe verbrannt sind. Nur ein Gehalt an färbenden anorganischen Beimengungen gibt dem Kaolin oder Ton auch nach dem Brennen eine von der weißen

---

[1] Die physikalisch-technische Untersuchung keramischer Kaoline S. 104. Leipzig 1922.

[2] J. Amer. ceram. Soc. Bd. 16 (1933) S. 77; Ref. Sprechsaal Keramik usw. Bd. 66 (1933) S. 597.

[3] In F. Singer: Die Keramik im Dienste von Industrie und Volkswirtschaft S. 93. Braunschweig 1923.

[4] Rieke: Ebenda S. 92. Dies bestätigt H. F. Vieweg (a. a. O.) insofern, als er angibt, daß sich die Porosität in direktem Verhältnis zur Teilchengröße ändert.

abweichende Färbung. Ist diese wesentlich, so kann der betreffende Rohstoff in allen den Fällen, wo es sich um die Herstellung rein weißer Waren handelt, keine Verwendung finden. Geringe Mengen von Eisenverbindungen, wie sie in manchen Kaolinen, häufiger in den Tonen vorhanden sind, treten besonders beim Erhitzen auf Temperaturen zwischen 450 und 800^0 deutlich sichtbar[1] hervor und verleihen dem Material eine schwach gelbliche bis rötliche Färbung (S. 111). Bei weiterer Erhitzung geht die Färbung selbst in oxydierender Atmosphäre mehr und mehr zurück, weil dann eine neue chemische Verbindung mit der Kieselsäure entsteht, die keine so starke Lichtabsorption besitzt wie das freie Eisenoxyd.

Eine unerwünschte färbende Beimengung mancher Tone und Kaoline bei ihrer Verwendung für die feinkeramische Fabrikation bildet ihr Gehalt an Titandioxyd. Der Einfluß der Titansäure ist schon auf Seite 10 besprochen worden. Wenn auch der Titandioxydgehalt der Kaoline und Tone meistens nur wenige Zehntelprozente beträgt, so steigt er doch in manchen Fällen auf mehr als 1%. Titandioxyd kann aber im Kaolin und Ton beim Erhitzen auch noch eine verflüssigende Wirkung ausüben. Nach A. H. Kuechler[2] setzt ein Gehalt von etwa 5% TiO_2 den Kegelschmelzpunkt um 2 bis 3 Kegel herab. Dem prozentualen Gehalt nach scheint die Flußwirkung von Titandioxyd und Eisenoxyd ungefähr gleich zu sein. Nach H. Hirsch[3,4] wird das Schmelzverhalten von Ton-Titanmineral-Mischungen durch den Flußmittelgehalt der benutzten Tonsubstanz, die Kristallart und Reinheit der Titanverbindung sowie die Mischungsart wesentlich beeinflußt. Nach demselben ließ sich in Massen für feuerfeste Erzeugnisse (Schamottegegenstände), wenn ihr Titansäuregehalt 1 bis 1,5% TiO_2 nicht übersteigt, keine ausgesprochene Flußmittel- und Erweichungswirkung der vorhandenen Titansäuremengen nachweisen. Über die Mitwirkung der Titanverbindungen bei der Verhütung des „Alterns" gebrannter Porzellanmassen s. S. 295.

Die Frage der Rehydratation von geglühtem Kaolin und Ton kann hier nur kurz berührt werden. Es ist nachgewiesen[5], daß Kaoline und Tone, die bei Temperaturen bis zu etwa 600 bis 700^0 vorgebrannt sind, bei mehrtägigem Erhitzen im Autoklaven unter einem Druck von z. B. 100 Atm. die der Zusammensetzung der „Tonsubstanz" entsprechende Wassermenge wieder aufnehmen. Eine praktische Verwertung dieses Vorgangs ist bisher nicht bekannt geworden.

2. Speckstein.

Der Speckstein, auch Steatit genannt, ist, wie der Talk, ein hydratisiertes Magnesiumsilikat der chemischen Zusammensetzung $3\,MgO \cdot 4\,SiO_2 \cdot H_2O$. Er enthält demnach im reinen Zustande 31,82% MgO, 63,44% SiO_2, 4,74% H_2O. Nach F. Singer[6] kann die Zusammen-

[1] Stark, J.: Die physikalisch-technische Untersuchung keramischer Kaoline S. 80. Leipzig 1922.

[2] J. Amer. ceram. Soc. Bd. 9 (1926) S. 104.

[3] Keram. Rdsch. Bd. 33 (1925) S. 282. [4] Tonind.-Ztg. Bd. 54 (1930) S. 773.

[5] Laird, J. S., u. R. F. Geller: J. Amer. ceram. Soc. Bd. 5 (1919) S. 827; ref. Sprechsaal Keramik usw. Bd. 57 (1924) S. 21. Ferner C. J. van Nieuwenburg u. H. A. J. Pieters: Rec. Trav. chim. Pays-Bas Bd. 48 Nr. 1; ref. Ber. dtsch. keram. Ges. Bd. 10 (1929) S. 261.

[6] Die Keramik im Dienste von Industrie und Volkswirtschaft S. 395. Braunschweig 1923.

setzung des Specksteins von der oben angegebenen bis $4MgO \cdot 5SiO_2 \cdot H_2O$ mit 33,53% MgO, 62,73% SiO_2, 3,74% H_2O schwanken.

Andere Namen, die dem Speckstein von altersher gegeben werden, sind Seifenstein, Pfeifenstein, Topfstein, Giltstein, Lavezstein[1] u. a. (englisch: steatite, talc, catlinite, pipestone, soapstone; französisch: talc, lardite, koréite)[2]. Man bezeichnet gewöhnlich die blättrigen, schuppigen oder stengelig-faserigen Arten des wasserhaltigen Magnesiumsilikates als Talk, dagegen die kryptokristallinen bis dichten Vorkommen des Talks von derber Beschaffenheit und glatter oder traubiger, knolliger Oberfläche als Speckstein oder dichten Talk.

Der Speckstein besitzt die Härte 1 bis 2, so daß er mit Schneidwerkzeugen leicht bearbeitbar ist, das spezifische Gewicht 2,6 bis 2,8 und unebenen, splittrigen Bruch. Er zeigt schwachen, zuweilen perlmutterartigen Glanz, rein weiße, gelblich- oder graubläulich- bis grünlich-weiße Farbe und fühlt sich weich und fettig an.

Nach Cloos[3] sind die Specksteinvorkommen auf zweierlei Art entstanden, nämlich entweder aus magnesiareichen Eruptivgesteinen (Serpentin, Peridot u. a.) unter Aufnahme von Wasser oder durch Einwirkung magnesiahaltiger thermaler Tiefenwässer auf Granit, Glimmerschiefer, Phyllit und die in ihnen eingesprengten Mineralien, wie Dolomit, Kalkspat, Quarz, Epidot usw., wobei Pseudomorphosen von Speckstein nach diesen Mineralien entstehen. Nach E. Enk[4] ist durch Einwirkung von heißem Wasser Magnesiumsilikat hydrolytisch gespalten worden, unter Bildung von Solen, die zu wabenartig aufgebautem Gel koagulieren. Die Hohlräume dieses Gels füllen sich mit Magnesiumhydroxydsol, und die in der Zelle im umgekehrten Sinne verlaufende Reaktion hat dann zur Bildung von Speckstein geführt.

Während die Verbreitung des Talks auf der Erde eine ziemlich große ist, kommt der eigentliche Speckstein nur an wenigen Orten vor. Deutschland besitzt ein einziges bedeutendes Specksteinvorkommen bei Göpfersgrün-Thiersheim (Johanneszeche) im Fichtelgebirge, das sich auf etwa 5 km Länge und 1 km Breite erstreckt. Neuerdings ist ein Specksteinvorkommen bei Schwingen am Südostrand der Münchberger Gneismasse bekannt geworden, das hydrothermalen Ursprungs sein soll[5]. Ein kleines Vorkommen ist das bei Erbendorf, Oberpfalz.

In den als „Steatit" bezeichneten keramischen Erzeugnissen ist Speckstein meistens in sehr hohen Prozentsätzen vorhanden (meist über 80%), so daß er die Eigenschaften derselben im wesentlichen bestimmt[6]. Wegen seiner für die keramische Verarbeitung besonders günstigen Eigenschaften stellt das Göpfersgrüner Material das für die Herstellung von Steatitmassen u. dgl. am meisten verwendete Material dar, das die Grundlage einer wichtigen Sonderfabrikation geworden ist. O. Krause[7]

---

[1] Die Keramik im Dienste von Industrie und Volkswirtschaft S. 395. Braunschweig 1923.

[2] Kerl, B.: Handbuch der gesamten Tonwarenindustrie 3. Aufl. S. 964. Braunschweig 1907.

[3] In F. Singer: Die Keramik im Dienste von Industrie und Volkswirtschaft S. 21. Braunschweig 1923.

[4] Kolloid-Z. Bd. 51 (1930) S. 257; Chem. Zbl. Bd. 101 (1930) II S. 537.

[5] Deubel, F.: Chemie der Erde Bd. 5 (1930) S. 87; Chem. Zbl. Bd. 101 (1930) II S. 711.

[6] Krause, O.: Ber. dtsch. keram. Ges. Bd. 10 (1929) S. 95.

[7] Ber. dtsch. keram. Ges. Bd. 10 (1929) S. 96.

gibt für Speckstein von Göpfersgrün folgende Zusammensetzung an: 62,18% SiO_2, 2,12% Al_2O_3, 1,70% Fe_2O_3, 0,00% TiO_2, 0,29% CaO, 28,03% MgO, 0,23% K_2O, 0,15% Na_2O, 5,72% Glühverlust.

Von Specksteinvorkommen in anderen Ländern sind bekannt die in den französischen Pyrenäen, in Rumänien, in den österreichischen Alpen, ferner in Lowell in Massachusetts, V. St. v. A., und in Kanada. Bei dem kanadischem Vorkommen soll es sich nach M. E. Wilson[1] um ein sehr bedeutendes Lager teilweise recht hochwertigen Materials handeln, das mit Dolomit zusammen vorkommt. Ein für keramische Zwecke benutzter Talk von Inyo County, Kalifornien, besitzt nach A. S. Watts, R. M. King und H. G. Fisk[2] die Zusammensetzung 60,53% SiO_2, 0,46 Al_2O_3, 1,20 Fe_2O_3, 0,70 CaO, 30,99 MgO, 5,67 Glühverlust.

Gewinnung. Auf der Johanneszeche bei Göpfersgrün wird der Speckstein bergmännisch mit Spitzhacke und Spaten abgebaut[3], und vereinzelt wird auch gesprengt. Man unterscheidet zwei Sortierungen, nämlich 1. Brennerstein und 2. Massestein. Unter ersterem versteht man die gleichmäßigen Knollenspecksteine ohne Risse[4]. Sie werden nach der Förderung getrocknet und sortiert, dann so weit zerteilt, wie dies für den beabsichtigten Verwendungszweck nötig ist, und durch Ausdrehen, Drechseln, Bohren, Fräsen usw. zu Brennerköpfen verschiedenster Form und Größe verarbeitet. Aus 100 kg rohem Speckstein erhält man nach F. Singer[5] nur etwa reichlich 1 kg fertige Specksteinbrenner. Der Massestein wird zunächst gemahlen, wobei auch der bei der direkten Verarbeitung entstandene Abfall mit verwertet wird. Über die Verwendung dieses in den pulverförmigen Zustand übergeführten Massesteins als Massebestandteil vgl. S. 311, unter „Steatitmassen".

Wenn auch heute für keramische Zwecke außer dem Speckstein die anderen Talksorten nur wenig in Betracht kommen, so sei doch erwähnt, daß man schon früher aus natürlichem Magnesiumsilikat verschiedener Herkunft Schmelztiegel hergestellt hat, z. B. aus dem sog. Asbestin von Lobley[6], denen besonders große Widerstandsfähigkeit gegen schmelzende Ätzalkalien nachgerühmt wird.

Über Calit und Calan vgl. S. 313.

Die Verfestigung oder Härtung der aus dem kompakten Naturspeckstein durch Drechslerarbeit hergestellten Brenner erfolgt durch direktes Brennen bei Temperaturen bis zu etwa 1000°. Die gebrannten Gegenstände sind dann fertig für die Verwendung. Ihre Brennschwindung beträgt nach F. Singer[7] nur 1%, nach K. Steinbrecher[8] beim Brennen bis 1100° 1 bis 2%, wobei der Speckstein völlig dicht wird und seine Härte auf den Härtegrad 6 steigt.

Die Verfestigung der aus pulverförmig gemahlenem Speckstein gepreßten, geformten oder gegossenen Gegenstände geschieht durch Erhitzen auf Temperaturen bis etwa 1450°. Die Brennschwindung trockengepreßter Steatitmassen beträgt etwa 8%, die mit Öl gepreßter oder naß verarbeiteter etwa das Doppelte.

Künstliche Magnesiumsilikatmassen, bei denen meist Magnesiumkarbonat als

---

[1] Canad. Dept. Min. Econ. Geol. Series 1926 Nr. 2 S. 128.

[2] J. Amer. ceram. Soc. Bd. 10 (1927) S. 53.

[3] Bley, F.: Ber. dtsch. keram. Ges. Bd. 9 (1928) S. 528.

[4] Singer, F.: Die Keramik im Dienste von Industrie und Volkswirtschaft S. 397. Braunschweig 1923.

[5] a. a. O. S. 399.

[6] Kerl, B.: Handbuch der gesamten Tonwarenindustrie 3. Aufl. S. 964. Braunschweig 1907.

[7] Singer, F.: Die Keramik im Dienste von Industrie und Volkswirtschaft S. 405. Braunschweig 1923.

[8] Z. angew. Chem. Bd. 50 (1928) S. 1331.

Ausgangsmaterial dient, sind weit weniger geeignet als aus Speckstein hergestellte, weil sie infolge des starken Kohlensäureverlusts keine so dichte Beschaffenheit annehmen.

Der Naturspeckstein zeichnet sich durch große Unempfindlichkeit gegen raschen Temperaturwechsel und durch Säurebeständigkeit aus. Selbst unter Druck wird er durch kochende Schwefelsäure oder heiße Lauge nicht angegriffen[1]. Der lineare Wärmeausdehnungskoeffizient[2] des Specksteins beträgt 0,00000545 bei -2 bis 22°. Beim Erhitzen verliert Speckstein bis zu 350° etwa 0,5% des chemisch gebundenen Wassers, bis 800° etwa 1,5%[3]. Nach O. Krause erleidet das Specksteinmolekül bei fortschreitender Erhitzung eine Veränderung, die bei Temperaturen zwischen 800 und 900° einen sprunghaften Verlauf nimmt. Wahrscheinlich schwankt die Zersetzungstemperatur etwas mit dem Charakter des betreffenden Materials. Bei etwa 850° tritt der Zerfall des Specksteinmoleküls unter Zusammenbruch seines Kristallgitters ein. Die Erhitzungskurve des Specksteins nach O. Krause zeigt ausschnittsweise Abb. 33. Auf dem nicht abgebildeten Teile zeigt die Kurve noch einen geringen thermischen Effekt bei 1350°, der durch das Schmelzen von SiO_2—Al_2O_3—MgO-Eutektikum verursacht wird. Der Schmelzpunkt des reinen Specksteins von Göpfersgrün liegt bei S.-K. 18 (ungefähr 1500°).

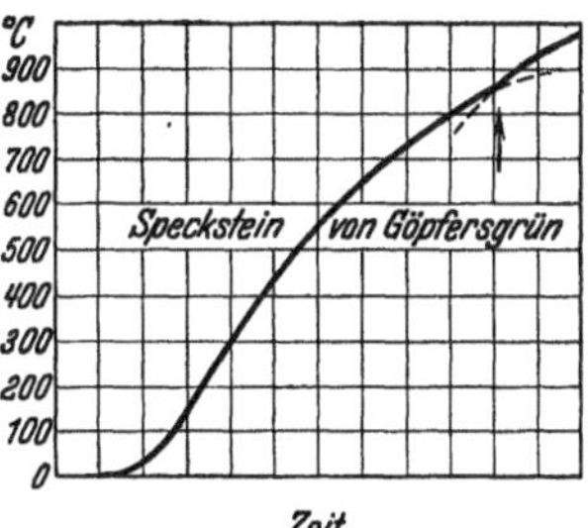

Abb. 33. Erhitzungskurve des Specksteins von Göpfersgrün. (Nach O. Krause.)

Bei der bei 850° eintretenden Zersetzung entsteht nach O. Krause Magnesiummetasilikat, amorphe Kieselsäure und Wasserdampf, nach folgendem Schema: $3\,MgO \cdot 4\,SiO_2 \cdot H_2O \rightarrow 3\,MgO \cdot SiO_2 + SiO_2 + H_2O$. Erst bei Temperaturen oberhalb 1100° geht die amorphe Kieselsäure in Cristobalit (S. 126) über. Reiner Speckstein[4] zeigt von 1300° an eine starke Abnahme der Porosität, die bis 1300° noch 42% beträgt. Die Brennschwindung, die bis 1300° nur 6,4% beträgt, steigt bei einer Brenntemperatur von 1400° auf 12,5%. Die in dem Zweistoffsystem MgO — SiO_2 stabilen Kristallphasen sind der Periklas MgO, der Forsterit $2\,MgO \cdot SiO_2$, der Klinoenstatit $MgO \cdot SiO_2$ und der Cristobalit SiO_2. Über ihre Verteilung gibt Abb. 34 Aufschluß.

Zum größten Teile bildet sich bei der Erhitzung auf hohe Temperaturen ein Klinoenstatit-Cristobalit-Eutektikum, das bei 1345° schmilzt. Der Schmelzpunkt ist scharf, d. h. die Specksteinmasse erweicht nicht allmählich, sondern plötzlich. Der Schmelzpunkt des Forsterits liegt bei 1890°. Ein Eutektikum zwischen Periklas

---

[1] Steinbrecher, K.: Z. angew. Chem. Bd. 50 (1928) S. 1331.

[2] Landolt-Boernstein: Physikalisch-chemische Tabellen 4. Aufl. S. 336. Berlin 1912.

[3] Krause, O.: Ber. dtsch. keram. Ges. Bd. 10 (1929) S. 96. Tadokoro, Y.: Res. Lab. Iron Works, Yawata, Japan, Report 458 (1924). Rieke, R., u. O. Wiese: Ber. dtsch. keram. Ges. Bd. 9 (1928) S. 126.

[4] Rieke, R., u. H. Thurnauer: Ber. dtsch. keram. Ges. Bd. 13 (1932) S. 249.

und Forsterit, das aus etwa 63% MgO und 37% MgO besteht, schmilzt bei 1850° ± 20°. Nach R. Rieke[1] enthält hochgebrannte Steatitware keine Kristalle von freier Magnesia, sondern solche von Magnesiumsilikaten, d. h. Enstatit bzw. Klinoenstatit. Nach F. Singer[2] stellt Steatit eine Masse dar, die erkennbar nur aus einer einzigen Phase, der Kristallart „Enstatit", besteht.

In Speckstein-Kaolingemischen[3] sinkt der Kegelschmelzpunkt (S. 115) bei 70% Specksteingehalt bis zu einem Minimum von S.-K. 9 (ungef. 1280°) und steigt dann mit noch höherem Specksteingehalt wieder an[4]. Die Sinterungstemperatur von Kaolin wird durch Specksteinzusatz herabgesetzt. Bei steigendem Specksteinzusatz rücken Sinterungs- und Schmelztemperatur näher aneinander, um bei 50 bis 70% Specksteingehalt fast zusammenzufallen. In Tonspecksteinmassen wird durch Zusatz kristallisierter Tonerde die Härte vergrößert und die Schwindung verringert[5]. Weiteres über das Verhalten des Dreistoffsystems $MgO—Al_2O_3—SiO_2$ beim Erhitzen vgl. S. 143.

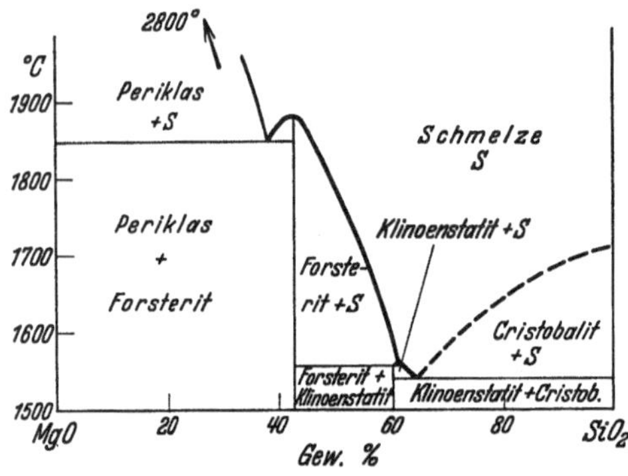

Abb. 34. Zustandsdiagramm des Systems $MgO—SiO_2$. (Nach Anderson und Bowen[6]).

Einen besonderen Fall stellt die Verwendung von Steatitmassen mit höherem Magnesiumoxydgehalt dar als dem Talk oder Speckstein entspricht, um die Schmelztemperatur der Masse heraufzusetzen. Die Einführung des Magnesiumoxyds unmittelbar als solches oder als Karbonat empfiehlt sich nicht, da sonst die Schwindung der Masse stark vergrößert und ihre Plastizität herabgesetzt wird. Auch bei Anwendung elektrisch geschmolzener Magnesia (S. 144) ist das der Fall. H. M. Kraner und S. J. McDowell[7] raten, damit bei der Verarbeitung und späteren Verwendung solcher magnesiumoxydreichen Massen keine chemische Hydrolyse des Magnesiumoxyds eintreten kann, letzteres durch hohe Erhitzung eines Magnesia-Talk-Gemischs unter Bildung von Forsterit ($2\,MgO \cdot SiO_2$) zu binden. Bei Verwendung von Forsterit als solchem in einer tonhaltigen Masse wird die Brennschwindung derselben geringer und die Brenntemperaturspanne größer als bei Verwendung von Talk. Seine obere Grenze findet der Magnesiagehalt der Masse in dem Eutektikum Forsterit-Periklas.

3. Bildstein oder Agalmatolith.

Der Name „Speckstein" sowie die auf S. 119 angeführten Benennungen werden zuweilen außer dem Magnesiumhydrosilikat, für das allein sie Anwendung finden sollten, einem anderen Mineral gegeben, das in seinem Äußeren dem Speckstein

1 Ber. dtsch. keram. Ges. Bd. 9 (1928) S. 162.

2 Keram. Rdsch. Bd. 38 (1930) S. 219.

3 Zettlitzer Kaolin.

4 Rieke, R., u. H. Thurnauer: Ber. dtsch. keram. Ges. Bd. 13 (1932) S. 252. Über die physikalischen Eigenschaften von Massen aus Speckstein und Ton vgl. M. Bichowsky und J. Gingold: Sprechsaal Keramik usw. Bd. 64 (1931) S. 679.

5 Thieß, L. E.: Sprechsaal Keramik usw. Bd. 65 (1932) S. 549.

6 Z. anorg. allg. Chem. Bd. 87 (1914) S. 283.

7 J. Amer. ceram. Soc. Bd. 8 (1925) S. 626; Ref. Sprechsaal Keramik usw. Bd. 59 (1926) S. 564.

oder dichten Talk zwar recht ähnlich ist, aber eine von diesem völlig verschiedene Zusammensetzung hat. Es ist dies der chinesische Bildstein oder Agalmatolith, auch Pagodit oder chinesischer Seifenstein genannt. Er ist ein Aluminiumsilikat der Zusammensetzung $Al_2O_3 \cdot 4\,SiO_2 \cdot H_2O$, enthält also 28,25% Al_2O_3, 66,78% SiO_2 und 4,97% H_2O. Die natürlichen Vorkommen enthalten außerdem noch 0,6% Fe_2O_3 und 0,1 bis 0,3% MgO, auch 0,6% TiO_2. Mineralogisch ist der Agalmatolith dichter Pyrophyllit[1]. Er fühlt sich wie der Speckstein fettig an und haftet auf der Bruchfläche nicht an der Zunge. Sein Bruch ist uneben und splittrig.

Als Hauptfundstätte des Agalmatoliths war bisher China bekannt, ohne daß Näheres über das dortige Vorkommen in Erfahrung gebracht werden konnte. Kleinere Fundstätten dieses Minerals liegen in Ungarn und Schottland, sie besitzen aber keine technische Bedeutung. In Rußland kommt Agalmatolith zusammen mit Dumortierit bei dem Dorfe Sailykh vor[2]. Beträchtliche Mengen desselben sind neuerdings in der Tschechoslowakei und in Brasilien[3] gefunden worden. Auch in Nordcarolina, Ver. St. v. A., hat man größere Lager des Minerals festgestellt, und zwar in der Gegend des Deep River und im südlichen Teile von Chatham Counties[4].

Wie der Speckstein ist auch der Agalmatolith leicht mit Schneidwerkzeugen usw. bearbeitbar, doch ist er etwas härter als ersterer und besitzt die Härte 2 bis 3.

Der Sinterungspunkt des Agalmatoliths liegt wenig oberhalb S. K. 14, der Schmelzpunkt nahe an S.-K. 33[5]. Das gebrannte Material ist gegen schroffen Temperaturwechsel nur wenig empfindlich. Es besitzt große Widerstandsfähigkeit gegen Alkalien und auch große Zähfestigkeit. Als weiteren Vorteil für die Verwendung dieses Minerals gibt O. K. Burger an, daß es beim Brennen nicht wie Speckstein[6] in verschiedener Richtung ungleichmäßig schwindet und sich nicht verzieht, so daß es besonders für solche Gegenstände als Rohstoff geeignet erscheint, bei denen es auf sehr genaue Abmessungen ankommt.

Auch als Zusatz zu anderen keramischen Massen ist Agalmatolith geeignet, sobald nicht auf deren rein weiße Farbe und Transparenz Wert gelegt wird[7]. Zum Aufbau von Porzellanmassen für Hochspannungszwecke kann Agalmatolith gleichfalls Verwendung finden, und zwar werden hier Zusätze bis 25% desselben empfohlen[8]. Die Verwendung in feinkeramischen Massen setzt weitgehende Feinmahlung voraus, damit die Bildsamkeit des Materials möglichst erhöht wird[9].

---

[1] Singer, F.: Die Keramik im Dienste von Industrie und Volkswirtschaft S. 395. Braunschweig 1923.

[2] Glinka, S. F.: Neues Jb. Min. Geol. Paläont. 1928 I S. 33.

[3] Burger, O. K.: Bull. Amer. ceram. Soc. Bd. 3 (1926) S. 343; Master Builder Aug. 1928 Nr. 795 S. 33.

[4] Stuckey, J. L.: Ceram. Age Bd. 9 (1927) S. 48. Shelton, G. R.: J. Amer. ceram. Soc. Bd. 12 (1929) S. 79.

[5] Keram. Rdsch. Bd. 41 (1933) S. 192.

[6] Nach O. Krause (Ber. dtsch. keram. Ges. Bd. 10 (1929) S. 103 Anm. 16) zeigen die Specksteinerzeugnisse verschiedene Breiten- und Höhenschwindung, die wahrscheinlich von der besonderen Struktur der Specksteinteilchen herrührt.

[7] Nach einem Gutachten vom 14. 11. 1932 der Versuchs- und Untersuchungsanstalt an der Staatsfachschule für Porzellanindustrie in Karlsbad-Fischern (Prof. Ing. F. Zaap).

[8] Nach einem Gutachten des Chemischen Laboratoriums für Tonindustrie, Prof. Dr. H. Seger & C. Cramer, G. m. b. H., Berlin.

[9] Keram. Rdsch. Bd. 41 (1933) S. 192.

B. Nichtplastische Rohstoffe.

a) Allgemeines.

Neben den plastischen Rohstoffen, den Kaolinen und Tonen, verwendet man zur Herstellung der keramischen Arbeitsmassen unplastische oder nichtplastische Rohstoffe, wie Quarz in seinen verschiedenen Formen, Feldspat, Kalkspat, gemahlene Scherben aus gebrannter Masse (S. 293) u. a. m. Für sich allein bilden diese unplastischen Materialien mit Wasser nicht wie die Kaoline und Tone bildsame Massen, sondern bleiben beim Anmachen mit Wasser zunächst fast trocken und bröcklig oder laufen bei überschüssigem Wasserzusatz auseinander. Infolgedessen wirken sie bei Zusatz zu Kaolin und Ton auf deren Bildsamkeit verringernd ein. Man bezeichnet sie daher auch als „Magerungsmittel". Ein solcher Zusatz kann verschiedenen Zwecken dienen. Im Zusammenhange mit der magernden Wirkung steht die Verringerung der Schwindung der Tone und Kaoline beim Trocknen und Brennen, wodurch der Fabrikationsausfall durch Reißen, Verziehen usw. der aus den Massen hergestellten Waren vermindert wird. Ein weiterer Zweck des Zusatzes unplastischer Rohstoffe ist der, das Brennverhalten der Ton- oder Kaolinmassen in bestimmter Richtung zu beeinflussen und ihre Sinterung und Erweichung zu verlangsamen oder zu beschleunigen. In letzterem Falle werden sie auch als „Flußmittel" oder „Flußmittelbildner" bezeichnet.

Bei allen den genannten Wirkungen ist neben anderen physikalischen und chemischen Eigenschaften der Magerungsmittel ihre Korngröße von weitgehendem Einfluß. Man benutzt in der Feinkeramik in überwiegendem Maße feingepulverte Materialien.

Außer zu den keramischen Massen werden die nichtplastischen Rohstoffe in beträchtlichen Mengen auch zur Bereitung der Glasuren (S. 235) verwendet, auf deren Verhalten beim Auftragen auf die Waren und beim Brennen („Flußmittelbildner") sie in hohem Maße einwirken.

Die zielbewußte Verwendung der nicht bildsamen Rohstoffe ermöglicht eine weitgehende Regelung der für die Verarbeitung wichtigen Eigenschaften der Kaoline und Tone und darüber hinaus überhaupt die Herstellbarkeit „so verschiedener Erzeugnisse, wie dies der Keramik eigentümlich ist"[1].

b) Die einzelnen Rohstoffe (Vorkommen bzw. Herstellung, Eigenschaften, Verwendung).

1. Kieselsäurerohstoffe. Die Kieselsäure findet in der gesamten Keramik ausgedehnte Verwendung als Kieselsäureanhydrid oder Silizium-

[1] Hecht, H.: Lehrbuch der Keramik 2. Aufl. S. 53. Berlin 1930.

dioxyd, SiO_2, in ihren verschiedenen natürlichen Formen, einerseits als Einzelrohstoff, andrerseits als Bestandteil anderer natürlicher Rohstoffe, wie Kaolin, Ton, Feldspat, Pegmatit usw. Für die Verwendung in der feinkeramischen Fabrikation haben Bedeutung vor allem Stückenquarz, Quarzsand und Feuerstein (teils feinkristallin, teils Opal), seltener Quarzit[1], dagegen nicht die wasserhaltige amorphe Kieselsäure (Opal, Kieselsinter oder Geyserit, Kieselgur)[2].

Fundorte: Wertvollste reinste Quarze finden sich in Schweden und Norwegen, auch im Ural. Von deutschen Gangquarzen kommt den nordischen am nächsten der von Pleystein, Kemnath und Kirchdorf im bayrischen Wald[3] und Viechtach. Auch der körnige Quarzit von Eschbach bei Usingen (Taunus) findet feinkeramische Verwendung[4]. In der Tschechoslowakei wird feinkeramisch verwertbarer Quarz bei Metzling und Písek gewonnen. Die wichtigsten deutschen Lager von Quarzsand („Glassand") finden sich bei Hohenbocka und Leippe (Lausitz), bei Dörentrup (Lippe), Walbeck (Prov. Sachsen), Frechen und Großkönigsdorf (Rheinland), Herzogenrath bei Aachen, Weißenbrunn u. a. O. Als Ersatz für Stückenquarz und Quarzsand werden vielfach auch die in Thüringen vorkommenden Porzellansande benutzt, die neben Quarz als Hauptbestandteil wechselnde Mengen Tonsubstanz und Feldspat enthalten[5]. Der in der Kreideformation eingebettete Feuerstein (französisch „silex", englisch „flint") findet sich auf der Insel Rügen, auch in England und Irland, an der französischen (Dieppe, Fécamp) und belgischen Meeresküste (Maisières), außerdem an vielen Orten im norddeutschen Diluvium.

Wichtig ist für die feinkeramische Verwendung der Kieselsäurerohstoffe ihre Reinheit, besonders die Abwesenheit von Eisen- und Titanverbindungen, die beim Brennen eine Gelbfärbung der Massen und eine Gelb- oder Grünlichfärbung der Glasuren bewirken können. Es enthalten nordischer Quarz 0,003 bis 0,006% Fe_2O_3 und 0,005% TiO_2, reinster deutscher Quarzsand 0,007 bis 0,0019% F_2O_3 und bis 0,02% TiO_2*. Der Quarzsand kann auch geringe Mengen nichtfärbender Beimengen enthalten, wie Ton, Feldspat, Glimmer, Kalk. In Kaolinen und Tonen ist freie Kieselsäure meistens als natürliches Magerungsmittel vorhanden. Ihre feinsten Teilchen können auch durch sorgfältigstes Schlämmen nicht aus denselben entfernt werden. Das spezifische Gewicht[6] von Quarz beträgt 2,65, von Feuerstein 2,59 bis 2,61, von Quarzsand 2,64 bis 2,65 und von Schlämmrückständen des Kaolins 2,62 bis 2,64.

---

[1] Man unterscheidet kristalline, körnige (Fels-)Quarzite und Zementquarzite.

[2] Der Kieselgur kommt für die Wärmeisolation der Brennöfen große Bedeutung zu.

[3] Abbau durch Naturschutzgesetz teilweise verboten.

[4] Früher irrtümlich als Kieselsinter angesehen und als „Geyserit" bezeichnet.

[5] Siehe unter „Pegmatit", S. 130.

* Niederleuthner, R.: Unbildsame Rohstoffe keramischer Massen S. 93. Wien 1928. Schauer, Th.: Sprechsaal Keramik usw. Bd. 59 (1926) S. 473.

[6] Hirsch, H.: Ber. dtsch. keram. Ges. Bd. 7 (1926) S. 50; Keram. Rdsch. Bd. 34 (1926) S. 695.

Die Kieselsäure ist eine polymorphe Verbindung und kommt in verschiedenen Zustandsformen vor, die sich durch ihre physikalischen und kristallographischen Eigenschaften stark voneinander unterscheiden.

1. β-Quarz: kommt in der Natur vor. Dichte 2,65. Wandelt sich bei 575° in α-Quarz um. Die Umwandlung ist umkehrbar.
2. α-Quarz: Dichte 2,60 bis 2,63*.
3. γ-Tridymit: kommt in der Natur vor. Dichte 2,27 bis 2,35*. Geht beim Erhitzen auf 117° in β-Tridymit über[1].
4. β-Tridymit: Dichte 2,32*. Geht bei 163° in α-Tridymit über[1].
5. α-Tridymit: Dichte 2,30 bis 2,32*.
6. β-Cristobalit: kommt in der Natur vor; Dichte 2,32 bis 2,333*. Geht beim Erhitzen in die α-Form über und zwar bei Temperaturen zwischen 175 und 270°, je nach der Art des verwendeten Materials und seiner Vorbehandlung. Bei natürlichem Cristobalit tritt die Umwandlung meistens zwischen 215 und 230° ein[2].
7. α-Cristobalit: Dichte 2,21 bis 2,33*.

Die Umwandlung des Quarzes beim Erhitzen in andere Zustandsformen verläuft theoretisch bei folgenden Temperaturen[3]:

$$\beta\text{-Quarz} \xrightleftharpoons{575^\circ} \alpha\text{-Quarz} \xrightleftharpoons{870^\circ} \alpha\text{-Tridymit} \xrightleftharpoons{1470^\circ} \alpha\text{-Cristobalit} \xrightleftharpoons{1710^\circ \pm 10^\circ} \text{Schmelze.}$$

Außerdem treten bei Tridymit und Cristobalit im Bereiche ihrer Unbeständigkeit noch folgende umkehrbaren Reaktionen auf: $\gamma\text{-Tridymit} \xrightleftharpoons{117^\circ} \beta\text{-Tridymit}$ und $\beta\text{-Cristobalit} \xrightleftharpoons{180-270^\circ} \alpha\text{-Cristobalit}$.

Praktisch ist der Verlauf der Quarzumwandlung beim Erhitzen und Abkühlung schematisch folgender[4]:

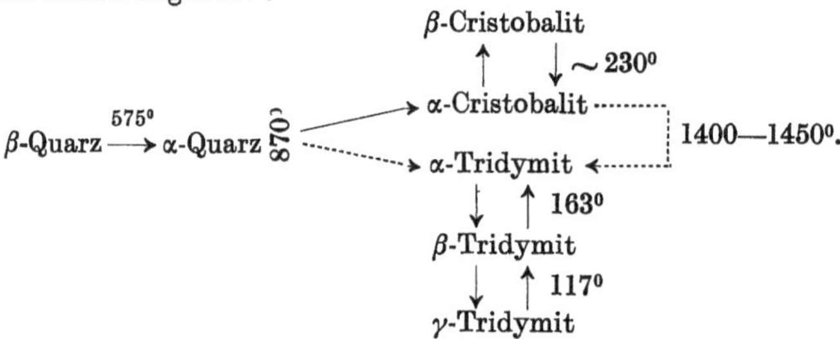

Diese Umwandlungen sind praktisch sowohl in der Grob- als in der Feinkeramik von großer Bedeutung, weil zugleich mit ihnen starke Dichteänderungen der Kieselsäurerohstoffe eintreten, die naturgemäß mit mehr oder minder großen Volumenveränderungen in den Massen verbunden sind. Die keramisch wichtigsten umkehrbaren Volumenvergrößerungen des Quarzes („Wachsen") sind die bei seiner Um-

[1] Niederleuthner, R.: Unbildsame Rohstoffe keramischer Massen S. 99. Wien 1928.

* Niederleuthner, R.: a. a. O. S. 109.

[2] Rieke, R., in F. Singer: Die Keramik im Dienste von Industrie und Volkswirtschaft S. 104. Braunschweig 1922.

[3] Fenner, C. N.: J. Washington Acad. of Sci. Bd. 2 (1912) S. 471; Amer. J. Sci. Bd. 36 (1913) S. 331; Z. anorg. allg. Chem. Bd. 85 (1914) S. 133.

[4] Niederleuthner, R.: Unbildsame Rohstoffe keramischer Massen S. 102. Wien 1928.

wandlung über α-Cristobalit in β-Cristobalit (14,2%) und über α-Tridymit in γ-Tridymit (13,9%)[1]. **Die Umwandlung der einzelnen Zustandsformen der Kieselsäure in andere** wird beschleunigt durch die Gegenwart von Mineralisatoren oder Katalysatoren, als welche Eisenoxyd, Eisensilikate, Aluminiumoxyd, Kalziumoxyd, Kalziumsilikat, Alkalien usw. oder bei der Fabrikation absichtlich zugesetzte Stoffe, wie Metalloxyde, Gips, Phosphorsäure, Bor- oder Wolframverbindungen in Frage kommen, die schon bei Anwesenheit sehr geringer Mengen die Umwandlungsgeschwindigkeit beschleunigen. Die Umlagerungen des Quarzes bei 575° und des Cristobalits bei 230° treten infolge ihres raschen Verlaufs praktisch störender in Erscheinung als die von Quarz in Tridymit bei 870° und von diesem in Cristobalit bei 1470°.

Die Umwandlungsdauer der natürlichen Kieselsäureformen ist von der Korngröße und dem Kleingefüge abhängig. Sie ist eine längere bei kristallisierter Kieselsäure als bei kryptokristallisierter und bei amorpher. Der nordische Gangquarz wandelt sich beim Brennen viel schneller um als die reinen Quarzsande, da er infolge der in ihm vorhandenen Spannungen beim Erhitzen eine starke Oberflächenvergrößerung erfährt, die eine raschere Umwandlung ermöglicht[2]. Nach Rieke[3] ist anzunehmen, daß die Umwandlungsgeschwindigkeit der verschiedenen Quarzvorkommen in Kieselsäureformen von niedrigerem spezifischem Gewicht, d. h. in Cristobalit oder Tridymit, auf die Transparenz und das sonstige Aussehen des Porzellans von Einfluß ist. Völlig geklärt ist diese Frage noch nicht. Man kann anstatt des teureren reinen Stückenquarzes reinen Quarzsand überall dort benutzen, wo es sich lediglich um Einführung eines reinen Kieselsäurerohstoffs handelt, also vor allem in feinkeramischen Glasuren und vor allem in Steingutmassen, auch gewissen Porzellanmassen, nicht aber dann, wenn es darauf ankommt, ein Porzellan bester Lichtdurchlässigkeit zu erhalten. Kieselsäure, die in Gestalt von Feuerstein, Quarzsand oder Kaolinschlämmrückstand eingeführt wird, wirkt günstiger auf die mechanischen und elektrischen Eigenschaften des Porzellans als kristallisierter Quarz[4]. Auch die Geschwindigkeit der Auflösung der Kieselsäure im Feldspat der Porzellanmasse beim Brennen ist außer von der Mahlfeinheit und Brenntemperatur auch von der Art des benutzten Kieselsäurematerials abhängig. Die Eigenschaften des Hartsteinguts werden ebenfalls davon beeinflußt, ob der verhältnismäßig hohe Gehalt der Steingutmasse an freier

---

[1] Niederleuthner: a. a. O. S. 110.

[2] Pulfrich, M.: Keram. Rdsch. Bd. 30 (1922) S. 375, 393 u. 403.

[3] Berichte der Fachausschüsse der Dtsch. Keram. Gesellsch. Ber. des Rohstoffausschusses Nr. 1 v. 13. 3. 1928 S. 9.

[4] Hirsch, H.: Ber. dtsch. keram. Ges. Bd. 7 (1926) S. 49 und Keram. Rdsch. Bd. 44 (1926) S. 695.

Kieselsäure mehr aus Quarz oder Cristobalit besteht. Diese den Ausdehnungskoeffizienten der Steingutmassen beeinflussende Umwandlung der verschiedenen Kieselsäureformen ist auch für das rissefreie Haften der Glasur von Bedeutung. In den feinkeramischen Massen, deren Brenntemperatur unterhalb der Umwandlungstemperatur von Cristobalit in Tridymit liegt, ist Cristobalit die häufigste Zustandsform. Im allgemeinen kann man aber sagen, daß Massen, die bis auf etwa 1450° erhitzt und in normaler Weise abgekühlt worden sind, die freie Kieselsäure in Form eines Gemisches aus Cristobalit, Tridymit und etwa nicht umgewandeltem Quarz enthalten, deren Mengenverhältnis hauptsächlich von der Erhitzungsdauer abhängt[1].

Das chemische Verhalten der Kieselsäurerohstoffe ist je nach ihrer physikalischen Beschaffenheit verschieden. Die Widerstandsfähigkeit gegen Flüssigkeiten ist um so geringer und ihr Reaktionsvermögen gegen feste, feurig-flüssige oder dampfförmige Angriffsstoffe um so größer, je geringer ihre Dichte ist. Reiner Kristallquarz ist am wenigsten, amorphe Kieselsäure, also sowohl die geschmolzene Form als auch Gelkieselsäure (Opal, Kieselsinter), am meisten angreifbar. Durch Zersetzung von Tonsubstanz aus Kaolin oder Ton mittels Mineralsäure entstandene Kieselsäure wird beim Kochen in verdünnter Natronlauge oder Sodalösung leicht und völlig gelöst, kann also auf diese Weise von Quarz getrennt werden (rationelle Analyse, vgl. S. 37). Die Reaktionsfähigkeit der einzelnen Kieselsäuremodifikationen mit Chlornatriumdampf und Wasserdampf ist praktisch von Bedeutung bei der Bildung der sog. Salzglasur des Steinzeugs (s. S. 244 u. S. 277). Allgemein kann man sich den Verlauf der Reaktion zwischen NaCl, H_2O-Dampf und den Glasurkomponenten A als nach folgendem Schema verlaufend denken[2]: $2\,NaCl + H_2O + xA = Na_2O \cdot xA + 2\,HCl$. Die Einwirkung ist eine Oberflächenreaktion, und zwar bildet sich Natriumsilikat und Chlorwasserstoffsäure.

Die Schmelzpunkte der verschiedenen Kieselsäureformen sind folgende[3]:

α-Quarz	1600° ∼ S.-K. 26/27,
α-Tridymit	1670° ∼ S.-K. 30,
α-Cristobalit	1710° ∼ S.-K. 32.

Nach H. L. Watson[4] gehen alle Kieselsäureformen zwischen 1650 und 1750° in den glasigen Zustand über und werden oberhalb 2000° flüssig.

2. Alkalihaltige Tonerdesilikate: Feldspat, Pegmatit. Feldspat. Man unterscheidet: Kalifeldspat = Orthoklas (Adular, Sanidin), Mikroklin, $K_2O \cdot Al_2O_3 \cdot 6\,SiO_2$; Natronfeldspat = Albit, $Na_2O \cdot Al_2O_3 \cdot 6\,SiO_2$; Kalkfeldspat = Anorthit, $CaO \cdot Al_2O_3 \cdot 6\,SiO_2$; Kalknatronfeldspat und Natronkalkfeldspat = Plagioklas.

---

[1] Niederleuthner, R.: Unbildsame Rohstoffe keramischer Massen. S. 105 u. 106. Wien 1928. Weiteres siehe ebenda S. 82, 118, 136. Steinhoff, E.: Keram. Rdsch. Bd. 35 (1927) S. 368. Hirsch, H.: Keram. Rdsch. Bd. 35 (1927) S. 500. Hibsch, H.: Feuerfest Bd. 2 (1926) S. 95.

[2] Neumann, B., u. W. Fischer: Sprechsaal Keramik usw. Bd. 60 (1927) S. 314.

[3] Niederleuthner, R.: Unplastische Rohstoffe keramischer Massen S. 122. Wien 1928.

[4] J. Amer. ceram. Soc. Bd. 10 (1927) S. 511.

Keiner der in der Natur vorkommenden Feldspäte besitzt eine einheitliche chemische Zusammensetzung, vielmehr enthalten dieselben mannigfache Mischkristallbildungen, unter denen die des Kalifeldspates mit denen des Natronfeldspates die wichtigsten sind[1]. Die natürlichen triklinen Mischkristalle von Kali- und Natronfeldspat bezeichnet man als Anorthoklase. Der Kalifeldspat besitzt trikline Kristallform, die auch dem scheinbar monoklinen Orthoklas zugrunde liegt. Die Feldspate sind aus magmatischem Schmelzfluß bei langsamer Abkühlung entstanden. Ausnahmen hiervon bilden der Adular und manche Albite, für die man eine hydrothermale Entstehung annimmt.

Für die feinkeramische Verwendung kommt fast ausschließlich Kalifeldspat in Form von Mikroklin in Betracht. Er zeigt meist fleischähnlich gelblichbraune bis hellrote, nur selten weißliche Farbe. Orthoklas und Mikroklin besitzen ausgezeichnete auf ihrer Neigung zur Bildung von Zwillingskristallen beruhende Spaltbarkeit und bestehen fast immer aus vielen dünnen Lamellen. An der dadurch hervorgerufenen blättrigkristallinen Riefung der Oberfläche ist der Mikroklin, besonders der nordische (s. unten), leicht kenntlich. Als Ursache der rötlichen Farbe wird entweder ein Gehalt des Feldspates an eingelagerten mikroskopisch kleinen Schuppen von Eisenglanz oder in den Mischkristallen vorhandener Moleküle von $\overset{\text{III}}{\text{Eisen}}$feldspat angesehen, die starkes Färbevermögen besitzen[2], während nach E. Berdel[3] diese rote Farbe lediglich eine eigenartige optische Erscheinung darstellt. Grauliche Färbungen beruhen auf der Gegenwart von organischen Stoffen (Algenreste oder infiltriertes Moorwasser), mit denen zugleich auch geringe Eisenmengen eingedrungen sein können[3].

Der technisch verwendete Feldspat entspricht, worauf bereits hingewiesen wurde, nicht der theoretischen Zusammensetzung des Kalifeldspats (18,3% Al_2O_3, 16,9% K_2O, 64,8% SiO_2), sondern enthält fast immer einige Prozent Natriumoxyd, das einen Teil des Kaliumoxyds vertritt (meistens 2 bis 3%), häufig auch geringe Mengen Kalk, Magnesia, Eisenoxyd und Wasser[4]. Vielfach findet sich auch Quarz eingewachsen. Der Natronfeldspat befindet sich nur zum kleinen Teil in fester Lösung, sondern in „oft sehr verschieden feiner Form als perthitische Entmischung“ individualisiert wieder ausgeschieden[5].

Wichtig ist für die feinkeramische Verwendung des Feldspats, vor allem die zur Porzellanherstellung, sein geringer Gehalt an Eisenoxyd. Er beträgt bei reinen Feldspatsorten 0,05 bis 0,20% Fe_2O_3 und sollte

---

[1] Eitel, W.: Ber. dtsch. keram. Ges. Bd. 10 (1929) S. 522.

[2] Derselbe: a. a. O. S. 523. [3] Keram. Rdsch. Bd. 37 (1929) S. 89.

[4] Diese Beimengungen rühren von mineralischen Verunreinigungen her, in erster Linie von Glimmer.

[5] Die Bezeichnung „perthitisch“ rührt her von dem Orte Perth in Kanada. Sind diese eingelagerten Mischkristalle zwischen Kali- und Natronfeldspat so fein, daß man sie nur mit Hilfe des Mikroskops nachweisen kann, so bezeichnet man den Feldspat als Mikroperthit oder Kryptoperthit.

0,4 bis 0,5% nicht übersteigen. Für Steingutmassen sind auch Feldspäte mit noch höherem Eisenoxydgehalt, bis zu etwa 1%, geeignet[1].

Pegmatit. Man versteht unter Pegmatit „Schlieren oder jüngere magmatische Instrusionen in juvenilen Gesteinen, die besonders langsam erkalteten und entsprechend ihrer Entstehung als Linsen, Stöcke oder Gänge auftreten"[2]. Sie bilden Massen, die vorwiegend aus Feldspat- und Quarzsubstanz bestehen und grobkristallines Gefüge zeigen[3]. Außerdem enthalten sie infolge teilweiser Umwandlung des Feldspats in Kaolin häufig noch Tonsubstanz, in untergeordneten Mengen auch andere Mineralien, vor allem Glimmer.

Man unterscheidet Pegmatit im eigentlichen geologischen Sinne und Pegmatit im keramischen Sinne. Der Pegmatit des Keramikers umfaßt eine ganze Reihe feldspathaltiger Rohstoffe verschiedener Herkunft[4]. Die eine Hauptgruppe bilden die wirklichen Granitpegmatite, mit oder ohne Kaolin- und Glimmergehalt. Zur zweiten Gruppe gehören teilweise oder völlig kaolinisierte feldspathaltige Gesteine, wie Felsitporphyre oder Granite, und die dritte Gruppe bilden Arkosen mit teilweise kaolinisierten Feldspäten. Die verschiedenen Pegmatitarten stellen demgemäß entweder ein festes unverwittertes oder ein weißliches mürbes oder leicht zerreibliches Gestein dar, das aus feineren oder gröberen Quarzkristallen und mehr oder weniger verwitterten Feldspatbruchstücken besteht. Auch der in England vorkommende „cornish stone" gehört hierher. Bilden die kaolinisierten feldspatführenden Gesteine lose Zertrümmerungsmassen von feinerem oder gröberem Korn, so werden sie „Feldspatsande" genannt. Die gleiche Bezeichnung führen auch gewisse feldspathaltige, beim Schlämmen von Kaolin abfallende technisch verwertbare Sande.

Nach A. Laubenheimer[4] sind die Grenzen der mineralogischen Zusammensetzung bei

Feldspat und echtem Pegmatit: 0 bis 40% Quarz, 0 bis 15% Kaolin + Glimmer, 50 bis 99% Feldspat,

Feldspat ersetzenden Gesteinen: 25 bis 70% Quarz, 0 bis 80% Kaolin + Glimmer, 20 bis 75% Feldspat.

Fundorte. Die reinsten und reichsten Feldspatvorkommen finden sich in Europa auf der skandinavischen Halbinsel. Neben dem an manchen Stellen im Kalifeldspat auftretenden Albit enthält derselbe an dunkelfarbigen Begleitmineralien Biotit, Chlorit, schwarzen Turmalin, Granat, Magnetit, Pyrit. Charakteristisch für die norwegischen Feldspäte ist auch das Vorkommen von Mineralien,

---

[1] Rieke, R.: Berichte der Fachausschüsse der Dtsch. Keram. Gesellsch., Rohstoffausschuß Ber. Nr. 1 (1928) S. 2.

[2] Kloos in F. Singer: Die Keramik im Dienste von Industrie und Volkswirtschaft S. 26. Braunschweig 1923.

[3] Bei feinkristalliner Beschaffenheit heißen sie Aplite, vgl. A. Laubenheimer: Ber. dtsch. keram. Ges. Bd. 10 (1929) S. 366.

[4] Laubenheimer, A.: Ber. dtsch. keram. Ges. Bd. 10 (1929) Bd. 367.

die seltene Erden oder andere ungewöhnliche Bestandteile (Tantal, Niob, Uran uw.) enthalten. Als hauptsächlichste Fundstätten Norwegens kommen zur Zeit in Betracht, von Norden nach Süden genannt, der Ofotenbezirk, der Küstenstrich zwischen Drontheim und Bergen, der zwischen Kragerö und Kristiansand und die Gegend am Kristiana-Fjord. Die wichtigsten Feldspatfundstätten Schwedens sind zur Zeit, von Norden nach Süden genannt, Norrbotten, die Gegend um Gefle, Stockholm und Norrköping, die Ufer des Mälarsees, die Gegend zwischen Uddevalla und Falkenberg. Den schwedischen Spaten ähnliche Vorkommen finden sich auch in Finnland. In Rußland liegen die wichtigsten Feldspatlager in Karelien (Panfilowa Waraka und die Olentschik-Insel), im Ural (Alabaschka) und auf der Insel Kola an der Murmanküste (weißer Kalifeldspat).

Gegenüber den nordischen Feldspatlagern Europas stehen die in Deutschland und der Tschechoslowakei hinsichtlich ihrer Reinheit und allgemeinen Verwendbarkeit für feinkeramische Zwecke wesentlich zurück, wenn sie auch für letztere nach sorgfältiger Sortierung noch brauchbar sind[1]. Diese mitteleuropäischen Feldspäte sind keine ausgesprochenen Kalifeldspäte mit geringem Natrongehalt, sondern der letztere überwiegt vielfach den an Kali. Die wichtigste deutsche Feldspatfundstätte liegt in der Oberpfalz in Bayern bei Hagendorf-Waidhaus. Andere kleinere Lager sind die bei Katzbach (Amt Nabburg) und bei Oberried und Gumpenried (Amt Viechtach) und bei Unterried (Amt Bodenmais) in Niederbayern. In Deutschland finden sich aber sehr bedeutende Pegmatitlager, die in großem Umfange abgebaut und technisch verwertet werden. Die bedeutendsten Fundorte sind die in der bayrischen Oberpfalz und Oberfranken, vor allem die von Steinfels, Tirschenreuth, Weiden, Weiherhammer, Rupprechtsreuth, Freihung und Hirschau-Schnaittenbach. Als Fundstätten für Feldspatsande sind zu erwähnen Amberg, Arzberg, Kronach, Weißenbrunn und Wunsiedel. Auch in Thüringen finden sich bedeutende Lager solcher „Porzellansande“ (Neuhaus, Martinroda, Blankenhain, Kleindembach, Jecha u. a.). Ein sehr eisenarmer, kalireicher Feldspatsand ist das in der Nähe von Arnstadt gewonnene „Habera-Feldspatmehl“*. Ein bekanntes mitteldeutsches Vorkommen ist ferner der „Glasursand“ von Fürstenwalde a. d. Spree. In Westdeutschland sind die wichtigsten Pegmatitlager die von Saarbrücken und Birkenfeld (sog. Birkenfelder Feldspat, in Wirklichkeit ein Feldspat enthaltender kaolinisierter Felsitporphyr)[2]. Ein wichtiges pegmatitähnliches Vorkommen, das die Handelsbezeichnung „Quarzspat Ströbel“ oder auch „Ströbelfeldspat“ führt, ist das bei Ströbel am Zobten bei Schweidnitz[3].

In der Tschechoslowakei wird Feldspat abgebaut bei Karlsbad, Metzling, Pilsen, Pìsek, Chotoun bei Prag u. a. Orten. In Rumänien ist seit einigen Jahren ein Feldspatlager bei Teregova (Banat) erschlossen[4]. Die französischen Feldspatvorkommen sind von geringerer Bedeutung, während Pegmatit in Frankreich in großem Umfang abgebaut wird (massige Vorkommen bei St. Yrieix bei Limoges, Sandlager von Cher und La Nièvre)[5]. In Großbritannien gewinnt man Kalifeldspat nur in untergeordnetem Maße. Dagegen besitzen große technische Bedeutung

[1] Rieke, R.: Das Porzellan 2. Aufl. S. 35. Leipzig 1928.

* Es wird neuerdings wegen seiner Reinheit sogar als Ersatz für skandinavischen Feldspat empfohlen [H. Harkort: Sprechsaal Keramik usw. Bd. 66 (1933) S. 609].

[2] Laubenheimer, A.: Ber. dtsch. keram. Ges. Bd. 10 (1929) S. 367.

[3] Finckh, L.: Keram. Rdsch. Bd. 35 (1927) S. 315.

[4] Kopka, G.: Keramos Bd. 7 (1928) S. 699; Keram. Rdsch. Bd. 36 (1928) S. 805.

[5] Granger, A., u. R. Keller: Die industrielle Keramik S. 393. Berlin 1908.

die Pegmatitlagerstätten im Bezirk St. Stephen bei St. Austell in Cornwall[1]. Der hier gewonnene cornish stone oder china stone stellt eine natürliche Mischung von Feldspat und Quarz mit Beimengungen von Kaolin, Flußspat, weißem Glimmer und Topas dar.

Weitgehend erschlossen und industriell verwendet sind vor allem auch die Feldspat- und Pegmatitlager Nordamerikas. Die größten und wichtigsten Vorkommen befinden sich in den Staaten Nord-Carolina, Tennessee, Süd-Dakota, Virginia, Connecticut, New Hampshire, Maryland, Pennsylvania, New York und Maine. Große Feldspatmahlwerke liegen in Erwin und Bristol, Tennessee[2]. Der in den Black Hills, Süd-Dakota, gewonnene Feldspat wird als sehr reiner Kalifeldspat bezeichnet[3]. Auch reiner Natronfeldspat wird in Nordamerika in größeren Mengen gewonnen. Vorzügliche Feldspatlager finden sich auch in Kanada, besonders in den Staaten Ontario, Quebec und British Columbia[4].

Von sonstigen außereuropäischen Vorkommen seien die des Petuntse in China genannt, der dem cornish stone in seiner Beschaffenheit sehr ähnelt und von altersher in der chinesischen Porzellanfabrikation verwendet worden ist. Wertvolle Feldspatlager sind auch in Australien erschlossen[5].

Über Gewinnung und Aufbereitung von Feldspat und Pegmatit siehe S. 176.

Die durchschnittliche chemische Zusammensetzung einiger technisch wichtiger Feldspate und Pegmatite ist folgende (siehe nebenstehende Tabelle).

Wichtig ist in erster Linie der Gehalt des Feldspats an Alkalien und alkalischen Erden, da durch sie die Viskosität der Feldspatschmelze, ihr Lösungsvermögen für Quarz und ihre sonstigen physikalischen Eigenschaften beeinflußt werden[6].

Das spezifische Gewicht des Kalifeldspats schwankt von 2,53 bis 2,58, während das des Natronfeldspats im Mittel 2,63 beträgt.

Feldspat wird bei längerer Einwirkung von Wasser mehr oder weniger zersetzt. Diese Angreifbarkeit des Feldspats durch Wasser mit oder ohne Mitwirkung von Kohlensäure, unter Abgabe von Alkali, ist sowohl für seine Umwandlung in der Natur als auch für sein Verhalten in den keramischen rohen Arbeitsmassen von Wichtigkeit. Die Zersetzung wird begünstigt, wenn sich der Feldspat in feingemahlenem

---

[1] Bericht des Imperial Mineral Research Bureau. Ref. Keram. Rdsch. Bd. 3 (1921) S. 218.

[2] Engng. Min. J. Press Bd. 122 [18] (1926) S. 692; Ref. Abstr. Amer. ceram. Soc. Bd. 6 (1927). Ferner H. A. Womack: Ceramic Age Bd. 20 S. 104; Ref. Keram. Rdsch. Bd. 40 (1932) S. 573.

[3] Lincoln, F. C.: Engng. Min. J. Bd. 124 S. 5; Ref. Chem. Zbl. Bd. 98 (1927) II S. 1292.

[4] Chem. Ind. Bd. 46 (1927) S. 375, 395; Ref. Abstr. Amer. ceram. Soc. Bd. 6 (1927) S. 301.

[5] Ind. Australian Min. Stand. Bd. 76 (1926) S. 238; Ref. Abstr. Amer. ceram. Soc. Bd. 6 (1927) S. 238; ferner S. Australian Min. Rev. Bd. 43 (1926) S. 72; Ref. Abstr. Amer. ceram. Soc. Bd. (1927) S. 614.

[6] Rieke, R.: Ber. d. Fachausschüsse d. Dtsch. Keram. Ges., Rohstoffauschuß Ber. Nr. 1 (1928) S. 3.

Bezeichnung	SiO_2	Al_2O_3	Fe_2O_3	CaO	MgO	K_2O	Na_2O	Glühverlust
Norwegischer Feldspat	64,5 bis 66,6	18,3 bis 20,2	0,1 bis 0,7	Spuren bis 0,3		11,1 bis 13,8	1,1 bis 3,7	0 bis 0,2
Schwedischer Feldspat	64,1 bis 65,6	18,5 bis 19,4	0,1 bis 0,3	0 bis 0,3	0,1 bis 0,4	11,8 bis 14,0	1,9 bis 3,0	0,1 bis 0,5
Bayrischer Feldspat	64,1 bis 66,0	17,1 bis 21,1	0,2 bis 0,7	0,1 bis 0,4	0,1 bis 0,3	11,0 bis 12,5	0,9 bis 2,6	0,4 bis 0,8
Nordamerikanischer Feldspat	64,1 bis 68,8	16,4 bis 20,4	0,1 bis 0,6	0 bis 1,9	0,1 bis 0,4	9,5 bis 13,3	0,8 bis 4,2	0,3 bis 0,5
Feldspatsand (Pegmatit)	70 bis 83	10 bis 25	0,1 bis 1,0	0 bis 1,0	0,1 bis 0,8	1,7 bis 10,0	0,4 bis 6,2	0,2 bis 5,7
Ströbelspat	75,3 bis 78,6	13,0 bis 15,0	0,1 bis 0,3	0,1 bis 0,4	0,1 bis 0,2	3,4 bis 7,9	4,0	0,4 bis 0,8
Bayrischer Pegmatit	79 bis 84	9,8 bis 12,6	0,2 bis 0,5	0 bis 0,4	0,1 bis 0,5	1,2 bis 4,8	0,3 bis 5,3	0,5 bis 1,9
Cornish stone	68,9 bis 74,3	14,9 bis 18,5	0,3 bis 1,4	0,6 bis 1,9	0,1 bis 0,5	4,3 bis 5,2	0,5 bis 3,0	0,8 bis 5,8

Zustand befindet, und erfolgt daher in geringem Maße auch im Verlauf des keramischen Fabrikationsganges, wo der Feldspat als Magerungs- und Flußmittel in den mit Wasser angemachten rohen Massen deren sämtliche Verarbeitungsstufen mit durchmacht. Eine bestimmte Beziehung zwischen dem Kali-Natron-Verhältnis und der Wasserlöslichkeit eines Feldspats besteht nach C. W. Parmelee und A. J. Monack[1] nicht, vielmehr besitzen nach ihnen natronreiche und kalireiche Feldspate fast gleiche Löslichkeit.

In Mineralsäuren ist Feldspat wesentlich stärker löslich als in Wasser. Dies ist besonders bei der rationellen Analyse von Bedeutung, bei der die Kaoline und Tone mit konzentrierter Schwefelsäure behandelt werden. Die Alkalifeldspäte werden um so leichter durch Säuren zersetzt, je größer ihr Kalkgehalt ist. Verdünnte Alkalilaugen greifen Orthoklas kaum an, konzentrierte zersetzen ihn beim Kochen[2].

Beim Erhitzen des Feldspats auf Temperaturen oberhalb 1000^0 tritt ein allmählicher Übergang aus dem kristallinen in den glasig-amorphen Zustand ein, der bei genügend hoher Temperatur bzw. aus-

---

[1] J. Amer. ceram. Soc. Bd. 13 (1930) S. 386.

[2] Niederleuthner, R.: Unbildsame Rohstoffe keramischer Massen S. 279. Wien 1928.

reichend langer Erhitzungsdauer zur völligen Schmelzung führt. Orthoklas schmilzt ganz allmählich, was auf der großen Viskosität seiner Schmelze beruht[1]. Feinstgepulverten norwegischen Mikroklin konnten R. Rieke und K. Endell[2] durch mehrstündiges Erhitzen auf 1180° völlig in Glas überführen. Verflüssigung trat erst bei einer um etwa 50 bis 100° höheren Temperatur ein. Bei der Bestimmung des Schmelzverhaltens der Feldspäte spielt eine wichtige Rolle die Erhitzungsgeschwindigkeit und Korngröße (Mahlfeinheit) des Materials. Mit dem Übergang in den glasig-amorphen Zustand ist eine Abnahme der Dichte des Feldspats verbunden; letztere beträgt bei glasig geschmolzenem Mikroklin 2,37 bis 2,39*. Die mit der Abnahme der Dichte verbundene Volumenvergrößerung des umgewandelten Feldspats beträgt bei Orthoklas 7 bis 9%, bei Albit 10 bis 11%[3]. Beim Schmelzen erleidet der Feldspat einen Zerfall. Nach G. W. Morey und N. L. Bowen[4] entsteht aus Orthoklas bei etwa 1200° Leuzit ($K_2O \cdot Al_2O_3 \cdot 4\,SiO_2$) und kieselsäurereiches Glas; bei 1510° verschwindet der Leuzit und es tritt dann vollständige Verflüssigung ein. — Glasiger Kalifeldspat ist in elektrischer Hinsicht als verhältnismäßig gutes Isolationsmittel anzusehen[5].

Schmelztemperatur und Viskosität des beim Schmelzen entstehenden Feldspatglases hängen in chemischer Hinsicht zunächst von der Art und Menge der Alkalien und Erdalkalien ab, die in dem Feldspat enthalten sind. Reiner Kalifeldspat zeigt im geschmolzenen Zustande die größere Zähflüssigkeit. Wird ein größerer Teil des Kaligehalts durch Natriumoxyd ersetzt, so erniedrigen sich Schmelzpunkt und Viskosität, so daß die Erweichung bei niedrigerer Temperatur beginnt. Späte, die vorwiegend aus Orthoklas bestehen, schmelzen nach H. Kohl[6] meist nicht niedriger als S.-K. 9, während der Albit auf Grund seiner leichteren Schmelzbarkeit schon bei etwa S.-K. 7 die gleiche Viskosität und Reaktionsgeschwindigkeit zeigt, wie sie beim Kalifeldspat

---

[1] Die systematische Untersuchung des Systems K_2O — Al_2O_3 — SiO_2 im allgemeinen wird dadurch erschwert, daß alkalihaltige Schmelzen auch bei langsamer Abkühlung nicht kristallisieren, sondern glasig erstarren [H. E. Boeke u. W. Eitel: Grundlagen der physikalisch-chemischen Petrographie S. 221. Berlin 1923; s. a. F. Singer: Keram. Rdsch. Bd. 38 (1930) S. 219].

[2] Archiv für die physikalische Chemie des Glases und der keramischen Massen Bd. 1 (1912) S. 13.

* Berdel, E.: Sprechsaal Keramik usw. Bd. 37 (1904) S. 71. Rieke, R., u. K. Endell: Archiv für die physikalische Chemie des Glases und der keramischen Massen Bd. 1 (1912) S. 13.

[3] Niederleuthner, R.: Unbildsame Rohstoffe keramischer Massen S. 280. Wien 1928.

[4] Amer. J. Sci. Bd. 4 (1922) S. 1; Ref. Ber. dtsch. keram. Ges. Bd. 4 (1924) S. 197.

[5] Niederleuthner, R.: a. a. O. S. 275.

[6] Sprechsaal Keramik usw. Bd. 57 (1924) S. 363.

erst etwa drei Kegel höher auftritt. Bei den für die technische Verwendung in Betracht kommenden Feldspäten liegt die Schmelztemperatur etwa zwischen 1150 und 1200°, während das Umschmelzen der aus ihnen hergestellten Probekegel erst bei etwa S.-K. 8 bis 10 erfolgt[1]. Die Schmelzbarkeit eines Feldspats hängt außer von der Mahlfeinheit, Erhitzungsgeschwindigkeit und der Art und Menge der Alkalien noch ab von dem Kieselsäuregehalte, insbesondere dem Gehalt an freiem Quarz, sowie von seinem Verwitterungsgrad. Durch die Verwitterung (Kaolinisierung) des Feldspates wird der Tonerde- und Kieselsäuregehalt erhöht und die Schmelzbarkeit verringert.

Für die praktische Beurteilung des geschmolzenen Feldspats ist sein Aussehen nach der glasigen Erstarrung von gewisser Bedeutung[1]. Entweder erscheint das Glas klar und durchsichtig oder wolkig getrübt oder auch völlig weiß und undurchsichtig. Die Schmelzen mancher Feldspatsorten enthalten zahlreiche Bläschen, die ihnen ein schaumiges Aussehen verleihen. Dieses Schaumigwerden, dessen Ursache bisher noch nicht mit Sicherheit aufgeklärt worden ist, muß naturgemäß auf einer Gasentwicklung beruhen, die beim Schmelzen vor sich geht. Nach J. Stark[2] besteht das vom schmelzenden Feldspat eingeschlossene Gas aus Wasserdampf; nach G. B. Shelton und H. H. Holscher[3] sind auch saure Gase vorhanden. Nach R. Rieke[4] scheinen natronreiche Feldspäte stärker getrübte, wolkige Schmelzen zu liefern als natronarme. Quarzhaltige Feldspäte, die im gemahlenen Zustande geschmolzen werden, ergeben ebenfalls weniger klare Schmelzen.

In den feinkeramischen Massen stellt der Feldspat auf Grund seines Verhaltens beim Schmelzen eins der wichtigsten Flußmittel dar, das beim Brennen eine stetige, allmählich zunehmende Wirkung ausübt und ein ausgezeichnetes Lösungsvermögen für die übrigen Massebestandteile besitzt. Dieses Lösungsvermögen hängt ab von der chemischen Zusammensetzung des Feldspats und der Temperatur[5]. Natronfeldspat hat ein größeres Lösungsvermögen für Quarz und Tonsubstanz als Kalifeldspat. Die Auflösung des Quarzes in Natronfeldspat beginnt nach C. W. Parmelee und C. R. Amberg[6] bei etwa 1330°, in Kalifeldspat bei 1400°. Bei 1425° sind, bezogen auf 100 Teile Feldspat, in Natron-

[1] Rieke, R.: Ber. d. Fachausschüsse d. Dtsch. Keram· Ges., Rohstoffausschuß, Ber. Nr. 1 (1928) S. 5 u. 6.

[2] Die physikalisch-technische Untersuchung keramischer Kaoline S. 9 u. 85. Leipzig 1922.

[3] Bur. Stand. J. Res. Bd. 8 (1932) S. 347; Chem. Zbl. Bd. 103 (1932) II S. 1492.

[4] In C. Doelter: Handbuch der Mineralchemie Bd. 1 S. 108. Dresden 1914.

[5] Rieke in F. Singer: Die Keramik im Dienste von Industrie und Wissenschaft S. 102. Braunschweig 1923.

[6] J. Amer. ceram. Soc. Bd. 12 (1929) S. 699; Ref. Ber. dtsch. keram. Ges. Bd. 10 (1929) S. 577.

feldspat 32 Teile, in Kalifeldspat erst 4 Teile Quarz gelöst. Die Auflösung der Tonsubstanz in Natronfeldspat beginnt bei 1225°, in Kalifeldspat bei 1250°. Bei 1425° sind, bezogen auf 100 Teile Feldspat, in Natronfeldspat 36 Teile, in Kalifeldspat 20,5 Teile Tonsubstanz gelöst[1]. Die Löslichkeit nimmt in beiden Fällen immer mit steigender Temperatur zu. Orthoklas kann ungefähr 20% seines Gewichts an Tonsubstanz auflösen, ehe Mullit in dem System erscheint. Nach H. Navratiel[2] kann bei steigendem Quarzgehalt der Feldspat nicht mehr die gleiche Tonsubstanzmenge auflösen wie vorher, sondern nur ungefähr noch die Hälfte. Nach anderer Feststellung[3] vermag Feldspat bei etwa 1410° 60 bis 70% Quarz zu lösen. Man kann annehmen, daß der Feldspat bei 1500° noch geringe Quarzmengen mehr aufzunehmen vermag als bei 1430°. Auf die Menge des gelösten Quarzes sind von Einfluß der Feinheitsgrad des Feldspats und des Quarzes. Nach K. Wetzel[4] ist norwegischer Mikroklin hinsichtlich seines Lösungsvermögens für Quarz nordbayrischem Natronfeldspat beträchtlich überlegen. Norwegischer Quarz und Hohenbockaer Sand zeigen in bezug auf ihre Löslichkeit in Feldspat keinen bemerkenswerten Unterschied. Nach M. Simonis[5] steigt der Kegelschmelzpunkt des Feldspats mit zunehmendem Quarzgehalt ziemlich stetig bis zum Schmelzpunkt des Quarzes und sind im Verlaufe des Schmelzens weder Schmelzpunktsmaxima noch deutliche Eutektika nachweisbar. Die Erhöhung der Schmelztemperatur von Feldspat beträgt in Orthoklas-Kaolin-Gemischen bis zu 15% Zettlitzer Kaolin nur 1 Segerkegel[5].

Für das Verhalten der Pegmatite und Feldspatsande beim Erhitzen gelten im allgemeinen die gleichen Gesichtspunkte wie für künstliche Feldspat-Quarz-Gemische. Will man einen Pegmatit oder ähnlichen Rohstoff mit einem reinen Feldspat hinsichtlich seines Schmelzverhaltens vergleichen, so muß man dem Feldspat zuvor die gleiche Menge gemahlenen Quarzes und gegebenenfalls auch Tonsubstanz zusetzen, um in beiden Fällen die gleichen Verhältnisse zu haben[6]. Die Ermittelung der mineralischen Zusammensetzung der Pegmatite auf Grund der rationellen Analyse empfiehlt sich nicht, vielmehr berechnet man ihre rationelle Zusammensetzung aus Feldspat, Quarz und Tonsubstanz zweckmäßig aus den Ergebnissen der chemischen Analyse[7].

Die feinkeramische Industrie bezieht den Feldspat und Pegmatit

[1] Siehe Fußnote [6] S. 135.

[2] Rieke, R., u. H. Navratiel: Ber. dtsch. keram. Ges. Bd. 11 (1930) S. 231.

[3] Rieke, R., u. O. Wiese: Ber. dtsch. keram. Ges. Bd. 9 (1928) S. 142.

[4] Ber. dtsch. keram. Ges. Bd. 5 (1924) S. 9.

[5] Simonis, M.: Sprechsaal Keramik usw. Bd. 40 (1907) S. 390.

[6] Rieke, R.: Ber. d. Fachausschüsse d. Dtsch. Keram. Gesellschaft, Rohstoffausschuß Ber. Nr. 1 (1928) S. 5.

[7] Kohl, H.: Sprechsaal Keramik usw. Bd. 57 (1924) S. 362.

entweder in Stückform oder in gemahlenem Zustande. Es empfiehlt sich nicht, den Kauf lediglich auf Grund einer chemischen Analyse abzuschließen, ohne eine größere Probe des Materials selbst in Händen zu haben. Einen vortrefflichen Anhalt dafür, über welche Punkte der Käufer vom Verkäufer Auskunft verlangen soll, bietet der Vordruck „Eigenschaftsangaben von Feldspat, Pegmatit oder anderen feldspathaltigen Rohstoffen" der Deutschen Keramischen Gesellschaft. Der Bezug gemahlenen pulverförmigen Feldspats usw. ist nur dann zu empfehlen, wenn Sicherheit dafür geboten wird, daß man ein stets gleichbleibendes Material von bestimmter Beschaffenheit erhält, das vor allem auch frei von metallischem Eisen ist, wie es aus den Mahlvorrichtungen in das Mahlgut gelangen kann (vgl. hierzu S. 185)[1]. In der amerikanischen Industrie hat man neuerdings vorgeschlagen[2], die gemahlenen Feldspatsorten des Handels zu normieren, wobei dieselben auf Grund ihres Gehalts an SiO_2, Al_2O_3 und Fe_2O_3 bei bestimmter Korngröße vereinbarte Zeichen erhalten sollen.

Man unterscheidet im Handel und in der Praxis vielfach zwischen „Massefeldspat" und „Glasurfeldspat". Zu ersterem gehören ganz allgemein alle die Sorten, die als Magerungs- und Flußmittel in keramischen Massen verwendbar sind. Von einem guten Massefeldspat fordert A. V. Bleininger[3] neben reiner Brennfarbe, daß er höchstens 69% Kieselsäure, mindestens 9% Kali und höchstens 3% Natron enthalten soll, ferner, und zwar besonders bei Spat für Porzellanmassen, daß ein auf S.-K. 8 erhitzter aus dem betreffenden Feldspat(mehl) geformter Probekegel völlig durchgeschmolzen sein muß, aber keine merkliche Formveränderung zeigen darf. Für die Herstellung feinerer Porzellane, künstlicher Mineralzähne und Glasuren bevorzugt man durchsichtig schmelzenden Feldspat, während man für Steinzeug, Steingut, Feuertonware, Fußbodenplatten usw. auch opak schmelzende Feldspäte verwenden kann. Für den Glasurfeldspat ist die Forderung rein weißer Brennfarbe dann wichtig, wenn es sich um seine Verwendung zu weiß brennenden Erzeugnissen handelt.

Pegmatit und Feldspatsand dienen hauptsächlich zur Herstellung von Massen zu dichtbrennenden Waren, also vor allem für Porzellan und Feinsteinzeug, aber auch für die von Feldspat- und Mischsteingut. Den Quarzgehalt einer Masse kann man durch den Pegmatit fast immer decken, während ein verbliebener Bedarf an Feldspat durch Einführung von reinem Feldspat ausgeglichen werden muß[4]. Die in den rationellen Analysen von Pegmatit u. dgl. angegebene „Tonsubstanz" darf man nicht ohne weiteres als gleichwertig dem im Feinkaolin vorhandenen Material ansehen, kann also nicht etwa eine bestimmte Menge Feinkaolin durch die gleiche z. B. in einem Feldspatsand gefundene Menge

[1] Berdel, E.: Keram. Rdsch. Bd. 37 (1929) S. 90.

[2] Pit & Quarry Bd. 20 3 Nr. 55/56; Ref. Tonind.-Ztg. Bd. 54 (1930) S. 1236; Keram. Rdsch. Bd. 38 (1930) S. 622.

[3] Tonind.-Ztg. Bd. 46 (1922) S. 496.

[4] Rieke, R.: Ber. d. Fachausschüsse d. Dsch. Keram. Gesellschaft, Rohstoffausschuß Ber. Nr. 1 (1928) S. 5.

Tonsubstanz ersetzen. Auch zur Herstellung von Glasuren wird Pegmatit in ausgedehntem Maße verwendet.

3. Kalkgesteine, Magnesit (Magnesiumoxyd), Dolomit. Kalkgesteine. Der in der Natur vorkommende kohlensaure Kalk oder das Kalziumkarbonat findet in der Feinkeramik Verwendung in Form von Marmor, Kalkstein, Kreide oder Mergel. Die wichtigste kristallisierte Form des Kalziumkarbonats, der Kalkspat oder Kalzit (spezifisches Gewicht = 2,5 bis 2,8) tritt außer als Mineral vor allem als Gestein auf und bildet als solches große Gebirgsmassen (Urkalk, Marmor). Die häufigste gebirgsbildende Form des Kalzits ist der kryptokristalline dichte Kalkstein. Zwischen Marmor und dichtem Kalkstein bestehen zahlreiche Übergänge.

Das primäre Kalziumkarbonat ist durch Zersetzung kalkhaltiger Silikate entstanden (Augit, Hornblende u. a.), die im Magma enthalten waren. Aus ihnen ist der Kalk durch kohlensäurereiche atmosphärische Niederschläge oder andere Einwirkungen in wäßrige Lösung übergeführt worden. Durch Wiederabsetzen des Kalks in Form von unlöslichem Karbonat haben sich dann die Ablagerungen desselben gebildet, und zwar entweder auf Grund rein chemischer Vorgänge oder unter Mitwirkung von Tieren oder Pflanzen. So besteht die Kreide aus den Schalen kleinster Lebewesen und sind manche Kalksteine aus Schnecken- und Muschelgehäusen entstanden. Für manche feinkeramische Zwecke sind auch die sog. Kalkmergel verwendbar. Sie stellen Kalksteinablagerungen dar, die durch Einschwemmungen von Ton verunreinigt sind.

Fundorte für reinen keramisch verwendbaren Marmor und kristallinen Kalkstein in Deutschland: Fichtelgebirge (Wunsiedel, Thiersheim, Marktredwitz-Neusorg), Freistaat Sachsen (Hammer-Unterwiesenthal, Oberscheibe b. Scheibenberg, Hermsdorf, Lengefeld), Rheinland (Bezirk Düsseldorf), Baden (Herrlingen, Istein) und andere. Wichtige Vorkommen im Auslande sind die in Italien, Tirol, Kärnten, Griechenland usw. Wertvolle Kreidelager finden sich auf der Insel Rügen (Halbinseln Jasmund und Wittow), die sich bis nach Dänemark (Insel Moen, Seeland, Jütland) erstrecken, ferner an der Südostküste von England bei Dover, auch in Belgien, Nordfrankreich (Longueil) und Schweden.

Die Gewinnung des Marmors und der Kalksteine erfolgt im Tagebau oder unterirdisch, der Abbau der Kreide über Tage. Die Vermahlbarkeit der Kalkrohstoffe hängt außer von ihrem Gefüge von der Art und Menge der in ihnen enthaltenen Beimengungen ab. Kalkstein kristalliner Beschaffenheit und mit kieseliger Gangart ist härter als dichter und kieselfreier Kalkstein. Die Kreide ist infolge ihrer feinkörnigeren Beschaffenheit und ihres lockeren Gefüges leichter zerreibbar als der Kalkstein. Die Mahlung des Kalkstein geschieht ausschließlich auf trockenem Wege, bei neueren Anlagen unter Zuhilfenahme der Windsichtung. Die rohe Kreide wird zur Erzielung eines gleichmäßig feinen und reinen Materials einer Naßaufbereitung unterzogen („Schlämmkreide“)[1].

[1] Über den Abbau der Rohkreide auf Rügen s. Tonind.-Ztg. Bd. 52 (1923) S. 1843.

Der reine kohlensaure Kalk, $CaCO_3$, enthält 56% CaO und 44% CO_2. Er ist in verdünnter Chlorwasserstoffsäure (1:1) unter Aufbrausen leicht löslich.

Beim Erhitzen des kohlensauren Kalks tritt eine allmähliche Zersetzung in Kalziumoxyd und Kohlendioxyd ein: $CaCO_3 \rightleftarrows CaO + CO_2$. Der Verlauf dieses Vorgangs hängt von der Temperatur und der Dissoziationsspannung des Kohlendioxyds ab, und zwar ist die Zersetzungstemperatur um so höher, je größer die Konzentration der ausgetriebenen Kohlensäure ist[1].

Mit Kieselsäure vermag Kalziumoxyd vier Silikate zu bilden[2], deren Schmelzpunkte bei höheren Temperaturen liegen, als sie für das Brennen feinkeramischer Waren im allgemeinen in Betracht kommen. Weder eine dieser Verbindungen noch ein Eutektikum des Zweistoffsystems CaO — SiO_2 schmilzt bei einer Temperatur, die unterhalb 1400° liegt[3]. Bei der Einwirkung von Kalziumoxyd auf Aluminiumoxyd können vier verschiedene Verbindungen entstehen, von denen die am leichtesten schmelzbare bei 1455°, das am leichtesten schmelzbare Eutektikum ($3\,CaO \cdot Al_2O_3$ — $5\,CaO \cdot 3\,Al_2O_3$) bei 1395° schmilzt[4]. In dem System Kalk-Tonerde-Kieselsäure treten alle Verbindungen der drei Zweistoffsysteme Kalk-Tonerde, Kalk-Kieselsäure und Tonerde-Kieselsäure, ferner eine größere Anzahl ternäre Verbindungen und Eutektika auf, von denen ein Teil unterhalb 1500°, ein andrer Teil zwischen 1400° und 1300°, einige bei noch tieferer Temperatur schmelzen. Das am leichtesten, nämlich bei 1165° schmelzende Eutektikum besitzt die ungefähre molekulare Zusammensetzung $2{,}9\,CaO \cdot Al_2O_3 \cdot 7{,}2\,SiO_2$*. Die Schmelztemperaturen aller Mischungen von CaO, Al_2O_3 und SiO_2 nebst Isothermen hat G. A. Rankin[5] in einem Schaubild dargestellt (vgl. Abb. 35).

Versetzt man reinen Kaolin mit zunehmenden Mengen Kalziumkarbonat, so sinkt nach R. Rieke[6] der Schmelzpunkt der Gemische schnell bis zur Erreichung des Eutektikums $0{,}5\,CaO \cdot Al_2O_3 \cdot 2\,SiO_2$. Bei weiterem Kalkzusatz steigt der Schmelzpunkt wieder bis zur Erreichung der Zusammensetzung des Anorthits $CaO \cdot Al_2O_3 \cdot 2\,SiO_2$. Nur bei den Marmor-Kaolin-Mischungen, die bis zu 10% Kalziumkarbonat enthielten, konnte Rieke eine sich über einen längeren Temperaturbereich erstreckende Erweichung feststellen, während bei allen übrigen Mischungen Dichtbrenn- und Schmelztemperatur sehr nahe beieinander lagen.

In dem System Kalk-Eisenoxyd-Kieselsäure treten eutektische Schmelzen beim Brennen in reduzierender Ofenatmosphäre schon bei etwa 1000° auf, weil sich dann Ferroverbindungen bilden, die wesentlich leichter in chemische Wechselwirkung treten als Ferriverbindungen[7].

Mit Alkali-Alumosilikaten bildet der Kalk leichtschmelzbare komplexe Ver-

---

[1] Niederleuthner, R.: Unbildsame Rohstoffe keramischer Massen S. 327. Wien 1928. Hofmann, K. A.: Lehrbuch der anorganischen Chemie S. 456. Braunschweig 1924.

[2] Shepherd, E. S., u. G. A. Rankin: Bull. Lab. Geophys. Carnegie Inst., Washington; Ref. Z. anorg. allg. Chem. Bd. 71 (1911) S. 25; Bd. 92 (1915) S. 213; Bd. 98 (1916) S. 370.

[3] Niederleuthner, R.: a. a. O. S. 346.

[4] Shepherd, E. S., u. G. A. Rankin: a. a. O.; Ref. Z. anorg. allg. Chem. Bd. 92 (1915) S. 213; Bd. 98 (1916) S. 370; vgl. a. R. Niederleuthner: a. a. O. S. 350.

* Niederleuthner, R.: Unbildsame Rohstoffe keramischer Massen S. 355. Wien 1928.

[5] Nach J. Bronn: Feuerfest Bd. 2 (1926) S. 106.

[6] Singer, F.: Die Keramik im Dienste von Industrie und Volkswirtschaft S. 100. Braunschweig 1923.

[7] Niederleuthner, R.: a. a. O. S. 359.

bindungen, die erst zum Teil näher untersucht und in mancher Hinsicht für den Glastechniker von größerer Bedeutung sind als für den Keramiker. Die bisher gewonnenen Erkenntnisse reichen für eine einschneidende Nutzanwendung in der Technik noch nicht aus.

In keramischen Massen und Glasuren besitzt Kalziumoxyd die wichtige Fähigkeit, zusammen mit anderen Stoffen Gläser zu bilden,

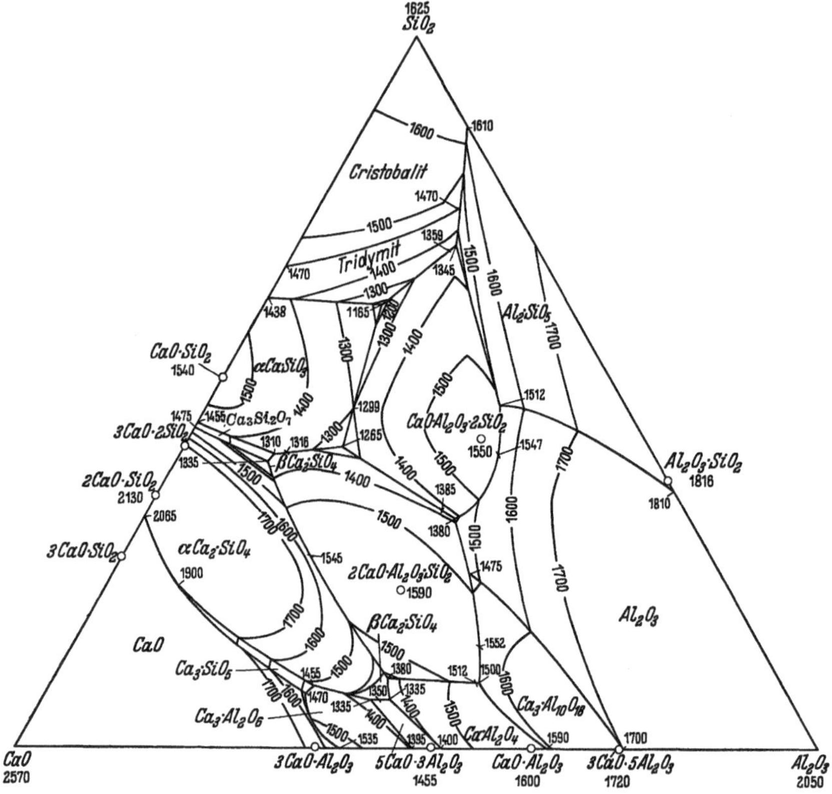

Abb. 35. Schmelztemperaturen aller Mischungen zwischen CaO, Al_2O_3 und SiO_2 nebst Isothermen. (Nach G. A. Rankin.)

die die Sinterungstemperatur der keramischen Massen und die Schmelztemperaturen der Glasuren herabsetzen. Die Flußmittelwirkung des Kalks beim Brennen beginnt von etwa 1000° ab. Die aufschließende Wirkung des Kalks auf das Tonsubstanzmolekül hängt nicht nur von seiner Menge, sondern auch von der Brenntemperatur ab und nimmt mit steigender Temperatur zu[1]. Nach O. Krause[2] übt Kalk

[1] Selch, E.: Sprechsaal Keramik usw. Bd. 49 (1916) S. 173.

[2] Keram. Rdsch. Bd. 37 (1929) S. 826 und Ber. dtsch. keram. Ges. Bd. 11 (1930) S. 379.

auf Tonsubstanz und auf Tonsubstanz-Quarzmischungen folgende Wirkungen aus: Die Verfestigung der Masse beginnt um so früher, je mehr Kalk sie enthält, und nimmt sprunghaft zu, nachdem das in der Masse befindliche Kalziumkarbonat die Hauptmenge der Kohlensäure abgegeben hat. Die Bildung wirklich flüssiger Anteile scheint oberhalb 1200° zu beginnen. Bis dahin spielen sich alle wesentlichen Reaktionen zwischen den Massebestandteilen im festen Zustande ab. Bei etwa 900° bildet sich aus den Zersetzungsprodukten der Tonsubstanz ein Tonerdesilikat, dessen Menge von der Tonerde abhängt, die nicht zur Bildung von Kalk-Tonerde-Kieselsäure-Produkten verbraucht ist. Die Sinterung der Masse setzt ganz plötzlich ein und liegt nahe am Schmelzpunkt. Sie hängt von der Bildung der flüssigen Phase ab. Nach R. Rieke und E. Völker[1] bildet in Massen aus Zettlitzer Kaolin und Kalk der letztere bei genügend hohem und langem Brennen eine Verbindung von der Zusammensetzung des Anorthits ($CaO \cdot Al_2O_3 \cdot 2\ SiO_2$).

Als hauptsächliches Flußmittel wirkt der Kalk im Kalksteingut[2]. Er bildet hier einen billigen Rohstoff für die Herstellung preiswerter Gebrauchsgeschirre und wird als Kreide oder Kalkstein oder auch in Form von Dolomit, also gemischt mit Magnesiumkarbonat, angewandt. Auch andere Rohstoffe sind verwendbar, z. B. Kalkmergel, vorausgesetzt, daß sie genügend rein sind. Neben der Verdichtung bewirkt ein Kalkgehalt in einer Steingutmasse auch, daß sie beim Brennen eine hellere Farbe annimmt, falls zu ihrer Zusammensetzung ein unreiner, d. h. in diesem Falle eisenhaltiger Ton benutzt worden war. Schließlich begünstigt der Kalkgehalt in feinkeramischen Massen mit niedrigen Brenntemperaturen auch das haarrissefreie Haften der Glasuren, weil er infolge seiner Reaktionsfähigkeit mit den Bestandteilen der Glasur in Wechselwirkung tritt und zwischen Scherben und Glasur eine Übergangsschicht bildet, die in ihren Eigenschaften zwischen beiden steht.

Auch in feldspathaltigen Massen, also in Hartsteingut, gemischtem Steingut und Porzellan, findet Kalk als Zusatz Verwendung. Infolge seiner energischen Flußmittelwirkung muß seine Einführung hier besonders auch im Hinblick auf die höheren Brenntemperaturen der genannten Massen mit Vorsicht geschehen. Ein alter Erfahrungssatz der Praxis besagt, daß in Porzellanmassen 1% Kalk in Verbindung mit Tonsubstanz etwa die gleiche Flußmittelwirkung ausübt wie 10% Feldspat[3]. Nach anderen wird die Erweichungstemperatur einer Porzellanmasse durch Zusatz von 0,5 bis 2% CaO um 10 bis 35° herabgesetzt[4].

---

[1] Ber. dtsch. keram. Ges. Bd. 11 (1930) S. 608.

[2] Heath, A., u. A. Leese: Trans. ceram. Soc. Bd. 19 (1920) S. 93; Ref. Sprechsaal Keramik usw. Bd. 54 (1921) S. 381. Urbschat, E. E.: Keram. Rdsch. Bd. 32 (1924) S. 177.

[3] Heinecke: Keramos Bd. 5 (1926) S. 284.

[4] Keramos Bd. 9 (1930) S. 891.

Die feinkeramischen Glasuren enthalten mit Ausnahme der des salzglasierten Steinzeugs fast alle Kalk in irgendeiner Form. Eine Norm für die den Glasuren zuzusetzende prozentuale Kalkmenge aufzustellen, ist nicht möglich, da dieselbe sich nach der Art der Fabrikation, der Brenntemperatur, der Zusammensetzung und Schwindung des Scherbens richtet und den örtlichen Verhältnissen von Fall zu Fall angepaßt werden muß.

Magnesit (Magnesiumoxyd). Der Magnesit (spez. Gewicht = 3) besteht aus Magnesiumkarbonat, $MgCO_3$, und enthält im reinen Zustande 47,6% MgO und 52,4% CO_2. Meistens sind ihm geringe Mengen anderer Karbonate, vor allem die des Kalziums, Eisens und Mangans, auch Silikate beigemengt. In der Natur kommen vor dichter oder amorpher (kryptokristalliner) und kristalliner Magnesit. Der dichte ist der häufigere, er findet sich meist in derben Massen, vielfach in matten nierenförmigen Knollen von gelblich- bis grauweißer Farbe. Der kristalline Magnesit enthält stets mehr oder weniger Kalziumkarbonat in isomorpher Mischung, wobei alle Übergänge von Magnesit bis Dolomit vorkommen.

Das einzige in Deutschland bekannte Vorkommen von Magnesit zeigt dichtes Gefüge und bildet Horste im Diluvium des Sudetenvorlands bei Baumgarten, Grochau und Frankenstein in Schlesien, auch nördlich davon im Zobtengebiet (Kreis Schweidnitz)[1].

In Österreich finden sich Magnesite, und zwar vorwiegend in kristalliner Form, als Einlagerungen zwischen Schiefer und Grauwacke in der Nähe von Eisenerzlagern vom Semmering bis nach Tirol. Die reichsten Vorkommen sind die des steirisch-niederösterreichischen Voralpengebiets bei Veitsch, Neuberg usw. in Steiermark, Eichberg-Aue in Niederösterreich und auf der Millstätter Alpe in Kärnten[2]. In der Tschechoslowakei ist die größte Fundstätte die von Ružiná[3]. Sehr reiner Magnesit findet sich in Griechenland auf der Insel Euböa. Magnesitlager von großer Mächtigkeit besitzt auch Rußland, und zwar vor allem im Südural[4], in Südrußland und Sibirien. In Nordamerika wird Magnesit in ausgedehntem Maße im Staate Washington bei Chewelah und Stevens gewonnen[5], im Staate Kalifornien, bei Livermore und Porterville, ferner auch in Kanada im Staate Quebec bei Calumet[6].

Im Gegensatz zu natürlichem Kalziumkarbonat ist Magnesit in kalter Chlorwasserstoffsäure unlöslich, dagegen in gepulvertem Zustande in warmer Mineralsäure völlig löslich.

---

[1] Niederleuthner, R.: Unbildsame Rohstoffe keramischer Massen S. 398. Wien 1928. Cloos in F. Singer: Die Keramik im Dienste von Industrie und Volkswirtschaft S. 30. Braunschweig 1923.

[2] Chem.-Ztg. Bd. 53 (1929) S. 17, und R. Niederleuthner: Unbildsame Rohstoffe keramischer Massen S. 399. Wien 1928.

[3] Matejka, J.: Stavivo 1926 S. 61; Ref. Abstr. Amer. ceram. Soc. Bd. 7 (1927) S. 302.

[4] Feuerfest Bd. 2 (1926) S. 96 und L. v. zur Mühlen: Keram. Rdsch. Bd. 36 (1928) S. 743; vgl. a. B. Birukow: Tonind.-Ztg. Bd. 53 (1929) S. 929.

[5] Niederleuthner, R.: a. a. O. S. 400. Stettbacher, A.: Chem.-Ztg. Bd. 50 (1926) S. 712; Tonind.-Ztg. Bd. 45 (1921) S. 669 und Bd. 49 (1925) S. 712.

[6] Tonind.-Ztg. Bd. 45 (1921) S. 610 u. 1119.

Der Zerfall sowohl des kristallinen als des amorphen Magnesiumkarbonats tritt bei Atmosphärendruck in der Hauptsache bei 510° ein. Praktisch kann man künstliches Magnesiumkarbonat nach dem Erhitzen auf 800° als völlig kohlendioxydfrei ansehen[1]. Nach R. Rieke[2] ist bei keramischen Massen mit völligem Entweichen der Kohlensäure erst bei S.-K. 1a, bei magnesitreichen sogar erst bei S.-K. 5a zu rechnen. Der gebrannte Magnesit besitzt nur bei Abwesenheit von Eisenverbindungen rein weiße Farbe. Je nach der vorhandenen Menge verleihen ihm diese in den meisten Fällen schwach gelbliche bis bräunliche Farbe.

Je nach der Temperatur und der Dauer des Brennprozesses entsteht beim Brennen von Magnesit oder künstlich hergestelltem Magnesiumkarbonat ein amorphes voluminöses Pulver (Magnesia usta) oder eine dichte grobkristalline zerklüftete Masse. Beim Brennen von amorphem Magnesit bis zu hoher Temperatur erhält man ein Magnesiumoxyd, das stark schwindet und sich verdichtet, ohne daß Sinterung eintritt. Zur Herstellung von Sintermagnesit dient als Rohstoff der kristalline Magnesit. Die Sintertemperatur beträgt je nach der Reinheit des Materials 1400 bis 1700°. Die Verdichtung der hochgebrannten Magnesia schreitet bei fortgesetzter Temperatursteigerung bis zur Schmelzung fort. Der Schmelzpunkt des reinen Magnesiumoxyds liegt bei 2800°*. Schon weit unterhalb der Schmelztemperatur beginnt es sich zu verflüchtigen. Nach Mitteilung der Deutschen Gold- und Silberscheideanstalt, vormals Roeßler, Frankfurt a. M.[3], sind ihre aus 98 bis 99proz. vorher nur kalziniertem, nicht geschmolzenem Magnesiumoxyd hergestellten Gegenstände bis über 2500° verwendbar, sehr dicht und porzellanartig durchscheinend. Die Magnesia bildet mit Kohle kein Karbid, verdampft aber in reduzierender Atmosphäre.

Wie Kalk so tritt auch Magnesia bei höheren Temperaturen mit Kieselsäure und anderen Oxyden in chemische Wechselwirkung. Über die im System $MgO—SiO_2$ stabilen Kristallphasen siehe S. 122. In Gemischen aus Magnesia und Tonerde schmilzt das am leichtesten flüssige Gemisch, das aus 98% Al_2O_3 und 2% MgO besteht, bei 1925°. Die einzige stabile Verbindung in diesem System ist der Spinell, $MgO \cdot Al_2O_3$**. In Gemischen mit Tonsubstanz wirkt Magnesiumoxyd ebenso wie Kalziumoxyd als kräftiges Flußmittel. Im System $MgO — Al_2O_3 — SiO_2$ ist das am leichtesten schmelzende Eutektikum das von der Zusammensetzung 20,3% MgO, 18,3% Al_2O_3, 61,4% SiO_2; es schmilzt bei 1345°, also wesentlich höher als das entsprechende Eutektikum des Systems $CaO—Al_2O_3—SiO_2$. Sind, wie z. B. in Steatitmassen, außer Magnesia und Tonsubstanz noch gewisse Mengen Feldspat vorhanden, die aus irgendwelchen Zusätzen stammen, so wird sich eine eutektische Schmelze aus K_2O, Al_2O_3 und SiO_2 bilden[4,5]. Im System $MgO—CaO—SiO_2$ liegen die Schmelzpunkte der am tiefsten schmelzenden Eutektika unterhalb 1320°. Nach C. W. Fischer[6] besitzt ein Gemisch von der Zusammensetzung 20,2% MgO,

[1] Niederleuthner, R.: a. a. O. S. 397.
[2] Tonind.-Ztg. Bd. 38 (1905) S. 1951.
* Kanolt, C. W.: Z. anorg. allg. Chem. Bd. 85 (1914) S. 1.
[3] Chem. Fabrik Bd. 6 (1933) Nr. 23 IV.
** Shepherd, E. S., u. G. A. Rankin: Amer. J. Sci. Bd. 28 (1909) S. 293; Ref. Z. anorg. allg. Chem. Bd. 68 (1910) S. 395; ferner G. A. Rankin u. H. E. Merwin: Amer. J. Sci. Bd. 45 (1918) S. 301; Ref. Z. anorg. allg. Chem. Bd. 96 (1916) S. 291 und R. Rieke u. K. Blicke: Ber. dtsch. keram. Ges. Bd. 12 (1931) S. 163.
[4] Krause, O.: Ber. dtsch. keram. Ges. Bd. 10 (1929) S. 104.
[5] Über die Vorgänge beim Brennen von Massen aus Speckstein, Kaolin oder Ton, Feldspat vgl. ferner F. Singer: Keram. Rdsch. Bd. 38 (1930) S. 221.
[6] Tonind.-Ztg. Bd. 59 (1927) S. 1843.

29,8% CaO und 50,0% SiO_2 sogar einen Schmelzpunkt von nur 1157°. Der Schmelzpunkt des am leichtesten schmelzenden Eutektikums im Dreistoffsystem MgO—CaO—Al_2O_3 liegt bei 1345°.

Der Magnesit dient sowohl als Rohstoff für feinkeramische Massen als auch für Glasuren. Er wird hierbei im allgemeinen nur in kleineren prozentualen Mengen verwendet. Will man durch den Zusatz besonders weiß brennende Massen erzielen, so ist auf die Anwendung sehr reinen, eisenfreien Magnesits Wert zu legen. Größere Magnesitzusätze kommen in Betracht zur Herstellung strengflüssiger, besonders auch matter Porzellan- und Steingutglasuren, auch zu der von Magnesiaporzellan und Magnesiasteingut (S. 252). Der Schwerpunkt der keramischen Verwendung des Magnesits liegt aber nicht auf dem Gebiete der Feinkeramik, sondern die Hauptmenge desselben, und zwar vor allem des dichten Magnesits, dient als Rohmaterial zur Herstellung gebrannter Magnesia, während der kristalline hauptsächlich zu Sintermagnesit für metallurgische und andere technische Zwecke verarbeitet wird. In neuerer Zeit wird der rohe Magnesit auch zur Herstellung elektrisch geschmolzener Magnesia verwendet. Hochfeuerfeste Gegenstände stellt man entweder aus Sintermagnesit oder aus geschmolzener Magnesia her. Die Formgebung erfolgt bei der Erzeugung feinkeramischer Gegenstände aus Magnesia, z. B. von Tiegeln, Schiffchen u. dgl., durch Einpressen des pulverigen Materials in Formen oder durch Gießen unter Zusatz von Mineralsäure, wie dies O. Ruff[1] zur Herstellung eines verarbeitbaren Gießschlickers durch Oberflächenaktivierung empfohlen hat. Bei der plastischen Verarbeitung empfiehlt es sich, der Magnesia kleine Mengen gefällten Magnesiumhydroxyds beizumischen. Handelt es sich um das Schmelzen eines Metalls von sehr hohem Reinheitsgrad, so müssen die Magnesiatiegel aus einem Rohmaterial hergestellt sein, das völlig frei von schädlichen Verunreinigungen, besonders frei von Eisen und Mangan, und erforderlichenfalls durch geeignete Behandlung von diesen befreit worden ist[2].

Nach einem Verfahren der Deutschen Gold- und Silberscheideanstalt vorm. Roeßler, Frankfurt a. M.[3], erhält man hochplastische Massen, wenn man Magnesiumoxyd, das durch Einwirkung von Luft oder Wasserdampf auf Magnesiumchlorid hergestellt wurde, mit Wasser oder Salz- oder Säurelösungen anmacht, vorzugsweise unter Zusatz von Magnesium- oder Zirkoniumchlorid. Die Masse wird dann in üblicher Weise geformt und gebrannt. Über „Spinellmassen" siehe S. 321.

Zur Herstellung poröser keramischer Körper für technische Zwecke verwendet man nach dem D. R. P. 416901 Kl. 80b vom 2. 7. 1921, ausgeg. den 31. 7. 1925, der Deutschen Ton- und Steinzeug-Werke A.-G., Charlottenburg[4], eine Masse

[1] Ber. dtsch. keram. Ges. Bd. 5 (1924) 155.

[2] Über neue Geräte aus Magnesia siehe E. Wedekind: Chem.-Ztg. Bd. 56 (1932) S. 107.

[3] Trans. ceram. Soc. Bd. 27 (1927/28) Abstr. S. 57.

[4] Chem. Zbl. Bd. 96 (1925) II S. 2020.

aus Magnesiumsilikat, der man entweder Magnesiumkarbonat, Magnesiumhydroxyd oder ähnlich wirkende anorganische oder organische Magnesiumverbindungen zusetzt, so daß beim Brennen ein Gemisch von Magnesiumsilikat und Magnesiumoxyd entsteht. Die Masse besitzt hohe Widerstandsfähigkeit und eignet sich auch zur Herstellung von Diaphragmen.

Dolomit. Der Dolomit hat die Zusammensetzung $CaCO_3 \cdot MgCO_3$ und enthält in reinem Zustande 30,5% CaO, 21,7% MgO und 47,8% CO_2. Meistens ist sein Kalkgehalt größer als der theoretischen Zusammensetzung entspricht. Man bezeichnet ihn dann als dolomitischen Kalkstein. Bei größerem Tonerdegehalt (bis zu 20%) spricht man von Dolomitmergel oder mergelartigem Dolomit[1]. In seinen reinsten Vorkommen ist der Dolomit von Marmor nur schwer zu unterscheiden.

In Deutschland finden sich große Lagerstätten im Rheinland und in Westfalen, im Fränkischen und Schwäbischen Jura, Fichtelgebirge, in Schlesien und an anderen Orten. Für feinkeramische Zwecke sind von besonderer Bedeutung der Dolomit von Holenbrunn im Fichtelgebirge und der im Glatzer Bezirk, der fast genau der theoretischen Zusammensetzung entspricht[2]. Von den Vorkommen in Österreich ist besonders bekannt das von Mariazell in Steiermark.

Hinsichtlich seines chemischen Verhaltens unterscheidet sich der Dolomit dadurch vom Kalkstein, daß er von verdünnter Salzsäure nicht oder nur sehr langsam angegriffen wird und seine Zersetzung erst beim Erwärmen unter Aufbrausen erfolgt. Zur raschen Unterscheidung des Dolomits vom Kalzit dient sein Verhalten gegen Kupfernitratlösung, mit der er sich nicht oder in geringem Maße erst nach längerem Kochen färbt, wogegen Kalzit durch das Reagens sofort stark grüne Färbung annimmt (Spangenbergsche Reaktion). Magnesit verhält sich ähnlich wie Dolomit[3].

Als Zusatz für feinkeramische Massen findet Dolomit vor allem bei der Steingutherstellung Verwendung, seltener bei der Porzellanbereitung. In beiden Fällen sind nur eisenfreie oder eisenarme Sorten verwendbar. Die Flußmittelwirkung des Dolomits ist größer als die von Kalziumkarbonat oder Magnesiumkarbonat allein. In Porzellanglasuren befördert ein Dolomitzusatz deren glattes Ausfließen und verleiht ihnen Weiße und Spiegelglanz[4]. Vor allem in bayrischen und böhmischen Porzellanfabriken ist der Dolomit zu Glasurzwecken mit gutem Erfolg eingeführt worden. Der bereits erwähnte Dolomit von Mariazell in Steiermark wird vor der Verwendung als Glasurrohstoff durch bloßes Schlämmen gereinigt, wobei man 75% des Rohgutes als unfühlbares Pulver erhält[5].

---

[1] Vgl. hierzu die Einteilung der Zwischenstufen vom Kalkstein bis zum Magnesit nach H. Heinrichs [Glastechn. Ber. Bd. 5 (1928) S. 597] auf Grund ihres Gehalts an $CaCO_3$, $MgCO_3$ und Al_2O_3.

[2] Niederleuthner, R.: Unbildsame Rohstoffe keramischer Massen S. 436. Wien 1928.

[3] Niederleuthner, R.: a. a. O. S. 439.

[4] Hegemann, H.: Die Herstellung des Porzellans S. 31. Berlin 1904.

[5] Hegemann, H.: Die Herstellung des Porzellans S. 30. Berlin 1904.

4. Bariumkarbonat (natürliches und künstliches). Bariumkarbonat (spez. Gewicht = 4,3) besteht aus 77,68% BaO und 22,32% CO_2. Es kommt in der Natur als Witherit vor, der sich vorwiegend auf Erzgängen findet. Seine hauptsächlichsten Verunreinigungen sind die Oxyde des Kalziums, Magnesiums und Eisens, ferner Schwefelsäure und Kieselsäure.

Der Witherit ist in der Natur nur wenig verbreitet. Sein wichtigster Fundort ist der von Settlingstone in Northumberland (England).

Man benutzt für technische Zwecke vielfach nicht natürlichen Witherit, sondern auf künstlichem Wege hergestelltes Bariumkarbonat. Die Gründe hierfür sind erstens, daß der mineralische Witherit zur Deckung des industriellen Bedarfs nicht ausreicht, und zweitens der größere Reinheitsgrad des künstlich hergestellten Salzes. Man erhält künstliches Bariumkarbonat im großen aus Schwerspat (Baryt) durch Reduktion mit Kohle in der Hitze und Umsetzung der gebildeten Bariumsulfidlösung mit Kohlendioxyd zu Schwefelwasserstoff und Baryumkarbonat. Der Schwerspat, das natürliche Bariumsulfat, kommt als Gangmineral in Deutschland, England, Österreich, vor allem auch im Staate Missouri, Nordamerika vor[1].

Die Zersetzung des Bariumkarbonats beim Erhitzen in Bariumoxyd und Kohlendioxyd beginnt etwa bei 1020° und ist unter Atmosphärendruck bei 1450° vollständig[2]. Bei etwa 1000° zeigt Bariumkarbonat bedeutende Kornvergrößerung[3].

Ähnlich wie bei Kalzit und Magnesit entstehen auch in Mehrstoffgemischen des Bariumkarbonats mit Quarz, Kaolin usw. beim Erhitzen Silikate, deren Schmelzpunkte niedriger liegen als die der Komponenten, und deren Gefüge, ohne daß sie Alkalien enthalten, sich dem des Feldspats nähert[4].

Die Verwendung des natürlichen und künstlichen Bariumkarbonats für feinkeramische Zwecke ist eine begrenzte. In Frage kommt nur reines weißes Material. Als Flußmittelbildner in Massen wird Bariumkarbonat nur selten benutzt, doch ist es vor Jahren zur Herstellung von Elektroporzellan, dessen Durchschlagfestigkeit es erhöhen soll[5], auch zu der wetter- und säurefester Gegenstände[6] vorgeschlagen worden. Man hat früher Schwerspat auch als Flußmittelbildner in dichtbrennenden Massen verwendet, z. B. in Parian (S. 309) und besonders in englischem Steinzeug (Wedgwood, siehe S. 278), ähnlich, wie man früher auch gebrannten Gips in Porzellanmassen eingeführt hat. Auf die Verwendung das Bariumkarbonats als Mittel zur Verhütung von Salzausblühungen auf der Oberfläche keramischer Erzeugnisse sei gleichfalls hingewiesen. Sie beruht auf der Bildung wasserunlöslichen Bariumsulfats und bedarf

---

[1] Amer. Inst. min. metallurg. Engr. Techn. Publ. 1929 Nr. 201; Ref. Chem. Zbl. Bd. 100 (1929) II S. 1725.

[2] Niederleuthner, R.: Unbildsame Rohstoffe keramischer Massen S. 471. Wien 1928.

[3] Ebenda S. 473. [4] Keram. Rdsch. Bd. 31 (1923) S. 330.

[5] Trans. Amer. ceram. Soc. Bd. 9 (1907) S. 600; Ref. Sprechsaal Keramik usw. Bd. 42 (1909) S. 76.

[6] Kiesewetter, A.: D. R. P. 72475; vgl. R. Niederleuthner: Unbildsame Rohstoffe keramischer Massen S. 477. Wien 1928.

sorgfältiger chemischer Kontrolle. Die Flußwirkung des eingeführten Bariumoxyds kann unter Umständen von Bedeutung sein.

Als Glasurrohstoff findet Bariumkarbonat hauptsächlich in Steingutglasuren Verwendung, wo es das Bleioxyd teilweise oder völlig ersetzt, aber auch in manchen Porzellanglasuren, denen es in geringen Mengen zugefügt wird, um ihren Glanz zu erhöhen. Ein Nachteil der bariumhaltigen Glasuren, besonders der Steingutglasuren, ist ihre Neigung zum Matt- oder Rauhwerden, was auf die Entstehung in der Glasur schwerlöslichen Bariumsulfats (Bildung von „Glasgalle") durch vorhandene Schwefelsäure (aus den Brenngasen oder aus den Rohstoffen stammenden Sulfaten) zurückzuführen ist[1].

Die Bariumverbindungen sind giftig. Ihre Verwendung darf daher nur unter Beobachtung der gesetzlichen Vorschriften erfolgen.

5. Kalziumphosphat. Von den verschiedenen in der Natur vorkommenden Phosphaten des Kalziums sind höchstens die sehr eisenarmen Phosphorite (Osteolithe) und Apatite als feinkeramische Rohstoffe verwendbar, meistens benutzt man aber für den genannten Zweck künstlich hergestelltes Kalziumphosphat, das man in großem Maßstabe durch Glühen von Knochen bei Luftzutritt herstellt, nachdem man sie zuvor von ihrem Fett- und Leimgehalt befreit hat. Die auf diese Weise entstandene Knochenasche (Beinasche, Spodium) wird feingemahlen und ergibt ein zartes weißes Pulver. Nur eisenfreie Knochenasche ist für die Feinkeramik von Wert. Den geringsten Eisengehalt besitzen Rinderknochen, besonders Ochsenknochen[1]. Die Knochenasche des Handels besteht zu 80 bis 85% aus Trikalziumphosphat, $Ca_3(PO_4)_2$, im übrigen aus Kalziumkarbonat, -fluorid, Kieselsäure, Magnesiumkarbonat und -phosphat, Tonerde, Eisenoxyd, Alkalien und organischen Stoffen.

In reinem Wasser ist Kalziumphosphat unlöslich, in kohlensäurehaltigem wenig, in Mineralsäuren leicht löslich.

Beim Erhitzen geht das kristallisierte Kalziumphosphat in den glasig-amorphen Zustand über, und es entsteht glühbeständiges Triphosphat. In Silikaten und Boraten ist Kalziumphosphat löslich. Aus Silikatschmelzen scheidet es sich beim Abkühlen infolge seiner Kristallisationsneigung in feinverteiltem Zustand wieder aus.

Die feinkeramische Verwendung beschränkt sich auf die als Rohstoff bei der Herstellung von leichtschmelzbarem Porzellan (Frittenporzellan, Knochenporzellan, S. 308) u. dgl. Kalziumphosphat setzt den Erweichungspunkt der Massen herab, also ihre Garbrenntemperatur, wirkt somit verdichtend und erhöht die Lichtdurchlässigkeit der gebrannten Massen. In Glasuren wird Kalziumphosphat als Trübungsmittel benutzt.

---

[1] Berdel, E.: Einfaches chemisches Praktikum V. und VI. Teil 5. Aufl. S. 45. Koburg 1929.

6. Fluorhaltige Rohstoffe (Flußspat, Kryolith, Kieselfluornatrium, Kieselfluoraluminium). Flußspat oder Fluorit ist natürliches Kalziumfluorid, CaF_2, und besteht aus 48,8% Fluor und 51,2% Kalzium. Er enthält zuweilen geringe Mengen Wasser. Sein spezifisches Gewicht ist 3,10 bis 3,25.

Gewonnen wird Flußspat in Deutschland (bei Wölsendorf zwischen Nabburg und Schwarzenfeld in der Oberpfalz[1], im Südharz in der Krummschlucht nördlich von Stolberg[2], am Floßberg bei Steinbach in Thüringen, auch im sächsischen Vogtland[3]), in England (Cornwall usw.) und Schweden wie auch in anderen Ländern Europas. Die Hauptmenge des Weltbedarfs wird zur Zeit durch die Vereinigten Staaten von Amerika gedeckt, wo Flußspat hauptsächlich in West-Kentucky und Süd-Illinois gewonnen wird[4].

Kalziumfluorid kann auch auf künstlichem Wege hergestellt werden, durch Glühen von Kryolith mit Kalziumkarbonat oder durch Kochen von Kryolith mit Kalk.

Die Schmelztemperatur des Flußspats beträgt etwa 1330°, die des reinen Kalziumfluorids 1392°*. Der Name „Flußspat" deutet auf die seit altersher zu metallurgischen und keramischen Zwecken geübte Verwendung des Minerals als den Schmelzfluß förderndes Mittel hin. Erhitzt man ein Gemisch von Flußspat und Kieselsäure, so entsteht Kalziummetasilikat und Fluorsilizium. Beim Erhitzen von Kaolin oder keramischen tonhaltigen Massen mit Flußspat entweicht Fluorsilizium, während die Tonerde in das unschmelzbare und gegen Säuren indifferente Aluminiumfluorid übergeführt wird, z. B.: $Al_2O_3 \cdot 2\,SiO_2 + 7\,CaF_2 = 2\,SiF_4 + Al_2F_6 + 7\,CaO$**.

Die Wirkung des Flußspats in keramischen Massen beim Erhitzen besteht darin, daß er die Sinterung befördert sowie die Schmelzbarkeit und auch Dünnflüssigkeit von Silikatschmelzen erhöht, also ein energisches Flußmittel darstellt. Das beim Zerfall des Flußspats beim Erhitzen zunächst, d. h. bei weniger hohen Temperaturen, gelöst bleibende Fluor oder Fluorsilizium wird bei zunehmender Temperatur ausgetrieben, nachdem das Kalzium des Flußspats sich völlig mit der Kieselsäure oder dem Alkali des Scherbens verbunden hat[5]. Dies hat den Nachteil, daß in der beim Brennen sich verdichtenden Masse Blasenbildung eintritt oder Auftreibungen („Pocken") entstehen. Aus diesem Grunde hat sich die Verwendung fluorhaltiger Rohstoffe bei der Por-

---

[1] Priehäußer, M.: Keramos Bd. 6 (1927) S. 382. Bley, F.: Ebenda Bd. 7 (1928) S. 636.

[2] Tonind.-Ztg. Bd. 45 (1921) S. 1315.

[3] Laubenheimer, A., u. H. Lehmann: Ber. dtsch. keram. Ges. Bd. 14 (1933) S. 380.

[4] Grünwald, J.: Chemische Technologie der Emailrohmaterialien 2. Aufl. S. 27. Berlin 1922. Ferner E. L. Brokenshire: Enamelist Bd. 4 (1926) S. 10; Ref. Abstr. Amer. ceram. Soc. Bd. 7 (1928) S. 320.

* Niederleuthner, R.: Unbildsame Rohstoffe keramischer Massen S. 389. Wien 1928.

** Niederleuthner, R.: a. a. O. S. 388.

[5] Berdel, E.: Einfaches chemisches Praktikum V. u. VI. Teil 5. Aufl. S. 6 u. 104. Koburg 1929.

zellanbereitung nicht eingebürgert und dürfte die feinkeramische Verwendung des Flußspats gegen früher überhaupt zurückgegangen sein. Eine gewisse Bedeutung kommt dem Flußspat vielleicht noch als Glasurrohstoff zu, vor allem für farbige Glasuren[1].

Kryolith oder Eisstein ist natürliches Natrium-Aluminium-Fluorid, Na_3AlF_6. Er besteht in seiner reinsten Form aus 32,8% Na, 12,8% Al und 54,4% F, ist glasglänzend und farblos oder weiß bis rötlichweiß gefärbt.

Das wichtigste Kryolithvorkommen ist das auf der Insel Grönland bei Evigtok (Ivigtut) am Arksutfjord. Weniger bedeutende Vorkommen sind die von Miask im Ural und am Pikes Peak in Colorado, Nordamerika.

Künstlicher Kryolith wird technisch nach verschiedenen Verfahren hergestellt[2]. Mancher künstliche Kryolith des Handels weicht in seiner Zusammensetzung von der des natürlichen reinen Minerals sehr ab.

Die feinkeramische Verwendung des Kryoliths beschränkt sich auf einzelne Fälle. Am häufigsten ist die als Ersatz für Zinnoxyd in Emails als Trübungsmittel. Auch in getrübten Glasuren kann Kryolith benutzt werden. M. M. French[3] empfiehlt ein Gemisch von Kryolith und Colemanit, also Kalziumborat (S. 172), als Ersatz für Bleiglasuren.

Als Ersatz für Kryolith wird auch Kieselfluornatrium auf den Markt gebracht und seines billigeren Preises wegen vor allem in der Emaillierindustrie verwendet[4]. Zur Herstellung porzellanartiger, mehr oder weniger hitzebeständiger Erzeugnisse wird als Zusatz zu Ton, Kaolin, Kieselsäure und Feldspat auch Kieselfluoraluminium empfohlen[5].

Nach neueren Forschungen[6] beruht die durch Fluorverbindungen in Gläsern hervorgerufene Trübung nicht auf dem Vorhandensein von Gasblasen oder auf der Ausscheidung von Bestandteilen (Tonerde, Aluminiumfluorid, Kieselsäure oder auch Kieselfluornatrium) aus der glasigen Grundmasse, sondern auf einer kristallisierten Substanz, die durch die glasige Grundmasse verteilt ist, und zwar bei Verwendung von Natrium- und Aluminiumfluorid auf der Ausscheidung von Natriumfluorid, bei gleichzeitiger Verwendung von Flußspat auf Abscheidung von Natrium- und Kalziumfluorid nebeneinander. In borsäurehaltigen Gläsern konnte die Bildung von Borfluorid nicht nachgewiesen werden.

7. Aluminiumoxyd (Korund). Man unterscheidet natürliche Tonerde und gereinigte, künstlich hergestellte Tonerde. Letztere wird zum großen Teil aus natürlicher Tonerde gewonnen, vor allem aus Bauxit.

In der Natur kommt die Tonerde vor als Korund, Bauxit, Diaspor und Hydrargillit. Sie haben für die Feinkeramik nur mittelbare Bedeutung.

---

[1] Über die Verwendung von Flußspat bei der Porzellanherstellung siehe Keram. Rdsch. Bd. 40 (1932) S. 645.

[2] Grünwald, J.: Chemische Technologie der Emailrohmaterialien 2. Aufl. S. 110. Berlin 1922; vgl. a. H. Blücher: Auskunftsbuch für die chemische Industrie.

[3] J. Amer. ceram. Soc. Bd. 14 (1931) S. 739.

[4] Esch, W.: Keram. Rdsch. Bd. 32 (1924) S. 482.

[5] Eckert, F. M.: D. R. P. 429437, Kl. 80b, vom 26. 9. 1923, Chem.-Ztg. Bd. 50 (1926); Chem.-techn. Übers. S. 157.

[6] Agde, G., u. H. F. Krause: Z. angew. Chem. Bd. 40 (1927) S. 886.

Die Verwendung des natürlichen Korunds in der Keramik beschränkt sich auf die Herstellung von Schleifscheiben und hochfeuerfesten Massen. Meistens benutzt man aber auch für diese Zwecke künstlichen Korund, weil der natürliche infolge seines wechselnden Gehalts an Ganggestein kein zuverlässiges Ausgangsmaterial bildet[1].

Die natürlichen Tonerdehydrate, die zugleich die wichtigsten Rohstoffe zur Gewinnung künstlichen Aluminiumoxyds darstellen, sind: Bauxit, $Al_2O_3 \cdot H_2O$, Diaspor, $Al_2O_3 \cdot H_2O$, Hydrargillit (Gibbsit), $Al_2O_3 \cdot 3\,H_2O$.

Das wichtigste und verbreitetste dieser Mineralien ist der Bauxit, der in sehr verschiedener Reinheit auf zahlreichen Fundstätten Europas (Hessen, Südfrankreich, Krain usw.), Amerikas und Asiens abgebaut wird[2]. Er stellt ein natürliches Hydrogel der Tonerde dar. Diaspor und Hydrargillit sind als kristallisierte Umbildungen anzusehen[3].

Für die Raffination des vielfach stark eisenhaltigen Bauxits usw. zur Gewinnung reinen Tonerdehydrats bzw. Aluminiumoxyds sind eine große Anzahl Verfahren vorgeschlagen worden, betreffs deren auf die Sonderliteratur verwiesen wird[4]. Das wichtigste in der Praxis wirklich bisher erprobte Verfahren ist das von Bayer, das im Aufschluß des vorgebrochenen Bauxits mit starker Natronlauge unter mehrstündigem Kochen mit Dampf bei 4 bis 6 Atm. Druck besteht, worauf die ausgefällten Verunreinigungen, wie Eisenhydroxyd, Kieselsäure und Titanate, in Filterpressen abgepreßt werden (Rotschlamm) und aus der klaren Natriumaluminatlösung Tonerdehydrat abgeschieden wird, das man auswäscht, eindickt und trocknet.

In neuerer Zeit verwendet man den Bauxit oder das aus ihm gewonnene Aluminiumoxyd vielfach nicht in rohem Zustande, sondern als geschmolzene Tonerde oder Kunstkorund, der in reinem Zustande hinsichtlich seiner Eigenschaften dem natürlichen völlig entspricht, ihn in der Härte sogar teilweise übertrifft.

Die Herstellung des Kunstkorunds erfolgt nach dem Elektroverfahren, dem Kupolofenverfahren oder dem Thermitverfahren. Bei dem elektrischen Verfahren, das zuerst von E. Moyat angegeben worden ist[1], werden Bauxit, natürlicher Korund (Schmirgel) oder andere hochtonerdehaltige Stoffe in der hohen Temperatur des elektrischen Lichtbogens geschmolzen und gleichzeitig etwa vorhandene Verunreinigungen, wie Eisenoxyd, Titansäure, Kieselsäure, durch Kohle reduziert. Die Kunstkorundfabrikation bietet bedeutende Schwierigkeiten und erfordert große Erfahrung[5].

---

[1] Tonind.-Ztg. Bd. 45 (1921) S. 1135.

[2] Vgl. hierzu u. a. K. Jacob in C. Bischoff: Die feuerfesten Tone und Rohstoffe. 4. Aufl. S. 234. Leipzig 1922. Ferner H. Harrassowitz: Chem.-Ztg. Bd. 51 (1927) S. 1009 und Chem. Ind. Bd. 52 (1929) S. 868.

[3] Braun in F. Singer: Die Keramik im Dienste von Industrie und Volkswirtschaft S. 27. Braunschweig 1923.

[4] Vgl. hierzu B. Neumann u. O. Reinsch: Z. angew. Chem. Bd. 39 (1926) S. 1542. Niederleuthner, R.: Unbildsame Rohstoffe keramischer Massen S. 155. Wien 1928. Mantell, C. L.: Chem. metallurg. Engng. Dez. 1928; Ref. Chem.-Ztg. Bd. 53 (1929) S. 88. Vgl. a. A. Berge: Die Fabrikation der Tonerde 2. Aufl. Halle 1926.

[5] Danneel, H.: Chem. Fabrik 1928 S. 166. Schneider, R.: Tonind.-Ztg. Bd. 56 (1932) S. 106.

Je nach der Art des benutzten Ausgangsmaterials zeigt die geschmolzene Tonerde verschiedenen Reinheitsgrad. Hochwertiger Kunstkorund hat etwa folgende Zusammensetzung: 97,4% Al_2O_3, 0,9% SiO_2, 0,32% Fe_2O_3, 1,38% TiO_2*. Kupolofenkorund und Thermitkorund besitzen meist geringeren Reinheitsgrad als Elektrokorund.

Die Erzeugnisse verschiedener Herkunft werden unter sehr mannigfachen Handelsbezeichnungen auf den Markt gebracht. Es sind dies vor allem[1]

für Elektrokorund: Abrasit, Aloska, Aloxit, Alundum, Coraffin, Diamantin, Durubit, Elektrit, Heliokorund, Veralundum u. a.,

für Kupolofenkorund: Corindit, Dynamidon,

für Thermitkorund: Corubin, Corundin, Corundum u. a.

Der Schmelzpunkt der reinen Tonerde liegt außerordentlich hoch, nämlich bei 2050°. Die Temperatur der beginnenden Erweichung liegt im allgemeinen wesentlich unterhalb des eigentlichen Schmelzpunkts. Bei natürlicher und technisch hergestellter Tonerde ist der Abstand um so größer, je mehr Verunreinigungen dieselbe enthält.

Die Tonerde gehört nach O. Ruff[2] zu den wenig plastischen Oxyden, d. h. sie bäckt leicht, läßt sich aber in feuchtem Zustande nur schwer formen. Zur Herstellung von Geräten wird die Tonerde stark vorgesintert und gepulvert, dann entweder in angefeuchtetem Zustande durch Pressen geformt oder mit verdünnter Säure (800 cm³ Wasser, 80 cm³ Salzsäure von 38%) unter Erwärmen auf 95 bis 100° zu Gießmasse verarbeitet oder auch unter Zugabe passender Bindemittel zu plastischer Masse. Um aus Tonerde hergestellte Tiegel widerstandsfähig gegen den Angriff von Oxyd- oder Silikatschmelzen zu machen, muß man sie nach W. Krings und H. Salmang[3] bis kurz unterhalb des Schmelzpunkts der hochfeuerfesten Masse erhitzen, damit sie sich durch Sintern porzellanartig verdichten und eine glatte, porenfreie Oberfläche annehmen.

Die Verwendung der Tonerde für keramische Zwecke geschieht entweder in reiner Form ohne jedes Zusatzmittel oder mit nur geringen Mengen eines solchen oder unter Einführung der Tonerde in kaolin- oder tonhaltige Massen. Ein neuer, fast nur reine Tonerde (99,7% Al_2O_3 und 0,3% hauptsächlich SiO_2) enthaltender Werkstoff der Siemens & Halske A.G., Berlin, der den Namen „Sinterkorund" führt, besteht im gebrannten Zustande aus einem homogenen Netzwerk von α-Korundkristallen ohne glasige Zwischenmasse und zeichnet sich durch hervorragende mechanische, thermische, elektrische und chemische Widerstandsfähigkeit aus[4]. Sinterkorund ist daher zur Herstellung von Geräten für die verschiedensten technischen und Laboratoriumszwecke geeignet, besonders solchen, bei denen es auf große Härte, Unempfindlichkeit gegen raschen Temperaturwechsel Gasdichte und geringste

---

* Brockbank, C. J.: J. chem. Soc. Ind. Bd. 39 S. 41.

[1] Niederleuthner, R.: Unbildsame Rohstoffe keramischer Massen S. 166. Wien 1928. Steinbrecher, K.: Z. angew. Chem. Bd. 41 (1928) S. 1332. Waeser, B.: Chem.-Ztg. Bd. 46 (1922) S. 847.

[2] Ber. dtsch. keram. Ges. Bd. 5 (1924) S. 157; Keram. Rdsch. Bd. 32 (1924) S. 605; Z. angew. Chem. Bd. 46 (1933) S. 3.

[3] Z. angew. Chem. Bd. 43 (1930) S. 364.

[4] Gerdien, H.: Chem.-Ztg. Bd. 56 (1932) S. 803. Kohl, H.: Tonind.-Ztg. Bd. 56 (1932) S. 1279 u. Keram. Rdsch. Bd. 41 (1933) S. 31.

Durchbiegung bei sehr hohen Hitzegraden, sowie Widerstandsfähigkeit gegen chemische Einflüsse ankommt[1]. Man benutzt für keramische Zwecke vorzugsweise kristallisierte Tonerde, seltener und nur ausnahmsweise in besonderen Fällen geglühte amorphe Tonerde, z. B. zur Herstellung gekrackter Glasuren oder poröser Massen, auch Tonerdehydrat. Schon im Jahre 1907 ist vorgeschlagen worden[2], auch Porzellanmassen durch Einführung von Kunstkorund oder Tonerdehydrat feuerbeständiger zu machen, ein Gedanke, der dann weiter ausgebaut worden ist, sowohl für porzellanartige Massen zu Pyrometerrohren u. dgl. (Marquardtsche Masse und ihr ähnliche Massen, s. S. 318), als auch für technisches Porzellan (S. 295f.).

Über die Rolle der Tonerde in Glasuren, in die man sie meist in Form von Kaolin, Ton oder Feldspat einführt, siehe S. 236.

8. Zirkoniumverbindungen (Thoriumoxyd, Berylliumoxyd). Diejenigen Zirkoniummineralien, denen eine gewisse keramische Bedeutung zukommt, sind die Zirkonerde und der Zirkon oder Zirkonit.

Das natürliche Zirkoniumoxyd oder die Zirkonerde besteht hauptsächlich aus Zirkon-4-oxyd, ZrO_2, und ist vermutlich eine metamorphe Bildung aus Zirkon[3]. Das Mineral zeigt gelbliche, graue oder braune Farbe und führt im kristallisierten (monoklin) Zustande den Namen „Baddeleyit", in der derben Abart, in der es in konzentrisch-schaligen Massen auftritt, den Namen „Zirkonfavas" oder „Zirkonglaskopf".

Der Zirkon oder Zirkonit enthält als Hauptbestandteile Zirkonoxyd und Kieselsäure. Er ist nach der einen Anschauung[4] als Zirkoniumsilikat, $ZrSiO_4$, nach der anderen als kieselsäurereiches Oxyd anzusehen, bei dem eine chemische Bindung in stöchiometrischem Verhältnis nicht erwiesen ist[3]. Zirkon besitzt meist gelbrote bis braune Farbe.

Das spezifische Gewicht beider Mineralien, ebenso ihre Härte, hängt von ihrer Reinheit ab. Ersteres beträgt bei Baddeleyit 5,5 bis 5,9, bei derber Zirkonerde 4,4 bis 5,4, bei Zirkon etwa 4,0 bis 4,8.

In Europa sind Zirkonlagerstätten von technischer Bedeutung nicht bekannt. Ausgedehnte Lagerstätten von Zirkonmineralien besitzen Brasilien, vor allem in den Staaten Sao Paulo und Minas Geraes, wo der Abbau meist auf sekundärer Lagerstätte stattfindet, und Nordamerika, wo sich die umfangreichsten Zirkonlager im Staate Nord-Carolina, und zwar auf primärer Lagerstätte im Pegmatit,

---

[1] Über die große chemische Widerstandsfähigkeit der aus reiner Tonerde bestehenden Erzeugnisse der Deutschen Gold- und Silberscheideanstalt vorm. Roeßler gegen oxydierendes und reduzierendes Brennen, schmelzendes Na_2O_2, Flußsäure usw. siehe Mitt. in Chem. Fabrik Bd. 6 (1933) Nr. 23 III.

[2] Llewellyn Bell, B. M.: Trans. Amer. ceram. Soc. Bd. 9 (1907); Ref. Sprechsaal Keramik usw. Bd. 41 (1908) S. 675.

[3] Niederleuthner, R.: Unbildsame Rohstoffe keramischer Massen S. 500. Wien 1928.

[4] Rieke, R.: Sprechsaal Keramik usw. Bd. 41 (1908) S. 214.

finden. Weniger bedeutende Lager besitzen Colorado, New Jersey, Pennsylvania, Florida und Kanada. Auch in Indien, Australien und auf Madagaskar sind Zirkonvorkommen vorhanden[1].

Als Verunreinigungen enthält die rohe Zirkonerde vor allem Kieselsäure und Eisenoxyd, ferner Aluminiumoxyd, Titandioxyd, alkalische Erden und Alkalien. Der Zirkon enthält ähnliche Beimengungen wie die Zirkonerde, in der kolloidalen Zersetzungsform, dem sog. Malakon, auch verschiedene seltene Erden und Wasser[2].

Die Reinigung der Zirkonerde im großen kann nach verschiedenen Verfahren erfolgen[3], entweder durch Aufschluß mit Natriumsulfat oder -bisulfat und Auslaugen mit heißem Wasser oder durch Behandeln mit Flußsäure, auch durch Erhitzen mit Kalziumoxyd im elektrischen Ofen und Behandeln des entstandenen Zirkonats mit Salz- oder Schwefelsäure in der Wärme[4]. Man erhält dann nach dem Glühen ein Produkt von hellgelber bis gelblichweißer Farbe mit 0,5 bis 1,0% Fe_2O_3.

In hochgebranntem Zustande wird Zirkoniumoxyd von keiner Säure angegriffen, auch nicht von schmelzendem Alkali oder Alkalikarbonat, und ist in Flußsäure unlöslich. Auch ist es beständig gegen reduzierende Einflüsse[5]. Beim Erhitzen auf hohe Temperaturen nimmt die Dichte des Zirkoniumoxyds unter Volumenabnahme beträchtlich zu. Diese Schwindung hört bei reinem Oxyd erst bei 2300° auf[6]. Nach K. Herold[7] beginnt reines Zirkoniumoxyd bei 2100° zu erweichen. Seine Schmelztemperatur liegt nach O. Ruff[8] bei 2687° $\pm$ 20°. Nach W. Krings und H. Salmang[9] ist es möglich, Zirkontiegel durch Erhitzen bis kurz unterhalb des Schmelzpunktes der Masse so weit zu verdichten, daß sie von Silikatschmelzen nur noch wenig angegriffen werden, doch sind auch hochgebrannte Geräte aus Zirkoniumoxyd nicht so gasdicht wie solche aus hochgebranntem Aluminium- oder Berylliumoxyd. Zur Herstellung dichter, bis etwa 2000° verwendbarer hochfeuerfester Erzeugnisse ist nach O. Ruff[10] ein Zusatz von 1% Aluminiumoxyd sehr geeignet, wenn die Brenntemperatur der Formlinge bis etwa 2000° gesteigert wird. Für den gleichen Zweck sind auch Zusätze von 1% Thoriumoxyd oder 1 bis 3% Magnesiumoxyd benutzt worden[11]. R. Bayer[12] stellte Gemische

---

[1] Niederleuthner, R.: a. a. O. S. 515. Braun in F. Singer: Die Keramik im Dienste von Industrie und Volkswirtschaft S. 32. Braunschweig 1923, und Steger: Ebenda S. 288.

[2] Über die Zusammensetzung der Zirkonmineralien siehe u. a. O. Dammer u. F. Peters: Chemische Technologie der Neuzeit 2. Aufl. S. 445. Stuttgart 1925. Doelter, C.: Handbuch der Mineralchemie Bd. III/1 S. 127. Dresden-Leipzig 1918. Ruff, O.: Ber. dtsch. keram. Ges. Bd. 5 (1924) S. 163. Bigot: Tonind.-Ztg. Bd. 45 (1921) S. 583. Shearer, W. L.: Ceramist Bd. 5 (1925) S. 326; Ref. Sprechsaal Keramik usw. Bd. 59 (1926) S. 713. Ellsworth, H. V.: Amer. Mineral. Bd. 13 (1928) S. 383; Ref. Abstr. Amer. ceram. Soc. Bd. 7 (1928) S. 716.

[3] Vgl. hierzu H. Trapp: Metallbörse Bd. 21 (1931) S. 1516; Ref. Chem. Zbl. Bd. 102 (1931) II S. 2919.

[4] Schmid, P.: Z. anorg. allg. Chem. Bd. 167 (1927) S. 369.

[5] Ryschkewitsch, E.: Chem. metallurg. Engng. 1932 S. 85; Ref. Tonind.-Ztg. Bd. 56 (1932) S. 382.

[6] Podszus, E.: Z. angew. Chem. Bd. 30 (1917) S. 17.

[7] In C. Doelter: Handbuch der Mineralchemie Bd. III/1 S. 133. Dresden-Leipzig 1918.

[8] Angew. Chem. Bd. 46 (1933) S. 2. [9] Z. angew. Chem. Bd. 43 (1930) S. 364.

[10] Tonind.-Ztg. Bd. 38 (1914) S. 1169.

[11] Podszus, E.: a. a. O. Anm. 9, und A. Spengel: Tonind.-Ztg. Bd. 41 (1917) S. 175.

[12] Z. angew. Chem. Bd. 23 (1910) S. 485.

von Zirkoniumoxyd und wasserhaltigem Zirkoniumhydroxyd her, die sich bei Zusatz von etwas Stärkekleister formen ließen. E. Podszus[1] schmilzt reines Zirkoniumoxyd im elektrischen Lichtbogen, mahlt dieses sehr fein und erhält durch Dialyse des mit Zirkoniumhydroxydsol gemischten Pulvers eine völlig elektrolytfreie Masse. Zwecks Erzielung besonders großer Widerstandsfähigkeit gegen höchste Temperaturen verwendet die Siemens & Halske Akt.-Ges., Berlin-Siemensstadt, bei der Herstellung feuerfester Körper Zirkoniumoxyd, das von dem regelmäßig in ihm vorhandenen Hafniumoxyd befreit ist (D. R. P. 434596, Kl. 80b, v. 18. 5. 1923)[2]. Nach E. Ryschkewitsch[3] erhält man eine formbare Masse aus hochgebranntem Zirkoniumoxyd durch Vermahlen mit 2 bis 4% $ZrCO_4$ und Wasserzusatz sowie Beigabe ganz geringer Mengen stabilisierender Stoffe.

Weiteres über die Herstellung von Massen aus den Oxyden des Zirkoniums, Thoriums und Berylliums s. S. 321.

Die Bereitung zirkoniumoxydhaltiger Gießmassen erfolgt in ähnlicher Weise wie dies früher bei Magnesiumoxyd und Tonerde angegeben worden ist. Nach einer neueren Vorschrift von O. Ruff und A. Riebeth[4] wird zunächst das reine Oxyd bei 1200° gebrannt, 20 Stunden lang in Wasser gemahlen, dann mit 0,2 normaler Salzsäure angerührt, die übrige Flüssigkeit nach zweitägigem Stehen entfernt, die plastische Masse bei 120° bis auf 2,5% Feuchtigkeit getrocknet und bei 1000 Atmosphären Druck in Formen gepreßt. Oder man mahlt bei 1400° gebranntes Zirkoniumoxyd in 0,2 normaler Salzsäure und gießt den Schlicker in Formen. Die unter hohem Druck geformten Stücke brennt man bei 2200° und erhält eine feine porzellanartige Masse, die beim Abschrecken von Weißglut nicht berstet. Die gegossenen Stücke brennt man bis 1000° vor und erhitzt sie dann langsam auf 1200° bis 1500° und endlich auf 1700°.

Im System $K_2O — Al_2O_3 — SiO_2$ mit den Grundstoffen Kaolin und Feldspat wird bei Zusatz von Zirkoniumoxyd der Schmelzpunkt erniedrigt, außer bei den zirkonreicheren Gemischen. Vielleicht ist dies auf die Umsetzung des Feldspatglases zu Alkalizirkonaten oder Zirkoniumsilikat zurückzuführen[5].

Auch Zirkon zeigt beim Erhitzen auf hohe Temperaturen beträchtliche Schwindung. Die Schmelztemperatur des Zirkons beträgt nach C. Doelter[6] 2000°, nach E. W. Washburn und E. Libman 2550°[7].

Die Verwendung der Zirkoniumverbindungen für keramische Zwecke besteht erstens in der Herstellung hochfeuerfester Schmelztiegel, die besonders zur Herstellung hochschmelzender Metallegierungen Verwendung finden, Glühschiffchen usw., hochfeuerfester Steine und Formstücke, besonders solcher für elektrische Öfen, auch von Anstrichmassen für die Innenwände von Industrieöfen, und zweitens in der Einführung in Massen oder als Trübungsmittel in Emails und Glasuren. Der Preis für Geräte aus Zirkoniumoxyd ist verhältnismäßig hoch. Gegenstände aus mindestens 96% Zirkonoxyd, wie sie die Deutsche Gasglühlicht-

---

[1] Podszus, E.: Z. angew. Chem. Bd. 30 (1917) S. 17.

[2] Chem.-Ztg. Bd. 50 (1926); Chem.-techn. Übers. S. 227; Chem. Zbl. Bd. 97 (1926) II S. 2468.

[3] Chem. metallurg. Engng. 1932 S. 85; Ref. Tonind.-Ztg. Bd. 56 (1932) S. 382.

[4] Z. anorg. allg. Chem. Bd. 173 (1928) S. 373.

[5] Schwarz, R., u. E. Reidt: Z. anorg. allg. Chem. Bd. 182 (1929) S. 1.

[6] Handb. d. Mineralchemie Bd. III/1 S. 146. Dresden-Leipzig 1918.

[7] J. Amer. ceram. Soc. Bd. 3 (1920) S. 634.

Auer-Gesellschaft m. b. H. und die Deutsche Gold- und Silberscheideanstalt vorm. Roeßler herstellen, sind bis zu der hohen Brenn- und Glühtemperatur von etwa 2500° verwendbar und zeichnen sich durch große mechanische Festigkeit und hohe chemische Widerstandsfähigkeit aus, sind aber verhältnismäßig empfindlich gegen schroffen Temperaturwechsel. Sie zeigen aber weder beim Glühen in oxydierender noch in reduzierender Atmosphäre merkliche Verdampfung. Geräte aus Zirkon, d. h. aus Zirkonsilikat, sind nicht gasdicht. Sie sind feuerbeständig bis zu 1750° und besitzen die Vorzüge der Geräte aus reinem Zirkoniumoxyd, zeichnen sich aber durch höhere Widerstandsfähigkeit gegen raschen Temperaturwechsel aus. Ihre Verwendung verbietet sich in allen Fällen, wo der Kieselsäuregehalt des Materials stören kann[1]. Als Zusatz zu anderer keramischer Masse steigert Zirkonoxyd besonders deren mechanische Festigkeit und auch Temperaturwechselbeständigkeit.

Erzeugnisse aus Thoriumoxyd[2] werden neuerdings von der Deutschen Gold- und Silberscheideanstalt vormals Roeßler, Frankfurt a. M., fabrikatorisch hergestellt. Die Anwendung dieses Materials ist aber nur bei Bedürfnis nach sehr hohen Arbeitstemperaturen bis über 2500° gerechtfertigt[3].

In neuester Zeit hat man neben Zirkonium- und Thoriumoxyd auch Berylliumoxyd von hohem chemischem Reinheitsgrad hergestellt[4] und verwendet dieses als Material für Geräte, die sich infolge ihrer hohen Wärmeleitfähigkeit durch größte Beständigkeit gegen Temperaturwechsel auszeichnen. Sie besitzen nach dem Brennen bei 2000° einen transparenten Scherben, sind sehr widerstandsfähig gegen reduzierende Einflüsse und als Schmelzgefäße für stark angreifende Metalle besonders geeignet. Erwähnenswert ist vor allem auch die hohe elektrische Isolierfähigkeit des Berylliumoxyds selbst bei den höchsten Temperaturen.

9. Siliziumkarbid. Siliziumkarbid hat die Formel SiC und besteht in reinem Zustand aus 70,3% Si und 29,7% C. Technisch hergestelltes Siliziumkarbid ist in ungewaschenem Zustand meist durch geringe Beimengungen von Eisenoxyd, Tonerde und alkalischen Erden verunreinigt und zeigt an der Oberfläche ein feines Graphithäutchen[5].

Siliziumkarbid wird auf künstlichem Wege hergestellt durch Erhitzen eines Gemenges von Sand oder gemahlenem Quarz mit Kohle im elektrischen Ofen auf 1800°. Man wählt hierbei das stöchiometrische Verhältnis SiO_2:3 C. Die Kieselsäure setzt sich zunächst mit 2 Molekeln der Kohle zu elementarem Silizium um. Dieses geht in den dampfförmigen Zustand über und verbindet sich dann mit

[1] Mitteilung vom Jahre 1928 der Deutschen Gasglühlicht-Auer-Gesellschaft m. b. H., Abteilung C. Ferner E. Ryschkewitsch: Chem. metallurg. Engng. 1932 S. 85, Ref. Tonind.-Ztg. Bd. 56 (1832) S. 382.

[2] Vgl. hierzu O. Ruff u. A. Riebeth: Z. anorg. allg. Chem. Bd. 173 (1928) S. 373; s. a. E. Ryschkewitsch: a. a. O.

[3] Chem. Fabrik Bd. 6 (1933) Nr. 23 S. IV.

[4] Chem. Fabrik Bd. 6 (1933) Nr. 23 S. III.

[5] Niederleuthner, R.: Unbildsame Rohstoffe keramischer Massen S. 261. Wien 1928.

dem dritten Kohlenstoffatom zu Siliziumkarbid:

1. $SiO_2 + 2\,C = Si + 2\,CO$; 2. $Si + C = SiC$, oder 1. und 2. zusammengefaßt:

$$3.\ SiO_2 + 3\,C = SiC + 2\,CO.$$

Der benutzte Sand muß rein, die Kohle (bester Hüttenkoks, Petrolkoks[1], Anthrazit) möglichst arm an Asche sein. Außerdem fügt man der Beschickung, um das Entweichen der entwickelten großen Gasmengen zu begünstigen, zur Auflockerung Sägemehl und, um vorhandene Verunreinigungen, wie Eisen und Aluminium, als Chloride weitgehend zu verflüchtigen, Kochsalz zu[2]. Die Bildung des Siliziumkarbids erfolgt von 1615° ab. Zunächst entsteht amorphes Karbid, das zwischen 1900 und 2000° in kristallines übergeht. Zwischen 2200 und 2240° verdampft das Silizium, wobei Graphit zurückbleibt.

Sehr reines Siliziumkarbid ist glasklar oder wenigstens durchsichtig flaschengrün gefärbt, da die letzten Reste Eisen schwer völlig entfernt werden können. Das mit gewöhnlichem aschenarmem Koks erzeugte Siliziumkarbid ist undurchsichtig schwarzbraun gefärbt, aber für fast alle Zwecke ebenso brauchbar wie das durchsichtige Kristallgut[2].

Das kristallisierte Siliziumkarbid wird auf Kollergängen zerkleinert, ein Verfahren, das mit großer Sachkenntnis und Sorgfalt erfolgen muß, wenn man die richtigen Körnerformen und Korngrößen erzielen will. An die Mahlung und Siebung schließt sich bei den wertvolleren Sorten die Reinigung mit Schwefelsäure und Wasser zur Entfernung noch vorhandener Fremdstoffe, erforderlichenfalls auch noch ein Schlämmprozeß an. Das Siliziumkarbid wird in verschiedenen Korngrößen in den Handel gebracht.

Das erste Siliziumkarbid wurde im Elektroschmelzofen im Jahre 1892 von dem Nordamerikaner Acheson hergestellt, der ihm den Namen „Carborundum" gab. Andere Bezeichnungen für Siliziumkarbid verschiedener Fabrikation und Herkunft sind Karbolon, Karbosilit, Krystolon, Sika[3], Kristallit usw.

Das spezifische Gewicht des Siliziumkarbids beträgt 3,22*. Seine wichtigsten Eigenschaften sind seine große Härte, die zwischen 9 und 10 der Mohsschen Skala liegt, und die es zur Verwendung als Schleifmaterial in hervorragendem Maße befähigt, sein gutes Wärmeleitvermögen und in Verbindung damit seine Unempfindlichkeit gegen plötzlichen Temperaturwechsel, sowie schließlich seine hohe Feuerfestigkeit. Nach M. L. Hartmann und O. B. Westmont[4] bleibt die Wärmeleitfähigkeit beim Erhitzen im Temperaturbereich von 650 bis 1350° konstant und nimmt nach F. H. Norton[5] bis 1400° um die Hälfte ab.

Karbofrax und Refrax sind Massen aus mehr als 90% Siliziumkarbid und Beimischungen anderer temperaturbeständiger Stoffe. Karbosand ist ein aus reinster Kieselerde und Petrolkoks gewonnenes Siliziumkarbid[3].

---

[1] Schneidler, Chem.-Ztg. Bd. 52 (1928) S. 285; Tonind.-Ztg. Bd. 56 (1932) S. 105.

[2] Danneel, H.: Chem. Fabrik 1928 S. 164.

[3] Waeser, B.: Chem.-Ztg. Bd. 46 (1922) S. 847.

* Waeser, B.: a. a. O. S. 846.

[4] J. Amer. ceram. Soc. Bd. 8 (1925) S. 259; Ref. Sprechsaal Keramik usw. Bd. 59 (1926) S. 271.

[5] Ebenda Bd. 10 (1927) S. 30; Ref. Tonind.-Ztg. Bd. 51 (1927) S. 394.

Ein Nachteil für die allgemeine Verwendung des Siliziumkarbids ist der, daß es sich in oxydierender Atmosphäre bei hohen Temperaturen allmählich von etwa 1400° ab[1] zersetzt. In mäßigem Umfange tritt oberhalb 1600° auch schon der Zerfall in elementares Silizium und Graphit ein[2]. Gegenüber Silikaten ist es bei hohen Temperaturen in beschränktem Umfange beständig, aber nicht widerstandsfähig gegen geschmolzene Metalle und schmelzende Alkalien. Für oxydische Schmelzen sind Karbidtiegel im allgemeinen weniger geeignet als hochwertige Metalltiegel[3].

Nach O. Ruff und A. Riebeth[4] läßt sich Siliziumkarbid durch Mahlen mit normaler Salzsäure in Gießschlicker überführen. Die Gußstücke brennt man bei 1500°.

Nach H. T. Bellamy[5] kann man Siliziumkarbidmassen durch Gießen verarbeiten, indem man einen Gießschlicker aus fein verteiltem SiC, feuerfestem Ton, einem verflüssigend wirkenden Zusatz und so viel Wasser bereitet, daß eine Mischung vom spezifischen Gewicht 2,25 entsteht.

Siliziumkarbid findet Verwendung zur Herstellung besonders feuerfester Steine u. dgl., vor allem auch als Schleifmittel sowohl in der Metall- wie in der keramischen Industrie, ferner in untergeordnetem Maße bei der Bereitung von Massen mehr feinkeramischer Art für einzelne Sonderzwecke, z. B. für Rauchgasfilter, auch für Pyrometerrohre.

Dem Siliziumkarbid ähnliche Erzeugnisse sind Silit und Silundum[6]. Sie werden nach besonderen patentrechtlich geschützten Verfahren hergestellt, auf die hier nur hingewiesen werden kann[7]. Die Silitmasse findet vor allem als vorzügliches Material für elektrische Heizwiderstände Verwendung. Ihre große Zerbrechlichkeit ist in den letzten Jahren wesentlich verringert worden[6].

10. Wasserfreie Tonerdesilikate (Andalusit, Zyanit, Sillimanit, Mullit). Aus der Tonsubstanz, $Al_2O_3 \cdot 2\,SiO_2 \cdot 2\,H_2O$, die den Hauptbestandteil der Kaoline und Tone bildet, erhält man durch Glühen wasserfreies Aluminiumsilikat der Zusammensetzung $Al_2O_3 \cdot 2\,SiO_2$ oder $Al_2Si_2O_7$. Es ist die Grundsubstanz der „Schamotte", die man den tonigen Arbeitsmassen als Magerungsmittel und zur Erhöhung der Feuerfestigkeit zusetzt. Eine zweite Gattung von Tonerdesilikaten, die in neuerer Zeit in der gesamten Keramik große Bedeutung erlangt haben, sind die der Zusammensetzung $Al_2O_3 \cdot SiO_2$ oder Al_2SiO_5, von denen in der Natur drei Erscheinungsformen auftreten, nämlich Andalusit, Zyanit (oder Disthen) und Sillimanit. Letzterer ist auch auf künstlichem Wege her-

---

[1] Keramos Bd. 5 (1928) S. 527.

[2] Niederleuthner, R.: Unbildsame Rohstoffe keramischer Massen S. 263. Wien 1928.

[3] Meyer, O.: Ber. dtsch. keram. Ges. Bd. 11 (1930) S. 333. Krings, W., u. H. Salmang: Z. angew. Chem. Bd. 43 (1930) S. 364.

[4] Z. anorg. allg. Chem. Bd. 173 (1928) S. 373.

[5] Abstr. Amer. ceram. Soc. Bd. 5 (1926) S. 254.

[6] Waeser, B.: Chem.-Ztg. Bd. 46 (1922) S. 846. Arndt in F. Singer: Die Keramik usw. S. 304.

[7] Vgl. Waeser sowie Arndt: a. a. O.

gestellt worden (s. u.). An diese schließt sich an der Mullit, 3 $Al_2O_3 \cdot 2\ SiO_2$ oder $Al_6Si_2O_{13}$, der als seltenes Mineral in der Natur vorkommt (Insel Mull, Schottland) und auch beim Erhitzen aus Sillimanit usw. sowie aus wasserfreier Tonsubstanz entstehen kann.

Die drei Mineralien kommen entweder kristallisiert vor, und zwar der Andalusit und Sillimanit rhombisch, der Zyanit triklin oder in derben grobkörnigen oder stengeligen Massen. Ihre Farbe ist weiß bis hellgrau oder -braun. Das spezifische Gewicht des Andalusits beträgt 3,1 bis 3,2, des Zyanits 3,56 bis 3,67 und des Sillimanits 3,23 bis 3,25*.

Theoretisch entspricht die Zusammensetzung der Tonerdesilikate Sillimanit, Zyanit und Andalusit einem Gehalt von 62,85% Al_2O_3 und 37,15% SiO_2.

In Europa sind bisher abbauwürdige Vorkommen dieser Mineralien noch nicht erschlossen worden. Dagegen finden sich große nutzbare Lager von Sillimanit und Zyanit in Asien, und zwar in Indien[1] und auf Ceylon, die zum Teil auch schon ausgebeutet werden. Nordamerika besitzt nutzbare Lagerstätten von Zyanit in Nord-Karolina und bei Pamplin, Virginia[2] ,von Andalusit in den White Mountains in Kalifornien[3]. In Südamerika ist Andalusit bei Minas Geraes gefunden worden.

Ein den genannten drei Mineralien ähnliches ist der in Nordamerika gewonnene Pyrophyllit, $Al_2O_3 \cdot 4\ SiO_2 \cdot H_2O$**.

Der Aufbereitung des Zyanits geht ein Erhitzen des Rohmaterials bis etwa 1450° voraus[4]. Nach dem Brennen und Aussortieren von Beimengungen und unreinen Stücken wird der Zyanit zerkleinert und durch Sieben in verschiedene Korngrößen zerlegt.

Als hauptsächliche Verunreinigungen der natürlichen Vorkommen von Andalusit, Zyanit und Sillimanit sind zu nennen Eisen- und Titanoxyd in Mengen von je 1 bis 2%, ferner Kalzium-, Magnesiumoxyd und Alkalien in Mengen von durchschnittlich 0,5% oder weniger[5]. Oxydische Eisenverbindungen lassen sich durch reduzierendes Vorbrennen so verändern, daß sie magnetisch werden und sich dann unschwer von dem übrigen Material trennen lassen.

---

* Insley, H.: J. Amer. ceram. Soc. Bd. 16 (1933) S. 58.

[1] Bull. Imp. Inst. Bd. 24 (1926) S. 761; Ref. Abstr. Amer. ceram. Soc. Bd. 6 (1927) S. 180.

[2] Payne, H. M.: Cement Mill & Quarry Bd. 32 (1928) S. 75; Ref. Abstr. Amer. ceram. Soc. Bd. 8 (1929) S. 123.

[3] McDowell, S. J., u. E. J. Vachuska: J. Amer. ceram. Soc. Bd. 10 (1927) S. 62; Ref. Sprechsaal Keramik usw. Bd. 60 (1927) S. 621. Ferner A. H. Fessler u. W. J. Mc Caughey: J. Amer. ceram. Soc. Bd. 12 (1929) S. 32.

** Peck, A. B.: J. Amer. ceram. Soc. Bd. 16 (1933) S. 70. Tailby, R. V.: Ceram. Age Bd. 21 (1933) S. 4.

[4] Mitteilung der Europäischen Koppers P. B. Sillimanit Gesellschaft m. b. H., Essen.

[5] Über die Zusammensetzung von rohem und konzentriertem Zyanit, Sillimanit usw. siehe W. J. Rees: Trans. ceram. Soc. Bd. 26 (1926/27), S. 132. McDowell, S. J., u. E. J. Vachuska: J. Amer. ceram. Soc. Bd. 10 (1927) S. 62 und 761; Ref. Sprechsaal Keramik usw. Bd. 60 (1927) S. 621. Niederleuthner, R.: Unbildsame Rohstoffe keramischer Massen S. 196. Wien 1928. Twells jr., R.: J. Amer. ceram. Soc. Bd. 8 (1925); Ref. Sprechsaal Keramik usw. Bd. 59 (1926) S. 379.

Sillimanit kann auch künstlich hergestellt werden, am einfachsten und billigsten durch Erhitzen von Andalusit oder Zyanit, die sich beim Erhitzen auf etwa 1390 bzw. 1370° in Sillimanit umwandeln[1]. Auf synthetischem Wege, z. B. durch reduzierendes Zusammenschmelzen von Tonsubstanz oder Tonerde und Quarz mit Koks oder mit Koks und Eisen unter Anwendung von Preßluft oder durch Anlagern von Tonerde bei genügend hoher Temperatur an Kaolin[2], hergestellter Sillimanit ist zu teuer, um mit dem natürlichen oder dem aus Zyanit oder Andalusit gewonnenen in Wettbewerb treten zu können.

Mullit enthält gemäß seiner theoretischen Zusammensetzung ($Al_6Si_2O_{13}$) 71,77% Al_2O_3 und 28,23% SiO_2. Er kristallisiert rhombisch und hat das spezifische Gewicht 3,156*.

Künstlich entsteht Mullit aus Sillimanit bei hoher Temperatur durch Zerfall eines Teils des letzteren in Tonerde und kieselsäurereiches Glas[3]:

$$mAl_2O_3 \cdot SiO_2 \rightleftarrows \underbrace{nAl_2O_3 \cdot SiO_2 + Al_2O_3}_{\text{disperse Mullitphase}} + SiO_2.$$

Hiernach stellt Mullit ein Gemenge von Sillimanit und sehr fein verteiltem Korund oder „— in einer gewissen Grenzkonzentration — eine homogene feste Lösung der Tonerde in Sillimanit“ dar. Nach N. L. Bowen und A. Greig[4] tritt eine Umwandlung des Sillimanits in Mullit und kieselsäurereiches Glas bei 1545° ein, nach A. und R. Brauns[5] bei Anwesenheit von Flußmitteln schon bei 1050°.

Die Mineralien der Sillimanitgruppe werden von Säuren nicht oder nur sehr wenig angegriffen. Sogar von 30 proz. Flußsäure wird Sillimanit bzw. Mullit nur wenig und ganz allmählich zersetzt. Nach R. Rieke und W. Schade[6] ist aber auf diese Weise eine wirkliche quantitative Trennung des in gebranntem Porzellan vorhandenen Mullits von der in Flußsäure löslichen glasigen Grundmasse nicht möglich, da Mullit in Flußsäure nicht unlöslich, sondern nur wesentlich schwerer löslich ist als die übrigen Bestandteile des Porzellanscherbens, doch lassen sich beim Arbeiten unter genau festgelegten und gleichbleibenden Bedingungen Werte erhalten, die mit ziemlicher Sicherheit auf den Mullitgehalt einer gebrannten Porzellanmasse schließen lassen und Vergleiche mehrerer Massen miteinander gestatten.

Beim Erhitzen erleidet Sillimanit bis etwa 1435° keine Veränderung. Erst bei dieser Temperatur tritt eine Verringerung der Dichte auf 2,92 ein[7], die prak-

---

[1] Peck, A. B.: J. Amer. ceram. Soc. Bd. 8 (1925) S. 407; Ref. Ber. dtsch. keram. Ges. Bd. 6 (1925) S. 86 und Sprechsaal Keramik usw. Bd. 59 (1926) S. 103.

[2] Trans. ceram. Soc. Bd. 19 (1919/20) S. 140; Ref. Sprechsaal Keramik usw. Bd. 53 (1921) S. 469; J. Amer. ceram. Soc. Bd. 5 (1920) S. 40 und Bd. 6 (1923) S. 674; Ref. Tonind.-Ztg. Bd. 44 (1920) S. 1003. Vgl. ferner A. Rebuffat: Trans. ceram. Soc. Bd. 21 (1921/22) S. 66 und Bd. 23 (1923/24) S. 14; Ref. Ber. dtsch. keram. Ges. Bd. 3 (1922) S. 42. Bleininger, A. V.: J. Amer. ceram. Soc. Bd. 3 (1920) Nr. 2; Ref. Tonind.-Ztg. Bd. 45 (1921) S. 518.

* Beljankin, D.: Rend. de l'Acad. des Sciences de l'USSR. 1928 S. 279; Ref. Ber. dtsch. keram. Ges. Bd. 10 (1929) S. 233.

[3] Eitel, W.: Keram. Rdsch. Bd. 34 (1926) S. 602.

[4] J. Amer. ceram. Soc. Bd. 7 (1924) S. 238; Ref. Keram. Rdsch. Bd. 32 (1924) S. 470.

[5] Zbl. Mineral., Geol., Paläont. 1926 A. Nr. 1; Ref. Keram. Rdsch. Bd. 35 (1927) S. 540.

[6] Ber. dtsch. keram. Ges. Bd. 11 (1930) S. 427.

[7] Peck, A. B.: J. Amer. ceram. Soc. Bd. 8 (1925) S. 407; Ref. Sprechsaal Keramik usw. Bd. 59 (1926) S. 103.

tisch kaum von Belang ist. Dagegen erleidet Zyanit bei genügend hoher Erhitzung, bei der er sich in Sillimanit umwandelt, eine beträchtliche Raumzunahme, die mit deutlicher Auflockerung und einer Verringerung der Dichte auf 3,1 verbunden ist. Beim Andalusit findet bei der Erhitzung bis zur Umwandlung eine praktisch unbedeutende Volumenvergrößerung statt, so daß er ohne Vorbrennen in keramische Massen eingeführt werden kann. Außer der Veränderung des Volumens treten beim Erhitzen auf hohe Temperaturen auch Änderungen im Gefüge der Sillimanitmineralien ein. Die Andalusitkörner verwandeln sich bei Temperaturen oberhalb 1390° in faserige Haufwerke prismatischer Mullitkristalle. Auch manche Zyanitsorten zeigen bei genügend langer Erhitzung auf etwa 1020° eine Formveränderung ihrer Kristalle, deren Fasern hierbei in die Länge wachsen, ohne an Dicke wesentlich einzubüßen[1]. Mit zunehmender Temperatur geht das Kristallwachstum in verstärktem Maße vor sich, bis dann bei etwa 1500° Stillstand eintritt.

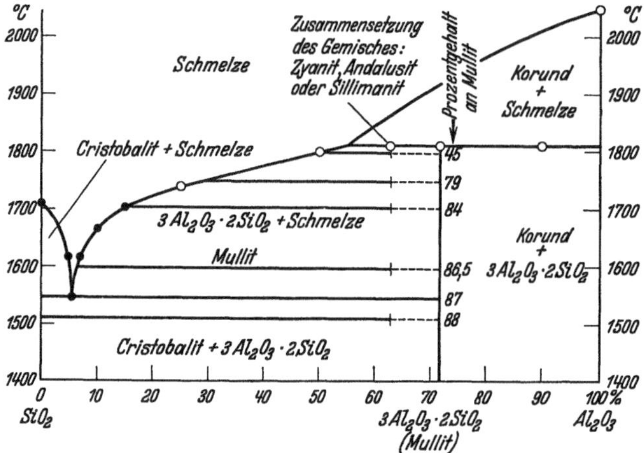

Abb. 36. Die Veränderungen von Andalusit, Zyanit und Sillimanit bei Temperaturen oberhalb 1500°. (Nach J. W. Greig.)

Das Verhalten der drei Sillimanitmineralien bei Temperaturen von 1500° aufwärts ist aus Abb. 36 ersichtlich[2].

Aus allen drei Mineralien entsteht schließlich bei genügender Hitzeeinwirkung Mullit, Kieselsäure und Kieselsäureglas. Die völlige Umwandlung des entstandenen Mullits in eine glasartige Schmelze findet erst bei 1920° statt[3]. Die Mineralien der Sillimanitgruppe gehören also zu den hochfeuerfesten keramischen Rohstoffen.

Im System K_2O—Al_2O_3—SiO_2 bestehen für die Mullitbildung gewisse Grenzen[4]. In Schmelzen, die mit wechselnden Mengen Orthoklas, Kaolin und Quarz hergestellt wurden, ließen sich nach den Untersuchungen des Bureau of Standards in den geschmolzenen Mischungen Mullitkristalle nur dann nachweisen, wenn die Schmelze mindestens 30% Kaolin enthielt. Bei geringerem Kaolingehalt bestand die Schmelze in der Hauptsache nur aus Glas.

[1] Sprechsaal Keramik usw. Bd. 62 (1929) S. 894.

[2] Greig, J. W.: Keram. Rdsch. Bd. 35 (1927) S. 92.

[3] Bowen und Greig: J. Amer. ceram. Soc. Bd. 7 (1924) S. 238; Ref. Ber. dtsch. keram. Ges. Bd. 5 (1924) S. 14 und Keram. Rdsch. Bd. 32 (1924) S. 470.

[4] Techn. News Bull. Bur. Stand. 1928 Nr. 133 S. 70; Ref. Keramos Bd. 7 (1928) S. 710.

Die Verwendung des Sillimanits, Zyanits und Andalusits für keramische Zwecke stammt erst aus neuester Zeit. In erster Linie werden die Sillimanitrohstoffe in der Grobkeramik verarbeitet, zur Herstellung feuerfester Steine u. dgl. Sillimanitmineralien werden ferner benutzt als Zusatzstoffe bei der Herstellung von Elektroporzellan, Massen für Motorzündkerzen und ähnliche technische Gegenstände, die starker Hitzewirkung und Erschütterungen unterworfen sind[1]. Nach S. McDowell und E. J. Vachuska[2], die Massen aus Kaolin, Quarz, Feldspat und aus vorgebranntem Zyanit hergestelltem Mullit anwandten, muß man 30 oder mehr % bei Kegel 18 vorgebrannten und feingemahlenen Zyanit, entsprechend 50% Mullit, zu den Porzellanmassen zusetzen, um ihre physikalischen Eigenschaften merklich zu beeinflussen. Eintrag dürfte die Verwendung von Zyanit dann erfahren, wenn die in ihm vorhandenen akzessorischen Bestandteile eine graue Brennfarbe bewirken, was auch bei bestgereinigtem Zyanit häufig der Fall ist. Nach Th. Curtis[3] ist als Zusatz zu den genannten Massen nur ein Material geeignet, das faserige Struktur besitzt. Hierdurch würde die Sprödigkeit des keramischen Scherbens stark verringert. Synthetischer Mullit ist für diesen Zweck zwar sehr geeignet, aber zu teuer, natürlicher faseriger Sillimanit zu selten, Andalusit nicht brauchbar, da er nur Bruchstücke eckiger unbestimmter Form gibt. In Frage kommen nur natürlicher faseriger Zyanit und Pyrophyllit, von denen Vorkommen der erwünschten Struktur aber nicht allzu häufig sind.

Über die Mitverwendung des Sillimanits oder Mullits bei der Herstellung von Doppelsilikaten für keramisch-technische Zwecke nach F. Singer vgl. S. 276. Über die Entstehung von Sillimanit bzw. Mullit beim Erhitzen von Kaolin und Ton ist schon früher (S. 112) Näheres mitgeteilt worden. Über die Bildung dieser wichtigen Verbindungen in Porzellanmassen siehe S. 290.

11. Bleioxyd, Mennige, Bleiweiß. Blei bildet zwei keramisch wichtige Oxyde, das eigentliche Bleioxyd, PbO, und die Mennige, Pb_3O_4.

Bleioxyd hat das Molekulargewicht 223,2 und enthält 92,8% Pb und 7,2% O, Mennige das Molekulargewicht 685,6 und enthält 90,7% Pb und 9,3% O.

Bleioxyd kommt in zwei Formen vor, nämlich als Massicot, das man durch Erhitzen von metallischem Blei an der Luft oder durch Glühen von Bleinitrat oder -karbonat herstellt, und als Bleiglätte

[1] Payne, H. M.: Cement, Mill & Quarry Bd. 32 (1928) S. 75; Ref. Abstr. Amer. ceram. Soc. Bd. 8 (1929) S. 123.

[2] J. Amer. ceram. Soc. Bd. 10 (1927) S. 64; Ref. Keramos Bd. 6 (1927) S. 61 und Sprechsaal Keramik usw. Bd. 60 (1927) S. 621.

[3] J. Amer. ceram. Soc. Bd. 11 (1928) S. 904; Ref. Chem. Zbl. Bd. 98 (1927) I S. 2470. Vgl. auch das englische Patent Nr. 273258 v. J. 1928 von Th. S. Curtis der Vitrefrax Co. Huntington Park, Los Angeles; Sprechsaal Keramik usw. Bd. 62 (1929) S. 894.

(Lithargyrum), die beim Silberverhüttungsprozeß während des sog. „Treibens" im Flammofen durch Oxydation des geschmolzenen Bleies entsteht. Massicot ist ein gelbes amorphes Pulver, Bleiglätte bildet beim Entstehen zunächst eine geschmolzene Masse, die dann in glänzenden Kristallschuppen erstarrt und bei rascher Abkühlung gelblich (Silberglätte), bei langsamer rötlich (Goldglätte) gefärbt ist.

Mennige (Minium) stellt eine Verbindung des Bleidioxyds oder -superoxyds mit Bleioxyd dar, also das Bleisalz der Orthobleisäure[1]:

$$Pb\begin{cases} O \\ O \end{cases}\!\!>Pb \quad \begin{matrix} \\ = Pb_3O_4. \\ \end{matrix} \qquad Pb\begin{matrix} /O\rangle Pb \\ \backslash O\rangle Pb \end{matrix}$$

Aus dem Vorhandensein des Bleis in zwei verschiedenen Oxydationsstufen im Molekül erklärt sich die auffallende feurig rote Farbe, die die Mennige besitzt[2]. Stöchiometrisch besteht die Mennige aus 65,1% PbO und 34,9% PbO_2. Sie entspricht aber nur in seltenen Fällen wirklich vollkommen dieser Zusammensetzung, sondern enthält in Form des technischen Produkts vielfach wesentlich weniger Bleidioxyd, vor allem dann, wenn die zur Bildung notwendigen Temperaturgrenzen bei der Herstellung nicht eingehalten werden, was besonders bei veralteten Anlagen der Fall sein kann[3].

Die technische Herstellung der Mennige besteht in einem Oxydationsprozeß bei Temperaturen von 300 bis 400, höchstens 500°. Als Ausgangsmaterial dient reinstes Originalhüttenweichblei. Bei den neueren Verfahren benutzt man geschlossene Apparate mit maschinellem Antrieb, deren Gußeisenteile aus hochwertigem Material hergestellt sind, damit jede Verunreinigung der Mennige durch Eisen vermieden wird. Der Oxydationsprozeß wird unterbrochen, sobald die Mennige einen Gehalt von 30 bis 32% Bleidioxyd erreicht hat.

Das spezifische Gewicht des Bleioxyds beträgt 9,2 bis 9,3, im geschmolzenen Zustand 9,5. In Wasser löst sich Bleioxyd in kaum nachweisbaren Mengen auf, wird aber von Sauerstoffsäuren, wie Salpeter- oder Essigsäure, auch bei starker Verdünnung aufgelöst. Beim Erhitzen färbt sich Bleioxyd dunkelrot, beim Abkühlen wieder gelb. Sein Schmelzpunkt beträgt $886 \pm 2°$*. Die Verflüchtigung des Bleioxyds beginnt bei 800°, also rund 80° unter seinem Schmelzpunkte, und die Menge des Verlusts steigt bei 1000° auf 12,7%[4].

Das spezifische Gewicht der Mennige beträgt 8,6 bis 9,2. Beim Erhitzen färbt sich dieselbe violett, dann schwarz, während der Abkühlung aber wieder rot, wenn sie nicht durch Einwirkung zu hoher Temperatur in Bleioxyd und Sauerstoff zerlegt worden war. Oberhalb 500° verliert die Mennige Sauerstoff. Durch verdünnte Salpetersäure oder Schwefelsäure wird sie in Bleidioxyd und das be-

---

[1] Hofmann, K. A.: Lehrbuch der anorganischen Chemie 5. Aufl. S. 566. Braunschweig 1924.

[2] Vgl. hierzu C. P. van Hoek: Farbenzeitung Bd. 33 S 981.

[3] Schmidt, R.: Keram. Rdsch. Bd. 35 (1927) S. 840.

* Techn. News Bull. Bur. Stand. Nr. 188 (Dez. 1832) S. 116; Ref. Keram. Rdsch. Bd. 41 (1933) S. 85.

[4] Doeltz und Graumann: Metallurgie 1906 S. 406.

treffende Salz des zweiwertigen Bleis verwandelt. Zwecks völliger Auflösung der Mennige in verdünnter Salpetersäure fügt man dem Gemisch Wasserstoffsuperoxyd zu, wodurch das zunächst sich abscheidende Bleisuperoxyd reduziert und nun gleichfalls gelöst wird[1]. Oberhalb 500° verliert die Mennige Sauerstoff.

Sowohl Bleioxyd als auch Mennige werden leicht, schon bei Rotglut, durch Kohle, Kohlenoxyd, Wasserstoff, Schwefel, Zyan reduziert, auch beim Erhitzen mit manchen Metallen, wie Antimon, Eisen, Zink, Zinn, Kupfer. Die Reduktion durch Wasserstoff zu Metall tritt schon bei 310 bis 315° ein.

Man unterscheidet im Handel Bleioxyd verschiedener Reinheit, in Stücken und in Pulverform. Neben der Verbindung PbO kann Bleiglätte folgende Stoffe enthalten: Pb_2O_3 und Pb_3O_4 (beide in ganz geringen Mengen), Pb, Ag_2O, Ag, CuO, Bi_2O_3, CdO, As_2O_5, Sb_2O_5, SnO_2, ZnO, NiO (Spuren), auch geringe Mengen SO_3 und CO_2, sowie aus dem Material des Treibherds SiO_2, Al_2O_3, Fe_2O_3, MgO, CaO usw.[2]

Von den Mennigesorten des Handels sind für feinkeramische Zwecke, wenn es sich um die Herstellung rein weißer Waren, wie Steingut u. dgl., mit farblosen Glasuren handelt, je nach den gestellten Anforderungen nur die reineren oder reinsten, möglichst kupfer- und eisenfreien verwendbar, da sonst schmutziggrüne bzw. gelbliche Mißfärbungen entstehen.

Bei Waren von gelblicher Farbe (Elfenbeinton) wird ein Eisengehalt innerhalb gewisser Grenzen nicht stören. Die sog. Eisenmennige, das ist ein aus Eisenoxyd und basischem Eisensulfat bestehender Ersatz für Bleimennige, kommt für keramische Verwendungszwecke nicht in Frage. Als Orangemennige bezeichnet man solche, die noch Kohlendioxyd enthält; sie entsteht beim Glühen von Bleikarbonat[3]. Abgesehen von gewissen Beimengungen, die der Mennige aus betrügerischen Absichten zugesetzt werden oder wurden, kommen als Verunreinigungen für Mennige nachstehend genannte Fremdstoffe in Betracht, die bestimmte Höchstgrenzen nicht überschreiten dürfen, falls die Mennige zur Kristallglasfabrikation oder für die Feinkeramik geeignet sein soll. Nach den Bestimmungen des deutschen Mennigesyndikats soll der Eisenoxydgehalt nicht höher als 0,005%, der Kupfergehalt, wenn ein solcher überhaupt vorhanden, nicht höher als 0,002% sein. Bei reinster Kristallglasmennige beträgt der Gehalt an Fe_2O_3 meist weniger als 0,003%, der an CuO 0,001% oder darunter. Antimon darf reine Glasmennige nicht mehr als höchstens 0,006% enthalten. Weniger nachteilige Verunreinigungen sind Wismut und Zink. Der Wismutgehalt soll 0,008%, der Zinkgehalt im allgemeinen 0,2% nicht überschreiten[4]. Mangangehalte unter 0,1% stören nicht. Auch Kieselsäure kann die Mennige enthalten, vor allem, wenn Bleiglanz als Ausgangstoff diente (Gangart). In geringen Mengen kann in der Mennige auch metallisches Blei vorhanden sein, in reineren Sorten bis zu 0,5%[5], was zu Fabrikationsschwierigkeiten führen kann.

---

[1] Chem.-Ztg. Bd. 46 (1922) S. 383. Busvold, N.: Ebendort Bd. 56 (1932) S. 106.

[2] Stahl, W.: Chem.-Ztg. Bd. 45 (1921) S. 781.

[3] Kerl, B., in F. Stohmann u. B. Kerl: Encyklopädisches Handbuch der technischen Chemie 4. Aufl. S. 1671. Braunschweig 1888.

[4] Schmidt, R.: Keram. Rdsch. Bd. 35 (1927) S. 841.

[5] Heinrichs, H.: Z. angew. Chem. Bd. 41 (1928) S. 452 und Glastechn. Ber. Bd. 5 (1927) S. 505.

Die Prüfung der Mennige auf Reinheit ist wichtig und erfolgt nach bestimmten analytischen Verfahren, auf die hier nur hingewiesen werden kann[1].

Das basische Bleikarbonat oder Bleiweiß („white lead") hat die durchschnittliche[2] Zusammensetzung $2\,PbCO_3 \cdot Pb(OH)_2$ oder $Pb_3(CO_3)_2(OH)_2$ (Molekulargewicht 775). Die Zusammensetzung wechselt mit der Herstellung, die nach verschiedenen Verfahren erfolgen kann. Die älteren beruhen auf der Einwirkung von Kohlensäure auf Bleiazetat, die neueren bestehen entweder in elektrolytischen Vorgängen oder in verwickelten chemischen Umsetzungen. Die beste und reinste Sorte des Bleiweiß ist das „Kremser Weiß", das in harten Tafeln in den Handel kommt. Bleiweiß wird durch Säuren leicht zersetzt und ist auch schon in Wasser in beträchtlichem Maße löslich.

Wie alle Bleiverbindungen sind sowohl Bleioxyd und Mennige als auch Bleiweiß giftig. Sie werden vom menschlichen Organismus aufgenommen und rufen in ihm chronische Erkrankungen hervor, die zunächst oft kaum wahrnehmbar sind, allmählich aber Kolik, Krämpfe, Lähmungen usw. hervorrufen und schließlich zum Tode führen, wenn nicht rechtzeitig Gegenmaßnahmen ergriffen werden. Um die schleichende Giftwirkung der Bleiverbindungen auf technische und gewerbliche Arbeiter zu verhüten, sind sowohl in Deutschland[3] als auch in den meisten anderen Kulturstaaten durch gesetzliche Bestimmungen Verhaltungs- und Kontrollmaßnahmen für alle Betriebe vorgeschrieben, die Bleiverbindungen herstellen oder verarbeiten.

Von großer Bedeutung für die Herstellung keramischer Glasuren sind die Verbindungen des Bleis mit Kieselsäure und Borsäure. Man führt das Blei als Oxyd oder Mennige und die Kieselsäure in Form von Quarz oder natürlichen Silikaten und die Borsäure als solche oder als Natriumborat, auch als Kalziumborat in die Glasur (S. 236) ein, unter Anrechnung der Oxyde, die hierbei gleichzeitig mit in dieselbe gelangen, auf deren Zusammensetzung. Zuweilen wird das Bleioxyd auch in Form käuflicher, künstlich hergestellter Bleisilikate oder Bleialkalisilikate verwendet, deren Zusammensetzung etwa der Formel

$$PbO \cdot 0{,}5\text{—}2\,SiO_2 \text{ bzw. } 0{,}75\,PbO \cdot 0{,}25\,Na_2O(K_2O) \cdot SiO_2$$

entspricht[4], oder auch als künstliches Bleiborosilikat.

---

[1] Vgl. hierzu R. Schmidt: Keram. Rdsch. Bd. 35 (1927) S. 841. Heinrichs, H.: Glastechn. Ber. Bd. 2 (1924) S. 113. L. Springer: Ebendort Bd. 5 (1927) S. 465.

[2] Granger, A., u. R. Keller: Die industrielle Keramik S. 41. Berlin 1907.

[3] Verordnung des Reichsarbeitsministers vom 27. Januar 1920, Reichs-Gesetzblatt 1920 S. 109.

[4] Bollenbach, H.: Sprechsaal Keramik usw. Bd. 65 (1932) S. 607. — Nach Patenten der Th. Goldschmidt Akt.-Ges., Essen, Chem. Zbl. Bd. 104 (1933) I S. 1188.

Bisherige Untersuchungen haben hinsichtlich der Schmelzverhältnisse verschiedener Bleioxyd-Kieselsäure-Gemische folgende Einzelheiten[1] ergeben:

Molekulare Zusammensetzung	Prozentuale Zusammensetzung	Schmelzpunkt in ° C	
1 PbO · 0,04 SiO_2	98,8 PbO, 1,2 SiO_2	540	nach J. W. Mellor, A. Latimer und A. D. Holdcroft
1 PbO · 0,20 SiO_2	94,5 PbO, 5,5 SiO_2	526	
1 PbO · 0,29 SiO_2	92,2 PbO, 7,8 SiO_2	560	
1 PbO · 2,40 SiO_2	60,6 PbO, 39,4 SiO_2	661	
1 PbO · SiO_2 (Metasilikat)	78,7 PbO, 21,3 SiO_2	770	nach S. Hilpert und R. Nacken
2 PbO · SiO_2 (Orthosilikat)	88,1 PbO, 11,9 SiO_2	746	nach H. C. Cooper und Mitarbeitern
3 PbO · SiO_2	91,7 PbO, 8,3 SiO_2	717	nach S. Hilpert und R. Nacken
3 PbO · 2 SiO_2	84,7 PbO, 15,3 SiO_2	690	

Nach S. Hilpert und R. Nacken ist die Verbindung 3PbO · SiO_2 ein Eutektikum zwischen Bleioxyd und Bleiorthosilikat, die Verbindung 3PbO · 2SiO_2 ein solches zwischen Bleiortho- und Bleimetasilikat. J. W. Mellor und seine Mitarbeiter geben für den Schmelzpunkt des Bleimetasilikates 535°, den des Bleiorthosilikates 552° an.

Von besonderer Wichtigkeit für die technische Verwendung ist die Farbe der geschmolzenen und wiedererstarrten Bleisilikate. Nach H. Möhl und H. Lehmann[2] beruht das unerwünschte Gelbwerden bleireicher Gläser beim Brennen, besonders unter oxydierenden Bedingungen, nicht auf dem hierfür viel zu geringen Eisenoxydgehalte der normalen Mennige, sondern darauf, daß in den glasigen Schmelzen überschüssiges Bleioxyd gelöst wird. Der Grad der Gelbfärbung hängt unmittelbar von der Konzentration an freien Molekülen Bleioxyd ab, das „molekular" im Glas gelöst ist, ohne an andere Bestandteile chemisch gebunden zu sein. Beim Verhältnis 1 PbO zu 1 SiO_2 (entspr. 81% Pb_3O_4 und 19% SiO_2) sieht das Glas bernsteingelb aus. Beim Verhältnis 1 PbO zu 1,5 SiO_2 (entspr. 72% Pb_3O_4 und 28% SiO_2) geht die Farbe aus Mattgelb in Grün über. Die Zusammensetzung 1 PbO zu 2 SiO_2 (entspr. 66% PbO und 34% SiO_2) ergibt ein farbloses Glas. Bis zu einem gewissen Grade können nach Möhl und Lehmann färbende freie Moleküle Bleioxyd völlig an Kieselsäure oder Borsäure gebunden werden, doch hängt diese Möglichkeit von der Temperatur und der Abkühlungsgeschwindigkeit ab. Auch eine Bindung des überschüssigen Bleioxyds an Alkali unter Bildung von Plumbat führt zur Aufhebung der Färbung. Aus diesem Grunde ist der Zusatz von Feldspat günstig, wenn die Brenntemperatur nicht zu hoch liegt. Erdalkalien wirken in dieser Hinsicht nicht günstig, sondern verursachen nach E. Berdel[3] schon in bleiärmeren Glasuren, als der molekularen Zusammensetzung 1 PbO zu 1 SiO_2 entspricht, eine Verdampfung von Bleioxyd. Erdalkali entzieht also die Kieselsäure ihrer Verbindung mit Bleioxyd, so daß dieses mit seiner Farbwirkung stärker hervortritt. Kieselsäure, die als Bestandteil von Feldspat oder Tonsubstanz in einer Glasur vorhanden ist, kommt für die Bindung desBleioxyds in vermindertem Maße in Betracht. Die Menge Alkali, die nötig ist, um unter normalen Verhältnissen eine Schmelze der Zusammensetzung PbO · SiO_2 klar und farblos zu erhalten, beträgt ¼ Molekül K_2O, bei kurzer Brenndauer und schnellem Abkühlen naturgemäß mehr. Borsäure vermag nur eine geringe Menge Bleioxyd farblos im Schmelzfluß aufzulösen. Bei gleichzeitiger Anwesenheit von Kieselsäure ist die Fähigkeit

[1] Sprechsaal-Kalender 1929 S. 171.
[2] Sprechsaal Keramik usw. Bd. 62 (1929) S. 463.
[3] Ber. dtsch. keram. Ges. Bd. 9 (1928) S. 19.

der Borsäure, Bleioxyd im Glas chemisch aufzulösen, nicht äquivalent der Wirkung der Kieselsäure. Eine Schmelze der Zusammensetzung $PbO \cdot SiO_2 \cdot 0{,}25\ B_2O_3$ ist noch kräftig gelb, eine solche der Zusammensetzung $PbO \cdot 1{,}5\ SiO_2 \cdot 0{,}25\ B_2O_3$ grünlichgelb gefärbt.

Als am leichtesten schmelzbares Gemisch des Systems $PbO—Al_2O_3—SiO_2$ wird das der molekularen Formel $1\ PbO \cdot 0{,}254\ Al_2O_3 \cdot 1{,}91\ SiO_2$ mit dem Erweichungspunkt 650^0 angegeben[1]; nach neueren Untersuchungen[2] handelt es sich hierbei um die Schmelztemperatur des binären Silikats $1\ PbO \cdot 1{,}91\ SiO_2$, dem die angegebene kleine Menge Aluminiumoxyd mechanisch beigemengt ist, nicht aber um ein glasig geschmolzenes ternäres Silikat.

Nach E. C. Brown und J. R. Partington[3] konnte bisher ein positiver Beweis für die Bildung eines einfachen Bleiborats nicht erbracht werden. Das am niedrigsten schmelzende ternäre Eutektikum der Feinkeramik besitzt die molekulare Zusammensetzung $1{,}0\ PbO \cdot 0{,}78\ SiO_2 \cdot 0{,}238\ B_2O_3$*; es erweicht bei 415^0, nach neueren Untersuchungen[2] bei 485^0.

Die Silikate und Borate des Bleis sind gegenüber reduzierenden Einflüssen nicht widerstandsfähig. Bei reduzierendem Brennen bildet sich in bleihaltigen Glasuren metallisches Blei, was die Farbe und das sonstige Aussehen der Glasuren beeinträchtigt (siehe hierüber S. 266). Keramisch von Wichtigkeit, und zwar vor allem in den Fällen, wo es sich um die Verwendung von Blei in Glasuren für Speisegeschirre, aber auch überall dort, wo es sich um Glasuren für wetterbeständige Platten oder andere Bauteile handelt, ist vor allem die Forderung, daß sich das Blei aus diesen Gläsern durch Wasser oder schwach saure Flüssigkeiten nicht herauslösen läßt. Aus diesem Grunde dürfen die benutzten Bleioxyd-Kieselsäure-Borsäure-Gläser nicht durch Wasser oder durch schwach saure Flüssigkeiten zersetzt werden. Die erste Forderung bereitet praktisch keine Schwierigkeiten, während die zweite schwerer restlos erfüllbar ist. Nach H. Greifenhagen[4] wird aus Gläsern der Zusammensetzung $1\ PbO \cdot 5\ SiO_2$ noch Blei gelöst, aber durch Anwesenheit von Alkalien der Bleilöslichkeit entgegengewirkt.

Die seit uralten Zeiten bekannte keramische Verwendung oxydischer Bleiverbindungen besteht ausschließlich in der als Flußmittelbildner in Glasuren u. dgl., denen sie spiegelnden Glanz, glatte Oberfläche, leichte Schmelzbarkeit und andere für die Verwendbarkeit der fertigen Waren wichtige Eigenschaften, vor allem Elastizität, verleihen. Man benutzt heute, besonders für feinkeramische Zwecke, die Mennige weit mehr als die Bleiglätte, einmal ihrer größeren Reinheit wegen und zum anderen, weil sie eine höhere Oxydationsstufe des Bleis darstellt, also größere Sicherheit gegen die Entstehung von metallischem Blei beim Brennen bietet[5].

12. Zinkoxyd. Zinkoxyd, ZnO (Molekulargewicht 81,4, entspr. 80,3% Zn und 19,7% O), findet sich in unreinem Zustand in der Natur als Rotzinkerz oder

[1] Kai-Ching-Lu: J. Amer. ceram. Soc. Bd. 9 (1926) S. 29; Ref. Sprechsaal Keramik usw. Bd. 59 (1926) S. 563.

[2] Nekritsch, M.: Sprechsaal Keramik usw. Bd. 62 (1929) S. 699.

[3] J. Soc. chem. Ind. Bd. 44 T. 325; Ref. Chem. Zbl. Bd. 96 (1925) II S. 2137.

* Kai-Ching-Lu: a. a. O.

[4] Sprechsaal Keramik usw. Bd. 39 (1906) S. 1152.

[5] Berdel, E.: Einfaches chemisches Praktikum 5. und 6. Teil 5. Aufl. S. 30. Koburg 1929.

Zinkit, das aber für die Verwendung als keramischer Rohstoff nicht in Betracht kommt. Die wichtigsten Erze für die Gewinnung von metallischem Zink und die Darstellung reiner Zinkverbindungen sind die Zinkblende (Zinksulfid) und der Galmei (Zinkkarbonat).

Man erhält Zinkoxyd („Zinkweiß") durch Oxydation von geschmolzenem oder dampfförmigem metallischem Zink oder durch Zerfall von Zinksalzen beim Erhitzen[1]. In Amerika verarbeitet man in den meisten Fällen die Zinkerze unmittelbar auf Zinkoxyd, entweder durch Verblasen im Konverter oder auf Herdöfen usw., wobei der Oxydation im Ofen eine Anreicherung durch magnetische oder sonstige Aufbereitung der Erze vorausgeht.

Das nach den verschiedenen Herstellungsverfahren gewonnene Zinkoxyd bedarf einer Nachbehandlung, bei der es sich einerseits um die Entfernung von Blei, Eisen, Kadmium, Arsen und geringer Mengen färbender Metallverbindungen, andrerseits um eine Schlämmung und mechanische Reinigung handelt.

Man unterscheidet im Handel[2], nach abnehmendem Reinheitsgrad geordnet, folgende Sorten Zinkoxyd: Zinkoxyd, chemisch rein, Schneeweiß (blanc de neige, blanc d'argent), Weiß Nr. 1 (Rotsiegel), Weiß Nr. 2 (Blausiegel). Auch die Sorten Grünsiegel (noch besser als Rotsiegel) und Weißsiegel werden in den Handel gebracht. Als Verunreinigungen kann Zinkoxyd enthalten[2] kleine Mengen Zinksulfat, -nitrat, -oxychlorid, -karbonat, Eisen-, Blei-, Kadmium-, auch Spuren von Mangan-, Kalzium- und Magnesiumoxyd, ferner Zinksulfid, metallisches Blei und Zink. Als Verfälschungen werden dem Zinkoxyd zugesetzt Bariumsulfat und Bleiweiß, doch kommen beide nur für weniger reine Handelssorten in Betracht.

Reines Zinkoxyd ist in den meisten Fällen weiß. Zuweilen, wahrscheinlich bei geringer Dichte, besitzt es einen Stich ins Gelbliche[3].

Zinkoxyd ist etwas hygroskopisch, nimmt aber in der Regel höchstens 0,5% Feuchtigkeit auf[4], aus der Luft zieht es etwas Kohlendioxyd an.

Beim Erhitzen färbt sich Zinkoxyd von etwa 250° ab zitronengelb. Nach längerem Erhitzen auf 1000° bäckt es zu harten Kügelchen und festen Klumpen zusammen. Von 1000° ab ist Zinkoxyd in geringen Mengen, bis zu 0,18%, flüchtig, kann von 1370° ab vollständig verflüchtigt werden, aber erst oberhalb 1400° tritt die Verflüchtigung rasch ein[5]. Beim Erhitzen dissoziiert Zinkoxyd. Für die Reaktion $2\,ZnO \rightleftarrows Zn_2 + O_2$ besteht Gleichgewicht zwischen dem Sauerstoffdruck und dem partiellen atmosphärischen Gegendruck bei 3817° absolut[6]. Für die Reduktion des Zinkoxyds durch Kohlenstoff in der Hitze gelten die Formeln: $ZnO + C = Zn + CO$ und $ZnO + CO = Zn + CO_2$. Auch durch Wasserstoff und Kohlenwasserstoffe wird Zinkoxyd in der Wärme reduziert.

Nach E. N. Bunting[7] besteht als einzige Zinkoxyd-Kieselsäure-Verbindung das Orthosilikat, Zn_2SiO_4, das den Schmelzpunkt 1512 ± 3° besitzt und 73,0% ZnO und 27,0% SiO_2 enthält. Die Bildung von Zinkmetasilikat, das nach

---

[1] Peters in Enzyklopädisches Handbuch der Technischen Chemie 4. Aufl. Bd. 9 S. 2304. Braunschweig 1921.

[2] Derselbe: a. a. O. S. 2323. [3] Derselbe: a. a. O. S. 2318.

[4] van Hoek, C. P.: Farben-Ztg. Bd. 19 (1914) S. 2017.

[5] Peters: a. a. O. S. 2319.

[6] Derselbe: a. a. O. S. 2321. Stahl, W.: Metallurgie Bd. 4 (1907) S. 686.

[7] J. Amer. ceram. Soc. Bd. 13 (1930) S. 5.

F. M. Jäger und H. S. van Klooster[1] den Schmelzpunkt 1437 ± 1° besitzt, ist nach Bunting fraglich.

Im System Zinkoxyd-Borsäure bestehen nach W. Gürtler[2] kristallisierte Verbindungen der Zusammensetzung $3\,ZnO \cdot 2\,B_2O_3$ und $3\,ZnO \cdot B_2O_3$. In geschmolzenem Borsäureanhydrid löst sich Zinkoxyd zu einem klaren Glase, das bei weiterer Zugabe von Zinkoxyd undurchsichtig weiß wird. Die reinen Zinkoxyd-Kieselsäure-Gläser und Zinkoxyd-Borsäure-Gläser oder ihre Gemische sind durchsichtige oder trübe bis weiß gefärbte Gläser.

Nach O. Kallauner und O. Tykac[3] wirkt Zinkoxyd in Gemischen mit Zettlitzer Kaolin bis zu einem Gehalt von etwa 9% als Magerungsmittel und verliert diese Fähigkeit bei etwa 13%, um sie später wieder zu erlangen. Unterhalb 1000° wirkt es als Magerungsmittel, oberhalb als Flußmittel. Die am niedrigsten schmelzende Mischung besitzt die Zusammensetzung 44% ZnO und 56% $Al_2O_3 \cdot 2\,SiO_2$. Den Schmelzpunkt des Zinkoxyd-Borsäure-Gemischs $ZnO \cdot 0{,}225\,B_2O_3 \cdot 1{,}91\,SiO_2$ gibt Kai-Ching-Lu[4] zu 1360° an.

In der Feinkeramik findet Zinkoxyd Verwendung erstens als Weißfärbemittel in Porzellanmassen und zweitens als Zusatz zu Glasuren und Farbflüssen zwecks Regelung ihrer Schmelzbarkeit, bei gefärbten Gläsern auch zur Beeinflussung des Farbtons. Die Anwendung von Zinkoxyd in Steingutglasuren ist vorzugsweise in der amerikanischen Praxis üblich und zum Teil auch von der europäischen Industrie übernommen worden. Bedenken, daß bei reduzierendem Brennen in Porzellanmassen eine Verflüchtigung von Zink eintreten und hierdurch Schaden entstehen könne, sind bisher nicht geäußert worden. Unbedingt notwendig ist ein Brennen in neutraler oder oxydierender Atmosphäre bei zinkoxydreichen Kristallglasuren, wie sie zur Erzielung gewisser Schmuckwirkungen benutzt werden. Nach J. Wolf[5] lassen sich durch Zusatz von Zinkoxyd je nach der Zusammensetzung der Glasuren und der Höhe ihrer Brenntemperatur entweder durchsichtige, milchige, halb oder ganz deckende, kristallisierte oder matte Glasuren herstellen. Die zinkhaltige Glasur, von der die meisten amerikanischen Steingutfabriken ausgegangen sind, ist nach W. H. Zimmer[6] die sog. „Trenton glaze", die nach Binns folgende Molekularformel hat:

$$\left.\begin{array}{l} 0{,}40\,CaO \\ 0{,}10\,ZnO \\ 0{,}25\,PbO \\ 0{,}15\,K_2O \\ 0{,}10\,Na_2O \end{array}\right\}\ 0{,}3\,Al_2O_3 \left\{\begin{array}{l} 3{,}4\,SiO_2 \\ \\ 0{,}5\,B_2O_3\,. \end{array}\right.$$

Auch auf Sanitätssteingut wird in Nordamerika eine zinkoxydhaltige

[1] Sprechsaal-Kalender 1929 S. 170.

[2] Dissertation Göttingen 1904; Ref. Sprechsaal Keramik usw. Bd. 40 (1907) S. 614.

[3] Ber. d. Tschechoslow. Keram. Ges. Bd. 5 (1928) S. 1; Ref. Sprechsaal Keramik usw. Bd. 62 (1929) S. 815.

[4] J. Amer. ceram. Soc. Bd. 9 (1926) S. 29; Ref. Sprechsaal Keramik usw. Bd. 59 (1926) S. 563.

[5] Sprechsaal Keramik usw. Bd. 46 (1913) S. 237.

[6] Ebenda Bd. 36 (1903) S. 1229.

Glasur, die sog. „Bristol glaze“, benutzt (S. 262). Nach E. P. Bauer[1] wirkt in solchen Glasuren der Austausch von Oxyden der Alkali- oder Erdalkalimetalle durch Zinkoxyd schmelzpunkterhöhend.

13. Zinnoxyd. Zinnoxyd (Stannum oxydatum), genauer Zinndioxyd, SnO_2, findet sich in der Natur als Zinnstein oder Kassiterit. Er kommt als Rohstoff für die Gewinnung von metallischem Zinn und seiner Verbindungen fast ausschließlich in Frage. Die ältesten bekannten Zinnerzlager sind die des sächsischen Erzgebirges, ebenso die von Cornwall und Devonshire in England. Die heute wichtigsten sind die auf der Halbinsel Malakka, den Inseln Banka und Billiton und anderen Inseln des indischen Archipels, ferner solche in Australien, besonders in Tasmania am Mount Bishoff und in Bolivia.

Der Zinnstein wird auf trockenem oder nassem Wege zu metallischem Zinn verarbeitet[2] und das erhaltene Roh- oder Werkzinn durch mehrfaches Umschmelzen gereinigt oder raffiniert.

Die Verfahren zur technischen Herstellung des Zinnoxyds beruhen fast alle auf der Oxydation von geschmolzenem metallischem Zinn durch den Sauerstoff der Luft, entweder im Ofen oder durch Zerstäuben.

Gemäß seiner chemischen Zusammensetzung besteht Zinnoxyd aus 78,6% Sn und 21,4% O. Es ist amorph oder kristallisiert und besitzt weiße Farbe. In Wasser ist Zinnoxyd unlöslich und wird von Säuren, alkalischen Flüssigkeiten und Salzlösungen kaum angegriffen. Beim Schmelzen mit Alkali bildet es als Säureanhydrid Stannate. In gesundheitlicher Hinsicht ist es unschädlich und ungiftig. Vor dem Lötrohr ist es nicht schmelzbar, sondern erst bei 1127°. Durch naszierenden Wasserstoff wird Zinnoxyd reduziert, ebenso durch erhitzten Wasserstoff, auch durch Kohlenoxyd bei starker Rotglut, durch Glühen mit Kohle von 800° an, bei Gegenwart von Borax und Kaliumzyanid vor dem Lötrohr. Nicht verändert wird Zinndioxyd durch Erhitzen in Sauerstoff, auch nicht in Methan oder Äthylen.

Das Zinnoxyd des Handels bildet in der Regel ein weißes lockeres Pulver. Für feinkeramische Zwecke, besonders für weiß brennende Waren, sollte im allgemeinen nur erstklassiges, aus reinstem Zinn hergestelltes Zinnoxyd mit mindestens 99,8% SnO_2 Verwendung finden und jede neu bezogene Lieferung auf ihre Reinheit untersucht werden, vor allem auf das Vorhandensein gelb- oder bläulichfärbender Oxyde. Zuweilen findet man in Zinnoxydsorten nicht einwandfreier Beschaffenheit graue oder schwarze Pünktchen, die beim Abschlämmen mit Wasser auf dem Boden des Gefäßes zurückbleiben und sich meistens als metallische, nichtoxydierte Zinnkörnchen erweisen. Auch Blei und Antimon können im Zinnoxyd enthalten sein[3]. Als Verfälschungsmittel kommt vor allem geschlämmter Kaolin in Betracht[4].

---

[1] Ber. dtsch. keram. Ges. Bd. 3 (1922) S. 286.

[2] Vgl. hierzu Peters in Enzyklopädisches Handbuch der technischen Chemie 4. Aufl. Bd. 10 S. 1002ff. Braunschweig 1922. Schnabel, C.: Handbuch der Metallhüttenkunde 2. Aufl. Bd. 2 S. 553ff. 1904. Grünwald, J.: Chemische Technologie der Emailrohmaterialien 2. Aufl. S. 140. Berlin 1922.

[3] Enthält Zinnoxyd neben etwas Antimontri- oder -pentoxyd gleichzeitig Zinnoxydul, so tritt beim Erhitzen infolge Reduktion der Antimonverbindung Graublaufärbung ein; Berdel, E.: Keram. Rdsch. Bd. 40 (1932) S. 557.

[4] Grünwald, J.: Chemische Technologie der Emailrohmaterialien 2. Aufl. S. 157. Berlin 1922.

Das Zinnoxyd findet in erster Linie und in großem Umfang Verwendung als Trübungsmittel für Emails, vor allem in der Gußeisen- und Stahlblechindustrie, in zweiter Linie zu dem gleichen Zweck in der Keramik, hauptsächlich zum Weißfärben und als Trübungsmittel von Glasuren für Schmelzware (S. 249), außerdem auch als Zusatz zu Farbkörpern usw. Man vertritt in der Praxis überwiegend den Standpunkt[1], daß leichtes, lockeres Zinnoxyd, also solches von geringerer Teilchengröße, stärker trübende Wirkung besitzt als schwereres, grobkörniges[2].

Das Maximum der Deckkraft des Zinnoxyds liegt nach Grünwald[3] bei einem Zusatz von etwa 20%. Darüber hinaus nimmt die Deckkraft nicht mehr zu. Nach Berdel[4] wird Undurchsichtigkeit einer Glasur durch ungefähr 10% Zinnoxyd erzielt. Zu wenig Zinnoxyd deckt nicht, zu viel macht die Schmelze hart und unschmelzbar. Man unterscheidet hierbei borsäurefreie und borsäurehaltige Zinnglasuren. Letztere müssen etwas mehr Zinnoxyd enthalten, da die Borsäure auf dasselbe lösend wirkt[5]; sie sind teurer, schmelzen aber sehr schön glatt aus. Abgesehen von seiner Deckkraft erhöht Zinnoxyd auch die Elastizität der Glasuren und Emails und verringert ihre Neigung zum Haarrissigwerden.

Die schönsten und am besten deckenden zinnoxydhaltigen Schmelzglasuren stellt man nicht durch Verwendung reinen Zinnoxyds zur Glasur her, sondern einer Zinn-Blei-Asche, des sog. Äschers. Die Bereitung dieses Produkts, das „Äschern“, ist ein seit alter Zeit übliches Verfahren, das man in den Betrieben der Schmelzkachelindustrie und auch bei Herstellung anderer Schmelzwaren noch heute benutzt. Je nachdem, wie es die Glasur eines Betriebes erfordert, schwankt das Verhältnis von Zinnoxyd zu Bleioxyd im Äscher von etwa 1 : 3 bis 1 : 1. Zur Herstellung des Äschers dient eine sog. Äschermuffel, deren Sohle eine Vertiefung besitzt, auf der man kupfer- und kobaltfreies Zinn — am besten eignet sich nach W. Pukall[6] Bankazinn — und reines Blei im gewünschten Verhältnis einschmilzt. Das geschmolzene, schwachglühende Metallgemisch breitet man flach aus und läßt nun unter Umrühren Luft darüber streichen, bis völlige Oxydation eingetreten und ein hell- bis dunkelgelbes Pulver, der Äscher (englisch: calcine), entstanden ist. Um eine möglichst innige Mischung zu erzielen, bringt man zweckmäßig zunächst nur die gesamte Bleimenge zum

---

[1] Grünwald, J.: a. a. O.

[2] Siehe hierzu Germscheid: Keram. Rdsch. Bd. 41 (1933) S. 199 und R. Kahl: Ebendort S. 267.

[3] a. a. O. S. 158.

[4] Einfaches chemisches Praktikum 5. und 6. Teil. Anleitung zu keramischen Versuchen S. 26. Koburg 1929.

[5] Berdel, E.: a. a. O. S. 31.

[6] Grundzüge der Keramik S. 73. Koburg 1922.

Schmelzen[1] und setzt erst dann das Zinn zu. Hierbei ist zu starkes Nachfeuern zu vermeiden, da sonst durch Verdampfen ein Metallverlust eintreten kann, auch auf dem Muffelboden durch Einwirkung des Äschers auf die Schamotte leicht eine zähflüssige Schmelze entsteht, die das Durchrühren des Äschers erschwert. Der fertige Äscher wird aus dem Ofen gezogen, zum Abkühlen ausgebreitet und durch Absieben von groben Körnern, die meist aus metallischem Blei bestehen, befreit. Letzteres wird später beim Äschern wieder zugesetzt. Wegen der Giftigkeit beim Äschern entstehender Bleidämpfe (S. 164) und des sich gleichfalls während des Prozesses entwickelnden Oxydstaubes muß man für eine gute Abzugvorrichtung sorgen. Der Staub wird in besonderen Sammelvorrichtungen aufgefangen.

Das Zinnoxyd bzw. der Äscher wird entweder beim Einschmelzen der Glasur (S. 241) oder erst beim Naßmahlen der Fritte auf der Mühle zugegeben. Nach W. Pukall[2] erzielt man durch Anwendung von Äscher, den man mit den übrigen Glasurbestandteilen zusammen einschmilzt („frittet"), eine äußerst feine Verteilung des Zinnoxyds in der Glasur, die ihr große Schönheit und Deckkraft verleiht und durch bloßes Zusammenmahlen des Zinnoxyds mit der Glasur nicht zu erreichen ist.

Zinnsilikate bestimmter Zusammensetzung sind nicht bekannt[3]. Ein natürliches Zinnsilikat, der Stokesit[4], $CaO \cdot SnO_2 \cdot 3\,SiO_2 \cdot 3\,H_2O$, kommt in Cornwall vor, besitzt aber nur mineralogisches Interesse.

Auf die als Ersatz für Zinnoxyd vorgeschlagenen und zum Teil, vor allem in der Emaillierindustrie, auch in großem Umfange zur Einführung gelangten Trübungsmittel, bei denen es sich vor allem um Antimon- und Zirkoniumverbindungen (S. 154)[5] handelt, kann hier nur hingewiesen werden.

14. Borsäure. Borate. Die Borsäure findet sich in der Natur in manchen Silikaten, wie Turmalin, Axinit, Danburit und Datholit. Aus ihnen wird in vulkanischen Gegenden durch überhitzte Wasserdämpfe die Borsäure in Freiheit gesetzt und mit dem Wasserdampf an die Erdoberfläche gebracht[6], namentlich in Toskana (Larderello) und auf der Insel Volcano. Durch Bohrungen hat man die Austrittsstellen der Dämpfe (Fumarolen oder Soffionen) erweitert und in besonderen Anlagen die 180 bis 190° heißen Dämpfe zur Verdampfung der borsäurehaltigen Lösungen in großen Becken ausgenutzt[7].

Auch im Meerwasser ist Borsäure enthalten. Zusammen mit anderen Verbindungen scheidet sie sich in Form borsaurer Salze oder Salzgemische aus, deren wichtigste die folgenden sind: Borax $Na_2B_4O_7 + 10\,H_2O$, Kernit (Rasorit) $Na_2B_4O_7$

---

[1] Killias, E. u. H.: Keram. Rdsch. Bd. 36 (1928) S. 826. Stürmer, C.: Ebenda Bd. 37 (1929) S. 359.

[2] a. a. O. S. 72.

[3] Peters in Enzyklopädisches Handbuch der technischen Chemie 4. Aufl. Bd. 10 S. 862. Braunschweig 1922.

[4] Derselbe: a. a. O. S. 859 u. 1250.

[5] Vgl. hierzu u. a. Keram. Rdsch. Bd. 40 (1932) S. 461.

[6] Hofmann, K. A.: Lehrbuch der anorganischen Chemie 5. Aufl. S. 367. Braunschweig 1924.

[7] Derselbe: a. a. O. S. 368.

$+ 4 H_2O$, Colemanit $Ca_2B_6O_{11} + 5 H_2O$, Boronatrokalzit $CaNaB_5O_9 + 6 H_2O$, Borazit $Mg_7Cl_2B_{16}O_{30}$ usw.

Der Borax findet sich in der Natur als Tinkal kristallisiert an den Ufern mehrerer Seen in Tibet, auf dem Grund des Searles-Sees in Kalifornien und in oberflächlichen Salzablagerungen Nevadas.

Der Kernit[1] bildet zusammen mit Kalisalzen ausgedehnte Lagerstätten bei Barstow in der Mohavewüste im Kern-County, Kalifornien, die erst im Jahre 1926 entdeckt worden sind. Da das geförderte Material zu 75% aus reinem Mineral besteht und lediglich durch Ton oder Lehm verunreinigt ist, hat man zu seiner Aufbereitung nur nötig, das Rohgut in Wasser zu lösen, abzufiltrieren und das reine Salz auskristallisieren zu lassen. Hierbei werden noch sechs Moleküle Kristallwasser aufgenommen, so daß man aus jeder Tonne Kernit 1,4 Tonne Borax erhält. Durch die Ausbeutung dieser Kernitlager ist in der Boraxindustrie eine durchgreifende Änderung und vor allem eine beträchtliche Preissenkung eingetreten. Dies hat dazu geführt, daß die Gewinnung von Bormineralien in Chile (s. u.) immer weiter zurückgegangen ist und die dortigen Gruben am Schluß des Jahres 1928 stillgelegt worden sind[2]. Borazit findet sich in den Staßfurter Abraumsalzen, weshalb er auch den Namen „Staßfurtit" führt. Boronatrokalzit bildet ausgedehnte Lager in Chile und Nordwestargentinien. Andere Fundorte sind Iquique in Peru, die Salzmarschen von Esmeraldo Co., Nevada, ferner Südafrika und Neuschottland[3]. Borokalzit kommt vor in der Ebene von Iquique, Kolemanit in Kalifornien[4], und zwar ist letzterer unlöslich in Wasser wie das auf künstlichem Wege hergestellte Kalziumborat (S. 262), daher ohne vorheriges Einfritten in Glasuren und Emails als Flußmittel verwendbar. Dem Colemanit sehr ähnlich ist der Pandermit[5].

Die Gewinnung und Reindarstellung der Borsäure erfolgt je nach Art und Beschaffenheit des Ausgangsmaterials entweder durch bloßes Eindampfen der natürlichen, durch Verdichten der Dämpfe gewonnenen Lösungen oder durch Umsetzen der heißen Lösungen ihrer Salze mit Säuren. Die Rohborsäure wird zum Kristallisieren gebracht und durch Umkristallisation gereinigt. Die Società Boracifera di Larderello bringt Rohborsäure mit 82% und 95% in den Handel.

Die reine Borsäure entspricht der Zusammensetzung $B(OH)_3$ oder $B_2O_3 \cdot 3 H_2O$ und besteht demnach aus 54,4% B_2O_3 und 45,6% H_2O. Die Borsäure des Handels bildet farblose Schuppen verschiedener Größe von perlmutterartigem Glanz. Sie fühlt sich fettig an und hat schwach säuerlichen Geschmack. In kochendem Wasser ist Borsäure leicht löslich, schwerer in kaltem. Mit Wasserdämpfen wird sie in beträchtlichem Maße verflüchtigt.

Man unterscheidet im Handel folgende Sorten reiner kristalli-

[1] Chem. Ind. Bd. 51 (1928) S. 910. Schaller, W. T.: Science News, Letter 13 Nr. 374 S. 363; Ref. Z. angew. Chem. Bd. 41 (1928) S. 867. Zschacke, F. H.: Keram. Rdsch. Bd. 38 (1930) S. 637.

[2] Chem. Ind. Bd. 53 (1930) S. 610.

[3] Grünwald, J.: Chemische Technologie der Emailrohmaterialien 2. Aufl. S. 67. Berlin 1922.

[4] Derselbe: a. a. O. S. 65; s. a. Keram. Rdsch. Bd. 37 (1929) S. 114.

[5] Derselbe: So genannt nach dem Hafen Panderma am Marmarameer, von dem aus das bei Sultan Tschair gewonnene Mineral verladen wird.

sierter Borsäure, nach steigenden Preisen geordnet: a) Borsäure, raffiniert, rein, und zwar Grieß (granuliert), Kristalle, kleine Schuppen, große Schuppen, Pulver, extrafeines Pulver (00). b) Borsäure, chemisch rein, D. A. B. VI, und zwar ebenfalls Grieß, Kristalle usw. wie bei a).

Beim Erhitzen schmilzt die Borsäure zunächst im Kristallwasser, trocknet dann aus und schmilzt bei höherer Temperatur wieder. Bei 107° geht die gewöhnliche Orthoborsäure $B(OH)_3$ in Metaborsäure HBO_2 über, diese bei 140° in die Tetra- oder Pyroborsäure $H_2B_4O_7$. Beim Erhitzen bis zum Schmelzen entsteht schließlich Borsäureanhydrid oder Bortrioxyd, B_2O_3, eine durchsichtige, farblose, sehr harte und amorphe glasige Masse, die, wie der Borax, die Fähigkeit besitzt, im Schmelzfluß Metalloxyde aufzulösen. Boraxglas hat das spezifische Gewicht 1,8* und ist nur bei hoher Glühhitze etwas flüchtig. Infolgedessen vermag die Borsäure in der Hitze auch starke Säuren aus ihren Verbindungen auszutreiben, was z. B. bei der Verwendung der Borsäure in kochsalzhaltigen Emails oder Glasuren von Bedeutung ist. Geschmolzenes Borsäureanhydrid löst sich in Wasser wieder zu Borsäure auf.

Wichtiger als der bereits erwähnte natürliche Borax ist der künstlich hergestellte Borax. Man unterscheidet den gewöhnlichen (prismatischen) und den oktaedrischen Borax. Der prismatische, auch raffinierter oder venetianischer Borax genannt, bildet farblose, durchsichtige und glänzende, sechsseitige Säulen, die sich oberflächlich mit einer Verwitterungsschicht bedecken. Er hat, wie der reine Tinkal, die chemische Zusammensetzung $Na_2B_4O_7 + 10\,H_2O$ und besteht also aus 16,26% Na_2O, 36,59% B_2O_3 und 47,15% H_2O. Der oktaedrische Borax (Juwelierborax) enthält nur 5 Moleküle Kristallwasser. Er bildet große Kristalle, die härter und luftbeständiger sind als der prismatische Borax und sich in Wasser nur schwer lösen.

Die Herstellung des künstlichen Borax erfolgt 1. durch Umsetzung von natürlichem Borokalzit, Boronatrokalzit oder Borazit durch Soda oder Soda und Natriumbikarbonat; 2. aus Borsäure und Natriumkarbonat; 3. nach dem Verfahren von G. E. Bailey[1] durch Umsetzung borsaurer Salze mit Natriumsulfat bei erhöhter Temperatur. Man laugt dann die Salzmasse mit siedendem Wasser aus und bringt die klare Boraxlösung zur Kristallisation.

Durch Umkristallisieren kann der Borax weiter gereinigt werden, wobei, je nachdem man die Kristallbildung absichtlich verlangsamt oder beschleunigt, große Kristalle oder feines Kristallpulver entstehen.

Beim Eindampfen bis 30° Bé, entspr. 1,260 spezifischem Gewicht, und allmählichem Abkühlen der heißen Boraxlösung entsteht zwischen 78 und 59° oktaedrischer Borax, der im allgemeinen für keramische und emailliertechnische Zwecke nicht verwendet wird. Unterhalb 56° scheidet sich der gewöhnliche prismatische Borax aus. Die Löslichkeit des letzteren in 100 Teilen Wasser beträgt

---

* Briscoe, H. V. A., P. L. Robinson u. G. E. Stephenson: J. chem. Soc., 1926 S. 70; Ref. Chem. Zbl. Bd. 97 (1926) I S. 2312.

[1] Amer. Patent 911695 vom 9. 2. 1909.

bei 0° ... 2,83, bei 20° ... 7,88, bei 50° ... 27,41, bei 70° ... 57,85 und bei 100° ... 201,43 Teile krist. Borax[1].

Man unterscheidet im Handel, nach steigenden Preisen geordnet, folgende Boraxsorten: a) Borax Ia raffiniert, und zwar Grieß (granuliert), Kristalle, Pulver, extrafeines Pulver (00), b) Borax, chemisch rein, D. A. B. VI, und zwar ebenfalls Grieß, Kristalle usw. wie bei a). Außerdem erhält man im Handel: Borax, gebrannt, desgl. geschmolzen (Boraxglas) und oktaedrischen Borax.

Bei mäßigem Erhitzen verliert Borax Wasser unter Aufblähen und schmilzt bei 880° zu einem farblosen Glase.

W. Gürtler[2] teilt die beim Erhitzen auf Temperaturen zwischen 1350 und 1450° in Borsäureanhydrid löslichen Metalloxyde bzw. -salze in drei Gruppen ein, je nachdem ihre Mischungen von der äquivalenten Mischung[3] bis zum reinen Bortrioxyd klare homogene Schmelzen liefern und beim Abkühlen kristallisieren oder ohne Entmischung klare Gläser bilden (Gruppe I), oder hierbei sich unter Entstehung einer Emulsion trüben (Gruppe II) oder überhaupt beim Erhitzen bis 1400° die Mischungen in dünnflüssigem Zustand nicht bestehen können und beim Schmelzen der bortrioxydreicheren Gemische zwei Flüssigkeitsschichten entstehen, aus denen die äquivalenten Mischungen auskristallisieren (Gruppe III). Zu Gruppe I gehören die Alkalien, zu Gruppe II die Oxyde des Bleis, Wismuts, Titans, Kupfers usw., zu Gruppe III die Oxyde des Kalziums, Bariums, Magnesiums, Zinks, Eisens usw. Als leichtschmelzende Eutektika von Boraten seien folgende genannt[4]:

Eutektikum zwischen	Molekulare Zusammensetzung	Prozentuale Zusammensetzung	Schmelzpunkt in °C
K- und Na-Metaborat .	$KBO_2 \cdot 1{,}24\ NaBO_2$	$20{,}9\ K_2O\ 23{,}5\ Na_2O\ 47{,}8\ B_2O_3$	855
Ca-Biborat und Ca-Metaborat	$2\ CaO \cdot 3\ B_2O_3$	$34{,}8\ CaO\ 65{,}2\ B_2O_3$	etwa 990
Ca-Metaborat und Ca-Pyroborat	$CaO \cdot 0{,}83\ B_2O_3$	$49{,}1\ CaO\ 50{,}9\ B_2O_3$	etwa 1060
Ba-Metaborat und Ba-Pyroborat	$BaO \cdot 0{,}64\ B_2O_3$	$77{,}4\ BaO\ 22{,}6\ B_2O_3$	750

Die Metalloxyd-Borsäure-Gläser sind leichter schmelzbar als die entsprechenden Silikate und machen die Glasuren härter und weniger leicht entglasbar[5]. Auch sonst besitzen Borsäure und Borax den Vorteil, daß sie innerhalb gewisser Grenzen die Haltbarkeit der erschmolzenen Gläser verbessern[6].

Ternäre kieselsäure- und borsäurehaltige Eutektika sind folgende bekannt[7]: (siehe nebenstehende Tabelle).

Bei der Verwendung von Borsäure und Borax für kera-

---

[1] Grünwald, J.: Chemische Technologie der Emailrohmaterialien 2. Aufl. S. 63. Berlin 1922.

[2] Sprechsaal Keramik usw. Bd. 40 (1907) S. 613.

[3] d. h. Anzahl der Valenzen der Metallatome = Anzahl der Boratome.

[4] Sprechsaal-Kalender S. 181ff. Koburg 1929. Schmelzpunkte nach H. S. v. Klooster oder W. Gürtler.

[5] Rudolph, W.: Die Tonwarenerzeugung 2. Aufl. S. 167. Leipzig.

[6] Turner, W. E. S.: J. Amer. ceram. Soc. Bd. 7 (1924) S. 313.

[7] Nekritsch, M.: Sprechsaal Keramik usw. Bd. 59 (1926) S. 563.

Molekularformel	Bildungstemperatur in °C	Schmelztemperatur in °C
$PbO \cdot 0{,}238\ B_2O_3 \cdot 0{,}78\ SiO_2$	750	485
$Na_2O \cdot 1{,}29\ B_2O_3 \cdot 1{,}73\ SiO_2$	1150	790
$K_2O \cdot 2{,}11\ B_2O_3 \cdot 2{,}85\ SiO_2$	800	630

mische Zwecke benutzt man zweckmäßig kristallisierten Borax, nicht geglühten (kalzinierten), da dieser beim Stehen im Vorrat an der Luft unbestimmte Mengen Wasser anzieht[1]. Man lasse Borax auch niemals im Freien lagern, weil er sonst infolge Wasseranziehung sein Gewicht verändern kann.

Abgesehen von der Verwendung zu Farbflüssen und Emails spielen Borsäure und Borax eine wichtige Rolle bei der Herstellung von Glasuren, vor allem in der Steingutfabrikation. Borsäure vermag, der überwiegend geltenden Anschauung nach, in der Steingutglasur einen Teil der Kieselsäure zu ersetzen und verleiht ihr erst in vollem Maße alle Eigenschaften, die sie besitzen soll[2]. Borate und Silikate sind in allen Verhältnissen mischbar, und der Ersatz der Kieselsäure durch eine chemisch äquivalente Menge Borsäureanhydrid ist ein vorzügliches Mittel, die Schmelzbarkeit einer Glasur ohne Gefahr der Entglasung herabzusetzen[3].

Bei Verwendung von Boraten frittet man die Glasuren ein, weil andernfalls infolge der Wasserlöslichkeit der meisten borsauren Verbindungen, mit Ausnahme des Kalziumborates, eine Zersetzung oder Entmischung eintreten würde. Völlig unlöslich sind auch Glasurfritten nicht, vielmehr lösen sich bei ihrer Feinmahlung mit Wasser kleine Mengen ihrer Bestandteile auf, besonders wenn es sich um alkalihaltige Fritten handelt (vgl. S. 243). Bei Einführung von zuviel Borsäure werden die Glasuren laufend und weiß getrübt[4].

Von besonderer praktischer Bedeutung ist die Wirkung der Borsäure, in Steingutglasuren die Neigung zum Haarrissigwerden zu verringern. Dies erklärt sich dadurch, daß die Borsäure auf den Steingutscherben selbst kräftig lösend wirkt und dadurch eine innige Verbindung zwischen Glasur und oberer Scherbenschicht hervorruft[5]. Man verwendet entweder bleioxydhaltige oder bleioxydfreie borsäurehaltige Steingutglasuren (vgl. S. 259).

---

[1] Berdel, E.: Einfaches chemisches Praktikum 5. Aufl. 5. u. 6. Teil S. 42. Koburg 1929.

[2] Heim, M.: Die Steingutfabrikation S. 127. Leipzig.

[3] Granger, A.: La Céramique industrielle Bd. 1 S. 378. Paris 1929.

[4] Berdel, E.: Einfaches chemisches Praktikum 5. u. 6. Teil. S. 41. Koburg 1929.

[5] Heim, M.: Die Steingutfabrikation S. 132.

c) Gewinnung und Aufbereitung der nichtplastischen Rohstoffe.

Die Abbauweise der verschiedenen natürlichen nichtplastischen Rohstoffe richtet sich nach der Art ihres Vorkommens, vor allem darnach, ob es sich um massives Gestein (Gangquarz, Quarzit usw.) oder um Sandlager bzw. Geschiebe handelt.

Der Abbau massiver Gesteine, also z. B. von Gangquarz, Feldspat, Zyanit usw. erfolgt über Tage im Steinbruchbetrieb oder unterirdisch nach den üblichen bergmännischen Verfahren durch Hacken und Sprengarbeit. Man verwendet neuerdings zur Gewinnung der Hartmaterialien auch Luftpickhämmer[1].

Die Gewinnung reinen Quarzsands aus den großen, gerade in Deutschland in mehreren Gegenden in mächtiger Ausdehnung sich erstreckenden Sandlagern geschieht nach Entfernung der meist über den eigentlichen reinen Sandschichten lagernden Abraum-, Lehm- und Tonschichten, in manchen Fällen auch von Kohlenflözen, durch Baggerarbeit oder auch mit der Hand. Im letzteren Falle besteht die Möglichkeit, die einzelnen Sandschichten gut voneinander zu trennen und auf diese Weise am besten den Ansprüchen der verschiedenen industriellen Abnehmer gerecht zu werden[2]. Bei der Förderung des Sandes aus der Grube muß eine Verunreinigung des geförderten Materials durch Flugasche von Lokomotiven oder auf andere Weise vermieden werden, wenn das Material für feinkeramische Massen und Glasuren, ebenso auch für wasserhelles Kristallglas usw. Verwendung finden soll.

Die Aufbereitung der geförderten stückigen Rohstoffe besteht zunächst in dem Aussortieren leicht erkennbarer unreiner Stücke am Gewinnungsort selbst. Die weitere Aufbereitung der rohen Handelsware richtet sich darnach, ob der Versand in Stücken oder in gemahlenem Zustande erfolgt. Für feinkeramische Verarbeitungszwecke ist stückiges Material unbedingt vorzuziehen, da man sich nur auf diese Weise jederzeit von der einwandfreien Beschaffenheit und Reinheit des Materials durch den Augenschein überzeugen kann. Großstückiges Rohmaterial wie Quarz, Feldspat usw. wird zunächst mit dem Hammer zerschlagen oder bei größerem Bedarf mit dem Steinbrecher vorgebrochen, um handliche Stücke zu bekommen, und vor der weiteren Aufbereitung durch Waschen von anhaftenden Verunreinigungen befreit.

Das Waschen geschieht entweder mit der Hand oder durch mechanische Vorrichtungen. Die Handwäscherei kann auf verschiedene Weise vorgenommen werden. Als einfachste Vorrichtung dient ein sog. Stauchsieb, d. h. ein Sieb, das an einem Hebelarm aufgehängt ist und in einem Wasserbehälter in vertikaler Richtung hin- und herbewegt wird. Bei dieser Bewegung werden staubförmige Verunreinigungen von den Quarzstücken mechanisch losgelöst und vom Wasser fortgeschwemmt. Dieses kann durch eine Öffnung aus dem Waschbehälter abgelassen werden.

Eine andere einfache Art der Reinigung stückiger Hartmaterialien besteht darin, daß man das auf einem Siebboden liegende Gut mittels eines Wasserstrahls unter Zuhilfenahme eines Rutenbesens oder einer Bürste abspritzt. Zuweilen findet

[1] Bley, F.: Ber. dtsch. keram. Ges. Bd. 9 (1928) S. 526.

[2] Über die Ausbeutung von Sandlagern vgl. W. Schuen: Keram. Rdsch. Bd. 35 (1927) S. 178.

man in den Fabriken auch Waschanlagen, die aus schwachgeneigten Holzrinnen bestehen. In diese schüttet man das zu reinigende Gut, läßt es von Wasser überströmen und bearbeitet es gleichzeitig mit Bürsten.

In größeren Werken mit reichlichem Bedarf an Stückenquarz und Feldspat benutzt man häufig Waschtrommeln aus Holzlatten, die in engen Abständen voneinander angebracht sind. Die Trommeln werden mit dem zu waschenden Material gefüllt und dann um ihre horizontal angeordnete Längsachse gedreht, wobei sie sich mit dem unten befindlichen Teile durch ein Gefäß mit Wasser bewegen, das die Verunreinigungen abspült und zurückhält. Für diese Behandlung ist vorwiegend kleinstückiges Material geeignet. Eine Waschtrommel neuerer Bauart stellt die in Abb. 37 wiedergegebene dar. Sie besteht nach Simon[1] aus einem Blechzylinder von etwa 1,5 m Durchmesser und 1,8 bis 2 m Länge, der mit Steinen aus harter Porzellanmasse ausgekleidet ist. Auf der einen Seite besitzt die Waschtrommel eine Einfüllöffnung, auf der andern ist sie völlig offen. Durch die Drehung der Trommel werden die Stücke durcheinander geworfen und nach der Austragseite hin bewegt, unter gleichzeitigem Eintritt eines Wasserstrahls von der Einfüllseite her. Die sich aneinander reibenden Stücke werden abgespült, und das schmutzige Wasser fließt durch einen Lattenrost ab, während das Material auf diesem zurückbleibt. Nach dem Waschen bietet sich nochmals Gelegenheit, unreine Stücke auszulesen oder durch Abschlagen mit dem Hammer zu entfernen. Ist die Waschtrommel mit einem Siebmantel versehen, so wird neben dem Waschen ein gleichzeitiges Sortieren in große Stücke und Grus erzielt.

Abb. 37. Quarz- und Feldspat-Waschtrommel.

Bei einer anderen Waschtrommel, Bauart Dr. Gaspary & Co.[2], wird das an der einen Seite durch einen Trichter eingefüllte Material im Innern der Trommel durch Schneckengänge einem kräftig spülenden Wasserstrahl von ½ bis 1 Atmosphäre Druck entgegengeführt, bis es am anderen Ende angelangt ist, wo der Austrag erfolgt.

Nach dem Waschen wird der Quarz oder Feuerstein vor der Zerkleinerung vielfach, wenn auch nicht immer geglüht oder vorgebrannt. Hierbei wird infolge Umwandlung der Kieselsäure und damit verbundener Volumenänderung sein Gefüge stark aufgelockert, die nachfolgende Zerkleinerung also erleichtert und somit Zeit und Kraft gespart. Das Glühen hat weiter den Vorteil, daß in der Glut die den Quarz etwa verunreinigenden Mineralien sich stärker färben und so besser

[1] In F. Singer: Die Keramik im Dienste von Industrie und Volkswirtschaft S. 162. Braunschweig 1923.

[2] Jacob, K., in C. Bischof: Die feuerfesten Tone und Rohstoffe 4. Aufl. S. 97. Leipzig 1923.

sichtbar werden, also auch aus dem mürbe gebrannten Material leichter und vollständiger entfernt werden können.

Man glüht den Quarz entweder in einem Brennofen des Betriebs, also, in Schamottekapseln gefüllt, im Porzellan- oder Steingutofen, oder man benutzt für diesen Zweck besondere Öfen. Als solche kommen in Betracht vor allem kleinere mit Gasfeuerung versehene Schachtöfen, die derartig eingerichtet sind, daß der geglühte, aus dem Ofen abgezogene Quarz in noch hocherhitztem Zustande in eine mit Wasser gefüllte Grube fällt und plötzlich abgeschreckt wird. Für das Glühen von Quarz sind auch noch andere Öfen als die genannten empfohlen worden, vor allem ein mehrsohliger Flammenofen, der sog. Freiberger Ofen[1].

Über das der Zerkleinerung des Zyanits vorausgehende Brennen vgl. S. 158.

Von amerikanischer Seite[2] ist darauf hingewiesen worden, der Vorteil des vorherigen Glühens von Quarz usw. für die Mahlung sei nicht so groß, daß das Vorbrennen wirtschaftlich tragbar sei, und die Einführung neuzeitlicher Mahlvorrichtungen werde in Zukunft die Abnahme oder den Wegfall solcher Glühvorrichtungen bewirken. Diese Anschauung hat ihre Berechtigung für Mahlwerke, die gemahlenen Quarz usw. im großen Maßstab als Handelserzeugnis herstellen. Für keramische Fabriken muß ihre Gültigkeit von Fall zu Fall geprüft werden.

Das Verglühen des Feldspats vor der Zerkleinerung nimmt man im allgemeinen nur dort vor, wo ein besonderer Brennstoffaufwand dadurch nicht erforderlich wird. Als Höchstgrenze der Verglühtemperatur kommt etwa diejenige Hitze in Betracht, oberhalb deren sich die ersten Sinterungserscheinungen zeigen. Reiner Feldspat zerfällt beim Verglühen mehr oder weniger vollständig in dünne Lamellen, was den Vorteil hat, daß aus ihnen eisenhaltige mineralische Verunreinigungen leicht entfernt werden können. Bei stark mit Quarz durchsetztem Feldspat tritt dieses Zerfallen weniger stark hervor, da sich der Quarz bei der verhältnismäßig niedrigen Glühtemperatur noch nicht verändert. Die Vorteile des Vorbrennens sind beim Feldspat überhaupt nicht so groß wie beim Quarz. Man ist aus diesem Grunde und mit Rücksicht auf die immer mehr vervollkommnete Zerkleinerungstechnik vielfach ganz vom Verglühen des Feldspats vor seiner Verwendung abgekommen, vor allem in den eigentlichen Mahlgroßbetrieben. Wird der Feldspat in besonderen Kalzinieröfen vorgebrannt und dann abgeschreckt, so muß er vor der Zerkleinerung zunächst in einer Trockentrommel (S. 85) getrocknet werden[3].

Der Quarzsand wird vielfach ohne vorheriges Glühen in feinkeramische Massen und Glasuren eingeführt. Er findet aber trotzdem nicht unmittelbar in dem Zustande Verwendung, in dem er aus der Grube entnommen worden ist, sondern wird meistens ebenfalls einem Waschprozeß unterzogen, der aber gleich am Fundorte, also vom

[1] Kerl, B.: Handbuch der gesamten Tonwarenindustrie S. 200. Braunschweig 1907.

[2] Myers, W. M.: J. Amer. ceram. Soc. Bd. 8 (1925) S. 839.

[3] Niederleuthner, R.: Unbildsame Rohstoffe keramischer Massen S. 274. Wien 1928.

Lieferanten, nicht vom Verbraucher vorgenommen wird. Über Vorrichtungen zum Sandwaschen siehe auch Seite 50.

Man darf die Reinheit und Brauchbarkeit eines Quarzsandes für feinkeramische Zwecke nicht lediglich nach seiner weißen Farbe im rohen Zustand beurteilen, sondern muß vor allem das Aussehen im gebrannten Zustande feststellen. Erst durch das Brennen wird häufig die Anwesenheit färbender Oxyde deutlich sichtbar gemacht, und auch die Wirkung etwa vorhandener Mineralien, die bei hoher Temperatur für sich oder zusammen mit Quarz leicht schmelzen, kommt dann besser zum Ausdruck. Umgekehrt kann es Quarzsande geben, die zwar im rohen Zustande gefärbt sind, aber beim Brennen völlig weiß werden, weil sie nur unschädliche organische, z. B. bituminöse Beimengungen enthalten. Solche organische Beimengungen lassen sich häufig durch bloßes Waschen des Sandes entfernen.

Handelt es sich um nur geringe Mengen Sand, die von anhaftenden erdigen Bestandteilen befreit werden sollen, so bringt man ihn zum Reinigen auf feine Drahtsiebe, die im Wasser eine schüttelnde Bewegung erhalten[1]. Bei der Reinigung größerer Mengen benutzt man maschinelle, meistens eigens für diesen Zweck gebaute Sandwaschapparate[2]. Sie bestehen aus großen konischen Siebtrommeln, die sich um ihre eigene Längsachse drehen und in denen das Wasser dem Sand entgegenströmt so daß der Sand immer reiner wird, das Wasser aber immer mehr Ton und andere Verunreinigungen aufnimmt. Der Rohsand wird durch Wasser aus einem Vorratssilo in das unterste Sieb geschlämmt, gelangt von dort durch ein Becherwerk zum nächsten Sieb usf. Das Verfahren wird öfters wiederholt und der Sand z. B. viermal gesiebt und sechsmal gewaschen[3]. In den sich drehenden Siebtrommeln wirken Sand und Wasser energisch aufeinander ein. Verunreinigungen, wie Glimmer, Bitumen, Holzteilchen u. dgl. werden in dem Siebe zurückgehalten. Nach Beendung des Waschprozesses wird der Sand vom Becherwerk auf ein Förderband gebracht, das ihn zur Laderampe bringt, oder die Anlage ist so eingerichtet, daß der Sand durch Rohrleitungen in große Betonkästen (Naßsilos) gespült wird, aus denen das Wasser abläuft. Der Sand sinkt zu Boden und kann durch ein Becherwerk aus dem Vorratsbehälter für den Versand oder die Mahlung nach Bedarf entnommen werden.

Eine andere Art von Sandwaschapparaten ist nach A. Granger[4] in der Gegend von Drevant, Frankreich, zum Reinigen feldspathaltiger Sande (S. 131) in Gebrauch, die zur Porzellanfabrikation Verwendung finden und durch Glimmer und Eisenverbindungen verunreinigt sind. Die dortigen Sandwäscher bestehen aus einem leicht geneigten Metallbehälter, in dem eine Schnecke das Material von unten nach oben befördert. Ein starker Wasserstrom durchfließt den Apparat von oben nach unten und entzieht dem sich entgegengesetzt bewegenden Sand die Verunreinigungen.

Auf primärer Lagerstätte befindliche Sande mit mehr oder weniger

[1] Kerl, B.: Handbuch der gesamten Tonwarenindustrie S. 113. Braunschweig 1907.

[2] Schuen, W.: Keram. Rdsch. Bd. 35 (1927) S. 179.

[3] Siehe hierzu auch Keramos Bd. 5 (1926) S. 503.

[4] La Céramique industrielle Bd. 1 S. 146. Paris 1929; s. a. M. Larchevêque: Fabrication industrielle de la porcelaine usw. S. 18.

großen Körnern von kantiger, eckiger Form oder splitterförmigen Bruchstücken bezeichnet man als „scharfe" Sande, dagegen Quarzsand mit Körnern, die bei der Fortführung vom Entstehungsort infolge der erlittenen Schleif- und Mahlwirkung an den Kanten abgerundet sind, als „milden" oder „weichen" Sand[1].

Das Gefüge der Sandkörner richtet sich nach den Verhältnissen, unter denen die Kristallisation in den Urgesteinen stattgefunden hat, und ist von Einfluß auf die Weißfärbung eines Sandes[2]. Die Sandkörner zeigen grauliches glasiges Aussehen, wenn sie einen Teil des auffallenden Lichts passieren lassen, einen anderen aber verschlucken. Feinkörnige Sande erscheinen im Haufwerk weißer, da sie mehr Grenz- und Reflexionsflächen aufweisen als gröberer Sand. Am weißesten erscheint feingemahlener Sand oder Quarzmehl, und zwar wird seine Farbe mit zunehmender Mahlfeinheit immer reiner weiß[2].

Die feinkeramische Industrie benötigt meist ein feineres Erzeugnis, als es der gewaschene Quarzsand darstellt. Deshalb wird derselbe noch feingemahlen. Zuvor wird er in Trockentrommeln (S. 85) von Feuchtigkeit befreit.

Wird die Trockentrommel mit festem Brennstoff (Braunkohle) beheizt, so müssen Aschenfänge vorgesehen und die Feuerbrücken so angeordnet werden, daß der Sand nicht durch Flugasche verunreinigt werden kann. Bei einem neuen Sandtrockner der Firma Rudolf Schneider, Düsseldorf[3], wird Heißluft beliebiger Herkunft von etwa 150° in ein senkrechtes Trockenrohr gedrückt, in das gleichzeitig auch der Sand mittels luftdicht verschließbarer Eintragvorrichtung gelangt. Er wird nach oben gerissen, dabei getrocknet und dann dem Windsichter (S. 197) zugeführt. Das getrocknete Material soll bei 4 bis 5 Sekunden Trockendauer einen Feuchtigkeitsgehalt von nur 0,01% aufweisen. Der getrocknete Sand gelangt in ein Trockensilo, aus dem er zur Feinmahlung dem Mahlwerk, z. B. einer Rohrmühle (S. 193), zugeführt wird[4]. Zuvor passiert er zweckmäßig noch ein Trommelsieb mit 0,5 mm Maschenweite, das mitgerissene Kohleteilchen und grobe Körner zurückhält. Auch Magnete werden eingeschaltet, um in den Sand gelangte Eisenteilchen zurückzuhalten. Über den Eisengehalt von reinem Quarzmehl und Quarzsand vgl. S. 125. Nach K. Killer[5] gilt für reinen Kristallquarzsand ein Höchstgehalt von 0,02% Fe_2O_3 noch als zulässig. Zum Enteisenen von Sand hat D. Japhe[6] die Behandlung mit Chlor und Methan vorgeschlagen. Für die Feinmahlung des Quarzes und Quarzsands in Kugelmühlen benutzt man Silexsteine als Futter und Flintsteine als Mahlkugeln, so daß eine Verunreinigung des Mahlguts durch Abnutzung der Trommelauskleidung und Mahlsteine nicht eintreten kann.

Die Mahlwerke liefern Quarzmehl von verschiedener Feinheit, meist in 9 bis 12 Sorten. Für viele Verwendungszwecke ist es erwünscht, daß die betreffende Körnung möglichst homogen ist und nicht zuviel gröberes oder feineres Material enthält, als der angegebenen Korngröße entspricht[7].

[1] Niederleuthner, R.: Unbildsame Rohstoffe keramischer Massen S. 77. Wien 1928.

[2] Juch, R.: Keram. Rdsch. Bd. 37 (1927) S. 605. [3] Chem. Fabrik 1929 S. 376.

[4] Schuen, W.: Keram. Rdsch. Bd. 35 (1927) S. 180.

[5] Die Glashütte Bd. 62 (1932) S. 711. [6] Keram. Rdsch. Bd. 40 (1932) S. 641.

[7] Vgl. hierüber z. B. W. Schuen: Keram. Rdsch. Bd. 35 (1927) S. 180.

Die Überführung der nichtplastischen Rohstoffe in die für ihre feinkeramische Verwendung geeignete Korngröße geschieht durch Vorzerkleinerung und Feinmahlung.

Zum Vorbrechen und Schroten harter stückiger Materialien benutzt man je nach ihrer Beschaffenheit Kollergänge, Steinbrecher und Brechwalzwerke. Ist der Quarz, Feldspat usw. durch Glühen in seinem Gefüge schon aufgelockert, so genügt vor dem Feinmahlen die Vorzerkleinerung auf dem Kollergang, der ein grießartiges, körniges Mahlgut liefert. Andernfalls muß das Hartmaterial zunächst in einem Steinbrecher oder auf einem Walzwerk vorgebrochen werden.

Die Kollergänge bestehen aus der festen massiven Bodenplatte von kreisrunder Form und zwei auf ihr sich drehenden Läufern. Durch die Mitte der Mahlbahn geht eine senkrechte Welle, die zwei horizontale Achsen trägt. An jeder Achse ist ein mühlsteinartiger Läufer befestigt, der im Kreise auf der Bodenplatte rollt, auf die das steinige Material aufgegeben wird. Je nach der Anordnung der Antriebsvorrichtung unterscheidet man Kollergänge mit Antrieb von unten und von oben. Erstere sind die häufiger benutzten, letztere findet man meist nur dort, wo es an Platz für die Aufstellung der Antriebsvorrichtung mangelt.

Läufer und Bodenplatte werden zweckmäßig aus zähem, dichtem Granit, besser noch aus reinem Quarz oder Sandstein hergestellt. Ist das Gesteinsmaterial, aus dem Mahlbahn und Läufer bestehen, zu weich und enthält es schädliche, vor allem färbende Beimengungen, so tritt eine Verunreinigung des Mahlgutes ein, was sich später in der Güte der hergestellten feinkeramischen Massen und Glasuren nachteilig auswirkt und sie eisenfleckig macht oder sie mindestens verfärben kann.

Die Läufersteine bewegen sich zweckmäßig auf zwei voneinander unabhängigen Kurbelachsen, wodurch ein sicherer ruhiger Gang, eine größere Leistung des Kollers erzielt und eine ungleichmäßige Abnutzung der Steine vermieden wird[1]. Die stehende Welle ist mit einem auswechselbaren Spurstift versehen und läuft in einer verschlossenen, vor Staub geschützten Spurpfanne. Die Läufer sind so angeordnet, daß sie nach oben ausweichen können, wenn sie auf größere Steine treffen. Hierdurch wird die Gefahr eines Achsenbruchs vermieden[2].

Die zerkleinernde Wirkung des Kollergangs beruht teils auf Druck, teils auf Reibung. Letztere wird noch verstärkt bei exzentrischer Anordnung der Läufer zur Mahlbahn, oder wenn ihnen verschiedene Geschwindigkeit erteilt wird (D. R. P. 134868 von O. Erfurth in Teuchern)[3]. Bei fortschreitender Zerkleinerung werden noch vorhandene gröbere Körner in das schon feiner gemahlene Material eingebettet und so der weiteren Mahlwirkung entzogen. Um dies zu verhüten und um das Anhaften des Mahlgutes an den Läufern zu verhindern, wird es durch Messer, Kratz- oder Schabvorrichtungen von ihnen entfernt. Von den Läufersteinen beiseite geschobenes Mahlgut wird durch zugleich mit den Läufern umlaufende, schaufelartige Vorrichtungen (Scharrwerke) wieder in die Mahlbahn, falls es sich um gröbere Teilchen handelt, oder auf eine außerhalb der Mahlbahn liegende Siebfläche gebracht und entfernt.

---

[1] Hegemann, H.: Die Herstellung des Porzellans S. 106. Berlin 1904.
[2] Rudolph, W.: Tonwarenerzeugung 2. Aufl. S. 104.
[3] Hecht, H.: Lehrbuch der Keramik 2. Aufl. S. 69. Berlin 1930.

Bei Kollergängen älterer Bauart geschieht die Trennung des feinen Mahlguts von den gröberen Teilchen auf Sieben zweckentsprechender Maschenweite unter Zuhilfenahme von Handarbeit, bei neueren Kollergängen mittels selbsttätiger Vorrichtungen, wie bereits angedeutet. Das Mahlgut gelangt im letzteren Fall kontinuierlich in eine Siebtrommel, von der das noch nicht genügend zerkleinerte Material mittels Becherwerks wieder auf den Kollergang zurückbefördert wird. Bei anderen Kollern neuerer Bauart wird die Siebtrommel dadurch entbehrlich, daß man auswechselbare Siebplatten entsprechender Lochweite einschaltet, von denen das grobe Gut auf den Koller zurückgeführt wird, während das gehörig zerkleinerte Mahlgut durch den Siebrost hindurchfällt.

Abb. 38. Kollergang mit oberem Antrieb, feststehender Mahlbahn und kreisenden Läufern.

Abb. 39. Kollergang mit unterem Antrieb, drehender Mahlbahn und selbsttätiger Absiebung zur Vorsiebung, in Verbindung mit Becherelevator und Siebzylinder als Feinsieb.

Der Kraftverbrauch der Kollergänge beträgt je nach Größe und Bauart 1 bis 10 PS bei Läufern von 65 bis 150 cm Durchmesser, das Gewicht solcher Läufer 300 bis 3000 kg oder noch mehr, die Leistung der Kollergänge je nach der Sieblochung 300 bis 1000 kg stündlich[1]. Im allgemeinen richtet sich die Leistung nach der Größe und Schwere der Läufer. Die Zahl der Umdrehungen der Läufersteine auf der kreisförmigen Mahlbahn beträgt je nach der Größe des Kollerganges 10 bis 15 in der Minute[2].

Man hat in neuester Zeit in Amerika gute Erfahrungen mit Kollergängen besonders schwerer Bauart und großer Leistungsfähigkeit gemacht[3]. Ein Kollergang von 43000 kg Gesamt-

[1] Granger, A., u. R. Keller: Die industrielle Keramik S. 104. Berlin 1908.
[2] Rieke, R.: Das Porzellan 2. Aufl. S. 73. Leipzig 1928.
[3] Gallaher, M.: J. Amer. ceram. Soc. Bd. 12 (1929) S. 347.

und 13500 kg Mahlgewicht erfordert nur wenig Energie mehr als ein solcher von 24000 kg Gesamt- und 8000 kg Mahlgewicht.

Der Kollergang benötigt zwar viel Energieaufwand, ist aber im Vergleich zu den für feinkeramische Zwecke veralteten Poch- oder Hammerwerken sehr leistungsfähig. Das Mahlgut, das die Kollergänge liefern, besteht aus Teilchen von mehr kantiger als runder Form, im Gegensatz zu dem in einer Kugelmühle (S. 186) entstehenden.

Neben den Kollergängen mit stehender Mahlbahn und kreisenden Läufersteinen benutzt man auch solche, bei denen die Mahlbahn umläuft, die Läufer dagegen am Orte bleiben, also sich lediglich um ihre eigene Achse drehen. Man verwendet diese Kollergänge entweder zum Zerkleinern harter Materialien, wie Quarz und Feldspat, oder für das Zerreiben von Ton usw., wo sie neben den Walzwerken (S. 184) Verwendung finden.

Einen Kollergang mit oberem Antrieb, stehender Mahlbahn, kreisenden Läufern zeigt Abb. 38, einen Kollergang mit unterem Antrieb, drehender Mahlbahn, Vor- und Feinsiebung Abb. 39.

Zur Verhütung von Staubentwicklung in dem Arbeitsraum, in dem der Kollergang aufgestellt ist, baut man letzteren in ein Gehäuse ein und saugt den beim Kollern entstehenden Staub mittels Ventilators ab (S. 199)[1].

Steinbrecher benutzt man vor allem dort, wo hartes, zähes Material in größeren Stücken oder Brocken vorliegt. Die heute in der Keramik verwendeten Steinbrecher sind meist sogenannte Backenquetschen. Bei ihnen erfolgt die Zerkleinerung in einem von zwei meist geriffelten oder mit Zacken versehenen Hartguß-Brechbacken und zwei glatten Seitenkeilen gebildeten „Brechmaul", das zugleich als Einfüllöffnung dient. Innerhalb gewisser Grenzen kann der Zerkleinerungsgrad durch Enger- oder Weiterstellen der Brechbacken geregelt werden. Die eine Brechbacke ist an der Vorderwand unbeweglich befestigt, die andere in eine Schwinge eingelassen, also hin- und herpendelnd angeordnet. Hierdurch wird der Hohlraum, den das Brechmaul bildet, abwechselnd erweitert und verengt und das in ihm befindliche Material zerquetscht und zerstoßen. Die Bewegung der Schwinge erfolgt durch Exzenterwelle mittels Zugstangen und zweier in dem unteren Kopf der letzteren gelagerten Druckplatten. Beim Auf- und Niedergehen der Exzenterstangen üben die Druckplatten einen seitlichen Schub aus und erteilen der Schwinge eine hin- und hergehende Bewegung[2].

Das genügend zerkleinerte Gut rutscht durch die unterste und engste Stelle des Brechmauls, den Spalt, hindurch und fällt nach unten. Das Brechgut läßt sich im allgemeinen bis auf Walnußgröße zerkleinern, das mit feinem Korn unter-

---

[1] Weiteres über Kollergänge siehe Tonind.-Ztg. Bd. 55 (1931) S. 727 und G. Helm, Ber. dtsch. keram. Ges. Bd. 14 (1933) S. 301.

[2] Kerl, B.: Handbuch der gesamten Tonwarenindustrie 4. Aufl. S. 211. Braunschweig 1907.

mischt ist. Die Steinbrecher[1] werden kräftig gebaut und mit schweren Schwungscheiben ausgestattet. Brechbacken und Seitenkeile sind leicht auswechselbar. Man baut die Backenbrecher in verschiedenen Größen, mit einem Kraftbedarf von 0,8 bis 40 PS und einer Leistung von 300 bis zu 25000 kg stündlich bei 50 mm Spaltweite. Einen Backenbrecher neuerer Bauart zeigt Abb. 40.

Die neuesten Bauarten von Steinbrechern für Hartstoffe stellen die Kau- und Beißbrecher dar, bei denen durch die unterschiedliche Antriebsart der schwingenden Brechbacke auch unterschiedliche Zertrümmerungsvorgänge des Brechgutes erzielt werden. Der Beißbrecher ist mit Pendelschwinge, der Kaubrecher mit Exzenterschwinge versehen[2].

Walzwerke an Stelle von Kollergängen finden in der Feinkeramik seltener Verwendung als in der Grobkeramik. Sie bestehen im wesentlichen aus zwei horizontal angeordneten Zylindern aus Eisen oder Stahl, die gegeneinander laufen und das von oben aufgegebene stückige Gut erfassen, zwischen sich ziehen und zerdrücken. Zur Erhöhung der zerkleinernden Wirkung kann man den beiden Walzen voneinander abweichende Geschwindigkeiten geben. Für grobe Vorzerkleinerung, z. B. für die von Quarz, benutzt man vielfach kannelierte, gerippte oder gestachelte (genockte) Walzen. Für feinere Zerkleinerung wendet man zwei übereinanderliegende Walzenpaare an, von denen das untere enger gestellt ist[3]. Es wird eine Kornfeinheit bis zu 2 mm herab erzielt, wobei ein splittriges Feingut entsteht, das viel Mehl und Staub enthält[4].

Abb. 40. Steinbrecher, mit verstellbarer Spaltweite des Brechmauls.

Seit einigen Jahren werden auch Vereinigungen von Brecher und Walzwerk gebaut, die Steinbrechwalzwerke, auch als Steinbrechmühlen bezeichnet. Einen solchen Apparat, bei dem das im Steinbrecher vorgebrochene Gut nach dem Verlassen des Spaltes unmittelbar über die Rutsche zwischen die Hartgußwalzen gelangt, zeigt Abb. 41.

---

[1] Jacob, K., in K. Bischof: Die feuerfesten Tone und Rohstoffe 4. Aufl. S. 106. Leipzig 1923.

[2] Ber. dtsch. keram. Ges. Bd. 10 (1929) S. 477.

[3] Jacob, K., in K. Bischof: Die feuerfesten Tone und Rohstoffe 4. Aufl. S. 100. Leipzig 1923.

[4] Tonind.-Ztg. Bd. 55 (1931) S. 726. Vgl. dort auch über Antrieb von Walzwerken.

Bei kleineren Apparaten erfolgt der Antrieb beider Maschinen von einer Seite aus gemeinschaftlich, während bei größeren Steinbrechwalzwerken beide Maschinen zweckmäßig getrennt angetrieben werden.

Das Steinbrechwalzwerk bricht das Material zunächst auf Nußgröße vor und zerquetscht dann das vorgebrochene Gut zwischen zwei glatten Walzen auf Erbsen- bis Grießkorn, je nachdem die Walzen eingestellt sind. Durch mechanische Siebanlagen läßt sich vor der Weiterverarbeitung auch hier das entstandene Feingut vom groben Korn trennen.

Wie die Kollergänge, so liefern auch Steinbrecher und Walzwerke bei der Zerkleinerung ein kantiges, splittriges Korn, im Gegensatz zur Kugelmühle (S. 186), bei der ein mehr glattes, rundes Korn entsteht.

Es ist vorteilhaft, die durch Steinbrecher oder Walzwerk in das Mahlgut gelangten Eisenteilchen vor dem Feinmahlen zu entfernen. Hierzu dienen Magnetscheider verschiedener Konstruktion. Bei feinerem Mahlgut ist die Leistung der Magnetscheider geringer, da sie dann weniger belastet werden können[1]. Zugleich ist auch der Verlust durch die mit dem Eisen gehenden Materialteilchen größer als bei gröberem Korn. Nach neueren Erfahrungen genügen zur möglichst vollkommenen Abscheidung eisenhaltiger Verunreinigungen, vor allem staubförmiger Eisenteilchen und schwach magnetischer eisenhaltiger Stoffe, nicht einfache Magnete oder leichte Magnettrommeln, sondern für letztere Zwecke sind bloß Scheider mit besonders starker magnetischer Wirkung geeignet. Von Magnetscheidern mit hoher Leistung für wässerige, schlammförmige Massen sind bereits früher gewisse Typen besprochen worden (S. 45).

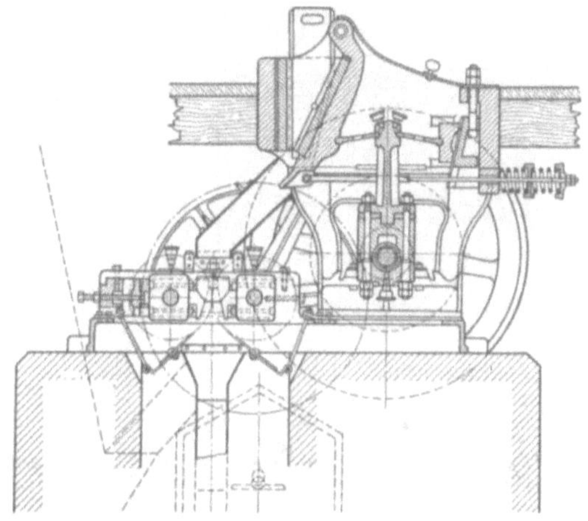

Abb. 41. Steinbrechwalzwerk.

Weitere praktisch bewährte Magnetscheider sind die Ringscheider und Trommelscheider[2]. Sie sind sowohl für Naß- wie Trockenscheidung geeignet. Abb. 42 zeigt den Aufbau eines Ringscheiders nebst Schnitt durch ein Magnetfeld, Abb. 43 die schematische Darstellung eines Trommelscheiders. Beide Apparate sind patentierte Ausführungen der Firma Krupp A.-G. Grusonwerk, Bauart Ullrich.

Bei dem Ringscheider wird das zu reinigende Material dem Magnetfeld auf einem Förderband oder durch eine Schurre zugeführt. Der Scheider besteht aus

[1] Tonind.-Ztg. Bd. 53 (1929) S. 941. [2] Ebenda S. 942.

einem feststehenden mehrarmigen Elektromagneten mit einem darüber kreisenden Oberteil. Beim Einschalten des Stroms bildet sich zwischen jedem Polkopf und den über ihm hinkreisenden Ringen ein magnetisches Feld. Die Maschine besitzt soviel Arbeitsstellen, als Polköpfe vorhanden sind. In jedem Magnetfeld verdichten sich die Kraftlinien an den Ringscheidern, wobei jedes Magnetfeld in soviel Zonen zerlegt wird, als Ringe angebracht sind. In der ersten Zone werden die am stärksten magnetischen eisenhaltigen Bestandteile aus dem vorbeigeführten Gut entfernt, in jeder weiteren Magnetzone Teilchen von immer mehr abnehmender magnetischer Kraft. Das gereinigte Material wird weitergeführt, das magnetische Abfallgut, das durch die Zonenringe aus dem Mahlgut herausgezogen worden ist, an andrer Stelle ausgetragen und in einen Behälter entleert.

Bei dem Trommelscheider ist das Magnetfeld in drei Zonen verschiedener magnetischer Stärke eingeteilt, deren kräftigste dort liegt, wo die größte Gefahr besteht, daß eisenhaltiges Material mit dem Mahlgut abgeschleudert wird[1]. — Derartige Magnetscheider finden besonders für die Enteisenung gemahlener harter Rohstoffe (Quarz, Feldspat, Magnesit) Verwendung. Zur Erzielung einer weitgehenden Enteisenung kann man auch mehrere Magnettrommeln hintereinanderschalten.

Für den Trockenbetrieb werden die Magnetscheider ganz oder teilweise staubdicht eingekleidet.

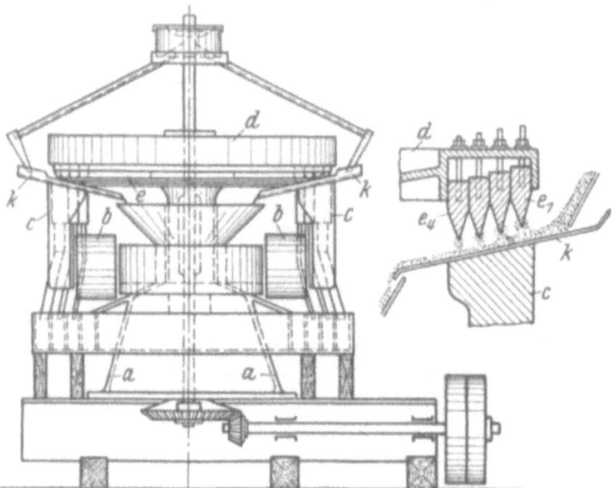

Abb. 42. Aufbau eines Ringscheiders mit Schnitt durch ein Magnetfeld.
a Untergestell, *b* Elektromagnet mit im Kreise angeordneten Polköpfen. *c*, *d* sich drehende Scheibe, deren Rand die nach unten zugeschärften Ringe *e* trägt, *k* Aufgabeschurre.

Die Kugel- oder Trommelmühlen dienen zum Trocken- oder Naßmahlen. Auf ihnen kann das Mahlgut ohne Staubentwicklung sehr feingemahlen werden, nachdem es auf den vorstehend beschriebenen Vorrichtungen für grobe Zerkleinerung mehr oder weniger „vorgeschrotet“ worden war. Bei den Rohrmühlen (S. 193) geschieht Vorzerkleinerung und Feinmahlung in der gleichen Vorrichtung. Man verwendet Kugelmühlen verschiedener Bauart in allen Zweigen der keramischen Industrie.

Die Naßtrommelmühlen dienen in ausgedehntem Maße zum Mahlen feinkeramischer Massen und Glasuren, aber auch einzelner Rohstoffe, die Trockentrommelmühlen vorwiegend zur Feinzerkleinerung von Rohstoffen. Die grundsätzliche Bauart der für feinkeramische Zwecke benutzten gewöhnlichen einfachen Trommelmühlen ist, von gewissen Einzelheiten abgesehen, in beiden Fällen die gleiche.

---

[1] Tonind.-Ztg. Bd. 53 (1929) S. 943.

Die Kugelmühle besteht aus einem eisernen Zylinder mit waagerecht gelagerter Längsachse, der im Innern mit Steinen aus Steinzeug, Porzellan oder Feuerstein (Silex, Buhrstone) ausgekleidet ist. Die zum Auslegen des Trommelinnern dienenden Futtersteine müssen aus möglichst zähem keramischem oder mineralischem Material von größter Schlagfestigkeit bestehen und eine Dicke von mindestens 7 bis 8 cm besitzen, damit sie bei der nach und nach eintretenden Abnutzung, die auch bei dem härtesten Werkstoff nicht zu vermeiden ist, tunlichst lange betriebsfähig bleiben. Fundorte für gute Silexsteine sind Maissières bei Mons (Belgien) und die Karpathen. Soweit es sich um die Aufbereitung von Rohstoffen zu weißen Massen handelt, muß das Material der Futtersteine reinweiß brennen und keine sichtbaren Verunreinigungen beim Abmahlen ergeben. Diese Anforderungen erfüllen am besten Silex- und Hartporzellanfutter, in selteneren Fällen solche aus Hartholz. Mühlen mittleren oder kleineren Umfangs werden meistens mit Hartporzellan ausgelegt, weil Silexfutter nur in größeren Platten zubehauen geliefert wird, die für Trommeln kleinen Durchmessers nicht verwendbar sind[1]. Das Auslegen des Trommelinnern muß so sorgfältig als möglich geschehen, damit die Fugen der Steine scharf zusammenstoßen und keine hervorspringenden Ecken oder Kanten vorhanden bleiben, die einen vorzeitigen Verschleiß des Materials herbeiführen. Bei gleichmäßig harter Beschaffenheit nutzen sich die Silexsteine langsam ab, oft ist aber infolge Vorhandenseins weicherer Stellen die Abnutzung eine rasche[2]. Auch kann man sie nicht immer regelmäßig bearbeiten, so daß weite Fugen entstehen. Dagegen lassen Steine aus Hartporzellan oder weißem Steinzeug sich glatt zurichten und besitzen auch völlig gleichartige Struktur, so daß ihre Abnutzung gleichmäßig erfolgt. Je dicker die Futtersteine sind, desto größer ist ihre Haltbarkeit, doch wird andererseits durch die größere Dicke der Ausfütterung die Kapazität der Trommel verringert. Zum Befestigen der Steine und Abdichten des Futters, was besonders bei Naßmühlen wichtig ist, benutzt man Kitte, die gegen Feuchtigkeit unempfindlich sind und sehr fest werden, vor allem dünnen Zementmörtel, dem man häufig noch feinen Quarzsand, auch zuweilen Wasserglas zusetzt. Auch eine Mischung von Natronwasserglas und Feldspat im Gewichtsverhältnis 3:2 wird als Bindemittel empfohlen[3], schließlich auch ein Kitt aus Quark, Kalk und feingemahlenen Porzellanscherben. Die Futtersteine für die Mäntel der Trommelmühlen stellt man zweckmäßig mit leicht gekrümmter Oberfläche und nach unten schwach konisch her, um beim Verlegen kleinere Fugen zu bekommen. Vor der Inbetriebnahme muß man eine frisch ausgefütterte Trommelmühle mindestens drei bis vier Tage unter reichlicher Benetzung des Futters mit Wasser stehen lassen, bis der Kitt völlig erhärtet ist[4].

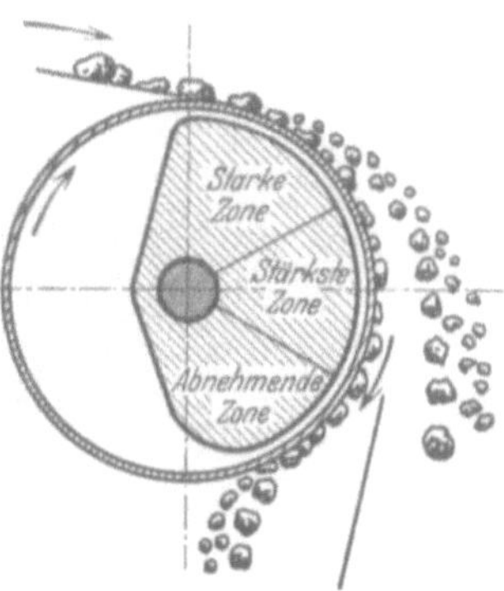

Abb. 43. Schematische Darstellung eines Trommelscheiders.

Kleine Trommelmühlen werden meistens aus einem einzigen Stück (Porzellan oder anderem dichtgebrannten keramischen Material) hergestellt[5].

---

[1] Keram. Rdsch. Bd. 36 (1928) S. 217 (Fragekasten).

[2] Twells, R.: J. Amer. ceram. Soc. Bd. 13 (1930) S. 669.

[3] Keram. Rdsch. Bd. 34 (1926) S. 594 (Fragekasten).

[4] Ausführliches hierüber vgl. H. Hegemann: Die Herstellung des Porzellans S. 112. Berlin 1904.

[5] Vgl. hierzu H. Klár: Ber. dtsch. keram. Ges. Bd. 10 (1929) S. 308 und Keram. Rdsch. Bd. 31 (1923) S. 182.

Zur Füllung der Trommelmühlen, d. h. als Mahlmittel, dienen in der Feinkeramik meistensteils Feuersteine, die möglichst gleiche Größe besitzen, glatt und rund sind, und deren Durchmesser bei großen Mühlen im Höchstfalle 70 bis 80 mm beträgt. Zu große Feuersteine zerspringen leicht, besonders dann, wenn die Mühle mit zu wenig Mahlgut beschickt ist[1]. Zuweilen benutzt man auch Porzellankugeln als Mahlmittel. Der Verschleiß des Trommelfutters und der Trommelsteine richtet sich nach der Beschaffenheit des Materials, aus dem sie bestehen, und auch der des Mahlgutes. Die Abmahlung guten Trommelfutters beträgt bei 120000 Trommelumdrehungen etwa 5 bis 6 kg bei 550 kg Mahlgut (Glasur) und die Abmahlung der Flintsteine von 600 kg Gesamtgewicht im gleichen Falle 15 bis 20 kg[2]. Nach anderweitigen Erfahrungen des praktischen Betriebs rechnet man mit einem monatlichen Verschleiß der Flintstein- oder Porzellankugelfüllung bei täglichem Betriebe von 2 bis 3%. Zum Ausgleich dieser Abnutzung muß man in regelmäßigen Zeitabständen, also etwa monatlich oder wöchentlich, das entsprechende Gewicht nachfüllen[3].

Abb. 44. Naßtrommelmühle.

Die Trommelmühlen laufen beiderseitig in Zapfenlagern (Ringschmierlagern), bei sehr großen Mühlen in Rollenlagern. Die übliche Bauart einer Naßtrommelmühle für feinkeramische Zwecke zeigt Abb. 44.

Der Antrieb erfolgt bei Mühlen kleineren Durchmessers meistens direkt unter Benutzung der einen Stirnseite der Trommel als Vollscheibe, bei großen Trommelmühlen in der Regel indirekt durch Zahnradübertragung von einer Vorgelegewelle aus. Aus einem einzigen Stück bestehende Mahltrommeln werden entweder ebenfalls mit Eisen ummantelt oder auf einfache Weise mittels Schraubenbolzen zwischen den Stirnwänden befestigt und direkt angetrieben.

Die Länge der Trommelmühlen wählt man gewöhnlich gleich ihrem Durchmesser oder etwas geringer.

In dem Zylindermantel der Trommeln sind Öffnungen zum Einfüllen und Herausnehmen des Mahlguts und der Mahlsteine angebracht. Während der Bewegung der Trommel, also während des Mahlvorganges, ist diese Öffnung mit einem gut schließenden Deckel verschlossen. Zur Füllung dient ein aufgesetzter Trichter aus verzinktem Eisenblech. Die Entleerung der Trommelmühlen erfolgt in der Regel so, daß man sie nach Entfernung des Verschlusses dreht, bis die Öffnung sich unten befindet und das Mahlgut herausrutscht. Hierbei werden die Flintsteine oder

[1] Klár, H.: a. a. O. S. 307.
[2] Krug, H., u. K. Schwandt: Keram. Rdsch. Bd. 39 (1931) S. 236.
[3] Klár, H.: Ber. dtsch. keram. Ges. Bd. 10 (1929) S. 310.

Kugeln auf einem in die Trommelöffnung eingelegten Siebe zurückgehalten, das das feingemahlene Material durchfallen läßt. Bei größeren Mühlen wird noch eine Öffnung zum Einsteigen angebracht, das „Mannloch“, und zwar am zweckmäßigsten seitlich in der einen Stirnwand, in zentrischer Lage, so daß es den Trommelzapfen trägt[1]. Man überzieht auch die Verschlußdeckel der Naßtrommelmühlen entweder mit quarzigem oder keramischem Material oder verwendet gut eingepaßte oder auch mit Gummidichtung versehene Deckel aus gesperrtem Hartholz (Hirnholz). Solche hölzernen Deckel werden vielfach benutzt und besitzen gegenüber der Ausfütterung mit Porzellan den Vorteil größerer Leichtigkeit. Außerdem besteht bei Holzdeckeln weniger Gefahr, daß sie beim Einsetzen oder Herausnehmen beschädigt werden.

Die Verringerung der Teilchengröße beim Mahlen erfolgt auf verschiedene Art[2]: durch Zerdrücken, Zerreiben, Abscheren, Zerstampfen und Zerschlagen. Die Verfahren, bei denen das Zerdrücken und Zerreiben vorwiegt, sind bei hartem und zähem Material wirksamer als die anderen. In einer Kugelmühle ist die Art der Einwirkung hauptsächlich abhängig von der Umdrehungsgeschwindigkeit der Mühle. Die Bewegung der Kugeln stellt ein Überrollen des Mahlgutes mit vielen kleinen Schlägen dar, wobei die herabrollenden und sich überstürzenden Kugeln ein weitgehendes Zerreiben bewirken[3]. Auch als abschleifende, weniger als Bruchwirkung kann man die in der Kugelmühle vor sich gehende Bearbeitung des Mahlgutes bezeichnen. Es entstehen hierbei abgerundete teils große, teils verhältnismäßig sehr feine Körner, deren Dicke in einem bestimmten Verhältnis zum Durchmesser der Mahlkugeln steht[4].

Auf die Leistung einer Trommelmühle sind wesentlich von Einfluß die Art ihrer Füllung und die Mahldauer[5]. Letztere ist abhängig von der Zerkleinerungsarbeit, den physikalischen Eigenschaften des Materials, der Umdrehungsgeschwindigkeit, dem Durchmesser der Trommel und dem gewünschten Feinheitsgrad des Mahlguts. Die höchste Mahlfeinheit ist eine Funktion von Mahldauer und Mahlfläche, während Druck und Gewicht der Mahlkörper nur bei der Vorzerkleinerung zur entsprechenden Geltung kommen. Hinsichtlich der Art der Füllung einer Naßtrommelmühle ist nach H. Klár[5] die Leistung am günstigsten, wenn man das Gewicht der Mahlkugeln gleich dem 1½- bis 2fachen des Mahlgutes wählt und der Füllung soviel Liter Wasser zusetzt, als die Trommel Kilogramm des Mahlguts enthält. Das Volumen der Gesamtfüllung soll hierbei so bemessen werden, daß in der Trommel ein leerer Raum von etwa 20 cm Höhe verbleibt[5]. Nach zahlreichen anderen Erfahrungen aus der Praxis verhält sich das Durchschnittsgewicht von Mahlkörpern: Mahlgut: Wasser wie 0,95:1:0,82*. Nach A. K. M. An-

[1] Klár, H.: a. a. O. S. 307.

[2] Hinchley, J. W.: Chem. Engng. Min. Rev. Bd. 19 (1926) S. 143; Ref. Abstr. Amer. ceram. Soc. Bd. 6 (1927) S. 185. Bahr, H.: Keramos Bd. 9 (1930) S. 253.

[3] Klár, H.: a. a. O. S. 306.

[4] Gaudin, A. M.: Rev. Métallurg. Bd. 23 (1926) S. 664; Ref. Chem. Zbl. Bd. 98 (1927) I S. 501.

[5] Klár, H.: Ber. dtsch. keram. Ges. Bd. 10 (1929) S. 309.

* Helm, G.: Ber. dtsch. keram. Ges. Bd. 13 (1932) S. 207.

dreasen und J. J. N. Lundberg[1] beträgt

die Mahlgutfüllung in kg = 0,75 Trommelvolumen in Litern,
die Mahlkörperfüllung in kg = 0,30 Trommelvolumen in Litern,
die Wasserfüllung in kg = 0,15 Trommelvolumen in Litern.

Ist die Beschickung der Trommel zu dickflüssig, so tritt leicht eine Schmälerung der Leistung ein, da sich das Mahlgut nicht genügend bewegen kann. Bei zu geringer Füllung der Trommel ist sie schwer zu bewegen, wodurch ihre Leistung verringert, ihr Kraftbedarf aber erhöht wird[2]. Die günstigste Umdrehungsgeschwindigkeit, d. h. die Zahl der Umdrehungen in der Zeiteinheit, berechnet man für Naßmahlung nach der empirisch gefundenen Formel $n = \frac{24}{\sqrt{D}}$, wobei n die Zahl der Umdrehungen der Trommel in 1 Minute und D den inneren Trommeldurchmesser in cm bedeutet[3]. Innerhalb der in der Praxis üblichen Durchmessergrenzen schwankt die Umlaufzahl im allgemeinen zwischen 15 und 30 je Minute[4]. Für Trockenmahlung wird als Umdrehungszahl $n = \frac{34}{\sqrt{D}}$ angegeben[3]. Kleinere Trommeln müssen größere Umlaufzahl haben; bei größeren wird sie kleiner gewählt. Größere Trommeln mahlen rascher, weil bei ihnen infolge der höheren Schicht der Flintsteine und des Mahlgutes die Zerkleinerung intensiver vor sich geht. Es empfiehlt sich, mit dem Trommeldurchmesser nicht unter 1 m herabzugehen[2]. Um sich über die Abhängigkeit der Mahldauer von der Beschaffenheit des feinzumahlenden Materials genau zu unterrichten, muß man in jedem Falle praktische Mahlversuche vornehmen.

Nach A. Simon[5] beträgt die Mahldauer von Feldspat und Quarz auf Trommelnaßmühlen je nach Eigenart und Härte des Materials und der Art des Enderzeugnisses 16 bis 32 Stunden, für Glasuren bis zu 60 Stunden. Es empfiehlt sich nicht, die Mahldauer der Trommelnaßmühlen einfach nach der Zeit zu bemessen, wie dies zuweilen üblich ist, sondern die wirkliche Zahl der Umdrehungen zu bestimmen, da verschiedene Mühlen infolge ungleicher durch verschieden gestreckte Riemen verursachter Umdrehungsgeschwindigkeiten in der gleichen Zeit sonst ungleiche Mahlergebnisse liefern können. Man versieht daher zweckmäßig jede Mühle mit einem Umlaufzähler mit Moment-Nulleneinstellung[5]. Neben jeder Trommelmühle bringt man zweckmäßig eine Tafel an, die Angaben über die Art der Beschickung, die Wasserfüllung, das Sollgewicht an Mahlsteinen, Zeitangaben über die letzte Nachfüllung solcher zur Ergänzung, über erfolgte Ausbesserungen usw. enthält[6].

Nach H. Harkort[7] ist auch die Zählung der Umdrehungen, die Kontrolle des Flintsteingewichts und der Füllung kein sicherer Anhalt dafür, daß die Mahlung bis zu einem bestimmten, erforderlichen Punkt durchgeführt ist. Endgültigen Auf-

---

[1] Trans. ceram. Soc. Bd. 24 (1925) Nr. 5.
[2] Klár, H.: a. a. O. S. 309.
[3] Vgl. hierzu Sprechsaal Keramik usw. Bd. 62 (1929) S. 499 (Fragekasten). Ferner vor allem G. Helm: Ber. dtsch. keram. Ges. Bd. 13 (1932) S. 196.
[4] Bahr, H.: Keramos Bd. 9 (1930) S. 253.
[5] Keramos Bd. 3 (1924) S. 20.
[6] Georgi, O.: Sprechsaal Keramik usw. Bd. 58 (1925) S. 493.
[7] Ber. dtsch. keram. Ges. Bd. 9 (1928) S. 189.

schluß hierüber kann man nur durch das Mahlgut selbst erhalten, indem man es in zweckmäßiger Weise der Schlämmanalyse (S. 33) unterwirft und die „Sandbilanz" der feingemahlenen Masse aufstellt. Über die Wichtigkeit solcher Sandbilanzen beim Mahlen von Steingutmassen zur Verhütung der Entstehung von Glasurrissen vgl. S. 264).

Weiteres über die Arbeitsweise der Trommelmühlen s. S. 208.

An Stelle runder Mahlkugeln ist die Verwendung würfelförmiger Mahlsteine empfohlen worden[1]. Sie sollen den Vorteil haben, daß sie die kleineren Teilchen weitgehend vor dem Zerstoßen zu Staub schützen, wodurch eine einheitlichere Korngröße des zerkleinerten Materials gewährleistet werden soll. Ein von den bisher benutzten Mahlverfahren mit kugelförmigen Mahlkörpern völlig abweichendes Verfahren stellt auch das „Collodura-Verfahren" der Maschinenfabrik Gebr. Pfropfe in Hildesheim für die Vermahlung harter, trockener und plastischer weicher bis flüssiger Stoffe dar[2]. Bei ihm treten an die Stelle der Kugeln Mahlstäbe für die Vormahlung, Flächenmahlkörper für die Feinmahlung. Auf diese Weise soll eine sehr wirksame Bearbeitung durch „Wälzung" und „Reibung" erzielt und eine vollkommenere Mahlwirkung erreicht werden, da das Mahlgut nicht, wie bei Anwendung von Kugeln, dem Angriff der Mahlkörper durch zwischen den Kugeln bleibende Hohlräume entschlüpfen kann. Über die Anwendung des Collodura-Verfahrens und seine Bewährung auch in der Feinkeramik ist bisher Näheres nicht bekannt geworden.

Die Haltbarkeit eines guten Porzellanfutters einer Trommelmühle beträgt bei täglich zehnstündigem Betrieb etwa acht bis zehn Monate. Von anderer Seite wird die Lebensdauer eines Silexfutters mit 1½ bis 2 Jahren angegeben[3].

Beachtung verdienen die Bestrebungen der nordamerikanischen Industrie, zum Auskleiden von Kugelmühlen Kautschuk zu verwenden[4]. Für die keramische Verwendung von Kautschuk als Futter für Trommelmühlen ist vor allem seine Widerstandsfähigkeit gegen abschleifende und zerfressende Einflüsse und seine Unempfindlichkeit gegen Nässe von Bedeutung. Nach dem amerikanischen Vulcalock-Verfahren wird weicher Kautschuk unmittelbar auf glatte Metallflächen aus Stahl, Messing oder Aluminium, auch auf Holz oder Beton aufgezogen, wodurch ein guter Zusammenhalt erzielt wird. Man darf aber die Verbindung nicht bei höherer Temperatur als bei 65° vornehmen. Aus diesem Grunde ist Kautschukfutter weniger für trocknes Trommeln geeignet, wobei das Futter leicht heiß wird, besonders bei starken Schlägen durch große Kugeln, als für Naßmahlung feiner Materialien in Trommelmühlen unter Benutzung kleinerer Kugeln. Bei Trockentrommeln ist Gummiauskleidung nur dann geeignet, wenn die Arbeitstemperatur 38° nicht übersteigt[5]. Die bisher in der Zementindustrie gesammelten Erfahrungen zeigen, daß man beim Naßmahlen bei Anwendung von Kautschukfutter den Wirkungsgrad nicht unwesentlich, nämlich um etwa 20%, erhöhen konnte, was eine Ersparnis an Energie bedeutet.

---

[1] Rose, E. H.: Engng. Min. J. Bd. 122 (1926) S. 95; Ref. Chem. Zbl. Bd. 97 (1926) II S. 1310.

[2] Pohl, A.: Ber dtsch. keram. Ges. Bd. 10 (1929) S. 473.

[3] Keram. Rdsch. Bd. 36 (1928) S. 217.

[4] Rogers, B. W., u. H. E. Fritz: Bull. Amer. ceram. Soc. Bd. 5 (1926) S. 467. Dorst, M.: Sprechsaal Keramik usw. Bd. 58 (1925) S. 838. Munro, A. M.: Chem. Engng. Min. Rev. Bd. 19 (1926) S. 97; Ref. Abstr. Amer. ceram. Soc. Bd. 6 (1927) S. 184. Anon.: Mech. Engng. Bd. 49 (1927) S. 1235; Ref. Abstr. Amer. ceram. Soc. Bd. 7 (1928) S. 42.

[5] Fritz, H. E.: Ceram. Ind. 1930 S. 295; Ref. Keram. Rdsch. Bd. 38 (1930) S. 335.

Ein weiterer Vorzug des Kautschukfutters ist der, daß es eine fast fugenlose Auskleidung der Mühlen ermöglicht, so daß eine Verunreinigung des Mahlguts mit Zementkitt oder dergleichen völlig vermieden wird, eine Verunreinigung also nur durch solche Stoffe eintreten kann, die beim Brennen keine dunklen Flecken oder Verfärbungen ergeben. Die undurchlässige glatte Oberfläche gestattet auch ein leichtes Reinigen der Mühle. Ein weiterer Vorteil ist, daß ein Kautschukfutter wesentlich schwächer gehalten werden kann als ein Hartfutter. Die Erneuerung eines Futters kann in einem halben Tage ausgeführt werden[1]. Nach R. Twells[2] sind die Anschaffungskosten zur Zeit allerdings noch so hohe, daß Kautschukfutter vorläufig für eine allgemeine Verwendung in der Keramik nicht in Frage kommen kann, sondern nur für gewisse Sonderzwecke.

Zur Kontrolle der gleichwertigen Leistung einer Mühle, die zur Erzielung eines physikalisch gleichbleibenden Materials wichtig ist, und von der wiederum die Beschaffenheit der feinkeramischen Massen abhängt, zu denen der gemahlene Rohstoff Verwendung findet, dient die Bestimmung des spezifischen Gewichts der aus der gleichen Trommelmühle stammenden einzelnen Beschickungen[3] und ihrer Korngröße[4] (Sieb-, Schlämm-, Sedimentationsanalyse).

Um die Mahlwirkung einer Trommelmühle richtig feststellen und beurteilen zu können, muß man bei der Siebanalyse die Trennung bis auf feinere Maschenweiten ausführen, als dem Durchmesser des durchschnittlichen Mahlgutes entspricht. Nur durch Zerlegung des Mahlgutes in verschiedene Teilchengrößen mit Hilfe der Schlämmanalyse ist eine für alle Fälle ausreichende Beurteilung der Mahlwirkung möglich[5], da auch die feinsten Siebe hierzu nicht genügen. Für den gleichen Zweck hat sich in letzter Zeit besonders auch das Pipetteverfahren von A. H. M. Andreasen eingeführt (siehe S. 34, Anm. 2 und weiter unten)[6].

Zur Untersuchung der Mahlfeinheit hat G. Martin[7], ebenso auch H. W. Gonell[8], die Windsichtung benutzt, bei der die Trennung der verschiedenen Korndurchmesser mit Hilfe von Luftströmen verschiedener Geschwindigkeit erfolgt. Nach H. Lehmann[9] wird die Windsichtung am vorteilhaftesten an trockenen Proben durchgeführt, z. B. bei der Trockenaufbereitung und Trockenmahlung von Rohstoffen oder Massen. Man kann nach Martin[10] den Wirkungsgrad einer Mahlvorrichtung ausdrücken in der Arbeitsleistung in Meterkilogramm, die erfordert werden, um die Oberfläche eines Normalquarzpulvers um 1 m^2 zu vergrößern. Nach A. H. M. Andreasen[11] ist die Angabe der bei der Zerkleinerung erzielten

---

[1] Schulz, W.: Keram. Rdsch. Bd. 37 (1929) S. 596.

[2] J. Amer. ceram. Soc. Bd. 13 (1930) S. 669.

[3] Riddle, F. H., u. R. Twells: J. Amer. ceram. Soc. Bd. 10 (1927) S. 281.

[4] Kritik der Leistungsfähigkeit der einzelnen Verfahren s. u. a. bei H. W. Gonell: Chem. Fabrik Bd. 6 (1933) S. 227.

[5] Schramm, E., u. E. W. Scripture: J. Amer. ceram. Soc. Bd. 10 (1927) S. 264.

[6] Über eine Abänderung der Pipette-Analyse nach Krauß vgl. O. Sommer: Ber. dtsch. keram. Ges. Bd. 14 (1933) S. 193.

[7] Trans. ceram. Soc. Bd. 26 (1926/27) S. 21.

[8] Tonind.-Ztg. Bd. 53 (1929) S. 347.

[9] Ber. dtsch. keram. Ges. Bd. 13 (1932) S. 296 und Sprechsaal Keramik usw. Bd. 65 (1932) S. 690.

[10] Trans. ceram. Soc. Bd. 23 (1923/24) S. 61; Bd. 25 (1925/26) S. 51, 63, 226, 240; Bd. 26 (1926/27) S. 21, 34, 45; Bd. 27 (1927/28) S. 247, 259, 285; Ber. dtsch. keram. Ges. Bd. 11 (1930) S. 249.

[11] Kolloidchem. Beihefte Bd. 27 (1928) S. 349; Ref. Keram. Rdsch. Bd. 37 (1929) S. 365; Trans. ceram. Soc. Bd. 29 (1930) S. 239.

Oberflächenvergrößerung je Kilogramm durch die Angabe zu ergänzen, wie sich das Mahlgut auf die verschiedenen Korngrößen verteilt. Bei zerkleinerten Materialien besteht nach demselben für die Verteilung des Mahlguts auf die verschiedenen Korngrößen kein allgemeines Gesetz, sondern diese ändern sich sowohl mit der Art der Zerkleinerung als mit der des Materials.

Ein Festbacken des Mahlgutes beim Naßmahlen kann sowohl in der Trommelmühle als besonders in der noch zu besprechenden Kübelmühle (S. 195) eintreten, und zwar vor allem beim Feinmahlen von Feldspat oder Pegmatit (S. 128 u. 130) bei Zusatz von viel Wasser. Es entsteht dann eine alkalische Flüssigkeit, und das Mahlgut setzt sich fest, besonders wenn man die Trommel nach dem Mahlen längere Zeit gefüllt stehen läßt. Als Gegenmittel wird Zusatz von Essigsäure zur Neutralisation der alkalischen Lösung oder von Kaolin empfohlen, der das Zusammenbacken der feingemahlenen Teilchen dadurch verhindert, daß er sich zwischen sie schiebt und sie umhüllt, sie also am dichten Absetzen verhindert und in der Schwebe hält. Die Entfernung des Mahlguts wird zweckmäßig sofort nach der Beendung des Mahlvorgangs vorgenommen. Am ungünstigsten wirkt sich das Festbacken des Mahlguts bei den Schleppmühlen (S. 196) aus, während bei den Trommelmühlen meist einige Umdrehungen genügen, um das festgesetzte Material aufzulockern und wieder im Wasser aufzuwirbeln.

Wenn man auch in der feinkeramischen Industrie im allgemeinen die Naßmahlung bevorzugt, so werden doch in derselben auch trockenmahlende Kugelmühlen benutzt. In neuerer Zeit findet auch die Rohrmühle für die Mahlung feinkeramischer Rohstoffe Verwendung. Alle der Abnutzung unterworfenen Teile, besonders die Mahl- und Seitenplatten, werden bei diesen Trockenmühlen aus widerstandsfähigem Stahl oder Schalenhartguß hergestellt. Als Mahlkörper dienen Stahlkugeln.

Eine besondere Art der Trockenkugelmühle ist die Kugelfallmühle, die im Inneren mit treppenstufenartig nach innen vorspringenden Platten ausgekleidet ist. Bei jeder Umdrehung der Kugelfallmühle fallen die Kugeln frei herab, so daß auf das Mahlgut eine verstärkte Schlagwirkung ausgeübt wird[1]. Die Kugelfallmühle findet vor allem in der Schamotteindustrie und in Ziegeleien Verwendung und dient zum Schroten harter, stückiger Materialien, seltener zum Feinmahlen.

Handelt es sich um die weitgehende Feinmahlung größerer Mengen Feldspat, Quarz oder dgl., so benutzt man Trocken-Kugelmühlen, die im Verhältnis zum Durchmesser große Länge besitzen, bei denen also das Mahlgut der Einwirkung der Mahlkugeln längere Zeit ausgesetzt wird. Man bezeichnet solche verlängerte Trommelmühlen als Rohrmühlen. Sie werden von verschiedenen Maschinenfabriken gebaut und zweckmäßig aus geschweißtem Siemens-Martinstahl-Rohr hergestellt. Für die Mahlung feinkeramischer Rohstoffe werden sie mit Silex- oder Quarzitfutter ausgekleidet, wobei man Feuersteine als Mahlkörper benutzt. Man unterscheidet Vor- und Feinrohrmühlen, ferner Verbund-

[1] Näheres über Kugelfallmühlen siehe H. Hecht: Lehrbuch der Keramik 2. Aufl. S. 73. Berlin 1930. Jacob, K., in C. Bischof: Die feuerfesten Tone und Rohstoffe S. 107. Leipzig 1923. Klár, H.: Ber. dtsch. keram. Ges. Bd. 10 (1929) S. 300.

und Doppelrohrmühlen[1]. Die ersteren bestehen aus einem kurzen Rohr von großem Durchmesser und dienen zur Vormahlung des in etwa Hühnereigröße aufzugebenden Materials zu Grieß. Die Feinrohrmühlen haben geringen Durchmesser bei etwa doppelter Länge und zerkleinern den Grieß zu Mehl. Bei der Verbundrohrmühle sind Vor- und Feinrohrmühle zu einer Maschine vereinigt und nur durch eine Querwand voneinander getrennt. Durch in der Zwischenwand angebrachte Kanäle wird das Mahlgut aus dem Vormahl- in den Feinmahlraum befördert. Bei den Doppelrohrmühlen sind die beiden Rohre bei größeren Ausführungen nebeneinander, bei kleineren übereinander angeordnet. Das Übertreten des Mahlgutes aus dem Vorrohr in das Feinrohr erfolgt bei übereinanderliegenden Rohren durch Fallrohre, bei nebeneinanderliegenden durch Schnecken. In neuester Zeit benutzt man auch Verbundrohrmühlen, die aus mehr als zwei Kammern, bis zu vier Kammern bestehen. Die Mehrkammermühle kommt als Feinzerkleinerungsapparat weniger für die Feinkeramik in Betracht als für andere Industrien, vor allem für die Zementindustrie.

Die Rohrmühlen laufen auf Zapfen, die an die Stirnwände angegossen sind. Der Antrieb erfolgt in der Regel durch einen auf oder seitlich an der Mahltrommel angebrachten Zahnkranz, in den ein auf einer Vorgelegewelle sitzendes Antriebsrad eingreift. Ein neuerer Antrieb, der vom Grusonwerk durchgebildete „Zentra“-Antrieb, bewirkt die Übertragung der Bewegung auf die Mahltrommel vom Elektromotor über ein Präzisions-Zahnrädergetriebe zentral und elastisch durch eine Kuppelspindel.

Die Eintragung des zu mahlenden Materials geschieht durch den hohlen Zapfen auf der Antriebseite mittels einstellbarer Aufgabevorrichtung. Eine Transportschnecke bringt das Mahlgut durch den Hohlzapfen in das Innere der Mühle. Vor der anderen Stirnwand ist ein Auslaufring angebracht, durch den das Mahlgut am Umfange austritt. Dieser Ring ist auf der Innenseite mit geschlitzten oder gelochten Platten belegt, die ein Durchfallen der Mahlkörper verhindern[2]. An der Außenseite ist der Ring von einem Rundsieb umgeben, das Flintsteinsplitter zurückhält und ausscheidet. Im Auslaufzapfen befindet sich ebenfalls eine Transportschnecke, die das gemahlene Material in einen feststehenden, staubdicht schließenden Mantel bringt, der getrennte Ausläufe für das Mahlgut und die von dem Rundsieb ausgeschiedenen Flintkugelsplitter besitzt. Das Mahlgut wird durch den unteren Flansch des Auslaufmantels ausgetragen. Am Oberteil des Mantels befindet sich ein zweiter Flansch, durch den der entstehende Staub abgesaugt wird.

Es hat sich für den guten Wirkungsgrad der Rohrmühle als vorteilhaft erwiesen, sie mit einem gleichmäßigen, nicht zu groben Korn zu beschicken, das zuvor ein Sieb von 900 Maschen auf 1 cm² passiert hat. Die erzielte Mahlfeinheit hängt innerhalb gewisser Grenzen ab von der Größe der inneren Reibungsfläche der Mühle, ihrer Umdrehungsgeschwindigkeit und von der Menge des zugeführten Materials[2].

Außer den zylindrischen Rohrmühlen verwendet man auch zylindrisch-konische

---

[1] Simon in F. Singer: Die Keramik im Dienste von Industrie und Volkswirtschaft S. 164. Braunschweig 1923.

[2] Derselbe: a. a. O. S. 165.

Rohrmühlen. Sie bestehen aus einem kurzen zylindrischen Rohr, in dem sich bei der Umdrehung die schwereren, also größeren Mahlsteine sammeln, während in dem sich anschließenden konischen Teile der Mühle die kleineren, leichteren Steine die Feinmahlung vornehmen. Diese Trennung der eingefüllten verschieden schweren Mahlkörper geschieht selbsttätig während des Umlaufs der Mühle. Eintrag und Austrag erfolgen in ähnlicher Weise wie bei den zylindrischen Rohrmühlen[1]. Man benutzt auch doppelt-konische Kugelmühlen, die nach ihrem Erfinder den Namen „Hardinge-Mühlen" führen[2] und gleichfalls mit Mahlkugeln verschiedener Größe gefüllt werden. Sie finden vielfach Verwendung in Mineralmahlwerken zur Herstellung von Quarz-, Feldspat- und Kalksteinmehl.

Abb. 45. Zylindrische Rohrmühle.

Die Bauart verschiedener Rohrmühlen geben die Abbildungen 45 bis 47 wieder.

Eine Rohrmühle besonderer Art ist die Urmühle (Stabmühle) der Maschinenfabrik Gebr. Pfropfe, Hildesheim. Sie enthält Stäbe als Mahlkörper, wodurch, wie schon früher dargelegt wurde, eine besonders große Mahlwirkung erzielt werden soll[3].

Abb. 46. Konische Rohrmühle.

Die fein gemahlenen Materialien läßt man nach dem Verlassen der Mühle zweckmäßig ein Sieb bestimmter Maschenweite passieren, um grobes Korn zurückzuhalten, oder mehrere Siebe durchlaufen, um ein Mahlgut möglichst einheitlicher Teilchengröße zu erhalten.

In früherer Zeit fanden in der feinkeramischen Industrie zur Naßmahlung vielfach Kübelmühlen Verwendung. Sie gehören zur Klasse der Blockmühlen. Unter diesen versteht man in der Mahlpraxis im allgemeinen Oberläufermahlgänge[4] mit zwei oder mehreren Blöcken,

[1] Über die kurzen konischen Rohrmühlen der Fa. Max Dorst, Maschinenfabrik A.-G., Oberlind, vgl. Sprechsaal Keramik usw. Bd. 59 (1929) S. 234.

[2] Tonind.-Ztg. Bd. 53 (1929) S. 737.

[3] Pohl, A.: Ber. dtsch. keram. Ges. Bd. 10 (1929) S. 475.

[4] Klár, H.: Ber. dtsch. keram. Ges. Bd. 10 (1929) S. 289.

die mittels gußeiserner Arme auf einem Bodenstein um eine senkrechte Welle gedreht werden.

Die Kübelmühlen bestehen aus einem offenen, aber meistens durch einen Deckel verschließbaren Gefäß, in dem ein Läuferstein aus Granit oder Quarz auf einem Bodenstein aus dem gleichen Material rotiert. Als Behälter dient ein konisch oder zylindrisch geformter Bottich aus Holz, dessen Durchmesser etwa 850 mm beträgt[1]. Der Läufer bewegt sich zentrisch um eine mittlere Achse.

Die sogenannten Schleppmühlen unterscheiden sich dadurch von den Blockmühlen, daß die Läufer mittels Ketten an den an der Antriebswelle sitzenden Horizontalarmen angehängt sind, also nicht wie bei der Blockmühle geschoben, sondern gezogen werden.

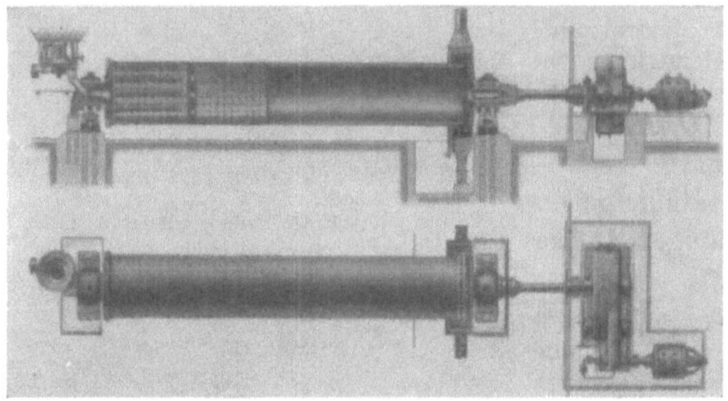

Abb. 47. Krupp-Zentra-Verbundrohrmühle (Mehrkammermühle) der Krupp-Grusonwerk A.-G., Magdeburg-Buckau. Vorderansicht und Längsschnitt.

In neuzeitlich eingerichteten feinkeramischen Betrieben sind die Blockmühlen durch die Trommel- und Rohrmühlen völlig verdrängt worden, doch trifft man ab und zu noch Kübelmühlen an, die zum Naßmahlen von Glasuren verwendet werden. Die Leistung der Kübel- und Blockmühlen ist nicht beträchtlich. Auch haben sie den bereits erwähnten Nachteil, daß naßgemahlener Feldspat oder ihn enthaltende Gemische sich leicht fest absetzen und dann nur schwer entfernt werden können.

Einrichtung der Zerkleinerungsanlagen nach wirtschaftlichen Gesichtspunkten. Wie in anderen Industrien, z. B. in der Erzaufbereitung, so bietet auch bei der Aufbereitung der keramischen Rohstoffe, die schrittweise, aber kontinuierlich verlaufende Zerkleinerung wesentliche Vorteile. In kleineren und mittleren Betrieben wird man ältere vorhandene Mahlanlagen freilich nicht so leicht durch neuzeitliche mit kontinuierlicher Arbeitsweise ersetzen, solche aber in neu zu errichtenden Werken und vor allem in Fabrikationsbetrieben großen Umfanges mit sehr bedeutendem Rohstoffbedarf trotz der vielleicht höheren Anschaffungskosten mit Vorteil einführen können. Vielfach werden in den feinkeramischen Betrieben die Rohstoffe noch mit der

[1] Klár, H.: a. a. O. S. 291.

Hand von einer Maschine zur anderen befördert[1]. Wirtschaftlich günstiger und daher erwünscht ist jedoch ein ununterbrochener Fluß der Materialien, Ausschaltung jeder entbehrlichen menschlichen Arbeit, Übersichtlichkeit sämtlicher Arbeitsvorgänge in technisch-maschineller und betriebswirtschaftlicher Hinsicht[2].

Die Zerkleinerung der harten, in Stücken angelieferten Materialien, wie Quarz, Feldspat, Kalkspat usw. würde unter Berücksichtigung obiger Gesichtspunkte etwa folgendermaßen zu erfolgen haben[3]: Die Rohstoffe werden in der Nähe der Vorzerkleinerungsapparate gelagert. Diese bestehen aus einem oder mehreren Steinbrechwalzwerken, hinter denen ein Magnetscheider eingeschaltet wird. Mittels Becherwerks gelangt nun das vorgebrochene Material in Siebzylinder mit groben Innenvorsieben, die besonders grobes Gut zur weiteren Zerkleinerung Feinwalzwerken oder Kollergängen zuführen, während die feineren Grieße zunächst in Zwischensilos und von diesen mittels Zuteilscheiben in die Mühlen befördert, die genügend feinen Grieße dagegen unmittelbar in Hauptsilos ausgeschieden werden. Wählt man die Trommel- oder Rohrmühlen genügend groß (von etwa 1800 mm Durchmesser), so können die erwähnten Innenvorsiebe und die Feinwalzwerke fortfallen. Das noch nicht genügend feine Material kreist so lange zwischen Mühle und Siebzylinder, bis der gewünschte Feinheitsgrad erreicht ist. Dann wird das Material durch das Sieb ausgeschieden und sammelt sich nun in vorgemahlenem Zustande in gleichmäßiger Kornbeschaffenheit in den Hauptsilos an, von denen es nach Bedarf den Vorrichtungen, die zur Bereitung der Massen selbst dienen, zugeführt wird (S. 211). Als Mühlen wird man in größeren Anlagen zweckmäßig kontinuierlich arbeitende konische Kugelmühlen oder Rohrmühlen benutzen. In kleineren und mittleren Betrieben arbeitet man zuweilen auch so, daß man das harte stückige Material zunächst vorbricht und dann auf einer Gruppe von Kollergängen unter Zwischenschaltung immer feinerer Siebe stufenweise bis zu einer Körnung weiter zerkleinert, in der man es nach Anwendung letzter feiner Siebe unmittelbar zur Zusammensetzung von Massen oder Glasuren verwenden kann, worauf dann in Gemeinschaft mit den sämtlichen übrigen Masse- oder Glasurbestandteilen oder einem Teil derselben die endgültige Feinmahlung in der Naß-Trommelmühle (S. 186) erfolgt. Örtliche Verhältnisse und besondere Eigentümlichkeiten der Fabrikation können selbstverständlich Abweichungen von dem vorstehend besprochenen Schema notwendig machen.

Bei den beschriebenen Anlagen für trockenes Mahlen wird die Anwendung von Siebvorrichtungen unnötig, wenn man die Trockenmühlen mit Vorrichtungen zur Windsichtung (s. a. S. 89) des Mahlgutes verbindet[4]. Ein Beispiel einer solchen verbundenen Mahl- und Windsichtanlage zeigt Abb. 48.

[1] Über Förderanlagen in keramischen Betrieben siehe Druckschriften des AWF Bd. 3 (1929) Nr. 6.

[2] Dorst, M.: Sprechsaal Keramik usw. Bd. 59 (1926) S. 233.

[3] Vgl. hierzu M. Dorst: Sprechsaal Keramik usw. Bd. 59 (1929) S. 234. Bacher, W.: Keram. Rdsch. Bd. 35 (1927) S. 762. Odelberg, A. S. W.: Trans. ceram. Soc. Bd. 22 (1922/23) P. 1; Ref. Keram. Rdsch. Bd. 31 (1923) S. 241. Lipinski, Fr.: Keram. Rdsch. Bd. 36 (1928) S. 125. Über neuzeitl. Aufbereitungsanlagen von Feldspat s. a. H. A. Womack: Ceram. Age Bd. 20 S. 104 (Ref. Keram. Rdsch. Bd. 40 (1932) S. 573).

[4] Vgl. a. Simon in F. Singer: Die Keramik im Dienste von Industrie und Volkswirtschaft S. 166. Braunschweig 1923.

Das aus der Doppelhartmühle austretende Gemisch von feinem Mehl und Grieß wird durch ein Becherwerk dem Windsichter zugeführt, in dem die Trennung beider stattfindet. Das Feinmehl wird vom aufsteigenden Luftstrom mitgenommen und gegen die Außenwand des Gehäuses des Windsichters geschleudert. Hier fällt das Mehl nieder und tritt durch den Mehlauslauf aus, worauf es unmittelbar in Säcke gefüllt oder in Silos weitergeleitet werden kann. Die von dem feinen Mehl befreiten Grieße fallen in einen Trichter, von wo sie durch eine Rohrleitung in die Mühle zur weiteren Feinmahlung zurückgelangen.

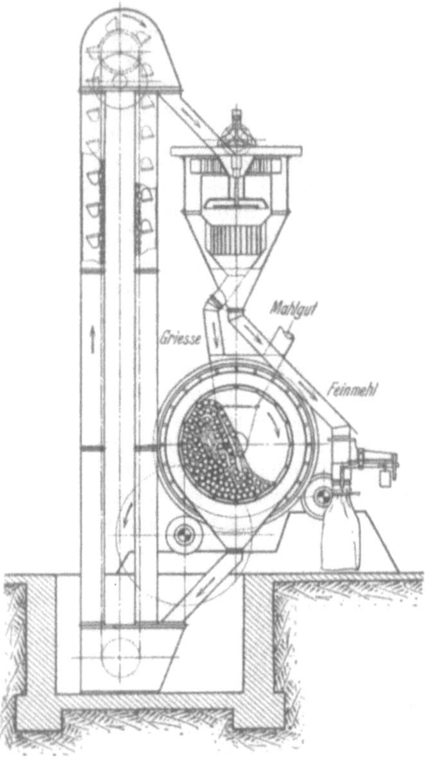

Abb. 48. Mahlgruppe mit Becherwerk und Windsichtung.

Die Sichtung gemahlener Hartmaterialien mit Wind hat sich überall dort bewährt, wo man zur Bewältigung größerer Materialmengen in der Mahltechnik mit der Sortierung durch Drahtsiebe nicht mehr auskommt, vor allem wenn es sich um stark schleißende oder schwer zu sichtende Stoffe handelt[1].

Für den Wirkungsgrad von Luftsichtern bei der Trockenaufbereitung homogener Stoffe gibt A. Ogilvie[2] folgende Formel an:

$$\%\ \text{Wirkungsgrad} = A - \left(\frac{\frac{B\times C}{D}}{A}\right) \times 100\,,$$

wobei A und B die prozentualen Gehalte der ursprünglichen Beschickung an feinem und grobem Korn und C und D die prozentualen Anteile an Feinem und Grobem nach der Windsichtung sind.

Bei Besprechung der verschiedenen Zerkleinerungsapparate wurde schon darauf hingewiesen, daß dieselben zur Vermeidung von Staub in den Arbeitsräumen in Gehäuse eingebaut werden und der entstandene Staub abgesaugt wird. Die mechanische Staubentfernung (Entstaubung) ist heute eine unerläßliche Maßnahme, eine hygienische

[1] Über Neukonstruktionen von hoher Leistungsfähigkeit, sowohl was den Feinheitsgrad als die Gleichmäßigkeit des Sichtgutes betrifft, vgl. u. a. Keramos Bd. 6 (1927) S. 177 und Bd. 7 (1928) S. 845; Chem.-Ztg. Bd. 51 (1927) S. 492; Tonind.-Ztg. Bd. 52 (1928) S. 1520 und Bd. 57 (1933) S. 429. Kuhn, A.: Chem. Fabrik 1929 S. 488. Über den Gebrauch von Windsichtern bei der Feinmahlung von Gesteinen vgl. a. E. Shaw: Rock Prod. 1927 S. 52; Ref. Tonind.-Ztg. Bd. 52 (1928) S. 257.

[2] Chem. Ind. Bd. 45 (1926) S. 735; Ref. Abstr. Amer. ceram. Soc. Bd. 6 (1927) S. 31. Näheres über die Bewertung von Sichtvorgängen (Gewichtsausbringen, Mehlausbringen, Grießverbleib im Fertiggut, Trennungsgrad, Belastung) siehe C. Naske: Tonind.-Ztg. Bd. 57 (1933) S. 685.

und wirtschaftliche Notwendigkeit. Erfolgte die Lüftung der Betriebsräume früher durch einfaches Offenhalten der Fenster und Türen oder durch einen in die Wand eingebauten Schraubenventilator, so nimmt man jetzt die Absaugung des Staubes in viel durchgreifenderer Weise am Orte seiner Entstehung vor[1]. Man verbindet zu diesem Zwecke die Zerkleinerungsmaschinen und Fördermittel, wie Kollergänge, Walzwerke, Rohr- und Kugelmühlen, Becherwerke usw., durch Rohrleitungen mit einem Exhaustor, der den Staub, ehe die abgesaugte Luft ins Freie gelangt, entweder einem Saug-Schlauchfilter zuführt, in dem er trocken zurückgewonnen wird, oder einem Zentrifugal-Staubabscheider, der den größten Teil des Staubes zurückhält und nur das allerfeinste Mehl ins Freie treten läßt oder bei Wassereinspritzung auch noch diesen kleinen Teil niederschlägt. Bei den Saug-Schlauchfilteranlagen, wie sie für größere Mahlanlagen in Betracht kommen, sind die Schläuche gruppenweise in einem Holz- oder Eisengehäuse angeordnet. Ihre Reinigung erfolgt durch eine mechanisch betriebene Schüttelvorrichtung[2].

Solche umfangreiche Entstaubungsanlagen kommen nur für große Mahlbetriebe in Betracht, während für kleinere Werke einfache Anlagen genügen, die vielfach nur aus der Rohrleitung mit Exhaustor und einem Filtersack bestehen. Vor allem muß man auch bestrebt sein, durch geeignete bauliche Maßnahmen, z. B. zweckmäßige Dachkonstruktion, auf die selbsttätige Entlüftung der Betriebsräume hinzuwirken[3].

Die Einrichtung gut wirkender Entstaubungsanlagen verhütet die Entstehung der als Staublunge (Silikose) und Staublungentuberkulose bezeichneten Erkrankungen, die in verschiedenen Gewerben und Industrien durch Einatmung von Staub verschiedener Art und Herkunft entstehen können. Von der medizinischen Forschung wird vor allem der Quarzstaub als für die menschlichen Organe gefährlich bezeichnet[4]. Die erwähnten Erkrankungen sind im Jahre 1929 von der deutschen Gesetzgebung, soweit es sich um schwere Fälle handelt, als „gewerbliche Berufskrankheiten“ anerkannt worden, für die die Vorschriften über Unfallversicherung anzuwenden sind.

---

[1] Kummer, C.: Sprechsaal Keramik usw. Bd. 58 (1925) S. 372.

[2] Betreffs eingehender Mitteilungen über Theorie und Praxis der Entstaubung sei vor allem auch auf die Zeitschrift „Rauch und Staub“, Mülheim-Ruhr, verwiesen.

[3] Reininger, H.: Sprechsaal Keramik usw. Bd. 63 (1930) S. 479.

[4] Vgl. hierzu Teleky: Reichsarb.-Bl. Bd. 9 (N. F.) (1929) Tl. III S. 231; ferner F. Koelsch u. K. Kaestle: Beilage zum Reichsarb.-Bl. 1929 Nr. 26/29 S. 1.

II. Die Verarbeitung der feinkeramischen Rohstoffe zu Massen und Glasuren
(Allgemeiner Teil).

A. Für den physikalischen und chemischen Aufbau der Massen maßgebende Gesichtspunkte.

(Zusammensetzung und Einteilung der Massen.)

Die keramischen Werkstoffe, die sogenannten Massen, genauer die „rohen" oder „grünen", d. h. ungebrannten Massen werden aus einer gewissen Anzahl natürlicher Rohstoffe hergestellt, über die im I. Hauptteil Näheres mitgeteilt worden ist. Es sind dies vor allem Kaolin, Ton, Quarz, Feldspat, Kalkspat, Magnesit. Dazu kommen noch einige andere, auf deren Verwendung im III. Hauptteil eingegangen wird. Durch die Aufbereitung werden diese Rohstoffe in den Zustand übergeführt, den sie bei der Verwendung als Massebestandteile besitzen müssen. Auch durch Mischung aus verschiedenen Rohstoffen hergestellte Masse bedarf vor ihrer Verarbeitung zu keramischen Erzeugnissen noch weiterer Zubereitung.

Bevor die Mischung der Massebestandteile und die Zubereitung der rohen Masse vorgenommen werden kann, muß man sich in jedem Einzelfalle darüber klar sein, welche Anforderungen an den Werkstoff und die aus ihm zu fertigenden Erzeugnisse gestellt werden. Das Grundprinzip aller keramischen Erzeugung besteht darin, der rohen Masse nach einem der verschiedenen Arbeitsverfahren (Drehen, Formen, Gießen, Pressen usw.) eine bestimmte Form zu erteilen und diese durch das nachfolgende Brennen zu einer unveränderlich bleibenden zu machen. Hierbei werden die geformten Gegenstände hart und fest und nehmen alle diejenigen Eigenschaften an, die für ihre spätere Verarbeitung notwendig sind.

Die große Mannigfaltigkeit, in der die keramischen Rohstoffe in der Natur vorkommen, ermöglicht eine kaum zu erschöpfende Vielseitigkeit bei der Zusammensetzung der keramischen Massen, die auf diese Weise den verschiedenartigsten Verwendungszwecken der aus ihnen zu fertigenden Waren angepaßt werden kann.

Die Eigenschaften, die eine keramische Masse besitzen muß, zerfallen in solche, die

a) für die Verarbeitung der rohen Masse bei der Formgebung,

b) für das Verhalten der Masse beim Brennen der aus ihr hergestellten Erzeugnisse und

c) für die Verwendung der fertigen gebrannten Erzeugnisse von Bedeutung sind.

Die wichtigste Eigenschaft einer rohen Masse ist ihre richtige Formbarkeit oder Bildsamkeit. Sie ermöglicht überhaupt erst die Formung des Werkstoffs und muß gerade in dem Maße vorhanden sein, bei dem die Gestaltung der rohen Masse am günstigsten unter Entstehung des geringsten Warenausfalls vonstatten geht. Die Träger dieser Eigenschaft sind die Kaoline und Tone. Ihnen kommt neben der Bildsamkeit die gleichfalls wichtige Eigenschaft der Bindefähigkeit zu (S. 94). Diese Eigenschaft der Kaoline und Tone, den Masseteilchen einen solchen Zusammenhang zu verleihen, daß sie zähe aneinanderhaften, bewirkt auch, daß sie eine gewisse Streckbarkeit oder Dehnbarkeit annehmen, die es ihnen ermöglicht, einer Zug- oder Druckkraft nachzugeben, ohne daß Zerreißen eintritt.

Massen mit größerem Gehalt an fettem Ton sind von vornherein besser verarbeitbar und bedürfen deshalb meist keiner so langen Lagerung (S. 97) vor der Weiterverarbeitung wie lediglich Kaolin enthaltende Porzellanmassen. Hieraus ergibt sich, daß man durch Zusatz gewisser Mengen hochplastischen weißbrennenden Tons die Bildsamkeit solcher magerer reiner Kaolinmassen wesentlich verbessern kann. Man bedient sich dieses Hilfsmittels vor allem bei der Herstellung von Porzellanmassen für elektrische Isolatoren oder andere Waren für den technischen Gebrauch, während man bei der Zusammensetzung feinerer Massen für Geschirre und Kunstgegenstände, bei denen man auf rein weiße Brennfarbe besonderen Wert legt, mit dem Zusatz von fettem Ton vorsichtiger verfahren muß[1].

Tritt, wie dies besonders in der feinkeramischen Industrie heute in weitgehendem Maße der Fall ist, an die Stelle des Gestaltens der Masse im plastischen, weichen Zustande die Formgebung durch das Gießverfahren (S. 97), so sind wiederum die Kaoline und Tone die Träger auch derjenigen Grundeigenschaft, die die Durchführung des genannten Prozesses ermöglicht, nämlich der Gießbarkeit.

Der Formgebung folgt das Trocknen der geformten Gegenstände, mit dem die Trockenschwindung (S. 106) verbunden ist. Sie muß innerhalb gewisser Grenzen bleiben, wenn nicht in den Formlingen beim Trocknen Sprünge oder Risse entstehen sollen. Auch aus diesem Grunde setzt man, wie bereits erwähnt, einer rohen Masse, die verarbeitbar sein soll, plastisches Material zweckmäßigster Beschaffenheit zu, wobei man

[1] Da der als Bindemittel zugesetzte Ton nur etwa ½ bis 1½% Kolloidstoffe enthält und daher in solcher Menge zugefügt werden muß, daß er auch die übrigen Eigenschaften der Masse beeinflußt, hat Ch. E. Kraus [nach A. Bräuer: Feuerfest Bd. 2 (1926) S. 60; D. R. P. 420552, Kl. 80b v. 3. 6. 1923] vorgeschlagen, anstatt Ton als Bindemittel Bentonit oder ein ähnliches Mineral, wie Ehrenbergit oder Montmorillonit (S. 15), zu verwenden.

das Verhältnis der plastischen Bestandteile zu den Magerungsmitteln richtig abstimmt. Dann wird die Masse bei der Formgebung keine Schwierigkeiten bieten, d. h. sie wird genügend bildsam sein, aber dennoch nicht so rasch trocknen, daß Risse entstehen; auch wird sie nur soviel schwinden, daß die Form der Waren gut erhalten bleibt und sie nach erfolgter Trocknung genügend große Festigkeit besitzen, die ein Zerbrechen der trockenen Formlinge bei ihrer weiteren Handhabung im rohen Zustand (Nachbearbeitung, Einsetzen in den Ofen usw.) ausschließt.

Bei diesem Einflusse der keramischen Rohstoffe auf das Verhalten der Massen während ihrer Behandlung im rohen Zustande, von der Gestaltung bis zum Trocknen der aus ihr geformten Gegenstände, kommt es ebensosehr auf die ihnen von Natur aus eigentümlichen physikalischen und chemischen als die ihnen durch die Art der Aufbereitung nachträglich verliehenen Eigenschaften an, im letzteren Falle besonders auf ihren Verteilungsgrad oder ihre Mahlfeinheit.

Beim Brennen der keramischen Massen bzw. der aus ihnen hergestellten Gegenstände ist zunächst Erfordernis, daß sie eine gewisse Feuerbeständigkeit besitzen, d. h. denjenigen Hitzegrad aushalten, dem sie zwecks Erlangung der für ihren späteren Verwendungszweck notwendigen Eigenschaften ausgesetzt werden müssen. Bei den Massen, von denen man nach dem Brennen keine sehr hohe Widerstandsfähigkeit fordert, genügt es, wenn die Massezusammensetzung bei der angewandten Brenntemperatur eine gewisse Verfestigung des Scherbens ermöglicht, die bis zu seiner beginnenden Sinterung (S. 113) aber noch nicht zur völligen Aufhebung seiner Porosität führt. Auch bei den keramischen Massen, an die man nach dem Brennen höhere Anforderungen bezüglich ihrer Widerstandsfähigkeit gegen physikalische und chemische Beanspruchungen stellt, darf die chemische Einwirkung der einzelnen Massebestandteile aufeinander nicht so weit fortschreiten, daß eine Erweichung der aus der Masse gefertigten Erzeugnisse eintritt und sie ihre ursprüngliche Form nicht mehr beibehalten. Eine Beschränkung erwächst der Auswahl der natürlichen Rohstoffe gerade für feinkeramische Zwecke durch die Forderung, daß die feinkeramischen Erzeugnisse im allgemeinen rein weiße Brennfarbe besitzen sollen. Infolgedessen scheiden von vornherein alle Kaoline und Tone, ebenso alle Feldspat- und Quarzsorten als Bestandteile feinkeramischer Massen aus, die wegen ihres zu hohen Gehalts an Eisen- und Titanverbindungen jener Forderung nicht genügen. Die Fabrikation des Steinguts, feineren Steinzeugs und Porzellans, als der Hauptvertreter feinkeramischer Erzeugnisse, umfaßt zu einem großen Teile die Aufgabe, Geräte für häusliche oder technische Zwecke herzustellen. Diese Geräte müssen gerechtfertigten Ansprüchen bezüglich ihrer Sauberkeit und Haltbarkeit im

Gebrauch und in vielen Fällen auch hinsichtlich ihres gefälligen Aussehens genügen[1]. Ist aus diesem Grunde die erwähnte weiße oder zum mindesten doch helle Brennfarbe der Masse dieser Erzeugnisse im ganzen erwünscht, so entsteht gleichzeitig noch die zweite Forderung, die Oberfläche des weißen Scherbens vor dauernder Beschmutzung dadurch zu schützen, daß man ihn mit einem glänzenden Überzug versieht, der Glasur (S. 232). Sie besitzt in der Mehrzahl der Fälle gleichfalls helle Farbe, d. h. sie ist entweder selbst farblos und ganz bis halb durchsichtig, läßt also den weißen Scherben mehr oder weniger durchscheinen, oder sie ist weiß und deckend. Eine solche Vereinigung von weißer Masse mit heller Glasur erfüllt ihren Zweck auf die Dauer um so besser, je widerstandsfähiger beide Teile gegen äußere Einwirkungen sind[1]. Dieser Widerstandsfähigkeit gegen äußere Einflüsse muß bei der Fabrikation durch entsprechende Masse- und Glasurzusammensetzung sowie Brennbehandlung Rechnung getragen werden.

Weiter ist vor allem die Brennschwindung der Massen ein wichtiger Umstand, auf den bei ihrer Zusammensetzung Rücksicht zu nehmen ist. Sie muß durch genügend große Zusätze von Magerungsstoffen in gewissen Grenzen gehalten werden, als die neben Quarz in seinen verschiedenen Formen vor allem auch feingemahlene Scherben der gebrannten Masse selbst in Frage kommen. Von großem Einflusse ist hierbei der Feinheitsgrad der gemahlenen Magerungsmittel, der wichtiger ist als vielfach angenommen wird. Je feiner gemahlen diese Rohstoffe sind, um so größer wird die Schwindung der Massen im allgemeinen, und bei um so niedrigeren Temperaturen verläuft ihre Sinterung. Insbesondere ist der Feinheitsgrad der Massebestandteile beim Porzellan von entscheidendem Einfluß auf die Bildung einer glasigen Grundmasse beim Brennen und die Auflösung des Quarzes usw. in dieser und damit auch auf die Vorgänge, die sich bei hohen Temperaturen im System Tonerde-Kieselsäure abspielen. Durch die hierbei eintretende Silikatneubildung (Sillimanit, Mullit) wird dann wiederum die Beschaffenheit der fertigen Erzeugnisse in vieler Hinsicht bestimmt, vor allem ihre Beständigkeit gegen raschen Temperaturwechsel und die Widerstandsfähigkeit gegen mechanische und chemische Einflüsse.

Im allgemeinen gilt der Erfahrungssatz, daß starke Trockenschwindung feinkörniger hochbildsamer Rohstoffe fast ausnahmslos auch mit einer starken Brennschwindung verbunden ist, die zu mannigfachen Störungen, wie Verziehen, Rissebildung, Aufblähen u. dgl. Anlaß gibt, denen durch stärkere oder schwächere Magerung vorgebeugt werden kann[2].

Auch die Überschreitung der Garbrenntemperatur einer keramischen

[1] Tenax, B. P.: Die Steingut- und Porzellanfabrikation S. 14. Leipzig 1879.
[2] Pukall, W.: Grundzüge der Keramik S. 53. Koburg 1922.

Masse und die Art der Feuerführung beim Brennprozeß, d. h. die Beschaffenheit der jeweilig im Ofen herrschenden Atmosphäre, kommen für das Auftreten von Fabrikationsfehlern, z. B. von Verfärbungen, Formveränderungen usw., in Betracht. Man darf also nicht einseitig in jedem Falle die Ursache auftretender Fabrikationsfehler lediglich in der Art der Massezusammensetzung suchen und durch ihre Änderung diese Fehler abstellen wollen.

Das soeben für Geschirrmassen Gesagte gilt sinngemäß auch für Massen, die für feinkeramische künstlerische Erzeugnisse bestimmt sind.

Die chemische Zusammensetzung der verschiedenen keramischen Warengattungen kann sich in weiten Grenzen bewegen. Je nach den Temperaturen, denen eine Masse beim Brennen ausgesetzt wird, nehmen die aus ihr hergestellten Waren sogar ein verschiedenes Aussehen an und müssen dann bald jener, bald dieser Gruppe zugeteilt werden. Außer den Brenntemperaturen kommen für das physikalische und chemische Verhalten der Massen eine Reihe anderer Gesichtspunkte in Frage[1].

Man kann ganz allgemein die feinkeramischen Massen in zwei Hauptgruppen trennen, die sich auf Grund ihrer verschiedenen physikalischen und chemischen Zusammensetzung und ihrer durch diese bedingten Brennbehandlung ergeben. Diese Hauptgruppen sind:

1. niedriggebrannte Massen (Schmelzware, Kalksteingut),
2. hochgebrannte Massen (Hartsteingut, Steinzeug, Porzellan).

Zwischen beiden Gruppen bestehen hinsichtlich ihrer Zusammensetzung und Brenntemperatur Übergänge, sowohl zwischen Steingut- und Steinzeugmassen als auch zwischen Steinzeug- und Porzellanmassen.

Die ungefähre rationelle Zusammensetzung der bekanntesten Typen feinkeramischer Massen ist nach W. Pukall[2] folgende:

Gehalt an	Porzellan		Steinzeug S.-K. 4—12		Steingut S.-K. 4—9		Schmelzware
	S.-K. 14–20	S.-K. 9–12	glasiert	unglasiert	Kalksteingut	Feldspatsteingut	S.-K. 010—05
Tonsubstanz.	55	48	48	60	50	50	40
Quarz . . .	22,5	24	40	32	30	45	35
Feldspat . .	22,5	28	12	8	20	5	25
					Kreide		Kreide

[1] Pukall, W.: Sprechsaal Keramik usw. Bd. 48 (1915) S. 158.

[2] Keram. Rechnen auf chemischer Grundlage Kap. VII. Breslau 1912; s. a. J. Dorfner: Sprechsaal Keramik usw. Bd. 48 (1915) S. 229.

Beim Aufbau feinkeramischer Massen wird es vielfach genügen, wenn man der Berechnung die rationelle Zusammensetzung (S. 37) der Rohstoffe und Massen zugrunde legt. Man verfügt auf diese Weise vor allem dort, wo man reine, wenig verunreinigte Rohstoffe verwendet, über ein ausgezeichnetes Mittel, „um hinsichtlich der Massenzusammensetzung und Nachprüfung auf zuverlässigem rechnerischen Wege schnell und einfach zum Ziele zu gelangen"[1]. Allerdings birgt die rationelle Analyse gewisse Fehlerquellen in sich, die auch bei der Massezusammensetzung nicht ohne weiteres außer acht gelassen werden dürfen, vor allem wenn es sich um weniger reine Rohstoffe handelt, die neben Tonsubstanz Quarz und Feldspat andere Mineraltrümmer und sonstige Verunreinigungen enthalten. Es ist dann von Vorteil, auch die Ergebnisse der exakten chemischen Analyse bei der Masseberechnung zu berücksichtigen. W. Pukall[2] und J. Dorfner[3] haben empfohlen, auch bei der Zusammensetzung von feinkeramischen Massen, wie dies bei der später noch zu besprechenden der Glasuren (S. 238) meist geschieht, die Segerformel zugrunde zu legen.

Voraussetzung für die Anwendbarkeit der Segerformel ist immer, daß sich alle Bestandteile des fraglichen Tons, der Masse usw. im Zustande feinster Verteilung und vollkommener Homogenität befinden, d. h. in dem Zustande, der für chemische Reaktionen am günstigsten ist. In diesem Falle gewährt die Segerformel, die im allgemeinen $RO \cdot m\ Al_2O_3 \cdot n\ SiO_2$ lautet, und über deren Berechnung im Abschnitt über Glasuren Näheres mitgeteilt ist (S. 238), guten Einblick[4] in

a) die wirkliche Zusammensetzung des Flußmittelradikals,

b) das Verhältnis der basischen und sauren Bestandteile einer Masse usw. zueinander,

c) das Verhältnis der schwerschmelzbaren Bestandteile zu den leichtschmelzbaren,

d) das voraussichtliche pyrometrische Verhalten der Masse.

Die Segerformel[4] enthält die einzelnen Oxyde in Form ihrer Verbindungsgewichte, und zwar in Bruchteilen oder Vielfachen derselben. Man geht hierbei von der Summe der Verbindungsgewichte der ein- und zweiwertigen basischen Oxyde aus, die man als „RO" bezeichnet und gleich 1 setzt, und stellt nun fest, wieviel Moleküle Al_2O_3 und SiO_2 auf 1 „RO" kommen. Die Zusammensetzung der feinkeramischen Massen bewegt sich nach J. Dorfner[5] im allgemeinen innerhalb der Grenzen von 2,5 bis 35 $SiO_2 \cdot 0{,}5$ bis 8 Al_2O_3. In vielen feinkeramischen Massen[5], die aus Rohstoffen sehr verschiedener Art zusammengesetzt sein können, beträgt das Verhältnis der sauren zu den basischen Bestandteilen fast ausnahmslos 1 : 1 bis 2 : 1, bezogen auf die Molekülzahl der Segerformel. Je mehr sich die Säuerungsstufe der unteren Grenze 1 nähert, desto besseren Stand zeigen die Massen im Feuer. Je mehr die obere Grenze 2 überschritten wird, desto geringere Standfestigkeit besitzen die Massen beim Erhitzen[6]. Die Zusammensetzung des RO der Segerformel ist bei allen Massen von größtem Einfluß auf die Eigenschaften der aus ihnen hergestellten Waren und ihr Brennverhalten, bei sonst völlig unveränderter molekularer Zusammensetzung und Verwendung gleicher Rohstoffe. Zu den sauren Bestandteilen der Massen im Sinne der Segerformel

---

[1] Pukall in F. Singer: Die Keramik im Dienste von Industrie und Volkswirtschaft S. 140. Braunschweig 1923.

[2] Sprechsaal Keramik usw. Bd. 48 (1915) S. 113. [3] Ebenda S. 209.

[4] Über Aufstellung und Berechnung von Segerformeln s. a. W. Pukall: Keramisches Rechnen auf chemischer Grundlage Kap. VII. Breslau 1912.

[5] Dorfner, J.: Sprechsaal Keramik usw. Bd. 48 (1915) S. 438. Pukall, W.: Ebendort S. 114.

[6] Dorfner, J.: Sprechsaal Keramik usw. Bd. 48 (1915) S. 438.

gehört die als zweibasisch angenommene Kieselsäure, zu den basischen die Tonerde und das die gesamten Flußmittel umfassende RO. Dieses RO umfaßt die Alkalien, die alkalischen Erden und das Eisenoxydul, das in seiner Wirkung den alkalischen Erden nahezu gleicht. Bei den Alkalien herrscht in der Regel Kaliumoxyd, bei den alkalischen Erden Kalziumoxyd als Massebestandteil vor[1].

Um nach Pukall auf Grund der Segerformel mit Hilfe verfügbarer Rohstoffe den Aufbau feinkeramischer Massen von bestimmten gewünschten Eigenschaften durchzuführen, unterwirft man zunächst Erzeugnisse gleicher Art mit praktisch bewährten Eigenschaften der chemisch-analytischen Untersuchung und berechnet aus deren Ergebnis die Segerformeln dieser Massen. Auf Grund der chemisch-analytischen Untersuchung der verfügbaren Rohstoffe sind letztere dann nach Art und Menge so zusammenzustellen, daß die entstehende Mischung in ihrer Zusammensetzung der als Vorbild gewählten Masse entspricht. Die Zusammensetzung der Erzeugnisse der feinkeramischen Industrie stellt sich nach Dorfner[2] in Segerformeln folgendermaßen dar:

Art der keramischen Masse	Garbrand-Temperatur S.-K.	Segerformel				
		SiO_2	Al_2O_3	RO = 1		
				CaO	K_2O	FeO
Schmelzware	010—07	2,5—6,0	0,5—1,5	0,95—0,90	0,05—0,10	
Kalksteingut	1—4	3,5—10,0	1,0—2,5	0,90—0,80	0,10—0,20	
Porzellan . .	7—16	10,0—20,0	2,0—4,5	0,25—0,50	0,75—0,50	
Steinzeug . .	4—12	10,0—26,0	2,0—5,5	0,25—0,75 0,75—0,50	CaO, K_2O	0,75—0,25 natürliches 0,25—0,50 künstliches
Gemischtes Steingut	1—7	10,0—26,0	2,0—5,5	0,70—0,50	0,30—0,50	
Hartsteingut	7—10	26,0—35,0	5,5—8,0	0,70—0,40	0,30—0,60	

Bei der Berechnung einer Masse aus den Rohstoffen auf Grund deren rationeller Zusammensetzung handelt es sich in der Praxis meistens um die Aufgabe, Tonsubstanz, Quarz und Feldspat miteinander in ein beabsichtigtes Verhältnis zu bringen. Die verfügbaren Rohstoffe enthalten entweder alle drei genannten Bestandteile oder nicht. Man hat dann zunächst zu ermitteln, wieviel von jedem Bestandteil durch Zusatz einer gewissen Menge eines bestimmten Materials in die Masse gelangt, und muß dann die noch bleibenden Restmengen der rationellen Massebestandteile durch Einverleibung der entsprechenden Mengen anderer Rohstoffe ergänzen. Hierbei verfährt man entweder rein empirisch, was unter Umständen ein längeres Probieren erfordert, besonders wenn nur aus mehreren Komponenten zusammengesetzte Stoffe zur Verfügung stehen, oder man bedient sich beim Berechnen der keramischen Massen graphisch-algebraischer Verfahren, wie sie von E. Greiner[3], A. Pfaff und M. Donath[4] und J. Wolff[5] angegeben worden sind,

[1] Sprechsaalkalender 1930 S. 104. Koburg; vgl. ferner W. Pukall: Sprechsaal Keramik usw. Bd. 48 (1915) S. 168.

[2] Sprechsaal Keramik usw. Bd. 48 (1915) S. 438.

[3] Sprechsaal Keramik usw. Bd. 49 (1917) S. 2.

[4] Ber. dtsch. keram. Ges. Bd. 1 (1920) S. 21.

[5] Sprechsaal Keramik usw. Bd. 63 (1930) S. 657.

und auf die hier nur hingewiesen werden kann. Erleichtert werden die Berechnungen beim Ausarbeiten sowohl von Massen als auch von Glasuren durch Benutzung der „Keramischen Rechentafeln“ von H. Bollenbach.

B. Massebereitungsverfahren.

Damit eine keramische Masse allen Anforderungen sowohl hinsichtlich ihres Verhaltens bei der Verarbeitung als auch der Beschaffenheit der aus ihr hergestellten Fertigwaren entspricht, muß sie eine sorgfältige mechanische Vorbereitung durchmachen, durch die alle Verunreinigungen und alle nicht genügend feinen Bestandteile der Rohstoffe entfernt werden[1] und die Masse selbst in den Zustand größter Gleichmäßigkeit übergeführt wird.

Die bei der Zubereitung der feinkeramischen rohen Massen angewandten Verfahren richten sich nach der Art ihrer Verarbeitung und umfassen in der Hauptsache folgende Gruppen:

1. Mahlen der Massen im ganzen oder gewisser Anteile derselben;
2. Mischen der Massebestandteile (einschließlich Entnahme und Zusammenbringen bestimmter Mengen der einzelnen Rohstoffe);
3. Abpressen der in breiförmigem Zustande befindlichen Massen;
4. Durcharbeiten der abgepreßten Massen mittels Knet- oder Schlagmaschinen.

Bei Massen, die 5. durch Gießen in dünnflüssigem Zustand verarbeitet werden, ebenso bei den 6. zur Trockenpressung dienenden Massen kommen außer den genannten noch einige besondere Maßnahmen in Betracht (s. S. 220 und S. 226).

1. Mahlen der Massen im ganzen oder gewisser Anteile derselben.

Bleiben beim Schlämmen im Ton oder Kaolin größere Teilchen von Mineraltrümmern zurück und gelangen sie mit der feinen Tonsubstanz in die keramische Masse, so können sie in dieser Schaden anrichten. Dies läßt sich verhüten, wenn man jene gröberen Körner durch Feinmahlen der gesamten Masse in sehr feine Verteilung überführt, so daß ihre nachteilige Wirkung praktisch nicht mehr zur Geltung kommt. Allerdings gilt dies in der Hauptsache nur hinsichtlich des Aussehens, besonders der Farbe der Erzeugnisse. Dagegen wird mit geringerer Korngröße auch der Anteil größer, den die einzelnen mineralischen Bestandteile eines Tons oder Kaolins an den chemischen Umsetzungen beim Brennen nehmen. Auf diese Weise erklärt sich das verschiedene Verhalten chemisch sehr ähnlich zusammengesetzter Rohstoffe

[1] Heim, M.: Die Steingutfabrikation S. 53. Leipzig.

im Feuer bezüglich ihrer Standfähigkeit, Brennfarbe, Schwindung und Schmelzbarkeit[1].

Für feinkeramische Massen ist die Naßmahlung der zur Massebereitung benutzten Rohstoffe nicht nur zweckmäßig, sondern im allgemeinen unbedingt erforderlich, wobei man entweder von vornherein sämtliche Rohstoffe, die Tonsubstanz als Hauptbestandteil führen, also Ton und Kaolin, den Mahlprozeß mit durchlaufen läßt oder nur einen Teil derselben unter späterer Zugabe des Restes zu dem vorgemahlenen „Masseversatz", um so eine gründliche Mischung der gesamten Masse zu erzielen. Man benutzt zur Feinmahlung die Trommel- oder Kugelmühle. Die Feinmahlung der Masse unter Zusatz von Wasser in der Trommelmühle bietet nach Pukall[1] den Vorteil, daß die von Natur aus harten und stückigen Massezusätze, wie Feldspat, Quarz, Magnesit, Scherben usw., vorher für sich allein nicht mehlfein gemahlen, sondern nur so weit vorzerkleinert zu werden brauchen, daß die gröbsten Teilchen Erbsengröße nicht überschreiten. Häufig geht man aber in der feinkeramischen Praxis, besonders wenn es sich um die Herstellung von Massen für hochwertige Erzeugnisse handelt, z. B. um solche für Geschirr- oder Kunstporzellan, weiter als der genannten Forderung entspricht, und gibt die Fluß- und Magerungsmittel in einer durch Trockenmahlen (Kollern) und Absieben auf Sieben bestimmter Maschenweite erzielten größeren Kornfeinheit zur Masse.

Bei feinkeramischen Massen übersteigt nach Pukall[2] die Mahldauer nur selten 12 bis 18 Stunden.

Wird ein Teil des Kaolins oder Tons den Massen erst nach Feinmahlung des die Magerungs- und Flußmittel enthaltenden Masseversatzes auf der Mühle zugegeben, so werden für die weitere Behandlung der rohen Masse bis zur gründlichen Durchmischung noch besondere Misch- oder Rührvorrichtungen benötigt (siehe unten).

Für den Betrieb der Trommelmühlen bei der Massebereitung gilt im allgemeinen folgendes: Die Beschickung mit Mahlgut geschieht durch das Fülloch vom sogenannten Schüttboden aus, d. h. einem über der Mühle liegenden Raum oder einer besonders für diesen Zweck angebrachten Bühne aus, je nach den örtlichen Verhältnissen. Die zuzusetzende Wassermenge wird in Meßgefäßen oder mittels Wassermessers abgemessen. Nach Beendigung der Mahlung wird das im Wasser feinverteilte Mahlgut aus der mit der Öffnung nach unten festgestellten Trommelmühle abgelassen und fließt nun durch eine Holzrinne oder einen weiten Gummischlauch, in neuerer Zeit wohl auch durch eine Steinzeugrohrleitung[3], zweckmäßig unter Einschaltung von Rahmensieben oder mechanisch betriebenen Siebvorrichtungen, ebenso auch von Magneten (S. 45), entweder in Mischgefäße,

[1] Pukall in F. Singer: Die Keramik im Dienste von Industrie und Volkswirtschaft S. 135. Braunschweig 1923.

[2] Ebenda S. 136.

[3] Simon in F. Singer: Die Keramik im Dienste von Industrie und Volkswirtschaft S. 159. Braunschweig 1923.

wo die Mischung mit dem ebenfalls schon in breiförmigem Zustand befindlichen Kaolin und Ton stattfindet, oder das Mahlgut wird, wenn die gesamte Masse auf der Mühle schon fertig gemahlen und gemischt worden ist, unmittelbar der weiteren Verarbeitung zugeführt. In größeren Anlagen wird die fertig gemischte Masse meistens nicht sofort weiter verarbeitet, sondern zunächst in Vorratsbehälter geleitet, in denen sie zur Verhütung der Entmischung durch Rührpendel mit Armen aus hartem Holz in ständiger Bewegung gehalten wird.

Über die Anwendung und Einrichtung mechanischer Siebe für schlamm- oder breiförmige Flüssigkeiten vgl. die Behandlung von Gießmassen (S. 224), ebenso über Aufbewahrung von Masseschlicker.

2. Mischen der Massebestandteile.

Einleitung: Entnahme und Zusammenbringen bestimmter Mengen der einzelnen Rohstoffe.

Man kann die zur Zusammensetzung bestimmter Gewichtsmengen der rohen Massen erforderliche Mengen der einzelnen Rohstoffe entweder abmessen oder abwiegen. In der Grobkeramik erfolgt die Herstellung der Massemischungen noch heute vielfach durch Abmessen nach dem Volumen, weil dieses Verfahren einfacher ist als das Abwiegen. Letzteres ist jedoch weit genauer als das Abmessen und wird in der Feinkeramik heute ausschließlich benutzt.

Soweit die Massebestandteile eine nasse Aufbereitung erfahren haben, werden sie unmittelbar in Form eines wasserhaltigen, dünneren oder dickeren Schlamms zur Massezusammensetzung verwendet. Wird der geschlämmte Kaolin in trockenem Zustand bezogen, so wird er vor der Verwendung gleichfalls in Wasser fein verteilt und in Schlammform übergeführt. Von dem alten Verfahren, die Kaoline und Tone trocken abzuwiegen, ist man in größeren, neuzeitlich eingerichteten Betrieben immer mehr abgekommen, auch in Steingutbetrieben[1], und hält die bildsamen Bestandteile der zusammenzusetzenden Massen mit Wasser vermischt vorrätig. Daher ist es hier erforderlich, den Trockensubstanzgehalt derjenigen Menge Schlamm zu bestimmen, die das zum Abmessen dienende Meßgefäß aufnimmt. Da der Gehalt des Schlamms an Trockensubstanz von Fall zu Fall schwankt, ist es notwendig, diese Bestimmung vor der Zusammensetzung jedes neuen Massepostens vorzunehmen, zu dem frisch hergestellter Schlamm verwendet wird. Zu diesem Zwecke kann man bei der Bestimmung jeweils eine genau abgemessene Menge des vorher gut durchgerührten Breis unter Vermeidung der Überhitzung eindampfen und nach dem Trocknen bei 110° den festen Rückstand wiegen. Aus dem Gewicht des Rückstands berechnet man diejenige Anzahl von Litern, in denen das zur Zusammensetzung einer bestimmten Massemenge erforderliche Gewicht des betreffenden Rohstoffs enthalten ist.

Das angegebene Verfahren der Trockensubstanzermittlung in breiförmigen Flüssigkeiten muß in jedem Falle wiederholt werden, da das gleiche Verhältnis zwischen Wasser und fester Substanz praktisch nicht eingehalten werden kann, sondern wechselt. Es erfordert daher immer wieder ein zeitraubendes Eindampfen der breiförmigen Probe und ist nur für die Herstellung kleiner Masseproben zu empfehlen[2]. Um das Eindampfen zu umgehen, hat Herzog[3] ein Verfahren an-

[1] Jacob, M.: Sprechsaal Keramik usw. Bd. 60 (1927) S. 998.
[2] Hecht, H.: Lehrbuch der Keramik 2. Aufl. S. 80. Berlin 1930.
[3] Tonind.-Ztg. Bd. 1 (1877) S. 49.

gegeben, den Gehalt eines Kaolin- oder Tonschlamms an fester Substanz mit Hilfe des spezifischen Gewichts des trockenen Rohstoffs und des aus ihm hergestellten Breis festzustellen. Dieses Verfahren erfordert für jeden Rohstoff von abweichendem spezifischen Gewicht die Ausrechnung einer Tabelle, aus der man das Trockengewicht eines entweder 50 oder 100 Liter fassenden und mit dem breiförmigen Rohstoff gefüllten Meßgefäßes bis auf $^1/_{10}$ oder $^1/_{100}$ kg ersehen kann, nachdem vorher das Naßgewicht von 100 cm³ Schlamm in einer Meßflasche (Pyknometer) mit eingeschliffenem Glasstopfen und einer feinen Rille zum Ablaufen des überschüssigen Breies ermittelt worden ist. Die Berechnung des Trockengewichts geschieht auf Grund folgender Beziehungen: Ist v der Fassungsraum der Meßflasche in cm³ oder g Wasser, b das Gewicht des in der Flasche enthaltenen Breies in g, t das Gewicht der in der Flasche enthaltenen Trockensubstanz, s das wahre spezifische Gewicht des trockenen Rohstoffs, V der Inhalt des großen Meßgefäßes in Litern oder kg Wasser und T das Gewicht der Trockensubstanz der in dem großen Meßgefäß vom Inhalt V Liter befindlichen Schlammenge, so gelten zunächst folgende Beziehungen:

$b = t + v - \frac{t}{s}$, wobei der Wert $\frac{t}{s}$ dem Gewicht der durch die Trockensubstanz verdrängten Wassermenge entspricht, und $b = \frac{s-1}{s} \cdot t + v$. Folglich ist das unbekannte Gewicht der in der Meßflasche befindlichen Trockensubstanz $t = \frac{s\,(b-v)}{s-1}$. Aus der ohne weiteres geltenden Proportion $t : v = T : V$ ergibt sich die Gleichung $T = \frac{V \cdot t}{v}$. Durch Substitution von t durch den vorhin ermittelten Ausdruck erhält man die Gleichung $T = \frac{V}{v} \cdot \frac{s\,(b-v)}{s-1}$, somit das Trockengewicht des in dem großen Meßgerät enthaltenen Breies, das naturgemäß mit sich änderndem Gewicht der in der Meßflasche abgemessenen Probemenge wechselt. Durch systematische Rechnung stellt man sich nun die bereits oben erwähnten Tabellen her, aus denen man auf Grund der jeweils gefundenen in der Meßflasche enthaltenen Breigewichte das im großen Meßgefäß vorhandene Trockengewicht des Kaolin- oder Tonbreies findet[1]. Auf diese Weise ergibt sich auf Grund einfacher Wägung eines bestimmten Breivolumens mit Hilfe obiger Formel, welchem Gewicht festen Materials ein mit Brei gefülltes großes Meßgefäß entspricht, und damit auch die Zahl der vollen Meßgefäße, die für die Zusammensetzung eines bestimmten Massequantums abzumessen sind. Bei der Berechnung sich ergebende „Spitzen“ werden in entsprechenden kleineren Gefäßen abgemessen und dann dem großen Volumen zugefügt.

Man kann dieses Verfahren auch in abgeänderter Weise ausführen, so z. B. zur Bestimmung des Schlammgewichts anstatt eines kleinen Pyknometers ein großes Meßgefäß benutzen. Auch kann man Tabellen aufstellen, aus denen man auf Grund des erforderlichen Trockengewichts eines Materials die benötigte Schlammenge in kg ersieht. Der Schlamm wird hier also abgewogen, nicht abgemessen, was zweifellos das einwandfreiere Verfahren darstellt, vor allem im Hinblick auf im Schlamm möglicherweise vorhandene Luftblasen.

Es empfiehlt sich bei allen diesen Verfahren zur Mengenberechnung von Materialien, die der Masse in Breiform zugesetzt werden, von Zeit zu Zeit die spezifischen Gewichte dieser Rohstoffe nachzuprüfen, die sich nach der Formel $s = \frac{t}{t + v - b}$ leicht berechnen lassen.

[1] Vgl. hierzu auch W. Pukall: Keramisches Rechnen III S. 125. Hecht, H.: Lehrbuch der Keramik 2. Aufl. S. 80. 1930 und R. Rieke: Das Porzellan 2. Aufl. S. 76.

Zur raschen laufenden kontrollweisen Prüfung der Konsistenz von Tonschlämmen, Gießschlickern usw. bedient man sich des genannten Herzogschen Verfahrens oder eines Aräometers oder des Viskosimeters von Kohl (S. 103), gegebenenfalls auch des Xylolverfahrens von F. Eck[1].

Das Abwiegen der in trockenem Zustand zur Verwendung gelangenden Materialien, wie des Feldspates, Quarzes, gemahlener Porzellan-, Steingut- usw. Scherben, erfolgt je nach der Größe des Betriebs und des Gesamtgewichts der auf einmal hergestellten Masseposten in verschiedener Weise, entweder unter Benutzung gewöhnlicher Dezimal- oder Zentesimalwaagen mit tarierten Schalen oder auf Brückenwaagen, auf die tarierte, innen mit Zinkblech ausgeschlagene Behälter gefahren werden können[2], die aus über ihnen befindlichen Vorratssilos gefüllt und nach dem Abwiegen in die im darunter befindlichen Stockwerk aufgestellten Trommelmühlen entleert werden. Die auf dem Kastenwagen oder Muldenkipper befindliche Waage ermöglicht es, den Versatz für die Dauer gewichtsmäßig einzustellen. Der Arbeiter hat also beim Einfüllen eines Massebestandteils nur das Einspielen des Waagebalkens zu beobachten, so daß Irrtümer beim Abwiegen kaum vorkommen können. Bei der Einführung der „fließenden" Masseherstellung (S. 230) zwecks Rationalisierung des Fabrikationsganges[3] würde, um den kontinuierlichen Verlauf zu gewährleisten, die Eingliederung selbsttätiger Abwiegevorrichtungen auch für die feinkeramische Massebereitung kaum zu umgehen sein. Eine solche stellt z. B. die neue Dosierwaage des Lohausenwerks, Düsseldorf-Grafenberg, dar, die vollautomatisch arbeitet und bei der Fördervorrichtungen gleich mit eingebaut sind (S. 280).

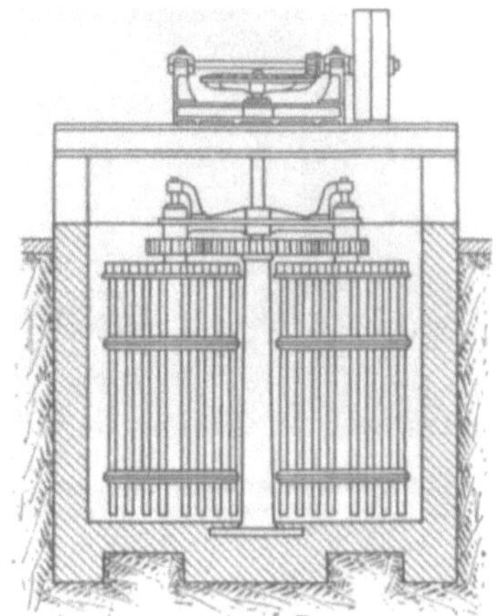

Abb. 49. Rührwerk älterer üblicher Bauart.

Soweit die Mischung der gesamten Masse nicht schon in der Trommelmühle erfolgt ist, wird die Durchmischung des aus der Trommelmühle kommenden Mahlgutes mit dem in Form eines dünnen Schlamms befindlichen Feinkaolin oder -ton im Mischgefäß, dem „Rühr"- oder „Massequirl", vorgenommen, der in seinen verschiedenen Bauarten manchen der bereits besprochenen (S. 65) Schlämmquirle ähnelt. Verwendet man den Kaolin oder Ton unmittelbar in Form trockner Stücke, so wird er zunächst pulverisiert und dann in dieser Form in das mit der erforderlichen Wassermenge gefüllte Rührwerk gebracht. Die Bauart eines einfacheren älteren Rührwerks[4] zeigt die Abb. 49.

Die in der Industrie im allgemeinen benutzten „Quirle" bestehen aus dem Rührbehälter und dem eigentlichen Rührwerk. Heute werden die Rührgefäße meist nicht mehr aus Holz, sondern aus Beton hergestellt. Um eine Verunreinigung

---

[1] Keram. Rdsch. Bd. 39 (1931) S. 215 u. 477.

[2] Bacher, W.: Keram. Rdsch. Bd. 35 (1927) S. 762.

[3] Dorst, M.: Sprechsaal Keramik usw. Bd. 59 (1926) S. 233. Lipinski, F.: Keram. Rdsch. Bd. 36 (1928) S. 124.

[4] Über Rührwerke s. a. E. Belani: Chem.-Ztg. Bd. 50 (1926) S. 337.

der Masse durch Zement zu vermeiden, empfiehlt es sich, die Betonbehälter mit Steingut- oder Feinsteinzeugplättchen auszulegen[1]. Es ist ratsam, den Querschnitt der Rührbottiche nicht kreisrund, sondern achteckig zu wählen, weil in einem kreisrunden Bottich infolge des geringen Widerstandes der Wandung die breiförmige Masse nach und nach die Drehgeschwindigkeit der Rührarme annimmt und dadurch die Mischwirkung erheblich verringert wird[1]. In den achtkantigen Rührgefäßen wird die Masse hingegen nicht im Kreise herumgeführt, sondern bricht sich in den Ecken der flachen, aneinanderstoßenden Wände und wird hierdurch nach der Gefäßmitte zu bewegt. Durch Schrägstellen der Schaufeln am unteren Ende der Rührarme kann die Mischwirkung noch erhöht werden, wobei die Masse auch in vertikaler Richtung bewegt wird[1]. Je nach der Größe der Rühranlage sind in den Behältern ein oder mehrere Rührwerke mit vertikal oder zuweilen auch waagerecht gelagerten Rührrechen aus Holz angeordnet, die sich mit Hilfe eines Planetenräderwerks um die eigene Achse und gleichzeitig um die gleichfalls vertikale Mittelachse drehen. Bei Verwendung achteckiger Behälter genügt die Anwendung einfacher Rührwerke infolge der besseren Mischwirkung. Unter den Zahnrädern werden Fangteller so angeordnet, daß ein Abtropfen von Schmieröl in den Massebrei verhütet wird.

Abb. 50. Schraubenrührer (mit schematischer Darstellung der Bewegung des Massebreis).

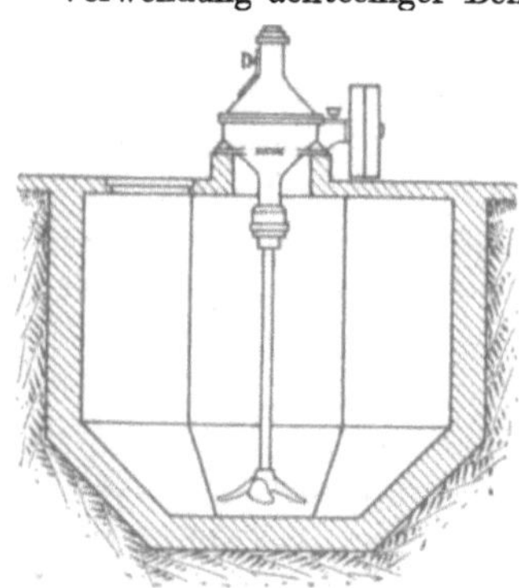

Abb. 51. Schraubenrührer (Schnitt im Aufriß).

Außer den soeben beschriebenen, etwas umständlich und sperrig gebauten Mischquirlen werden von verschiedenen Maschinenfabriken in neuester Zeit Schraubenquirle oder Schraubenrührer (Abb. 50 u. 51) hergestellt. Sie zeichnen sich gegenüber den sich langsam drehenden älteren Rührquirlen durch große Rührgeschwindigkeit aus, die eine viel kräftigere Bewegung des Materials im Wasser ermöglicht. Dadurch wird gleichzeitig auch das in den Ecken oder am Boden der Gefäße sich ansetzende Material von der Bewegung mit erfaßt, denn infolge der Stellung der in Form einer dreiflügeligen Schiffsschraube angeordneten Rührflügel ist die Bewegung der Flüssigkeit nicht horizontal, sondern so, wie in Abb. 50 angedeutet.

Der Rührer des neuen Schraubenquirls ist aus schmiedbarer Bronze hergestellt und besitzt verhältnismäßig geringen Durchmesser. Die Drehgeschwindigkeit der

[1] Simon, A.: Keramos Bd. 3 (1924) S. 20.

Schraube beträgt je nach der gewünschten Wirkung 200 bis 600 Umdrehungen in 1 Minute. Die Drehrichtung ist so, daß das Rührgut gegen den Boden des Gefäßes geschleudert, diesen entlang und an den Wänden emporgedrückt wird. An der Oberfläche erfolgt also eine Strömung von außen nach innen und unten, wo die Flüssigkeit abermals von der Schraube erfaßt und wieder in den Kreislauf geschleudert wird. Um in runden Behältern das Mitdrehen der Flüssigkeit zu verhindern, ordnet man hier Stauleisten an, die dicht über der Schraube quer durch den Bottich gehen (Abb. 52).

Der Antrieb erfolgt entweder durch Riemenübertragung oder elektrisch. Die Umdrehungszahl der Riemenscheibe einer bestimmten Quirlgröße ist abhängig von dem zur Verarbeitung gelangenden Material und der gewünschten Wirkung. Zur mechanischen Auflösung fetter Tone in Wasser sowie zur Herstellung von Gießschlicker aus Abfallmasse (S. 230) wird man die Geschwindigkeit bis auf 400 Umdrehungen oder mehr je Minute steigern können. Zur Übertragung der Bewegung dient ein gefrästes Kegelräderpaar, das in einem Eisengehäuse untergebracht ist und eine sichere und starre Lagerung für Schraubenwelle und Vorgelege bildet. Zum Schutz gegen Rost wird die Schraubenwelle mit Gummischlauch überzogen. Bei elektrischem Antrieb wird die Bewegung anstatt durch Kegelräder mittels Schnecke durch Schneckenrad auf die Quirlwelle übertragen[1].

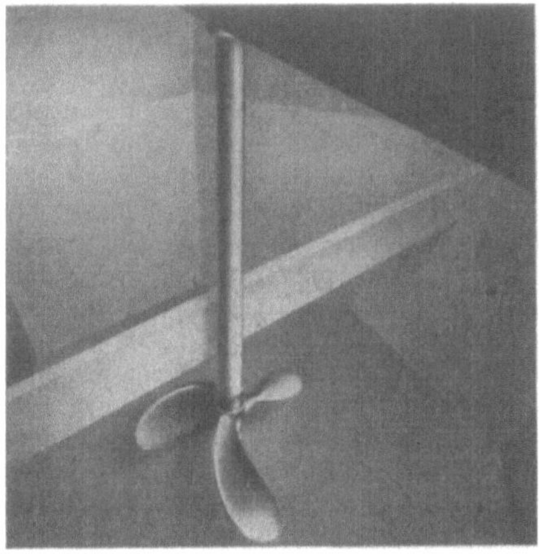
Abb. 52. Rührgefäß (Innenansicht) mit Schraubenrührer und Stauleiste.

Die Beschickung des Quirls erfolgt so, daß man das wässerige Mahlgut aus der erhöht aufgestellten Trommelmühle unmittelbar in den Quirl abfließen läßt. Wo dies auf Grund der örtlichen Verhältnisse unmöglich ist, wird die Entleerung der Mühlen und der Zufluß zu den Quirlen mittels Druckluft vorgenommen[2].

Aus den Quirlen fließt die gründlich durchgemischte Masse mit Hilfe des natürlichen Gefälles in die tiefer aufgestellten Vorratsbehälter, wobei sie vorher noch zwischengelagerte Siebe passiert. Durch die Anordnung dieser Vorratsbehälter ist es möglich, die Quirle rasch zu entleeren und für die Herstellung neuer Masseversätze verfügbar zu machen.

Wird der Rohkaolin im Betriebe selbst geschlämmt oder der bezogene, schon geschlämmte Kaolin durch nochmaliges Schlämmen weiter gereinigt, so befördert man den erhaltenen mehr oder weniger dicken Feinkaolinschlamm mit Hilfe einer Pumpe durch Steinzeug- oder Kupferleitungen bis zum Mischquirl und gibt nun in diesen unter Einschalten des Rührwerks den Schlamm mit dem flüssigen Mahlgut aus der Trommelmühle in der Massevorschrift entsprechendem Verhältnis zu-

---

[1] Über Schraubenrührer s. a. Chem.-Ztg. Bd. 54 (1930) S. 857.

[2] Simon, A.: Keramos Bd. 3 (1924) S. 20.

sammen. Als Pumpe kommt nur eine solche aus passendem Material und geeigneter Bauart zur Beförderung dicker Flüssigkeiten in Betracht. Beim Fortbewegen dickflüssiger Massen in Rohren nimmt bei abnehmendem Flüssigkeitsgehalt des Schlammes die innere Reibung stark zu. Je weniger Flüssigkeit der Schlamm enthält, um so größer muß also der Preßdruck sein. Das günstigste Intervall für die Fortbewegung der Massen liegt nach H. Herbst[1] zwischen 20 und 40% Wassergehalt. Zum dichten Abschluß der zum Durchleiten von Schlamm dienenden Rohre kann man verschiedene Vorrichtungen benutzen, von denen hier als neuere der Drehschieber der Borsig G.m.b.H., Berlin-Tegel, erwähnt sei[2], der sich hinsichtlich dichten Verschlusses, leichter Reinigungsmöglichkeit und anderer Vorzüge in mehrjährigem Gebrauch gut bewährt hat, und bei dessen Verwendung ein Verstopfen der Leitungen ausgeschlossen ist.

Winke für die Betriebskontrolle bei den unter 1. und 2. beschriebenen Abschnitten der Massebereitung: Die Kontrolle der Massezusammensetzung und die Behandlung der rohen Masse bei ihrer Zubereitung für die Verarbeitung sind für die Herstellung guter Waren außerordentlich wichtig[3]. Vor allem ist notwendig, bei der Massebereitung stets auf ganz gleiche Zusammensetzung und Beschaffenheit zu achten, soweit dies überhaupt möglich ist. Der Feuchtigkeitsgehalt verschiedener Tonlieferungen ist zu überwachen, ebenso das Abwiegen der einzelnen Rohstoffe. Ob eine Masse oder Glasur richtig zusammengesetzt ist, läßt sich im Betriebe in kürzester Frist durch Bestimmung des spezifischen Gewichts, desGlühverlusts oder, falls Karbonate vorhanden sind, des CO_2-Gehaltes feststellen[4]. Auch der Magnetscheider erfordert genaueste Aufmerksamkeit und Kontrolle. Der Magnet muß so stark wie möglich gehalten und häufig gereinigt werden, um die Ansammlung von zuviel Eisen zu verhindern, da dieses sonst durch den rasch durch die Magnettröge fließenden Masseschlicker abgespült werden kann. Auch darf die Schicht des letzteren beim Passieren der Magnete nicht zu hoch sein, weshalb die Pumpe oder sonstige Zubringungsvorrichtung dementsprechend eingestellt sein muß. Da die Siebe dauernd abgenutzt werden, sollte durch Schlämmanalyse die Zahl der zulässigen Betriebsstunden der Siebe festgestellt werden[3]. Ein Sieb sollte nicht länger als zwei Tage in Betrieb bleiben, dann herausgenommen, gereinigt und auf kleine Bruchstellen usw. im Gewebe geprüft werden. Bei Auswahl der Siebe wird ein starkes Vergrößerungsglas beträchtliche Unterschiede in der Beschaffenheit des Drahtes und der Gleichmäßigkeit des Gewebes bei den verschiedenen Siebgeweben erkennen lassen, die die Wirksamkeit der Siebe wesentlich beeinflussen (s. a. S. 36, Anm. 3).

3. Abpressen der in breiförmigem Zustande befindlichen Massen. Lagern der rohen Massen.

Die Weiterverarbeitung der im Rührbehälter oder „Quirl" gemischten breiförmigen Massen geschieht zum großen Teil im plastischen Zustande. In diesen werden die halbflüssigen Massen durch Abpressen des überschüssigen Wassers in Filterpressen (S. 67) übergeführt.

Nach A. Simon[5] ist bei feinkeramischen Massen die Anwendung von

---

[1] Herbst, H.: Z. angew. Chem. Bd. 40 (1927) S. 899.

[2] Goslich, K. A.: Keram. Rdsch. Bd. 37 (1929) S. 169.

[3] Place, Th.: Ceram. Ind. Bd. 11 (1928) S. 612; Ref. Keramos Bd. 8 (1929) S. 281.

[4] Pulieso, S.: Sprechsaal Keramik usw. Bd. 65 (1932) S. 823.

[5] Keramos Bd. 3 (1924) S. 20.

Druckfässern an Stelle von Membranpumpen nicht ratsam, da in ihnen leicht Entmischung eintritt.

Die den Filterpressen entnommenen, etwa 20 bis 25% Wasser enthaltenden Massekuchen werden entweder sofort weiterverarbeitet oder, und zwar bei Porzellan, zuweilen auch bei Steingut, in feuchten Räumen, den „Massekellern", gelagert.

Nach älterer Anschauung beeinflußt der in der Filterpresse beim Entwässern von Massen sich abspielende Preßvorgang im allgemeinen die Homogenität einer keramischen Masse nicht. Neuerdings hat jedoch L. Navias[1] beim Abpressen auf der Filterpresse eine Neigung der Massen zur Entmischung festgestellt. Er fand, daß sich die leichteren Teilchen nach dem dem Eintritt entferntesten Teile des Preßkuchens hin bewegen, die schwereren sich dagegen an der Zuleitungsöffnung ansammeln. Um solche Mißstände praktisch zu verhüten, empfiehlt Navias Vermeidung zu hohen Preßdrucks, der die Trennung der groben von den feinen Teilchen begünstigt, richtige Mahlung, peinliche Reinhaltung der Masse-Mischgefäße und die zeitweise Entfernung etwaigen in ihnen angesammelten Bodensatzes, besonders wenn er hohes spezifisches Gewicht hat. Zur Kontrolle der Wirksamkeit dieser Maßnahmen ist es zweckmäßig, die Korngröße der gröbsten Teilchen im ersten und letzten Kuchen einer Presse auf mikroskopischem Wege vergleichsweise zu ermitteln. Auch nach P. P. Budnikoff und B. A. Hisch[2] lassen sich zuweilen im Querschnitt eines Preßkuchens Schichten und Nester beobachten, die ausschließlich aus Magerungsmitteln bestehen, und zwar können solche Absonderungen auch dann eintreten, wenn Fehler bei der Vorbehandlung der breiförmigen Masse ausgeschlossen sind. Die Erscheinung ist dann darauf zurückzuführen[2], daß bei fortschreitendem Dickerwerden der Masse in der Presse, besonders im mittleren Stadium des Pressens, die größeren Körner der Magerungsmittel gewissermaßen als eine Art Sieb oder feines Gitter wirken, indem sie das Wasser und die feinen Teilchen, also vor allem das plastische Material, durchlassen, dagegen die größeren Körner zurückhalten. Nach M. W. Fleroff[3] sind folgende Arten von Inhomogenität zu unterscheiden, die in der Masse beim Abpressen entstehen können: 1. Die Masse enthält nicht in allen Teilen die gleiche Menge jeden Bestandteils. 2. Die Entfernung der einzelnen Partikel ist verschieden groß. 3. Die blättchenförmigen Teilchen sind in manchen Teilen der Masse unregelmäßig, in anderen Teilen nach ihrer blättrigen Form gelagert. 4. Die Korngröße der Magerungsmittel ist in den verschiedenen Teilen der Masse verschieden. Ein Mittel zur Verhütung dieses Inhomogenwerdens der Masse beim Abpressen ist bisher noch nicht gefunden worden. Man benutzt die Filterpresse noch allgemein in der feinkeramischen Industrie als auch für die Entwässerung von Massen geeignetste und leistungsfähigste maschinelle Vorrichtung und sucht etwaige durch das Abpressen verursachte Entmischung mittels der späteren homogenisierenden Bearbeitung auf der Schlagmaschine oder im Tonschneider (s. u.) zu beheben. T. Place[4] empfiehlt, um möglichst gleichmäßige Filterkuchen zu erhalten, den Masseschlicker so schwer wie möglich zu machen. Auch Erhitzen des Schlickers drückt nach Place die Pumpzeit herab.

Die Dauer des Lagerns im Massekeller beträgt mindestens vier

[1] J. Amer. ceram. Soc. Bd. 8 (1925) S. 432; Ref. Sprechsaal Keramik usw. Bd. 59 (1926) S. 207.

[2] Sprechsaal Keramik usw. Bd. 62 (1929) S. 579. Ähnliches beschreibt auch O. Mucker: Keram. Rdsch. Bd. 36 (1928) S. 346.

[3] Ber. dtsch. keram. Ges. Bd. 13 (1932) S. 257.

[4] Ceram. Ind. Bd. 11 (1928) S. 612; Ref. Keramos Bd. 8 (1929) S. 281.

Wochen. Man erreicht durch sie, besonders bei den oft recht mageren Kaolinmassen, eine beträchtliche Erhöhung der Bildsamkeit. Während dieser Lagerung im feuchten Zustand vollzieht sich in der Masse der bereits früher (S. 97) besprochene sog. Faul- oder Maukprozeß, der für die Verbesserung der Verarbeitbarkeit vor allem magerer Massen im plastisch-knetbaren Zustand von großer Bedeutung ist. Im allgemeinen lehrt die Erfahrung, daß eine Porzellanmasse sich um so besser verarbeiten läßt, je länger sie gelagert hat[1].

Bei der Lagerung im feuchten Massekeller muß jede Verunreinigung der Masse von außenher sorgsam verhütet werden. Man hält deshalb alle Eisenteile fern, da sie in der feuchten Atmosphäre schnell Rost ansetzen, und stellt Wandungen, Decken und Sohlen der Keller aus glattgeputztem Zement her oder versieht sie mit einem gut gedichteten Belag glasierter Fliesen. Als Abdichtungsstoffe für Mörtel- und Betonwände zwecks Verhütung des Eindringens von Sickerwasser u. dgl. kommen in Frage die Präparate Trikosal der Chemischen Fabrik Landshoff & Meyer, A.-G., in Berlin-Grünau, und Prolapin und Lithurin von Hans Hauenschild G. m. b. H., Hamburg. Damit die lagernde Masse an der Oberfläche nicht austrocknet und hart wird, besprengt man sie von Zeit zu Zeit mit Wasser, bohrt wohl auch mit hölzernen Stangen Löcher hinein und füllt diese mit Wasser.

4. Durcharbeiten der abgepreßten Massen mittels Knet- oder Schlagmaschinen.

Vor der Weiterverarbeitung durch Drehen, Formen usw. wird die feucht gelagerte Masse zunächst gründlich durchgeknetet oder -geschlagen. Hierdurch soll sie gleichförmig gemacht, ein etwas verschiedener Feuchtigkeitsgehalt und Dichtigkeitsgrad der einzelnen in der Filterpresse verschieden stark gepreßten Massekuchen ausgeglichen und die Entfernung oder wenigstens die gleichmäßige Verteilung in der Masse befindlicher Luft erzielt werden[2]. Zweckmäßig mischt man Preßgut aus verschiedenen Filterpressen durcheinander, um größte Gleichmäßigkeit zu erzielen. Zum Durcharbeiten der Masse benutzt man den Tonschneider und die Masseschlag- oder -walzmaschine.

Man unterscheidet Messer- und Schneckentonschneider und bei beiden wiederum stehende und liegende Tonschneider. Bei dem Messertonschneider sind an einer drehbaren vertikalen Welle, die sich in einem Behälter bewegt, zahlreiche Messer übereinander angeordnet, am besten schraubenförmig derart, daß ihr Neigungswinkel nach unten sich immer mehr vergrößert[3]. Infolge der zunehmenden Neigung üben die Messer einen immer stärker werdenden Druck aus, so daß die Masse gründlich zerschnitten und durchgearbeitet wird. Bei dem Schneckentonschneider tritt an die Stelle der mit Messern besetzten Welle eine aus einzelnen Schraubensegmenten zusammengesetzte Schnecke[3]. Die Anordnung der einzelnen Segmente ist so getroffen, daß der Anfang eines jeden gegen das Ende des darüber

[1] Rieke, R.: Das Porzellan 2. Aufl. S. 83. Leipzig 1928.

[2] Sprechsaal Keramik usw. Bd. 20 (1887) S. 285, 422; ebenda Bd. 35 (1902) S. 633.

[3] Klár, H.: Tonind.-Ztg. Bd. 53 (1929) S. 1539.

befindlichen um 1/8 bis 1/10 des Kreisumfangs versetzt ist und eine kräftig pressende und mischende Wirkung auf die Masse ausgeübt wird. Auch an der inneren Wandung des Behälters sind vielfach noch Messer angebracht, außerdem auch Querstäbe eingesetzt, um ein Festklemmen der Masse zwischen den Messern oder ein Herumdrehen im Behälter zu verhindern. Der Austrag der gekneteten Masse erfolgt bei den stehenden Tonschneidern seitlich im unteren Teile des Behälters, also unter Änderung der Bewegungsrichtung der Masse. Liegende Tonschneider haben den Vorteil der Beschickung von der gleichen Flurhöhe aus[1]. Im übrigen gehen die Ansichten über die größere Wirksamkeit und sonstigen Vorteile der Tonschneider stehender und liegender Bauart auseinander. Nach W. E. Wells und A. V. Bleininger[2] wird man in der nordamerikanischen Industrie dort, wo mit gut arbeitenden Filterpressen bei niedrigem Druck und langer Preßdauer Preßkuchen von gleichmäßigem Gefüge und Wassergehalt erhalten worden waren, meist mit einem stehenden Tonschneider auskommen. Bei weniger sorgsamer Pressung der Masse wird aber ein liegender Tonschneider eine bessere Gewähr für die Erzielung einer gleichartigen Struktur derselben bieten. Im Laufe der Zeit sind an den Tonschneidern mannigfache Verbesserungen getroffen worden, sowohl hinsichtlich der Form der Gefäße als der Konstruktion der Schnecken u. a. m.

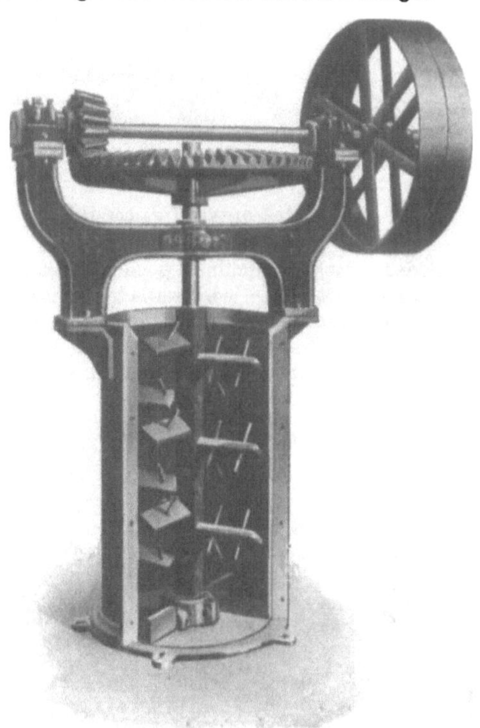

Abb. 53. Stehender Tonschneider mit Messern.

Die meist zylindrisch geformten Behälter der heutigen Tonschneider sind in der Regel nach dem Austragende etwas verjüngt, wodurch die sich nach diesem hinbewegende Masse immer inniger unter Zerschneiden durchgearbeitet, verdichtet und unter gesteigertem Druck aus der Öffnung herausgepreßt wird. Leistung und Energiebedarf der Tonschneider richten sich nach ihrer Bauart und der Beschaffenheit der zu mischenden Massen, und zwar erfordern feinkörnige Massen viel weniger Kraftaufwand als grobkörnige. Abb. 53 gibt einen stehenden Tonschneider mit Messern wieder.

Einen liegenden Tonschneider mit Schnecke, der zum Kneten von Steingutmassen dient, zeigt Abb. 54:

Der Antrieb der Tonschneider erfolgt durch Zahnradvorgelege und Riemenscheiben.

Die Masseschlagmaschinen sind ähnlich den Kollergängen gebaut und bestehen aus einem kreisrunden Tisch, der aus Zinkblech, geschliffnem Granit oder Syenit mit einer Fassung aus Hartholz oder Zinkblech hergestellt ist, um eine

[1] Klár, H.: a. a. O. [2] Trans. ceram. Soc. Bd. 29 (1930) P. I S. 79.

Berührung der Masse mit dem eisernen Untergestell zu verhindern. Durch den Tisch ragt eine vertikale Welle, an der zwei zueinander im rechten Winkel stehende Horizontalachsen angeordnet sind. Die eine Achse trägt an den Enden je eine um ihre eigene Achse drehbare, freischwebende, konische Walze aus Granit, Steinzeug, gut verzinktem oder emailliertem Eisen, die andere an jedem Ende je zwei Knetrollen oder je zwei umlaufende Knetrollenpaare aus dem gleichen Material wie die Läufer. Die Knetrollen besitzen konische oder zylindrische Form. Sowohl die Trommeln oder Walzen wie auch die Rollen sind entgegengesetzt angeordnet. Während die konischen großen Walzen den auf der Bodenplatte der Maschine liegenden Massestrang von obenher flach pressen, drücken ihn die Knetrollen wieder seitlich zusammen. Bei den Maschinen älterer Bauart ist die Bodenplatte unbeweglich und werden die Läufer und Knetrollen durch Antrieb von unten gedreht, während bei neueren Maschinen Läufer und Rollen vielfach feststehend angeordnet, d. h. nur um ihre eigne Achse drehbar sind, dagegen die Tischplatte mittels Kegelradantriebs beweglich ist. Eine Maschine neuerer Bauart zeigt Abb. 55.

Abb. 54. Liegender Tonschneider.

Abb. 55. Masseschlagmaschine neuerer Bauart für große Leistungen.

Die Anordnung des drehbaren Tischs bietet den Vorteil, daß die Masse an ein und derselben Stelle aufgegeben und abgenommen werden kann, was die Bedienung erleichtert und Betriebsunfällen vorbeugt. Seit einiger Zeit liefern mehrere Fabriken[1] Maschinen, bei denen die gute Durcharbeitung durch eine besondere Stellung der Knetrollen gewährleistet wird. Diese Knetrollen, die man früher durchgängig senkrecht stellte, sind hier schräg angeordnet. Sowohl die senkrechten seitlichen Rollen als auch die waagerechten Walzen können während des Gangs der Maschine verstellt werden. Ebenso kann der Winkel der Schrägstellung beliebig verändert werden, sogar während des Ganges. Auch sind die horizontalen Läufer nicht nur innen durch eine dünne Spindel verstellbar, sondern lassen sich auch gleichmäßig innen und außen heben und außerdem parallel oder in jedem Winkel zur Tischplatte einstellen. Durch diese Maßnahmen wird die Bewegung und Drehung des Massestrangs während des Durchknetens und damit der Erfolg des letzteren wesentlich verbessert[2].

[1] Keramos Bd. 8 (1929) S. 177 und 349.

[2] Vgl. hierzu auch C. Dornedden: Sprechsaal Keramik usw. Bd. 64 (1931) S. 332.

Bei der Bearbeitung der Masse auf der Schlagmaschine üben die schweren Läufer sowohl eine drückende als auch eine schiebende Wirkung auf den plastischen Werkstoff aus. Am stärksten beeinflußt wird hierbei die Schicht, die unmittelbar berührt wird. Von den seitlichen Knetrollen wird der Massestrang nach oben gedrückt, und infolgedessen werden die äußeren Teilchen durch solche aus dem Inneren des Stranges ersetzt. Die Erfahrung hat gelehrt, daß die Bearbeitung der Masse auf der Schlagmaschine nicht länger als etwa 20 Minuten betragen darf. Bei zu lange ausgeübter Knetwirkung nimmt der Luftgehalt wieder zu. Eine völlige Beseitigung aller, auch der kleinsten Luftblasen ist mit der Schlagmaschine kaum möglich. In weichen Massen[1] bleibt der Luftgehalt stets größer als bei mittelfeuchten oder harten Massen.

In der bildsamen Masse vorhandene Luft oder andere Gase haben manche Nachteile. Sie setzen die Bindefestigkeit der Masse herab, ebenso ihre Dichte, verursachen Hohlräume und Risse, was die Bruchgefahr der geformten Rohware vergrößert und die Eigenschaften der gebrannten Waren ungünstig beeinflußt, z. B. die mechanische Festigkeit und das Isoliervermögen der elektrischen Isolatoren, auch die Transparenz des Geschirrporzellans verringert. Die Erfahrung der Praxis hat gelehrt, daß die Beschaffenheit der rohen Masse durch nachträgliches Schlagen der Masse mit der Hand, vor allem aber durch Aufdrehen („Weichdrehen") und Durcharbeiten auf der Drehscheibe verbessert wird[2]. Diese Zurichtung der Masse wird durch die Vorbehandlung auf der Masseschlagmaschine erleichtert und verkürzt, da bei der maschinellen Durchknetung größere Mengen bearbeitet werden können. Die Leistung der Masseschlagmaschinen beträgt je nach ihrer Größe und Bauart etwa 90 bis 350 kg in 15 bis 20 Minuten, was einer Stundenleistung von 270 bis 1400 kg entspricht[1]. Ein Nachteil der Masseschlagmaschinen besteht darin, daß die Arbeit bei ihnen unterbrochen werden muß, wenn die durchgeknetete Masse vom Tisch entfernt und die Maschine neu beschickt wird.

M. Fleroff[3] hat gezeigt, daß die verschiedenen Arten der Inhomogenität, die in der Masse beim Abpressen in der Filterpresse hervorgerufen werden (S. 215), beim Durcharbeiten auf Masseschlagmaschinen verringert werden, doch verteilt sich das Homogenisieren nicht gleichmäßig über die ganze Masse, sondern schwächt sich nach der Mitte ab. Daher sind in der Masse, die zum Formen kommt, auch nach dem Durcharbeiten auf der Schlagmaschine die verschiedenen Arten der Inhomogenität in geringerem oder größerem Maße noch vorhanden, je nach dem Platze im Massering der Knetmaschine. Fleroff ist der Ansicht, daß nicht jede Masseschlagmaschine beliebiger Größe für die Aufbereitung jeder Masse geeignet ist. Vielmehr muß dies für die einzelnen Massen stets erst festgestellt werden, ebenso welche Geschwindigkeit und Verarbeitungsdauer für jede Masse am günstigsten ist. Nur auf diese Weise sowie durch Verbesserung der Formgebungsverfahren wird es möglich sein, nach dem Brennen ein Porzellan zu erhalten, das frei von inneren Spannungen ist und möglichst wenig Lufteinschlüsse enthält. Fleroff schlägt die Einführung von Maschinen mit ununterbrochener Leistung vor, die mit einem Vakuumapparat zur Entfernung der in die Masse gelangten Luftblasen verbunden sind.

Während man in der europäischen feinkeramischen Industrie die Masseschlagmaschine bevorzugt, wird in den nordamerikanischen Betrieben diese vielfach abgelehnt[4]. Als Ersatz benutzt man dort, wohl vor allem auch wegen ihrer konti-

---

[1] Klár, H.: Tonind.-Ztg. Bd. 53 (1929) S. 1541.

[2] Nach A. Pfaff [Ber. dtsch. keram. Ges. Bd. 5 (1925) S. 217] wird bei mehrmaligem Aufdrehen der Masse zu „Hubeln" ihr Luftgehalt geringer.

[3] Ber. dtsch. keram. Ges. Bd. 9 (1928) S. 596 und Bd. 10 (1929) S. 321; Bd. 13 (1932) S. 257; ferner Keram. i Steklo, Mosk. 1928 Nr. 6; Ref. Sprechsaal Keramik usw. Bd. 61 (1928) S. 1007.

[4] Steger, W.: Ber. dtsch. keram. Ges. Bd. 6 (1925) S. 208.

nuierlichen Arbeitsweise, und deshalb großen Leistungsfähigkeit, stehende Tonschneider mit senkrechter Knetmesserwelle und waagerechter Schnecke, also eine Vereinigung der auf S. 216 u. 217 beschriebenen Tonschneider. Der Mantel dieser Tonschneider ist aufklappbar, so daß die Maschine leicht gereinigt werden kann. Einen gegenteiligen Standpunkt nehmen bezüglich der Beurteilung der Masseschlagmaschine die amerikanischen Keramiker L. E. Barringer und Ch. Treischel[1] ein, nach denen die auf der Schlagmaschine gekneteten Massen durchschnittlich größeres spezifisches Gewicht und geringere Porosität als die im Tonschneider durchgearbeiteten besitzen.

Ohne Zweifel sind die heute benutzten Vorrichtungen zum Kneten der Massen noch mit gewissen Unvollkommenheiten behaftet, denn man ist mit ihnen zwar bis zu einem bestimmten Grad in der Lage, Ungleichheiten in der Dichte und im Feuchtigkeitsgehalt der Massen auszugleichen, nicht aber in der Masse enthaltene Gase zu entfernen und Ungleichheiten in der Teilchenanordnung zu beheben. C. Dornedden[2] empfiehlt zur Herstellung fehlerfreier Massehubel für Isolatoren eine Strangpresse. Für die Entfernung der Gasblasen aus der Masse scheint das einzige zum Ziel führende Mittel das Entlüften im Vakuum zu sein. Dieses Entlüften erfolgt, um die nachteilige Wirkung eines Gehalts an Gasen in den feinkeramischen Massen zu verhüten, auf die schon auf S. 96 und 219 hingewiesen wurde, nach dem Vorschlage von H. Spurrier[3] durch Behandeln der noch breiförmigen Massen im luftverdünnten Raum. Man setzt sie zunächst einem kräftigen Vakuum aus, das man dann plötzlich aufhebt, oder man erzeugt sogar nachträglich einen Überdruck. Erzeugnisse aus so behandelten Massen sollen nach Spurrier weniger porig als in üblicher Weise gefertigte sein. Den Vorschlag von G. W. Lapp[4], die in Form von Gasblasen oder im Wasser gelöst vorhandenen Gase aus dem Masseschlamm, ehe er in die Filterpresse gelangt oder als Gießschlicker Verwendung findet, im Vakuum bei erhöhter Temperatur zu entfernen, bezeichnen H. M. Kraner, A. H. Fessler und R. A. Snyder[5] für die Praxis als wenig zweckmäßig.

Aus dem Mitgeteilten geht hervor, daß das Problem der Entlüftung der feinkeramischen Massen zum Zwecke ihrer besseren Verarbeitbarkeit und der Verhütung von Fabrikationsfehlern bis heute weder für Massen im breiförmigen noch solche im plastischen Zustande einwandfrei gelöst ist.

Nach Bearbeitung der abgepreßten Masse auf einer oder mehreren Knetmaschinen wird sie in Ballen zerschnitten und je nach Bedarf in kleinere Stücke zerteilt, dann durch geeignete Fördervorrichtungen den Arbeitsräumen der Formerei oder Gestaltung zugeführt.

5. Zubereitung der Gießmassen (einschl. Vorrichtungen zum Sieben breiförmiger Massen).

Für die Herstellung von Gießmassen kommen von den auf S. 207 erwähnten Arbeitsvorgängen für die Zubereitung feinkeramischer

[1] J. Amer. ceram. Soc. Bd. 2 (1919) S. 306; Ref. Sprechsaal Keramik usw. Bd. 57 (1924) S. 41.

[2] a. a. O. S. 333.

[3] Amer. Patent 1559652 v. 24. 1. 1924, ausg. 3. 11. 1925; Chem. Ztbl. Bd. 97 (1926) I S. 1697. J. Amer. ceram. Soc. Bd. 9 (1926) S. 535.

[4] J. Amer. ceram. Soc. Bd. 11 (1928) S. 61; Ref. Sprechsaal Keramik usw. Bd. 61 (1928) S. 688 und Keramos Bd. 7 (1928) T. 1 S. 22.

[5] J. Amer. ceram. Soc. Bd. 11 (1928) S. 725; Ref. Sprechsaal Keramik usw. Bd. 62 (1929) S. 546 und J. Amer. ceram. Soc. Bd. 13 (1930) S. 11.

Massen streng genommen nur das Mahlen der Massen im ganzen oder gewisser Anteile und das Mischen der Bestandteile zu fertiger Masse unter Zusatz von Wasser in Betracht. Erfolgt die Verarbeitung der Masse nicht in plastischem, sondern in flüssig-breiförmigem Zustande, d.h. also durch Gießen, so wird sie trotzdem in der Regel zunächst in Filterpressen abgepreßt, dann aber in Rührbehältern oder „Mischquirlen" wieder fein verteilt und durch Zusatz von Soda und anderen Elektrolyten (S. 98) in die rahmartige Beschaffenheit des „Gießschlickers" gebracht. Man kann auch den frisch von der Mühle kommenden Massebrei mit oder ohne Zusatz von Elektrolyten unmittelbar anwenden, wobei man einen etwaigen Überschuß von Wasser durch Absitzenlassen der Trübe entfernt. Die Bereitung des Gießschlickers unmittelbar aus den Rohstoffen hat den Vorteil, daß das Abpressen der Masse und Wiederauflösen im Rührwerk wegfällt, also geringere Herstellungskosten erwachsen, aber den Nachteil, daß die fertige Ware unreines Aussehen zeigt, weil der viskose Schlicker das Sieben durch feinere Siebe praktisch unmöglich macht und auch die eisenentziehende Wirkung des kräftigsten Elektromagneten stark beeinträchtigt. Diese Herstellung der Gießmasse unmittelbar aus den Rohstoffen ist deshalb nur dann von Vorteil, wenn es sich um Massen handelt, die nicht rein weiß zu sein brauchen, sondern einen gelblichen Scherben besitzen dürfen[1]. Nach H. Harkort[2] bevorzugt man praktisch die Bereitung der Gießmassen aus Filterpreßmasse, weil störende Salze, die die Tone im natürlichen Zustande in mehr oder weniger großen Mengen enthalten, beim Abpressen mit dem Wasser zum größten Teil entfernt werden, also nun nicht mehr nachteilig wirken können.

Für den Fall, daß man zur Herstellung der Gießmasse keine abgepreßte Masse verwendet, wird zur Aufbereitung derselben folgendes Verfahren empfohlen[3]. Feldspat und Quarz werden mit der als zweckmäßig ermittelten Wasser- und Elektrolytmenge bis zum gewünschten Feinheitsgrad gemahlen. Dann wird der Gießschlicker in ein Rührwerk abgelassen und hier der Ton und Kaolin in Schlammform zugegeben.

Die Erfahrung hat gelehrt, daß im allgemeinen ein Zusatz von 0,1 bis 0,2 % wasserfreier Soda, bezogen auf trockene Masse, zur Herstellung eines gut gießbaren Schlickers genügt[4]. Eine andere Erfahrungsregel[5] schreibt etwa 20 g Kristallsoda auf 100 Liter Wasser vor. Nach H. Hecht[6] rechnet man bei der Herstellung von Gießmassen aus Tonen und Kaolinen, die mit Quarz, Feldspat und anderen

---

[1] Audley, J. A.: Pott. Gaz. 1930 S. 441; Ref. Keram. Rdsch. Bd. 38 (1930) S. 207.

[2] In F. Singer: Die Keramik im Dienste von Industrie und Volkswirtschaft S. 328. Braunschweig 1923.

[3] Keram. Rdsch. Bd. 36 (1928) S. 809.

[4] Berdel, E.: Einfaches chemisches Praktikum V. und VI. Teil S. 38 u. 102. Koburg 1929.

[5] Pukall, W., in F. Singer: a. a. O. S. 147.

[6] Lehrbuch der Keramik 2. Aufl. S. 95 Berlin 1930.

Magerungsmitteln versetzt sind, auf 100 kg Trockengewicht etwa 0,2 bis 0,4 kg wasserfreie Soda und 30 kg Wasser.

Eine zu große Sodamenge ist nicht nur deshalb schädlich, weil sie eine raschere Abnutzung der Gipsformen und Salzausblühungen an den Rändern der gegossenen Gegenstände, sondern auch ein Wiederansteifen (S. 101) der Gießmasse bewirkt. Nicht nur um das Absetzen, sondern auch um das Ansteifen zu verhindern, muß die Masse vor der Verwendung in den Vorratsgefäßen durch langsames mechanisches Umrühren ständig bewegt werden. Die zu beobachtende ausfällende Wirkung der Kalzium- und Sulfationen auf Gießschlicker rührt her[1] von 1. Abfällen in Berührung mit Gipsformen, 2. Tonen, die mit den Ionen beim Schlämmprozeß in Berührung gekommen sind oder mit Stoffen, die Kalziumsulfat als Verunreinigung enthalten, 3. dem in den Rührgefäßen zugesetzten Wasser. Diese ausfällende Wirkung ist als Ursache mancher Störung anzusehen, die beim Gießen auftritt. Aus diesem Grunde benutzt man zur Herstellung von Gießschlicker stets möglichst weiches Wasser. Die Gefahr des Ansteifens eines Gießschlickers wird auch erhöht, wenn er der Einwirkung der Kohlensäure der Luft ausgesetzt ist. Die Bewegung der Gießmasse darf nicht so erfolgen, daß dadurch Luft in dieselbe gelangt, da sonst Blasen in den gegossenen Erzeugnissen entstehen und Anlaß zu verschiedenen Fabrikationsfehlern gegeben wird. Man verwendet deshalb Rührer, deren Schaufeln nicht über die Oberfläche des Gießschlickers hinausragen.

Ein richtig hergestellter Gießschlicker enthält nach R. Rieke[2] durchschnittlich etwa 30% Wasser, also nur ungefähr 10% mehr als Formmasse. Sein spezifisches Gewicht kann etwa 1,7 bis 1,9 betragen. Massen, die infolge ihres zu hohen Gehalts an fettem Ton für das Gießen ungeeignet sind, magert man durch Zusatz von 20 bis 30% gebrannten Scherben derselben Masse. Nach F. P. Hall[3] ist es nicht ratsam, zur Bereitung der Gießmasse getrockneten Ton zu verwenden, da dieser bei der meist längere Zeit dauernden Wasseraufnahme dem Schlicker Wasser entzieht, also dessen Verdickung bewirkt.

Der Elektrolytzusatz muß auf Grund sorgfältig ausgeführter Proben nach früher angegebenen Gesichtspunkten (S. 102) für jede Masse genau innegehalten werden. Man verfährt bei der Ermittelung des Elektrolytzusatzes systematisch, wobei man zweckmäßig Versuchsreihen mit Natriumkarbonat, Natriumsilikat oder einem anderen Elektrolyten unter schrittweiser Änderung des Wasserzusatzes ausführt. In jedem Falle wird die Zähflüssigkeit der Gießmasse sofort nach dem Umschütteln der in Flaschen befindlichen Proben mit einem Viskosimeter gemessen[4].

Bei Bereitung der Gießmasse im großen ist es ratsam, das Alkali nicht auf einmal, sondern portionsweise nach und nach zuzusetzen[5]. Bei Verwendung von Wasserglas hält man zweckmäßig letzteres immer in sorgfältiger Mischung gleich-

---

[1] Anon.: Ceram. Ind. Bd. 12 (1929) S. 552; Abstr. Amer. ceram. Soc. Bd. 8 (1929) S. 512.

[2] Rieke, R.: Das Porzellan 2. Aufl. S. 96. Leipzig 1928.

[3] J. Amer. ceram. Soc. Bd. 13 (1930) S. 751.

[4] Näheres über das zweckmäßigste Verfahren zur Bestimmung der richtigen Konsistenz von Gießschlickern siehe u. a. Ber. dtsch. keram. Ges. Bd. 8 (1927) S. 98 und Sprechsaalkalender 1929 S. 60, auch Keram. Rdsch. Bd. 36 (1928) S. 809.

[5] Hind, S. R.: Pott. Gaz. 1930 S. 441; Ref. Keram. Rdsch. Bd. 38 (1930) S. 207.

mäßig vorrätig. Die Silikatlösung hat die Neigung, sich beim Stehen oder Kühlwerden abzusetzen. Tritt dies ein, so erhitzt man sie und rührt gründlich durch[1]. Zur Erzielung eines besonders hohen Schlickergewichts wird empfohlen[1] das gesamte Alkali zum plastischen Ton zu geben, dann den Kaolinschlicker mit gleichfalls hohem Schlickergewicht zuzufügen und darauf die unplastischen Bestandteile.

Die fertige Gießmasse soll stets so dünnflüssig sein, daß sie beim Ausgießen glatt ausfließt, ohne Schlieren zu hinterlassen. Zu große Verdünnung der soda- usw. -haltigen Gießmassen mit Wasser ist zu vermeiden, weil dadurch die Gipsformen stärker angegriffen werden und unter Umständen ein steinhartes Absetzen, ähnlich dem von Glasuren (S. 243), eintreten kann, das außerdem durch einen zu hohen Alkaligehalt der Masse begünstigt wird. Auch zu feine Mahlung befördert das Absetzen tonhaltiger Massen in trockner steinharter Schicht.

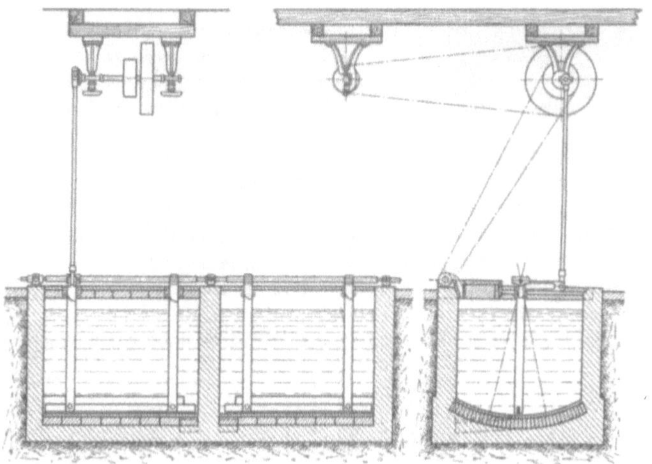

Abb. 56. Vorratsbehälter mit Rührpendel (Längs- und Querschnitt).

Zweckmäßig ist es, den Gießschlicker nicht gleich nach der Herstellung zu verwenden, sondern ihn erst mehrere Tage, nachdem er frisch gemahlen ist, stehen oder „altern" zu lassen, da ältere Gießmassen viel besser und ohne Auftreten von Fehlern verarbeitet werden können.

Man leitet die frisch bereitete Gießmasse in Sammelbehälter, wo sie mit schon vorhandener älterer Masse gemischt wird. Auf diese Weise hat man stets eine Gießmasse gleichmäßiger Beschaffenheit zur Verfügung.

Man hält den dünnen Masseschlamm in den Vorratsbehältern zur Verhütung der Entmischung infolge Absetzens der festen steinigen Bestandteile mittels Rührpendel in ununterbrochener Bewegung, die durch Wellenleitung und Vorgelege angetrieben werden (Abb. 56). Für runde Masseschlickerbehälter benutzt man Rührer mit senkrechter Welle und waagerecht umlaufenden Grundrührflügeln. Damit in die Vorratsbehälter keine Verunreinigungen gelangen können, werden

[1] Anon.: Ceram. Ind. Bd. 12 (1929) S. 552; Abstr. Amer. ceram. Soc. Bd. 8 (1929) S. 512.

sie sorgsam mit Holzbohlen oder dgl. zugedeckt. Mit Vorteil kann man zum Rühren des Gießschlickers auch die bereits früher beschriebenen Schraubenrührer (S. 212) benutzen.

Beim Einleiten in die Vorratsbehälter wird die flüssige Gießmasse zur Zurückhaltung von Verunreinigungen nochmals über Magnete (S. 46) und Siebe geführt. Die Siebfähigkeit eines Massebreies hängt außer von der Mahlfeinheit der festen Bestandteile und der Maschenweite des Siebes vor allem von der Dickflüssigkeit des Schlickers ab. Wie die Erfahrung lehrt[1], lassen sich sehr viskose Gießmassen durch ein Sieb, dessen Maschenweite weniger als 2 mm beträgt, nicht mehr hindurchbringen. Die Siebung ist am wirksamsten bei einer Dichte der Tonsuspension von weniger als 1,3. Sehr gebräuchlich ist zum Sieben keramischer flüssiger Massen auch heute noch das Klopfsieb (Abb. 57), bei dem der hölzerne Siebrahmen mittels einer Nockenscheibe einseitig angehoben und fallen gelassen wird. Die Leistung des Klopfsiebes ist gering, auch ist es zum Absieben dickflüssiger Schlämme kaum verwendbar. Es findet in der Keramik seit langer Zeit Verwendung und ist zwar einfach und leicht zu handhaben, muß aber gut überwacht und öfters gereinigt oder gegen ein anderes Klopfsieb ausgewechselt werden, damit keine Verstopfung eintritt.

Abb. 57. Klopfsieb.

Für den gleichen Zweck benutzt man auch Schüttelsiebe, die durch eine mecha-

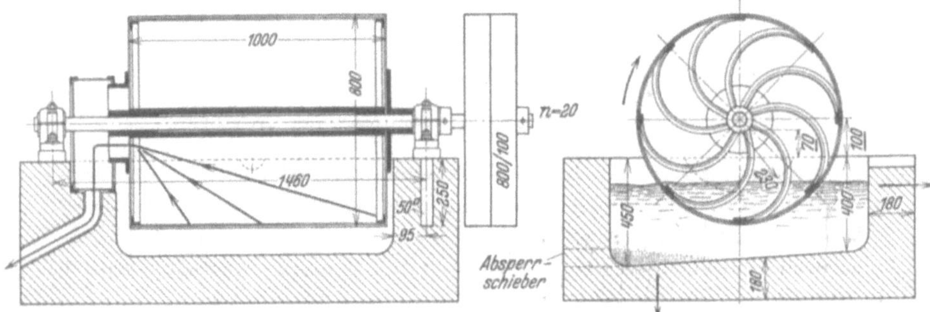

Abb. 58. Saugsiebtrommeln (Schnitt) für breiförmige Massen.

nische Vorrichtung horizontal hin- und herbewegt werden. Man kann hier auch zwei Siebe übereinander anbringen, wodurch die Sicherheit der Reinigung erhöht wird. Ein Nachteil der Schüttelsiebe besteht darin, daß bei ihnen die Umgebung leicht durch Spritzen verunreinigt wird. Der Antrieb für beide Siebarten erfolgt am einfachsten von der zur Bewegung des Rührpendels dienenden Welle mit Vorgelege aus. Der Kraftverbrauch für die Siebe ist gering. Außer den genannten Sieben verwendet man auch Naßsiebzylinder (s. a. S. 45), die sich drehen, und in die die flüssige Masse hineingeleitet wird. Sie haben den Vorteil großer Leistungsfähigkeit. Zur Offenhaltung der Maschen wird die Siebtrommel von außen mit frischem Wasser berieselt. Bei zweckmäßig geregelter Zuflußgeschwindigkeit ist

[1] Sprechsaal Keramik usw. Bd. 61 (1928) S. 595.

es bei einem 3 m langen Siebzylinder möglich, Tonschlicker vom spezifischen Gewicht bis zu 1,2 durch ein Siebgewebe von 8100 Maschen/cm² zu bringen[1]. Eine Verbesserung der Trommelsiebe, die aus neuester Zeit stammt, stellen die Saugsiebtrommeln dar, die bei besonders hoher Leistungsfähigkeit einwandfreies Aussieben gewährleisten (Abb. 58). Die Naß-Trommelsiebe finden besonders in der Steingutindustrie Verwendung, wo große Leistungen bei starker Verunreinigung verlangt werden, wie sie bei Verarbeitung von Rohtonen in Frage kommen.

Für die Siebung und magnetische Reinigung darf das Schlickergewicht zweckmäßig nicht höher als 1290 bis 1320 g in 1 Liter sein[2]. Sollen Schlicker unmittelbar vom Mischbottich verarbeitet werden, so muß man sie erst konzentrieren, indem man das überschüssige Wasser absitzen läßt. Die Konzentration des Schlickers durch künstliche Wärmezufuhr hat sich nicht bewährt.

Sehr zweckmäßig sind auch die vor einiger Zeit neu konstruierten raschschwingenden Rüttelsiebe, z. B. das „Visko-Sieb" der Maschinenfabrik G. Dorst A.-G., dessen Bauart Abb. 59 zeigt.

Abb. 59. Visko-Sieb mit hochliegendem Siebrahmen.

Das Visko-Sieb besteht aus einem Gehäuserahmen mit Elektromotor zum Antrieb und Schlagzeug sowie dem eigentlichen Siebrahmen, der entweder hoch- oder tiefliegend und in den Gehäuserahmen federnd eingehängt ist. Durch Schläge von sehr rascher Folge (Erschütterungsfrequenz = 2800 in der Minute) wird das Sieb in scharf abgerissene kurze Schwingungen versetzt. Das Visko-Sieb leistet etwa das Zehnfache wie ein gewöhnliches Klopfsieb von gleicher Siebfläche und Maschenweite. Es gestattet vor allem die Verwendung feinerer Siebgewebe und auch die Absiebung sehr viskoser Massen[3].

Von den Vorratsbehältern wird der Gießschlicker entweder in Transportfässer abgelassen oder mittels einer Membranpumpe oder Preßluft durch Rohrleitungen unmittelbar nach den einzelnen Verbrauchstellen befördert.

Der Einflußgeschwindigkeit des in den Quirl fließenden oder aus der Leitung zurückgelangenden Gießschlickers wird oft zu wenig Beachtung geschenkt[4]. Ist die Entfernung zwischen dem Ausflußende des Rohrs und der Flüssigkeitsoberfläche im Quirl zu groß, so entstehen Blasen, deren Menge nicht zu unterschätzen ist, da der zähflüssige Schlicker die Luft hartnäckig zurückhält. Je fetter, d. h. an plastischer Tonsubstanz reicher die Gießmassen sind, um so größer ist im allgemeinen ihre Neigung zur Blasenbildung. Deshalb trifft man diesen Fehler häufiger bei Steingut- als bei Porzellanmassen. Auf die Entstehung von Luftblasen in den gegossenen Stücken, deren Ursachen auf fehlerhaftes Arbeiten beim Gießen zurückzuführen sind, kann hier nur hingewiesen werden[5].

---

[1] Sprechsaal Keramik usw. Bd. 61 (1928) S. 595. [2] Hind, S. R.: a. a. O.

[3] Über die Wirkung des Visko-Siebes zur Reinigung von Porzellanmasseschlickern siehe O. Krause: Sprechsaal Keramik usw. Bd. 64 (1931) S. 374; über die Wirkungsweise der Vibrationssiebe im allgemeinen siehe W. Büche: Chem. Fabrik Bd. 6 (1933) S. 240.

[4] Ceram. Ind. Bd. 12 (1929) S. 535; Abstr. Amer. ceram. Soc. Bd. 8 (1929) S. 512.

[5] Vgl. hierzu z. B. Sprechsaal Keramik usw. Bd. 61 (1928) S. 556.

Eine nordamerikanische Porzellanfabrik benutzt nach P. Sanborn[1] weder Soda noch Wasserglas als Elektrolytzusatz, sondern lediglich organische Stoffe. Der dort verwendete Ball Clay enthält nämlich eine große Menge Lignit, in dem die betreffenden wirksamen organischen Stoffe vorhanden sind. Der Ton wird in den täglich benötigten Mengen in Rührwerken mit Wasser fünf Stunden lang durchgerührt und passiert dann ein Sieb, wobei der Lignit zurückgehalten wird, das aus ihm Herausgelöste aber im Ton verbleibt. Von diesem Tonbrei wird in jedes Mischgefäß, in dem Gießmasse hergestellt wird, die erforderliche Menge gegeben, dazu der Kaolin und nun zunächst gut durchgemischt. Dann wird der vorher gemahlene Quarz und Feldspat zugefügt und die Mahlung fortgesetzt. Zur Bereitung der Massen wird ausschließlich destilliertes Wasser verwendet.

Während der Herstellung und des Stehenlassens des Schlickers werden Bestimmungen des spezifischen Gewichts und der Viskosität ausgeführt. Die Messung der Viskosität ist nach P. Teetor[2] die wichtigere. Sie muß mit den Ergebnissen in der Gießereiabteilung und dem Ausfall der Waren beim Brennen verglichen werden. Jede Änderung in den Rohstoffen wird immer eine Änderung der Viskosität erfordern, ebenso auch eine Änderung der Temperatur.

6. Zubereitung von Trocken-Preßmassen.

Bei dem sogenannten Trockenpreßverfahren wird die fertig gemischte Masse als lockeres, mehr oder weniger angefeuchtetes Pulver durch Einpressen in Metallformen unter Druck zu Gebrauchsgegenständen, vor allem solchen für technische Zwecke, verarbeitet. Hierbei wird zunächst eine Masse nach dem üblichen Naßverfahren (S. 207) mit nachfolgendem Abpressen auf der Filterpresse hergestellt, dann dieselbe abgetrocknet und in Pulverform übergeführt. Auf feine Mahlung der benutzten Rohstoffe ist ganz besonders zu achten. Trockenzubereitung der Rohmaterialien kommt kaum in Frage, da erfahrungsgemäß die aus naß gemahlenen Grundstoffen hergestellte Preßmasse der durch Trockenaufbereitung erzeugten an Preßfähigkeit bedeutend überlegen ist[3]. Auch werden durch feiner gemahlene Rohstoffe die Matrizen weniger stark abgenutzt. Außer den Massekuchen aus der Filterpresse werden, falls in einem Werk Dreherei vorhanden ist, auch die Drehabfälle mit zur Preßmasse benutzt. Die auf den üblichen Trockenvorrichtungen oder lediglich durch Heißluft[4] entwässerte Masse wird zweckmäßig auf einem Mahlwerk, bestehend aus je einem Paar Vorbrech- und Feinmahlwalzen, pulverisiert und gelangt dann über eine schräge Rinne, in der ein starker Elektromagnet angebracht ist, in den Vorratsilo[3]. Das Abwiegen der dem Silo entnommenen pulverförmigen Masse erfolgt, wenigstens in größeren Betrieben, zweckmäßig automatisch. Auch die zuzusetzenden Flüssig-

[1] Ceram. Ind. Bd. 13 (1929) S. 256; Abstr. Amer. ceram. Soc. Bd. 8 (1929) S. 823.

[2] Ceram. Ind. Bd. 12 (1928) S. 605; Abstr. Amer. ceram. Soc. Bd. 8 (1929) S. 130.

[3] Sacklowski, L.: Sprechsaal Keramik usw. Bd. 60 (1927) S. 143.

[4] Spurrier, H.: J. Amer. ceram. Soc. Bd. 5 (1922) S. 151; Ref. Sprechsaal Keramik usw. Bd. 56 (1923) S. 217.

keitsmengen werden selbsttätig den aufgestellten Flüssigkeitsbehältern entnommen und in staubdichten Vorrichtungen mit der trockenen Masse gemischt. Da die nur mit Wasser angemachte krümelige Masse in den Stahlformen festklebt[1], so benutzt man als Flüssigkeitszusatz ein Gemisch von Wasser mit Petroleum oder dgl. und einem fetten Öl, also z. B. Rüböl. Die Zusammensetzung und zuzusetzende Menge des Gemisches muß in jedem Falle genau ausprobiert werden. da von diesen Faktoren der Erfolg bei der Herstellung von Preßwaren in hohem Maße abhängig ist. Als Beispiel für die Zusammensetzung einer zum Pressen fertigen Masse diene folgende Vorschrift[2].

50 kg trockene Masse,
$^3/_8$ l fettes Öl (Rüböl),
1½ l Petroleum,
8 l Wasser.

An Stelle von Petroleum finden auch andere Mineralöle Verwendung, z. B. solche von der Braunkohlenschwelung.

Abb. 60. Schleudermühle zum Mischen von Trockenpreßmasse.

Das Mischen der Masse mit dem Olgemisch usw. geschieht entweder, besonders in kleineren Betrieben, mit der Hand unter gründlichem Durcheinanderschaufeln, oder in der Kugelmühle oder vielfach in besonderen Misch- und Knetmaschinen, deren Bauart etwa den in Bäckereien benutzten entspricht. Auch Schleudersiebe werden für diesen Zweck verwendet, die zugleich die Absiebung der Masse besorgen[3].

Zur feinen Zerteilung der bröckligen, aber infolge der Anfeuchtung etwas zum Zusammenbacken neigenden Masse dient am besten eine Schlagkreuzmühle oder Schleudermühle (Desintegrator) (Abb. 60), mit der sich die Masse bei geringstem Kraftverbrauch in ein lockeres, vollständig gleichartiges grießliches Mehl verwandeln läßt. Als besonders vorteilhaft hat sich eine Maschine bewährt, in der sich beide Schlägerseiten gegeneinander drehen[4]. In kleineren, einfacher eingerichteten Betrieben sowie auch bei an sich lockerem Gefüge der Massen im rohen Zustande wird die Schleudermaschine häufig von vornherein als einzige Vorrichtung zum Pulverisieren der Preßmasse und Drehereiabfälle benutzt. Von der Schleudermaschine fällt die fertige Preßmasse in eine Grube, aus der sie durch einen Becherelevator unter Zwischenschaltung eines Magneten den Preß-

[1] Dornedden, C.: Sprechsaal Keramik usw. Bd. 62 (1929) S. 905.
[2] Taschenbuch für Keramiker 1930 S. 76.
[3] Keram. Rdsch. Bd. 36 (1928) S. 769 (Fragekasten).
[4] Sacklowski, L.: Sprechsaal Keramik usw. Bd. 60 (1927) S. 145.

räumen zugeführt wird[1]. Zum Herstellen gleichmäßig durchfeuchteter knotenfreier Preßmasse ist auch der Gegenstrom-Schnellmischer der Maschinenfabrik G. Eirich, G. m. b. H., Hardheim (Baden) geeignet.

Nach einem Vorschlag von H. Spurrier[2] soll die aus der Filterpresse kommende Masse nicht völlig getrocknet, sondern ihr der Feuchtigkeitsgehalt nur bis auf etwa 16% entzogen werden, worauf die noch feuchte Masse in einer Schleudermühle pulverisiert und in diesem Zustande sofort weiter verarbeitet wird. Auf diese Weise behandelte Masse soll nach Spurrier die Formen besser ausfüllen.

Auf die angegebene Weise werden Porzellan-, Steingut- und Steinzeugmassen zum Trockenpressen zubereitet[3]. Zum Pressen von Gegenständen aus Steatit oder Speckstein (S. 118) erfolgt diese Zubereitung entweder auf trocknem Wege oder durch das Naßmahlverfahren. Ein Zusatz von Wasser, Öl, Petroleum u. dgl. ist bei Steatitmassen nicht erforderlich[4]. Von amerikanischen Fachmännern[5] wird neuerdings zur Herstellung kleiner dünnwandiger Porzellangegenstände für elektrotechnische Zwecke auch eine Trockenpreßmasse aus Speckstein und Ton (3 : 1) mit einem Zusatz von etwa 20% Wachs oder einem anderen organischen Bindemittel benutzt. Das Wachs wird vor dem Zusatz zur Masse in Kohlenstofftetrachlorid aufgelöst. Dieses Verfahren soll die Innehaltung sehr genauer Abmessungen der gepreßten Gegenstände ermöglichen.

Auch das früher ausführlich beschriebene Saugzellen-Trommelfilter der Maschinenfabrik Imperial, Meißen (S. 78), wird zur Abtrocknung frisch zubereiteter Masse für Preßzwecke verwendet, und zwar liefert, falls die betreffende Masse für das Verfahren überhaupt geeignet ist, das genannte Filter der „Imperial" mit unmittelbar angeschlossener Trocknung innerhalb 2 Stunden preßfähige Masse.

Über die Herstellung von Wand- und Fußbodenplatten durch Trockenpressung und die Vorbereitung der hierzu erforderlichen Massen s. unter Steingutwandplatten (S. 271) und Fußbodenplatten aus Steinzeug (S. 280).

7. Neuere Gesichtspunkte für die Einrichtung feinkeramischer Massebereitungsanlagen.

Bei den Bestrebungen, die Herstellungskosten der rohen Massen und damit die Gestehungskosten überhaupt auf ein Mindestmaß herabzusetzen, ohne daß die Güte der erzeugten Waren hierdurch leidet, sondern wenn möglich im Gegenteil noch erhöht wird, handelt es sich vor allem darum[6], die einzelnen Arbeitsvorgänge möglichst laufend aufeinander unter Ausschaltung von Zwischenpausen, unnötigem Hin- und Herbefördern der Materialien und tunlichster Ersparung kostspieliger Handarbeit vorzunehmen. Am leichtesten läßt sich diese Mechanisierung bei der Aufbereitung stückiger, harter Materialien, wie Feldspat, Quarz, Kalkspat usw., durchführen und der Mahl- und Siebvorgang kontinuierlich gestalten (s. a. S. 196). Beim Aufbereiten der plastischen Rohstoffe durch Schlämmen ist ein Arbeiten im ununterbrochenen Betriebe nicht durchführbar, solange man mit dem längere Zeit erfordernden Absetzen des Feinguts in den Absitzbehältern

[1] Sacklowski, L.: a. a. O.

[2] J. Amer. ceram. Soc. Bd. 5 (1922) S. 151; Ref. Sprechsaal Keramik usw. Bd. 56 (1923) S. 217.

[3] Weiteres siehe H. Tives: Sprechsaal Keramik usw. Bd. 63 (1930) S. 739.

[4] Singer, F.: Die Keramik im Dienste von Industrie und Volkswirtschaft S. 404. Braunschweig 1923.

[5] Shaw, L. I., A. G. Johnson u. W. I. Scott: J. Amer. ceram. Soc. Bd. 14 (1931) S. 851.

[6] Lipinski, F.: Keram. Rdsch. Bd. 36 (1928) S. 123.

aus der wässerigen Aufschlämmung zu rechnen hat. Wandel schaffen ließe sich hier erst durch Einführung von Zellentrockenfiltern[1].

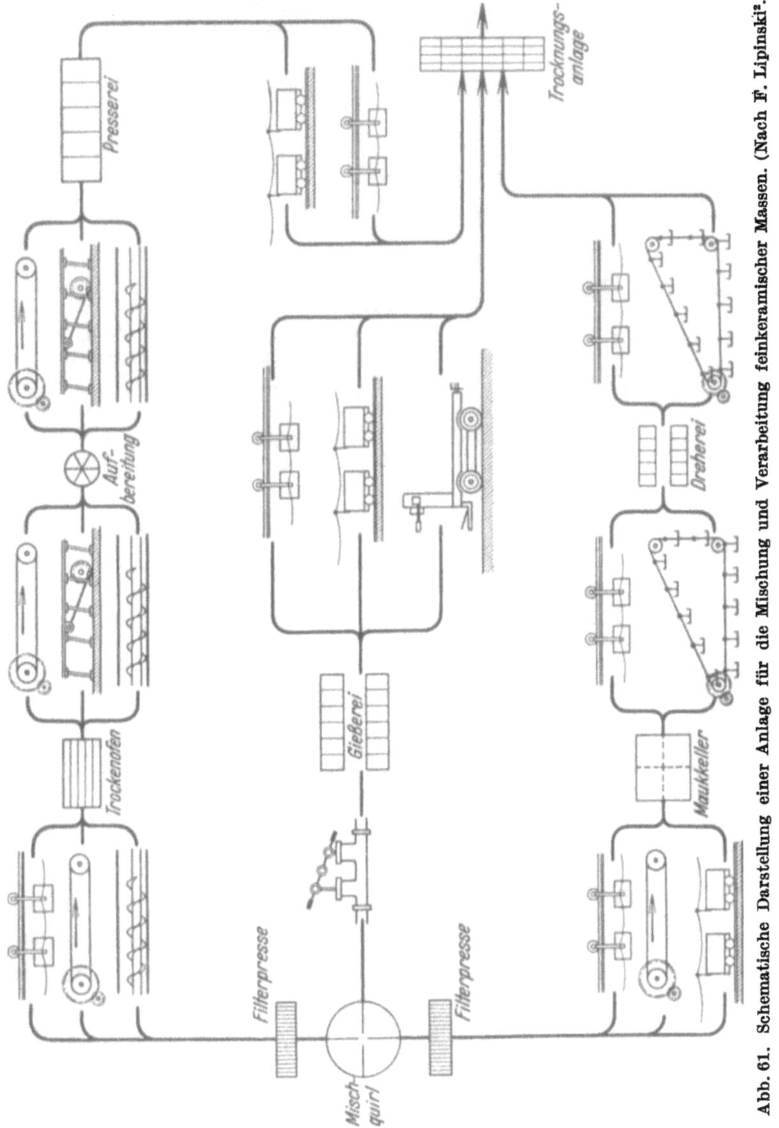

Abb. 61. Schematische Darstellung einer Anlage für die Mischung und Verarbeitung feinkeramischer Massen. (Nach F. Lipinski[2].)

Wo die Grundwasserverhältnisse es gestatten, empfiehlt es sich, die Räume, in denen die Massebereitung stattfindet, zu unterkellern. In diesem Falle können

[1] Lipinski, F.: a. a. O. S. 342.

[2] Keram. Rdsch. Bd. 36 (1928) S. 342; siehe dort auch weitere Beispiele für die Massebereitung. Vgl. a. w. u., Abschnitt „Porzellan", S. 299.

die Massekuchen, wie sie aus der Filterpresse kommen, unmittelbar in den Massekeller hinabgeworfen werden[1].

Die Fließarbeit unter Benutzung mechanischer Einrichtungen[2] wird im allgemeinen und in erster Linie nur in großen Betrieben und bei Massenfertigung durchführbar sein.

Über die Einrichtung neuzeitlicher Porzellan- und Steingutfabriken vgl. auch H. Tives[3,4].

Ein Beispiel einer neuzeitlichen Anlage für die Aufbereitung und Verarbeitung feinkeramischer Massen samt den zugehörigen Einrichtungen für den Weitertransport zeigt Abb. 61.

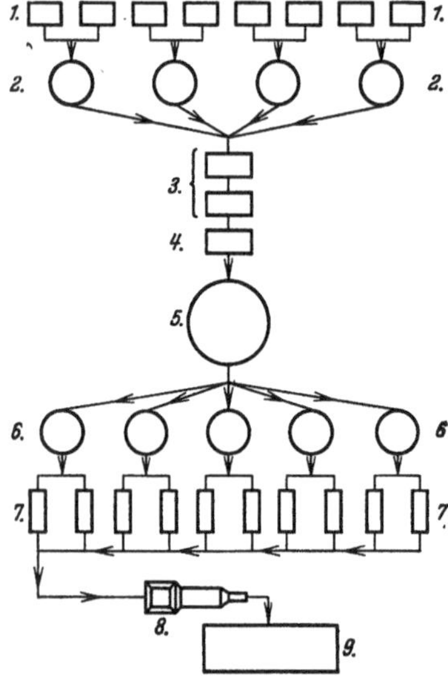

Abb. 62. Schema einer Masseaufbereitungsanlage. (Nach F. H. Riddle und R. Twells.)

Die amerikanischen Keramiker F. H. Riddle und R. Twells haben für die Einrichtung feinkeramischer Masseaufbereitungsanlagen ebenfalls gewisse Grundsätze aufgestellt[5], wobei sie vor allem auch der Durchführung einer laufenden Betriebskontrolle zwecks Erzielung gleichmäßiger Waren große Aufmerksamkeit widmen. Sie empfehlen für die Einrichtung der Masseaufbereitung von der Mühle bis zum Lagerkeller das in Abb. 62 wiedergegebene Schema.

1. Trommelnaßmühlen (Prüfung auf spezifisches Gewicht, Viskosität, Mahlfeinheit).
2. Versenkte Quirle (Prüfung wie bei 1).
3. Zwei Siebe gleicher Maschenweite, hintereinander geschaltet.
4. Elektromagnetscheider.
5. Behälter zur Aufnahme des gesamten Masseversatzes (Prüfung auf spezifisches Gewicht und Viskosität).
6. Stählerne Druckgefäße.
7. Filterpressen (Brennproben).
8. Tonschneider.
9. Lagerkeller (probeweise Herstellung fertiger Ware vor der Verarbeitung des gesamten Massepostens).

8. Verarbeitung von Masseabfällen.

Beim Verarbeiten feinkeramischer Massen in der Dreherei und Formerei ergibt sich notwendigerweise aus dem Arbeitsgange selbst, daß Masseabfälle, auch „Massespäne" („Drehspäne") genannt, entstehen. Sie sind nicht als wertlose Abfälle anzusehen, sondern werden, da sie im

[1] Simon, A.: Keramos Bd. 3 (1924) S. 21.

[2] Ausführliches siehe F. Lipinski: Keram. Rdsch. Bd. 36 (1928) S. 123 u. 341.

[3] Sprechsaal Keramik usw. Bd. 63 (1930) S. 737.

[4] Eingehende Mitteilungen hierüber s. ferner bei F. Lipinski: Keram. Rdsch. Bd. 36 (1928) S. 261; Ausschuß für Förderwesen beim AWF: Förderwesen in der Keramik und in den Betrieben der Industrie der Steine und Erden. Berlin 1929.

[5] J. Amer. ceram. Soc. Bd. 10 (1927) S. 281; Ref. Keramos Bd. 6 (1927) S. 225 und Sprechsaal Keramik usw. Bd. 60 (1927) S. 792.

allgemeinen aus reiner Masse bestehen, die allerdings verunreinigt sein kann, dem Herstellungsprozeß wieder zugeführt. Man verwendet sie entweder unmittelbar zur Erzeugung minderwertiger Waren, bei denen es auf reines Ansehen weniger ankommt, oder man schlämmt sie im Rührquirl nochmals in Wasser auf. In der Dreherei und Formerei oder auf dem Transport in die Masse gelangte Unreinheiten, wie Gipsstücke, Holz- oder Eisenteilchen, entfernt man bei der Wiederaufbereitung der Abfälle durch Einschalten von Sieben und Magneten und preßt dann die Masse in üblicher Weise in der Filterpresse ab, um sie in plastischem Zustande zu verwenden, oder verarbeitet sie nach Zusatz von Verflüssigungsmitteln als Gießschlicker[1]. Auch zum Pressen kann die Abfallmasse Verwendung finden. Nicht ratsam ist es, die Abfallmasse unmittelbar der frischen Masse auf der Schlagmaschine zuzusetzen, da auf diese Weise die gleichmäßige Beschaffenheit der Masse beeinträchtigt wird. Entweder ist nämlich die Abfallmasse schon etwas abgetrocknet, oder sie ist vom Drehen oder Formen her wasserreicher und schlammiger als die frische Masse, so daß deren Schwindung ungleichmäßig wird und Herstellungsfehler verursacht werden.

Wer vorsichtig verfahren will, dem ist zu raten, die Abfallmasse zunächst für sich auf die Trommel zu geben und unter Zusatz von Wasser nochmals zu mahlen, sie dann durch ein Sieb abzulassen und erst nun in bestimmtem Mengenverhältnis mit der frischen Masse auf dem Quirl zu mischen, oder sie für sich abzupressen, die Preßkuchen gesondert zu stapeln und der frischen Masse davon eine gleichfalls bestimmte Menge zuzugeben.

Soweit dies möglich ist, wird es immer am bequemsten und vorteilhaftesten sein, die Masseabfälle mit bei der Herstellung von Gießmasse zu verwenden. Flüssige Abfälle aus der Gießerei dürfen grundsätzlich nur wieder zu Gießmasse verarbeitet werden, da sie Soda usw. enthalten.

Gießereiabfall, der mit einer saugenden Gipsform in Berührung war, enthält eine unbestimmte Menge der ihm ursprünglich zugesetzten Chemikalien, weil die Form ihm Wasser und damit einen Teil dieser Verbindungen entzogen hat.

9. Massebereitung auf trockenem Wege.

Wie der Name andeutet, arbeitet das Verfahren ausschließlich mit trockenen Rohstoffen, die durch Mahlen und Windsichtung (S. 89) auf den erforderlichen Feinheitsgrad gebracht worden sind. Die Zerkleinerungsvorrichtungen sind die gleichen wie früher beschrieben. Bisher hat die Trockenaufbereitung zur Herstellung feinkeramischer Massen nur wenig Eingang in der Industrie gefunden, höchstens bei der Fabrikation von Fußbodenplatten[2] (S. 280).

---

[1] Vgl. hierzu Abb. 69 auf S. 299, Schema der Aufbereitung von Elektroporzellanmasse, nach Spindler, wo die Rückkehr der Abfälle in den Quirl gleichfalls angedeutet ist.

[2] Vgl. beispielsweise A. Dahl: Sprechsaal Keramik usw. Bd. 54 (1921) S. 395, auch J. K. Bohr: Keram. Rdsch. Bd. 35 (1927) S. 486.

Nach J. K. Bohr[1] soll das Trockenverfahren in einem ausländischen Werk auch bei der Porzellanherstellung benutzt werden. Das gemahlene und durch Windsichtung in feinstes Korn aufgeteilte Hartmaterial wird dort mit dem Ton und Kaolin trocken gemischt, mit Wasser versetzt und gelagert („gesumpft“), mehrmals durch den Tonschneider gegeben und verarbeitet.

Da bei der Trockenaufbereitung der Massen Bestandteile sehr verschiedener Härte in der Kugelmühle zusammenkommen, so scheint es möglich, daß die weicheren Bestandteile die Mühle rascher verlassen als die härteren und somit eine Entmischung eintritt. Zu Anfang jedes Arbeitsganges ist dies auch wirklich der Fall, gleicht sich aber nach und nach wieder aus, da im Kreislauf von Mühle und Sichter kein Mahlgut verlorengeht. Mit der Zeit stellt sich somit ein Gleichgewichtszustand ein, sobald das Mahlgut gleichmäßig und in gleichbleibender Zusammensetzung in die Kugelmühle gegeben wird[2].

C. Die Glasuren und ihre Herstellung.

1. Beschaffenheit der Glasuren im allgemeinen.

Die meisten der aus feinkeramischen Massen hergestellten Warengattungen werden mit einer Glasur überzogen. Glasuren sind der Scherbenunterlage angepaßte Gläser oder glasartige Überzüge, die die keramischen Erzeugnisse in dünner Schicht bedecken und auf sie aufgeschmolzen sind. Sie sind als amorphe Stoffe und wie die wirklichen Gläser als feste Lösungen anzusehen. Die Glasuren besitzen einen niedrigeren Erweichungspunkt als die von ihnen überzogenen Massen. Die Glasur hat den Zweck, den keramischen Körpern „Dichte, Härte, Glätte und Glanz zu verleihen, sie zu schmücken und ihre Verwendbarkeit, Haltbarkeit und Schönheit zu steigern“[3]. Porige, aufsaugefähige Massen werden durch die Glasur abgedichtet und dadurch vor dem Eindringen von Flüssigkeiten aller Art geschützt, z. B. Schmelzware (S. 247) oder Steingut (S. 251). Dichtgebrannte, vollkommen gesinterte Massen erhalten durch die Glasur eine glattere, glänzende Oberfläche. In beiden Fällen wird dadurch die Gebrauchsfähigkeit der Gegenstände erhöht und ihr Aussehen gefälliger. Bei der Schmelzware dient die weiße Glasur außerdem dazu, den an sich gelblich oder grau brennenden Scherben zu verdecken („Deckglasur“).

Während man im allgemeinen bestrebt ist, die Glasuren auf dem Scherben in Form eines hochglänzenden, stark lichtbrechenden, vollkommen glatten oder „blanken“ Überzugs anzubringen, wird bei den sogenannten Mattglasuren die Zusammensetzung absichtlich so gewählt, daß ein Überzug von höchstens wachsartig glänzender, nicht spiegelnder Oberfläche entsteht.

---

[1] a. a. O. S. 487.

[2] Kauffmann in F. Singer: Die Keramik im Dienste von Industrie und Volkswirtschaft S. 359. Braunschweig 1923; ferner K.J. Bohr: Keram. Rdsch. Bd. 35 (1927) S. 486.

[3] Tostmann in F. Singer: Die Keramik im Dienste von Industrie und Volkswirtschaft S. 168. Braunschweig 1923.

Die Glasuren sind entweder farblos oder gefärbt. Vielfach werden auf den farblosen, weißen oder andersfarbigen Glasuren auch noch Malereien angebracht. Im Rahmen dieser Ausführungen werden ausschließlich durchsichtige ungefärbte und weiße deckende Glasuren besprochen.

Den Glasuren ähnlich sind die sogenannten Begüsse oder Engoben, die hier nur kurz erwähnt werden können. Sie stellen eine durch den Brennvorgang herbeigeführte Veredelung der keramischen Körper durch dünne Überzüge dar. Der Unterschied besteht darin, daß die Begüsse beim Brennen nicht wie die Glasuren in glasartigen Schmelzfluß geraten, sondern nur sintern und auf dem Scherben eine poröse, erdige Schicht bilden.

Nach E. Zschimmer[1] ist die Frage, ob die keramischen Glasuren als homogene Gläser zu betrachten sind, dahin zu beantworten, daß „jedenfalls die Hauptmenge einer Glasur aus Glas besteht", wobei sich aber „wahrscheinlich in den meisten gläsernen Überzügen der keramischen Erzeugnisse noch ungelöste Überreste der Mühlenzusätze befinden".

Die Zusammensetzung der Glasuren hängt, ganz allgemein gesagt, von der Beschaffenheit der Massen ab, auf denen sie als Überzüge Verwendung finden sollen. Nach der Garbrenntemperatur der betreffenden Masse muß sich die Schmelztemperatur der zugehörigen Glasur richten. Damit ist auch ihre chemische qualitative und quantitative Zuammensetzung innerhalb gewisser Grenzen gegeben. Außerdem ist für die Zusammensetzung einer Glasur vor allem maßgebend, daß sie zu dem Scherben, den sie bedeckt, gut paßt und mit dem Gegenstand, den sie überzieht, ein haltbares, widerstandsfähiges Ganzes bildet. Dies ist nur möglich, wenn die physikalischen Eigenschaften von Scherben und Glasur, vor allem ihre Wärmeausdehnung, miteinander übereinstimmen. Durch exakte Prüfverfahren läßt sich ermitteln, ob dies zutrifft[2]. Ist eine Glasur für eine Masse nicht passend, so bleiben nach dem Abkühlen zwischen Scherben und Glasur Spannungen bestehen, und die Glasur bildet auf dem gebrannten Scherben keine zusammenhängende Schicht, sondern es entstehen in ihr Sprünge und Risse (Haarrisse), oder die Glasur platzt teilweise ab, wobei sogar Stücke von dem Scherben losgelöst werden können oder dieser ganz zertrümmert werden kann[3]. Kurz zusammengefaßt ist das Auftreten dieser Glasurfehler von folgenden Einflüssen abhängig[4]: Dem un-

---

[1] Sprechsaal Keramik usw. Bd. 57 (1924) S. 287 und Keramos Bd. 4 (1925) S. 23.

[2] Steger, W.: Ber. dtsch. keram. Ges. Bd. 8 (1927) S. 24; Bd. 9 (1928) S. 203 und Bd. 13 (1932) S. 41. Rieke, R., u. E. Kunstmann: a. a. O. Bd. 10 (1929) S. 189. Rieke, R., u. W. Schade: a. a. O. Bd. 13 (1932) S. 329.

[3] Näheres hierüber siehe Segers: Gesammelte Schriften 2. Aufl. S. 474. Berlin 1895.

[4] Pulieso, S. G.: Ber. dtsch. keram. Ges. Bd. 14 (1933) S. 105.

gleichen Ausdehnungskoeffizienten von Scherben und Glasur, dem verschiedenen Verlauf der Ausdehnung beider, der Zugfestigkeit und Elastizität der Glasur und dem Grad der Bildung einer Zwischenschicht zwischen Glasur und Scherben. Diese Faktoren werden, insbesondere bei Steingut, wiederum beeinflußt durch die Zusammensetzung der Masse, die der Glasur, die Mahlfeinheit der Masse, die Höhe des Rohbrandes, die Porosität des Scherbens, die Plastizität der rohen Glasur und die Dicke der Glasurschicht, die Höhe und Dauer des Glattbrandes, die Feuerführung im Muffelbrande (Dekorationsbrand) und die Abkühlung der Ware[1].

Die Glasurfehler können sich entweder sofort nach dem Brennen der Waren zeigen oder erst längere Zeit, nachdem diese den Ofen verlassen haben. Fehler der letzteren Art entstehen infolge von Veränderungen, die im Laufe der Zeit entweder im Scherben, z. B. infolge Dehnung durch Wasseraufnahme[2], oder in der Glasur eintreten[3], wahrscheinlich durch sehr langsam vor sich gehende molekulare Umwandlungen oder das Vorhandensein nicht sichtbarer Kristallkeime, die allmählich zur Entglasung (S. 235) der Glasur führen[4].

Die Zusammensetzung der normalen Glasuren ist so zu wählen, daß sie beim Brennen einen gewissen Grad von Dünnflüssigkeit erreichen, also gut ausfließen, ohne von stark geneigten Flächen zu sehr abzulaufen, beim Abkühlen aber glasig erstarren. Einen scharf begrenzten Schmelzpunkt besitzen sie nicht[5]. Das Lösungsvermögen einer Glasur für ihr einverleibte Stoffe hängt von ihrer Zusammensetzung und Brenntemperatur ab.

Eine wichtige Konstante der Glasuren ist ihre Entspannungstemperatur. Man versteht nach W. Steger[6] unter ihr die Temperatur, bei der beim Erwärmen oder Abkühlen von Scherben und aufgeschmolzener Glasur Unterschiede in der Dehnung oder Zusammenziehung in der Bildung von Spannungen sich auswirken. Nach H. Schönborn[7] beginnen bei der Entspannungstemperatur eines Glases die in dem Glase vorhandenen Spannungen beim Erwärmen sich auszugleichen. Bei keramischen Massen und Glasuren kommt ein Wiedererhitzen oder sogenanntes „Anlassen", wie dies bei bereits erkalteten Gegenständen aus Glas vorgenommen wird, nicht oder kaum in Betracht, wohl aber eine planmäßige Abkühlung in demjenigen kritischen Temperaturabschnitt[6], innerhalb dessen die üblichen

---

[1] Näheres siehe W. Steger: Ber. dtsch. keram. Ges. Bd. 13 (1932) S. 41 und S. G. Pulieso: Ebenda Bd. 14 (1933) S. 105.

[2] Schurecht, H. J.: J. Amer. ceram. Soc. Bd. 11 (1928) S. 271; Ref. Sprechsaal Keramik usw. Bd. 61 (1928) S. 1008; Keppeler, G., u. R. Pangels: Sprechsaal Keramik usw. Bd. 66 (1933) S. 625.

[3] Techn. News Bull. Bur. Stand. Bd. 125 (1927) S. 7; Ref. Abstr. Amer. ceram. Soc. Bd. 6 (1927) S. 592.

[4] Steger, W.: Ber. dtsch. keram. Ges. Bd. 8 (1927) S. 43.

[5] Vgl. hierzu R. Rieke: Ber. dtsch. keram. Ges. Bd. 9 (1928) S. 162.

[6] Ber. dtsch. keram. Ges. Bd. 8 (1927) S. 27.

[7] Keram. Rdsch. Bd. 33 (1925) S. 17.

Glasuren so starr werden, daß sie mit dem darunterliegenden Scherben fest verbunden sind. Vor allem ist diese Entspannungstemperatur bei den Glasuren für Steingut und Porzellan von Wichtigkeit (S. 263 u. 304).

Wird von einer Glasur gefordert, daß sie nach dem Brennen völlig klar und durchsichtig ist, so ist auch diese Forderung auf ihre Zusammensetzung von Einfluß. Deckende oder opake Glasuren entstehen dadurch, daß man schwerlösliche Stoffe in feinster Verteilung in der Glasur suspendiert, die beim Schmelzen der Glasur ungelöst bleiben, oder daß man diese trübenden Ausscheidungen erst während des Brandes bzw. der Abkühlung erzeugt[1]. Ein von altersher vielfach benutztes Trübungsmittel ist das Zinndioxyd (S. 169), doch lassen sich bei geeigneter Glasurzusammensetzung auch durch Zusatz anderer Stoffe[2], wie Antimonoxyd, Titandioxyd, Zirkoniumdioxyd, Magnesiumoxyd, Zinkoxyd (S. 167), Tonerde, Fluorverbindungen, Kalziumphosphat trübende Wirkungen hervorrufen.

Neben den matt erscheinenden Glasuren, bei denen das matte Aussehen gewollt ist, gibt es auch solche, bei denen das Mattwerden der Oberfläche oder einzelner Stellen derselben auf einem Entglasungsfehler beruht. Hierbei erstarrt die Glasur zwar als an sich homogenes Glas, doch liegt ihre Zusammensetzung nahe an der Grenze, bei der sich in ihr bestimmte Verbindungen ausscheiden[3]. Die Zusammensetzung einer sonst einwandfreien Glasur kann sich auch infolge Verdampfung von Blei, Alkalien oder Borsäure, die unter gewissen Verhältnissen nicht ausgeschlossen ist, beim Brennen so ändern, daß beim Abkühlen Entglasungserscheinungen auftreten[3].

2. Glasurrohstoffe. Chemische Bestandteile der Glasuren.

Man hat zwei Arten von Glasurbestandteilen zu unterscheiden, erstens Basen und zweitens Säureanhydride, die beide in Form verschiedener Rohstoffe in den Versatz eingeführt werden, oft mehrere Bestandteile in einem Rohmaterial zugleich.

Als Basen, die mit den Säureanhydriden mehr oder weniger leicht schmelzbare Verbindungen eingehen und als Flußmittelbildner (S. 124) wirken, werden hauptsächlich benutzt: Bleioxyd, entweder als solches oder als Mennige oder Bleiweiß, ferner Kalziumoxyd als Kalziumkarbonat in Form seiner verschiedenen mineralischen Vorkommen einschließlich Dolomit, als Kalziumborat oder, zusammen mit den Oxyden der Alkalimetalle, in Form von Feldspat oder Pegmatit, Kalium- und Natriumoxyd in Form der Karbonate, Nitrate, Natron auch als Borat, ferner beide Alkalien in Form von Feldspat oder Pegmatit, bei Porzellanglasuren auch als Bestandteil gebrannter Massescherben (S. 301),

[1] Über den Einfluß des Tonerde-Kieselsäure-Verhältnisses auf diese Erscheinung in Glasuren für Kegel 12 bis 14 vgl. C. L. Thompson: Univ. Illinois Bull. Engng. Exp. Stat. Nr. 225 April 1931; Ref. Keram. Rdsch. Bd. 39 (1931) S. 353.

[2] Berdel, E.: Einfaches chemisches Praktikum V. und VI. Teil 5. Aufl. S. 33. Koburg 1929 und Keram. Rdsch. Bd. 35 (1927) S. 42.

[3] Rieke, R.: Ber. dtsch. keram. Ges. Bd. 9 (1928) S. 167.

schließlich Magnesiumoxyd in Form von Magnesit bzw. Dolomit oder Magnesiumsilikat. In manchen Glasuren bildet auch Zinkoxyd einen wesentlichen Bestandteil. Weniger häufig findet Bariumoxyd, als Karbonat, Verwendung. Als die Eigenschaften der Glasuren weitgehend beeinflussende Base wird in dieselben ferner Tonerde oder Aluminiumoxyd eingeführt, und zwar in Form von Kaolin, Ton, Feldspat usw. Sie wirkt, je nach der Zusammensetzung der in Frage kommenden Glasur, entweder als deren Schmelztemperatur erhöhender oder erniedrigender Bestandteil. Die Tonerde bietet auch ein Mittel, die Eigenschaften einer Glasur in anderer Hinsicht zu beeinflussen und vor allem das Verhältnis zwischen Basen und Kieselsäure zu ändern und dadurch die Entglasung und Kristallbildung zu verhindern. Mit der Anwendung von Feldspat oder Pegmatit als Tonerderohstoff findet naturgemäß stets auch die Einführung von Alkalien und Kieselsäure statt, mit der von Kaolin oder Ton die von Kieselsäure, abgesehen von den kleinen Mengen andrer Oxyde, die in diesen Rohstoffen vorhanden sein können.

Die Kieselsäure kommt in ihren verschiedenen natürlichen Formen oder in der silikatischer Mineralien, an Metalloxyde gebunden, zur Verwendung, die Borsäure als solche oder in Form von Borax oder als natürliches oder künstliches Kalziumborat.

Am leichtesten schmelzbar sind die Silikate (S. 165f.) und Borate des Bleis; auch gewisse Alkali-, Tonerde-, Kieselsäure- bzw. Borsäuregemische haben niedrige Schmelzpunkte (S. 175). Reine Alkaliglasuren sind aber wegen ihrer großen Wasserlöslichkeit praktisch nicht verwendbar und neigen zur Entglasung. Auch Kalziumsilikat, $CaO \cdot SiO_2$ (S. 139), besitzt für sich allein große Neigung zur Entglasung. In Mischung mit anderen Silikaten, z. B. denen der Alkalien, ergibt es gut schmelzbare Gläser, die aber gleichfalls noch zur Entglasung neigen. Erst durch den weiteren Hinzutritt von Tonerde entstehen Gläser, die als Glasuren für die verschiedenen feinkeramischen Erzeugnisse geeignet sind. Die Aluminiumsilikate (S. 113), die allein hohe Schmelzpunkte besitzen, bilden mit basischen Oxyden, Silikaten und Boraten mehr oder weniger leicht flüssige komplexe Gläser, deren Schmelzpunkt mit steigendem Tonerdegehalt abnimmt.

Je nach den Anforderungen, die man an die Glasuren hinsichtlich ihres Schmelzpunktes und ihrer Durchsichtigkeit stellt, ist ihre Zusammensetzung, vor allem ihr Gehalt an Kalk, Tonerde, Kieselsäure und Borsäure, an bestimmte Grenzen gebunden. Bei den reinen Alkali-Kalk-Glasuren[1] schwankt der Gehalt des RO der Segerformel (S. 238) von 0,6 K_2O oder 0,6 Na_2O und 0,4 CaO bis 0,2 K_2O oder 0,2 Na_2O und 0,8 CaO. Nach A. Granger[1] sind auf kieselsäurereichen Massen alkalireichere Glasuren den kalkreichen vorzuziehen, während bei tonerdereichen Massen das Gegenteil der Fall ist. Wird der Gehalt einer Glasur an Tonerde oder an Borsäure zu hoch, so wird sie trübe und schließlich ganz undurchsichtig. Die zulässige Höchstgrenze für diese Bestandteile hängt von der für die Glasur geforderten Brenntemperatur und ihren übrigen Bestandteilen ab.

Der Schmelzpunkt einer Glasur ist abhängig von[2]: 1. dem Verhältnis zwischen

[1] Granger, A.: La Céramique industrielle Bd. 1 S. 371. Paris 1929.
[2] Seger: Gesammelte Schriften 2. Aufl. S. 466. Berlin 1895.

flußbildenden Basen und Kieselsäure, 2. der Art der Flußmittelbildner, 3. dem Tonerdegehalt gegenüber den Flußmittelbildnern und der Kieselsäure, 4. dem Verhältnis zwischen Kieselsäure- und Borsäureanhydrid, falls letzteres an die Stelle der Kieselsäure tritt.

Der Ersatz eines Teils der Kieselsäure durch eine äquivalente Menge Borsäure bietet ein vorzügliches Mittel, die Schmelzbarkeit einer Glasur herabzusetzen, ohne daß dadurch Entglasung eintritt.

Als Mittel, eine Glasur „härter zu stimmen", d. h. ihren Schmelzpunkt zu erhöhen, kommen in Betracht[1]:

1. Erhöhung des Kieselsäuregehalts, ohne jedoch den des Trisilikates zu überschreiten,

2. Ersatz eines Oxyds durch ein anderes, weniger energisch wirkendes, ohne hierbei die Säuerungsstufe zu ändern (z. B. Ersatz eines Teils des Bleioxyds durch Kali, Natron, Kalk, Magnesia),

3. Verringerung der Anzahl der vorhandenen Basen bei gleichbleibendem Verhältnis zwischen Kieselsäure und Basen,

4. Einführung von Tonerde oder Vermehrung der schon vorhandenen Menge, unter Zusatz derjenigen Kieselsäuremenge, die zur Aufrechterhaltung des bisherigen Verhältnisses zwischen Kieselsäure und Basen notwendig ist,

5. Ersatz der Borsäure, falls diese vorhanden, durch Kieselsäure.

Für diejenigen Metalloxyde, die als nicht färbende Oxyde farblose Gläser und Glasuren liefern, hat H. Seger[2] folgende ungefähre Schmelzbarkeitsreihe aufgestellt: Bleioxyd, Bariumoxyd, Kaliumoxyd, Natriumoxyd, Zinkoxyd, Kalziumoxyd, Magnesiumoxyd, Aluminiumoxyd. Diese Schmelzbarkeitsreihe ist nach Seger so zu verstehen, daß z. B. bei Ersatz des Bleioxyds in einem beliebigen Bleiglas durch eine äquivalente Menge eines anderen Flußmittelbildners das dann entstehende Glas in bezug auf seine Schmelzbarkeit gemäß der vorhin angegebenen Reihenfolge einzuordnen sein würde. Neben der Art der Oxyde ist für die Schmelzbarkeit der Glasuren aber auch die Zahl der als Flußmittelbildner in Frage kommenden Oxyde maßgebend. Außer dem Bleioxyd, das wie die Alkalien für sich allein durchsichtig glasartige Silikate gibt, sind zur Bildung einer Glasur mindestens zwei verschiedene Oxyde erforderlich, von denen das eine in vielen Fällen ein Alkalioxyd ist.

Bei der Auswahl der Zusatzstoffe zur Glasur ist außerdem so zu verfahren, daß das schnelle Absetzen oder Entmischen (S. 243) des rohen Glasurbreis möglichst vermieden wird[3].

3. Aufbau und Bedeutung der Glasurformel.

Der Übersichtlichkeit halber ordnet man die verschiedenen in den Glasuren enthaltenen Arten von Oxyden in Gruppen, indem man eine „Glasurformel" aufstellt, die erkennen läßt, in welchen molekularen Verhältnissen die basischen und sauren Oxyde vorhanden sind. Die einfachste allgemeine Glasurformel lautet, falls die Glasur nur aus Metalloxyden und Kieselsäure besteht, $a\,RO \cdot b\,\mathrm{SiO_2}$. Unter R kann zu verstehen sein: Pb, K_2, Na_2, Ca, Mg, Ba, Zn, bei gefärbten Glasuren auch Co, Ni, Cu, Ni, Mn, Fe usw. Teilt man die einzelnen Glieder der Formel

[1] Seger: Gesammelte Schriften 2. Aufl. S. 477. Berlin 1895.
[2] Gesammelte Schriften 2. Aufl. S. 467. Berlin 1908.
[3] Pukall, M.: Grundzüge der Keramik S. 123. Koburg 1922.

durch den Faktor a, so erhält man $1\, RO \cdot \frac{b}{a}\, SiO_2$ oder $RO \cdot n\, SiO_2$, also für die Basis RO die Molekularzahl 1. In dieser Gestalt bezeichnet man die Molekularformel nach ihrem Schöpfer als „Segerformel“[1] (siehe auch S. 205). Sie soll keineswegs eine Konstitutionsformel sein, sondern, wie bereits erwähnt, „lediglich die in der Glasur enthaltenen verschiedenen Grundstoffe übersichtlich gruppieren, um so einen Vergleich zwischen verschieden zusammengesetzten Glasuren zu erleichtern“[2]. Sind mehrere Metalle am Aufbau des R'' beteiligt, so sind die Molekularzahlen der einzelnen Metalloxyde kleiner als 1, wobei ihre Summe den Wert 1 ergibt. Enthält eine Glasur außer Kieselsäure auch Borsäure, so tritt neben die Angabe der vorhandenen Moleküle SiO_2 die der Moleküle B_2O_3.

Bei Beurteilung einer Glasur spielt eine gewisse Rolle ihre Säurezahl. Man versteht unter ihr das in der Glasurformel bestehende Verhältnis der Säurerestwertigkeiten zu den Metallwertigkeiten[3].

In der Glasur $RO \cdot n\, SiO_2$ ist dieses Verhältnis, wenn man dieselbe als Metasilikat ansieht, $(n \cdot 2) : (1 \cdot 2)$, d. h. die Glasur ist $n$fach sauer, ihre Säurezahl also n.

Enthält eine Glasur noch Sesquioxyde, so werden diese in der Segerformel gesondert aufgeführt, also z. B.:

$$RO \cdot m\, Al_2O_3 \cdot n\, SiO_2.$$

Hier ist die Säurezahl $\frac{2n}{2 \cdot 1 + 6 \cdot m} = \frac{n}{1 + 3m}$. Mit Hilfe des Ausdrucks $\frac{n}{1 + 3m}$ läßt sich die Säurezahl einer Glasur berechnen.

Bezüglich der Berechnung der rohen Glasurmischung auf Grund der Segerformel der fertigen geschmolzenen Glasur, ebenso der der Segerformel aus dem Glasurversatz wird auf die bekannten Lehrbücher über keramisches Rechnen von Pukall, Bollenbach u. a. verwiesen.

Man muß bei der Ausarbeitung von Glasuren nicht unbedingt eine Molekularformel oder die aus ihr abgeleitete „Segerformel“ zugrunde legen. Allerdings hat letztere den Vorteil, daß sich Änderungen in der Zusammensetzung in einfacher Weise durch Ersatz einzelner Oxyde durch die äquimolekulare Menge eines anderen vornehmen lassen. Man kann aber beim Aufbau einer Glasur auch von der prozentualen Zusammensetzung ausgehen, wodurch nach R. Rieke und E. Kunstmann[4], besonders bei wissenschaftlichem Arbeiten, sogar klarere Verhältnisse erzielt und bessere Vergleiche ermöglicht werden.

4. Einteilung der Glasuren und ihre Zusammensetzungsbereiche.

Je nach der Warengattung, für die die feinkeramischen Glasuren verwendet werden, kann man sie in Porzellan-, Steinzeug-, Steingut-,

---

[1] Seger: Gesammelte Schriften 2. Aufl. S. 182, 466, 587. Berlin 1908.

[2] Tostmann in F. Singer: Die Keramik im Dienste von Industrie und Volkswirtschaft S. 174. Braunschweig 1923.

[3] Rudolph, W.: Tonwarenerzeugung 2. Aufl S. 168. Leipzig 1923.

[4] Ber. dtsch. keram. Ges. Bd. 10 (1929) S. 189; s. a. E. Zschimmer: Sprechsaal Keramik usw. Bd. 57 (1924) S. 287 und Keramos Bd. 4 (1925) S. 23.

Schmelzglasuren usw. einteilen, doch ist diese Art der Gruppierung nicht zweckmäßig, da man Glasuren gleicher oder ähnlicher Zusammensetzung für verschiedene Arten von Erzeugnissen, umgekehrt aber auch auf den gleichen Tonwaren Glasuren verschiedener Art verwenden kann[1]. Als zweckmäßigere Gesichtspunkte für die Einteilung der keramischen Glasuren haben sich vielmehr entweder ihre Zusammensetzung oder ihre Herstellungsweise eingebürgert. Man unterscheidet demgemäß nach der Zusammensetzung 1. Schwerflüssige oder Erdglasuren, 2. leichtflüssige Glasuren, und zwar a) Bleiglasuren, b) bleifreie Glasuren, 3. Salzglasuren, und nach der Herstellungsart 1. Rohglasuren, 2. Fritteglasuren, 3. Anflugglasuren. Eine andere Einteilung[2] auf Grund der Zusammensetzung ist die in 1. bleiische Glasuren; 2. alkalihaltige Glasuren; 3. alkali-kalkhaltige Glasuren; 4. borsäurehaltige Glasuren. Hierzu kommen als Sondergruppe die bariumhaltigen Glasuren[3] (S. 260f.).

Eine weitere Gruppierungsweise für die keramischen Glasuren ist die Einteilung auf Grund ihrer Säurezahl. Diese Zahl s (S. 205 u. 238) und der molekulare Tonerdegehalt m darf, wenn $RO = 1$, für die Glasuren der einzelnen Tonwarengattungen nach R. Rudolph[4] nur innerhalb enger Grenzen schwanken, und zwar darf betragen für Glasuren auf

	s	m
Irdenware	0,8 — 2	0 — 0,3
Steingut	0,8 — 2	0,1 — 0,5
Steinzeug	1,25 — 2	0,1 — 0,8
Porzellan	2 — 2,6	0,5 — 1,25.

a) Strengflüssige Glasuren.

Man bezeichnet diese Glasuren auch als Erdglasuren. Sie zeichnen sich aus durch hohen Kieselsäuregehalt und verhältnismäßig niedrigen Gehalt an Alkalien und alkalischen Erden. Zu ihrer Herstellung dienen in der Hauptsache Quarz, Feldspat, Pegmatit, Kalkspat, Kreide, Dolomit, Kaolin und Ton. Alle diese zur Zusammensetzung benutzten Bestandteile sind praktisch in Wasser unlöslich und können daher dem Glasurversatz in rohem Zustande zugeführt werden, lediglich nach vorausgegangener Zerkleinerung. Man bezeichnet solche Glasuren auch als Rohglasuren. Die vollkommene Mischung und Fertigstellung der Erdglasuren erfolgt dann durch Feinmahlen in der Trommelnaßmühle.

Verwendung finden die Erdglasuren vor allem auf Porzellan und feinem Steinzeug, auch auf manchen Hartsteingutwaren.

[1] Tostmann in F. Singer: Die Keramik im Dienste von Industrie und Volkswirtschaft S. 171. Braunschweig 1923.

[2] Granger, A.: La Céramique industrielle S. 366. Paris 1929.

[3] Seger: Gesammelte Schriften 2. Aufl. S. 503. Berlin 1908.

[4] Tonwarenerzeugung 2. Aufl. S. 169. Leipzig 1923.

Die Zusammensetzung der Erdglasuren schwankt, ganz allgemein gesagt, etwa innerhalb folgender weitesten Grenzen:

$$RO \cdot 0{,}35 - 0{,}5\ Al_2O_3 \cdot 3{,}5 - 4{,}5\ SiO_2 \text{ bis } RO \cdot 1{,}2\ Al_2O_3 \cdot 5{,}0 - 12{,}0\ SiO_2,$$

wobei die Garbrenntemperaturen dieser Glasuren zwischen S.-K. 7 und S.-K. 12 bis 15 liegen. (Näheres hierüber siehe im III. Hauptteil.)

Etwas leichter flüssige Glasuren als die vorstehend beschriebenen sind die sogenannten Lehmglasuren. Sie bestehen aus Lehm, Ziegelton, Löß, Mergel, Töpferton u. dgl., enthalten also außer Kieselsäure, Tonerde, alkalischen Erden und Alkalien noch Eisenoxyd[1], meist auch Titandioxyd. Zuweilen setzt man ihnen, um sie leichter schmelzbar zu machen, geringe Mengen Soda oder Pottasche zu. Für feinkeramische Erzeugnisse kommen diese Lehmglasuren weniger zur Verwendung als für einfache Steinzeugtöpfereien, die man gewöhnlich den grobkeramischen Waren zurechnet. Über eine besondere Art von Rohglasuren, die vorwiegend aus Kalziumborat, Feldspat und Kieselsäure bestehen und vor allem für Steingut in Betracht kommen, siehe S. 259f.

Die Zusammensetzung und Zubereitung einer Rohglasur hat so zu erfolgen, daß sie sich in Wasser gut schwebend erhält und keine Neigung zur Entmischung zeigt. Es ist daher zu empfehlen, ihr eine gewisse Menge rohen Kaolin oder Ton zuzusetzen. Die rohe Glasur darf aber beim Auftragen auch nicht zu plastisch sein, da sie sonst beim Trocknen rissig wird und als Folge hiervon verschiedene Brennfehler entstehen können. Deshalb führt man oft die Porzellanerde teilweise in gebranntem Zustand ein. Auch setzt man der Glasur zwecks glattem Ausfließen an Stelle von Feldspat oder eines Teils desselben vielfach gebrannte und feingemahlene Porzellanscherben zu.

b) Leichtflüssige Glasuren.

Sie sind kieselsäureärmer als die Erdglasuren, aber reicher an Alkalien und anderen Metalloxyden und finden vor allem auf Steingut, Schmelz- und Töpferware Verwendung. Man unterscheidet a) bleihaltige und b) bleifreie leichtflüssige Glasuren. Die meisten der hier in Frage kommenden leichtflüssigen Glasuren sind sogenannte Fritteglasuren, sowohl die bleihaltigen als auch viele bleifreie Glasuren. Man führt die zugesetzten Bleiverbindungen zur Verringerung ihrer Giftigkeit für den menschlichen Organismus (S. 164) durch Zusammenschmelzen mit Kieselsäure, gegebenenfalls auch mit Borsäure in wasserunlösliche oder doch schwerlösliche Verbindungen über. Vorheriges Fritten mit Kieselsäure bzw. Silikaten ist auch bei allen Glasurrohstoffen notwendig, die in Wasser löslich sind, also den Alkalisalzen, der Borsäure u. a. Sie werden auf diese Weise ebenfalls in Wasser praktisch unlöslich gemacht, damit die Zusammensetzung der Glasurmischung sich nicht ändert[2]. Handelt es

[1] Berdel, E.: Einfaches chemisches Praktikum V. und VI. Teil 5. Aufl. S. 17. Koburg 1929.

[2] Tostmann in F. Singer: Die Keramik im Dienste von Industrie und Volkswirtschaft S. 174. Braunschweig 1923.

sich um tonerdereichere Glasuren, so kann man einen Teil der Alkalien auch als Feldspat einführen. Die Menge der Glasurbestandteile, die man nicht mit einfrittet, beträgt im allgemeinen bis zu 20%. Nach H. Harkort[1] wird durch das Fritten der Glasuren auch einer Entmischung der Glasurbestandteile vorgebeugt und die Widerstandsfähigkeit „gegen den Angriff von Schwefelsäure, die sich während des Glasurbrandes bildet", erhöht. Außerdem ist bei der gefritteten Glasur „der Prozeß der chemischen Umsetzung der einzelnen Bestandteile miteinander bereits vollzogen", so daß die gefrittete Glasur eine niedrigere Brenntemperatur erfordert als die ungefrittete gleicher Zusammensetzung.

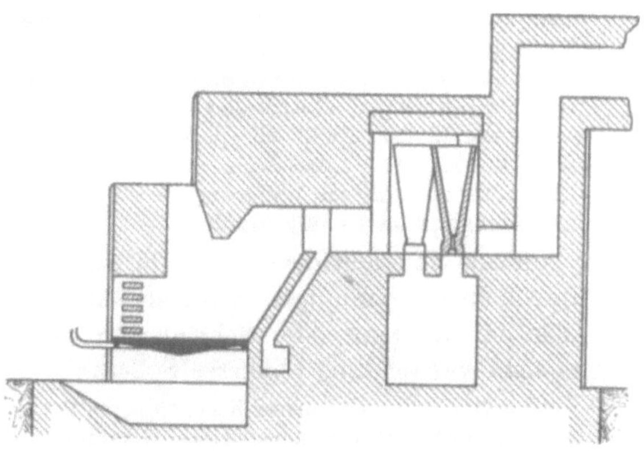

Abb. 63. Glasurfrittofen: Tiegel-Durchtropfofen. (Nach F. C. Weber.)

Dieser Schmelzprozeß, den man auch als Einfritten bezeichnet, wird je nach dem Umfang der Fabrikation in Kapseln, die in die Brennöfen an geeigneter Stelle mit eingesetzt werden, oder in besonderen Fritteöfen verschiedener Bauart vorgenommen. Als solche kommen in Frage für Versuchszwecke einfache Tiegelöfen, für kleinere und mittlere Betriebe Tiegeldurchtropföfen (Abb. 63), für die Herstellung größerer Mengen Fritte Wannenschmelzöfen (Abb. 64) und Drehöfen[3].

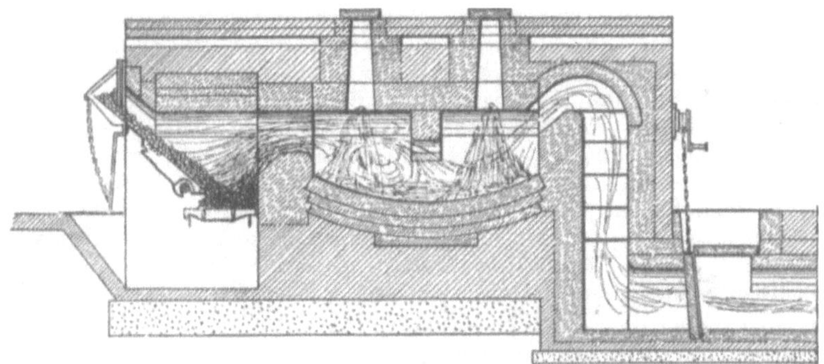

Abb. 64. Wannenofen der Firma A. F. Schulze, Dresden, zum Fritten von Glasuren. (Nach E. und H. Killias[2].)

[1] In F. Singer: Die Keramik im Dienste von Industrie und Volkswirtschaft S. 331. Braunschweig 1923.

[2] Keram. Rdsch. Bd. 36 (1928) S. 828.

[3] Stief, H. C., u. E. S. Hemsteger: Bull. Amer. ceram. Soc. Bd. 5 (1926) S. 473, vgl. a. Taschenbuch für Keramiker S. 193. Berlin 1931.

In den Durchtropföfen und Drehöfen wird die Glasurfritte geschmolzen und dann entweder in kaltes Wasser ausgegossen, oder sie tropft von selbst in Wasser. Durch dieses Abschrecken wird sie in eine für die nachherige Zerkleinerung geeignete Form gebracht. Ein weiterer Vorteil der Tiegel-Durchtropföfen besteht darin, daß sie einen kontinuierlichen Betrieb gestatten, weil man bei ihnen von oben her neue Beschickung nachfüllen kann. Aus den Wannenöfen müssen zähflüssige Glasuren nach dem Erstarren meistens durch Herausbrechen entfernt werden. Die Glasurfritteöfen werden mit festem oder flüssigem Brennstoff, Gas[1] oder elektrisch beheizt[2]. Der Drehofen wird mit Öl oder Gas beheizt und arbeitet ununterbrochen. Er ist nur für große Leistungen wirtschaftlich, bedingt besonders leicht schmelzbare Gläser und wird bis jetzt vorwiegend nur in der nordamerikanischen Emaillier- und Steingutindustrie angewandt.

Neben den gefritteten gibt es auch ungefrittete Bleiglasuren, die die Bleiverbindungen in rohem Zustande enthalten. Sie finden aber nicht für Steingut oder Schmelzware, sondern vorwiegend für Ofenkacheln Verwendung (Näheres S. 248).

Ungiftig für den menschlichen Körper ist der Bleiglanz, der daher an sich als Rohstoff für ungefrittete Glasuren geeignet erscheint, aber infolge seines hohen Schwefelgehalts beim Brennen der Glasuren bedeutende Schwierigkeiten infolge Bildung schwerzersetzlicher Sulfate verursacht[3] und daher zum Glasieren feinkeramischer Waren nicht benutzt wird, höchstens für gewöhnliche Töpferware.

Die Zusammensetzung der leichtflüssigen Bleiglasuren für Steingut entspricht etwa der Grenzformel $RO \cdot 0{,}1 - 0{,}4\, Al_2O_3 \cdot O - 0{,}5\, B_2O_3 \cdot 2 - 4\, SiO_2$*. Das RO besteht hierbei entweder völlig aus Bleioxyd oder enthält auch noch Oxyde der alkalischen Erden und Alkalien. Die Brenntemperaturen schwanken von S.-K. 09a bis 6a. Die Glasuren sind entweder borsäurehaltig oder borsäurefrei und werden sämtlich gefrittet. Für Glasuren, an die hinsichtlich völliger Farblosigkeit hohe Ansprüche gestellt werden, benutzt man im allgemeinen vorzugsweise Mennige oder auch Bleiweiß, die reiner sind als Bleiglätte (S. 163). Über die Gelbfärbung der Bleisilikate und die Ausschaltung ihrer Wirkung in Glasuren vgl. S. 165.

Die Zusammensetzung der sog. weißen Schmelzglasuren, wie sie für die Schmelzware oder Fayence (S. 249) zur Anwendung kommen, bewegt sich ungefähr innerhalb der Grenzen $RO \cdot O - 0{,}3\, Al_2O_3 \cdot 2 - 4\, SiO_2 \cdot 0{,}2 - 0{,}5\, SnO_2$**, wobei Brenntemperaturen von S.-K. 05a bis 01a in Frage kommen. Das RO besteht hauptsächlich aus PbO, wozu kleine Mengen Alkali und Kalk treten. Auch borsäurehaltige Schmelzglasuren finden Verwendung, deren Grenzformel etwa folgende ist[4]:

$$RO \cdot O - 0{,}25\, Al_2O_3 \cdot 2{,}0 - 3{,}0\, SiO_2 \cdot 0{,}2 - 0{,}4\, SnO_2 \cdot 0{,}1 - 0{,}3\, B_2O_3.$$

---

[1] Keram. Rdsch. Bd. 37 (1929) S. 120 (Fragekasten); Keram. Rdsch. Bd. 37 (1929) S. 67. Ferner H. C. Stief u. E. S. Hemsteger: a. a. O. S. 472. J. McKinell: Trans. ceram. Soc. Bd. 31 (1932) S. 165; Ref. Sprechsaal Keramik usw. Bd. 66 (1933) S. 289.

[2] Keram. Rdsch. Bd. 37 (1929) S. 49 und 67.

[3] Hecht, H.: Lehrbuch der Keramik S. 142. Berlin 1930.

* Pukall, W.: Grundzüge der Keramik S. 117. Koburg 1922.

** Derselbe: a. a. O. S. 74.

[4] Berdel, E.: Einfaches chemisches Praktikum V. und VI. Teil 5. Aufl. S. 44. Koburg 1929. Über das Fritten von Schmelzglasuren vgl. C. Stürmer: Keram. Rdsch. Bd. 38 (1930) S. 678.

Über die Herstellung des sog. Äschers s. S. 170. Ein zu geringer Gehalt der Glasur an Zinnoxyd beeinträchtigt ihre Deckkraft, ein zu hoher macht sie hart und unschmelzbar. Ein Zusatz von Zinnoxyd kann auch auf die Wirkung von Spannungen in der Glasur günstig wirken und die Entstehung von Haarrissen verhindern[1].

In den leichtflüssigen bleifreien Glasuren treten an die Stelle des Bleioxyds die Alkalien, zuweilen auch das — allerdings ebenfalls giftige — Bariumoxyd sowie das gleichfalls nicht unschädliche Zinkoxyd, daneben auch Magnesium-, Kalzium- und Strontiumoxyd[2]. Die Herstellung dieser Glasuren erfolgt in ähnlicher Weise wie die der gefritteten Bleiglasuren. Ein Fritten ist immer dann notwendig, wenn es sich um Glasuren mit niedrigen Brenntemperaturen handelt, die mehr Alkali enthalten, als in Form eines wasserunlöslichen Rohstoffs in dieselben eingeführt werden kann, und ein Teil der Kieselsäure in ihnen durch Borsäure ersetzt wird.

Ungefrittete bleifreie Glasuren für Steingut und Schmelzware stellt man mit Hilfe wasserunlöslicher natürlicher oder künstlicher Borate her (S. 251). Die Grenzzusammensetzung für solche Glasuren im Schmelzbereich von S.-K. 09a bis S.-K. 4a ist z. B. folgende[3]:

$$0{,}1 - 0{,}25\, K_2O \cdot 0{,}9 - 0{,}75\, CaO \cdot 0{,}1 - 0{,}35\, Al_2O_3 \cdot 0{,}6 - 3{,}0\, SiO_2 \cdot 0{,}9 - 0{,}75 B_2O_3.$$

Eine mißliche Begleiterscheinung, die in der Praxis beim Arbeiten mit leichtflüssigen gefritteten Glasuren, besonders alkalihaltigen, vielfach auftritt, ist ihr steinhartes Absetzen im Aufbewahrungsgefäß oder schon in der Mühle. Es beruht darauf, daß kleine Mengen der Glasurbestandteile im Wasser sich auflösen, wobei in der Lösung geringe Mengen Alkali frei werden, die die Quellfähigkeit der Tone usw. aufheben und aufteilend wirken, dabei das feingemahlene Glaspulver zum schnellen und festen Absitzen bringend. Der Zweck des Zusatzes von Ton zur Glasur wird durch freies Alkali zunichte gemacht, weshalb man letzteres durch Beifügen kleiner Mengen Essig- oder Salzsäure neutralisiert. Ein Überschuß ist zu vermeiden. Über weitere Mittel zur Verhütung des Absetzens von Glasuren siehe S. 245[4]. Günstig verhalten sich die bereits erwähnten mit Kalziumborat hergestellten bleifreien Rohglasuren, die sich nicht rasch absetzen und auch nicht zementartig erhärten[5].

Ein Nachteil, der sich bei leichtflüssigen Glasuren im Betriebe nicht selten bemerkbar macht, besteht darin, daß sie aus den Feuergasen der Öfen Schwefeldioxyd aufnehmen, das mit den flußmittelbildenden Oxyden und dem Sauerstoff der Luft Sulfate bildet, die sich erst bei höheren Temperaturen wieder zersetzen. Der Zerfall des Bleisulfats erfolgt schon bei S.-K. 02a und der der Erdalkalisulfate bei etwas höheren Hitzegraden, der der Alkalisulfate aber erst in der Gegend von S.-K. 9*.

---

[1] Steger, W.: Keram. Rdsch. Bd. 37 (1929) S. 827 und Ber. dtsch. keram. Ges. Bd. 11 (1930) S. 141.

[2] Pukall, W.: Grundzüge der Keramik S. 119. Koburg 1922.

[3] Bollenbach, H.: Ber. dtsch. keram. Ges. Bd. 9 (1928) S. 496. Berdel, E.: Einfaches chemisches Praktikum V. und VI. Teil 5. Aufl. S. 54. Koburg 1929.

[4] Vgl. hierzu auch E. Berdel: Einfaches chemisches Praktikum V. und VI Teil 5. Aufl. S. 47. Koburg 1929. Pukall, W.: Grundzüge der Keramik S. 116. Koburg 1922.

[5] Bollenbach, H.: Ber. dtsch. keram. Ges. Bd. 9 (1928) S. 497.

* Pukall, W.: a. a. O S. 119.

Eine andere Erscheinung, die beim Brennen gewisser leichtflüssiger Glasuren auftreten kann, ist die, daß einzelne Bestandteile zum Verflüchtigen neigen, wie dies E. Berdel[1] für den Tunnelofenbetrieb festgestellt hat, und zwar vor allem im Temperaturabschnitt zwischen S.-K. 010a und S.-K. 7. Als Folge zeigen sich dann Glasuranflüge und Tropfenbildungen, durch die die darunterbefindliche Ware beim Brennen verdorben wird. Rohglasuren sind hier zu vermeiden, da freies Bleioxyd sich sehr leicht verflüchtigt. Je mehr Kieselsäure eine Glasur enthält, desto weniger ist ein Verdampfen von Flußmittel zu befürchten. Schon das 1- bis 1,5fache Bleisilikat ist praktisch nicht mehr flüchtig. Mitgefrittete Borsäure ist nicht flüchtig. Ein Kalkgehalt, der zu dieser Zersetzung der Glasuren beim Brennen hinreicht, macht sich einigermaßen bemerklich durch die alkalische Reaktion des Glasurbreies. Auch Alkalien werden durch hohen Kalkgehalt der Glasuren zum Verdampfen gebracht. Normale bleihaltige Steingutglasuren sollen, um keine Flußmittel verdampfen zu lassen, nur bis höchstens 0,25 Moleküle Alkali, 0,3 bis höchstens 0,5 Moleküle Kalk und mindestens 2 bis 3 Moleküle Kieselsäure enthalten. Für bleifreie oder bleiarme Glasuren, deren Flußmittelzusammensetzung aus irgendwelchen Gründen eine andere ist, wählt man zweckmäßig eine Zusammensetzung, bei der man von der Glasur $\left.\begin{matrix}0{,}4\ K_2O\\0{,}6\ CaO\end{matrix}\right\}\cdot 0{,}4\ Al_2O_3\cdot 4\ SiO_2$ ausgeht, deren Schmelzpunkt man durch Zusatz von 0,5 bis 1 Mol. B_2O_3 beliebig herabsetzen kann[1].

b) Anflugglasuren.

Sie werden nach der Art des benutzten Rohstoffs auch als „Salzglasuren" bezeichnet und finden ausschließlich auf Steinzeugmassen (S. 277) Verwendung, weniger auf dem hier zu behandelnden feinen Steinzeug als bei Herstellung der zur Grobkeramik gehörenden Steinzeugwaren. Die Salzglasuren unterscheiden sich von allen übrigen Glasurarten dadurch, daß sie nicht in breiförmigem Zustande vor dem Brennen auf die Oberfläche der Waren aufgetragen werden, sondern entstehen, wenn man gegen Ende des Brandes bei gleichzeitiger starker Rauchentwicklung Kochsalz in die Feuerungen und die Brennkammer einträgt. Über die hierbei sich abspielenden Vorgänge vgl. S. 128. Das sich bildende Natriumsilikat nimmt aus dem Scherben noch andere Oxyde auf, vor allem Tonerde, Eisenoxyd, Kalk usw. und ergibt nun eine glänzende, durchsichtige und widerstandsfähige Glasurschicht[2]. Für die feineren Arten des Steinzeugs werden vorwiegend Glasuren benutzt, die in ihrer Zusammensetzung den Weichporzellanglasuren nahestehen oder gleichkommen.

5. Zubereitung, Behandlung und Verarbeitung der Glasuren.

Bezüglich des Vorzerkleinerns und gemeinsamen Mahlens der Glasurrohstoffe wird auf das bei Besprechung der Zerkleinerungsvorrichtungen Gesagte (S. 176f.) verwiesen. Über das Fritten der Glasuren oder

[1] Berdel, E.: Ber. dtsch. keram. Ges. Bd. 9 (1928) S. 23.
[2] Hecht, H.: Lehrbuch der Keramik 2. Aufl. S. 143 und 361. Berlin 1930.

gewisser Anteile derselben vgl. S. 241. Das Feinmahlen der Glasuren erfolgt in der Naßtrommelmühle. Für jede Glasur muß die günstigste Mahldauer festgestellt werden[1]. Sie beträgt im allgemeinen 60000 bis 120000 Trommelumdrehungen. Durch Verschleiß des Trommelfutters und der Mahlkugeln tritt eine gewisse Verunreinigung des Mahlgutes ein, die für die Eigenschaften der Glasur von Bedeutung sein kann. Ungenügendes Mahlen der Glasur ist zu vermeiden, da es zu Glasurfehlern Anlaß gibt, das glatte Ausfließen der Glasur bei der im Brennofen normalerweise herrschenden höchsten Durchschnittstemperatur verhindert und Glanz und Aussehen der Glasur beeinträchtigt.

Nach dem Verlassen der Trommelmühle passiert der Glasurbrei zunächst ein Sieb, das in die Glasur beim Mahlen gelangte Unreinheiten zurückhält. Man verwendet bei Steingut Glasursiebe mit in der Regel 5400 Maschen und in der Porzellanfabrikation entweder solche gleicher Maschenweite oder auch feinere, bis zu 10000 Maschen auf 1 cm^2. Die Glasur selbst soll möglichst ohne jeden Rückstand das Sieb passieren. Andernfalls besteht Gefahr, daß auf dem Siebe von einem Bestandteile größere Mengen zurückbleiben als von anderen, die Zusammensetzung der Glasur sich also ändert. Auch bei der Glasurbereitung hat es sich als sehr vorteilhaft erwiesen, den fertigen Glasurbrei einen Magnetscheider (S. 46) passieren zu lassen.

Nach dem Abfüllen und Sieben bringt man den Glasurbrei in Vorratsbehälter. Bei längerer Aufbewahrung empfiehlt es sich, die Glasur aus dem Vorratsgefäß über Siebe und Magnete zu pumpen und dann in den Vorratsbehälter oder in die Verteilungsgefäße zurückzuleiten. Enthält die Glasur überschüssiges Wasser, so läßt man sie absitzen und zieht das klare Wasser, das aber keine Glasurbestandteile gelöst enthalten darf, ab. Besitzen die Bestandteile der Glasur verschiedenes spezifisches Gewicht, so ist darauf zu achten, daß beim Stehenlassen des wäßrigen Glasurbreies keine Entmischung durch rascheres Absetzen einzelner Bestandteile eintritt. Vor jeder Verwendung ist der Glasurbrei gut aufzurühren und gründlich durchzumischen. Die Glasurzusammensetzung muß so beschaffen sein, daß das Wiederaufrühren ohne Schwierigkeit vonstatten geht. Über zu rasches Absetzen und Erhärten der Glasuren siehe S. 243. Als allgemeine Maßnahmen, die das Schwebenbleiben der festen Glasurbestandteile im Wasser unter Bildung eines gleichartig zusammengesetzten, sich nicht leicht entmischenden und lockeren Breies bewirken, seien folgende genannt[2]: 1. dickes Einstellen der Glasur; 2. feines Mahlen; 3. Zusatz rohen Tons oder Kaolins; 4. Einführung von Stärke; 5. Zusatz von Salz- oder Essigsäure, auch

[1] Krug, H., u. K. Schwandt: Keram. Rdsch. Bd. 38 (1930) S. 735 und Bd. 39 (1931) S. 235. Ferner E. Remy: a. a. O. Bd. 39 (1931) S. 66.

[2] Lee, P. W.: J. Amer. ceram. Soc. Bd. 11 (1928) S. 712.

von Ammoniumchlorid oder -nitrat; 6. Zugabe geringer Mengen von Wilkinit (S. 15).

Dickes Einstellen der Glasur ist von Vorteil, wenn die Glasur rohen Ton oder andere nichteingefrittete Bestandteile enthält. Ist die Glasur völlig gefrittet, so nützt diese Maßnahme wenig. Es ist dann oft günstiger, weniger fein zu mahlen, damit die Glasur in Wasser weniger leicht zersetzlich wird. Erfolgt das Auftragen der Glasur durch Spritzen, wie dies z. B. bei Wandplatten und gewissen der Grobkeramik nahe stehenden Erzeugnissen größerer Abmessungen der Fall ist, so sind dick eingestellte Glasuren weniger geeignet, da sie unebene Glasurflächen ergeben und die aufgetragene Schicht zum Zusammenrollen und Abplatzen neigt. Feinmahlen begünstigt das Schwebenbleiben der Glasur, dauert aber lange und verteuert die Herstellung. Ein Zusatz von Stärke begünstigt sowohl das Schweben als auch das Haften der Glasur beim Auftragen auf den Scherben. Zur Erzielung einer vollen Wirkung ist aber ein ziemlich großer Zusatz notwendig, was infolge der hierdurch in die Glasur gelangenden großen Menge organischer Substanz nachteilige Folgen haben kann. Ein Zusatz von Säure zum Glasurbrei ist besonders bei alkalihaltigen Fritteglasuren von Vorteil, kann aber in manchen Fällen bewirken, daß sich die wäßrige Mischung in zwei verschiedene Schichten trennt, wenn nämlich die Glasur ein rohes Karbonat enthält. Wilkinit wird sowohl in Rohglasuren als in Fritteglasuren benutzt, und zwar vor allem in nordamerikanischen Fabriken. Der erforderliche Zusatz soll bei Glasuren, die sich sonst rasch absetzen, nur ungefähr 0,5 bis 1,0% höchstens betragen[1]. Er erfolgt vor dem Feinmahlen der Glasur. Die Brennfarbe der Glasur wird bei Verwendung des Wilkinits in so geringen Mengen nicht beeinträchtigt.

Wichtig ist die laufende Überwachung der Dichte des Glasurbreies vor der Verwendung[2]. Man benutzt hierzu meist ein Aräometer oder das Viskosimeter von Kohl (S. 103). Auch das pyknometrische Verfahren von Herzog (S. 209) ist hierfür geeignet.

Das Auftragen der Glasuren auf die Waren kann auf verschiedene Weise erfolgen, nämlich durch Eintauchen, Aufgießen, Aufspritzen in flüssigem, Aufpudern in trocknem Zustande und schließlich in einzelnen Fällen durch Auftragen mit dem Pinsel. Die Glasur muß vor der Verwendung, d. h. vor dem Auftragen in flüssigem Zustande, so eingestellt, d. h. das in dem Glasurbrei bestehende Verhältnis der festen Bestandteile zu Wasser bei entsprechender Mahlfeinheit so bemessen werden, daß sich das Glasurpulver, das sich unter der Saugkraft des Scherbens auf diesem ablagert, weder in zu dicker noch in zu dünner Schicht auf diesem absetzt. Die Dicke der Glasurschicht hängt ferner von der Dauer des Eintauchens in den Glasurbrei ab.

Die Saugkraft des Scherbens richtet sich nach seiner Porosität. Je dichter eine Masse vor dem Glasieren schon gebrannt ist, um so schwieriger saugt sie die Glasur an, z. B. bei hochgebranntem Hartsteingut.

In den meisten Fällen haften die Glasuren, besonders wenn sie auf den porösen saugenden Scherben aufgetragen werden und Kaolin oder Ton enthalten, genügend fest, so daß die glasierten Waren ohne

---

[1] Lee, P. W.: J. Amer. ceram. Soc. Bd. 11 (1928) S. 712.

[2] Keram. Rdsch. Bd. 39 (1931) S. 489.

Schwierigkeit verputzt, für das Brennen vorbereitet und in den Ofen eingesetzt werden können, ohne daß die trockne Glasurschicht beim Anfassen der glasierten Gegenstände sich wieder loslöst. Haftet die Glasur schlecht am Scherben, so versetzt man sie mit Gummi, Dextrin, Gelatine oder einem anderen Klebmittel. Im allgemeinen wird man aber ohne diese Maßnahme auskommen und solche Klebstoffe höchstens beim Glasieren schon dichtgebrannter, nicht mehr saugender Gegenstände zu Hilfe nehmen müssen.

III. Die Massen und Glasuren der einzelnen feinkeramischen Warengattungen

(Besonderer Teil).

A. Feinere Töpfereierzeugnisse und Schmelzware.

Die hier in Betracht kommende feine glasierte Irdenware mit durchsichtiger Glasur und die mit einer opaken Glasur überzogene, aus nicht weißbrennender kalkhaltiger Masse bestehende Schmelzware gehören zur großen Gruppe des Irdenguts (S. 1 und 3).

Die feine Irdenware stellt eine Warengattung dar, die „verfeinerten Ansprüchen genügen soll und infolgedessen auch in bezug auf Rohstoff und Ausführung einer sorgfältigeren Auswahl und eines verbesserten Herstellungs- und Verzierungsverfahrens bedarf"[1]. Als Rohstoffe für die Masse verwendet man vorwiegend geschlämmte Tone und reine mineralische Zusätze. Ist der Ton allein zu fett, so wird er mit einem anderen weniger fetten gemischt. Bei Vorhandensein genügend reinen Tons, der frei von grobkörnigen Beimengungen ist, kann man natürlich auch vom Schlämmen des Tons absehen. Da die gebrannte Masse häufig keine reine Brennfarbe zeigt (S. 9), wird sie, um den mißfarbigen Scherben zu verdecken, bei der Kachelfabrikation mit einer Vorform- oder Behautmasse überzogen, die aus Kaolin oder weißbrennendem Ton erforderlichenfalls unter Zugabe von Quarz, Feldspat, Kreide usw. hergestellt wird und für deren Zusammensetzung Hauptbedingung ist, daß sie auf der Kachelmasse einwandfrei haftet, ohne daß Verziehen oder Rissebildung eintritt. Die Vorform- oder Behautmasse wird vor dem Einformen der Kacheln auf die Kachelmasse aufgetragen und diese dann so in die Form eingelegt, daß die Vorformmasse die obere oder Schauseite der geformten Stücke bildet. Ein anderes Mittel zum Verdecken des unscheinbaren Tonscherbens besteht im

---

[1] Pukall, W.: Grundzüge der Keramik S. 64. Koburg 1922.

Auftragen eines Begusses oder einer Engobe (S. 233). Das Auftragen dieser Zwischenschicht auf die Masse geschieht durch Begießen des geformten ungebrannten Gegenstands oder durch Eintauchen des letzteren wie beim Glasieren. Die Farbe der Begüsse ist entweder weiß oder bunt. Als Rohstoffe dienen wiederum Kaoline, weißbrennende Tone oder andere, die die gewünschte Brennfarbe besitzen, dazu Quarz, Feldspat, Kreide, farbige Metalloxyde und andere Metallverbindungen oder Mineralien. Die Massebereitung erfolgt in gleicher oder einfacherer Weise wie bei der Zubereitung der Masse für Schmelzware (S. 249). Die Glasuren sind meistens reine Blei- oder Blei-Tonerde-Silikate, deren weiteste Grenzzusammensetzung etwa der Segerformel $RO \cdot 0{,}0-0{,}3\,Al_2O_3$ $1{,}8-3{,}0\,SiO_2$* entspricht. Von Alkalien und alkalischen Erden kommen nur ganz geringe Mengen als Zusätze in Frage.

Nach E. Berdel[1] gilt für die Zusammensetzung ungefritteter Töpferglasuren folgendes: Man geht aus von

$PbO \cdot SiO_2$ für Glattbrand bei S.-K. 010a,
$PbO \cdot 2{,}5\,SiO_2$ für Glattbrand bei S.-K. 6a.

Ein Zusatz von 0,1 Molekül SiO_2 bedeutet also Erhöhung der Glattbrenntemperatur um je 1 Segerkegel. Treten in die Glasur noch andere Bestandteile ein, so entspricht Einführung von etwa je 0,02 CaO, ebenso von 0,01 Al_2O_3 oder 0,01 K_2O einer Erhöhung der Glattbrenntemperatur um 1 Segerkegel. Die günstigste Schmelzbarkeit zeigen Glasuren mit möglichst vielen Bestandteilen, d. h. einem *RO*, das aus PbO, K_2O, CaO, MgO, ZnO besteht[2].

Das Auftragen der Glasur erfolgt auf die ungebrannten oder schwach vorgebrannten Stücke. Die Erfahrung hat gelehrt, daß die Glasuren auf derartiger Irdenware meistens nur dann rissefrei haften, wenn der darunterliegende Scherben einigermaßen hartgebrannt ist[3].

Über die gesundheitlichen Gefahren eines Bleigehaltes der Glasuren für die keramischen Arbeiter einerseits und bei der Verwendung von Geschirren mit bleihaltigen Glasuren im Haushalt andrerseits siehe S. 164 und 266.

Die Schmelzware, nach ihrem Ursprungsorte, der italienischen Töpferstadt Faënza, auch Fayence genannt, stellte vor der Einführung des Porzellans und Steinguts das edelste Erzeugnis unter den Tonwaren dar, ist dann aber seit dem Ende des achtzehnten Jahrhundert immer mehr vernachlässigt worden. In neuester Zeit wendet man ihr wieder größeres Interesse zu, besonders bei figürlichen Darstellungen und baulichen Arbeiten.

Als Rohstoffe dienen vorwiegend die weit verbreiteten stark kalkhaltigen Tone und Tonmergel der Diluvialzeit, die nicht selten 20 bis 60% und mehr Kalziumkarbonat enthalten. Ein Gehalt von etwa

---

* Pukall, W.: Grundzüge der Keramik S. 68. Koburg 1922.

[1] Keram. Rdsch. Bd. 35 (1927) S. 41.

[2] Über die zweckmäßigste Zusammensetzung solcher Töpferglasuren vgl. E. Berdel: a. a. O. Bd. 40 (1932) S. 465.

[3] Pukall, W.: a. a. O. S. 69.

20 bis 40% Kalziumkarbonat wirkt hinsichtlich der Verhütung von Haarrissen in der Glasur besonders günstig[1]. Da diese dem diluvialen Moränenschutt entstammenden Tone vielfach grobe Gesteinsbrocken enthalten, so muß der Rohton zunächst geschlämmt werden, was je nach Art und Umfang des Betriebes in einfacherer oder vollkommenerer Weise geschieht.

Zu kalkarmem Rohton setzt man kalkreicheren Ton oder Kreide in der erforderlichen Menge beim Schlämmen zu. Fettem Ton mischt man zweckmäßig einen mageren sandreicheren bei. Zuweilen gestatten es auch die Verhältnisse, einen von Natur aus feinkörnigen Ton zu benutzen, den man überhaupt nicht vorher zu schlämmen braucht, sondern lediglich mit Kalk und gegebenenfalls gebrannter Masse (gemahlenen Scherben) als Magerungsmittel versetzt. Man kann die Herstellung der Masse so vornehmen, daß man den Rohton auf der Trommelmühle unter Zusatz von Wasser und, wenn nötig, anderer mineralischer Rohstoffe feinmahlt.

Meist geschieht das Zusammenmischen der Rohstoffe entweder in einfachen Rührwerken, aus denen man die breiförmige Masse in Gruben abläßt, wo man sie entwässert (S. 66), oder durch Ausbreiten der verschiedenen Rohstoffe in dünnen Schichten übereinander, Anfeuchten mit Wasser, Stehenlassen der Masse zum gleichmäßigen Durchziehen mit Wasser („Einsümpfen") und senkrechtes Abstechen.

Bei allen Zubereitungsweisen wird die rohe Masse nun zur besseren Homogenisierung vor der Verarbeitung auf einem Tonschneider gründlich durchgeknetet.

Infolge des Gehalts an färbenden Verunreinigungen zeigt der Scherben der Schmelzware meist gelbe bis rötliche Brennfarbe. Er wird zur Verdeckung der letzteren nicht wie bei der Irdenware mit einem Beguß oder dergleichen, sondern nach dem Rohbrand mit einer deckenden, vorher gefritteten Bleiglasur, der „Schmelzglasur" (S. 242), überzogen. Als Trübungsmittel benutzt man entweder Zinnoxyd oder ersetzt es zur Verbilligung des Herstellungspreises der Glasur durch andere Stoffe, z. B. durch eisenfreies Zirkonsilikat (S. 152), wie es unter dem Handelsnamen „Terrar" in den Handel gebracht wird. Man führt das Zinnoxyd nicht als solches in die Glasur ein, sondern als Zinnoxyd-Bleioxyd-Gemisch, den „Äscher", dessen Herstellung auf S. 170 beschrieben worden ist.

Der rohen Glasurmischung setzt man seit alter Zeit her in der Praxis vielfach Natriumchlorid zu, und zwar gewöhnlich etwa 10% des zu frittenden Glasur-

---

[1] Vgl. hierzu W. Steger: Ber. dtsch. keram. Ges. Bd. 13 (1932) S. 412; ferner E. Berdel: Einfaches chemisches Praktikum V. und VI. Teil 5. Aufl. S. 25. Koburg 1929; ferner Tonind.-Ztg. Bd. 51 (1927) S. 43 und Keram. Rdsch. Bd. 35 (1927) S. 41.

gemenges[1]. Notwendig ist hierbei die Gegenwart von Wasserdämpfen, so daß die Zersetzung des Kochsalzes nach der Formel

$$2\,NaCl + SiO_2 + H_2O = Na_2SiO_3 + 2\,HCl$$

eintritt und der freiwerdende Chlorwasserstoff vorhandene Verunreinigungen in flüchtige Chlorverbindungen verwandelt, so daß z. B. Eisenchlorid entsteht, wodurch die Glasur reiner weiß wird. Die Bedeutung des Kochsalzzusatzes besteht also vor allem in einer farbverbessernden Wirkung. Allerdings lassen sich heute viel reinere Glasurrohstoffe beschaffen und verwenden als früher, so daß man auch ohne Kochsalzbeigabe zur Glasurfritte weiße Glasuren erzielen kann. Man geht auf diese Weise allen den Nachteilen der Verwendung von Kochsalz aus dem Wege, die vor allem darin bestehen, daß mit dem Natriumchlorid aus der Glasurmischung auch andere wertvolle Stoffe verflüchtigt werden können, die Glasur durch das gebildete Natriumoxyd aber auch leichter flüssig gemacht wird. Es ist notwendig, unzersetzt gebliebenes Kochsalz aus der Fritte nach dem Mahlen mit Wasser auszuwaschen, da unverändertes Natriumchlorid in der Glasur Bildung von Krusten oder glanzlosen Stellen hervorruft. Auch Seger[2] hat schon von der Verwendung von Kochsalz bei der Herstellung von Schmelzglasuren abgeraten, und E. Berdel[3] empfiehlt, die Schmelzglasuren unter Verwendung von Natriumkarbonat zusammenzusetzen[1]. Kleine Abweichungen von dem völlig rein weißen Farbton lassen sich durch Zusatz ganz geringer Mengen von Kobalt- oder Manganverbindungen ausgleichen, wie dies beim Steingut besprochen wird (S. 255).

Das *RO* der Schmelzglasuren besteht vorzugsweise aus Bleioxyd. Man kann es hier bis zu 0,5 Mol. durch Alkalien ersetzen, was sich besonders bei kalkärmeren Massen empfiehlt. Im allgemeinen lehrt die Erfahrung, daß, wie bereits erwähnt, Schmelzglasuren haarrissefrei nur auf solchen Massen halten, die einen Gehalt von 25 bis 35% Kalziumkarbonat besitzen[4].

Als Grenzformeln für die Zusammensetzung von Schmelzglasuren gibt Berdel[5] folgende an:

$$\left.\begin{array}{l} 0{,}1 - 0{,}5\ K_2O\ (Na_2O) \\ 0\ \ \ - 0{,}2\ CaO \\ 0{,}9 - 0{,}5\ PbO \end{array}\right\} \cdot 0 - 0{,}15\ Al_2O_3 \cdot \left\{\begin{array}{l} 1{,}5 - 3\ SiO_2 \\ 0{,}2 - 0{,}4\ SnO_2 \end{array}\right. :$$

Zinnglasur, borsäurefrei, für die Brenntemperatur S.-K. 05a — 01a.

Kali wurde schon in alter Zeit vielfach vor Natron bevorzugt. Man verwendet besser Kaliumnitrat als die häufig im Feuchtigkeitsgehalt schwankende Pottasche. Durch die Einführung von Kaliumnitrat wird infolge der Sauerstoffabgabe beim Schmelzen der Reduktion mancher Glasurbestandteile entgegengewirkt. Natron macht nach Berdel[5] die Schmelzglasur flüssiger, begünstigt aber die Rissebildung. Ein hoher Kaligehalt der Glasur soll auch eine bessere Ausnutzung der Deckkraft des Zinnoxyds ermöglichen[6], weshalb auch die altitalienischen Fayenceglasuren Pottasche enthielten.

---

[1] Stürmer, C.: Keram. Rdsch. Bd. 37 (1929) S. 166; Bd. 38 (1930) S. 666.

[2] Ges. Schriften 2. Aufl. S. 358. Berlin 1908.

[3] Einfaches chemisches Praktikum V. und VI. Teil 5. Aufl. S. 27. Koburg 1929.

[4] Tostmann in F. Singer: Die Keramik im Dienste von Industrie und Volkswirtschaft S. 175. Braunschweig 1923.

[5] Einfaches chemisches Praktikum V. und VI. Teil 5. Aufl. S. 27. Koburg 1929.

[6] Keram. Rdsch. Bd. 34 (1926) S. 95.

Nach A. Granger[1] entspricht eine brauchbare Schmelzglasur der Formel:

$$\left.\begin{matrix} 0{,}78\ \mathrm{PbO} \\ 0{,}22\ \mathrm{CaO} \end{matrix}\right\} \cdot 0{,}29\ \mathrm{Al_2O_3} \cdot \left\{\begin{matrix} 2{,}60\ \mathrm{SiO_2} \\ 0{,}29\ \mathrm{SnO_2} \end{matrix}\right. .$$

Nach Brömse[1] hat eine Glasur für erstklassige weiße Ware folgende Formel:

$$\left.\begin{matrix} 0{,}22\ \mathrm{K_2O} \\ 0{,}78\ \mathrm{PbO} \end{matrix}\right\} \cdot 0{,}21\ \mathrm{Al_2O_3} \cdot \left\{\begin{matrix} 4{,}30\ \mathrm{SiO_2} \\ 0{,}49\ \mathrm{SnO_2} \end{matrix}\right. .$$

Schmelzglasuren von sehr gutem Aussehen, die ausgezeichnet ausfließen, entstehen bei Zusatz einer gewissen Menge Borsäure. Als Beispiel einer solchen borsäurehaltigen Zinnglasur gibt E. Berdel[2] folgende an:

$$\left.\begin{matrix} 0{,}30\ \mathrm{K_2O} \\ 0{,}09\ \mathrm{Na_2O} \\ 0{,}20\ \mathrm{CaO} \\ 0{,}41\ \mathrm{PbO} \end{matrix}\right\} \cdot 0{,}2\ \mathrm{Al_2O_3} \cdot \left\{\begin{matrix} 2{,}75\ \mathrm{SiO_2} \\ 0{,}18\ \mathrm{B_2O_3} \\ 0{,}28\ \mathrm{SnO_2} \end{matrix}\right. : \text{borsäurehaltige Schmelzglasur für S.-K. 05a.}$$

Die alkalihaltigen Schmelzglasuren neigen zum steinharten Absetzen beim Stehenlassen mit Wasser, eine Erscheinung, der man durch die früher angegebenen Mittel (S. 245) abzuhelfen sucht.

Stellt man Schmelzglasuren ohne Zinnoxyd unter Zusatz von Antimonoxyd oder Zinkoxyd her, so ist Kochsalz unbedingt zu vermeiden, weil sonst von diesen Trübungsmitteln zu große Mengen als Chloride verflüchtigt werden. Gut deckende weiße Glasuren erhält man bei Anwendung reichlicher Mengen Tonerde und Zinkoxyd unter gleichzeitiger Einführung von 0,5 Mol Borsäureanhydrid[2].

Ungefrittete deckende Glasuren, die für Fayenceware geeignet sind und bei etwa S.-K. 05a glattbrennen, lassen sich nach H. Bollenbach[3] auf Grund folgender Formel zusammensetzen:

$$RO \cdot 0{,}2\ \mathrm{Al_2O_3} \cdot \left\{\begin{matrix} 1{,}2 - 1{,}5\ \mathrm{SiO_2} \\ 0{,}6\ \mathrm{B_2O_3} \end{matrix}\right. ,$$

wobei man zur Zusammensetzung des ***RO*** außer CaO und K_2O noch MgO und ZnO benutzt und die Borsäure in Form des künstlich hergestellten Kalziumborates $CaO \cdot B_2O_3 \cdot 2\,H_2O$ einführt.

B. Steingut, Gesundheitsgeschirr (Spülware), Feuertonware, Wandplatten, poröse Erzeugnisse.

Der Scherben des Steinguts ist erdig wie der der Töpfer- und Schmelzware und durchlässig für Flüssigkeiten und Gase, besitzt aber weiße Brennfarbe und größere Härte. Das Gefüge ist gleichmäßig feinkörnig, der Scherben mit einer durchsichtigen, bleihaltigen oder bleifreien Glasur überzogen.

Gegenüber der Schmelzware oder Fayence stellt das Steingut insofern eine Verbesserung dar, als man bei ihm keine farbig brennenden

[1] Killias, E. u. H.: Keram. Rdsch. Bd. 36 (1928) S. 826.

[2] Berdel, E.: Einfaches chemisches Praktikum V. und VI. Teil 5. Aufl. S. 32 und 33. Koburg 1929.

[3] Ber. dtsch. keram. Ges. Bd. 9 (1928) S. 495.

Tone zur Masse verwendet, den Scherben daher auch mit keiner deckenden weißen Glasur zu überziehen braucht, sondern hierzu klare Glasuren aus billigeren Rohstoffen verwenden kann, unter denen der Scherben sichtbar bleibt. Die Herstellung solcher Waren erfordert zwei Brände. Der erste Brand dient dazu, ihnen die erforderliche Festigkeit zu verleihen, während im zweiten Brand bei verhältnismäßig niedriger Temperatur die in der Regel durch hohen Glanz ausgezeichnete Glasur aufgeschmolzen wird.

Das Steingut führt in England die Bezeichnung earthenware, white ware oder flint ware; für das scharfgebrannte Feldspatsteingut gelten auch Namen wie white granite, ironstone china usw. Im Französischen bezeichnet man das Steingut als faience fine, cailloutage, terre de pipe.

Nach Art und Beschaffenheit des Scherbens unterscheidet man[1] Leicht- und Hartsteingut. Das Weich- oder Leichtsteingut zerfällt in das Tonsteingut und das Kalksteingut. Es besitzt einen weicheren und spezifisch leichteren Scherben als das spezifisch schwerere Hart- oder Feldspatsteingut. Eine andere Einteilung[2] ist die in Feldspatsteingut, Kalksteingut, Magnesitsteingut und das zwischen den beiden ersten Sorten stehende gemischte Steingut (Kalk-Feldspat-Steingut). Einen Anhalt für die mittlere rationelle Zusammensetzung der verschiedenen Steingutmassen gibt nachstehende Tabelle[3]:

	Feldspatsteingut %	Gemischtes Steingut %	Kalksteingut %
Tonsubstanz	40—55	45—50	40—55
Quarz	55—42	48—42	etwa 40
Feldspat	5—3	1—3	—
Kalkspat (Marmor, Kreide)	—	5—7,5	20—5
Rohbrand S.-K.:	7—10	2a—6a	07a—6a

Bei dem Magnesitsteingut ist die Zusammensetzung die gleiche wie beim Kalksteingut, mit dem Unterschiede, daß bei ihm anstatt des Kalksteins Magnesit oder Dolomit verwendet wird[3].

Als Rohstoffe verwendet man Kaolin und möglichst eisenfreie fette Tone, daneben reine, ebenfalls eisenfreie Zusatzstoffe, hauptsächlich Kalkspat oder Kreide, Quarz und Feldspat.

Je nach der beabsichtigten Verarbeitungsweise der rohen Steingutmassen macht man sie reicher an fettem Ton oder Kaolin. Gießmassen können ziemlich reich an Kaolin gehalten werden. Durch Drehen zu

[1] Hecht, H.: Lehrbuch der Keramik 2. Aufl. S. 277. Berlin 1930.

[2] Berdel, E.: Einfaches chemisches Praktikum V. und VI. Teil 5. Aufl. S. 36.

[3] Nach E. Berdel: a. a. O. und Pukall in F. Singer: Die Keramik im Dienste von Industrie und Volkswirtschaft S. 146. Braunschweig 1923.

verarbeitende Massen werden durch hohen Kaolingehalt zu sehr gemagert.

Je kalkreicher das *RO* der Segerformel ist, desto geringer, je kalireicher das *RO* ist, desto größer ist die Festigkeit des Scherbens bei sonst völlig gleicher Zusammensetzung und gleicher Brenntemperatur (siehe a. S. 205). Auf kalkreicheren Massen neigt im allgemeinen die auf den Steingutmassen aufgetragene Glasur weniger zum Haarrissigwerden[1]. Nach A. Vasel[2] führt es unweigerlich zu Haarrissen, wenn man die Verdichtung eines Steingutscherbens nur allein mit Feldspat ohne Zusatz eines frühsinternden Tons bewirkt. Vor allem ist darauf zu achten, daß die Porosität des Scherbens zwischen 8 und 13% liegt, also der letztere bestimmte physikalische Eigenschaften besitzt.

Das älteste Steingut ist das Tonsteingut; es wurde lediglich aus Ton hergestellt und ist aus der Töpferware hervorgegangen. Das erste in England gefertigte Steingut war infolge eines Eisengehalts des benutzten fetten Tons, des „blue clay", gelblich gefärbt („cream coloured ware"). Kalkzusatz wirkt erstens der durch eisenhaltige Tone hervorgerufenen Gelblichfärbung des Scherbens entgegen und ermöglicht zweitens eine Herabsetzung der Brenntemperatur, verbilligt also die Herstellung. Diese entfärbende Wirkung kommt demgemäß nur für Kalksteingut oder gemischtes Steingut in Betracht, während man bei Feldspatsteingut Tone mit einem die Masse gelblichfärbenden Eisengehalt überhaupt nicht verwenden kann.

Man setzt den Quarz in Form von Quarzsand, gemahlenem Felsquarz zu, den Kalk als Kalkspat, Kreide oder als Marmor oder auch in Form von kalkhaltigem Mergel. In England verwendet man als Rohstoffe mit Vorliebe Feuerstein (Flint) und Kreide. Benutzt man zur Steingutmasse einen genügend reinen Rohkaolin, so wird mit diesem zugleich auch der Quarzgehalt zugeführt. Bedingung ist hierbei, daß dieser Quarzsand ausreichend fein ist.

Die Umwandlungsgeschwindigkeit der einzelnen natürlichen Quarzvorkommen in Kieselsäureformen von niedrigerem spezifischen Gewicht[3], d. h. in α-Quarz, Tridymit oder Cristobalit, kann bei der Herstellung hochgebrannten Steinguts eine gewisse Rolle spielen, da der verhältnismäßig hohe Gehalt an freier Kieselsäure im gebrannten Steingut je nach dem Überwiegen des Quarzes oder des Cristobalits die Eigenschaften des Scherbens verschieden beeinflußt (S. 127). Nach E. E. Pressler und W. L. Shearer[4] kann es auf die Widerstandsfähigkeit gegen thermische Beanspruchung von Einfluß sein, ob man als Kieselsäurerohstoff kryptokristallinen Flint oder mehr quarzartiges Material zusetzt. Bei größeren Gegenständen mit dickerem Scherben wird empfohlen, vorgebrannten Quarz zu verwenden. Durch feines Mahlen des Quarzes kann man die durch das „Wachsen" der Kieselsäure beim Brennen entstehenden Schwierigkeiten in gewissem

[1] Sprechsaal Keramik usw. Bd. 48 (1915) S. 438.
[2] Keram. Rdsch. Bd. 34 (1926) S. 803.
[3] Rieke, R.: Ber. d. Fachausschüsse, Rohstoffausschuß Bericht Nr. 1, Ber. dtsch. keram. Ges. Bd. 9 (1928) S. 9.
[4] Technol. Pap. Bur. Stand. Wash. 1916 Nr. 310.

Maße beheben[1], vor allem auch das rissefreie Haften der Glasuren fördern (s. a. S. 264). H. Harkort[2] hat nachgewiesen, daß es durchaus nicht gleichgültig ist, welchen der verschiedenen, auf Grund ihrer Plastizität und ihres sonstigen Charakters an sich in gleichem Maße geeignet erscheinenden Steinguttone man verwendet, selbst bei gleichem Gehalte an Tonsubstanz. Er fand, daß mit zunehmendem Gehalt an allerfeinstem Quarz die Glasurrißsicherheit zwar größer wird, daß aber auch bei gleichem Gehalte an solchem Quarz zwei Tone oder Kaoline in dieser Hinsicht verschieden wirken können, und er führt dieses verschiedene Verhalten auf das Vorhandensein von „Quarz-Ton-Nestern" in dem günstiger wirkenden Rohstoff zurück. In solchen Materialien sind von Natur aus mehr oder weniger abgerundete feinere Quarzkörnchen in dichter Packung in die Tonsubstanz eingebettet, d. h. unzertrennlich mit der Tonsubstanz verfilzt, so daß die Reaktionen innerhalb der Nester beim Erhitzen früher eintreten und dadurch der Ausdehnungskoeffizient der Masse im ganzen stärker beeinflußt und die Glasurrißsicherheit erhöht wird. Nach Möhl[3] kommen für die Erzielung solcher Wirkungen besonders die Bindetone in Betracht, auch die im jungen Verwitterungsstadium befindlichen Kaoline, „die den Quarz noch in der lamellaren Packung der Tonsubstanz enthalten". Bei den stark humosen Tonen, die amorphe Beschaffenheit besitzen, bedarf es aber eines gewissen Anteils an gröberen Körnern, um eine allzu große Schwindung und Dichtigkeit des Scherbens gegenüber der Glasur zu vermeiden.

Feldspat wird meist nicht in reinster Form zur Zusammensetzung verwendet, weil sein Preis zu hoch ist, sondern man bevorzugt die billigeren Sorten oder benutzt Pegmatit, Quarzspat od. dgl. In Gegenwart von Kalkspat ist die verdichtende Wirkung des Feldspates naturgemäß kräftiger und tritt zeitiger ein. Je feiner der Feldspat gemahlen ist, um so energischer ist seine Schmelzwirkung. Feldspatmassen verdichten sich im allgemeinen von etwa 1050° an, Kalkmassen von 1200° an, dann aber so schnell, daß die Sinterung bei beiden Steinguttypen bei 1250 bis 1300° gleichweit vorgeschritten ist[4].

Magnesit wirkt intensiver als Kalk und macht die Masse mechanisch widerstandsfähiger[1].

Vielfach gibt man der Steingutmasse auch gemahlene, schon gebrannte Scherben bei, je nach der Bildsamkeit der Masse etwa 4 bis 6% [1].

Zur Verbesserung der Brennfarbe nicht rein weiß brennender Steingutmassen setzt man ihnen geringe Mengen färbender Metallverbindungen zu. Vor allem ist es der durch Eisenverbindungen hervorgerufene gelbliche Ton, den man durch „Bläuen" der Steingutmassen beheben will, und zwar in allen Fällen, wo man kein gelblich getöntes Steingut wünscht, sondern auf rein weiße Ware Wert legt. Dieses Bläuen geschieht mit Hilfe von Kobaltverbindungen.

---

[1] Bacher, W.: Keram. Rdsch. Bd. 35 (1927) S. 583.

[2] Ber. dtsch. keram. Ges. Bd. 9 (1928) S. 476; Ref. Keram. Rdsch. Bd. 36 (1928) S. 557.

[3] Sprechsaal Keramik usw. Bd. 62 (1929) S. 752.

[4] Bremond, P. M.: Céramique Bd. 29 (1928) S. 217; Ref. Keramos Bd. 8 (1929) S. 73.

In früherer Zeit benutzte man für diesen Zweck vorwiegend Kobaltoxyd, das man der Masse beimischte. Trotz feinster Mahlung des Kobaltoxyds blieb es hierbei nicht aus, daß die Masse ab und zu nach dem Brennen noch feine blaue Punkte enthielt, die völlige feinste Verteilung des Kobaltoxyds also nicht stattgefunden hatte. Aus diesem Grunde benutzt man jetzt lieber Kobaltsalze, vor allem Kobaltsulfat[1], das man in Wasser auflöst und mit der Masse einige Zeit lang in der Mühle oder im Rührwerk innig mischt, worauf die zur Ausfällung des Kobalts als basisches Karbonat erforderliche Menge vorher in Wasser aufgelöster Soda zugefügt und dann das Ganze nochmals gut durchgemischt wird. Durch das aufs feinste verteilte Kobaltkarbonat wird eine gleichmäßige Färbung der Masse erreicht, ohne daß beim Brennen blaue Flecken entstehen können.

Die zur Entfärbung eines bestimmten Gewichtes Steingutmasse erforderliche Kobaltsulfatmenge muß für jeden Fall vorher durch Versuche ermittelt werden. Bei der Verwendung des Kobaltsulfats zu Gießmassen ist zu beachten, daß es auf die Masse eine versteifende Wirkung ausübt, ihre Verarbeitbarkeit also nachteilig beeinflußt, was auch durch nachträglichen Zusatz von Soda meist nicht völlig behoben werden kann[2]. Außer Kobaltsulfat kann man auch Kobaltchlorür verwenden, doch findet dieses in der Praxis weniger Anwendung, obwohl es gewisse Vorteile böte. Kobaltnitrat benutzt man nicht wegen seiner stark hygroskopischen Eigenschaften. Auch verwendet man nicht Ammoniakflüssigkeit als Fällungsmittel, weil im Überschuß zugesetztes Ammoniak den gebildeten Kobaltniederschlag teilweise wieder auflöst. 1 g Kobaltoxydul entsprechen 3,88 g Kobaltnitrat, 3,17 g Kobaltchlorür oder 3,75 g Kobaltsulfat, zu deren Fällung 3,82 g kristallisierte Soda erforderlich sind.

Ähnlich wie man den Steingutmassen zum „Bläuen“ eine Kobaltverbindung zusetzt, kann man sie durch Zugabe von Eisenverbindungen mehr oder weniger kräftig hellgelb färben, wenn es sich darum handelt, sogenanntes „Elfenbeinsteingut“ herzustellen[3]. Man benutzt zur Herstellung dieser elfenbein- oder rahmfarbigen Ware (ivory ware, cream coloured ware) entweder eine gelblich gefärbte Masse mit durchsichtiger farbloser Glasur oder eine normale weiße Steingutmasse mit gelblichgefärbter Glasur. Zur Färbung der Masse dienen entweder gelbbrennende Tone oder Eisenoxyd, das man Massen von an sich weißer Brennfarbe zusetzt. Das Färben mit Eisenoxyd ist angebracht[3], wenn nur ein bestimmter Teil der täglich verarbeiteten Masse zur Herstellung von Elfenbeinsteingut verwendet wird. Es ist aber ratsam, nicht unmittelbar Eisenoxyd, sondern ein Eisensalz, entweder Eisenvitriol oder -chlorid, zu verwenden. Im übrigen verfährt man in der beim „Bläuen“ der Steingutmasse angegebenen Weise.

Je dichter eine Masse gebrannt werden soll, um so schwieriger ist es, ihr auf die angegebene Weise eine gelbliche Brennfarbe zu verleihen[4]. Nach G. H. Brown[4] lassen sich durch Zusatz von etwa 1% Rutil Massen angenehm gelblich färben, ebenso auch Massen für Gesundheitsgeschirr, die bis Kegel 11 gebrannt wurden. Man kann Steingutmasse durch Zusatz von Titandioxyd und Eisenoxyd in wechselndem Verhältnis in sehr verschiedener Weise abtönen; bei Zufügung größerer Mengen der Oxyde entstehen grünlichgraue Färbungen. Färbt man zur Erzielung eines Elfenbeintons nicht die Steingutmasse, sondern die Glasur, so gibt man bis zu 8 g Eisenoxyd oder Titanoxyd auf 1000 g Glasur[5]. Übrigens kann man außer in Massen

---

[1] Keramos Bd. 6 (1927) S. 140. Budewig, G.: Keram. Rdsch. Bd. 37 (1929) S. 641.

[2] Keramos Bd. 6 (1927) S. 140. Eleöd, K.: Keram. Rdsch. Bd. 33 (1925) S. 779.

[3] Budewig, G.: a. a. O. [4] Ceram. Age Bd. 11 (1928) S. 77.

[5] Harkort in F. Singer: Die Keramik im Dienste von Industrie und Volkswirtschaft S. 332. Braunschweig 1923.

auch in Glasuren einen gelblichen Farbton durch Kobaltzusatz aufheben und in nahezu reines Weiß verwandeln.

Die Zubereitung der Steingutmassen geschieht im allgemeinen mittels eines der nachstehend beschriebenen Verfahren:

1. Bei dem sog. Schlämmverfahren werden die plastischen Rohstoffe, die beim Steingut teils aus Rohkaolinen, teils aus fetten Tonen bestehen, in bestimmten Raum- oder Gewichtsmengen zusammen mit den übrigen Massebestandteilen in einem Mischquirl oder einer Schlämmtrommel mit Wasser aufgeschlämmt. Zähe Klumpentone bedürfen hierbei besonderer Vorbereitung, da sie sich sonst nur schwer im Quirl gründlich zerteilen lassen. Wichtig ist bei diesem Verfahren, daß man die Gehalte der bildsamen Rohstoffe an Schlämmrückständen, d. h. vor allem an Quarzsand, kennt. Der im Mischquirl erhaltene dünne Massebrei gelangt in Absetzbehälter, wo die gröbsten Bestandteile zu Boden sinken, und von hier unmittelbar in ein ausgedehntes System von Rinnen mit geringem Gefälle (S. 43). Auf dem Wege durch dieses Rinnensystem setzen sich allmählich sämtliche überhaupt ausschlämmbaren Teilchen, wie Sand, Mineraltrümmer, Kohle, Holz u. dgl. ab, so daß die flüssige Steingutmasse zum Schlusse nur noch die feinsten Bestandteile der Tone und Kaoline, den allerfeinsten Sand und etwa zugesetzte, aus feinstem Schlamm bestehende andere Rohstoffe, wie vor allem Kreide, enthält[1]. Zum Schlusse leitet man die breiförmige Masse noch durch Siebvorrichtungen (S. 224). Bei diesem Verfahren findet also Schlämmen und Mischen der Bestandteile in einem Arbeitsgange statt.

2. Bei dem zuerst in der englischen Steingutindustrie angewandten Verfahren[2] wird jeder Ton und Kaolin für sich aufs feinste geschlämmt und gesiebt. Hierauf findet ihre Mischung auf Grund der Bestimmung des spezifischen Gewichts jeden Tonbreies in früher (S. 209) angegebener Weise statt.

Nach Harkort[3] ist es wirtschaftlich von Vorteil, den Schlämmrückstand von noch in ihm verbliebenem Ton zu befreien und auch diesen dem Massebrei zuzuführen. Soweit man nicht die nichtplastischen Rohstoffe beim Schlämmen zugibt, wie z. B. die Kreide bei Verfahren 1, werden sie für sich in Trommelmühlen aufs feinste naßgemahlen und dann mit dem Kaolin- und Tonschlamm gemischt. Die bei dem Schlämm- und dem englischen Verfahren in dünner wäßriger Aufschlämmung erhaltene fertige Steingutmasse wird in Filterpressen bei einem Druck von bis zu 10 Atm. vom Wasserüberschuß befreit und dann in Tonschneidern oder auf Masseschlagmaschinen durchgeknetet.

---

[1] Heim, M.: Die Steingutfabrikation S. 66. Leipzig.

[2] Harkort in F. Singer: Die Keramik im Dienste von Industrie und Volkswirtschaft S. 326. Braunschweig 1923.

[3] Harkort: a. a. O. S. 327.

Man kann auch die trocken abgewogenen Mengen der verschiedenen Hartmaterialien, wie Quarz, Feldspat, Scherben usw., zusammen in einer Trommelmühle mit Wasser mischen und feinmahlen und dann den ganzen Trommelinhalt zu einer bestimmten Menge feinen Tonschlamms zusetzen.

Nach M. Heim[1] läßt sich an Orten, wo Energie reichlich und billig zur Verfügung steht, toniges Material aber nur mit großem Kostenaufwand zu beschaffen ist, auch so verfahren, daß man gute Rohkaoline durch Mahlung in Trommelmühlen restlos zur Massebereitung verwertet und der Masse durch Zusatz von geschlämmtem Ton die nötige Bildsamkeit verleiht. Die zur Mahlung gelangenden Rohkaoline müssen an und für sich so rein sein, daß sie im gemahlenen Zustande in der gebrannten Ware keine schwarzen Punkte oder Flecken verursachen.

Hinsichtlich der Herstellung von Gießmassen gilt auch für Steingut das im II. Hauptteil Gesagte (S. 220).

Für die Zusammensetzung der Steingutmassen sind maßgebend die Rohstoffe, die Herstellungsweise der rohen Masse und besonders die Brenntemperatur (S. 204 und S. 252). Man unterscheidet auf Grund der zur Zeit in der Industrie des In- und Auslands üblichen Herstellungsverfahren:

1. Steingutmassen nach englischem Muster[2] mit hohem Gehalt an Kieselsäure, geringerem an Tonsubstanz, die etwa zur Hälfte aus fettem Ton besteht, und einem Feldspatzusatz. Der Rohbrand findet bei verhältnismäßig hoher Temperatur statt, nämlich bei etwa 1300°. Bei dieser schmilzt der zugesetzte Feldspat bereits und übt hierdurch eine verfestigende Wirkung auf den Scherben aus (Hartsteingut). Manche deutsche Fabriken, soweit sie in der Zeit vor dem letzten Kriege nach englischem Vorbilde arbeiteten, haben sich nach dem Kriege auf deutsche Tone umgestellt, unter Verwendung von Tonen des Westerwalds, des Halleschen Beckens, der Niederlausitz usw.

2. Steingutmassen der mitteldeutschen Fabriken[2] mit hohem Tonsubstanz-, niedrigem Kieselsäuregehalt und einem Kreidezusatz. Ihr Rohbrand erfolgt bei etwa 1150°. Die Festigkeit dieses Steingutes ist geringer (Weichsteingut), weil bei der genannten Brenntemperatur der Kalk mit den übrigen Bestandteilen noch nicht in größerem Maße in Wechselwirkung tritt (S. 141).

3. Zwischen den unter 1. und 2. erwähnten Steinguttypen gibt es mancherlei Übergänge, die dadurch entstehen, daß man die Weichsteingutmassen bei höheren Temperaturen brennt und dadurch eine verstärkte Flußwirkung des Kalks herbeiführt, oder erforderlichenfalls auch den Kalkgehalt verringert. Zu dieser Art von Steingut sind viele

[1] Die Steingutfabrikation S. 77. Leipzig.

[2] Harkort in F. Singer: Die Keramik im Dienste von Industrie und Volkswirtschaft S. 324. Braunschweig 1923.

der heute verarbeiteten Massen zu rechnen, die also Zwischenstufen darstellen[1].

Zu den drei vorstehend beschriebenen Massen kommen die in Amerika hergestellten Steingutsorten, die in ihrer Zusammensetzung teils den europäischen Steingutarten entsprechen, teils einen Übergang zum Porzellan darstellen. Man versteht nämlich in Nordamerika unter „china ware“ außer wirklichem Porzellan im europäischen Sinne auch noch ein Erzeugnis, das nicht völlig dicht gebrannt zu sein braucht. Demgemäß unterscheidet man „vitreous ware“ (glasig dicht gebrannte Ware, d. h. Feinsteinzeug oder Weichporzellan) und „semivitreous ware“ (halbverglaste Ware, „Halbporzellan“, s. a. S. 267). Bei beiden handelt es sich hauptsächlich um Geschirre und sanitäre Gegenstände. Die Zusammensetzungen dieser Waren weichen nicht wesentlich voneinander ab. Die völlig oder fast gänzlich verglaste Ware unterscheidet sich von der halbverglasten dadurch, daß sie etwa 1,5% Kreide enthält und ihre Brenntemperatur rund 100° höher liegt. Das mittlere Wasseraufnahmevermögen der „vitreous ware“ darf nach dem Rohbrand je nach der Größe bis 0,5% oder noch etwas mehr betragen[2]. Die Massen für halbverglastes Geschirr[3] werden bis zu einer Dichte gebrannt, die einem Wasseraufnahmevermögen von etwa 8% entspricht. Für „vitreous ware“ wird die Temperatur des ersten Brandes zu S.-K. 8 bis 10 angegeben. Das Aufschmelzen der Glasur erfolgt dann bei S.-K. 1 bis 4 oder noch höher[4].

Hinsichtlich der Steingutglasuren (siehe auch S. 240) unterscheidet man

a) rohe, d. h. ungefrittete, bleihaltige Glasuren,

b) gefrittete bleihaltige Glasuren und

c) gefrittete bleifreie Glasuren. Zu ihnen sind neuerdings noch

d) die bleifreien Rohglasuren getreten.

Die Zusammensetzung richtet sich bei den Steingutglasuren darnach, ob sie auf einem bei niedriger Temperatur vorgebrannten Kalksteingut, dessen Rohbrand zwischen S.-K. 07a und 6a erfolgt, oder auf Feldspatsteingut, dessen Rohbrenntemperatur zwischen S.-K. 7 und 10 liegt, Verwendung finden sollen. Nach E. Berdel[5] unterscheidet man im wesentlichen drei Gruppen Steingutglasuren:

I. Glasuren für sehr niedrigen Brand (Glattbrenntemperatur S.-K. 09a bis 01a): S. 259.

[1] Harkort: a. a. O. S. 325.

[2] Ber. dtsch. keram. Ges. Bd. 7 (1927) S. 272; vgl. a. Keramos Bd. 6 (1927) S. 247.

[3] Pott. Gaz. Bd. 52 (1927) S. 1952; Ref. Abstr. Amer. ceram. Soc. Bd. 7 (1928) S. 177.

[4] Vgl. Keram. Rdsch. Bd. 40 (1932) S. 463 u. 475.

[5] Einfaches chemisches Praktikum V. und VI. Teil 5. Aufl. S. 39. Koburg 1929.

II. Glasuren für Gebrauchsgeschirr (Glattbrenntemperatur S.-K. 1a bis 6a): S. 260.

III. Glasuren für Gesundheitsgeschirr (Glattbrenntemperatur S.-K. 7 bis 10): S. 267.

I. Steingutglasuren für S.-K. 09a bis 01a.

α) Ungefrittete bleihaltige Glasuren oder „Töpferglasuren" (S. 242 u. 248) sowie diese Glasuren in gefrittetem Zustande stellen Bleisilikate, Blei-Tonerde-Silikate oder solche mit einem Gehalt an alkalischen Erden oder Alkalien dar und kommen in heutiger Zeit auf Steingut fast kaum noch zur Verwendung. Grenzversätze gefritteter borsäurefreier Steingutglasuren[1]:

$$\left.\begin{array}{l} 0{,}15 - 0{,}3\ K_2O\ (Na_2O) \\ 0{,}05 - 0{,}2\ CaO \\ 0{,}50 - 0{,}8\ PbO \end{array}\right\} \cdot 0{,}1 - 0{,}2\ Al_2O_3 \cdot 1{,}5 - 2{,}2\ SiO_2.$$

β) Normale gefrittete blei- und borsäurehaltige Glasuren mit folgender Grenzzusammensetzung:

$$\left.\begin{array}{l} 0 - 0{,}4\ K_2O \\ 0 - 0{,}4\ Na_2O \\ 0 - 0{,}4\ CaO \\ 1 - 0{,}3\ PbO \\ (0 - 0{,}1\ MgO,\ ZnO) \end{array}\right\} \cdot 0{,}2 - 0{,}3\ Al_2O_3 \cdot \left\{\begin{array}{l} 2{,}0 - 3{,}0\ SiO_2 \\ 0{,}1 - 0{,}5\ B_2O_3 \end{array}\right.$$

Normaltypus[2]:

$$\left.\begin{array}{l} 0{,}25\ PbO \\ 0{,}25\ K_2O \\ 0{,}25\ Na_2O \\ 0{,}25\ CaO \end{array}\right\} 0{,}35\ Al_2O_3 \left\{\begin{array}{l} 2{,}5\ SiO_2 \\ 0{,}5\ B_2O_3. \end{array}\right.$$

Alkalifreie Glasur für S.-K. 07a: $\left.\begin{array}{l} 0{,}3\ CaO \\ 0{,}7\ PbO \end{array}\right\} 0{,}25\ Al_2O_3 \left\{\begin{array}{l} 2{,}1\ SiO_2 \\ 0{,}4\ B_2O_3 \end{array}\right.$

Man frittet vom Versatz alles außer 0,15 Al_2O_3 und 0,3 SiO_2, die auf der Mühle in Form von Tonsubstanz zugesetzt werden.

Alkalireiche Glasur für S.-K. 07a: $\left.\begin{array}{l} 0{,}2\ K_2O \\ 0{,}25\ Na_2O \\ 0{,}3\ CaO \\ 0{,}25\ PbO \end{array}\right\} 0{,}28\ Al_2O_3 \left\{\begin{array}{l} 2{,}1\ SiO_2 \\ 0{,}5\ B_2O_3 \end{array}\right.$

Man frittet alles außer 0,08 Al_2O_3 und 0,16 SiO_2, die auf der Mühle in Form von Tonsubstanz zugesetzt werden.

γ) Ungefrittete borsäurehaltige Bleiglasur für S.-K. 07a:

$$\left.\begin{array}{l} 0{,}2\ K_2O \\ 0{,}4\ CaO \\ 0{,}4\ PbO \end{array}\right\} 0{,}25\ Al_2O_3 \left\{\begin{array}{l} 2{,}1\ SiO_2 \\ 0{,}4\ B_2O_3 \end{array}\right.$$

Versatz: 111,8 Feldspat, 50,4 wasserfreies Kalziumborat, 91,6 Mennige, 13,0 Zettlitzer Kaolin, 48,0 Quarz.

δ) Gefrittete bleifreie Steingutglasuren[3] (s. a. S. 243) können sein (ungefähre Zusammensetzung):

1. Alkali-Tonerde-Borosilikate: $(K_2O)\ Na_2O \cdot 0{,}4 - 0{,}6\ Al_2O_3 \left\{\begin{array}{l} 4 - 6\ SiO_2 \\ \text{etwa } 1{,}0\ B_2O_3 \end{array}\right.$

---

[1] Einfaches chemisches Praktikum V. und VI. Teil 5. Aufl. S. 39. Koburg 1929.

[2] Tostmann in F. Singer: Die Keramik im Dienste von Industrie und Volkswirtschaft S. 174. Braunschweig 1923.

[3] Berdel, E.: a. a. O. S. 44 ff.

2. Alkali-Kalk-Tonerde-Borosilikate
$$\left.\begin{array}{l} 0{,}1 - 0{,}8\ Na_2O \\ 0 \quad - 0{,}5\ K_2O \\ 0 \quad - 0{,}5\ CaO \\ 0 \quad - 0{,}4\ MgO \\ 0 \quad - 0{,}2\ ZnO \end{array}\right\} 0{,}2 - 0{,}6\ Al_2O_3 \left\{\begin{array}{l} 1{,}5 - 5\ SiO_2 \\ 0{,}4 - 1 B_2O_3 \end{array}\right.$$

3. Barytglasuren:
$$\left\{\begin{array}{l} 0 \quad - 0{,}5\ K_2O \cdot Na_2O \\ 0{,}2 - 0{,}8\ BaO \\ 0 \quad - 0{,}2\ ZnO \\ 0 \quad - 0{,}5\ CaO \end{array}\right\} 0{,}1 - 0{,}4\ Al_2O_3 \left\{\begin{array}{l} 2{,}0 - 3{,}5\ SiO_2 \\ 0{,}2 - 0{,}5\ B_2O_3 \end{array}\right.$$

ε) Ungefrittete bleifreie Steingutglasur: $\left\{\begin{array}{l} 0{,}1\ K_2O \\ 0{,}9\ CaO \end{array}\right\} 0{,}1\ Al_2O_3 \left\{\begin{array}{l} 0{,}6\ SiO_2 \\ 0{,}9\ B_2O_3 \end{array}\right.$

Versatz: 55,9 Feldspat, 113,4 wasserfreies Kalziumborat.

Glasuren für Brenntemperaturen zwischen S.-K. 010 und 01a neigen stark zum Haarrissigwerden, was man[1] durch höhere Glattbrenntemperatur, durch Verringerung des Natrongehalts oder völlige Ausschaltung der Alkalien, Erhöhung des Kalkgehalts[2], auch desjenigen an Blei und Kieselsäure zu beheben sucht. Will man zwecks Beseitigung dieses Fehlers nicht die Glasur ändern, so brennt man den Scherben höher vor oder ändert seine Zusammensetzung durch Erhöhung des Quarzgehalts der Masse, durch Zusatz von Kalkspat oder Magnesit oder durch feineres Mahlen des Quarzes. Wird die Glasur nicht rissig, sondern platzt sie ab, so sind die entgegengesetzten Maßnahmen zu treffen. Barytglasuren geben bei der praktischen Verwendung häufig zu Schwierigkeiten Anlaß, da sie zu matten und krustigen Sulfatabscheidungen neigen.

II. Steingutglasuren für S.-K. 1a bis 6a.

α) Ungefrittete bleihaltige Steingutglasuren ohne Borsäurezusatz („Töpferglasuren") und dieselben Glasuren in gefrittetem Zustande. Grenzzusammensetzung[3]:

$$\left.\begin{array}{l} 0 \ —0{,}3\ K_2O \cdot Na_2O \\ 0{,}5—0 \ \ CaO \\ 0{,}2—0{,}7\ PbO \end{array}\right\} 0{,}1—0{,}25\ Al_2O_3 \cdot 1{,}6—2{,}5\ SiO_2 .$$

β) Normale gefrittete Blei-Borsäure-Steingutglasuren. Grenzzusammensetzung[4]:

$$\left.\begin{array}{l} 0{,}2—0{,}4\ K_2O \\ 0 \ —0{,}3\ Na_2O \\ 0{,}2—0{,}5\ CaO \\ 0{,}5—0{,}2\ PbO \end{array}\right\} 0{,}2—0{,}45\ Al_2O_3 \left\{\begin{array}{l} 2{,}8—4\ SiO_2 \\ 0{,}1—0{,}5\ B_2O_3 \end{array}\right.$$

Beispiel[4] einer alkalireichen Steingutglasur für S.-K. 1a bis 6a:

$$\left.\begin{array}{l} 0{,}30\ K_2O \\ 0{,}25\ Na_2O \\ 0{,}25\ CaO \\ 0{,}20\ PbO \end{array}\right\} 0{,}35\ Al_2O_3 \left\{\begin{array}{l} 3{,}0\ SiO_2 \\ 0{,}3\ B_2O_3 \end{array}\right.$$

Man frittet alles ein mit Ausnahme von 0,05 Al_2O_3 und 0,1 SiO_2, die als Kaolin auf der Mühle zugesetzt werden.

Beispiel[5] einer alkaliarmen Steingutglasur für S.-K. 1a bis 6a:

$$\left.\begin{array}{l} 0{,}2\ \ K_2O \\ 0{,}05\ Na_2O \\ 0{,}45\ CaO \\ 0{,}30\ PbO \end{array}\right\} 0{,}3\ Al_2O_3 \left\{\begin{array}{l} 3{,}0\ SiO_2 \\ 0{,}3\ B_2O_3 \end{array}\right. ;$$

0,1 Al_2O_3 und 0,2 SiO_2 werden ungefrittet als Kaolin auf der Mühle zugesetzt.

---

[1] Berdel, E.: a. a. O. S. 46.

[2] Hoher Kalkgehalt macht aber die Steingutglasur auch zähflüssig.

[3] Berdel, E.: Einfaches chemisches Praktikum V. und VI. Teil. 5. Aufl. S. 47. Koburg 1929.

[4] Berdel, E.: a. a. O. S. 48. [5] Berdel, E.: a. a. O. S. 49.

Beispiel[1] einer Steingutglasur mittlerer Zusammensetzung für S.-K. 1a bis 6a:

$$\text{je } 0{,}25\, K_2O,\ Na_2O,\ CaO,\ PbO\cdot 0{,}4\, Al_2O_3 \left\{\begin{array}{l} 3{,}5\, SiO_2 \\ 0{,}5\, B_2O_3 \end{array}\right.$$

Eine in der amerikanischen Industrie benutzte Steingutglasur für den Glattbrand bei S.-K. 4 bis 6 ist nach H. H. Sortwell[2] folgende:

Segerformel:
$$\left.\begin{array}{l} 0{,}173\, K_2O \\ 0{,}032\, Na_2O \\ 0{,}456\, CaO \\ 0{,}217\, PbO \\ 0{,}122\, ZnO \end{array}\right\} \cdot 0{,}238\, Al_2O_3 \cdot \left\{\begin{array}{l} 2{,}30\, SiO_2 \\ 0{,}271\, B_2O_3 \end{array}\right.$$

Dies entspricht nachstehender Zusammensetzung:

Fritte: 24,00 Quarz, 4,38 Borax, 9,07 Borsäure, 2,33 china clay, 1,07 Marmor; Versatz: 34 Fritte, 34 Feldspat, 3,6 china clay, 15,0 Marmor, 19,7 Bleiweiß, 3,5 Zinkoxyd.

Diese Glasur wird benutzt auf Steingutmassen, die 14% Feldspat, 26 bis 46% Quarz, ferner Ton und Kaolin enthalten und bei Kegel 8 vorgebrannt sind.

γ) Gefrittete bleifreie Steingutglasuren[3] (s. a. S. 243):

1. Alkali-Tonerde-Borosilikate. Zusammensetzung wie auf S. 259 angegeben, aber mit höherem Tonerde- und Kieselsäuregehalt, entsprechend der erhöhten Brenntemperatur.

2. Alkali-Kalk-Tonerde-Borosilikate. Grenzzusammensetzung:

$$\left.\begin{array}{l} 0{,}2\text{—}0{,}5\, K_2O,\ Na_2O \\ 0\ \text{—}0{,}2\, MgO \\ 0\ \text{—}0{,}1\, ZnO \\ \text{etwa } 0{,}5\, CaO \end{array}\right\} 0{,}3\text{—}0{,}5\, Al_2O_3 \left\{\begin{array}{l} 3{,}5\text{—}4{,}5\, SiO_2 \\ 0{,}3\text{—}0{,}5\, B_2O_3 \end{array}\right.$$

3. Barytglasuren. Grenzzusammensetzung:

$$\left.\begin{array}{l} 0{,}2\text{—}0{,}5\, K_2O,\ Na_2O \\ 0\ \text{—}0{,}3\, CaO \\ 0\ \text{—}0{,}1\, MgO \\ 0\ \text{—}0{,}1\, ZnO \\ 0{,}3\text{—}0{,}5\, BaO \end{array}\right\} 0{,}3\text{—}0{,}5\, Al_2O_3 \left\{\begin{array}{l} 3{,}5\text{—}4{,}5\, SiO_2 \\ 0{,}3\text{—}0{,}5\, B_2O_3 \end{array}\right.$$

δ) Blei- und borsäurefreie gefrittete Steingutglasuren[4]:

Beispiele für S.-K. 4a:

$$\left.\begin{array}{l} 0{,}3\, CaO \\ 0{,}7\, K_2O \end{array}\right\} \cdot 0{,}25\, Al_2O_3 \cdot 2{,}7\, SiO_2, \qquad \left.\begin{array}{l} 0{,}20\, K_2O \\ 0{,}15\, Na_2O \\ 0{,}25\, CaO \\ 0{,}40\, BaO \end{array}\right\} 0{,}25\, Al_2O_3 \cdot 2{,}5\, SiO_2.$$

ε) Bleifreie ungefrittete Steingutglasuren[5]:

$$\left.\begin{array}{l} 0{,}25\, K_2O \\ 0{,}75\, CaO \end{array}\right\} \cdot 0{,}35\, Al_2O_3 \cdot \left\{\begin{array}{l} 3{,}0\, SiO_2 \\ 0{,}75\, B_2O_3 \end{array}\right.$$

Versatz hierzu: 139,8 Feldspat, 94,5 wasserfreies Kalziumborat, 38,9 Zettlitzer Kaolin, 72 Quarz.

Die Verwendung von Borokalzit (Kalziumborat) in Steingutglasuren ist der Deut-

[1] Berdel, E.: a. a. O. S. 50.

[2] J. Amer. ceram. Soc. Bd. 4 (1921) S. 990; Ref. Ber. dtsch. keram. Ges. Bd. 3 (1922) S. 110.

[3] Berdel, E.: a. a. O. S. 50—52.

[4] Berdel, E: a. a. O. S. 52 u. 53.

[5] Berdel, E.: a. a. O. S. 54.

schen Gold- und Silberscheideanstalt, vorm. Roeßler, Frankfurt a. M., durch Patente geschützt[1], sowie J. W. Mellor und der Ceramic Patent Holdings Ltd.[2].

Zinkoxydhaltige Glasuren, die bleifrei und ohne Fritten hergestellt werden, nennt man in Amerika „Bristol glazes" (S. 169). Nach R. C. Purdy[3] sind die Grenzzusammensetzungen für eine solche ungefrittete bleifreie, dazu weiß-opake Glasur, die bei Kegel 6 bis 7 gebrannt wird, bei einem Gehalt von 0,40 bis 0,45 ZnO ungefähr die folgenden:

$$\left.\begin{array}{l} 0{,}375\text{—}0{,}450\ K_2O \\ 0{,}194\text{—}0{,}230\ CaO \\ 0{,}400\text{—}0{,}450\ ZnO \end{array}\right\} \cdot 0{,}5\text{—}0{,}6\ Al_2O_3 \cdot 2{,}845\text{—}3{,}250\ SiO_2.$$

Man verwendet derartige „Bristolglasuren" in Amerika bei der Herstellung hygienischer Steingutwaren.

Über das Verhalten der Steingutglasuren für S.-K. 1a bis 6a beim Brennen und die Behebung etwaiger Fehler gilt sinngemäß das auf S. 260 Mitgeteilte.

Die Zusammensetzung der Steingutglasuren für den Brenntemperaturabschnitt von S.-K. 010 bis 6a ist nach E. Berdel[4] im allgemeinen so gewählt, daß man bei gleichbleibender Zusammensetzung des *RO* der Segerformel für steigende Glattbrenntemperaturen den Gehalt der Glasuren an Al_2O_3 und SiO_2, ausgedrückt in Molekülen, um einen bestimmten Betrag zu erhöhen, den an B_2O_3, falls solches vorhanden, zu erniedrigen hat. Es ergeben sich so gewisse Erfahrungsgrundsätze, nach denen bei einer von Fall zu Fall festgelegten Zusammensetzung des *RO* der Zusatz von beispielsweise 0,01—0,02 Al_2O_3 oder mehr und je 0,1—0,2 SiO_2 die Erhöhung, beziehungsweise die Verringerung des Gehalts an Borsäureanhydrid um je etwa 0,1 B_2O_3 die Herabsetzung der Glattbrenntemperatur um ungefähr 1 Segerkegel bedeutet.

Weitere Richtlinien für die Auswahl der zweckmäßigsten Steingutglasuren, insbesondere zur Vermeidung solcher, die zum Rissigwerden neigen: Eine Steingutglasur sitzt auf dem Scherben dann gut, wenn ihre Wärmeausdehnung gleich oder etwas kleiner ist als die des Scherbens. Glasurrisse zeigen sich tatsächlich schon dann, wenn der Scherben eine nur wenig geringere Wärmeausdehnung hat als die Glasur. Dagegen findet ein Abplatzen der Glasur erst dann statt, wenn die Wärmeausdehnung des Scherbens beträchtlich größer ist als die der Glasur[5].

Nach W. Steger[6] besitzen die in der Praxis meist üblichen Steingutglasuren in der Mehrzahl eine verhältnismäßig große Wärmeausdehnung. Von einundzwanzig von ihm untersuchten Steingutglasuren sehr verschiedener Zusammensetzung hatte eine alkalifreie Glasur für S.-K. 09a von der Segerformel

$$\left.\begin{array}{l} 0{,}70\ PbO \\ 0{,}30\ CaO \end{array}\right\} \cdot 0{,}20\ Al_2O_3 \cdot \left\{\begin{array}{l} 2{,}10\ SiO_2 \\ 0{,}40\ B_2O_3 \end{array}\right.$$

entsprechend der prozentualen Zusammensetzung

44,8 PbO, 4,8 CaO, 5,9 Al_2O_3, 36,4 SiO_2 und 8,1 B_2O_3,

die geringste Wärmeausdehnung.

---

[1] Chem. Zbl. Bd. 99 (1928) II S. 1927.

[2] Trans. ceram. Soc. Bd. 27 (1927/28).

[3] Trans. Amer. ceram. Soc. Bd. 5 (1903) S. 136; Ref. Ber. dtsch. keram. Ges. Bd. 3 (1922) S. 286. Vgl. a. C. Zimmer u. M. Neff: J. Amer. ceram. Soc. Bd. 12 (1929) S. 746; Ref. Tonind.-Ztg. Bd. 54 (1930) S. 106.

[4] Keram. Rdsch. Bd. 35 (1927) S. 43.

[5] Kohl, H.: Ber. dtsch. keram. Ges. Bd. 3 (1922) S. 303.

[6] Ber. dtsch. keram. Ges. Bd. 8 (1927) S. 40.

Für drei Steingutmassen, und zwar sowohl für Hart-, gemischtes als auch Weichsteingut gibt Steger[1] Glasuren an, die auf diesen Massen rissefrei haften und deren Wärmeausdehunng gleich oder etwas kleiner ist als die der betreffenden Scherben; die Zusammensetzung der drei Steingutmassen 1. bis 3. und der auf ihnen rissefrei haftenden Glasuren a) bis e) ist aus nachfolgender Zusammenstellung ersichtlich:

Prozentuale Zusammensetzung der Massen	1	2	3	Segerformel der Glasuren	a)	b)	c)	d)	e)[2]
Tonsubstanz	50	50	50	PbO	0,70	0,25	0,36	0,21	—
				CaO	0,30	0,50	0,42	0,40	—
Quarz	30	42	25	BaO	—	—	—	—	0,50
Feldspat	11	3	—	MgO	—	—	—	—	0,10
				ZnO	—	—	—	—	0,15
Marmor	—	5	20	K_2O	—	0,25	0,06	0,14	0,25
Magnesit	1	—	5	Na_2O	—	—	0,16	0,25	—
Brenn-				Al_2O_3	0,20	0,30	0,29	0,45	0,35
temperatur	S.-K. 8	S.-K. 3a	S.-K. 03a	SiO_2	2,10	3,00	2,75	3,93	3,50
				B_2O_3	0,40	0,50	0,59	0,62	—
				für S.-K.	09a	07a	07a	1a—6a	6a—8

Diese fünf Glasuren blieben auch nach Verlauf von Monaten nach dem Aufschmelzen rissefrei, ein Beweis, daß Scherben und Glasur tatsächlich gut zusammenpassen. Die als Ursache des Glasurrissigwerdens schon erwähnte (S. 234) Dehnung des Scherbens durch Aufnahme von Feuchtigkeit wird durch einen Gehalt der Masse an Feldspat am meisten begünstigt. Man wirkt dieser Neigung zur Glasurrißbildung durch höheres Brennen des Scherbens entgegen[3]. Diejenige Temperatur, von der abwärts die Glasur so starr ist, daß sie fest mit dem Scherben verbunden ist, und bis zu der die Wärmeausdehnungen von Scherben und Glasur gut übereinstimmen müssen, wenn letztere rissefrei haften soll, liegt, wie aus nachstehender Tabelle ersichtlich ist, verhältnismäßig niedrig, nämlich zwischen 340 und 480°.

W. Steger[4] gibt hinsichtlich des Auftretens von Spannungen[5] für von ihm untersuchte Steingutglasuren folgende Grenztemperaturen an:

Beginn der Entspannung	Beginn der kritischen Zone	Ende der kritischen Zone	Ausgleichs-temperatur	Beginn der merkbaren Erweichung
340—480°	390—470°	430—560°	410—515°	430—600°

Man kann, falls die Wärmeausdehnung einer Masse bekannt ist, auf Grund eines von Steger[6] angegebenen Schaubilds (Abb. 65) zu dieser Masse eine voraussichtlich passende Glasur für eine bestimmte Brenntemperatur auswählen.

[1] a. a. O. S. 37.

[2] Glasur e) nimmt gegenüber den Glasuren a) bis d) eine Sonderstellung ein und gehört zu den Weichporzellanglasuren, über die auf S. 304 Weiteres mitgeteilt wird.

[3] Geller, R. F., u. A. S. Creamer: Bur. Stand. J. Res. Bd. 9 (1932) S. 291 [nach W. Steger: Keram. Rdsch. Bd. 41 (1933) S. 87].

[4] Ber. dtsch. keram. Ges. Bd. 8 (1927) S. 36.

[5] Siehe auch S. 234.

[6] Ber. dtsch. keram. Ges. Bd. 8 (1927) S. 39.

Die prozentuale chemische Zusammensetzung der Glasuren, von denen die Nummern 12 und 22 Weichporzellanglasuren, Nummern 14, 15 und 23 Bleigläser und Nummer 24 eine Hartporzellanglasur darstellen, ist ersichtlich aus der nebenstehenden Tabelle.

Stimmt die Wärmeausdehnung der Masse nicht völlig mit der der Glasur überein, so empfiehlt W. Steger in Übereinstimmung mit H. Harkort[1], durch Veränderung der Mahlfeinheit des in der Steingutmasse enthaltenen Sandes die Wärmeausdehnung des Scherbens der der Glasur mehr anzupassen, denn es erscheint einfacher, ein rissefreies Haften der Glasur dadurch zu bewirken, daß man

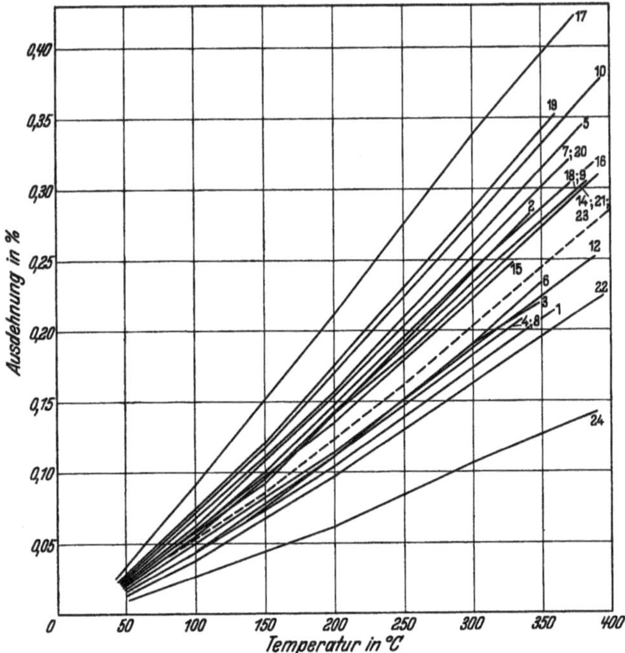

Abb. 65. Wärmeausdehnung von Porzellan- und Steingutglasuren. (Nach W. Steger.) (Die gestrichelte Linie entspricht der Wärmeausdehnung der auf Seite 263 angeführten Steingutmassen bis 400°.)

die Beschaffenheit des Scherbens ändert, anstatt die Zusammensetzung der Glasur. Aus diesem Grunde ist eine laufende Kontrolle der Mahlfeinheit des Sandes notwendig (S. 191), um das zeitweise Auftreten von Glasurfehlern zu verhindern. Für die Bestimmung der Spannungen zwischen Scherben und Glasur, wie sie an keramischen Waren auftreten, sind besondere Verfahren ausgearbeitet worden[2].

Enthält eine Steingutmasse keinen Cristobalit, so besitzt sie in dem Temperaturbereich bis zur Entspannungstemperatur eine stetige Wärmeausdehnung. Enthält sie dagegen Cristobalit, so ist das Gegenteil der Fall[3].

---

[1] Keram. Rdsch. Bd. 32 (1924) S. 539; Ber. dtsch. keram. Ges. Bd. 9 (1928) S. 476.

[2] Ber. dtsch. keram. Ges. Bd. 9 (1928) S. 203.

[3] Weiteres siehe W. Steger: a. a. O. Bd. 8 (1927) S. 38.

Erläuterung zu Abb. 65, Wärmeausdehnung von Steingut und Porzellanglasuren betr.: Chemische Zusammensetzung (in %) der Glasuren und Gläser 1 bis 24 nach W. Steger[1].

Nr.	Art der Glasur usw.	Brenntemperatur S.-K.	PbO	K_2O	Na_2O	CaO	BaO	MgO	ZnO	Al_2O_3	SiO_2	B_2O_3
1	Steingutglasur	09a	44,8	—	—	4,8	—	—	—	5,9	36,4	8,1
2	„	07a	24,9	6,0	4,9	3,6	—	—	—	9,1	40,4	11,1
3	„	07a	15,8	6,6	—	7,9	—	—	—	8,7	51,2	9,8
4	„	07a	22,5	1,6	2,8	6,6	—	—	—	8,3	46,6	11,2
5	„	07a	—	8,5	6,6	9,0	—	—	—	11,0	49,8	15,1
6	„	09a	—	5,5	3,3	1,6	2,0	2,4	—	15,1	50,8	19,3
7	„	1a—6a	13,1	8,3	4,6	4,1	—	—	—	10,5	53,2	6,2
8	„	1a—6a	11,0	3,1	3,6	5,3	—	—	—	10,8	55,9	10,3
9	„	3a—6a	—	7,0	4,6	8,3	—	—	—	12,2	57,5	10,4
10	„	3a—6a	—	4,6	3,1	5,8	27,9	0,7	1,0	7,2	49,7	—
11	„	3a—6a	—	—	—	—	48,4	1,8	7,3	4,6	37,9	—
12	Weichporzellanglasur	6a—8	—	7,3	—	—	10,9	1,4	3,8	11,1	65,5	—
13	Steingutglasur	02a	19,3	4,9	2,0	8,0	—	—	—	5,8	52,2	4,8
14	Einfaches Bleiglas.	—	71,7	—	—	—	—	—	—	—	28,3	—
15	Zusammengesetztes Bleiglas .	—	70,8	—	—	—	—	—	—	4,4	24,8	—
16	Steingutglasur	(nicht angegeben)	57,6	3,9	4,2	—	—	—	—	5,0	29,3	—
17	„	03a	43,9	7,8	1,9	3,8	—	—	—	5,4	37,2	—
18	„	07a	—	7,6	7,5	—	—	—	—	10,3	60,5	14,1
19	„	05a	—	7,6	5,0	—	24,3	—	—	8,3	42,9	11,4
20	„	1a—6a	24,6	5,5	0,9	5,4	—	—	—	8,4	49,6	5,8
21	„	4a	22,2	5,8	3,8	—	—	0,5	1,1	10,1	47,8	8,7
22	Weichporzellanglasur	10	—	4,7	—	9,8	—	1,0	—	14,3	70,2	—
23	Zusammengesetztes Bleiglas .	—	58,5	—	2,6	—	—	—	—	—	20,5	18,4
24	Hartporzellanglasur	15	—	1,3	—	4,9	—	1,2	—	13,4	79,2	—

[1] Steger, W.: Ber. dtsch. keram. Ges. Bd. 8 (1927) S. 34.

Spannungen zwischen Scherben und Glasur werden in manchen Fällen außer durch die vorstehend beschriebenen Umstände auch noch durch andere beeinflußt, z. B. dadurch, ob ein vorheriges Fritten erfolgt war[1].

Bei einem anderen wichtigen Gesichtspunkt, der für die Auswahl einer Steingutglasur von Bedeutung ist, und lediglich bleihaltige Glasuren betrifft, handelt es sich darum, daß die aufgeschmolzenen Steingutglasuren gewissen gesetzlichen Bestimmungen entsprechen, die dem Verbraucher der Speisegeschirre ihre hygienisch einwandfreie Beschaffenheit gewährleisten. Über Maßnahmen zur Verhütung einer gesundheitlichen Schädigung der Arbeiter, die mit der Herstellung bleihaltiger Stoffe beschäftigt werden, ist bereits (S. 164) Einiges mitgeteilt worden. Das deutsche Gesetz über den „Verkehr mit blei- und zinkhaltigen Gegenständen" vom 25. Juni 1887 bestimmt über die Beschaffenheit der betreffenden metallhaltigen Glasuren folgendes: „Eß-, Trink- und Kochgeschirre, sowie Flüssigkeitsmaße, dürfen nicht mit Email oder Glasur versehen sein, welche beim halbstündigen Kochen mit einem in 100 Gewichtsteilen 4 Gewichtsteile enthaltenden Essig an den letzteren Blei abgeben." Man ist bestrebt gewesen, diesen Bestimmungen, die sich nicht nur auf bleihaltige Steingutglasuren, sondern auf Bleiglasuren im allgemeinen, also auch auf die für irdene Geschirre (S. 247) beziehen, auf zweierlei Wegen nachzukommen, nämlich erstens durch Herstellung bleiischer Glasuren, die den vorgeschriebenen Bedingungen entsprechen, und zweitens durch Einführung völlig bleifreier Glasuren[2]. In erster Hinsicht ist besonders wichtig die Feststellung von Gantter[3], der fand, daß nach einmaligem Auskochen der glasierten Geschirre in der vorgeschriebenen Weise die Bleiabgabe oft bis auf ganz geringe Mengen, sogar bis auf Null heruntergeht. Ist die bleihaltige Glasur glatt und glänzend, ohne Reduktion und auch haarrissefrei aufgeschmolzen, so daß sie weder metallisches Blei noch ungeschmolzene Teilchen enthält, und wurde die Glasur einmal mit Essigsäure ausgekocht, so kann man wohl sagen, daß die glasierte Ware den gesetzlichen Bestimmungen in den meisten Fällen entsprechen wird. Viele Bleiglasuren, die in diesem Sinne als einwandfrei gelten können, werden beim Kochen mit verdünnter Essigsäure trotzdem an diese noch soviel Blei abgeben, daß beim Zusatz von Schwefelwasserstoff eine Färbung der Flüssigkeit eintritt. Es muß in solchen Fällen dem pflichtmäßigen Ermessen des begutachtenden Chemikers überlassen bleiben, ob er eine solche Glasur für gesundheitsgefährdend hält oder nicht[4]. Die Erfahrung hat gelehrt, daß jede Bleiglasur, die etwa 1,5 bis 2,5 Äquivalente SiO_2 auf 1 Äquivalent PbO oder allgemein *RO* neben 0,1 bis 0,25 Al_2O_3 enthält, einwandfrei ist, wenn sie glatt und oxydierend aufgeschmolzen ist[3]. Der Glattbrand erfolgt zweckmäßig nicht unter 1000°, also mindestens bei S.-K. 05a. Ist das Brennen auch nur teilweise reduzierend geschehen, so kann auf der Glasuroberfläche ein feiner Hauch metallischen Bleis entstanden sein, der für das Auge kaum oder gar nicht sichtbar ist, aber dennoch analytisch deutlich nachgewiesen werden kann.

Der andere Weg, den gesetzlichen Bestimmungen zu genügen, besteht darin, daß man überhaupt nur bleifreie Glasuren verwendet (S. 259 u. 261). Für die einfache billige Töpferware ist die Herstellung und Verwendung einer bleifreien

---

[1] Steger, W.: Keram. Rdsch. Bd. 37 (1929) S. 827.

[2] Ausführliches hierüber siehe P. Bartel: Ber. dtsch. keram. Ges. Bd. 3 (1922) S. 86; s. a. W. Pukall: Sprechsaal Keramik usw. Bd. 47 (1914) S. 77.

[3] Berdel in F. Singer: Die Keramik im Dienste von Industrie und Volkswirtschaft S. 311. Braunschweig 1923.

[4] Über die Bestimmung geringer Bleimengen in schwach saurer Lösung siehe W. Funk und M. Mields: Ber. dtsch. keram. Ges. Bd. 12 (1931) S. 537.

Glasur „heute noch ein Problem"[1]. Vor allem hat W. Pukall[2] darauf hingewiesen, daß das Gelingen bleifreier Glasuren in erster Linie vom Brennverfahren abhängt, bei dem schwach reduzierende Atmosphäre herrschen muß, um die Bildung von Sulfaten zu verhüten (S. 243).

Die Gefahr des Herauslösens von Bleioxyd aus einer Glasur wird ferner dadurch wesentlich zurückgedrängt, daß man die Glasuren einfrittet und nur einen geringen Teil ihrer Bestandteile im rohen Zustande auf der Mühle zugibt, wie dies bereits im allgemeinen beschrieben wurde (S. 240).

III. Steingutglasuren für S.-K. 7 bis 10. Sie gehören zu den Weichporzellanglasuren (S. 304). Man verwendet sie vor allem bei Steingut mit „umgekehrtem Brennverfahren", d. h. niedrigem Schrühbrand und hohem Glasurbrand[3].

Gesundheitsgeschirr (Spülware).

Das Gesundheitsgeschirr („Sanitätsgeschirr") umfaßt die sogenannte Spülware, also Abflußvorrichtungen, Becken, Wannen u. dgl., wie sie zur Ausstattung von Küchen, Bade-, Klosettanlagen und sonstigen hygienischen Einrichtungen privater Häuser und öffentlicher Anstalten dienen. Es stellt eine besondere Art Steingutgeschirr dar und wird aus einer Masse hergestellt, die sich von den meisten übrigen Steingutgeschirrmassen vor allem durch ihre größere Festigkeit unterscheidet. Man erzielt diese durch Erhöhung des Feldspatgehalts und gleichzeitig der Brenntemperatur. Hierbei wird der Scherben nahezu ganz dicht. Man bezeichnet die so erhaltenen Erzeugnisse, die wegen ihres geringen Gehalts an Eisenoxyd weiße oder fast weiße Farbe zeigen, auch als „Halbporzellan"[4]. Gewöhnliche Spülwaren, die nur einfachen Ansprüchen zu genügen brauchen, können auch aus Kalksteingut hergestellt werden.

Kommt es bei Herstellung der Spülwaren auf die rein weiße Farbe des Scherbens weniger an, so kann man auch fette, etwas gelblich brennende Tone zur Massebereitung verwenden. Nach E. Berdel[5] sind etwa folgende Massegrenzversätze maßgebend: 40 bis 60% Tonsubstanz, 45 bis 32% Quarz und 15 bis 8% Feldspat, wozu bisweilen noch geringe Mengen, etwa 0,5 bis 1% Kalkspat, Magnesit o. dgl. kommen. Wird auf eine rein weiße Brennfarbe der Waren besonderer Wert gelegt, so muß ein Teil der Tonsubstanz als Kaolin eingeführt werden. Will man die Masse durch Gießen verarbeiten, so verwendet man zweckmäßig dunkle, gut gießbare Tone mit einem ausreichenden Zusatz feingemahlener gutgebrannter Scherben. Der Garbrand erfolgt bei S.-K. 8 bis 10.

Die Zusammensetzung der Glasur richtet sich darnach, ob man, wie sonst beim Steingut, den Rohbrand bei der höheren, den Glasur-

---

[1] Berdel, E.: a. a. O. S. 312.

[2] Sprechsaal Keramik usw. Bd. 47 (1914) S. 77. S. a. J. Dorfner: Sprechsaal Keramik usw. Bd. 47 (1914) S. 390.

[3] Berdel, E.: Keram. Rdsch. Bd. 35 (1927) S. 43.

[4] Hecht, H.: Lehrbuch der Keramik 2. Aufl. S. 314. Berlin 1930.

[5] Einfaches chemisches Praktikum V. und VI. Teil 5. Aufl. S. 85. Koburg 1929. S. a. P. Rehaus: Keram. Rdsch. Bd. 38 (1930) S. 252.

brand bei der niedrigeren Temperatur vornimmt, oder ob man, wie beim Porzellan, den Scherben zunächst schwach vorbrennt („verglüht“) und dann zusammen mit der Glasur bei höherer Temperatur garbrennt. Im letzteren Falle benutzt man eine Hartsteingutglasur, die in ihrer Zusammensetzung den noch zu besprechenden blei- und borsäurefreien Steinzeug- oder Weichporzellanglasuren (S. 277 u. 304) entspricht, im ersteren Falle eine der früher beschriebenen Steingutglasuren für S.-K. 1a bis 6a, häufig unter Zusatz von 5 bis 10% Zinnoxyd. Über die auf amerikanischem Gesundheitsgeschirr verwendeten sogenannten Bristolglasuren vgl. S. 262. In neuerer Zeit ist man aus wirtschaftlichen Gründen vielfach dazu übergegangen, Fertigware in einem Brande zu erzeugen, was es nötig macht, die geformten oder gegossenen Gegenstände im rohen Zustande zu glasieren. Dies läßt sich mit gutem Erfolge vornehmen, doch sind bei der fabrikatorischen Durchführung gewisse Vorsichtsmaßnahmen notwendig[1], und zwar sowohl beim Glasieren und Verputzen als auch beim Brennen der rohglasierten Stücke.

Die Feuertonware.

Die Feuertonware, deren Bezeichnung („fire clay“) aus ihrem Ursprungslande England stammt, ist, ganz kurz gesagt, ein Schamottesteingut und besteht aus hochgebrannter, steinharter Tonschamottemasse, die durch eine weiße Engobe verschönt und dann glasiert ist[2]. Sie nimmt also eine besondere Stellung ein und bildet gewissermaßen den Übergang zu manchen grobkeramischen Erzeugnissen, nämlich den aus feuerfester Schamotte bestehenden Waren größerer Abmessungen, von denen sie sich aber durch die abweichende Behandlung ihrer Oberfläche wesentlich unterscheidet.

Die Feuertonware, die wie das Steingut zur Herstellung von Gesundheitsgeschirr dient, ist aus dem Bestreben entstanden, diese Fabrikation unter besonders vorteilhaften Bedingungen vorzunehmen. Man stellte seit Beginn dieses Jahrhunderts an die Spülwarenfabriken hinsichtlich Abmessungen und Wandstärke der aus einem Stück anzufertigenden Waren immer höhere Anforderungen. Hieraus ergaben sich große Schwierigkeiten, besonders bei der Verwendung von Halbporzellanmassen, die zu große Schwindung besaßen, so daß die aus ihnen hergestellten Gegenstände sich verzogen oder gar rissen. Man suchte diese Fehler durch Zusatz grob gemahlener Scherben zur Steingutmasse zu beseitigen, was auch gelang. Hierbei zeigte sich aber wieder der Nachteil, daß die Oberfläche der Stücke ein rauhes, unschönes Aussehen annahm. Diese behob man dadurch, daß man die Oberfläche mit fetter, feingemahlener Steingutmasse überstrich, auf die man dann die Glasur

[1] Berdel, E.: Keram. Rdsch. Bd. 31 (1923) S. 435.

[2] Näheres siehe M. Philipp: Keram. Rdsch. Bd. 35 (1927) S. 237.

auftrug. Da die weiße Engobe den eigentlichen Grundscherben völlig verdeckt, braucht man diesen nicht mehr wie früher aus rein oder fast weiß brennenden, immerhin teuren Tonen herzustellen, sondern kann zur Massebereitung andere Tone von weniger reiner Brennfarbe benutzen, die dafür andere günstige Eigenschaften besitzen.

An Stelle der früher angewandten Steingutscherben benutzt man jetzt gemahlene Scherben von Schamottekapseln u. dgl. und verarbeitet nun anstatt der bisherigen Hartsteingutmasse eine feine Schamottemasse mit 10 bis 5% Wasseraufnahmevermögen und 4 bis 6% Schwindung. Als Masserohstoffe eignen sich in der Hauptsache Schamotte-, Glashafen-, gewisse Steinguttone, Rohkaoline und auch Steinzeugtone. Es empfiehlt sich, neben einem mageren mehrere fette dichtbrennende und in ihren Eigenschaften sich ergänzende Tone zu verwenden, die vor allem genügende Standfestigkeit beim Brennen bei S.-K. 9 bis 11 aufweisen[1], aber dabei eine Masse ergeben, die fast gänzlich gesintert ist. Praktische Verwendung finden u. a. die Tone von Meißen, Niesky, Ullersdorf, Tschirne, englischer Ball Clay, Rohkaolin von Halle, Weidenau. Notwendig ist ein Tonerdegehalt derselben von 30 bis 35%.

Die benutzte Schamotte soll nicht dichtgebrannt, sondern noch etwas porös sein. Man zerkleinert die Kapselscherben oder den vorgebrannten Schieferton[2] auf dem Kollergang und stellt meist drei Schamottekörnungen her, eine feine, eine mittelgrobe und eine grobe, von 0 bis 4 mm Durchmesser, die man je nach der Größe der herzustellenden Waren den Massen in verschiedenen Mengenverhältnissen zusetzt. Im allgemeinen schwankt das Gewichtsverhältnis von Schamottemehl zu grobem Korn von 2:1 bis 1:1*. Die verschiedenen Schamottesorten werden zunächst in einem Mischwerk durcheinandergemengt und erst dann den übrigen Bestandteilen beigegeben[3].

Abgeraten wird von der Verwendung glasierter Scherben als Magerungsmittel, da die schon geschmolzene Glasur nochmaliges hohes Brennen möglicherweise nicht aushält, sondern sich zersetzen und Mißfärbungen in der deckenden Glasur hervorrufen kann. Nach F. Cramer[4] setzt sich eine praktisch bewährte Grundmasse für Feuerton zusammen aus 20% magerem Ton, 15% fettem Ton, 20% Rohkaolin und 45% Kapselschamotte in Körnungen von 0 bis 1½ mm oder, bei Herstellung sehr großer Stücke, 25% Kapselschamotte in Körnungen von 0 bis 1½ mm und 25% dgl. in Körnungen von 1½ bis 4 mm.

Die Zubereitung der Massen erfolgt derart, daß man die getrockneten und gekollerten Tone mit den übrigen Zusätzen zusammenbringt und in Tonschneidern durcharbeitet oder in einem Rührwerk mischt, je nachdem, ob die Masse durch Formen oder Gießen verarbeitet wird[5]. Meist findet letzteres statt. Häufig wird zur Trockenmahlung der Tone auch eine Kugelmühle oder ein Walzwerk benutzt.

Durch zweckmäßige Auswahl der Verflüssigungsmittel und sonstige

---

[1] Rehaus, P.: Keram. Rdsch. Bd. 37 (1929) S. 411.

[2] Harkort in F. Singer: Die Keramik im Dienste von Industrie und Volkswirtschaft S. 338. Braunschweig 1923.

* Rehaus, P.: a. a. O. S. 412.

[3] Oechelhäuser, H.: Keram. Rdsch. Bd. 36 (1928) S. 537.

[4] Keram. Rdsch. Bd. 35 (1927) S. 786; Sprechsaal Keramik usw. Bd. 60 (1927) S. 941.

[5] Kromer, B.: Keram. Rdsch. Bd. 35 (1927) S. 287.

Zusätze erhöht man die Trockenfestigkeit der Waren im ungebrannten Zustande.

Als Beguß dient eine Hartsteingutmasse mit viel fettem Ton, die möglichst die gleiche Schwindung wie die Grundmasse besitzt. Erforderlichenfalls ändert man den Gehalt der Feuertonmasse an plastischem Ton ab, bis beide Massen in der Schwindung zusammenpassen[1].

Nach F. Cramer[2] liefert eine Hartsteingutmasse folgender Zusammensetzung als Begußmasse gute Ergebnisse: 30 Gewichtsteile geschlämmter Kaolin, 20 Steingutton, 42 Quarzsand, 8 Feldspat. Nach P. Rehaus[3] besteht eine weiße Porzellanengobe aus durchschnittlich 40 bis 50% Tonsubstanz, 45 bis 35% Quarz und etwa 15% Feldspat. Die Engobe soll beim späteren Brennen auf der Grundmasse einen gut gesinterten Überzug ergeben. Um der durch die Sinterung der Engobe verursachten größeren Schwindung entgegenzuwirken, glüht man die Rohstoffe vor der Verwendung, kann auch den Beguß mit geschrühten Steingutscherben in genügend feiner Mahlung oder mit Quarz versetzen oder seinen Gehalt an dichtbrennendem Ton ändern[4]. Zur Herstellung der Engobe darf man, da sie rein weiße Farbe besitzen soll, nur reine, möglichst eisenarme Tone verwenden. Unter Umständen muß die gelblich färbende Wirkung eines Eisengehaltes der Tone durch Zusatz geringer Mengen eines Kobaltsalzes ausgeglichen werden. Zum Absieben der in der Trommelmühle naß feingemahlenen Engobe, die das 4900-Maschensieb unter Hinterlassung von höchstens 0,25% Rückstand passieren muß[2], benutzt man ausschließlich Kupfersiebe und achtet darauf, daß keine Kupferteilchen in die Engobe gelangen, da sonst beim späteren Brennen grüne Flecken von Kupfersilikat auftreten[5]. Um ein besseres Haften der Engobeschicht beim Auftragen auf den Scherben zu bewirken, wählt man den Tonsubstanzgehalt der Engobe möglichst hoch oder versetzt die Engobeflüssigkeit noch mit einem Klebemittel, wie Dextrin, Leim, Gelatine o. dgl., z. B. mit 3 Teilen Dextrin auf 100 Teile Engobe und 80 Teile Wasser[6].

Die Engobe wird in dicker Schicht auf den ungebrannten Scherben mit dem Pinsel oder durch Aufspritzen aufgetragen. Damit sie vorher die nötige Steifheit behält, wird empfohlen, sie im fertigen Zustande in Kühlräumen auf Eis aufzubewahren[5].

Nach dem Auftragen der Engobe kann man auf zweierlei Weise verfahren. Entweder brennt man zunächst bei Temperaturen zwischen S.-K. 7 und 10 vor, glasiert und brennt nun ein zweites Mal, oder man trägt die Glasur nach dem Engobieren ebenfalls auf die rohe Ware auf und stellt die Feuertonware in einem einzigen Brande fertig. Das erste Verfahren ermöglicht eine bessere Handhabung der Waren und gestattet, kleine Engoberisse vor dem Glasieren auszubessern, verteuert aber die Herstellungskosten. Vorzugsweise wird jetzt das zweite Verfahren ausgeübt.

---

[1] Berdel, E.: Einf. chem. Praktikum V. und VI. Teil 5. Aufl. S. 86. Koburg 1929.

[2] Keram. Rdsch. Bd. 35 (1927) S. 786; Sprechsaal Keramik usw. Bd. 60 (1927) S. 941.

[3] Keram. Rdsch. Bd. 38 (1930) S. 252. [4] Kromer, B.: a. a. O.

[5] Oechelhaeuser, H.: Keram. Rdsch. Bd. 36 (1928) S. 538.

[6] Cramer, F.: Keram. Rdsch. Bd. 35 (1927) S. 786.

Zum Glasieren benutzt man eine Hartsteingut- oder Weichporzellanglasur (S. 304) mit hohem Feldspatgehalt, zuweilen auch eine zinnhaltige Fritteglasur[1]. Die Glasur wird ähnlich wie die Engobe aufbereitet, mit einem Klebemittel versetzt und entweder aufgespritzt oder aufgepinselt.

In England werden Fritteglasuren (S. 240ff.) bevorzugt. Das Aufschmelzen der Glasur erfolgt meistens bei etwa S.-K. 8. Durch Zusatz von Kalziumborat zur Glasur läßt sich ihre Glattbrenntemperatur bis S.-K. 6a erniedrigen. Zwecks besseren Zusammenpassens von Glasur und Engobe kann auf diese auch erst eine Zwischenschicht, d. h. ein Gemisch aus Glasur und Engobe, aufgetragen werden[2].

Wandplatten.

Mit dem Aufschwunge der Fabrikation von Steingutgeschirren aller Arten hat sich in den letzten fünfzig Jahren auch die der Steingutwandplatten außerordentlich entwickelt. Ermöglicht wurde dies vor allem durch die fast restlose Mechanisierung der Herstellungsweise, die sich sowohl auf die Massebereitung als auch auf die Formgebung, das Glasieren und die ihm folgenden Arbeitsvorgänge erstreckt.

Als Rohstoffe für Plattenmassen sind nur Steinguttone verwendbar, die völlig frei von färbenden Verunreinigungen, wie Schwefelkies oder anderen Eisenverbindungen, sind[3]. Die Platten werden nicht aus plastischer Masse geformt, sondern aus getrockneter pulverförmiger Masse in Stahlformen gepreßt. Man trocknet deshalb die in üblicher Weise (S. 256) hergestellte rohe Steingutmasse nach dem Abpressen auf der Filterpresse in besonderen Trockenvorrichtungen, meist Kanaltrocknern, ab und bereitet sie dann unter Zusatz von etwa 5% Wasser auf Kollergängen und Einhaltung eines ganz bestimmten Feinheitsgrades zur Trockenpressung vor, oder man benutzt unter Umgehung der Filterpresse zur Überführung des verdünnten Massebreies in das nur noch etwas feuchte, zum Pressen unmittelbar geeignete Massepulver das Saug-Zellen-Filter der Maschinenfabrik Imperial G. m. b. H., Meißen.

Als zur Fabrikation von Steingut-Wandplatten besonders geeignet sind bekannt die Tone von Löthain-Meißen, Eberhahn, Wildstein, Chodau und anderen Orten[4].

Für die Ausfuhr, bei der vielfach auf die Lieferung dünner, leichter Ware Gewicht gelegt wird, kommt mehr das spezifisch leichtere Kalksteingut in Frage. Feldspatsteingut bietet wiederum den Vorteil der größeren Festigkeit. Zur Herstellung von Wandplatten ist es nicht un-

[1] Kromer, B.: Keram. Rdsch. Bd. 35 (1927) S. 286.

[2] Berdel, E.: Einfaches chemisches Praktikum V. und VI. Teil 5. Aufl. S. 87. Koburg 1929.

[3] Harkort in F. Singer: Die Keramik im Dienste von Industrie und Volkswirtschaft S. 339. Braunschweig 1923.

[4] Mucker, O.: Keram. Rdsch. Bd. 36 (1928) S. 323.

bedingt erforderlich, den Scherben bei Temperaturen oberhalb S.-K. 8 zu brennen, wie dies z. B. bei sanitären Waren notwendig ist, denn die Dichte der Wandplatten soll keine allzu große sein[1].

Das Auftragen der Glasur geschieht nach dem Rohbrand. Die Glasuren entsprechen in ihrer Zusammensetzung den beim Steingutgeschirr angegebenen. Handelt es sich um die Herstellung dunkelfarbiger Wandplatten, so wird man zur Massebereitung auch Tone mit nicht rein weißer Brennfarbe und nicht völlig fleckenfreiem Aussehen verwenden können. Neben den glänzenden, blanken und weißen Steingutglasuren benutzt man in neuerer Zeit vielfach weiße oder gefärbte Mattglasuren verschiedenster Art.

Poröse Erzeugnisse. Tonpfeifen.

Ein Grenzgebiet zwischen der Herstellung einfacher Töpferware und feinkeramischer Erzeugnisse bildet die Fabrikation poröser Tonwaren[2]. An sich ist die Masse von Steingut jeder Art porös, auch im gebrannten Zustande, und wird erst durch den Glasurüberzug undurchlässig gegen Flüssigkeiten und Gase. Für gewisse industrielle und wissenschaftliche, auch manche Zwecke des Haushalts verwendet man nun Erzeugnisse aus nicht glasiertem Steingut, die einen gewissen Grad der Durchlässigkeit besitzen müssen, damit Flüssigkeiten oder Gase mit einer bestimmten Geschwindigkeit durch ihren Scherben hindurchdringen können. Die Festigkeit dieser porösen Steinguterzeugnisse nach dem Brande muß so groß sein, daß die Gegenstände ohne große Bruchgefahr benutzt, eingebaut usw. werden können. Je nach dem besonderen Zweck, dem die porösen Waren im Laboratorium, in der Technik usw. beim Reinigen trüber Flüssigkeiten aller Art, z. B. auch zur Herstellung keimfreien Trinkwassers, als Scheidewände bei elektrolytischen und anderen chemischen Prozessen, als Gasdiffusoren o. dgl. dienen sollen, müssen sie sowohl verschiedene chemische als auch physikalische Eigenschaften besitzen.

Überall dort, wo die gebrannten porösen Massen mit Säuren in Berührung kommen, ist die Verwendung kalkhaltigen Steinguts ausgeschlossen, da der Kalk des Scherbens von der Säure gelöst wird. Man stellt solche poröse Gegenstände daher aus Tonsteingut (S. 253) oder Feldspatsteingut (S. 252) her. H. Hecht[3] empfiehlt für die Zusammensetzung einer solchen Masse folgende Mischung: 25 bis 27 Gewichtsteile bildsamer Ton, 20 bis 38 Kaolin, 55 bis 35 Quarz. Eine von W. Pukall[4] benutzte poröse Masse aus Aluminiumsilikat und Quarz, (hochgebrannter

---

[1] Mucker, O.: a. a. O. S. 325.

[2] Berdel in F. Singer: Die Keramik im Dienste von Industrie und Volkswirtschaft S. 315. Braunschweig 1923.

[3] Lehrbuch der Keramik 2. Aufl. S. 278. Berlin 1930.

[4] Kerl, B.: Handbuch der gesamten Tonwarenindustrie 3. Aufl. S. 1236; s. a. Ber. dtsch. chem. Ges. Bd. 26 (1893) S. 1159; s. a. Pukall: Keramische Abhandlungen S. 243. Koburg 1930.

geschlämmter Kaolin von Halle mit 35% Quarz[1]), ist hart und feinporig und zeichnet sich besonders dadurch aus, daß sie die feinsten Trübungen, selbst kolloidale Stoffe zurückhält und im befeuchteten Zustande sogar Vakuumdichtigkeit besitzt[2]. Einen weiteren Ausbau dieser Filtermassen unter Erzielung einer verfeinerten und je nach dem Verwendungszweck besonders abgestuften Wirkungsweise stellen die in neuerer Zeit eingeführten Filtermassen für Ultrafiltration dar, die besonders zur Herstellung von Einsätzen für Filtertiegel aus Porzellan zu analytischen Zwecken, Rohrtiegeln u. dgl. dienen. Die Herstellung dieser hochwertigen Filtermassen erfolgt aus reinsten keramischen Stoffen verschiedener Art, vor allem aus Feinkaolin, Feldspat und Tonerde mit gewissen Zusätzen von Bindeton, wohl auch Marmor und Magnesit.

Das Brennen der gewöhnlichen Tonzellen geschieht bei S.-K. 1 bis 5, das der Filterkörper bei S.-K. 4 bis 5 oder höher[3].

Wird für einen bestimmten Verwendungszweck die Porosität einer Masse durch geeignete qualitative und quantitative Auswahl der mineralischen Rohstoffe in passender Korngröße nicht groß genug, so läßt sich der Porenraum der Massen dadurch noch vergrößern, daß man ihnen organische Füllmittel, wie Sägemehl, Korkmehl, Torfmull, Holzkohlenpulver usw. in verschiedener Siebung zufügt, die beim Erhitzen verbrennen und so das Gefüge der Massen auflockern.

Betrug der Porenraum der in früheren Jahren hergestellten porösen Massen für wissenschaftliche und technische Zwecke etwa 20 bis 40%, so hat man in den letzten Jahren solche Massen mit 50 oder 60 und noch weit mehr Prozent Porenraum hergestellt, ohne daß die Festigkeit der Massen dabei unter ein erforderliches Mindestmaß gesunken ist.

Eine andere Kennzahl für die Leistungsfähigkeit einer porösen Masse in einer bestimmten Richtung ist ihre Filtrationsgeschwindigkeit, d. h. ihre Durchlässigkeit für eine bestimmte Raummenge Flüssigkeit oder Gas, bezogen auf eine bestimmte Oberfläche innerhalb einer bestimmten Zeit und bei einem bestimmten Druck.

Zur Herstellung poröser Platten für Wasserreinigungsanlagen wird nach O. Philipp[4] eine Masse aus hochtonerdehaltigen gemahlenen Körnern und Bindeton benutzt, die durch Sinterbrennen soweit als nötig verdichtet ist. Die Durchlässigkeit solcher gebrannter Körper läßt sich beeinflussen[4] durch saubere Auswahl der Grießform der Körner und Veränderung des Gehalts der Masse an Bindeton. Höherer Bindemittelgehalt bewirkt eine geringere scheinbare Porosität und Durchlässigkeit des Fertigerzeugnisses. Das Volumgewicht wächst innerhalb der untersuchten Grenzen mit steigendem Prozentgehalt der Masse an Bindemittel; es entsteht ein dichterer Körper, zweifellos infolge Ausfüllung der Zwischenräume zwischen den Körnern mit Ton. Bei Verwendung feinerer Körner erscheint der Körper dichter, obwohl er tatsächlich eine größere Anzahl feinerer Poren enthält.

Gut bewährt haben sich in der Praxis vielfach poröse Massen ohne Quarzzusatz, vor allem weil sie beim Brennen nicht den durch einen Quarzgehalt hervorgerufenen Änderungen des Gefüges unterworfen sind (S. 127), die leicht ein Reißen der aus solchen Massen geformten Gegenstände verursachen. Auf die ganz oder fast ausschließlich aus Kieselguhr oder anderen Quarzrohstoffen hergestellten Spezialmassen für Filtrierzwecke kann hier nicht eingegangen werden.

Schließlich ist bei der Auswahl der Rohstoffe für poröse steingutähnliche

[1] Hecht, H.: Lehrbuch der Keramik 2. Aufl. S. 279. Berlin 1930.

[2] Rabe in F. Singer: Die Keramik im Dienste von Industrie und Volkswirtschaft S. 871. Braunschweig 1923.

[3] Hecht, H.: Lehrbuch der Keramik 2. Aufl. S. 278. Berlin 1930.

[4] Chem. Fabrik 1928 S. 152.

Massen auch noch die Art des Gestaltungsverfahrens maßgebend. Massen, die in weichem Zustande geformt werden, können mehr fetten Ton enthalten als Gießmassen, für die man einen Versatz mit magerem Ton wählt, dem man erforderlichenfalls noch feingemahlenes Scherbenmehl zusetzt[1].

Zur Herstellung von Tonpfeifen benutzt man vorwiegend Tonsteingut-, seltener Kalksteingutmassen[1]. Man verwendet meistens für diese Fabrikation besonders geeignete weißbrennende Tone, wie sie auch in manchen Gegenden Deutschlands vorkommen, besonders im Westerwald. In der Regel verarbeitet man sie ohne vorherige Schlämmung und ohne Zusätze, um die Herstellung zu verbilligen[2]. Der grob zerkleinerte Ton[3] wird mit Wasser eingesumpft und mit der Hand oder im Tonschneider durchgearbeitet und geschlagen, damit eine ganz gleichmäßige, blasenfreie Masse entsteht. Gewöhnlich bleibt der Ton nach dem Brennen etwas porös und schwach saugend. Außer weißbrennenden Tonen verwendet man auch farbig, meist rotbraun- oder schwarzbrennende Tone oder färbt die an sich schon dunkelbrennende Masse durch Zusatz organischer Stoffe und entsprechende Reduktionsbehandlung beim Brennen völlig schwarz.

C. Feines Steinzeug.

Das Gebiet des Steinzeugs, d. h. der dichtbrennenden, mehr oder weniger gefärbten Massen, die in der Hauptsache aus Ton bestehen, ist ein sehr umfangreiches und erstreckt sich, ganz allgemein gesprochen, vom salzglasierten (S. 244) Erzeugnis kleineren, mittleren und größten Umfangs für Haushalt, Kanalisation, chemische Industrie und Elektrotechnik bis zu den Massen für feines Gebrauchsgeschirr und künstlerische Erzeugnisse, die entweder eine reine Feldspatglasur, eine Erd- und Lehmglasur[4] oder eine Steingutglasur[5] tragen. Nur auf die Massen für feineres Steinzeug wird hier eingegangen.

Der wichtigste Rohstoff aller Steinzeugmassen ist ein feinkörniger, reichlich bildsamer Steinzeugton (S. 20). Wegen ihres feinen Gefüges verdichten sich die Steinzeugtone beim Brennen zwar verhältnismäßig schnell, sind aber wegen ihres geringen Gehalts an Flußmitteln ziemlich feuerfest[6]. Ihre Garbrenn- und Schmelztemperatur liegen ziemlich weit auseinander, nämlich die Garbrenntemperatur zwischen S.-K. 6a und S.-K. 11 und die Schmelztemperatur zwischen S.-K. 26 und 36. Dieser Umstand ist für die Fabrikation vorteilhaft, da er das Brennverhalten der Steinzeugwaren günstig beeinflußt. Ein Steinzeugton von besonders niedrigem Sinterungspunkt ist der Zinzendorfer Edelton, der bereits bei S.-K. 2 ohne Zusatz sintert, aber erst bei S.-K. 34 schmilzt[7].

---

[1] Hecht, H.: a. a. O.

[2] Kerl, B.: Handbuch der gesamten Tonwarenindustrie 3. Aufl. S. 1236. Braunschweig 1908.

[3] Keram. Rdsch. Bd. 27 (1919) S. 91.

[4] Berdel in F. Singer: Die Keramik im Dienste von Industrie und Volkswirtschaft S. 348. Braunschweig 1923.

[5] Hecht, H.: Lehrbuch der Keramik 2. Aufl. S. 364. Berlin 1930.

[6] Pukall, W.: Grundzüge der Keramik S. 79. Koburg 1922.

[7] Pohl in F. Singer: a. a. O. S. 343.

Man versetzt die verwendeten Tone vielfach noch mit etwas Kaolin sowie Magerungs- und Sinterungsmitteln. Als solche benutzt man außer Feldspat zuweilen auch Pegmatit, Phonolith, Trachyt oder auch Kalkspat[1].

Nach E. Berdel[2] ist die rationelle Massezusammensetzung des Steinzeugs im allgemeinen ungefähr folgende:

Garbrand S.-K. 2a bis 6a: sinternder Steinzeugton von der Zusammensetzung etwa 40 bis 50% Tonsubstanz, 40% Quarz, 30 bis 10% Feldspat, wobei der Masse Feldspat oder ein anderes Flußmittel zugesetzt werden kann. Bei mangelndem Quarzgehalt Zusatz von Quarzsand.

Garbrand S.-K. 7 bis 9: 40 bis 50% Tonsubstanz, 45% Quarzsand, 20 bis 7% Feldspat. — Die Erfahrung hat gelehrt, daß es zweckmäßig ist, die Zusammensetzung einer Feinsteinzeugmasse vor allem davon abhängig zu machen, welche Art von Glasur der Scherben tragen soll[3].

Nach J. Klug[4] kann sich die Zusammensetzung von Feinsteinzeugmassen innerhalb der Grenzen

Tonsubstanz : Quarz = 1 : 0,5 bis 1 : 1,82,
Tonsubstanz : Feldspat = 1 : 0,2 bis 1 : 2,
Quarz : Feldspat = 1 : 0,238 bis 1 : 2

bewegen. Bei Verwendung von Steingutglasuren empfehlen sich die Verhältnisse

Tonsubstanz : Quarz = 1 : 1,10 Tonsubstanz : Feldspat = 1 : 0,33
und Quarz : Feldspat = 1 : 0,33.

Ein erprobter mittlerer Versatz für Feinsteinzeugmassen besitzt nach W. Pukall[3] die rationelle Zusammensetzung 45 Tonsubstanz, 43 Quarz und 12 Feldspat.

Nach W. Pukall[5] ist die für glasiertes und unglasiertes Feinsteinzeug benutzte Masse die gleiche.

Das von F. Singer[6] für technische Zwecke hergestellte weiße Steinzeug steht hinsichtlich seiner allgemeinen grundsätzlichen Zusammensetzung dem von W. Pukall[7] gekennzeichneten „Tonporzellan" ziemlich nahe, d. h. einer Art Porzellan, in dem der Kaolin durch einen graulich brennenden Steinzeugton ersetzt ist. Singer stellt solches weißes Steinzeug unter Verwendung nicht grau, sondern weiß brennender Steinzeugtone her, die im übrigen die gleichen guten Eigenschaften haben wie die grau brennenden Tone.

---

[1] Berdel in F. Singer: Die Keramik im Dienste von Industrie und Volkswirtschaft S. 347. Braunschweig 1923.

[2] Einfaches chemisches Praktikum V. und VI. Teil 5. Aufl. S. 90. Koburg 1929. Tonind.-Ztg. Bd. 51 (1927) S. 43 und Keram. Rdsch. Bd. 35 (1927) 41 u. 57. S.

[3] Sprechsaal Keramik usw. Bd. 43 (1910) S. 2.

[4] Sprechsaal Keramik usw. Bd. 65 (1932) S. 403.

[5] Grundzüge der Keramik S. 88. Koburg 1922.

[6] Chem.-Ztg. Bd. 53 (1929) S. 105.

[7] Ber. dtsch. keram. Ges. Bd. 3 (1922) S. 283.

Andere neuartige Steinzeugmassen von F. Singer[1], die gleichfalls ausschließlich zur Herstellung technischer Erzeugnisse bestimmt sind, zeichnen sich durch ihren überaus niedrigen Ausdehnungskoeffizienten aus. Sie werden aus Rohstoffen verschiedener Art so zusammengesetzt, daß das Endprodukt aus mindestens drei Phasen besteht, nämlich 1. Sillimanit bzw. Mullit oder Sillimanit- bzw. Mullitmischkristallen mit RO-Silikat oder RO-Alumosilikat, 2. RO-Orthosilikat oder RO-Metasilikat, 3. einem Glas des Dreistoffsystems $RO — Al_2O_3 — SiO_2$. Das RO wird hierbei aus MgO, CaO, SrO, BaO, ZnO oder FeO gebildet. Besteht das RO aus MgO, so ergeben sich als RO-Silikate Enstatit, Klinoenstatit bzw. Forsterit (S. 121). Findet als Magnesiarohstoff Speckstein Verwendung, so erhält man Übergänge zwischen Steinzeug und Steatit.

Das von Singer angegebene Verfahren, den glasigen Anteil eines dichtgebrannten Massescherbens durch Zusatz geeigneter Mineralisatoren zur Kristallisation zu bringen und in dem Scherben den Anteil an nicht mehr weiter umwandelbaren Kristallen (Mullit- oder Mischkristallen) zu erhöhen, dient dazu, in Steinzeug oder Porzellan auftretende „Alterungs-“ oder „Ermüdungs“erscheinungen zurückzudrängen (s. a. S. 295).

Für die Massebereitung werden bei der Feinsteinzeugherstellung meistens nicht nur mehrere magere und fette Steinzeugtone mit oder ohne Zusatz von Quarz oder gebrannten Massescherben als Magerungsmittel miteinander gemischt, sondern dieses Verfahren genügt nur für die Herstellung der üblichen gröberen Waren. Es muß vielmehr in allen Fällen, wo es sich um feinere Erzeugnisse handelt, ein Schlämmen des Tons oder eine Mahlung vorgenommen werden. Die Massebereitung kann im übrigen auf verschiedene Weise erfolgen und entspricht im allgemeinen dem bei der Herstellung der Porzellan- und Steingutmassen üblichen Verfahren. Nach dem Abpressen wird die Masse entweder sofort verarbeitet oder nach Erfordern noch im Massekeller gelagert. Vor der Verwendung wird sie auf Knetmaschinen in früher (S. 216) beschriebener Weise durchgearbeitet. Für die Zubereitung der Masse des sogenannten „Bunzlauer Feinsteinzeugs“ empfiehlt W. Pukall[2] das Mahlen der Rohstoffe in der Kugelmühle mit Wasser vor allem dann, wenn die benutzten Steinzeugtone einen Schlämmrückstand liefern, der aus fast reinem Quarz besteht. Bei dieser Feinmahlung des im Ton enthaltenen grobkörnigen Quarzes können auch gleich die der Masse sonst noch zuzusetzenden Rohstoffe, wie Feldspat, Kalkspat u. dgl., mit gemahlen werden.

Gefärbte Steinzeugmassen erzielt man nicht durch besonderen Zusatz von Metallverbindungen zur Masse, sondern durch oxydierende Feuerführung beim Brennen. Im Westerwald stellt man häufig ein „Elfenbeinsteinzeug“ her, das mit Bleiglasur überzogen wird, aber nach W. Henze[3] richtiger als Elfenbeinsteingut zu bezeichnen ist.

---

[1] Ber. dtsch. keram. Ges. Bd. 10 (1929) S. 269; s. a. W. Cohn: Ebenda Bd. 11 (1930) S. 62 und F. Singer: Das Steinzeug. Braunschweig 1929.

[2] Grundzüge der Keramik S. 90. Koburg 1922 und Ber. dtsch. keram. Ges. Bd. 3 (1922) S. 281.

[3] Keramos Bd. 6 (1927) S. 11.

Wie schon früher bei der Töpferware (S. 247) beschrieben wurde, kommen auch beim Steinzeug Engoben oder Angußmassen zur Verwendung. Sie bestehen aus der gleichen Masse wie das Steinzeug selbst, mit dem Unterschiede, daß der Ton völlig oder zum Teil durch Kaolin ersetzt wird. Vor allem benutzt man Engoben zum Auskleiden der Innenflächen gewöhnlicher Steinzeuggeschirre, um ihnen ein sauberes Aussehen zu verleihen.

Auf Feinsteinzeug lassen sich sehr verschiedene Glasuren anwenden[1]. Es vermag zwar auch die für das gewöhnliche Steinzeug übliche Anflugglasur (S. 244) gut zu tragen, doch benutzt man diese Art Glasur für feines Steinzeug weniger, sondern vorwiegend Erdglasuren für verschiedene Garbrenntemperaturen, deren allgemeine Grenz-Segerformel bereits auf S. 240 mitgeteilt wurde. Die für hohen Garbrand, d. h. bis etwa zu S.-K. 10, geeigneten Glasuren haben größeren Tonerde- und Kieselsäuregehalt und entsprechen den Weichporzellanglasuren. Bei niedrigerem Garbrand benutzt man leichter schmelzbare Erdglasuren, zu denen auch die Lehmglasuren (S. 240) gehören, ferner gefrittete Steingutglasuren oder ungefrittete bleifreie Glasuren (S. 259f.). Als Rohstoffe für farblose Steinzeugglasuren dienen vor allem Feldspat, die Karbonate der alkalischen Erden, Kaolin, Ton und Quarz, auch Zinkoxyd und Bleioxyd.

Die Zusammensetzung der für Feinsteinzeug passenden Feldspatglasuren entspricht in ihrer Zusammensetzung in der Regel annähernd der des Segerkegels 4. Pukall[2] empfiehlt für eine solche Glasur folgende Segerformeln:

$$\left.\begin{array}{l}0{,}3\ K_2O\\0{,}5\ CaO\\0{,}1\ MgO\\0{,}1\ BaO\end{array}\right\}\cdot 0{,}4\ Al_2O_3\cdot 3{,}85\ SiO_2 \text{ und } \left.\begin{array}{l}0{,}7\ CaO\\0{,}2\ K_2O\\0{,}1\ MgO\end{array}\right\}0{,}4\ Al_2O_3\cdot 3{,}5\ SiO_2, \text{ für S.-K. 4.}$$

Nach W. Pukall[3] besitzen für Bunzlauer Feinsteinzeug geeignete Glasuren die Segerformeln

$$\left.\begin{array}{l}0{,}48\ K_2O\\0{,}40\ CaO\\0{,}12\ MgO\end{array}\right\}\cdot 0{,}7\ Al_2O_3\cdot 4{,}8\ SiO_2 \text{ und } \left.\begin{array}{l}0{,}25\ K_2O\\0{,}37\ CaO\\0{,}38\ MgO\end{array}\right\}\cdot 0{,}75\ Al_2O_3\cdot 7{,}1\ SiO_2,$$

entsprechend der Garbrenntemperatur S.-K. 7 bis 9.

Weitere Feldspatglasuren für Steinzeug s. unter Weichporzellanglasuren (S. 304).

Lehmglasuren finden vorwiegend auf einfacheren Steinzeugwaren, also Geschirren für den Haushalt usw., Verwendung. Das hochgebrannte Steinzeug trägt im Gegensatz zur Töpferware Lehm als Glasurüberzug ohne jeden Bleizusatz[4]. Pukall[5] empfiehlt an Stelle natürlicher Glasurlehme die Verwendung einer künst-

---

[1] Berdel, E.: Einfaches chemisches Praktikum V. und VI. Teil 5. Aufl. S. 93. Koburg 1929.

[2] Keram. Rechnen S. 67. Breslau 1912.

[3] Sprechsaal Keramik usw. Bd. 43 (1910) S. 34 und 47.

[4] Berdel in F. Singer: Die Keramik im Dienste von Industrie und Volkswirtschaft S. 348. Braunschweig 1923.

[5] Sprechsaal Keramik usw. Bd. 43 (1910) S. 35.

lichen Braunglasur aus Feldspat, Marmor, Magnesit, Ton, Eisenoxyd, Rutil und Quarzsand. Sie gibt bei S.-K. 6a einen warmgetönten Glasurüberzug, wie er für das sogenannte „Bunzlauer Braungeschirr" typisch ist[1].

Die dritte Art der auf feinerem Steinzeug, besonders für Gebrauchsware, benutzten Glasuren sind die Fritteglasuren. Überall, wo nicht auf hohen Glanz und volle Transparenz ausdrücklicher Wert gelegt wird empfiehlt sich die Anwendung bleifreier Glasuren. Sie werden bei S.-K. 2a bis 6a aufgeschmolzen. Auch die früher erwähnten ungefritteten bleifreien Glasuren, d. h. die mit Kalziumborat hergestellten Rohglasuren (S. 261), sind für diese Zwecke geeignet, und zwar für die Brenntemperatur S.-K. 4a bis 6a. Die Zusammensetzung der für Steinzeug geeigneten bleihaltigen Glasuren ist die gleiche wie die der Steingutglasuren (S. 260).

Außer den glänzenden Glasuren werden auf dem Feinsteinzeug auch Mattglasuren oder halbmatte Glasuren von mehr oder weniger Deckkraft benutzt. G. Vogt[2] gibt für dieselbe folgende Zusammensetzung an:

$$\left.\begin{array}{l} 0{,}06\ K_2O \\ 0{,}08\ Na_2O \\ 0{,}86\ CaO \end{array}\right\} \cdot 0{,}83\ Al_2O_3 \cdot 4{,}72\ SiO_2,$$ für eine Brenntemperatur von S.-K. 9. Nach W. Pukall[3] erhält man Mattglasuren für Feinsteinzeug, wenn man Steinzeugglasuren für den Brennbereich S.-K. 4a bis 8 so herrichtet, daß sie ein neutrales oder schwach basisches Silikat bilden.

Die Zubereitung der vorstehend angegebenen Steinzeugglasuren geschieht nach den im Hauptteil II (S. 207) beschriebenen Verfahren.

Die Steinzeugglasuren werden in der Regel auf den bei Temperaturen zwischen S.-K. 014 und 09a verglühten Scherben aufgetragen[4].

Eine besondere Art des Steinzeugs stellt das sogenannte Wedgwood dar, so benannt nach seinem Erfinder Josiah Wedgwood (geb. 1752 in Burslem, England). Es besteht aus feiner weißer Steinzeugmasse, die schon einen Übergang zum Porzellan bildet und in ihrer Zusammensetzung in weiten Grenzen schwankt. Als Rohstoffe zu seiner Herstellung dienen Kaolin und bildsamer Ton, ferner Feuerstein, Gips, Schwerspat, Cornish Stone, in manchen Fällen auch Knochenasche. Das Wedgwood wird entweder völlig ohne Glasur belassen oder nur die Innenfläche der Gefäße glasiert. Die weiße Grundmasse überzieht man teilweise oder völlig mit durch Metalloxyde gefärbten Massen, so daß eine farbige Unterlage entsteht. Diese wird mit erhabenen figürlichen Darstellungen aus weißer Masse belegt, eine Art der Verzierung, die für Wedgwood charakteristisch ist[5].

---

[1] Sprechsaal Keramik usw. Bd. 43 (1910) S. 35; s. a. Keram. Rdsch. Bd. 38 (1930) S. 130.

[2] Tonind.-Ztg. Bd. 25 (1901) S. 789; s. a. H. Hecht: Lehrbuch der Keramik 2. Aufl. S. 367. Berlin 1930.

[3] Sprechsaal Keramik usw. Bd. 43 (1910) S. 48; Zusammensetzungsbeispiele siehe ebenda. — Über wetterfeste Mattglasuren für Steinzeug siehe Keram. Rdsch. Bd. 35 (1927) S. 427.

[4] Berdel, E.: Einfaches chemisches Praktikum V. und VI. Teil 5. Aufl. S. 92. Koburg 1929.

[5] Näheres siehe H. Hecht: Lehrbuch der Keramik 2. Aufl. S. 372. Berlin 1930. Kerl, B.: Handbuch der gesamten Tonwarenindustrie 3. Aufl. S. 1357. Braunschweig 1908. Wolf, J.: Sprechsaal Keramik usw. Bd. 57 (1924) S. 217; vor allem auch A. T. Green: Trans. ceram. Soc. Bd. 29 (1930) Nr. 5 P. I S. 17.

Im Anschluß an das feine weiße Steinzeug sei eine rot- bis dunkelbraun brennende Steinzeuggattung von glattem feinem Äußeren erwähnt, das sogenannte Böttgersteinzeug der Staatlichen Porzellanmanufaktur Meißen, so genannt nach Joh. Friedr. Böttger (geb. 1682 zu Schleiz), der schon vor der Erfindung des europäischen weißen Hartporzellans rotbraunes Steinzeug herstellte, ebenfalls, wie beim Porzellan, in Anlehnung an damals aus Ostasien nach Europa eingeführte Vorbilder. Zur Zusammensetzung der Massen für das Böttgersteinzeug werden als Rohstoffe schön rot brennende Tone, die aber keine zu hellrote Brennfarbe zeigen und nicht zu leicht schmelzbar sein dürfen, benutzt. Ein Glasurüberzug wird dem Böttgersteinzeug nicht gegeben, sondern seine Oberfläche durch Schleifen und Polieren verfeinert[1].

Ein besonders zu besprechendes Erzeugnis stellen die Fußbodenplatten aus Steinzeug dar. Sie bleiben in allen Fällen unglasiert. Bei der Herstellung ihrer Masse ist maßgebend, daß sie nach dem Brennen sehr hart sein muß und sich beim Gebrauch möglichst wenig abnutzen darf, auch den Einflüssen der Witterung gegenüber dauernd sehr widerstandsfähig bleibt. Außerdem soll das Äußere der Platten in geschmacklicher Hinsicht gefällig sein[2]. Zur Erfüllung dieser Bedingungen ist es notwendig, daß die Masse sehr feinkörnig ist und ausreichenden Flußmittelgehalt besitzt, damit beim Brennen zwischen S.-K. 5 und 7 nicht nur die Versinterung, sondern die teilweise glasige Verdichtung des Scherbens eintritt, die aber noch nicht zum Erweichen und Verziehen der Platten führen darf.

Es handelt sich bei den Fußbodenplatten entweder um weiße oder um Platten von anderer einheitlicher Farbe, die im ganzen aus der gleichen Masse bestehen („durchgefüllte" oder „Füllmasseplatten"), oder um Platten, die in dünner Schicht mit einer anderfarbigen einheitlichen Masse überzogen sind, oder um solche, die auf einer einheitlichen Grundmasse Muster in mehreren Farben tragen (Mosaikplatten). Nach dem Aussehen unterscheidet man zwei Gruppen von Fußbodenplatten, einfarbige und buntgemusterte.

Als Rohstoffe finden zur Herstellung von Fußbodenplatten Verwendung Ton, Kaolin, Feldspat oder feldspalthaltige Gesteine, Magnesit, auch leichtschmelzbarer Lehm oder Hochofenschlacke, sowie eine Reihe färbender Mineralien und Metalloxyde. Erwünscht ist, daß Tone mit verschiedener Schwindung und verschiedenen Sinterungs- bzw. Schmelzpunkten zur Verfügung stehen, um die Schwindung und Dichte der Massen entsprechend einstellen zu können[3]. Es gibt sogar Rohkaoline, aus denen man ohne sonstigen Zusatz weiße Steinzeugplatten herstellen kann, z. B. in Österreich und Ungarn[4]. Beim Abwiegen der einzelnen Rohstoffe bedient man sich zweckmäßig, soweit dies möglich ist, selbsttätig arbeitender Waagen (S. 211). A. Spangenberg[5] empfiehlt für diesen Zweck die auch

---

[1] Näheres über Böttgersteinzeug siehe W. Funk: Z. angew. Chem. Bd. 35 (1922) S. 81; Ref. Ber. dtsch. keram. Ges. Bd. 3 (1922) S. 111; ferner Keram. Rdsch. Bd. 28 (1920) S. 435.

[2] Pukall, W.: Grundzüge der Keramik S. 90. Koburg 1922.

[3] Dahl, G.: Ber. dtsch. keram. Ges. Bd. 8 (1927) S. 298.

[4] Dahl, G.: a. a. O. S. 299.

[5] 10 Jahre Deutsche Keramik 1919—1929 S. 75. Berlin 1929.

für andere keramische Fabrikationszweige sehr geeignete Waage der Firma Losenhausen, Düsseldorf.

Je nach der Art der Fußbodenplatten, die hergestellt werden sollen, gestaltet sich die Zurichtung der rohen Preßmasse etwas verschieden.

Findet zur Massebereitung ein einziger ungemischter Rohstoff, nämlich Ton, Verwendung, so wird das Material, das etwa 7 bis 5% oder noch weniger Feuchtigkeit enthält, auf einem Trockenkollergang mit selbsttätiger Absiebung (S. 181) bis zur Korngröße 1,5 bis 2,5 mm gemahlen. Die Mahlung in Schlagkreuzmühlen (S. 227) ist nicht ratsam[1], weil das Mahlgut hierbei viel Luft aufnimmt, außerdem viel Staub entsteht und nicht splitterförmige, sondern runde Körnchen gebildet werden, wodurch die Pressung sehr erschwert, ja sogar gefährdet wird. Von dem Kollergange gelangt das Material zunächst in Silos, wo es 24 bis 28 Stunden gelagert wird und seine gleichmäßige Durchfeuchtung stattfindet. Die rohe Plattenmasse ist nunmehr preßfertig.

Handelt es sich um Plattenmassen, die aus verschiedenen Rohstoffen zusammengesetzt werden, so kommen je nach den Eigenschaften der Rohstoffe drei Aufbereitungsverfahren in Betracht, nämlich die Trocken-, die Naß- und die Halbnaßaufbereitung. Nach A. Spangenberg[2] läßt sich die unterschiedliche Arbeitsweise der drei Verfahren unter Anwendung an sich bekannter Maschinen und Einrichtungen schematisch folgendermaßen darstellen (Abb. 66):

Der Gang der Naßaufbereitung kann ein mehr oder weniger einfacher oder verwickelter sein, je nachdem als Rohstoffe reine Tone oder solche mit Beimengungen oder auch noch Hartmaterialien u. dgl. als Zusätze in Frage kommen. Ist ein Ton besonders verunreinigt, so muß er zuerst in einem Rührwerk geschlämmt werden, bevor er den anderen Materialien beigemischt werden kann. Manche Zusätze, besonders die färbenden und die harten, werden für sich auf Naßmühlen gemahlen, ehe sie mit den Tonen zusammengebracht werden. Die harten stückigen Materialien müssen selbstverständlich zunächst, wie auch sonst üblich, auf Steinbrechern, Walzwerken oder Kollergängen vorzerkleinert werden. Tone, die sich schwer filtern lassen, erhitzt man vor der Aufgabe auf die Naßmühle zweckmäßig auf 350°, um die Wirkung kolloider Anteile abzuschwächen[3] (S. 115). Zur Durchführung fließender Fertigung empfiehlt sich die Anwendung der Trommelmühle mit stetiger Ein- und Austragung der Maschinenfabrik Dorst A.-G. und des Saugzellenfilters der Maschinenfabrik Imperial G. m. b. H. (S. 78). Die Naßaufbereitung ist bezüglich der gründlichen und gleichmäßigen Mischung der Masse zwar die zuverlässigste, aber auch umständlichste und teuerste.

Billiger ist die Halbnaßaufbereitung, die in vielen Fußbodenplattenfabriken eingeführt ist. Bei ihr ist wichtig, daß die tonigen Rohstoffe schon genügend feine Zerkleinerung erfahren haben, wenn sie mit dem im Schlickerzustand befindlichen naßgemahlenen Anteil der Masse im Tonschneider oder einem anderen Mischapparat durchgearbeitet werden.

Die Trockenaufbereitung ist für die Aufbereitung von Massen für Steinzeug-Fußbodenplatten erst in neuester Zeit eingeführt worden. Infolge der einfachen Arbeitsweise und der kürzeren Zeit, die es erfordert, ist es den Naßaufbereitungsverfahren wirtschaftlich überlegen. Zu beachten ist, daß trocken aufbereitete Plattenmassen höheren Preßdruck und höhere Brenntemperatur erfordern, um den gleichen Sinterungsgrad zu erzielen[3]. Das bei der Feinsichtung verbleibende grobe Material geht selbsttätig in die Kugelmühlen zurück.

---

[1] Dahl, G.: Ber. dtsch. keram. Ges. Bd. 8 (1927) S. 302.

[2] 10 Jahre Deutsche Keramik 1919—1929 S. 71. Berlin 1929.

[3] Spangenberg, A.: 10 Jahre Deutsche Keramik 1919—1929 S. 75. Berlin 1929.

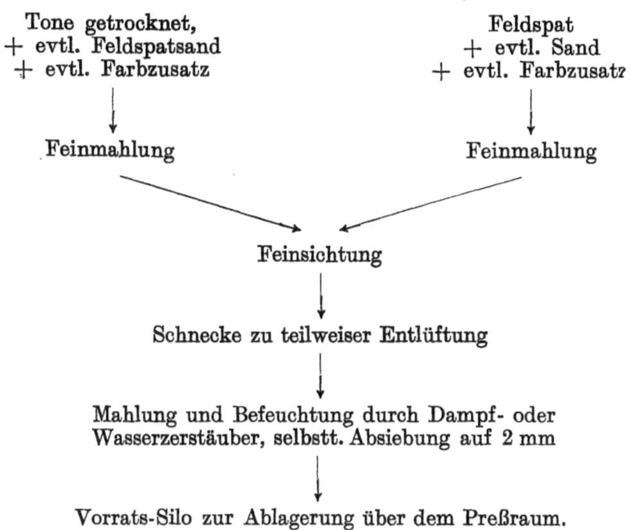

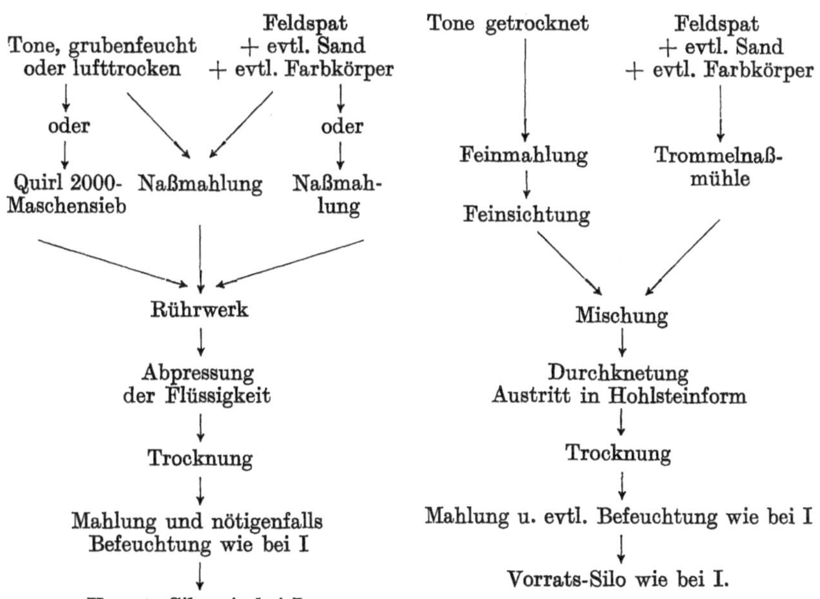

Abb. 66. Schematische Darstellung der Masseaufbereitung (trocken, naß und halbnaß) bei der Herstellung von Steinzeug-Fußbodenplatten. (Nach A. Spangenberg.)

Nach J. K. Bohr[1] benutzt man zweckmäßig eine Trockenaufbereitungsanlage, die aus einer Kugelmühle (S. 193), und zwar einer sog. Doppelhartmühle, einem Windsichter und einem Mischkollergang besteht. Grobstückiges Material wird in einem kleinen Brechwerk auf Doppelhaselnußgröße vorzerkleinert, fällt in ein Vorratssilo und wird von hier mittels verstellbaren Pendelbeschickers in immer gleicher Menge auf die Mühle geworfen.

Handelt es sich um die sog. „aufgelegten", d. h. mit ein- oder mehrfarbigem Belag versehenen Platten, so kann man zur Herstellung der Grundmasse auch weniger edle, billigere Tone verwenden, die keine reine Brennfarbe besitzen, und verdeckt diese durch Überziehen mit einer dünnen Oberflächenschicht aus reinfarbig brennenden Tonen[2]. Bei Verwendung von Grundmassen und Belegmassen ist oberster Gesichtspunkt der, daß die Grundmasse und farbige Auflage sowohl in der Gesamtschwindung übereinstimmen, als auch beim Trocknen und in allen Brennstadien, auch bei der Abkühlung übereinstimmendes Verhalten zeigen, da andernfalls krumme oder haarrissige Platten oder solche entstehen, bei denen die Farbschicht von dem Plattenkörper abblättert[3].

D. Porzellan.

Begriffserklärung.

Die Bezeichnung „Porzellan" ist ein Sammelbegriff und umfaßt alle feinkeramischen Erzeugnisse mit oder ohne Glasurüberzug, die weiße Farbe und glasig dichten, mehr oder weniger lichtdurchlässigen Scherben besitzen[4]. Die chemische Zusammensetzung der Porzellanmassen kann eine sehr verschiedene sein. Nach ihr richtet sich die für ihren Garbrand erforderliche Brenntemperatur.

Für das Porzellan charakteristisch ist sein weißer und durchscheinender Scherben, der sich von Stahl nicht ritzen läßt und homogen und hellklingend ist, ferner seine muschelige Bruchfläche, die ein feines, glänzendes Korn zeigt[5]. Nach J. W. Mellor[6] ist Porzellan eine weiße keramische Masse, die in mäßig dünnen Schichten durchscheinend ist. Vom feinen Steinzeug, das in einzelnen dünnen Splittern schon etwas Durchschein zeigen kann, unterscheidet sich das Porzellan durch seine reinere weiße Farbe und seine gleichmäßige edle, mehr oder weniger kräftige Transparenz. Zwischen den Massen des feinen Steinzeugs und des Porzellans bestehen gewisse Übergänge, auf die besonders W. Pukall[7] hingewiesen hat (s. a. S. 275).

Neben dem Wort „porcelain" benutzt man in Amerika und England auch den Ausdruck „china" für verglaste Erzeugnisse, die in bedeutendem Maße Durch-

---

[1] Keram. Rdsch. Bd. 35 (1927) S. 486.

[2] Hecht, H.: Lehrbuch der Keramik 2. Aufl. S. 331 u. 332. Berlin 1930.

[3] Dahl, G.: Ber. dtsch. keram. Ges. Bd. 8 (1927) S. 311.

[4] Pukall, W.: Grundzüge der Keramik S. 132. Koburg 1922. Rieke, R.: Das Porzellan 2. Aufl. S. 4 Leipzig 1928, u. a.

[5] Granger, A. und R. Keller: Die industrielle Keramik S. 375. Berlin 1908.

[6] Pott. Gaz. Bd. 53 (1928) S. 608.

[7] Ber. dtsch. keram. Ges. Bd. 3 (1922) S. 283.

schein zeigen[1]. Irrtümlich nennt man in Amerika „porcelain" auch halbverglaste Waren, die man früher als „semiporcelain", also als Halbporzellan, bezeichnete, ein Name, den man dann unter Weglassung der Vorsilbe abkürzte. Im Gegensatz zum echten Porzellan, dessen harte Glasur aus Feldspat, alkalischen Erden, Tonerde und Kieselsäure besteht und bei der gleichen Temperatur garbrennt wie die Masse selbst, umfassen die unter der Bezeichnung „china" im Handel befindlichen Waren auch solche mit leichtschmelzbaren Glasuren, die Borsäure, Bleioxyd und ähnlich wirkende Stoffe enthalten, und die bei niedrigerer Temperatur garbrennen als die Masse selbst. Deshalb muß letztere vorher in einem besonderen Brande gargebrannt werden. Bei dem in Amerika vorzugsweise hergestellten schweren Hotelporzellan handelt es sich im allgemeinen nicht um Porzellan im europäischen Sinne, sondern um Feinsteinzeug[2] oder um halbverglaste Ware, deren Herstellungsgang sich von dem des aus Europa eingeführten Hotelporzellans grundsätzlich unterscheidet (S. 258)[3].

Geschichtliches. Das Porzellan, das in China nachweislich schon vor dem Jahre 1000[4], nach E. Zimmermann[5] vermutlich sogar schon im 6. oder 7. Jahrhundert nach Christo hergestellt worden ist, wurde in Europa erst im Mittelalter bekannt. Das chinesische Porzellan wurde aus einer Mischung natürlicher Gesteinsarten hergestellt, die verschiedene Namen führten, und war ein Feldspat-(Pegmatit-)Kaolin- (oder Ton-) Porzellan, mit vielen Übergängen bis zum Feinsteinzeug. Die Versuche, das geschätzte edle ostasiatische Erzeugnis nachzuahmen, führten in Europa zuerst nicht zur Erfindung eines dem chinesischen wirklich in der Masse ähnlichen oder gleichkommenden Materials, sondern die Chemiker und Töpfer jener Zeit nahmen zunächst an, daß der glasige Durchschein des chinesischen Porzellans tatsächlich auf einem Glasgehalt der Masse beruhe[6]. Erst die sächsischen Keramiker zu Beginn des 18. Jahrhunderts erkannten, daß nicht die Materialgemische der Glasmacher, sondern nur die Rohstoffsysteme der Keramiker wirklich Porzellan ergeben können. Schon lange vor der Nacherfindung des wirklichen Porzellans wurden aber in Europa auch Nachahmungen des chinesischen Porzellans hergestellt, die diesem zwar in der äußeren Erscheinung einigermaßen nahekamen, aber bei verhältnismäßig niedrigen Temperaturen gebrannt

[1] Im Bull. Amer. ceram. Soc. Bd. 10 (1927) S. 97, schlagen maßgebende amerikanische Keramiker folgende Einteilung des Porzellans vor:

a) High fire oder hard porcelain, d. i. Porzellan 1. für industrielle Zwecke, 2. für chemische Zwecke, 3. für Geschirre, 4. Kunstporzellan.

b) Soft fire oder soft porcelain, d. i. Segerporzellan, amerikanisches „china" u. a. m.

c) Artificial porcelain, in dem der Feldspat oder Quarz durch andere Stoffe ersetzt ist, also Knochenporzellan, Jasper ware oder Wedgwood (Quarz ist ersetzt durch Bariumsulfat), Belleek china (Feldspat ist ersetzt durch ein glasiges Material).

d) French porcelain.

e) American industrial porcelain, in dem der Feldspat durch ein künstliches Flußmittel oder der Quarz durch ein nichtplastisches künstliches Material ersetzt oder beides der Fall ist.

[2] Thieß, L. E.: Sprechsaal Keramik usw. Bd. 66 (1933) S. 317.

[3] Keramos Bd. 8 (1929) S. 86.

[4] Leibson, J. S.: Bull. Amer. ceram. Soc. Bd. 8 (1929) S. 135. (Nach L. sind aus einer älteren als der Sung-Dynastie [960 bis 1279] authentische Probestücke aus Porzellan nicht vorhanden.)

[5] Chinesisches Porzellan, seine Geschichte, Kunst und Technik. Leipzig 1913.

[6] Honey, W. B.: Pott. Gaz. Bd. 53 (1928) S. 644; Abstr. Amer. ceram. Soc. Bd. 7 (1928) S. 381.

wurden und nicht seine Härte und Festigkeit besaßen. Man faßt sie unter der Bezeichnung „Frittenporzellan" zusammen. Eine andere Nachahmung des ostasiatischen Porzellans stellt das Knochenporzellan dar, dessen Fabrikation vornehmlich in England, neuerdings auch in Schweden, zur Entwicklung gelangte.

1. Kaolin-Feldspat-Quarzporzellan.

Man unterscheidet auf Grund der Massezusammensetzung und der mit ihr im Zusammenhange stehenden Garbrenntemperaturen folgende Untergruppen[1]:

a) Weichporzellan: Garbrenntemperatur: S.-K. 6a bis 13; Zusammensetzung: 25 bis 40% Tonsubstanz, Quarz und Feldspat in verschiedenen Verhältnissen.

b) Hartporzellan. Garbrenntemperatur: S.-K. 14 bis 16. Zusammensetzung: 40 bis 60% Tonsubstanz, 25 bis 40% Quarz und 20 bis 30% Feldspat.

Bei dieser Einteilung des Kaolin-Feldspat-Quarzporzellans in Weichporzellan und Hartporzellan, zwischen denen praktisch zahlreiche Übergänge vorkommen, ist nicht etwa der mineralogische Härtegrad des gebrannten Scherbens maßgebend, sondern die Ofentemperatur, bei der die Masse garbrennt, wie überhaupt ihr Verhalten beim Brennen und vor allem ihre Standfestigkeit im Feuer[2].

Diese Einteilung ist auch insofern durch die Brennvorgänge begründet, als in den oberhalb S.-K. 12 garbrennenden Porzellanmassen die Auflösung des Quarzes in der beim Brennen sich bildenden glasigen Grundmasse und die Bildung von kristallinem Tonerdesilikat (S. 112) viel weiter fortschreitet als in den bei niedrigeren Temperaturen garbrennenden Massen. Das Erweichungsvermögen des Porzellans wird in erster Linie durch den Feldspat beeinflußt. Je nach ihrem Gehalt an Feldspat und dessen chemischer Zusammensetzung ist eine Masse als härteres oder weicheres Porzellan zu bezeichnen. Die Erweichung hängt außerdem noch von anderen Flußmittelbildnern ab, die unter Umständen in geringen Mengen in der Masse zur Erhöhung des Durchscheins vorhanden sein können (S. 288).

Legt man der Einteilung des Kaolin-Feldspat-Quarzporzellans die Struktur der gebrannten Massen zugrunde, so sind drei Klassen zu unterscheiden[3]: 1. die Klasse der mullitarmen und quarzreichen Porzellane, 2. die Klasse der Porzellane von mittlerem Mullit- und Quarzgehalt und 3. die Klasse der mullitreichen und quarzarmen Porzellane.

---

[1] Berdel, E.: Einfaches chemisches Praktikum V. und VI. Teil 5. Aufl. S. 102 und 104. Koburg 1929; ferner 50 Jahre Tonind.-Ztg. 1926 S. 45.

[2] Pukall in F. Singer: Die Keramik im Dienste von Industrie und Volkswirtschaft S. 139. Braunschweig 1923 und Zimmer: Ebenda S. 366.

[3] Krause, O.: Z. techn. Physik Bd. 9 (1928) S. 258.

Die Wahl der Zusammensetzung einer Porzellanmasse erfolgt auf Grund der Eigenschaften, die von den aus ihr hergestellten Gegenständen je nach ihrem Verwendungszweck gefordert werden. Es ist nicht möglich[1], aus den üblichen Rohstoffen ein Porzellan herzustellen, das allen Anforderungen in gleichem Maße genügt: Massen mit großer Festigkeit besitzen meist geringe Transparenz, dagegen hochtransparente Massen geringere Festigkeit und größere Sprödigkeit. Von dem Geschirrporzellan verlangt man neben Widerstandsfähigkeit gegen die mechanische Beanspruchung beim Gebrauch auch eine gewisse Transparenz. Ganz besonders große mechanische Festigkeit muß das Porzellan für chemische und andere industrielle Zwecke besitzen, während es bei ihm auf das äußere Ansehen weniger ankommt. Dagegen spielt bei dem chemisch-technischen Porzellan die Unempfindlichkeit gegen schroffen Temperaturwechsel eine große Rolle. Bei dem elektrotechnischen Porzellan ist die elektrische Isolierfähigkeit auch bei hohen Spannungen, ebenso auch die mechanische Festigkeit für die Massezusammensetzung maßgebend. Alle diese Eigenschaften kommen nicht in Betracht bei Massen für Figuren und andere Kunstgegenstände, bei denen außer einem gewissen Mindestgrad von Festigkeit der äußere Eindruck in seiner Gesamtheit ausschlaggebend ist.

Die Mannigfaltigkeit der geforderten Eigenschaften wird erreicht durch den Wechsel in der Zusammensetzung mit Bezug auf Art und Menge der Masse- und Glasurbestandteile. Die vielartige Zusammensetzung bedingt dann wieder eine unterschiedliche Brennbehandlung. Maßgebend für die Zusammensetzung der Porzellanmassen sind weiter die Größenverhältnisse der Fertigerzeugnisse und die Art der Formgebung, die bei der Fabrikation gewählt werden soll. So wird man unter Umständen bei der Herstellung besonders großer und starkwandiger Gegenstände oder solcher von kompliziertem Aufbau, z. B. gewisser Plastiken oder technischer Apparate, darauf bedacht sein müssen, daß sie sich im lufttrocknen Zustande ohne Bruchgefahr gut handhaben lassen, wird also ihre Trockenfestigkeit durch Zusatz eines guten Bindetons zum Kaolin erhöhen (S. 108). Ähnlich wird man, wenn der betreffende Gegenstand durch Gießen hergestellt werden soll, die Porzellangießmasse durch Zusätze von Ton oder anderen Stoffen zu verbessern haben, wenn die verfügbaren Kaoline für sich allein durch Gießen sich nur schwer verarbeiten lassen (S. 98).

a) Weichporzellan.

Der älteste Vertreter des Kaolin-Feldspat-Quarzporzellans für niedrige und mittlere Brenntemperaturen ist das ostasiatische Porzellan, das einer Garbrenntemperatur von S.-K. 9 bis 11 bedarf.

[1] Rieke, R., u. K. Samson: Ber. dtsch. keram. Ges. Bd. 6 (1925) S. 195.

Die rationelle Zusammensetzung der alten japanischen Porzellane ist nach H. Seger[1] etwa folgende: 25 bis 35% Tonsubstanz, 20 bis 35% Feldspat, 40 bis 45% Quarz. Nachdem es den europäischen Keramikern des 18. Jahrhunderts gelungen war, das eine höhere Garbrenntemperatur erfordernde Hartporzellan herzustellen, ging man an manchen Orten gegen Ende des neunzehnten Jahrhunderts in Europa auch dazu über, Arbeitsmassen mit einem höheren Gehalt an Flußmitteln auszuarbeiten, die sich infolgedessen bei niedrigerer Temperatur garbrennen lassen als Hartporzellan, aber nach den gleichen Verfahren wie dieses verarbeitet werden.

Als Vertreter solcher neueren, in den letzten sechzig Jahren hergestellten Weichporzellanmassen seien folgende genannt:

Segerporzellan (Erfinder: Professor Hermann Seger, Berlin), eingeführt im Jahre 1880. Es besteht aus 25% Tonsubstanz, 45% Quarz und 30% Feldspat und wurde zusammengesetzt aus 31% weißbrennendem, hochplastischem Ton von Löthain, 39% Sand von Hohenbocka und 30% Roerstrand-Feldspat[2]. In manchen Fällen ersetzte Seger den Löthainer Ton zur Hälfte durch Kaolin von Zettlitz oder Sennewitz. Der Garbrand des Segerporzellans erfolgte bei S.-K. 8 bis 10, der Verglühbrand bei S.-K. 010 bis 09. Die Brennfarbe war nicht weiß, sondern infolge des Tongehalts gelb. Die Glasur entsprach der Formel

$$\left.\begin{array}{l}0{,}3\ K_2O\\0{,}7\ CaO\end{array}\right\}\cdot 0{,}5\ Al_2O_3\cdot 4\ SiO_2;$$

sie wurde hergestellt aus 42,1% Feldspat, 17,7% Marmor, 13,0% Zettlitzer Kaolin und 27,2% Sand von Hohenbocka[3]. Industrielle Bedeutung hat das Segerporzellan nicht erlangt.

Neues Porzellan von Sèvres (pâte nouvelle). Es wurde nach dem Segerporzellan in der Nationalmanufaktur zu Sèvres mit der gleichen Absicht ausgearbeitet wie das erstgenannte in Berlin, nämlich um eine reichere Dekoration des Porzellans zu ermöglichen. Die Masse dieses neueren, ohne künstliche Fritte hergestellten französischen Weichporzellans besteht[4] aus 40% Kaolin, 35% Feldspat und 25% Quarzsand, und seine prozentuale chemische Zusammensetzung wurde gefunden zu 70,8 SiO_2, 22,6 Al_2O_3, 1,1 CaO, 0,5 MgO, 2,3 K_2O, 2,1 Na_2O. Die Glasur[5] entspricht ungefähr der Formel

$$\left.\begin{array}{l}0{,}06\ K_2O\\0{,}09\ Na_2O\\0{,}85\ CaO\end{array}\right\}\cdot 0{,}5\ Al_2O_3\cdot 4{,}21\ SiO_2;$$

sie wurde hergestellt aus 36 Gwtl. Sand, 28 Gwtl. Kreide und 51,5 Gwtl. Glattscherben der neuen Masse. Nach Granger-Keller[6] kommt die endgültig angenommene Glasur der oben für Segerporzellan angegebenen in ihrer Zusammensetzung sehr nahe. Der Garbrand dieses Porzellans findet bei S.-K. 9 bis 10 statt.

---

[1] Gesammelte Schriften 2. Aufl. S. 583. Berlin 1908.
[2] Seger, H.: Gesammelte Schriften 2. Aufl. S. 591. Berlin 1908.
[3] Seger, H.: a. a. O. S. 592.
[4] Granger, A., u. R. Keller: Die industrielle Keramik S. 378. Berlin 1908.
[5] Hecht, H.: Lehrbuch der Keramik 2. Aufl. S. 444. Berlin 1930.
[6] a. a. O. S. 396.

Ein Porzellan mit niedriger Brenntemperatur läßt sich auch aus folgenden Massen herstellen[1]:

	Masse I	Masse II
Zettlitzer Kaolin	40,5	—
Sornziger Kaolin . . .	—	52,0
Nordischer Quarz . . .	25,1	—
Nordischer Feldspat . .	29,2	42,0
Kalkspat	5,2	6,0

Die zugehörigen Glasuren entsprechen folgenden Formeln:

$$\left.\begin{matrix} 0{,}63\ CaO \\ 0{,}17\ MgO \\ 0{,}14\ K_2O \\ 0{,}06\ Na_2O \end{matrix}\right\}\cdot 0{,}30\ Al_2O_3\cdot 2{,}95\ SiO_2 \quad \text{und} \quad \left.\begin{matrix} 0{,}62\ CaO \\ 0{,}16\ MgO \\ 0{,}15\ K_2O \\ 0{,}07\ Na_2O \end{matrix}\right\}\cdot 0{,}38\ Al_2O_3\cdot 3{,}41\ SiO_2.$$

Diese beiden Massen lieferten ein Porzellan von gutem Durchschein und weißer Brennfarbe, aber nicht sehr großer Standfestigkeit im Feuer. Das Brennen erfolgt bei S.-K. 7 bis 9. Der gebrannte Scherben widersteht kochendem Wasser gut, ohne zu springen, und besitzt einen Festigkeitsgrad, der dem von Hartporzellan mittlerer Güte nahekommt. Beim Brennen im großen Industrieofen bedürfen solche kalkhaltigen Weichporzellane wegen ihrer verhältnismäßig rasch fortschreitenden Erweichung (S. 141) besonders vorsichtiger Behandlung.

Nach E. Berdel kann man in die Weichporzellanmasse auch ½ bis 2% Flußspat einführen, unter entsprechender Verringerung des Feldspatgehalts, bei einer Brenntemperatur von S.-K. 6a bis 7 (S. 148).

Industrieporzellan für mittlere Brenntemperaturen. Wie schon betont, wird durch Erhöhung des Feldspatgehalts einer Porzellanmasse ihre Garbrenntemperatur erniedrigt. Demgemäß stehen die Massen vieler Industrieporzellane besonders für Geschirre und sonstige Haushaltgegenstände aller Art bei ziemlich unterschiedlicher Zusammensetzung hinsichtlich ihrer Brenntemperatur zwischen dem eigentlichen Hartporzellan und dem Segerporzellan. Ihre Erzeugung soll keinem Sonderzweck dienen, wie z. B. die des Segerporzellans oder der neuen Masse von Sèvres, sondern man ist bei der industriellen Herstellung dieser Porzellane in der Hauptsache bestrebt, einen weißen Scherben mit gutem Durchschein und glatter, gut spiegelnder Glasur zu erzielen. Als mittlere rationelle Zusammensetzung dieser Massen kann man nach Pukall[2] etwa folgende annehmen: 40% Tonsubstanz, 32% Quarz, 28% Feldspat. Den Porzellanmassen mittlerer Brenntemperatur, wie sie in gewissen Fabriken Thüringens, Bayerns und der Tschechoslowakei verwendet werden, kommt nach Hecht[3] folgende durchschnittliche Zusammensetzung zu: 40 bis 43% Tonsubstanz, je 25 bis 30% Feldspat und Quarz. Ihre Garbrenntemperatur liegt zwischen S.-K. 11 und 13 oder reicht sogar bis S.-K. 14. Die Massen mit

[1] Funk, W.: Ber. dtsch. keram. Ges. Bd. 3 (1922) S. 274.

[2] Grundzüge der Keramik S. 138. Koburg 1922.

[3] Lehrbuch der Keramik 2. Aufl. S. 388. Berlin 1930.

geringerem Feldspatgehalt und höheren Brenntemperaturen stehen dann schon dem wirklichen Hartporzellan sehr nahe.

Auch die französischen Industrieporzellane gehören vorwiegend zu dieser Gruppe. Sie enthalten als Flußmittel vielfach Kreide und häufig auch die Alkalien des Glimmers, der dem Kaolin noch beigemengt ist. Der Kalkgehalt ist für viele französische Porzellanmassen charakteristisch.

b) Hartporzellan.

Die mittlere rationelle Zusammensetzung des Hartporzellans entspricht ungefähr dem Schema: 55,0 Tonsubstanz, 22,5 Feldspat und 22,5 Quarz (S. 204). Die Grenzen in der Zusammensetzung wurden bereits auf Seite 284 angegeben. Die Tonsubstanz wird im allgemeinen in Form von Kaolin, und zwar zweckmäßig mehrerer Kaoline eingeführt. In besonderen Fällen kann man zur Erhöhung der Formbarkeit oder Gießbarkeit der Masse auch 3 bis 6% der Tonsubstanz in Form von möglichst weißbrennendem Steingutton einführen[1]. Als Flußmittel werden dem Feldspat zuweilen auch ½ bis 2% Kalkspat, Magnesit oder Dolomit, ferner Speckstein oder auch, um die weiße Farbe des Porzellans zu verbessern, Zinkoxyd beigegeben werden. Hauptmerkmal der Masse ist ihr Reichtum an Tonsubstanz, demnach auch an Tonerde und ihr im Vergleich zum Weichporzellan geringer Gehalt an Flußmitteln. Dieser Umstand in Verbindung mit der hohen Brenntemperatur und der sich aus dieser ergebenden reichlichen Mullitbildung bewirkt, ein fehlerfreies Haften der Glasur vorausgesetzt, die hohe Widerstandsfähigkeit des Hartporzellans gegen raschen Temperaturwechsel und macht es für Haushaltgeschirre und technische Geräte als Werkstoff besonders geeignet. Die Garbrenntemperatur des Hartporzellans beträgt mindestens S.-K. 14, höchstens S.-K. 16.

Die Zusammensetzung des Hartporzellans soll an einigen Beispielen erläutert werden.

Hartporzellan fabrizieren in erster Linie die staatlichen Manufakturen Berlin und Meißen sowie eine Reihe privater Fabriken.

	Service-masse	Schüssel-masse
Kaolin von Halle	60	55
Kaolin von Zettlitz	18	—
Ton von Halle	—	27,5
Feldspat	22	17,5
oder:		
Tonsubstanz	55	54
Quarz	22,5	28
Feldspat	22,5	18

Die Masse der Berliner Manufaktur hat nebenstehende Zusammensetzung[2].

Die Servicemasse wird zur Herstellung kleinerer Geschirre, die Schüsselmasse zu der von größeren Geschirren und chemisch-technischen Waren benutzt.

Die Geschirrmasse der Meißner Manufaktur besteht aus 71 Gewichtsteilen Kaolin von Seilitz und Sornzig,

[1] Berdel, E.: Einfaches chemisches Praktikum V. und VI. Teil 5. Aufl. S. 102. Koburg 1929. [2] Lehrbuch der Keramik 2. Aufl. S. 386. Berlin 1930.

25 Feldspat unter Zugabe bestimmter Mengen gebrannter Porzellanscherben. Die Masse für chemischtechnische Geräte hat die gleiche rationelle Zusammensetzung wie die der Berliner Manufaktur.

Der Quarz wird in die Berliner und Meißner Massen als natürlicher Bestandteil des Kaolins bzw. Tons eingeführt, der in diesen Fällen nur so weit geschlämmt ist, daß er nicht nur reine Tonsubstanz, sondern auch noch eine gewisse Menge freier Kieselsäure enthält.

Auch die Nationalmanufaktur in Sèvres stellt Hartporzellan her (pâte dure); es enthält 65% Kaolin, 14,5% Quarz und als Flußmittel 15% Feldspat und 5,5% Kreide[1].

Die Rohstoffe für die Herstellung des Feldspatporzellans sind der Gattung nach im großen und ganzen immer die gleichen und nur ihrer Herkunft nach an den einzelnen Fabrikationsstätten verschieden. Der Quarz findet in stückiger Form oder auch als Sand Verwendung. Der Feldspat ist hauptsächlich als Kalifeldspat für die Herstellung des Porzellans geeignet, da Kalifeldspatmassen infolge des höher liegenden Erweichungspunktes des Kalifeldspates langsamer sintern, wodurch die Standfestigkeit der Massen erhöht und die Gefahr des Verziehens geringer wird als bei den mit Natronfeldspat hergestellten Massen[2]. Infolge des allmählich verlaufenden Sinterns und Dichtbrennens ist beim Kalifeldspatporzellan auch die Gefahr geringer, daß beim Brennen in den Poren der Masse Kohlenstoffteilchen eingeschlossen werden, die sonst den Scherben nach dem Brande leicht grau erscheinen lassen[3].

Als Ersatz für Kalifeldspat sind auch die bereits früher (S. 130) erwähnten natürlichen Gemische von Tonsubstanz, Quarz und Feldspat, die sog. „Pegmatite“ geeignet, wie sie besonders in Thüringen und Bayern vorkommen. So ist z. B. der Pegmatit von Tirschenreuth ein vorteilhaftes Material für die Herstellung von Gasthausgeschirr und elektrotechnischem Porzellan, deren Festigkeitseigenschaften er günstig beeinflußt[4]. Sind diese Feldspatsande zu quarzreich, so muß man den noch fehlenden Betrag an Feldspat in Form von reinem Mineral oder schlesischem Quarzspat (S. 131) zusetzen. In Frankreich verwendet man bei der Zusammensetzung der Porzellanmasse als Flußmittel vielfach Pegmatit in Stückform, in Bayeux glimmerhaltigen Sand.

Von russischen Keramikern ist in neuester Zeit der Versuch gemacht worden[5], den Feldspat im Porzellan durch Glasscherben zu ersetzen, angeblich mit gutem Erfolg. Das Verfahren würde den Vorteil bieten, daß man durch Anwendung von Glasscherben bei entsprechender Zusammensetzung der Masse sich von der Feldspatbeschaffung unabhängig machen könnte. Näheres ist über das Verfahren bisher nicht bekannt geworden.

Man hat auch versucht, das Porzellan auf Grund von Analysenergebnissen aus seinen Bestandteilen Aluminiumoxyd, Kieselsäure, Kali und Kalk synthe-

---

[1] Granger, A., u. R. Keller: Die industrielle Keramik S. 378. Berlin 1908.

[2] Vgl. hierzu C. W. Parmelee u. A. E. Badgen: J. Amer. ceram. Soc. Bd. 13 (1930) S. 376.

[3] Zimmer in F. Singer: Die Keramik im Dienste von Industrie und Volkswirtschaft S. 368. Braunschweig 1923.

[4] Kieffer, E.: Sprechsaal Keramik usw. Bd. 66 (1933) S. 215.

[5] Sprechsaal Keramik usw. Bd. 61 (1928) S. 198.

tisch herzustellen, d. h. diese zunächst zu mischen und das Gemisch in geformtem Zustand zu brennen[1]. Irgendwelche Folgerungen, die für die feinkeramische Praxis von Vorteil sein könnten, haben sich aus diesen Versuchen aber nicht ergeben.

Für die Auswahl der Rohstoffe und die Zusammensetzung der Porzellanmasse wichtige Gesichtspunkte sind vor allem auch die Vorgänge, die sich beim Brennen des Porzellans in demselben abspielen[2]: In der flußmittelreichen Masse schmelzen zunächst der Feldspat und die Eutektika und lösen zunehmende Mengen der Dissoziationsprodukte der Tonsubstanz und den Quarz auf, worauf unter Mitwirkung der gebildeten Schmelzlösung bei hohen Temperaturen eine Umkristallisation zu Mullit eintritt. Erhöhung der Brenntemperatur, Herabsetzung des Quarzgehalts der Porzellanmasse sowie Anwesenheit kleiner Mengen Kalk, Magnesia, Zinkoxyd und andrer Oxyde verringern die Viskosität der Feldspatschmelze und begünstigen dadurch die Bildung größerer Kristalle. Über die Löslichkeit von Quarz und Tonsubstanz in geschmolzenem Feldspat ist schon früher (S. 135) einiges mitgeteilt worden.

Bei den meist üblichen Brenntemperaturen des Hartporzellans zwischen S.-K. 13 und 15 üben die in den Industrieöfen auftretenden Temperaturunterschiede von 1 bis 2 Segerkegeln einen merklichen Einfluß auf den Mullitgehalt und somit auch auf die Konstitution des Scherbens aus, ebenso auch die Brenndauer, besonders die oberhalb 1350°*. Nicht nur das Brennen bis zu einem bestimmten Schmelzkegel ist für den Verlauf der im Brenngut sich abspielenden chemischen Wechselwirkungen zwischen Quarz, Feldspat und Tonsubstanz bestimmend, sondern bei gleicher Höchsttemperatur führt auch die verschiedene Brenndauer zu abweichenden Ergebnissen[3].

Nach Rieke und Schade[4] beeinflußt auch die Art des verwendeten Kaolins bei Kaolinen gleicher rationeller Zusammensetzung die Höhe des bei ganz gleichen Brennbedingungen erzielten Mullitgehalts, und zwar betrug der Mullitgehalt der gebrannten Porzellanscherben, die sie untersuchten, von 12,1 bis 5,6%. Bei grobkörnigem Feldspat nimmt die Entwicklung von Mullitkristallen im Verhältnis zur Größe der einzelnen Nadeln zu. Feiner Feldspat gibt kleine Nadeln; jedenfalls ist die Anwesenheit von Feldspat für die Bildung dieser Kristalle günstig[5]. Nach H. Navratiel und A. H. Fessler[6] scheint in Porzellan der Normalzusammensetzung 50% Tonsubstanz, 25% Orthoklas und 25% Quarz, das bis auf 1470° erhitzt wurde, durch Zusatz von Kieselsäure die Mullitbildung vermehrt zu werden. Nach ihnen wird die Bildung der beim Brennen entstehenden Glasphase im Porzellan und ihre Stabilisierung am stärksten wahrscheinlich durch die chemische Beschaffenheit und damit das Lösungsvermögen, das Schmelzintervall, die Viskosität und die Kristallisationsgeschwindigkeit beeinflußt. Die in das Porzellan eingeführten Flußmittelbildner wirken auf die genannten Eigenschaften verschieden und besitzen daher verschieden große Fähigkeit, Tonerde und Kieselsäure in Lösung zu halten und stabile Gläser zu bilden. Nach H. M. Kraner[7] ist der glasige Anteil der gebrannten Porzellanmasse von größerer

---

[1] Bollenbach, H.: Sprechsaal Keramik usw. Bd. 42 (1909) S. 332.

[2] Rieke, R.: Ber. dtsch. keram. Ges. Bd. 9 (1928) S. 158. Navratiel, H., u. A. H. Fessler: Ebenda Bd. 11 (1930) S. 364.

* Ber. dtsch. keram. Ges. Bd. 11 (1930) S. 439.

[3] Bur. Stand. Ceram. Ind. Bd. 10 (1927) S. 543; Ref. Keram. Rdsch. Bd. 35 (1927) S. 539.

[4] Ber. dtsch. keram. Ges. Bd. 11 (1930) S. 441.

[5] Filossofow, P., u. A. Stchepetow: Keram. Rdsch. Bd. 37 (1929) S. 341.

[6] Ber. dtsch. keram. Ges. Bd. 11 (1930) S. 364.

[7] J. Amer. ceram. Soc. Bd. 12 (1929) S. 383.

Wichtigkeit als der in dem Scherben beim Brennen entstandene oder in die Masse eingeführte Mullit. Bei übermäßig langem Brennen wird nicht nur der Quarz in der glasigen Grundmasse des Porzellans aufgelöst, sondern auch der Mullit, was eine Verringerung der Widerstandsfähigkeit des Porzellans bewirken kann.

Massen mit guten mechanischen Eigenschaften und günstigem thermischem Verhalten entstehen, wenn in ihnen beim Brennen zahlreiche eng ineinander verfilzte Kristallnadeln von Mullit gebildet worden sind, die im Scherben sich gleichmäßig verteilen. Für Hochspannungsporzellan und andere technische Porzellane wird man also mullitreiche Massen erzeugen. Weniger vorteilhaft sind größere, nesterweise in der amorphen Grundmasse unregelmäßig zerstreute Mullitnadeln. Nach R. Rieke und W. Schade[1] werden die mechanischen Eigenschaften des Porzellans, d. h. seine Zug-, Druck-, Kugeldruck- und Schlagbiegefestigkeit nicht durch die Höhe des Mullitgehalts entscheidend beeinflußt, vielmehr scheinen hierbei die Art der Grundmasse, die Menge des ungelösten Quarzes und wohl auch die Größe und Anordnung der Mullitkristalle eine gleich wichtige, wenn nicht die Hauptrolle zu spielen. Die chemische Widerstandsfähigkeit des Porzellans nimmt mit wachsendem Mullitgehalt in feiner gleichmäßiger Verteilung zu, da der Mullit weit weniger angreifbar ist als die alkalihaltige glasige Grundmasse. Für Geschirrporzellan ist wahrscheinlich das Vorhandensein weniger zahlreicher und größerer Mullitkristalle zweckmäßiger, da dann die glasige Grundmasse mehr hervortritt und hierdurch die gewünschte Transparenz des Scherbens gefördert wird (vgl. hierzu S. 292). Nach A. J. Bradley und A. L. Roussin[2] enthält gebranntes Porzellan Kristalle einer Substanz, die dem Mullit und Sillimanit zwar ähnlich ist, sich aber doch von beiden unterscheidet, und die sie als „Porzit" bezeichnen.

Die mechanische Festigkeit des Porzellans[3] wächst ferner bedeutend mit abnehmender Größe der Quarzkörner, dagegen nur wenig bei abnehmender Größe der Feldspatkörner und bleibt fast unverändert bei zunehmender Größe der Teilchen zugesetzter gebrannter Porzellanscherben. Zur Erzeugung von Porzellan bester Beschaffenheit muß der Quarz also möglichst fein gemahlen sein. In bezug auf Feldspat und gebrannte Scherben gilt diese Forderung weniger streng.

Hinsichtlich des Einflusses der Rohstoffe auf den Durchschein oder die Transparenz sowie die Farbe des gebrannten Porzellans sind folgende Gesichtspunkte von Bedeutung[4]: Massen mit verschiedenen Kaolinen zeigen sehr verschiedene Transparenz, wobei Kaoline gleichen oder ähnlichen Ursprungs sich ähnlich zu verhalten scheinen. Die Transparenz des Porzellans wächst mit dem Dispersionsgrad des Kaolins[5]. Ein Gehalt des Kaolins an Eisen- und Titanoxyd beeinflußt die Transparenz des Porzellans ungünstig. Mit abnehmendem Gehalt an Tonsubstanz nimmt der Grad der Lichtdurchlässigkeit des Porzellans in um so stärkerem Maße zu, je größer der Quarzgehalt ist. In quarzreichem Porzellan sinkt die Transparenz mit zunehmendem Quarzgehalt[5]. Auch die Art des benutzten Kieselsäurerohstoffs beeinflußt die Transparenz. Am günstigsten wirkt nordischer Gangquarz. Die Transparenz nimmt ferner zu mit der Mahlfeinheit des angewandten Kieselsäurematerials. Im übrigen ist es

---

[1] Ber. dtsch. keram. Ges. Bd. 11 (1930) S. 440.

[2] Trans. ceram. Soc. Bd. 31 (1932) S. 422.

[3] Filossofow, P., u. A. Stchepetow: a. a. O.

[4] Rieke, R., u. K. Samson: Ber. dtsch. keram. Ges. Bd. 6 (1925) S. 189. Rieke, R., u. W. Faust: Ebendort Bd. 10 (1929) S. 574.

[5] Semenoff, G. A., u. A. U. Adveeff: Ceram. and Glass 1926 S. 103; Abstr. Amer. ceram. Soc. Bd. 7 (1928) S. 700.

nicht nur für die Transparenz, sondern auch für andere Eigenschaften des Porzellans, insbesondere seine mechanischen Eigenschaften und seine Wärmeausdehnung, von Bedeutung, ob man den Quarz in die rohe Masse in Form von Gangquarz, Flint, Quarzsand oder Schlämmsand einführt[1] (vgl. hierzu S. 127). Pegmatite verhalten sich teils besser teils schlechter als das entsprechende Gemisch von reinem Feldspat und Quarzsand. Geringe Zusätze von Kalk oder Magnesia erhöhen die Transparenz. Natronfeldspat steigert dieselbe mehr als Kalifeldspat[2]. Ein mit Natronfeldspat hergestelltes Porzellan erreicht seine Transparenz 1 bis 2 Kegel früher als der gleiche Masseversatz mit Kalifeldspat (vgl. hierzu S. 289). Die Bedeutung der Mullitkristalle für die Transparenz des Porzellans ist noch nicht völlig geklärt[3]. R. Rieke und W. Schade[4] konnten Beziehungen zwischen der Transparenz zwölf von ihnen untersuchter gebrannter Porzellanmassen und ihrem Mullitgehalt nicht nachweisen. Sie fanden, daß mullitreiche Scherben zum Teil sogar durchscheinender waren als mullitarme. Von größerem Einfluß auf die Transparenz als die Menge der vorhandenen Mullitkristalle dürfte ihre Größe und Form sein, so daß viele kleine Kriställchen ungünstiger auf die Transparenz wirken als wenige größere. Erhöht wird die Transparenz durch einen geringen Zusatz von Zinkoxyd, wahrscheinlich infolge Förderung der Quarzauflösung und Begünstigung der Entwicklung größerer Mullitkristalle[5]. Im allgemeinen wird die Transparenz bei höherer Brenntemperatur größer, während sie durch mehrmaliges Brennen nicht zunimmt.

Die Brennfarbe des Porzellans hängt außer von den Verhältnissen beim Brennen vorwiegend vom Gehalt der Masse an Eisenoxyd und Titandioxyd ab. 0,8% Fe_2O_3 kann dem Porzellanscherben schon eine graue Färbung verleihen[6], während bei einem über 1% liegenden Gehalt an Fe_2O_3 eine deutliche Gelbfärbung der Oberfläche von Scherben und Glasur eintritt. Ein Gehalt von 0,8% TiO_2 färbt den Scherben ebenfalls schwach grau, und bei gleichzeitigem Vorhandensein von 0,6% Fe_2O_3 tritt diese Färbung schon bei 0,2% TiO_2 ein. In Massen mit nicht mehr als 15% fettem Ton und einem Gesamtgehalt von nicht mehr als 50% Tonsubstanz und 24% Feldspat wurde nach A. S. Watts[7] der beste Farbton erzielt, wenn die Masse bis zu 2,25% Magnesium- und Kalziumkarbonat enthält, die im Verhältnis 6:4 gemischt sind.

Die absichtliche Gelblichfärbung von Porzellanmassen zur Herstellung des sogenannten Elfenbeinporzellans wird erreicht[8] 1. ohne Farbkörperzusatz lediglich durch oxydierendes Brennen der gewöhnlichen Porzellanmassen, 2. durch Färben der Massen, entweder durch Zusatz von 2 bis 3% Eisenoxyd, 2 bis 3% Rutil oder 2% Braunstein.

---

[1] Hirsch, H.: Ber. dtsch. keram. Ges. Bd. 7 (1926) S. 49.

[2] Roth, E.: Sprechsaal Keramik usw. Bd. 55 (1922) S. 534. Watts, A. S.: Trans. Amer. ceram. Soc. Bd. 11 (1909) S. 185 und Bd. 16 (1914) S. 212. Parmelee u. Ketchum: Bull. 154/1926 d. Keram. Abt. d. Univ. Illinois; Ref. Keram. Rdsch. Bd. 34 (1926) S. 559.

[3] Rieke, R.: Ber. dtsch. keram. Ges. Bd. 7 (1926) S. 84 und H. Hirsch: Ebenda S. 87.

[4] Ber. dtsch. keram. Ges. Bd. 11 (1930) S. 442.

[5] Rieke, R.: Ber. dtsch. keram. Ges. Bd. 7 (1926) S. 84.

[6] Rieke, R., u. W. Faust: Ber. dtsch. keram. Ges. Bd. 10 (1929) S. 574.

[7] J. Amer. ceram. Soc. Bd. 10 (1927) S. 148; vgl. a. C. W. Parmelee u. G. H. Baldwin: Trans. Amer. ceram. Soc. Bd. 15 (1913) S. 523; Ref. Sprechsaal Keramik usw. Bd. 52 (1919) S. 395.

[8] Henze, H.: Keramos Bd. 6 (1927) S. 11.

Man mahlt in diesem Falle zunächst einen kleinen Teil der Masse mit den Farboxyden und setzt erst zum Schluß die übrige Masse zu. Auch ein Zusatz von 5% Zirkonoxyd unter gleichzeitiger Erhöhung des Feldspatgehalts wird zur Erzielung einer schönen Elfenbeintönung von Massen empfohlen[1]. Am billigsten und einfachsten kommt man bei Anwendung eines Tons mit 2 bis 3% Eisenoxyd zum Ziel[2], den man als Ersatz von etwa 8 bis 10% des vorhandenen Kaolins in die Masse einführt. Alle angegebenen Massen bedürfen zur Entwicklung des Elfenbeintons oxydierender Brandführung. Für Massen mit einem gelbfärbenden Zusatz von 2 bis 3% Fe_2O_3, dessen Wirkung man nötigenfalls durch etwa 0,5 bis 1% Rutil verstärkt, wird oxydierendes Brennen bis S.-K. 7 bis 10 empfohlen[3]. Ein Farbkörper, der durch Fritten von 3 Gtl. Manganoxyduloxyd, 4 Gtl. Zettlitzer Kaolin und 10 Gtl. Quarz erhalten wird, soll auch in reduzierendem Brande Elfenbeintönungen geben[4].

Durch Auftragen von Metallsalzlösungen, z. B. Gemischen von Mangannitrat-, Natriummetawolframat- und Kadmiumborowolframatlösung auf verglühte Porzellanmasse, Glasieren mit farbloser Glasur und Gutbrennen kann man dem Scherben ebenfalls eine Elfenbeinfärbung verleihen, oder auch durch Tränken der Masse mit konzentrierter Mangansulfatlösung[5]. Diese Verfahren sind aber für Massenherstellung zu teuer und umständlich. Über die Erzielung von elfenbeinfarbigem Porzellan mittels gelblich gefärbter Glasuren siehe S. 307.

Allgemein wird in der Porzellanindustrie die Praxis geübt, der rohen Masse bei der Zusammensetzung Porzellanscherben zuzusetzen, die zunächst fein zerkleinert und dann mit dem Kaolin, Feldspat und Quarz gemischt werden. Die Menge der zugesetzten Scherben beträgt etwa 3 bis 20%. Diese Scherben dienen als Magerungsmittel und verringern die Schwindung der Porzellanmasse beim Brennen. Man verwendet meist Scherben von verglühtem, d. h. bei etwa 900° vorgebranntem Porzellan oder auch feingemahlene gutgebrannte Scherben. Selbstverständlich müssen alle diese Porzellanscherben weiße Farbe besitzen, d. h. noch unbemalt sein, da bei Anwendung bemalter Scherben in der Masse farbige Punkte (z. B. von Kobaltblau) zu sehen sein würden. Benutzt man Scherbenmehl, das aus glasiertem Porzellan hergestellt ist, so gelangt naturgemäß die den Scherben anhaftende Glasur mit in die Masse, was in gewissen Fällen Nachteile hat.

Für besondere technische Zwecke benutzt man Massen mit hohem Gehalt an grobkörnigem Scherbenmehl, sogenannte Scherbenmassen, die zum Formen größerer Gegenstände, gelegentlich auch von künstle-

---

[1] Keram. Rdsch. Bd. 35 (1927) S. 66.

[2] Anon.: Ceram. Ind. Bd. 11 (1928) S. 611; Abstr. Amer. ceram. Soc. Bd. 8 (1929) S. 131.

[3] Keram. Rdsch. Bd. 19 (1909) Nr. 17.

[4] Henze, H.: Keramos Bd. 6 (1927) S. 11.

[5] Sprechsaal Keramik usw. Bd. 63 (1930) S. 652.

rischem Porzellan für monumentale Zwecke u. dgl., dienen. Man setzt die groben Scherben den übrigen Massebestandteilen erst im Rührwerk zu. Die zwischen den gröblich zerkleinerten Porzellanscherben befindlichen Hohlräume müssen hier gut mit einem hochfeuerfesten fetten Bindeton von möglichst hoher Trockenfestigkeit ausgefüllt werden. Ein bewährter Versatz für eine solche Scherbenmasse ist folgender[1]: 45% geschlämmter Ton von Halle, 15% feingemahlener norwegischer Feldspat, 45% weiße Porzellanscherben, gekollert und gesiebt.

Für gewisse Zwecke empfiehlt es sich[1], die Scherben durch Waschen von feinem Pulver zu befreien. Um die gröblichen Körner in der Masse nach dem Brennen besser festzuhalten, kann es auch zweckmäßig sein, dem Masseversatz eine gewisse Menge eines wasserlöslichen Kalksalzes zuzusetzen und nach guter Durchmischung den Kalk durch Ammoniumkarbonat auszufällen, so daß jedes Masseteilchen von einer dünnen Kalziumkarbonatschicht umhüllt wird. Als starkes Flußmittel verbindet sich der Kalk im Feuer innig mit der Tonsubstanz. Hierbei ist zu beachten[1], daß 1% Kalk in Verbindung mit Tonsubstanz etwa die gleiche Flußmittelwirkung hat wie 10% Feldspat. Diese Maßnahme entspricht dem der Ludwig Wessel A.-G., Bonn, durch D. R. P. 354941, Kl. 80b, vom 7. 8. 1920 geschützten Verfahren zur feinen gleichmäßigen Verteilung von Flußmitteln in keramischen Massen, dadurch gekennzeichnet, daß das Flußmittel in Form löslicher Salze den übrigen Bestandteilen der Masse zugesetzt und durch geeignete Fällungsmittel in der Masse niedergeschlagen wird. Massen zur Herstellung von Trägern für elektrisch beheizte Drahtwicklungen setzt man ebenfalls eine gewisse Menge grober Scherben zu, um die Heizkörper unempfindlicher gegen raschen Temperaturwechsel zu machen.

Über den teilweisen Ersatz des Quarzes und Feldspates durch gebrannten Kaolin oder Ton, ferner durch Zyanit, synthetische Mager- und Flußmittel oder durch schwerschmelzbare Oxyde bei der Herstellung von Porzellan- und anderen Massen für besondere technische Erzeugnisse vgl. S. 297 u. 319.

Auch die Wirkung des Ersatzes von gemahlenem Quarz durch geschmolzene Kieselsäure auf das Verhalten der Porzellanmassen beim Brennen und ihre Wärmeausdehnung ist untersucht worden[2]. Eine Masse mit 20% geschmolzenem Quarz zeigte bei reduzierendem Brennen eine um 3 bis 4 Kegel höher liegende Garbrenntemperatur als eine Masse sonst gleicher Zusammensetzung, die 20% gemahlenen Quarzsand enthielt. Die Wärmeausdehnung der geschmolzenen Quarz enthaltenden Masse war bei reduzierendem Brennen bis Kegel 8 viel geringer und regelmäßiger als die einer normal bis Kegel 11 im Oxydationsfeuer gebrannten Masse. Bei Kegel 11 traten in dem Quarzglasporzellan, dem man in Amerika den Namen „fusilain“ beigelegt hat, kleine dem Mullit ähnliche Kristalle auf.

Wie neuere Forschungen ergeben haben, neigen Gläser und keramische Massen mit großem Gehalt an glasigen Anteilen zu Ermüdungs- oder Alterungserscheinungen, die auf der Neigung des Glasmaterials zur Kristallisation beruhen. Tritt diese Kristallisation nachträglich im Steinzeug- oder Porzellanscherben ein, so wächst die Spannung zwischen den glasigen und kristallinen Phasen des Scherbens, wodurch die Gefahr des Springens schon bei an sich weniger großer mechanischer oder thermischer Beanspruchung erhöht wird. Zur Verhütung dieser Erscheinung des „Alterns“ dichtgebrannter keramischer Massen, wie sie z. B. bei

---

[1] Keramos Bd. 5 (1926) S. 284.

[2] Westman, A. E. R.: J. Amer. ceram. Soc. Bd. 11 (1928) S. 82.

Steinzeug- und besonders bei Porzellanisolatoren oder anderen Geräten aus technischem Porzellan nach längerer Benutzung beobachtet wird, empfiehlt F. Singer[1], in den aus Kaolin, Quarz, Feldspat, Ton, Steatit, Tonerdehydrat u. dgl. bestehenden Grundmassen die glasige Phase auszuschalten und die vorhandenen Kristallite so zu gestalten, „daß es sich nur noch um eine einzige Art und von so kleinen Dimensionen handelt, welche die Alterungserscheinungen ausschließen". Man erreicht dies durch Zusatz von Oxyden, Karbonaten, Silikaten oder Aluminaten des Zirkoniums, Zers, Mangans, Wolframs usw. Sie erhöhen die Keimzahl der sich ausscheidenden Kristalle so stark, daß „die keramische Masse vollkommen oder fast vollkommen von mikrokristallinen Gebilden unter völligem Zurücktreten der glasig amorphen Bestandteile erfüllt ist". Diese zunächst für Steatit festgestellte Wirkung (S. 122) der Keimzahlerhöhung haben die genannten Kristallisatoren nach F. Singer auch bei Porzellan- und Steinzeugmassen, wenn „diese unhygroskopischen Massen Titan in mehr als einer Verbindungsform enthalten"[2].

Die hohen Anforderungen, die an chemisch-technische Geräte aus Porzellan gestellt werden, bringen es mit sich, daß nur eine kleine Anzahl von Fabriken sich mit ihrer Herstellung befaßt, da die Schwierigkeiten, eine brauchbare, vielseitigen Beanspruchungen genügende Ware zu erzeugen, ziemlich beträchtlich sind. Neben diesen für den Gebrauch in Laboratorium und Industrie bestimmten Erzeugnissen, bei denen man großen Wert auf Unempfindlichkeit gegen physikalische und chemische Einflüsse legt, gehören zum technischen Porzellan das sog. Niederspannungsporzellan sowie als besondere Gruppe zahlreiche einfach herzustellende Gebrauchsgegenstände des täglichen Lebens, vom Flaschenverschluß bis zur Türklinke oder von der Salbenkruke bis zur Eisbüchse[3].

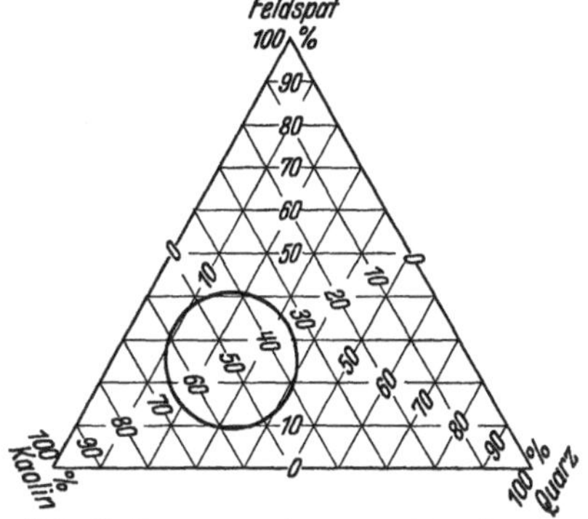

Abb. 67. Zusammensetzung von Porzellan. (Nach H. Handrek. Die Mengenverhältnisse zur Erzeugung von Hartporzellan liegen innerhalb des eingezeichneten Kreises.)

Die Zusammensetzung des für chemisch-technische Zwecke in Betracht kommenden, bei einer Temperatur von mindestens 1400° gebrannten Hartporzellans liegt etwa innerhalb der in Abb. 67 veranschaulichten Grenzen[4].

Die für elektrische, thermische und mechanische Widerstandsfähigkeit gegebenen Grenzen der Zusammensetzung von Kaolin-

---

[1] Chem. Zbl. Bd. 99 (1928) I S. 1693; Keram. Rdsch. Bd. 38 (1930) S. 216.

[2] Vgl. hierzu das amerikanische Patent von F. Singer: Nr. 1642754 vom 18. 12. 1926, ausg. 20. 9. 1927, zur Herstellung keramischer Massen von sehr hohem elektrischen Widerstand unter Zusatz titanhaltiger Stoffe [Chem. Zbl. Bd. 99 (1928) I S. 958].

[3] Näheres siehe H. Lewe: Keram. Rdsch. Bd. 34 (1926) S. 163.

[4] Handrek, H.: Keram. Rdsch. Bd. 36 (1928) S. 363.

Quarz-Feldspatmassen bei Temperaturen von 1410 bis 1435° zeigt Abb. 68[1].

Für Niederspannungsmaterial ist keine Besonderheit in der Massezusammensetzung erforderlich. Bei der Zusammensetzung der Massen für Hochspannungsisolatoren ist dagegen auf eine geeignete Auswahl der Rohstoffe besonderer Wert zu legen[2]. Die Erfahrung hat gezeigt, daß die Kaoline und Tone von Halle bei der Herstellung von Hochspannungsisolatoren Vorteile bieten. Sie übertreffen in dieser Hinsicht sicherlich die böhmischen Kaoline. Begründet ist diese bevorzugte Verwendbarkeit der Halleschen Rohstoffe in der Beschaffenheit der Kaolinteilchen und in dem Gehalte des Kaolins an feinstverteiltem Quarz, der sich zweifellos günstiger verhält als der in Form von Sand oder Quarzit der Masse zugesetzte.

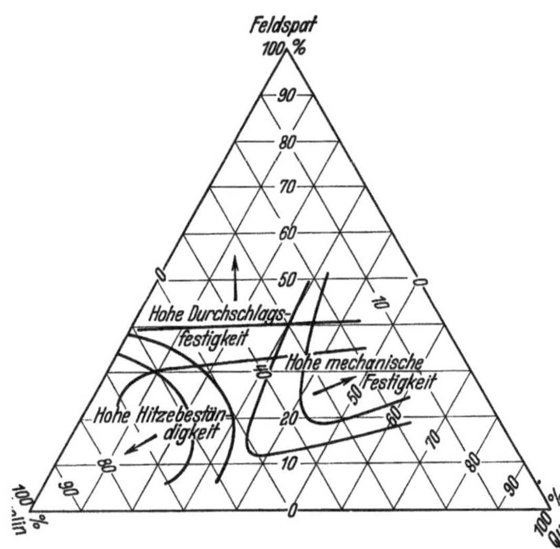

Abb. 68. Eigenschaftsdiagramm im Dreiecksdiagramm Kaolin-Quarz-Feldspat. (Nach Gilchrest u. Klinefelter.)

Massen mit hohen Feldspatgehalten, die an sich gut dichte Scherben besitzen, sind für elektrische Hochspannungsporzellane ungeeignet, weil sie erstens im rohen Zustand nicht gut zu bearbeiten sind, zweitens ihrer Temperaturempfindlichkeit wegen und drittens, weil Teile mit geringerer Wandstärke schon erweichen, ehe dickwandigere durch und durch gargebrannt sind[3]. Alkalifreiheit verbessert die Güte der Isolatoren, besonders bei höheren Temperaturen. Hierauf beruht das D. R. P. 453476 F. Singers, vom 22. 4. 1926[4], der zur Herstellung von Isolatoren „dichte alkalifreie bzw. alkaliarme keramische Materialien“ benutzt.

Die elektrische Leitfähigkeit des Porzellans ist ebenfalls von seiner Zusammensetzung abhängig, und zwar besteht für die Größenordnung, in der die in der Keramik gebräuchlichen Oxyde die elektrische Leitfähigkeit vermehren oder vermindern, eine ganz bestimmte Reihenfolge[4, 5].

Die Angaben über die zweckmäßigste rationelle Zusammensetzung

---

[1] Gilchrest, G. J., u. T. A. Klinefelter: Electr. J. 1918 S. 36; Ref. O. Krause: Z. techn. Physik 1928 S. 259.

[2] Urban, E. E.: Keram. Rdsch. Bd. 32 (1924) S. 217.

[3] Trans. ceram. Soc. Bd. 24 (1925) S. 279; Ref. Keramos Bd. 5 (1926) S. 551.

[4] Keramos Bd. 9 (1930) S. 90.

[5] Gehlhoff, G., u. M. Thomas: Z. techn. Physik Bd. 6 (1925) S. 544. Eitel, W.: Die physikalische Chemie der Silikate S. 477. 1929.

für Elektroporzellan sind verschieden: Nach W. Rosenthal[1] ist sie 55% Tonsubstanz, 22,5% Quarz und 22,5% Feldspat, während K. H. Reichau[1] 47% Tonsubstanz, 35% Quarz und 18% Feldspat empfiehlt, wobei ersterer geschlämmten Zettlitzer Kaolin, norwegischen Feldspat und Hohenbockaer Sand, letzterer vermutlich Kaolin und Ton von Halle mit norwegischem Feldspat verwendete. Nach E. E. Urban[1] erwies sich eine Masse aus 50% Tonsubstanz, 30% Quarz und 20% Feldspat bei feinster Mahlung der beiden letzteren allen anderen Massen in bezug auf elektrische und mechanische Festigkeit überlegen, wobei als Rohstoffe bei dieser Masse Hallesche Tonsubstanz und Ströbelspat dienten.

Nach den Erfahrungen der keramischen Abteilung der Universität Ohio, Ver. St. v. A.[2], hat sich zur Herstellung von Elektroporzellan am besten folgende Masse bewährt: 35% Ball Clay von Kentucky, 18% Georgia-Kaolin, 24% kanadischer Feldspat, 21% Quarz, 2% Kreide. Die Brenntemperatur dieser Masse beträgt S.-K. 12. Als zugehörige Glasur wird eine solche von folgender Formel empfohlen:

$$\left.\begin{array}{l} 0{,}2\ K_2O \\ 0{,}4\ CaO \\ 0{,}3\ ZnO \\ 0{,}05\ BaO \\ 0{,}05\ MgO \end{array}\right\} \cdot 0{,}5\ Al_2O_3 \cdot \left\{\begin{array}{l} 4{,}0\ SiO_2 \\ \\ 0{,}1\ B_2O_3 \end{array}\right.$$

In Amerika wird fast ausschließlich elektrotechnisches Porzellan hergestellt, dessen Garbrenntemperatur Kegel 9 bis 10 entspricht[3], das also mehr als Weichporzellan zu bezeichnen ist.

R. Twells[4] hat Massen für elektrotechnisches Hochspannungsporzellan hergestellt, in denen ein Teil des Feldspats durch Lepidolith (Lithionglimmer) ersetzt ist. Hierdurch erhält man Massen von erhöhter Widerstandsfähigkeit gegen plötzliche Temperaturschwankungen. Die Anwendung von Lepidolith für den genannten Zweck dürfte sich wegen der höheren Kosten dieses Materials nur auf Sonderfälle beschränken.

Für Zündkerzen in starken Luftfahrzeugmotoren und ähnliche Zwecke werden Porzellanmassen ganz besonderer Art benötigt. Amerikanische und andere Keramiker haben versucht, für diesen Zweck den Quarz im Porzellan durch Zusatz anderer Stoffe, wie natürlicher oder künstlicher Sillimanit, Kaolin, Tonerde und stark geglühte Zirkoniumverbindungen[5], zu ersetzen, ebenso den Feldspat durch Aluminium- und Magnesiumsilikate oder Doppelsilikate von Beryll- und Alkalimetallen. Nach A. S. Watts[6] enthält das Zündkerzenporzellan statt des Quarzes vorgebrannten Ton oder Mullit und statt des Feldspates ein Magnesium-

---

[1] Nach E. E. Urban: Keram. Rdsch. Bd. 32 (1924) S. 217; s. a. K. Reichau: Ber. dtsch. keram. Ges. Bd. 4 (1924) S. 155.

[2] Watts, A. S.: J. Amer. ceram. Soc. Bd. 10 (1927) S. 148.

[3] Thiess, L. E.: Sprechsaal Keramik usw. Bd. 66 (1933) S. 318 (Masseversätze siehe daselbst).

[4] J. Amer. ceram. Soc. Bd. 11 (1928) S. 644.

[5] Um Porzellan unempfindlicher gegen raschen Temperaturwechsel zu machen, wird ein Zusatz von 10 bis 20% hochgebrannter feinster weißer Zirkonerde empfohlen; Keram. Rdsch. Bd. 40 (1932) S. 461.

[6] Can. Chem. Met. Bd. 11 (1927) S. 260; Ref. Keramos Bd. 7 (1928) T. 1 S. 1.

Aluminiumsilikat. „Es ist ein dichtes Material aus widerstandsfähigen Kristalliten, die in eine möglichst geringe Menge glasiger Grundmasse von äußerst hoher dielektrischer Festigkeit eingebettet sind.“ Kristallite und Grundmasse müssen völlig spannungsfrei und fest verbunden sein. Die Glasur muß bei allen Temperaturen den gleichen Ausdehnungskoeffizienten haben wie die Masse selbst.

Nach dem englischen Patent 315196/7 vom 7. Juli 1928, übertragen von T. G. McDougal[1], der A. C. Spark Plug Co. erhält man eine Porzellanmasse für Zündkerzen, elektrische Isolatoren usw. aus 50% plastischem Ton, 5% Magnesiumoxyd und 45% Aluminiumsilikat, das aus feinen Kristallen bestehen muß. Das geformte Gemisch wird in üblicher Weise gebrannt, wobei ein deutliches Kristallwachstum eintritt, das die mechanische Festigkeit, die elektrische Isolierfähigkeit und die thermische Widerstandsfähigkeit erhöht.

Nach F. H. Riddle[2] benutzt man für die genannten Sondererzeugnisse Massen, in denen der Feldspat durch ein Flußmittel $MgO \cdot Al_2O_3 \cdot 4\,SiO_2$, hergestellt aus 56% Kaolin, 18,2% Magnesit und 25,8% Quarz, ersetzt ist. Man kann auch den Quarz in der Masse durch eine hochgebrannte Mischung von 70,2% Kaolin, 27,8% wasserfreie Tonerde und 2% Borsäure ersetzen. So ist z. B. die Zusammensetzung einer solchen Masse für Motorenzündkerzen[2] 30% Kaolin, 10% Ton, 20% Flußmittel der genannten Zusammensetzung und 40% des angegebenen Magerungsmittels.

Über die Verwendung magnesiumsilikatreicher Massen zur Herstellung von Zündkerzen usw. siehe unter Steatitmassen (S. 313).

Die Bereitung der Porzellanmassen erfolgt nach den früher im allgemeinen beschriebenen Verfahren (S. 207). Ihr gehen voraus das Vorzerkleinern und Feinmahlen der harten Rohstoffe Feldspat, Quarz usw. und das Schlämmen des rohen Kaolins. Die feingemahlenen Materialien gelangen als wäßriger Schlamm in den Quirl, wo sie unter beständigem Umrühren mit dem gleichfalls schon in Schlammform befindlichen Feinkaolin gemischt werden. Die fertige Masse läuft aus dem Quirl über Klopf- oder Rüttelsiebe (S. 224), in neuerer Zeit vielfach auch über Vibrationssiebe (S. 225) oder Zylindersiebe (S. 224), dann zur Zurückhaltung färbender Verunreinigungen durch einen starken Magnetapparat (S. 46) und gelangt hierauf in Vorratsbehälter mit Rührpendeln (S. 223). Von hier wird sie in die Filterpresse gebracht, um zu Dreh- oder Formmasse verarbeitet zu werden, oder, wenn sie als Gießmasse (S. 220) Verwendung finden soll, unmittelbar in die Gießabteilung geleitet.

Eine schematische Darstellung der Massebereitung für Porzellan zeigt Abb. 69, in der zugleich die übrigen zur Porzellanherstellung gehörigen einzelnen Arbeitsvorgänge mit angegeben sind[3].

Handelt es sich um die Herstellung von Porzellanmasse lediglich für technische Artikel einfacher Art, z. B. solcher des täglichen Bedarfs,

---

[1] Trans. ceram. Soc. Bd. 28 (1929); Abstr. S. 87.

[2] Riddle, F. H.: J. Amer. Inst. electr. Engr. 1922; Ref. Keram. Rdsch. Bd. 31 (1923) S. 329 und 335.

[3] Spindler, E.: Keram. Rdsch. Bd. 32 (1924) S. 542; vgl. a. H. Handrek: Keram. Rdsch. Bd. 36 (1928) S. 363.

wie auf S. 295 angegeben, so kann man ungeschlämmte Rohstoffe verwenden, deren Feingutgehalt man natürlich kennen muß. Man schlämmt sie im Quirl auf und läßt den dünnen Brei über Siebe fließen, die die groben Bestandteile zurückhalten.

Neben der Untersuchung der zur Massebereitung benutzten Rohstoffe ist auch die Kontrolle der im laufenden Betriebe angefertigten Masseposten, ebenso der Glasuren, erforderlich, um ihre stets gleichmäßige Beschaffenheit zu gewährleisten (S. 230).

Als Beispiel neuzeitlicher Massebereitung sei hier die Arbeitsweise in einer nordamerikanischen Isolatorenfabrik kurz beschrieben[1]: Die Rohstoffe

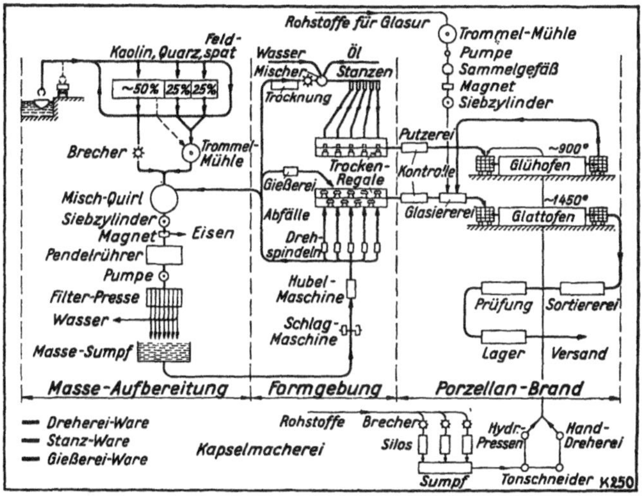

Abb. 69. Schematische Darstellung der Herstellung von Porzellan. (Nach E. Spindler.)

gelangen durch Trichter, die über einem Bahngeleise liegen, in Wagen, die in eine verschlossene Waage entleert werden. Die abgewogenen Rohstoffmengen fallen in einen Behälter, aus dem ein Becherwerk das Gemisch zunächst in eine Trommelmühle bringt. Hier werden die Tone und Kaoline bei der Bereitung von Gießmasse 45 Minuten gemahlen, dann Quarz und Feldspat zugegeben und die ganze Masse noch 30 Minuten gemahlen. Der Wasserzusatz richtet sich nach der vorhandenen Menge plastischen Tons. Der Brei wird nun über zwei Siebe von 120 und 600 Maschen je cm² geleitet, dann über Magnete und gelangt in ein Rührwerk, von dem die Gießmasse der Umlaufleitung zugeführt wird. Der im Rührwerk hergestellte Gießschlicker wird täglich geprüft und der Elektrolytzusatz genau berechnet. Bei Bereitung der Masse für die Verarbeitung im plastischen und trockenen Zustande werden Quarz und Feldspat eine Stunde gemahlen und währenddessen der Kaolin und Ton aufgeschlämmt. Nachdem die Mühle eine bestimmte Zahl von Umdrehungen gelaufen ist, wird eine Luftleitung angeschlossen und das schlammförmige Mahlgut in den Quirl gefördert, der über den Mühlen liegt. Die Masse wird 1½ Stunde gerührt, passiert dann ein doppeltes Sieb mit 1600 und

[1] Anon.: Ceram. Ind. Bd. 12 (1929) S. 202; Ref. Abstr. Amer. ceram. Soc. Bd. 8 (1929) S. 280.

3600 Maschen je cm^2, hierauf einen Magnetscheider und gelangt nun in einen Rührbehälter, der den Massebedarf einer Filterpresse für einen Tag faßt. Im Quirl und im Pendelrührer wird das Wasser auf etwa 32° erwärmt, wodurch das Verfahren beschleunigt wird. Das spezifische Gewicht und die Viskosität des in die Filterpresse gelangenden Masseschlamms werden täglich nachgeprüft.

Da in manchen Fabriken mit Porzellanmassen verschiedener Zusammensetzung gearbeitet wird, nimmt man, um Verwechslungen zu vermeiden, zuweilen eine Färbung der rohen Massen mit organischen Farbstoffen vor. Als solche benutzt man Methylenblau, Eosinrot, Methylgrün usw., die den Massen auf der Schlagmaschine zugesetzt werden, am besten, der gleichmäßigeren Verteilung halber, in Form von Lösungen[1].

Wie die Zusammensetzung der Masse, so ist auch die Art ihrer Zubereitung von großem Einflusse auf das Fabrikationsergebnis. Von der Gleichmäßigkeit und Sorgfältigkeit, mit der die einzelnen Stufen des Arbeitsganges bei der Massebereitung durchgeführt werden, hängt es ab, ob beim Brennen der Waren irgendwelche Fehler auftreten und die gebrannten Stücke gleichmäßige Beschaffenheit besitzen. Von ebensogroßer Bedeutung für ein günstiges und gleichmäßiges Fabrikationsergebnis sind aber auch die Formgebung und der Brennprozeß.

Die Oberfläche des Porzellans, die nach dem Brennen in unglasiertem Zustande rauh ist, wird mit einer Glasur überzogen. Sie unterscheidet sich vom Porzellan in ihrer Zusammensetzung im allgemeinen nur durch höheren Gehalt an Flußmitteln und besitzt infolge ihrer Härte, Dichte und Glätte große Widerstandsfähigkeit gegen physikalische und chemische Einflüsse aller Art, auch gegen thermische Beanspruchungen. Man benutzt als Rohstoffe für Porzellanglasuren Kaolin, Quarz, und zwar sowohl Gangquarz wie auch Sand, ferner Marmor oder Kreide, auch Dolomit, Magnesit, Feldspat oder Pegmatit, zuweilen auch Witherit oder künstlich hergestelltes Bariumkarbonat. Diese Stoffe ergeben im rechten Mischungsverhältnis schwer schmelzbare und strengflüssige, auf der Scherbenunterlage aber doch glatt ausfließende Gläser von gutem Glanze. Man verwendet den Kaolin ungebrannt oder verglüht. Zweckmäßig beläßt man einen Teil desselben, etwa 3 bis 10%, im rohen Zustande[2], wodurch das Schwebenbleiben der feingemahlenen Glasurteilchen im Wasser begünstigt und somit die Entmischung der Glasur verhindert wird (S. 245). Für den gleichen Zweck wird auch die Einführung von Magnesit empfohlen. Gleichzeitig soll Magnesiumoxyd der Glasur einen weicheren, milderen Glanz verleihen. In gleichem Sinne wirkt Dolomit.

---

[1] Über das Anfärben keramischer Rohstoffe und Massen vgl. R. Rieke u. O. Wiese: Ber. dtsch. keram. Ges. Bd. 9 (1928) S. 109.

[2] Zimmer in F. Singer: Die Keramik im Dienste von Industrie und Volkswirtschaft S. 368. Braunschweig 1923.

Bariumoxyd erhöht die Durchsichtigkeit und den Glanz der Glasur. Nach H. Hegemann[1] kann man auch die entsprechenden Strontiumverbindungen, ferner Flußspat, sogar Pechstein oder Basalt als Glasurzusatz benutzen. Die beiden letzteren sind besonders für gelbstichige Glasuren geeignet. In normalem Porzellan[2] wird die Glasur durch 0,7% Fe_2O_3 graugelb gefärbt, bei gleichzeitiger Gegenwart von 1% TiO_2 sogar schon bei 0,4% Fe_2O_3, während in eisenarmen Glasuren TiO_2 von 2% an gelblich färbt (s. a. S. 292).

Mit dem Gehalte der Porzellanglasuren an Tonerde und Kieselsäure wächst ihre Nichtangreifbarkeit durch chemische und ihre Widerstandsfähigkeit gegen physikalische Einflüsse. Außerdem erhöhen Kieselsäure und Tonerde die Erweichungstemperatur der Glasur. Je mehr sie also Kaolin und Quarz, ebenso auch Porzellanscherben enthält, desto schwerer schmelzbar ist die Glasur. Es ist schon früher (S. 235) darauf hingewiesen worden, daß man den Feldspat vielfach in Form gutgebrannter oder verglühter Porzellanscherben in die Glasur einführt, wobei man deren Gehalt an Tonerde und Kieselsäure auf den Gesamtgehalt der Glasur an diesen beiden Oxyden anrechnen muß. In diesen Fällen bietet sich Gelegenheit, einen Teil des bei der Fabrikation entstehenden Bruchs an verglühtem oder gargebranntem Porzellan wieder zu verwenden, soweit dies nicht schon bei der Massebereitung geschieht.

Der Kaolingehalt erleichtert einerseits das Auftragen und Haften der Glasur im rohen Zustande, doch macht andrerseits zu hoher Kaolingehalt die Glasur zu fett und bewirkt, daß sie beim Brennen abrollt.

Tonerde, in geringem Überschuß über $^1/_{10}$ der vorhandenen Moleküle SiO_2 angewandt, begünstigt das glatte und ebene, narbenfreie Ausfließen der Glasur beim Brennen.

Die mechanische Zubereitung der Glasuren durch Mischen und Feinmahlen in Trommelmühlen geschieht in der auf S. 190 u. 245 beschriebenen Weise. Sie gelangen dann in Breiform über Siebe und Magnetscheider unmittelbar in die Arbeitsgefäße des Glasierraums oder, in größeren Betrieben, zunächst in ein Vorratsbassin, aus dem sie nach Bedarf durch eine Pumpe oder durch Druckluft weiterbefördert werden[3].

Die auf den Porzellanmassen gebräuchlicher Art benutzten Glasuren werden im allgemeinen ohne vorheriges Fritten aufgetragen, wodurch sie sich von den meisten Steingutglasuren unterscheiden. In einzelnen Fällen benutzt man ausnahmsweise auch Glasurmischungen, die man aus roher Glasur und gesinterter oder auch völlig geschmolzener und wiederfeingemahlener Glasur herstellt, um das Verhalten der Glasur beim Auftragen und vor allem die Eigenschaften der gebrannten Glasur günstig zu beeinflussen.

---

[1] Die Herstellung des Porzellans S. 157. Berlin 1904.

[2] Rieke, R., u. W. Faust: Ber. dtsch. keram. Ges. Bd. 10 (1929) S. 574.

[3] Zimmer in F. Singer: Die Keramik im Dienste von Industrie und Volkswirtschaft S. 370. Braunschweig 1923.

In Anbetracht dessen, daß der Begriff „Porzellan“ eine große Zahl Erzeugnisse umfaßt, die sowohl hinsichtlich der Zusammensetzung als auch ihrer Garbrenntemperatur ziemlich weit voneinander abweichen, schwankt auch die Zusammensetzung der zu den Porzellanmassen gehörigen Glasuren innerhalb ziemlich ausgedehnter Grenzen. Man brennt die Glasur gleichzeitig mit dem Porzellanscherben in einem Brande gar, nachdem letzterer vorher bei niedrigerer Temperatur vorgebrannt oder „verglüht“ worden ist. Diese Gut- oder Garbrenntemperatur des glasierten Porzellans ist also einerseits diejenige Temperatur, bei der die Masse den höchsten Grad der glasigen Dichte und Transparenz erreicht, ohne schon Merkmale der Überhitzung, z. B. Verziehen oder Auftreibung usw., aufzuweisen, andrerseits die, bei der die Glasur glatt und möglichst bläschenfrei ausfließt und nach dem Erstarren guten Spiegelglanz zeigt. Es ist für die Beschaffenheit des hergestellten Porzellans wichtig, daß für beides die thermischen Bedingungen möglichst genau die gleichen sind.

In neuerer Zeit ist man, besonders bei der Herstellung großer starkwandiger Gegenstände, vor allem gewisser Formen von Hochspannungsisolatoren, von dem alteingeführten Verfahren, das Porzellan erst zu verglühen, dann zu glasieren und in einem zweiten Brande bei höherer Temperatur garzubrennen, abgewichen und glasiert die genannten Gegenstände nach sorgfältigem Trocknen in rohem Zustande, worauf sie unmittelbar in den Ofen zum Glattbrand eingesetzt werden. Man erspart hierdurch den Verglühbrand und verkürzt die Herstellungsdauer, doch müssen bei diesem Verfahren Scherbenzusammensetzung und Glasurzubereitung auf den einmaligen Brand sorgfältig abgestimmt sein[1]. In der altchinesischen und -japanischen Fabrikation wurde das Porzellan nicht verglüht, sondern unmittelbar gargebrannt, nachdem es durch Aufblasen oder Aufpinseln glasiert worden war.

Für die Wahl der Glasurzusammensetzung ist außer der Garbrenntemperatur des Porzellans, soweit es sich um Geschirr- oder Kunstporzellan handelt, auch maßgebend, ob die Porzellangegenstände vor dem Glasieren bemalt werden, die Farben also unter die Glasur zu liegen kommen und nach dem Schmelzen und glasigen Erstarren der Glasur unter dieser deutlich sichtbar sein sollen, oder ob das Porzellan unbemalt gargebrannt wird[2]. Im ersteren Falle benutzt man möglichst klare, durchsichtige Glasuren, vorwiegend kalkreiche Gläser. Man bezeichnet die Glasuren, in denen der Alkaligehalt gegenüber dem an alkalischen Erden zurücktritt, als Kalkglasuren, dagegen die vorherrschend Alkali enthaltenden Glasuren, d. h. solche, denen als Flußmittel hauptsächlich Feldspat zugesetzt wird, als Feldspatglasuren.

[1] Keram. Rdsch. Bd. 34 (1926) S. 165.

[2] Rieke, R.: Das Porzellan 2. Aufl. 1928 S. 110.

Letztere sind stärker milchig getrübt, erstere klarer und durchsichtiger. Die Aufglasurfarben, auch Schmelz- oder Muffelfarben genannt, zeigen auf Feldspatglasuren ebenfalls zum Teil anderes Verhalten und andere Wirkung als auf Kalkglasuren. Vielfach benutzt man in der Industrie Kalk-Feldspat-Glasuren, die man als „gemischte" Glasuren bezeichnet (S. 306).

Weiter ist für die Zusammensetzung der Porzellanglasur wichtig, daß sie mit der Masse, auf der sie aufgeschmolzen wird, möglichst gleichen Wärmeausdehnungskoeffizienten besitzt. Nur wenn Scherben und Glasur keine Spannungsunterschiede zeigen, wird auch bei ausgedehnter Ingebrauchnahme des Porzellans seine Lebensdauer eine lange sein. Ungleiche Wärmeausdehnung von Scherben und Glasur wirkt auch verstärkend auf die in glasig dicht gebrannten Massen auftretende Erscheinung des „Alterns" oder der „Ermüdung" infolge Kristallisation (S. 294). Ganz besonders ist restloses Zusammenpassen von Scherben und Glasur bei dem chemisch-technischen und elektrotechnischen Porzellan von Bedeutung. Die dichtgebrannten Porzellanmassen üblicher Herstellung besitzen im Gegensatz zu den Steingutmassen einen gleichmäßigen und stetigen Verlauf der Wärmeausdehnung mit zunehmender Temperatur. Ebenso weisen auch die Porzellanglasuren eine mit der Temperatur stetig wachsende Ausdehnung auf. Man kann daher[1] bei Porzellan verhältnismäßig leicht erreichen, daß sich Scherben und Glasur nach dem Brennen bei der Abkühlung gleich stark zusammenziehen, so daß die aus ihnen hergestellten Waren fast spannungsfrei sind.

Die beste Temperaturwechselbeständigkeit zeigen diejenigen Glasuren, deren Ausdehnungskoeffizient etwas kleiner ist als der des als Unterlage dienenden Porzellans. Nach R. Rieke und E. Kunstmann[2] gelten für die Zusammensetzung von Porzellanglasuren, die besonders hohen Temperaturschwankungen widerstehen sollen, folgende Richtlinien: Der Gehalt einer solchen Porzellanglasur an Kaliumoxyd darf nicht größer als höchstens 8% sein, da sonst die Ausdehnung und somit auch die Empfindlichkeit gegen Temperaturwechsel zu groß wird. Ihr Natriumoxydgehalt darf keinesfalls 2,5% überschreiten, weil bei größerem Natrongehalt Haarrisse auftreten können. Dagegen ist bei gleichzeitigem Vorhandensein von Kaliumoxyd die Einführung größerer Mengen Magnesiumoxyd unbedenklich. Bariumoxyd und Zinkoxyd verringern die Ausdehnung der Glasuren und können daher, wenn sie auch nur seltener Anwendung finden, an Stelle solcher Oxyde eingeführt werden, die den Ausdehnungskoeffizienten der Glasuren erhöhen.

Steigerung des Tonerdegehalts unter gleichzeitiger Verringerung des Kieselsäuregehalts beeinflußt den Ausdehnungskoeffizienten nur unwesentlich, während umgekehrt durch Ersatz von Tonerde durch Kieselsäure jederzeit in den durch die Schmelzbarkeit der Glasur gezogenen Grenzen eine Erniedrigung des Ausdehnungskoeffizienten bewirkt werden kann*.

Von einer Reihe Porzellanglasuren, die W. Steger[3] untersuchte, zeigt die kleinste Wärmeausdehnung eine Glasur folgender Zusammensetzung: 79,2% SiO_2, 13,4% Al_2O_3, 4,9% CaO, 1,2% MgO, 1,3% K_2O. Dieselbe betrug bei 400° etwa 0,1%. Schon früher haben R. Rieke und W. Steger[4] festgestellt, daß der

[1] Rieke, R., u. E. Kunstmann: Ber. dtsch. keram. Ges. Bd. 10 (1929) S. 191.

[2] Ber. dtsch. keram. Ges. Bd. 10 (1929) S. 228.

* Rieke, R., u. E. Kunstmann: Ber. dtsch. keram. Ges. Bd. 10 (1929) S. 228.

[3] Ber. dtsch. keram. Ges. Bd. 8 (1927) S. 40.

[4] Sprechsaal Keramik usw. Bd. 48 (1915) S. 381 u. 390.

Ausdehnungskoeffizient der Porzellanglasuren unabhängig von dem Tonerde-Kieselsäure-Verhältnis mit steigendem Gehalt an Flußmittel zunimmt.

Die Entspannungstemperatur der Glasuren, deren Begriff schon früher (S. 234) erläutert wurde, und die Viskosität der Glasuren nehmen mit steigendem Tonerdegehalt zu[1]. Für die Porzellanglasur der vorhin angegebenen Zusammensetzung fand W. Steger[2] den Beginn der Entspannungstemperatur bei 670° und das Ende bei 760°, den Beginn der merkbaren Erweichung bei 780°. Der Beginn der merkbaren Erweichung von Hartporzellanglasuren liegt unter normalen Verhältnissen im allgemeinen zwischen 750° und 900°*. Allgemein gibt Steger als Beginn der Entspannung für Hartporzellanglasuren 650° bis 700° und für Weichporzellanglasuren 530° bis 570° an. Von der Entspannungstemperatur an müssen die Wärmeausdehnungen von Scherben und Glasur gut übereinstimmen, damit diese rissefrei haftet. Weichporzellanglasuren befinden sich mit ihrer Entspannungstemperatur sehr nahe an der Temperatur der α — β-Quarz-Umwandlung, Hartporzellanglasuren bereits oberhalb.

Auf Grund der Untersuchungen H. Segers besteht die für die Zusammensetzung von Porzellanglasuren wichtige Tatsache[3], daß von Segerkegel 4 ab jede Kegelmasse (vgl. S. 324) die typische Porzellanglasur für einen Glattbrand darstellt, der 5 bis 6 Segerkegel höher liegt. Hierbei ist nach E. Berdel[4] zu beachten, daß man sich bei der Glasurzusammensetzung nach der Stelle des Brennofens richtet, wo die niedrigste Temperatur erreicht wird. Man wählt also eher eine Glasur, deren Zusammensetzung der Masse eines bis zu zwei Nummern niedrigeren Kegels entspricht als der Masse eines höheren Kegels. Demnach gilt ungefähr folgendes:

Die Masse des Segerkegels 4a bis 6a ist die typische Glasur auf Porzellan für den Garbrand bei S.-K. 8 bis 11, die Masse des Segerkegels 7 bis 8 die typische Glasur für den Garbrand bei S.-K. 12 bis 13 und die Masse des Segerkegels 9 bis 11 die typische Glasur für den Garbrand bei S.-K. 14 bis 16.

Nach R. Rieke[5] schwankt die Zusammensetzung der Porzellanglasuren etwa von $RO \cdot 0{,}5\ Al_2O_3 \cdot 5\ SiO_2$ bis $RO \cdot 1{,}2\ Al_2O_3 \cdot 12\ SiO_2$. Für ein bei S.-K. 9 gebranntes Weichporzellan entspricht die Glasur ungefähr dem Zusammensetzungsschema

$$\left.\begin{matrix} 0{,}3\ K_2O \\ 0{,}7\ CaO \end{matrix}\right\} \cdot 0{,}4\ Al_2O_3 \cdot 4{,}0\ SiO_2,$$

d. h. der Masse des Segerkegels 4. Ihr steht als typische Glasur für Hartporzellan, das bei S.-K. 15 gebrannt wird, die Masse des Segerkegels 10 gegenüber:

$$\left.\begin{matrix} 0{,}3\ K_2O \\ 0{,}7\ CaO \end{matrix}\right\} \cdot 1{,}0\ Al_2O_3 \cdot 10{,}0\ SiO_2.$$

[1] Rieke, R., u. E. Kunstmann: Ber. dtsch. keram. Ges. Bd. 10 (1929) S. 191.

[2] Ber. dtsch. keram. Ges. Bd. 8 (1927) S. 36; ferner Bd. 11 (1930) S. 143.

* Steger, W.: Ber. dtsch. keram. Ges. Bd. 11 (1930) S. 143.

[3] Berdel, E.: Fünfzig Jahre Tonindustrie 1928 S. 45; siehe vor allem auch Segers Gesammelte Schriften 2. Aufl. S. 178ff. Berlin 1908.

[4] Keram. Rdsch. Bd. 35 (1927) S. 58.

[5] Das Porzellan 2. Aufl. S. 107. Leipzig 1928.

Zwischen diesen beiden weitesten Grenzzusammensetzungen bedeutet eine Erhöhung um 0,1 Molekül SiO_2 eine Erhöhung der Glattbrenntemperatur um einen Kegel.

Man hat unter Benutzung dieser Grundsätze einen vorzüglichen Anhaltspunkt für die Ausarbeitung von Glasuren für Weich- und Hartporzellanmassen aller in Frage kommenden Glattbrenntemperaturen und erhält durch Abwandlung von Art und Menge der einzelnen Bestandteile des *RO* der Glasurformel eine sehr umfangreiche Zahl von Porzellanglasuren, unter denen man für einen bestimmten Zweck sicher eine passende finden wird.

Einige Beispiele aus der Praxis und Literatur mögen Aufschluß über besonders bewährte Glasurzusammensetzungen geben:

Die am leichtesten schmelzbare Glasur, von der ab aufwärts die Weichporzellantechnik beginnt und die schon bei S.-K. 6a bis 7 ziemlich glatt fließt, besitzt nach E. Berdel[1] folgende Formel:

$$\left.\begin{matrix} 0{,}25\ K_2O \\ 0{,}10\ MgO \\ 0{,}15\ ZnO \\ 0{,}50\ CaO \end{matrix}\right\} \cdot 0{,}35\ Al_2O_3 \cdot 3{,}5\ SiO_2.$$

Sie ist auch für Steinzeug und Hartsteingut verwendbar.

Fließt diese oder eine ihr ähnlich zusammengesetzte Glasur nicht in allen Teilen eines Brennofens glatt aus, so kann man noch 0,2 bis 0,5 CaO als Kalziumborat einführen[2], wodurch 0,2 bis 0,5 B_2O_3 in die Glasur gelangt. Solche Maßnahmen sind selbstverständlich zunächst hinsichtlich ihrer Wirkung sorgsam zu prüfen, ehe man sie im Betriebe im großen durchführt.

Als am leichtesten schmelzbare Porzellanglasur für den Glattbrand bei S.-K. 7 gibt Pukall[3] die Weichporzellanglasur der Formel

$$\left.\begin{matrix} 0{,}2\ K_2O \\ 0{,}1\ MgO \\ 0{,}7\ CaO \end{matrix}\right\} \cdot 0{,}4\ Al_2O_3 \cdot 3{,}5\ SiO_2 \text{ an.}$$

Für Porzellanglasuren für S.-K. 9 bis 10 nach Art der Segerschen Glasuren nennt E. Berdel folgendes Beispiel:

$$\left.\begin{matrix} 0{,}15\ K_2O \\ 0{,}20\ MgO \\ 0{,}65\ CaO \end{matrix}\right\} \cdot 0{,}5\ Al_2O_3 \cdot 4{,}0\ SiO_2.$$

Nach A. Granger und R. Keller[4] wurde die alte chinesische Glasur aus Kalkstein und „Yeou-ko“ (natürliches Glimmer-Albit-Quarz-Gemisch) hergestellt und entspricht etwa folgender Formel:

$$\left.\begin{matrix} 0{,}14\ K_2O \\ 0{,}14\ Na_2O \\ 0{,}68\ CaO \\ 0{,}04\ MgO \end{matrix}\right\} \cdot 0{,}56\ Al_2O_3 \cdot 4{,}57\ SiO_2.$$

Die Formel der alten japanischen Glasuren ist nach H. Seger[5]:

$$RO \cdot 0{,}55\ Al_2O_3 \cdot 4{,}42\ SiO_2 \quad \text{oder} \quad RO \cdot 0{,}59\ Al_2O_3 \cdot 5{,}04\ SiO_2.$$

---

[1] Einfaches chemisches Praktikum V. und VI. Teil 5. Aufl. S. 111. Koburg 1929.

[2] Ebenda S. 112.

[3] Tostmann in F. Singer: Die Keramik im Dienste von Industrie und Volkswirtschaft S. 177. Braunschweig 1923.

[4] Die industrielle Keramik S. 405. Berlin 1908.

[5] Gesammelte Schriften 2. Aufl. S. 587. Berlin 1908.

Die Glasuren des in Japan hergestellten Porzellans, das mit der in erhabenen Aufglasurfarben hergestellten Dekoration, dem sog. „Akae“, verziert wird[1], entsprechen der durchschnittlichen Zusammensetzung der sonst für mittlere Brenntemperaturen (S.-K. 11 bis 13) üblichen.

Als Beispiel einer Porzellanglasur für den Gutbrand bei S.-K. 12 bis 13 gibt E. Berdel[2] die folgende an:

$$\left.\begin{array}{l}0{,}15\ K_2O\\0{,}20\ MgO\\0{,}65\ CaO\end{array}\right\}\cdot 0{,}75\ Al_2O_3\cdot 7\ SiO_2.$$

Selbstverständlich kann das Verhältnis zwischen Kali und Kalk des *RO* der Glasurformel auch ein anderes sein. Alle diese Glasuren, die mehrere als Flußmittel wirkende Oxyde enthalten, gehören zu den bereits erwähnten gemischten Glasuren (S. 303), wie sie in der deutschen und böhmischen Porzellanindustrie vielfach verwendet werden.

Die Glasur des neuen Porzellans der Nationalmanufaktur in Sèvres ist nach A. Granger und R. Keller[3] eine Kalk-Feldspatglasur der Formel

$$\left.\begin{array}{l}0{,}7\ CaO\\0{,}3\ K_2O\end{array}\right\}\cdot 0{,}5\ Al_2O_3\cdot 4{,}0\ SiO_2;$$

sie setzt sich zusammen aus 70 Kreide, 167 Feldspat, 52 Kaolin und 108 Quarz.

Eine Glasur für den Glattbrand bei S.-K. 13 bis 14 ist die der Staatlichen Manufaktur Nymphenburg, die folgender Formel entspricht[4]:

$$\left.\begin{array}{l}0{,}7\ CaO\\0{,}3\ K_2O\end{array}\right\}\cdot 0{,}8\ Al_2O_3\cdot 8\ SiO_2.$$

Als Beispiel einer Porzellanglasur für den Glattbrand bei S.-K. 14 bis 16 gibt E. Berdel[5] folgende an:

$$\left.\begin{array}{l}0{,}12\ K_2O\\0{,}20\ MgO\\0{,}68\ CaO\end{array}\right\}\cdot 1\ Al_2O_3\cdot 9\ SiO_2.$$

Die Staatliche Porzellanmanufaktur Berlin benutzt eine Glasur mit folgender Formel:

$$\left.\begin{array}{l}0{,}11\ K_2O\\0{,}67\ CaO\\0{,}22\ MgO\end{array}\right\}\cdot 1\ Al_2O_3\cdot 10\ SiO_2.$$

Sie entspricht der Zusammensetzung: 105,6 Gtl. Sand von Hohenbocka, 36 Gtl. Kaolin von Sennewitz, ungebrannt, 14,0 Gtl. Kaolin von Sennewitz, verglüht, 20,4 Gtl. gutgebrannte Porzellanscherben aus echter Masse (diese besteht aus 77% Kaolin von Halle und 23% Feldspat), 20,4 Gtl. verglühte Porzellanscherben aus echter Masse, 18,0 Gtl. Marmor und 5,0 Gtl. Magnesit.

Für Teile elektrischer Isolatoren, die mechanischen Beanspruchungen ausgesetzt sind, benutzt die Hermsdorf-Schomburg-Isolatoren-Gesellschaft[6] eine Glasur folgender Zusammensetzung: 73,1% SiO_2, 21,5% Al_2O_3, 0,4% MgO, 2,7% CaO, 2,3% Na_2CO_3.

---

[1] Akatsuka, M.: J. Japan. ceram. Ass. Bd. 35 (1927) S. 206; Abstr. Amer. ceram. Soc. Bd. 7 (1928) S. 134.

[2] Einfaches chemisches Praktikum V. und VI. Teil 5. Aufl. S. 112. Koburg 1929.

[3] Die industrielle Keramik S. 395. Berlin 1908.

[4] Granger, A., und R. Keller: a. a. O. S. 401.

[5] Einfaches chemisches Praktikum V. und VI. Teil 5. Aufl. S. 112. Koburg 1929.

[6] Engl. Patent 309426 vom 9. 1. 1928, ausgeg. 9. 5. 1929.

Über schwerschmelzbare Glasuren für S.-K. 18 bis 20 siehe S. 317.

Anstatt mit rein weiß brennenden Glasuren versieht man zuweilen die Porzellangeschirre mit einer schwach gelblichgefärbten Glasur, die man als „Elfenbeinglasur" bezeichnet. Über die Elfenbeintönung von Porzellanmassen ist schon früher Ausführliches mitgeteilt worden (S. 292). Bei der Herstellung derartigen gelblich gefärbten Porzellans ist es für das Aussehen der Waren nach dem Brennen im allgemeinen vorteilhafter, die Masse gelblich zu färben, nicht die Glasur, da die Färbung nur so gleichmäßig wird[1]. Trotzdem benutzt man vielfach das letztere Verfahren, weil es einfacher und billiger ist. Gefärbte Glasuren verleihen aber der Ware leicht ein fleckiges Aussehen, da sie in dickerer Lage dunkleren Farbton zeigen als in dünnerer und es oft schwierig ist, überall einen völlig gleichmäßig dicken Glasurüberzug zu erzielen.

Zwecks Herstellung einer elfenbeinfarbigen Glasur frittet man nach W. Henze[2] eine Mischung von 3 Gtl. Braunstein und 2 Gtl. Quarz und setzt hiervon der zu färbenden Glasur vorher ausprobierte Mengen zu. Andere Vorschriften für Elfenbeinfarbkörper zu derartigen Glasuren sind folgende:

86 Gtl. Braunstein, 153 Gtl. Zettlitzer Kaolin, 288 Gtl. Quarz für Glasuren mit der Glattbrenntemperatur S.-K. 11 und

86 Gtl. Braunstein, 179 Gtl. Zettlitzer Kaolin, 396 Gtl. Quarz für Glasuren mit der Glattbrenntemperatur S.-K. 13. Sie werden gefrittet, gemahlen und der Glasur in vorher ausprobiertem Verhältnis beigefügt.

Beispiele für Elfenbeinglasuren für Porzellan, die unmittelbar aus den Rohstoffen ohne Anwendung vorher gefritteter Farbkörper hergestellt werden, sind nach W. Henze[2] folgende:

	a)	b)
Quarzsand	22,5	30
Feldspat	27,0	21,5
Kreide	27,0	7,5
Kaolin	9,0	9,0
Meißner Ton	4,5	—
Glattscherben	—	21,5
Rutil	9,0	8,5
Eisenoxyd	2,0	2,5

Das Auftragen der Porzellanglasuren erfolgt durch Eintauchen, zuweilen auch durch Aufspritzen oder Aufpinseln.

2. Leicht schmelzbares Porzellan: Frittenporzellan, Knochenporzellan, Biskuitporzellan, Massen für Mineralzähne, Perlen und Knöpfe.

Das französische Frittenporzellan (pâte tendre artificielle), das den Ruf der französischen Staatsmanufaktur begründet hat und auch in zahlreichen anderen Fabriken Frankreichs hergestellt wurde, bestand aus einer Masse, die Kreide, Kalkmergel, Quarzsand und eine Fritte enthielt. Letztere bereitete man durch Zusammenschmelzen von Kochsalz, Alaun, Soda, Gips und Sand in geeigneten Mengenverhältnissen[3]. Als Glasur dient eine Blei-Alkaliglasur. Eine andere Vorschrift für die alte französische „pâte tendre" lautet[4]: 17% Kreide, 7% Mergel, 49% Sand, 27% Fritte, die bei etwa S.-K. 8 aus einem Gemisch von 14,7% Salpeter, 16,5%

[1] Keram. Rdsch. Bd. 35 (1927) S. 66. [2] Keramos Bd. 9 (1927) S. 11.

[3] Pukall, W.: Grundzüge der Keramik S. 133. Koburg 1922.

[4] Collins, P. F.: J. Amer. ceram. Soc. Bd. 11 (1928) S. 706.

Kreide und 68,8% Sand bereitet wurde. Solche Massen waren infolge ihrer Zusammensetzung nur schwer und lediglich unter Zusatz organischer Bindemittel verarbeitbar und auch beim Brennen sehr empfindlich. Wegen dieser Fabrikationsschwierigkeiten ist die Herstellung dieses Frittenporzellans, obwohl man sie auch in anderen Ländern versucht hat, fast überall wieder aufgegeben worden. Etwa von der Mitte des 19. Jahrhunderts an wurden dann aber in Sèvres die Bemühungen zur Erzeugung eines schönen Frittenporzellans wieder aufgenommen und führten etwa um das Jahr 1900 zur Herstellung einer Masse, die aus 33% Quarzsand, 14% Kreide, 7% Ton sowie 46% einer Fritte von der mittleren prozentualen Zusammensetzung 76,9 SiO_2, 10,3 CaO, 6,7 K_2O und 6,1 Na_2O besteht. Die Glasur entspricht der Formel

$$\left.\begin{matrix} 0{,}54\ PbO \\ 0{,}46\ Na_2O \end{matrix}\right\} 2{,}5\ SiO_2 .$$

Weitere Versuche haben dann schließlich eine leichter formbare Masse, „porcelaine tendre kaolinique“, ergeben, die mit einer borsäurehaltigen Glasur versehen wird. Die Garbrenntemperatur dieser Masse, mit der nach A. Granger[1] in Sèvres noch heute gearbeitet wird, beträgt S.-K. 4.

Eins der am leichtesten schmelzbaren Frittenporzellane dürfte das von F. B. Hodgdon[2] sein. Es wird bei S.-K. 3 gebrannt und besteht aus 60% Ton, 10% Quarz und 30% Fritte folgender Zusammensetzung

$$\left.\begin{matrix} 0{,}1\ K_2O \\ 0{,}2\ Na_2O \\ 0{,}2\ CaO \\ 0{,}5\ BaO \end{matrix}\right\} 0{,}1\ Al_2O_3 \left\{\begin{matrix} 3{,}0\ SiO_2 \\ 0{,}4\ B_2O_3 . \end{matrix}\right.$$

Als Glasur dient eine solche von der Zusammensetzung 116 Bleiweiß, 20 Kreide, 111 Feldspat, 12 Zinkoxyd, 28 Quarz, 21 Ball clay. Der Glasurbrand erfolgt bei etwa S.-K. 1.

Dem englischen Knochenporzellan (bone china) liegen Massen zugrunde, die in der Hauptsache aus Kaolin und Knochenasche (S. 147) mit wechselnden Zusätzen von Cornish Stone bzw. Feldspat und Quarz bestehen. Als bewährte mittlere Zusammensetzung gibt Pukall[3] an: 40 Kaolin von Zettlitz, 40 Knochenasche, 10 Feldspat, 10 Quarz. Die Bildsamkeit solcher Massen ist naturgemäß bedeutend besser als die des französischen Frittenporzellans. Als Flußmittel kommt im Knochenporzellan demnach vorwiegend Kalziumphosphat zur Anwendung, weshalb es auch als „Phosphatporzellan“ bezeichnet wird[4]. Man kann auch das im Apatit natürlich vorkommende Kalziumphosphat verwenden[5]. Die Garbrenntemperatur des Knochenporzellans liegt etwa zwischen S.-K. 8 und 11. Die Herstellungsweise ist der des Feldspatsteinguts angepaßt, d. h. der erste Brand findet vor dem Glasieren statt,

[1] Keram. Rdsch. Bd. 31 (1923) S. 414.

[2] J. Amer. ceram. Soc. Bd. 12 (1929) S. 725; Ref. Sprechsaal Keramik usw. Bd. 63 (1930) S. 231. Die Formbarkeit der Masse wird durch Zusatz von etwa 3% Bentonit wesentlich verbessert.

[3] Grundzüge der Keramik S. 135. Koburg 1922.

[4] Granger, A.: Ref. Keram. Rdsch. Bd. 31 (1923) S. 368.

[5] Urban, E. E.: Keram. Rdsch. Bd. 32 (1924) S. 176.

worauf die Glasur, die in ihrer Zusammensetzung der Steingutglasur ähnelt, in einem zweiten Brande bei etwas niedrigerer Temperatur aufgeschmolzen wird, bei der ein Erweichen der Masse noch nicht möglich ist. In Gustavsberg (Schweden) wird Knochenporzellan aus einer Masse hergestellt, die aus Zettlitzer Kaolin, englischem China Clay, englischem Ball Clay und amerikanischer Knochenasche mit einem Zusatz von reinstem schwedischem Feldspat besteht und bei S.-K. 10 gebrannt wird[1]. Nach O. Krause und L. Schlegelmilch[2] ist die Struktur von Knochenporzellan eine ganz andere als die von Hartporzellan. Dies hat zur Folge, daß Knochenporzellan durch Salzsäure (10%) stark angegriffen wird. Die Zähigkeit von Geschirr aus Knochenporzellan erwies sich ungleich größer als die von Hartporzellan, dagegen beträgt die Druckfestigkeit des Knochenporzellans nur etwa 25% der von gewöhnlichem Hartporzellan.

Auch das sogenannte Parian stellt eine besondere Art von Frittenporzellan dar, und zwar ein solches ohne Glasurüberzug (Biskuitporzellan). Bei seiner Erfindung war die Absicht maßgebend, eine Masse zu schaffen, die dem Marmor von Paros äußerlich recht ähnlich sein sollte, da sie ihres feinen Aussehens und ihrer hervorragenden Lichtdurchlässigkeit wegen zur Herstellung plastischer Kunstgegenstände bestimmt war. Sie besteht aus Kaolin und etwas Ton mit Feldspatzusätzen bis zu 60%, denen zur Abtönung der Farbe oder Änderung des Erweichungspunktes gewisse Beimengungen zweckentsprechend zusammengesetzter Fritten oder Gläser zugefügt werden[3]. Die zugesetzte Menge plastischen Tons ist so niedrig wie möglich zu halten[4]. Für die Formung von Hohlwaren ist man auf das Gießverfahren angewiesen. Weitgehende Mahlung der Masse ist zu empfehlen.

Nahe verwandt ist dem Parian das gleichfalls zuerst in England hergestellte Belleek, dessen Fabrikation dann nach Irland übertragen wurde, von wo auch der Handelsname dieser Ware stammt[5]. Das alte Belleek bestand aus 50% Fritte, 40% Ball Clay und China Clay und 10% Quarz. Die Fritte wurde aus 60% Feldspat, 20% Kreide und 20% Quarz hergestellt. Benutzt wurden Feldspat und China Clay von Cornwall. Die Belleekware zeichnet sich durch dünne Wandung, außerordentlich große Lichtdurchlässigkeit, leichtes Gewicht, Festigkeit des gebrannten Scherbens, rahmartigen Glanz sowie durch Elfenbeintönung aus. Seit etwa fünfzig Jahren wird auch in Nordamerika ein feines der irischen Ware ähnliches Belleek fabriziert[6]. Neue Versuche[5] führten zur Herstellung einer schön gelblich getönten amerikanischen Belleekmasse, die aus fettem Ton, Kaolin, Quarz und einer Fritte besteht. Letztere enthält Kali- und Natronfeldspat, Kreide oder Knochenasche, zuweilen auch Dolomit oder Borsäure.

Die Brenntemperatur der Waren entspricht Kegel 5. Bei Kegel 8 wird die Oberfläche schon so flüssig, daß sich eine glasurartige Brennhaut bildet, also Überhitzung eintritt.

---

[1] Odelberg, A. S. W.: Trans. ceram. Soc. Bd. 30 (1931) S. 125.

[2] Ber. dtsch. keram. Ges. Bd. 13 (1932) S. 437.

[3] Pukall, W.: Grundzüge der Keramik S. 136. Koburg 1922.

[4] Granger, A.: Keram. Rdsch. Bd. 31 (1923) S. 368. — Weiteres siehe H. Hecht: Lehrbuch der Keramik 2. Aufl. S. 446. Berlin 1930.

[5] Collins, P. F.: J. Amer. ceram. Soc. Bd. 11 (1928) S. 706.

[6] Pass, R. H., u. Chas. F. Binns: Trans. ceram. Soc. Bd. 29 (1930) P. I S. 91.

Auch die Zahnmassen gehören zum Frittenporzellan, bestehen also zwar aus keramischen Rohstoffen, sind aber, streng genommen, kein Porzellan im eigentlichen Sinne. Die Bezeichnung „Porzellanzähne" ist vielmehr lediglich durch das porzellanähnliche Aussehen der Zähne nach dem Brennen gerechtfertigt[1]. Richtiger ist die sich immer mehr einbürgernde Bezeichnung „Mineralzähne".

Für die Herstellung der Mineralzahnmassen sind nur die reinsten Rohstoffe geeignet, damit die Farbe der fertigen Zähne nicht ungünstig beeinflußt wird. Hauptbestandteil ist der Feldspat.

Kaolin und Ton sind überhaupt nicht oder nur untergeordnete Bestandteile der Zahnmassen, deren Zusammensetzung infolge ihres hohen Gehalts an Feldspat und anderen Flußmitteln der der Porzellanglasuren ähnelt. Wie diese nimmt auch die Zahnmasse beim Brennen glasigen Glanz an oder überzieht sich mit einer „Eigenglasur". Dies hat seine Ursache darin, daß die Masse beim Brennen der Zähne in den hierfür üblichen kleinen Spezialöfen durch und durch glasig, also auch auf der Oberfläche glatt und glänzend wird, so daß ein Überziehen mit einer besonderen Glasur überflüssig ist.

Deutsche Zahnmassen entsprechen nach Brill[1] der Zusammensetzung 73% Feldspat, 24,6% Quarz, 2,3% Marmor. Eine viele Jahre mit Erfolg benutzte amerikanische Zahnmasse besteht nach A. S. Watts[2] aus 81% Feldspat, 4% Tonsubstanz, 15% Quarz. Als Zahnmasse ist ferner geeignet nach Eisenlohr[3] eine Fritte aus 80% Feldspat und 20% Quarz, die bei S.-K. 9 gebrannt wird. Die gleiche Fritte wendet auch Watts an, fügt ihr aber noch 5% Knochenasche zu.

Nach Watts[4] benutzt man sehr reinen Kalifeldspat, der allmählicher verglast bzw. schmilzt als Natron- und Natronkalkfeldspat. Auch ist der geschmolzene Kalifeldspat weit durchscheinender als der Natron- oder Natron-Kalk-Feldspat des Handels. Von dem Kalifeldspat, der zunächst in Stücke von etwa Erbsengröße zerkleinert wird, sucht man die mißfarbigen aus und verwendet zur Masse nur reine, die man auf den richtigen Feinheitsgrad bringt. Um die Formbarkeit der kaolinfreien oder -armen Masse zu erleichtern, wird sie mit etwas organischem Bindemittel (Stärke, arabischer Gummi oder Traganth) vermischt[4].

Die Zahnmassen können nicht ungefärbt, d. h. mit rein weißer Brennfarbe verwendet werden, sondern man versetzt sie, entsprechend der mannigfachen Färbung der natürlichen Zähne, mit färbenden Metalloxyden oder Metallsalzlösungen in vorsichtig bemessenen Mengen, wobei man nach ähnlichen Grundsätzen wie bei dem sogenannten Elfenbeinporzellan verfährt (S. 292). Die Färbung geschieht in der ganzen Masse unter Anwendung metalloxydhaltiger Feldspat-Quarz-Fritten oder auch mit Metallsalzlösungen.

Besondere Anforderungen werden an die gebrannten Mineralzähne hinsichtlich ihrer Dichte, Transparenz, Unempfindlichkeit gegen raschen

[1] Eisenlohr, H.: Ber. dtsch. keram. Ges. Bd. 3 (1922) S. 348.

[2] Trans. Amer. ceram. Soc. Bd. 15 (1913) S. 144 und Bd. 17 (1915) S. 90; Ref. Keram. Rdsch. Bd. 28 (1920) S. 225.

[3] In F. Singer: Die Bedeutung der Keramik für Industrie und Volkswirtschaft S. 389. Braunschweig 1923.

[4] A. a. O.: Ref. Keram. Rdsch. Bd. 28 (1920) S. 204.

Temperaturwechsel und Druckfestigkeit gestellt. Die Prüfung dieser Eigenschaften erfolgt mittels besonderer Verfahren[1].

Die Herstellung der Mineralzähne ist das Sondergebiet einiger weniger Fabriken und bedingt langjährige Erfahrungen wie auch genaueste Kenntnis der Anforderungen, die die hochentwickelte Zahnheilkunde an die künstlichen Zahnmassen stellen muß.

Ein ähnliches Sondergebiet wie das der Mineralzähne stellt die Fabrikation der Perlen und Knöpfe aus keramischen Massen dar. Sie wurden ursprünglich aus Feldspat gefertigt[2]. Nach dem D. R. P. Nr. 182107 wird die Masse zweckmäßig aus einer Fritte von der Segerformel

$$\left.\begin{matrix}0{,}5\ K_2O\\0{,}5\ CaO\end{matrix}\right\}\ 0{,}7\ Al_2O_3\cdot 11\ SiO_2$$

hergestellt. Eine andere Vorschrift gibt eine Zusammensetzung der Fritte aus 280 Teilen schwedischem Feldspat, 52 Zettlitzer Kaolin, 200 Sand von Hohenbocka und 53 wasserfreier Soda an[3]. Bei der etwa zwischen S.-K. 1 und 6 liegenden Brenntemperatur nehmen die Knöpfe und Perlen eine glänzende Brennhaut an. Auch hier findet also ein besonderes Glasieren nicht statt. Die Färbung der Massen wird in gleicher Weise wie bei den Mineralzähnen vorgenommen.

E. Berdel[4] gibt als Beispiele für tonerdereiche Fritten folgende an:

a) leicht schmelzbar:

$$\left.\begin{matrix}0{,}3\ Na_2O\\0{,}4\ K_2O\\0{,}3\ CaO\end{matrix}\right\}\ 0{,}4\ Al_2O_3\cdot 4\ SiO_2;$$

hergestellt aus:
31,8 kalzin. Soda
223,6 norweg. Feldspat
30,0 Marmor
96,0 Quarzsand;

b) schwer schmelzbar:

$$\left.\begin{matrix}0{,}3\ Na_2O\\0{,}4\ K_2O\\0{,}3\ CaO\end{matrix}\right\}\ 0{,}6\ Al_2O_3\cdot 5\ SiO_2:$$

hergestellt aus:
31,8 kalzin. Soda
223,6 Feldspat
30,0 Marmor
25,9 Zettlitzer Kaolin
156,0 Quarzsand.

Zur Herstellung der Perl- oder Knopfmassen setzt Berdel diesen Fritten 30 bis 50% Tonsubstanz und 35 bis 25% Quarz auf 25 bis 35% Fritte (oder Fritte und Feldspat) zu. Der Garbrand findet bei S.-K. 6a bis 10 statt. Verwendet man anstatt der Fritten a) oder b) bleifreie Steingutglasuren, so erhält man Massen für den Garbrand bei S.-K. 2a bis 6a. Der Zusatz von Flußspat, Speckstein oder Knochenasche neben dem von Fritte ist zur Erzielung von Transparenz gleichfalls möglich.

E. Specksteinerzeugnisse (Steatit).

Man versteht heute in Deutschland und auch sonst in den meisten Ländern unter Steatit fast allgemein Erzeugnisse, die entweder völlig oder doch vorwiegend aus Speckstein (S. 118) bestehen, d. h. ohne oder

---

[1] Eisenlohr, H.: Ber. dtsch. keram. Ges. Bd. 3 (1922) S. 350.

[2] Eisenlohr in F. Singer: Die Bedeutung der Keramik für Industrie und Volkswirtschaft S. 388. Braunschweig 1923.

[3] Keram. Rdsch. Bd. 37 (1929) S. 33.

[4] Einfaches chemisches Praktikum V. und VI. Teil S. 108. Koburg 1929.

mit Zusatz von Tonsubstanz, Feldspat usw., und die nach den üblichen keramischen Arbeitsverfahren hergestellt sind.

Die reine Steatitmasse ist zur Zeit das einzige dichte keramische Material, „das aus einer einheitlichen kristallinen Phase besteht und auf Grund der Freiheit von glasig amorphen Bestandteilen nicht altert[1]." Durch Einführung von Aluminiumverbindungen, wie Kaolin, Ton, Feldspat usw., ist es gelungen[1], den Ausdehnungskoeffizienten der Specksteinmasse von $8{,}0 \cdot 10^{-6}$ auf $0{,}15 \cdot 10^{-6}$ zu verringern, wodurch die Temperaturwechselbeständigkeit des Steatits außerordentlich gesteigert wird. Über die in solchen tonerdehaltigen Steatitmassen entstehenden Verbindungen, auch über die Durchführung des Problems, in solchen Massen die Bildung der glasigen Phase aufzuheben und auf die entstehenden Kristallite so einzuwirken, daß in den Massen „Alterungserscheinungen" bei längerem Gebrauch nicht auftreten, siehe S. 295.

Als wichtigsten Rohstoff benutzt man zur Bereitung der Steatitmassen die Abfälle von der unmittelbaren Verarbeitung des bergmännisch gewonnenen stückigen Specksteins zu technischen Gegenständen (S. 119).

Bei der Aufbereitung des Massespecksteins unterscheidet man das Trockenmahlverfahren und das Naßmahlverfahren sowie auch ein Halbnaßaufbereitungsverfahren, je nachdem die Zerkleinerung auf die eine oder andere Weise vorgenommen wird[2]. Die hierbei verwendeten Mahl- und Mischvorrichtungen sind die gleichen wie bei der Aufbereitung der übrigen feinkeramischen Massen. Die Art des zu wählenden Aufbereitungsverfahrens richtet sich nach dem Verwendungszweck[3].

Die für die Mahlung der Steatitmassen benutzten Trommelmühlen kleidet man zweckmäßig mit Platten oder Steinen aus Steatit aus und benutzt auch Kugeln aus dem gleichen Material[4], wodurch die Verunreinigung des Mahlgutes durch fremde Stoffe verhütet wird.

Bei dem Trockenverfahren werden die Versatzstoffe für sich bzw. gemeinsam gemahlen und gemischt. Beim Halbnaßverfahren bereitet man einen Teil der Rohstoffe trocken, den anderen naß auf, mischt dann sämtliche Bestandteile und trocknet die Masse ab. Bei dem Naßverfahren erfolgt die Mischung und Mahlung sämtlicher Materialien in nassem Zustand, worauf man die fertige Masse abpreßt und ebenfalls trocknet[4].

In allen drei Fällen wird die Specksteinmasse trocken verarbeitet. Da es sich meist um Massenfabrikation handelt, erfolgt die Formgebung überwiegend nach dem Preßverfahren in Stahlmatrizen. Gegenüber Preßmassen aus anderen keramischen Werkstoffen hat die Steatitmasse infolge ihrer eigentümlichen Bildsamkeit den Vorteil, daß sie ohne jeden Zusatz von Wasser, Öl oder Petroleum gepreßt werden kann. Ein weiterer Vorteil aus Ton und Speckstein bestehender Masse ist der, daß sie infolge ihrer Weichheit die Matrizen nicht abnutzen. Die Masse läßt sich aber auch nach den übrigen in der Keramik üblichen Formverfahren, also nach Zusatz von Wasser im plastischen Zustande sowie durch Gießen verarbeiten.

---

[1] Singer, F.: Keram. Rdsch. Bd. 38 (1930) S. 221.

[2] Singer, F.: Die Keramik im Dienste von Industrie und Volkswirtschaft S. 403. Braunschweig 1923.

[3] Singer, F.: a. a. O. S. 402. [4] Singer, F.: a. a. O. S. 404.

Über die beim Brennen von Specksteinmassen sich abspielenden Vorgänge s. S. 122.

Man läßt die Steatiterzeugnisse entweder unglasiert oder überzieht sie zur leichten Reinigung oder Erteilung einer bestimmten Farbe mit einer passenden Glasur, die glänzend oder matt, gefärbt oder ungefärbt sein kann. Hierbei benutzt man entweder leicht schmelzbare, in ihrer Zusammensetzung den Steingutglasuren ähnliche Bleiglasuren, die man bei 900 bis 1100° im Muffelofen auf das bei höherer Temperatur vorgebrannte Erzeugnis aufschmilzt, oder man glasiert die rohe Steatitmasse mit bleifreier, schwerer schmelzbarer Glasur und brennt Masse und Glasur gleichzeitig in einem Brande gar[1].

Als besonders geeignet für Zündkerzen werden Massen aus 80% Steatit und 10 bis 15% Tonsubstanz empfohlen[2]. Kaolin wirkt in bezug auf Temperaturwechselbeständigkeit günstiger als plastischer Ton. Die aus solchen Massen hergestellten Zündkerzen überzieht man im verglühten Zustand mit Schlicker gleicher Zusammensetzung, dem man 1,5% Rutil zugesetzt hat, und brennt dann zwischen 1350 und 1520° gar. Die zugehörige Glasur wird bei etwa 1100° aufgeschmolzen. Sie entspricht der Formel

$$\left.\begin{matrix} 0{,}33\ Na_2O \\ 0{,}33\ CaO \\ 0{,}33\ PbO \end{matrix}\right\} \cdot 0{,}13\ Al_2O_3 \cdot \left\{\begin{matrix} 1{,}73\ SiO_2 \\ 0{,}53\ B_2O_3 \end{matrix}\right.$$

Eine vorwiegend aus Magnesiumsilikat hergestellte Masse dürfte die Zündkerzenmasse der Robert Bosch A.-G., Stuttgart, sein. Als prozentuale Zusammensetzung dieser Masse im gebrannten Zustand wird folgende angegeben[2]: 66,43 SiO_2, 2,11 Fe_2O_3, 3,72 Al_2O_3, Spuren TiO_2 und CaO, 27,78 MgO, 0,02 K_2O, 0,02 Na_2O und 0,11 Glühverlust.

Neue, fast weiße keramische Werkstoffe, die die Hermsdorf-Schomburg-Isolatoren G. m. b. H. für Pressereiartikel verwendet, sind Calit und Calan[3], dem Speckstein ähnliche, besonders reine und eisenfreie Magnesiumsilikate. Calit läßt sich drehen, gießen, trocken und naß pressen; es soll dem Steatit nicht nur gleichwertig, sondern in bezug auf die mechanischen und elektrischen Eigenschaften wesentlich überlegen sein. Calan ist ein hochmagnesiumhaltiges Material von außerordentlich hohem Isolationswiderstand und sehr geringem dielektrischen Verlustfaktor, das besonders für den Bereich der Ultrakurzwellen und für Hochfrequenzkondensatoren geeignet ist.

Zwischen den reinen Speckstein- oder Steatitmassen und den Porzellanmassen gibt es zahlreiche Übergänge, je nachdem in die Specksteinmasse kleinere oder größere Mengen Kaolin oder Ton, Feldspat oder andere Versatzstoffe eingeführt werden (s. a. S. 276).

Die sogenannte Melalithmasse steht hinsichtlich ihrer Zusammensetzung ungefähr in der Mitte zwischen normalem Porzellan und reinem Steatit. Man stellt

---

[1] Singer, F.: Die Keramik im Dienste von Industrie und Volkswirtschaft S. 404. Braunschweig 1923.

[2] Anon.: Ceram. Ind. Bd. 10 (1928) S. 152; Ref. Keramos Bd. 7 (1928) S. 495.

[3] Mitt. Hermsdorf-Schomburg-Isol. Heft 47/48 S. 1538. 1929; ferner Chem. Fabrik 1929 S. 525; Sprechsaal Keramik usw. Bd. 66 (1933) S. 259; Keram. Rdsch. Bd. 41 (1933) S. 229.

aus ihr Gegenstände vor allem größerer Abmessungen her, hauptsächlich solche für die Hochspannungsisoliertechnik, wie Durchführungen für hohe Spannungen[1, 2].

Poröse Specksteinmassen sind Magnesolit[3] und Pyrostat[4]. Es sind dies fast ganz alkalifreie und flußmittelarme Werkstoffe, die keinen gesinterten Scherben besitzen, sondern mehr oder weniger saugende Beschaffenheit haben. Sie finden Verwendung zur Herstellung besonders von Gegenständen, bei denen es auf hohe Temperaturwechselbeständigkeit ankommt, also besonders zu Gasglühlichtträgern, Düsen für Gasapparate, Widerstandsträgern für elektrische Heiz- und Kochapparate u. dgl., auch für Perlen von Schmelztiegeldreiecken.

Als Ersatz für Speckstein wird auch Talk benutzt. Vielfach wird aber von seiner Verwendung für solche Zwecke abgeraten[5], weil er infolge seiner eigenartigen Struktur schwerer benetzbar mit Wasser ist und die Bildsamkeit, vor allem auch die Trockenfestigkeit der tonigen Bestandteile der Massen herabsetzt. Dadurch wird das Pressen der mit solchem Talk hergestellten Massen erschwert. Auch werden beim Pressen leicht größere Mengen Luft eingeschlossen, die nicht entweichen können.

Bei genügend hoher Brenntemperatur (bis Kg. 14) erhielten R. M. King und C. L. Evans[6] aus Massen verschiedener Zusammensetzung des Systems Talk-Ton-Mullit Erzeugnisse von großer Widerstandsfähigkeit gegen raschen Temperaturwechsel.

Eine besondere Wirkung[7] des Magnesiumsilikates in Porzellanmassen besteht darin, daß es ihre Lichtdurchlässigkeit erhöht. Derartige Massen finden daher zur Herstellung von sog. Lithophanien Verwendung, die als Fensterschmuck, als Beleuchtungskörper u. dgl. dienen.

Die Herstellung von Massen, die aus dem wasserhaltigen Tonerdesilikat Agalmatolith (S. 122) bestehen, erfolgt in ganz ähnlicher Weise wie beim Steatit, ohne oder mit Beifügung von Versatzstoffen. Wie dieser eignet sich der Agalmatolith besonders zur Fabrikation elektrotechnischer und anderer technischer Artikel[8]. Die Verarbeitung der rohen Massen geschieht durch Trockenpressung. Für Dreh- und Gießmassen ist ein Zusatz von fettem Kaolin oder Ton notwendig (vgl. hierzu S. 123).

---

[1] Singer, F.: Die Keramik im Dienste von Industrie und Volkswirtschaft S. 407. Braunschweig 1923; s. a. F. Bley: Ber. dtsch. keram. Ges. Bd. 9 (1928) S. 529.

[2] Demuth, W.: Elektrotechn. Z. Bd. 48 (1927) S. 1629; Ref. Chem. Zbl. Bd. 99 (1928) I S. 102.

[3] Froelich: Chem. Fabrik 1928 S. 532. Steinbrecher, K.: Z. angew. Chem. Bd. 41 (1928) S. 1331.

[4] Keram. Rdsch. Bd. 35 (1927) S. 708 und Stemag-Nachrichten 1927 Heft 1.

[5] Sprechsaal Keramik usw. Bd. 61 (1928) S. 381 und Bd. 62 (1929) S. 216.

[6] J. Amer. ceram. Soc. Bd. 16 (1933) S. 360.

[7] Vgl. u. a. C. W. Parmelee u. G. H. Baldwin: Trans. Amer. ceram. Soc. Bd. 15 (1913) S. 532; Ref. Sprechsaal Keramik usw. Bd. 52 (1919) S. 395.

[8] Master Builder 1928 S. 33.

F. Feuerfeste und hochfeuerfeste feinkeramische Erzeugnisse.

Allgemeines. Die hier zu besprechenden Massen dienen zur Herstellung von Gegenständen verschiedener Beschaffenheit, die für die Verwendung bei hohen Temperaturen bestimmt sind. Gemeinsam ist allen diesen Massen ihre Zubereitung und Verarbeitung nach feinkeramischen Verfahren. Hinsichtlich ihrer chemischen Zusammensetzung und ihres physikalischen Aufbaus bestehen angesichts der Art und Zahl der verfügbaren keramischen Rohstoffe recht viele Möglichkeiten, jedoch besitzt von den Massen, die aus diesen Rohstoffen hergestellt werden könnten, nur ein beschränkter Teil im Rahmen des hier in Frage kommenden Gebietes praktische Bedeutung[1]. Die Verwendungsgebiete und damit die Anforderungen, die an feuerfeste Stoffe gestellt werden, sind sehr verschiedenartige. Hieraus ergibt sich die Notwendigkeit, aus den gleichen Rohmaterialien Erzeugnisse ganz verschiedener chemischer und physikalischer Beschaffenheit herzustellen[1]. Deshalb umfaßt dieses Gebiet einesteils feinkörnige keramische Massen, die dem Porzellan hinsichtlich Verglasung, Transparenz, Erweichungstemperatur des gebrannten Scherbens noch ziemlich ähnlich sind, zum anderen jedoch auch solche, die auf Grund der Art ihrer Zusammensetzung, nicht aber ihrer Zubereitungs- und Verarbeitungsweise, dem Grenzgebiet zuzurechnen sind, das den Übergang zu den feuerfesten grobkeramischen Massen bildet.

Die Spezialmassen für hohe Temperaturen müssen in erster Linie hinsichtlich ihrer Erweichung beim Erhitzen bestimmten Anforderungen genügen. Ihre Erweichungstemperatur muß höher liegen als die des Hartporzellans. Weiter müssen die Massen im gebrannten Zustande genügend mechanische Festigkeit besitzen, möglichst unempfindlich gegen Temperaturschwankungen und vielfach auch gasundurchlässig sein, um z. B. das Eindringen schädlicher Gase in das Innere von Rohren zu vermeiden, die eine Zerstörung darin befindlicher Edelmetall-Thermoelemente bewirken können. In vielen Fällen wird auch möglichst große Widerstandsfähigkeit gegen den Angriff von Schlacke, Flugasche, zersetzenden Dämpfen und Gasen, gespanntem Wasserdampf und andere chemische Einwirkungen bei hohen Hitzegraden verlangt.

Es ist praktisch nur schwer oder überhaupt nicht erreichbar, eine Masse zu finden, die gleichzeitig jede der genannten Anforderungen in höchstem Maße erfüllt. Vielmehr macht sich bei der Zusammensetzung der Massen notwendig, unter Berücksichtigung des besonderen Verwendungszwecks die für diesen ausschlaggebende Eigenschaft auf Kosten der übrigen Eigenschaften weitgehendst zu fördern, ohne daß

[1] Schwarz, R.: Feuerfeste und hochfeuerfeste Stoffe 2. Aufl. S. 1. Braunschweig 1922.

dabei die Güte der in Frage kommenden Masse im allgemeinen zu sehr herabgedrückt und infolgedessen der ins Auge gefaßte Verwendungszweck in Frage gestellt wird. Ein Beispiel soll diesen Grundsatz erläutern: Schutzrohre für Thermoelemente zur Messung hoher und sehr hoher Temperaturen, d. h. von etwa 1400 bis 1800°, müssen in erster Linie gasdicht sein, in zweiter sollen sie auch bei langer und wiederholter Erhitzung auf jene hohen Temperaturen nur möglichst geringe Neigung zeigen, unter ihrem eigenen Gewicht sich durchzubiegen. Um gasdicht zu sein, müssen sie eine gewisse Mindestmenge Flußmittel enthalten, die es ermöglicht, daß die Rohrmasse bei den Höchsttemperaturen, die sich in den Brennöfen der keramischen Industrie erreichen lassen, dichtbrennt und gänzlich gasundurchlässig wird. Dieser Gehalt einer solchen feuerfesten Rohrmasse an Flußmittel hat aber andrerseits zur Folge, daß aus ihr hergestellte Rohre nur bis zu einer bestimmten Höchsttemperatur benutzt werden können. Wird sie überschritten, so erweicht die Masse so stark, daß sie praktisch nicht mehr verwendbar ist. Jene Höchsttemperatur hängt also, die gasdichte Beschaffenheit der Massen vorausgesetzt, von ihrer Zusammensetzung ab.

In anderen praktischen Fällen sind es wieder andere Gesichtspunkte, die für die Zusammensetzung der Massen ausschlaggebend sind. Zuweilen handelt es sich darum, Gegenstände aus einer hochfeuerfesten Masse zu fertigen, die sich in erster Linie durch große Unempfindlichkeit gegen starke Temperaturschwankungen auszeichnet, ohne daß es bei ihr auf absolute Dichte des Scherbens ankommt. Hier kann die Massezusammensetzung so gewählt werden, daß der Scherben bei der höchsten erreichbaren Brenntemperatur noch etwas porös bleibt, wodurch die Temperaturwechselbeständigkeit meistens erhöht wird. Poröse keramische Massen zeigen bei Wärmebeanspruchung ein grundsätzlich anderes Verhalten wie die vollkommen glasig dicht gebrannten keramischen Werkstoffe und besitzen gute Beständigkeit gegen Temperaturwechsel. Diese „beruht auf dem Porenraum zwischen den einzelnen Kristallen untereinander und den eventuell gleichzeitig auftretenden glasig amorphen Bestandteilen. Dieser Porenraum ermöglicht den Kristallen eine mehr oder weniger freie Ausdehnung bei Erwärmung und dadurch eine Rückkehr in die ursprüngliche Stellung bei erfolgender Wiederabkühlung[1]".

Die Verwendung feinkeramischer Spezialmassen für hohe Temperaturen erstreckt sich vor allem auf die Herstellung von Pyrometerschutzrohren, Gasentnahmerohren, Schmelz- und Glühtiegeln, Glühschiffchen, Trägern oder Unterlagskörpern für die Drahtwicklungen elektrischer Heizvorrichtungen und sonstige Gegenstände ähnlicher Art für den Gebrauch im Laboratorium, in der chemischen und metallurgischen Technik, der Glasindustrie, der Elektrotechnik und anderen Zweigen der Industrie,

[1] Singer, F.: Keram. Rdsch. Bd. 38 (1930) S. 222.

also vorwiegend auf Gegenstände kleinerer Abmessungen, von denen man viele auch aus Porzellan herstellt, wenn weniger hohe Verwendungstemperaturen in Frage kommen.

Die Keramik muß stets bestrebt bleiben, den wechselnden Anforderungen, die die Technik an sie stellt, durch Auswahl der Rohstoffe und nötigenfalls Änderung der Fabrikationsverfahren sich anzupassen.

Einteilung. Man kann diese Sondermassen für die Verwendung bei hohen und sehr hohen Hitzegraden in folgende Gruppen einteilen:

1. Silikatische Massen mit mehr oder weniger hohem Tonerdegehalt.
2. Siliziumkarbidhaltige Tonmassen.
3. Massen aus reinen Oxyden, Karbiden oder anderen chemisch-einheitlichen Verbindungen.

Man stellt diese feuerfesten Massen, auch die gasdichten, meist ohne Glasurüberzug her, da letzterer bei hohen Temperaturen erweicht und dann an Metall oder anderem Material, das mit dem feuerfesten Gegenstand in Berührung kommt oder verbunden ist, leicht haften bleibt. Zuweilen hat man aber auch feuerfeste Massen mit Glasur überzogen, um sie noch besser abzudichten. So benutzte z. B. B. R. Twells jr.[1] Glasuren, die bei Kegel 17 bis 20 glattbrennen und folgende allgemeine Zusammensetzung besitzen:

$$\left.\begin{matrix} 0{,}3\ K_2O \\ 0{,}7\ CaO \end{matrix}\right\} \cdot x\,Al_2O_3 \cdot y\,SiO_2.$$

Hierbei beträgt x von 0,8 bis 1,6 und y von 6 bis 16. Die Masse, auf die diese Glasuren aufgeschmolzen wurden, bestand aus 50% eines Gemisches amerikanischer und englischer Kaoline, 5% verglühtem Ball Clay, 30% Quarz und 15% Feldspat. Für Brenntemperaturen zwischen Kegel 18 und 19 soll nach Twells[2] eine Glasur mit 0,2 K_2O und 0,8 CaO ein Verhältnis Tonerde : Kieselsäure zwischen 1:9 und 1:11 bei Anwesenheit von 8,0 bis 14 Äquivalent SiO_2 haben. Als diejenigen Glasuren, die ihrem Aussehen nach für den genannten Zweck am geeignetsten sind, bezeichnet Twells solche, deren Zusammensetzung zwischen folgenden Grenzen liegt: 27,5 bis 31,5% Ton, 50 bis 55,5% Quarz, 9,5 bis 12% Feldspat, 7,0 bis 8,5% Kreide. Der von ihm benutzte Feldspat enthielt 72,7% SiO_2, 16,7% Al_2O_3, 7,7% K_2O und 2,5% Na_2O.

1. Gruppe: Silikatische Massen mit mehr oder weniger hohem Tonerdegehalt. Auf diese Massen ist schon beim Porzellan (S. 294 und 297) Bezug genommen worden.

Der für den Aufbau aller feuerfesten tonerdereichen silikatischen Spezialmassen maßgebende Grundsatz ist die bereits gleichfalls erwähnte (S. 290f.) vorteilhafte Beeinflussung des gebrannten Scherbens durch beim Brennen entstehende Mullitkristalle. Bei Verwendung lediglich

[1] J. Amer. ceram. Soc. Bd. 5 (1922) S. 430; Ref. Keram. Rdsch. Bd. 30 (1922) S. 520 und Sprechsaal Keramik usw. Bd. 56 (1923) S. 79.

[2] J. Amer. ceram. Soc. Bd. 6 (1923) S. 1113; Ref. Sprechsaal Keramik usw. Bd. 57 (1924) S. 146.

von Kaolin und Ton zur Herstellung einer Masse ist der theoretisch erreichbare Höchstgehalt an Mullit begrenzt, und zwar können 100 Gewichtsteile Tonsubstanz höchstens 55 Gewichtsteile Mullit ergeben[1]. Man hat deshalb schon seit Jahren den Massen zur Erhöhung ihres Mullitgehalts Aluminiumoxyd in freier Form und feiner Verteilung zugesetzt, die sich dann bei hoher Temperatur mit aus der Tonsubstanz stammender ungebundener Kieselsäure zu kristallinem Mullit vereinigt.

Zur Herstellung hochfeuerfester im wesentlichen aus Sillimanit, Mullit oder dgl. bestehender Massen werden nach dem D.R.P. Nr. 551323, Kl. 80b, vom 22. 5. 1926, der Scheidhauer & Gießing A.-G., Bonn a. Rh.[2], hochtonerdehaltige Stoffe, wie geglühte Tonerde, Tonerdehydrat, Korund, mit Ton in solchem Verhältnis gemischt, daß die erhaltene Rohmischung beim Brennen ganz oder zum größeren Teil in Sillimanit, Mullit o. dgl. übergeht. Der Ton wird hierbei in der bei der Herstellung feuerfester Körper an sich gebräuchlichen Gießschlickerform verwendet.

Außer in Form von Tonerdehydrat oder vorgebrannter Tonerde führt man neuerdings die Tonerde auch in geschmolzenem Zustande ein. Die ersten Massen dieser Art[3] besaßen den Nachteil, daß sie beim Brennen gasdurchlässig blieben und glasiert werden mußten, oder daß sie infolge ihres Feldspatgehalts bei zu niedriger Temperatur erweichten.

Diese Massen wurden dadurch verbessert, daß man den Feldspat entweder zum großen Teil oder gänzlich wegließ. Im ersteren Falle setzt man den im übrigen lediglich aus Ton, Kaolin und Tonerde verschiedener Form bestehenden Massen nur etwa 5% Feldspat zu und brennt sie bei etwa 1450°. Man erhält hierdurch wirklich dichte und gasundurchlässige Scherben. Im zweiten Falle ergeben sich Massen aus reinem Kaolin oder Ton, deren natürliche Erweichungstemperatur durch Zusatz von Aluminiumoxyd erhöht wird. So besteht z. B. die sogenannte Marquardtsche Masse aus[4] 30 bis 40% gebrannter Tonerde, 40 bis 30% gebranntem Ton und 30% plastischem Ton. Sie ist nach dem Brennen nicht gasdicht.

Auf das Kleingefüge von Tonsubstanz-Tonerde-Mischungen ist die Mahldauer und die Brennhöhe von wesentlichem Einfluß. In einem Gemenge aus 71 Gewichtsteilen Kaolin von Florida und 29 Gewichtsteilen reinem, bei 1200° vorgebranntem Bauxit war nach F. H. Riddle[5] nach dem Brennen bis Kegel 20 erst nach neun- bis fünfzehnstündigem Mahlen die Hauptmenge der Tonerde gebunden und völlige Bindung derselben erst beim Brennen bis Kegel 30 eingetreten. Auch die Mullitbildung ist von der Mahldauer des Gemisches abhängig.

An die Stelle der Marquardtschen Masse sind bei der Fabrikation

---

[1] Rieke, R.: Ber. dtsch. keram. Ges. Bd. 9 (1928) S. 159.

[2] Chem.-techn. Übers. S. 6, Beilage zur Chem.-Ztg. Bd. 57 (1933) Nr. 2.

[3] Vgl. H. Hecht: Lehrbuch der Keramik 2. Aufl. S. 389. Berlin 1930; ferner A. Heinecke: Ber. techn.-wissensch. Abt. d. Verb. keram. Gewerke in Deutschland Bd. 1 (1913) S. 15.

[4] Montgomery, E. T.: Trans. Amer. ceram. Soc. Bd. 15 (1913) S. 606; Ref. Sprechsaal Keramik usw. Bd. 52 (1919) S. 160.

[5] J. Amer. ceram. Soc. Bd. 15 (1932) S. 583.

von Pyrometerrohren u. dgl. andere Massen getreten, die der Anforderung völliger Gasdichte entsprechen. Sie gehören wohl ausschließlich zu den zuerst genannten Tonsubstanz-Tonerde-Massen mit geringem Zusatz von Feldspat oder einem anderen Flußmittel. Die prozentuale chemische Zusammensetzung der gebrannten Marquardtschen Masse ist ungefähr 29,8% SiO_2, 66,5% Al_2O_3, 0,7% Fe_2O_3, 0,4% TiO_2, 0,7% CaO, 0,3% MgO, 1,6% Alkali[1], die der zur Zeit an ihrer Stelle zur Herstellung von Pyrometerrohren vorwiegend benutzten Massen etwa 43 bis 47% SiO_2, 53 bis 49% Al_2O_3 und 3,5% Alkali, wozu noch geringe Mengen Kalk und Magnesia kommen. Die chemische Widerstandsfähigkeit der reinen Al_2O_3-SiO_2-Massen ist dann am größten, wenn das Verhältnis der Kieselsäure der Tonsubstanz zum vorhandenen Aluminiumoxyd nahezu 1:1 beträgt[2]. Man kann zur Herstellung hochfeuerfester Massen dem Kaolin und Ton auch unmittelbar natürlich vorkommenden Sillimanit oder Cyanit oder auch künstlich geschmolzenen, kristallin erstarrten Mullit zusetzen. Wie bereits früher angegeben (S. 160), zerfallen Sillimanit und Cyanit bei genügend hoher Temperatur in freie Kieselsäure bzw. eine sehr kieselsäurereiche Schmelze und Mullit. Eine bei hoher Temperatur eintretende Umwandlung der ausgeschiedenen freien Kieselsäure in Cristobalitkristalle (S. 127) schränkt man ein durch vorherigen Zusatz freier Tonerde zur Masse, die sich mit der freiwerdenden Kieselsäure verbindet.

In neuerer Zeit werden auch Rohre, Muffeln u. dgl. aus Sillimanit im großen hergestellt.

Auf die Eigenschaften feuerfester Erzeugnisse aus Sillimanit, Sillimanit-Kaolin-Ton-Gemischen und Sillimanit-Tonerde-Gemischen kann hier im einzelnen nicht eingegangen werden[3,4].

Mit dem Ersatz der Tonerde durch Zirkonoxyd in Kaolin-Tonerde-Feldspat-Gemischen machten R. Schwarz und E. Reidt[2] keine guten Erfahrungen, da durch diese Maßnahme die Schmelztemperatur der Massen erniedrigt wurde, wohl infolge Bildung von Alkalizirkonat oder Zirkoniumsilikat (s. a. S. 154).

2. Gruppe: Siliziumkarbidhaltige Tonmassen. Die aus Siliziumkarbid und Zusätzen von Kaolin oder Ton hergestellten Massen können je nach ihrem Verwendungszweck beide Bestandteile in sehr verschiedenem Mischungsverhältnis enthalten, wobei man die Be-

---

[1] Bowen, N. L., u. J. W. Greig: J. Amer. ceram. Soc. Bd. 7 (1924) Bd. 238; Ref. Ber. dtsch. keram. Ges. Bd. 5 (1924) S. 14.

[2] Schwarz, R., u. E. Reidt: Z. anorg. allg. Chem. Bd. 182 (1929) S. 1; Ref. Sprechsaal Keramik usw. Bd. 63 (1930) S. 158.

[3] Vgl. hierzu S. 161 u. 318.

[4] Über die Eigenschaften von Sillimaniterzeugnissen ohne und mit Zusatz von Kaolin oder Ton siehe u. a. auch H. S. Houldsworth: J. Soc. Glass Technol. Bd. 9 (1925) S. 316; Ref. Keram. Rdsch. Bd. 34 (1926) S. 623.

schaffenheit dieser Massen durch Anwendung von Karbid verschiedener Körnung (S. 156) noch abwandeln kann. Es empfiehlt sich, für die Herstellung feinkeramischer Erzeugnisse nur kristallisiertes Siliziumkarbid reinster Beschaffenheit zu verwenden, da bei Anwesenheit durch Wasser zersetzbarer Verbindungen die Verarbeitbarkeit der Masse infolge Gasentwicklung (Kohlenwasserstoffe) beeinträchtigt und bei einem Gehalte an Stoffen, die als Flußmittel wirken, die Feuerfestigkeit herabgesetzt wird. Wie die Siliziumkarbidmassen im allgemeinen, so zeichnen sich auch diese feinkeramischen Siliziumkarbidmassen durch langsame Erweichung bei hohen Temperaturen und gute Wärmeleitfähigkeit aus. Ein Nachteil solcher Massen ist die schon unterhalb 2000° eintretende erhebliche Dissoziation (S. 157) des Siliziumkarbids, wobei das Silizium verdampft und der Kohlenstoff sich unter Graphitbildung abscheidet[1], ferner die Empfindlichkeit des Siliziumkarbids gegen oxydierende und verschlackende Einwirkungen bei Temperaturen von oberhalb 1000° ab, besonders gegen basische Oxyde, alkalische Schlacken, Flugstaub, geschmolzene Metalle und sogar Wasserdampf[2], wodurch die Verwendbarkeit der Siliziumkarbidmassen beschränkt wird.

Die Zubereitung der unter 1. und 2. beschriebenen feuer- und hochfeuerfesten Massen geschieht im allgemeinen in gleicher Weise wie die der Porzellanmasse (S. 298).

3. Gruppe: Massen aus reinen Oxyden, Karbiden oder anderen chemisch einheitlichen Verbindungen. Bei den hierher gehörigen Massen handelt es sich in erster Linie um solche, die aus den hochfeuerfesten Oxyden des Aluminiums, Magnesiums und Zirkoniums hergestellt werden. Ihre physikalischen und sonstigen Eigenschaften sind bereits früher (S. 151, 142 und 152) besprochen worden. Wie aus dem dort Gesagten hervorgeht, sind im Gegensatz zu den eigentlichen keramischen Massen die aus reinen Oxyden hergestellten Massen nicht plastisch und besitzen vor dem Übergang in den eigentlichen Schmelzfluß kein breites Erweichungsintervall[3].

Um solche Massen bildsam zu machen und in diesem Zustande verarbeiten zu können, versetzt man sie mit zähflüssigen organischen Substanzen, wie Stärkekleister, Gelatine, Tragantschleim, einer Auflösung von Kolophonium in Terpentinöl, Celloidin usw. Diese verbrennen ohne Rückstand beim Erhitzen der geformten Gegenstände. Oder man macht das pulverförmige Oxyd mit Glyzerinborsäure oder Phosphorsäure als Bindemittel an, die sich bei etwa 2000° völlig verflüchtigen[4].

Früher hat man diesen hochfeuerfesten Oxyden zur besseren Formbarmachung kleine Mengen Ton zugesetzt. Die Erfahrung hat aber gelehrt, daß dies nicht zweckmäßig ist, weil erstens hierdurch der Schmelzpunkt der Massen meistens ganz erheblich herabgesetzt wird und zweitens die Massen dann Silikate enthalten, also keine reinen Oxyde mehr darstellen. Sie erfüllen dann auch die Forderung nicht

---

[1] Schwarz, R.: Feuerfeste und hochfeuerfeste Stoffe 2. Aufl. S. 49. Braunschweig 1922. [2] Schwarz, R.: a. a. O. S. 50.
[3] Schwarz, R.: a. a. O. S. 39. [4] Schwarz, R.: a. a. O. S. 40.

mehr, auf die es beim Schmelzen reiner Metalle in Tiegeln aus solchen Oxyden gerade ankommt, daß nämlich bei hohen Temperaturen der Scherben des Tiegels mit dem darin befindlichen Inhalt nicht in Reaktion tritt und an ihn nichts abgibt.

Über die Verarbeitung der aus einzelnen Oxyden oder Gemischen derselben bestehenden hochfeuerfesten Massen durch Gießen und die Herstellung von Gießmassen aus den reinen Oxyden vgl. in bezug auf Magnesiumoxyd S. 144, Aluminiumoxyd S. 151 und für Zirkoniumoxyd auf S. 154 und ds. S. unten.

Um die frühzeitige Verdichtung und Verfestigung des nur aus Oxyd bestehenden Scherbens zu erreichen und dem zu brennenden Gegenstand seine Form zu erhalten, brennt man den Rohstoff zunächst bei sehr hohen Temperaturen vor oder schmilzt ihn und mahlt ihn dann wieder fein. Man erzielt auf diese Weise eine sehr große Teilchenfeinheit und Oberfläche, also die weitgehendste Berührung der einzelnen Teilchen, wodurch ihr Zusammensintern nach der Formgebung beim Brennen wesentlich erleichtert wird. Auch eine bessere Homogenität des Scherbens wird hierdurch erreicht, was zur Folge hat, daß derselbe möglichst spannungsfrei bleibt und bei späteren Erhitzungen in ihm keine Sprünge und Risse auftreten[1].

Gemische aus Magnesium- und Aluminiumoxyd, deren Zusammensetzung der des natürlich vorkommenden Spinells, $MgO \cdot Al_2O_3$, entspricht, genügen zwar[2] „den Anforderungen einer gewissen Haltbarkeit und Gasdichtigkeit", brennen auch bei genügend hohem Erhitzen porzellanartig dicht, sind aber empfindlicher gegen Temperaturwechsel als Geräte aus reiner Tonerde[3]. Durch Erhitzen bis fast zum Schmelzen gelang es W. Krings und H. Salmang[4], die Poren der Masse von Spinelltiegeln so weit zu verdichten, daß sie von Silikatschmelzen nur noch wenig angegriffen werden.

Nach Patenten der Deutschen Gasglühlicht-Auer-Gesellschaft[5] werden hochfeuerfeste Oxyde, wie die des Zirkoniums, Thoriums, Berylliums usw. dadurch genügend plastisch für das Formen und Gießen gemacht, daß man den mit Wasser angerührten gesinterten Oxyden bis zu 5% Magnesiumoxyd oder Tonerde oder eines Gemisches beider zusetzt, zusammen mit soviel einer Salzlösung des gesinterten Oxyds oder der zugefügten Oxyde, daß an Säureäquivalenten nur etwa 10% der Äquivalente an Zusatzoxyden angewandt werden.

Die Benutzung reiner Karbide und Nitride ist ebenfalls mehrfach für den gleichen Zweck wie die reiner Oxyde versucht worden. Neuerdings hat O. Meyer[6] in dem Titannitrid ein sowohl gegen reine als auch gegen kohlenstoffhaltige Metalle bei deren Schmelztemperaturen beständiges Tiegelmaterial gefunden, „das die Eigenschaften der gebräuchlichen oxydischen Massen übertrifft". Im übrigen haben die von O. Meyer vorgenommenen Vakuumschmelzversuche ergeben, daß es nicht möglich ist, in Karbid- oder Nitridtiegeln gleichzeitig Metalle und Oxyde einzuschmelzen, vielmehr die Verschiedenheit der chemischen Eigenschaften und die erforderlichen hohen Temperaturen die Herstellung eines Einheitstiegels für jene Zwecke unmöglich machen.

---

[1] Schwarz, R.: a.a.O. S. 40.

[2] Hilpert u. Kohlmeyer: Ber. dtsch. chem. Ges. Bd. 42 (1909) S. 4584.

[3] Chem. Fabrik Bd. 6 (1933) Nr. 23 III. [4] Z. angew. Chem. Bd. 43 (1930) S. 364.

[5] Trans. ceram. Soc. Bd. 27 (1927/28) Abstr. S. 57; Keramos Bd. 7 (1928) S. 820; Sprechsaal Keramik usw. Bd. 65 (1932) S. 804.

[6] Ber. dtsch. keram. Ges. Bd. 11 (1930) S. 355.

Anhang I.
Die geologischen Formationen.

Zeitalter	Formation	Unterabteilung	
Neuzeit (Zänozoische Periode)	Quartär	Alluvium	
		Diluvium	
	Tertiär	Jungtertiär	Pliozän
			Miozän
		Alttertiär	Oligozän
			Eozän
Mittelalter (Mesozoische Periode)	Kreide	Obere Kreide	Senon
			Turon
			Cenoman
		Untere Kreide	Gault
			Neocom, Hills und Wealden
	Jura	Weißer oder oberer Jura (Malm)	
		Brauner od. mittl. Jura (Dogger)	
		Schwarzer od. unter. Jura (Lias)	
	Trias	Keuper	
		Muschelkalk	
		Buntsandstein	
Altertum (Paläozoische Periode)	Dyas oder permische Formation	Zechstein	
		Rotliegendes	
	Karbonische oder Steinkohlenformation	Oberkarbon (Produktive Steinkohlenformat. in Deutschland)	
		Unterkarbon (Kohlenkalk oder Kulm in Deutschland)	
	Devon	Ober-, Mittel- und Unterdevon	
	Silur	Ober- und Untersilur	
	Kambrium	Ober-, Mittel- und Unterkambrium	

Urzeitalter (Archäische Periode)

Anhang II.

Die Segerkegel[1].

In allen Zweigen der keramischen Industrie finden beim Brennen der Waren verschiedenster Art Schmelzkegel als Hilfsmittel zur Brennkontrolle ausgedehnte Verwendung. Diese Schmelzkegel sind kleine abgestumpfte dreiseitige Pyramiden und stellen eine Reihe systematisch zusammengesetzter, nacheinander in gewissen Abständen schmelzender Gemenge aus denjenigen Rohstoffen dar, die zur Bereitung der keramischen Massen und Glasuren verwendet werden. Zuerst sind diese Kegel von Hermann Seger in die Keramik eingeführt worden, weshalb man sie allgemein als „Segerkegel“ (S.-K.) bezeichnet. Der eigentliche Zweck der Segerkegel ist nicht die Messung einer bestimmten Temperatur, sondern die Kontrolle des fortschreitenden Brandes, d. h. die Feststellung, ob ein bestimmtes Stadium des Brennprozesses erreicht ist. Das Erweichen und Umschmelzen der Kegel beim Erhitzen erfolgt in einem gewissen Temperaturabschnitt, da ihre Bestandteile erst nach und nach miteinander in Reaktion treten und die Viskosität der entstandenen Schmelzen sich nur allmählich verringert. Erst wenn diese soweit abgenommen hat, daß eine sichtbare Erweichung eintritt, beginnt der Segerkegel sich allmählich zu neigen. Der Zeitpunkt, in dem der sich umbiegende Kegel mit der Spitze die Unterlage berührt, ist deutlich erkennbar und wird als „Kegelschmelzpunkt“ bezeichnet.

Wie bei den keramischen Massen und Glasuren der Garbrand bzw. Glattbrand, so wird bei den Segerkegeln der Kegelschmelzpunkt nicht nur durch die Höhe der beim Brennen erreichten Temperatur, sondern auch durch die Zeitdauer der Hitzeeinwirkung beeinflußt. Dies ist bei allen keramischen Brennprozessen zu beachten. Die Segerkegel sind also nicht etwa im gleichen Sinne wie ein Thermoelement oder ein optisches Pyrometer als Temperaturmesser anzusehen, sondern, wie bereits betont, lediglich als Mittel zur Kontrolle des Brandes.

Bezüglich der praktischen Anwendung der Segerkegel sei auf H. Seger[2], R. Rieke[3] und H. Hecht[4] verwiesen[5], ebenso auch hinsichtlich der Empfindlichkeit mancher Kegelsorten gegenüber dem Einfluß der Zusammensetzung der Heizgasatmosphäre. Die chemische Zusammensetzung der deutschen Segerkegel, die in der Chemisch-Technischen Versuchsanstalt bei der Staatlichen Porzellanmanufaktur Berlin hergestellt und vom Chemischen Laboratorium für Tonindustrie, Prof. Seger & Cramer, G. m. b. H., Berlin, in den Handel gebracht werden, geht aus Tabelle 1 hervor[6]. Sie enthält außer der Nummer der Kegel auch noch ihre mittleren Schmelztemperaturen. In Spalte 3 sind für eine Reihe von Kegelnummern die im Jahre 1907 und 1909 von Rothe und Hoffmann bei der Prüfung

---

[1] Vgl. hierzu R. Rieke: Ber. dtsch. keram. Ges. Bd. 11 (1930) S. 78. Hecht, H.: Lehrbuch der Keramik 2. Aufl. S. 163. Berlin und Wien 1930. Kerl, B.: Handbuch der gesamten Tonwarenindustrie 3. Aufl. S. 465. Braunschweig 1907.

[2] Gesammelte Schriften 2. Aufl. S. 195. Berlin 1908.

[3] Die Verwendung der Segerkegel zur Kontrolle des Brandes in keramischen Öfen. Ber. dtsch. keram. Ges. Bd. 11 (1930) S. 78—83.

[4] Lehrbuch der Keramik 2. Aufl. S. 163. Berlin und Wien 1930.

[5] Über „Sachgemäße Verwendung von Segerkegeln“ s. a. R. Rieke u. W. Steger: Keram. Rdsch. Bd. 41 (1933) S. 144.

[6] s. S. 324.

Tabelle 1. Schmelztemperatur und chemische Zusammensetzung der Segerkegel[1].

Nr.	Schmelz-temperatur (Mittelwerte) °C	Im Iridiumofen beim Erhitz. in einer Stickstoff-atmosphäre beobachtete Schmelztem-peratur in °C	Chemische Zusammensetzung						
			MgO	CaO	Na_2O	K_2O	B_2O_3	Al_2O_3	SiO_2
021	650	—	0,25	0,25	0,50	—	1	0,02	1,04
020	670	—	0,25	0,25	0,50	—	1	0,04	1,08
019	690	—	0,25	0,25	0,50	—	1	0,08	1,16
018	710	—	0,25	0,25	0,50	—	1	0,13	1,26
017	730	—	0,25	0,25	0,50	—	1	0,2	1,4
016	750	—	0,25	0,25	0,50	—	1	0,31	1,61
015a	790	—	0,136	0,432	0,432	—	0,86	0,34	2,06
014a	815	—	0,230	0,385	0,385	—	0,77	0,34	1,92
013a	835	—	0,314	0,343	0,343	—	0,69	0,34	1,78
012a	855	—	0,314	0,341	0,345	—	0,68	0,365	2,04
011a	880	—	0,311	0,340	0,349	—	0,68	0,4	2,38
010a	900	—	0,313	0,338	0,338	0,011	0,675	0,423	2,626
09a	920	—	0,311	0,335	0,336	0,018	0,671	0,468	3,087
08a	940	—	0,314	0,369	0,279	0,038	0,559	0,543	2,691
07a	960	—	0,293	0,391	0,261	0,055	0,521	0,554	2,984
06a	980	—	0,277	0,407	0,247	0,069	0,493	0,561	3,197
05a	1000	—	0,257	0,428	0,229	0,086	0,457	0,571	3,467
04a	1020	—	0,229	0,458	0,204	0,109	0,407	0,586	3,860
03a	1040	—	0,204	0,484	0,182	0,130	0,363	0,598	4,199
02a	1060	—	0,177	0,513	0,157	0,153	0,314	0,611	4,572
01a	1080	—	0,151	0,541	0,134	0,174	0,268	0,625	4,931
1a	1100	—	0,122	0,571	0,109	0,198	0,217	0,639	5,320
2a	1120	—	0,096	0,599	0,085	0,220	0,170	0,652	5,687
3a	1140	—	0,067	0,630	0,059	0,244	0,119	0,667	6,083
4a	1160	—	0,048	0,649	0,043	0,260	0,086	0,676	6,339
5a	1180	—	0,032	0,666	0,028	0,274	0,056	0,684	6,565
6a	1200	—	0,014	0,685	0,013	0,288	0,026	0,693	6,801
7	1230	1285	—	0,7	—	0,3	—	0,7	7,0
8	1250	1305	—	0,7	—	0,3	—	0,8	8,0
9	1280	1335	—	0,7	—	0,3	—	0,9	9,0
10	1300	1345	—	0,7	—	0,3	—	1	10,0
11	1320	1360	—	0,7	—	0,3	—	1,2	12,0
12	1350	1375	—	0,7	—	0,3	—	1,4	14,0
13	1380	1395	—	0,7	—	0,3	—	1,6	16,0
14	1410	1410(20)	—	0,7	—	0,3	—	1,8	18,0
15	1435	1435	—	0,7	—	0,3	—	2,1	21,0
16	1460	1460	—	0,7	—	0,3	—	2,4	24,0
17	1480	1480	—	0,7	—	0,3	—	2,7	27,0
18	1500	1510	—	0,7	—	0,3	—	3,1	31,0
19	1520	1525	—	0,7	—	0,3	—	3,5	35,0
20	1530	1530(40)	—	0,7	—	0,3	—	3,9	39,0
26	1580	1580	—	0,7	—	0,3	—	7,2	72,0

[1] Spalten 1, 2 und 4 bis 10 nach G. Rolle in F. Singer: Die Keramik im Dienste von Industrie und Volkswirtschaft S. 233. Braunschweig 1923. Spalte 3 nach Rothe: Tonind.-Ztg. Bd. 31 (1907) S. 1366 und Hoffmann: Ebenda Bd. 33 (1909) S. 1577.

Tabelle 1 (Fortsetzung). **Schmelztemperatur und chemische Zusammensetzung der Segerkegel.**

Nr.	Schmelztemperatur (Mittelwerte) °C	Im Iridiumofen beim Erhitz. in einer Stickstoffatmosphäre beobachtete Schmelztemperatur in °C	Chemische Zusammensetzung						
			MgO	CaO	Na_2O	K_2O	B_2O_3	Al_2O_3	SiO_2
27	1610	1605	—	0,7	—	0,3	—	20,0	200,0
28	1630	1610	—	—	—	—	—	1	10
29	1650	1625	—	—	—	—	—	1	8
30	1670	1640	—	—	—	—	—	1	6
31	1690	1640	—	—	—	—	—	1	5
32	1710	1670	—	—	—	—	—	1	4
33	1730	1680	—	—	—	—	—	1	3
34	1750	1700	—	—	—	—	—	1	2,5
35	1770	1710	—	—	—	—	—	1	2
36	1790	—	—	—	—	—	—	1	1,66
37	1825	—	—	—	—	—	—	1	1,33
38	1850	—	—	—	—	—	—	1	1
39	1880	—	—	—	—	—	—	1	0,66
40	1920	—	—	—	—	—	—	1	0,33
41	1960	—	—	—	—	—	—	1	0,13
42	2000	—	—	—	—	—	—	1	-

der Kegel in der Physikalisch-Technischen Reichsanstalt ermittelten Schmelztemperaturen mitgeteilt. Sie wurden bei sorgfältig geregelter Temperaturzunahme erhalten, die von etwa 20 Minuten vor dem Erweichungspunkte ab höchstens noch 5° betrug.

Außer in Deutschland werden seit einer längeren Reihe von Jahren auch in Amerika (Standard Pyrometric Cone Co., Besitzer E. Orton jr.), neuerdings auch in England (Central School of Science and Technology) und Frankreich (Poulenc Frères) Schmelzkegel hergestellt, die auch zumeist die gleichen Nummern tragen wie ihre deutschen Vorbilder, aber ihnen gegenüber bezüglich ihrer Schmelztemperatur gewisse Abweichungen zeigen.

Über die Schmelztemperaturen der amerikanischen Kegel, der sogenannten Ortonkegel, gibt Tabelle 2 Auskunft[1]. Bei der Bestimmung der hier angegebenen Schmelztemperaturen erfolgte die Erhitzung der geprüften Kegel in einem elektrischen Ofen, und zwar bis 1200° einem solchen mit Nickelchromdrahtwickelung, bei höheren Temperaturen einem Ofen mit Graphitspirale in einer Luftatmosphäre.

Hinsichtlich des Verhältnisses der Kegel amerikanischer, deutscher, englischer und französischer Herkunft zueinander in bezug auf ihre Schmelztemperatur sei auf eine Arbeit von R. F. Geller und E. E. Preßler[2] verwiesen.

Wie R. Rieke[3] betont, muß davor gewarnt werden, Angaben über Brenntemperaturen aus der ausländischen Literatur ohne weiteres auf die deutschen Segerkegel zu übertragen.

[1] Nach C. O. Fairchild u. M. F. Peters: J. Amer. ceram. Soc. Bd. 9 (1926) S. 701; Ref. Sprechsaal Keramik Bd. 60 (1927) S. 649.

[2] Ebenda S. 744; Ref. Sprechsaal Keramik usw. a. a. O. S. 650.

[3] Ber. dtsch. keram. Ges. Bd. 9 (1928) S. 82.

Tabelle 2. Schmelztemperatur amerikanischer Schmelzkegel[1].

Kegel-Nr.	Erhitzungsgeschwindigkeit in °C/1 Std.: 20 °C	150 °C	Kegel-Nr.	Erhitzungsgeschwindigkeit in °C/1 Std. 20 °C	150 °C	Kegel-Nr.	Erhitzungsgeschwindigkeit in °C/1 Std.: 600 °C	100 °C
	Schmelztemperatur °C	°C		Schmelztemperatur °C	°C		Schmelztemperatur °C	°C
022	585	605	01	1110	1145	23		1580
021	595	615	1	1125	1160	26		1595
020	625	650	2	1135	1165	27		1605
019	630	660	3	1145	1170	28		1615
018	670	720	4	1165	1190	29		1640
017	720	770	5	1180	1205	30		1650
016	735	795	6	1190	1230	31		1680
015	770	805	7	1210	1250	32		1700
014	795	830	8	1225	1260	33		1745
013	825	860	9	1250	1285	34	1755	1760
012	840	875	10	1260	1305	35	1775	1785
011	875	895	11	1285	1325	36	1810	1810
010	890	905	12	1310	1335	37	1830	1820
09	930	930	13	1350	1350	38	1850	1835
08	945	950	14	1390	1400	39	1865	
07	975	990	15	1410	1435	40	1885	
06	1005	1015	16	1450	1465	41	1970	
05	1030	1040	17	1465	1475	42	2015	
04	1050	1060	18	1485	1490			
03	1080	1115	19	1515	1520			
02	1095	1125	20	1520	1530			

[1] Nach C. O. Fairchild und M. F. Peters: J. Amer. ceram. Soc. Bd. 9 (1926) S. 701; Ref. Sprechsaal Keramik usw. Bd. 60 (1927) S. 649.

Sachverzeichnis.

(Die Zahlen bedeuten die Seiten.)

Druck von Oscar Brandstetter in Leipzig.

Berl-Lunge, Chemisch-technische Untersuchungsmethoden. Herausgegeben von Prof. Ing.-Chem. Dr. phil. **Ernst Berl**, Darmstadt. Achte, vollständig umgearbeitete und vermehrte Auflage. In 5 Bänden.

***Erster Band.** Mit 583 in den Text gedruckten Abbildungen und 2 Tafeln. L, 1260 Seiten. 1931. Gebunden RM 98.—

Zweiter Band. 1. Teil: Mit 215 in den Text gedruckten Abbildungen und 3 Tafeln. LX, 878 Seiten. 1932. Gebunden RM 69.—

2. Teil: Mit 86 in den Text gedruckten Abbildungen. IV, 917 Seiten. 1932. Gebunden RM 69.—

Der Kauf des 1. Teiles des zweiten Bandes verpflichtet auch zur Abnahme des 2. Teiles.

Dritter Band. Mit 184 in den Text gedruckten Abbildungen. XLVIII, 1380 Seiten. 1932. Gebunden RM 98.—

Enthält u. a.: **Tone.** Von Ingenieur-Keramiker Herbert Ludwig, Mannheim-Friedrichsfeld. Physikalische Untersuchungsmethoden: Vorprobe. Optische Untersuchungsmethoden. Schlämmanalyse. Magnetische Analyse. Prüfung des Verhaltens beim Formen und Trocknen. Prüfung des Verhaltens beim Brennen. Chemische Untersuchungsmethoden: Chemische Analyse (Ungebrannte und gebrannte Tone). Rationelle Analyse. Lösliche Salze. — **Tonwaren und Porzellan.** Von Ingenieur-Keramiker Herbert Ludwig, Mannheim-Friedrichsfeld. Physikalische Untersuchungsmethoden: Aussehen von Scherben und Glasur und Härte desselben. Dichte. Elastizitätsmodul. Wärme. Elektrische Prüfung. Optische Untersuchungsmethoden. Chemische Untersuchungsmethoden: Chemische Analyse. Prüfung auf lösliche Salze. Säurelöslichkeit und chemische Resistenz des Scherbens. Chemische Resistenz der Glasur. Mechanische Untersuchungsmethoden: Statische und dynamische Festigkeitsprüfungen. Abnutzungsbeständigkeit (Verschleißfestigkeit). Wetterbeständigkeit. Feuerbeständigkeit. Praktische Prüfmethoden auf Dichtigkeit. Prüfung von Steinzeugmaschinen. Anhang: Prüfung der Dachschiefer.

Vierter Band. Mit 263 in den Text gedruckten Abbildungen. XXXIV, 1123 Seiten. 1933. Gebunden RM 84.—

Fünfter Band erscheint im Winter 1933/34.

---

* **Die Emailfabrikation.** Ein Lehr- und Handbuch für die Emailindustrie von Dr.-Ing. **Ludwig Stuckert.** Mit 37 Abbildungen im Text. VIII, 276 Seiten. 1929. Gebunden RM 29.—

---

* **Chemische Technologie der Emailrohmaterialien** für den Fabrikanten, Emailchemiker, Emailtechniker usw. Von Dr.-Ing. **Julius Grünwald**, beratender Ingenieur für die Eisenemailindustrie. Zweite, verbesserte und erweiterte Auflage. Mit 25 Textabb. VIII, 276 Seiten. 1922. Geb. RM 10.—

---

* **Das säurebeständige Email** und seine industrielle Anwendung im Apparatebau. Ein Handbuch für die chemische Industrie, Nahrungsmittelfabrikation und andere der Chemie verwandte Industriezweige. Von **B. Liebing.** Mit 34 Textabbildungen. VI, 99 Seiten. 1923. RM 4.—; gebunden RM 5.20

Glastechnische Tabellen. Physikalische und chemische Konstanten der Gläser. Mit besonderer Unterstützung der Deutschen Glastechnischen Gesellschaft E. V. herausgegeben von Professor Dr. **Wilhelm Eitel**, Berlin, Professor Dr. **Marcello Pirani**, Berlin, und Professor Dr. **Karl Scheel**, Berlin. Mit zahlreichen Textfiguren. XII, 714 Seiten. 1932. RM 145.—; geb. RM 149.80

Behandelt im ersten Teil die glasbildenden Systeme, im zweiten Teil, der eigentlichen Datensammlung, die physikalischen Eigenschaften und die Konstanten der chemischen Widerstandsfähigkeit, während der dritte Teil die Zusammensetzungen der untersuchten Gläser enthält.

---

* *Auf die Preise der vor dem 1. Juli 1931 erschienenen Bücher wird ein Notnachlaß von 10% gewährt.*

Die physikalischen und chemischen Grundlagen der Keramik.

Von Dr.-Ing. **Hermann Salmang**, a. o. Professor und Vorsteher des Instituts für Gesteinshüttenkunde an der Technischen Hochschule Aachen, wissenschaftliches Mitglied des Kaiser Wilhelm-Instituts für Silikatforschung. Mit 87 Textabbildungen. VIII, 229 Seiten. 1933.
Gebunden RM 18.—

Eine kritische Darstellung der Ergebnisse der keramischen Forschung für den Praktiker und Studierenden. Ein seit langem notwendiges Buch, zumal bei der Verästelung der Forschung die Übersicht über ihre Ergebnisse immer schwieriger wurde. Die Ausführungen über die keramische Technologie konnten sehr kurz gehalten werden, da es an guten Büchern und Monographien dieses Gebietes nicht fehlt. Auf die Fachliteratur wird überall hingewiesen.

Inhaltsübersicht:

Chemie und Physik der tonigen Rohstoffe. Entstehung der Kaoline und Tone: Einteilung und Muttergesteine. Die Kaolinisierung. Die Entstehung der Tone. — Die Allophanoide: Arten. Eigenschaften. — Die Feldspatresttone: Arten. Mineralstruktur. Färbungen. Teilchengröße. Ton und Wasser. Chemie der Tone. Trocknung. Trockenschwindung. Verhalten beim Erhitzen. Bildung des keramischen Scherbens. — Keramik der Kieselsäure. Die Modifikationen. Feinbau. Längenänderungen beim Erhitzen. Quarzumwandlung. Geschwindigkeit der Umwandlungen. Verhalten von Quarz in keramischen Massen. — Feldspat. — Glasuren. — Ziegel. — Feuerfeste Stoffe. Schamottesteine: Verformungsverfahren. Einzelheiten einiger Verformungsverfahren. Eigenschaften feuerfester Stoffe, besonders aber Schamottesteine. — Silikasteine: Herstellung und Eigenschaften. Silikasteine im Betrieb. Tondinas. — Keramische Isolierstoffe. — Magnesitsteine. — Dolomit. — Terrakotten und Steingut. — Steinzeug. — Porzellan. Entstehung des Scherbens. Konstitution. Transparenz und Farbe. Porosität. Wärmeausdehnung. Festigkeit. Elektroporzellan. Steatit. — Namen- und Sachverzeichnis.

Die industrielle Keramik.

Ein chemisch-technologisches Handbuch. Von Professor Dr. **A. Granger**, Sèvres. Deutsche Übersetzung von **R. Keller**, Nymphenburg. Mit 185 Textfiguren. VIII, 524 Seiten. 1908.
Gebunden RM 14.— (abzügl. 10% Notnachlaß)

Unbildsame Rohstoffe keramischer Massen.

Magerungsmittel, Flußmittel und feuerfeste Stoffe. Von Professor Ing. Chem. **Rudolf Niederleuthner**, Wien. Mit 83 Abbildungen und 120 Tabellen im Text. XIV, 577 Seiten. 1928.
Gebunden RM 39.—

Das Werk behandelt die für industrielle Verarbeitung wichtigen Eigenschaften der in der keramischen Industrie und deren Grenzgebieten verwendeten unplastischen Rohstoffe (Kieselsäure, Tonerde, Silikate, Graphit, Erdalkali- und Magnesiaverbindungen, Aschen, Schlacken, Chrom- und Zirkonverbindungen, seltene Erden, Nitride und Karbide), deren wichtigste Vorkommen, Verwendungen und Wirkungen in plastischen Massen. Geeignet für Betriebstechniker der Silikatindustrien, Verbraucher keramischer Erzeugnisse und auf Grund des allgemeinen Teiles zur Einführung in die wissenschaftliche Keramik.

(Verlag von Julius Springer / Wien)

Das Kieselsäuregel und die Bleicherden.

Von Dr. **Oscar Kausch**, Oberregierungsrat, Mitglied des Reichspatentamtes. Mit 38 Textabbildungen. IV, 292 Seiten. 1927. Geb. RM 29.— (abzügl. 10% Notnachlaß)

Druckfehlerberichtigungen.

S. 11, Anm. 4 lies: „Z. angew. Chem. Bd. 46 (1933) S. 686, vgl. a. Ber. dtsch. keram. Ges. Bd. 14 (1933) S. 407“ anstatt „Z. angew. Chem. Bd. 46 (1933) Nr. 42“.

S. 43, Zl. 17: lies „durch“ anstatt „nach“.

S. 112, unter Abb. 32: lies „Al_2O_3 (Null)“ anstatt „Al_2O_3 (100), lies „SiO_2 (Null)“ anstatt „SiO_2 (100)“.

dgl., Zl. 4 v. u.: lies „Tonerde-“ anstatt „Ton-Erde-“.

S. 233, Anm. 3: lies „Seger“ anstatt „Segers“.

S. 288, Zl. 17: das Wort „werden“ ist zu streichen.